GERMA PRESS®

EIN
GERMA
PRESS
GESUNDBUCH

Zu diesem Buch ist auch eine Kurzversion erschienen
»Der kleine Ratgeber Wechseljahre«,
ISBN 3-924865-29-9, DM 9,80

ISBN 3-924865-28-0

Postfach 52 05 24, 22592 Hamburg
1994

CIP-Titelaufnahme der Deutschen Bibliothek

Klahre, Andrea S.:
Ratgeber Wechseljahre ein Stück von mir
Andrea S. Klahre – Hamburg;
GERMA PRESS, 1994
(Ratgeber Gesundheit; Bd. 9)
ISBN 3-924865-28-0

Herausgeberin: Monika Murphy, Hamburg
Umschlagentwurf: Andreas Beling
Abbildungen: Jenapharm GmbH, Jena, Gruner + Jahr AG & Co, Hamburg,
Kirstin Knobloch, Germa Press, Hamburg
Satz: Sabine Niemann, Dölling und Galitz Verlag GmbH, Hamburg
Druck: Graphischer Großbetrieb Pößneck
Ein Mohndruck-Betrieb

Ratgeber

Wechseljahre
Ein Stück von mir

Andrea S. Klahre

GERMA PRESS®

Inhalt

So manchmal werd ich irre an der Stunde

So manchmal werd ich irre an der Stunde,
an Tag und Jahr, ach, an der ganzen Zeit;
es gärt und tost, doch mitten auf dem Grunde
ist es so still, so kalt, so zugeschneit!

Habt ihr euch auf ein neues Jahr gefreut,
die Zukunft preisend mit beredtem Munde?
Es rollt heran und schleudert, o wie weit!
euch rückwärts. – Ihr versinkt im alten Schlunde.

Doch kann ich nie die Hoffnung ganz verlieren,
sind auch noch viele Nächte zu durchträumen,
zu schlafen, zu durchwachen, zu durchfrieren!

So wahr erzürnte Wasser müssen schäumen,
muß, ob der tiefsten Nacht, Tag triumphieren,
und sieh: Schon bricht es rot aus Wolkensäumen!

Gottfried Keller (1819–1890)

Vorwort

Die Eierstöcke, diese kleinen hormonbildenden Drüsen, beiderseits im Unterleib der Frau gelegen, mit nur drei Zentimetern Durchmesser und sechs Kubikzentimetern Volumen – unglaublich, was sie bewirken: Pubertät, körperliche und seelische Prägung der Weiblichkeit, Sexualität, Attraktivität, Zyklus und Schwangerschaft. Dies alles verursacht eine winzige Menge eines Hormons von 18 Kohlenstoff- und einigen Wasserstoff- und Sauerstoffatomen, das Östradiol heißt. Mehr noch: Dieses Hormon regelt die Zellteilung und das Wachstum, den Eiweiß-, Calcium-, Bindegewebs-, Fett- sowie Wasser-Salzstoffwechsel, die Herz- und Kreislauffunktionen, die Durchblutung, Organtätigkeiten von Leber, Nieren und Gehirn und damit das Befinden und die Stabilität des Nervensystems. Darüber hinaus enthalten die Eierstöcke Hunderttausende von Eiern, von denen im Laufe des Lebens etwa 400 zur Befruchtung freigesetzt werden und dadurch die Erhaltung der Art gewährleisten.

Ob sie es also will oder nicht: Die Frau wird in ihrer Gesundheit und Leistungsfähigkeit, aber auch in ihrem Wesen und Schicksal von den Hormonen der Eierstöcke geprägt. Dies gilt sowohl für die »aktive Zeit« dieser Organe als auch für die Zeit der Funktionsruhe nach der Menopause. Dann jedoch in eher negativem Sinne. Denn die Eierstöcke sind die einzigen Drüsen, die ihre Arbeit lange vor dem Lebensende der Frau einstellen. Die Folgen müssen weitreichend sein, wenn diese so wichtigen Organe in den Wechseljahren schrumpfen und – anders als die Keimdrüsen des Mannes – keine Fortpflanzungszellen mehr haben und ihre Hormonproduktion beenden.

Nur der Mensch hat Wechseljahre. Bei den meisten anderen Lebewesen fällt das Funktionsende der Eierstöcke mit dem Ende des Lebens zusammen. Das war früher auch beim Menschen so, als seine Lebenserwartung noch viel kürzer war. Gegenwärtig hat die Frau dank den Fortschritten der modernen Medizin nach der Menopause noch etwa 30 Jahre vor sich. Daher sieht die Medizin es als eine ihrer Aufgaben an, daß diese Jahre ohne unnötige Beschwerden und Krankheiten verbracht werden können. Denn nach dem Fortfall der Hormone kommt es zu einer tiefgreifenden Gleichgewichtsstörung des gesamten Hormonsystems. Viele wichtige Zell- und Stoffwechselwirkungen fallen einfach weg und pendeln sich erst in fortgeschrittenem Alter ein. Die Mehrzahl der Frauen hat damit Probleme, sie merkt es am Verlust ihrer Leistungsfähigkeit, an einer Verschlechterung des Befindens und an sicht- oder fühlbaren Rückbildungszeichen verschiedener Organe.

Dies alles ist noch keine Krankheit und niemand sollte es dazu machen. Allerdings ergibt es auch keinen Sinn, die oft sehr unangenehmen Symptome aushalten zu wollen. Leider führt der Östrogenmangel in und nach den Wechseljahren bei beachtlich vielen Frauen zu unliebsamen Folgen, die sich zu sehr ernsten schicksalsträchtigen Krankheiten mit Invalidität, Pflegebedürftigkeit und hoher Sterblichkeit entwickeln können.

Es ist daher einer der bedeutendsten Fortschritte der Wissenschaft, durch Ersatz der fehlenden Hormone die unnötigen Beschwerden der Wechseljahre beseitigen zu können. Und nicht nur das. Es ist möglich, die Spätfolgen des Hormonentzugs wie Knochenbrüche durch Osteoporose zu verhüten und schließlich die Anfälligkeit für Herzinfarkte und Schlaganfälle infolge der Arteriosklerose beträchtlich zu vermindern.

Die Forschung hat schlüssig gezeigt, daß die Angst mancher Frauen vor unerwünschten Nebenwirkungen wie Gewichtszunahme, Thrombose oder Krebsförderung unbegründet ist, wenn die Behandlung nach den in über 40 Jahren erarbeiteten Erfahrungen durchgeführt wird.

Der Ratgeber WECHSELJAHRE, EIN STÜCK VON MIR, den Sie erworben haben, zeigt Ihnen, daß wir über Wechseljahre sehr viel wissen und über die Östrogene sicherlich mehr als über alle anderen Hormone oder Medikamente. Es sind natürliche Hormone, die Ihnen von Ihrem Arzt in vielfältiger Form angeboten werden. Der Ersatz des fehlenden Östradiol und Progesteron ist eine naturgemäße und ursächlich ausgerichtete Behandlung.

Das vorliegende Buch wird Ihnen das Wissen vermitteln, das Sie brauchen, um Unsicherheit, Ängste und Vorurteile zu überwinden, wenn diese bestehen sollten. Es zeigt außerdem die Möglichkeiten ergänzender Maßnahmen und der Selbsthilfe auf und gibt Ihnen Ratschläge, wie Sie aus einer Krise positive Impulse gewinnen können.

Mit Beginn der Wechseljahre haben Sie eine wichtige Entscheidung zu treffen: Hormonbehandlung, ja oder nein. Nur wenn Sie umfassende Informationen haben, wie sie dieses Buch bietet, kann Ihre Entscheidung auf einer angemessenen Grundlage erfolgen. Suchen Sie sich zudem einen in der Hormonbehandlung erfahrenen Arzt, der Sie kompetent zu beraten vermag. Selbst wenn Sie sich bisher nicht entschließen konnten oder wenn Sie nicht gleich nach den Wechseljahren mit der Einnahme von Hormonen begonnen haben – auch ein späterer »Einstieg« kann noch sinnvoll sein.

Ich wünsche Ihnen alles Gute für den dritten Lebensabschnitt.

Professor Dr. med. C. Lauritzen
Präsident der Menopause-Gesellschaft
Deutschsprachiger Länder

Einleitung

Die Mitte des Lebens kann zur schönsten Zeit werden. Mit bald Fünfzig haben Sie die Chance, sich selbst und der Welt auf neue Weise entgegenzutreten. Sie erreichen die »besten Jahre« – auch wenn Sie sie vielleicht überhaupt nicht so erleben, weil Sie seelische und körperliche Veränderungen an sich feststellen, die Sie an Ihrer Kraft zweifeln lassen. Oder weil Sie ganz einfach das Gefühl haben, alt zu werden.

Biologisch gesehen, sind Sie eine Frau in den Wechseljahren. Es sind die Abschiedsjahre von der Fruchtbarkeit – die Jahre, in denen der Hormonhaushalt sich verändert, die Eierstockfunktion nachläßt, der Körper sich auf die Zeit nach der Menopause einstimmt. Die Menopause – die letzte Regel – steht als Sinnbild dafür, daß die Natur eine endgültige Entscheidung getroffen hat. Sie können normalerweise nicht mehr schwanger werden. Die Schwelle, die zwischen Erwachsensein und Alter liegt, ist erreicht. Dieser Prozeß vollzieht sich meist nicht ohne eine Reihe von Beschwerden, in deren Verlauf besondere gesundheitliche Risiken auftauchen können.

In bezug auf Ihre Lebensumstände sind Sie eine Frau, die sich vielleicht mit Umbrüchen auseinanderzusetzen hat. Sie haben geliebt, gehaßt, gelitten. Sie haben möglicherweise Kinder geboren und jene merkwürdige Mischung aus Freuden und Belastungen erlebt, die das Elterndasein mit sich bringt. Sie leben mit einem Partner oder allein, haben einen Beruf oder sind aktive Hausfrau oder meistern beides. Mehr oder minder ist alles geordnet. Dennoch können die vielen Gewohnheiten und Selbstverständlichkeiten früher oder später von der Frage überschattet werden: Und was kommt nun? Diese Frage erschüttert das Gleichgewicht, zwingt zur kritischen Auseinandersetzung mit dem eigenen Charakter. Wer sich neu bewerten will, setzt nicht selten leidvolle Prozesse in Gang.

Das ist das Charakteristische der Wechseljahre: Sie sind nicht allein ein medizinisches Problem, sondern ebenso ein psychologisches. Sie sind in den meisten Fällen ein Sowohl-als-Auch. Darin liegt aber auch die Chance, viel über sich selbst zu erfahren.

Dieses Buch will Sie dazu auffordern. Es will den tiefen Einschnitt im Leben einer Frau verdeutlichen, den der Wechsel mit sich bringt oder mit sich bringen kann. Es schildert Ihnen zum einen, wie Ihr Körper ganz wesentlich durch die von ihm selbst gebildeten Hormone gesteuert wird. Eine sich langsam einstellende Produktion Ihrer Sexualhormone kann daher durchaus Anlaß zu der Befürchtung geben, krank zu sein. Das Buch versucht deshalb, diese Übergangsphase in die zweite Lebenshälfte in Ihrem Bewußtsein aufzuwerten: Die Wechseljahre sind keine Krankheit, sie sind es ebensowenig wie das Altern. Wenn Sie wissen, was in Ihrem Körper alles passiert, können Sie die Vorgänge positiv beeinflussen.

Immerhin haben Sie zu diesem Zeitpunkt noch ein Drittel Ihrer Lebensspanne vor sich. Und wenn die Lebenserwartung in dem bisherigen Tempo weiterwächst, kann man irgendwann vielleicht sogar sagen, daß es bald noch mehr als »nur« ein Drittel sein wird. Aufgrund der sozialen, vor allem aber der medizinischen Fortschritte liegt die mittlere Lebenserwartung der Frauen heute bei gut 80 Jahren und damit um drei bis fünf Jahre über der der Männer. Männer sterben früher, die langlebigen Frauen machen den größten Teil der alten Menschen aus.

Das war nicht zu allen Zeiten so. Vor diesem Jahrhundert wurden offenbar nur relativ wenige Frauen alt genug, um die Wechseljahre zu erleben. Als Amerika entdeckt wurde, lag ihre mittlere Lebenserwartung gerade bei 30 Jahren. Im Mittelalter wurden weniger als fünf Prozent 75, viele starben jung im Kindbett. Und selbst noch im späten 19. Jahrhundert erreichten nicht einmal 30 Prozent das 50. Lebensjahr.

Das Thema Wechseljahre ist demnach relativ neu. Vielleicht hat diese Gesellschaft deshalb noch immer ein schlechtes Verhältnis zum Bild und zur Existenz der wechseljährigen Frau. Obwohl sich in den vergangenen Jahrzehnten einiges Entscheidendes geändert hat. Die Frauenbewegung in den westlichen Ländern hat nachhaltig bewirkt, daß die bisherigen traditionellen Rollen umgeschrieben werden mußten. Dank einer größeren Mobilität, besserer Bildungs- und Berufschancen sowie einer damit verbundenen höheren wirtschaftlichen Unabhängigkeit strukturieren immer mehr Frauen sich auch »seelisch« um. Sie erfüllen nicht länger nur Pflichten. Sie übernehmen Verantwortung für sich, für ihren Körper, für ihr Leben. Sie stellen Ansprüche an ihre Beziehungen zu Menschen. Und sie nehmen die Wechseljahre nicht mehr passiv hin wie einen Schicksalsschlag: Sie altern nicht im stillen Kämmerlein vor sich hin wie viele hunderte von Frauengenerationen vor ihnen. Sie wollen nicht aus- sondern umsteigen.

Der Stellenwert, den das Altern im Bewußtsein der betroffenen Frauen einnimmt, hängt also nicht allein vom Hormonabfall ab, sondern ganz wesentlich auch von ihrer Persönlichkeitsstruktur, von den sozialen und sexuellen Bindungen. Entsprechend haben es Frauen, die mitten im Leben stehen, im allgemeinen leichter, über die Irritationen der Wechseljahre hinwegzukommen. Zumindest sollen laut Studien diejenigen mit einer guten Ausbildung, einer sogenannten starken Persönlichkeit und einer festen Bindung an Familie und Beruf es einfacher haben als alle, die sich hauptsächlich auf ihre Rolle als Ehefrau, Hausfrau und Mutter konzentriert haben.

Wie auch immer. Vielen Frauen wird die Mitte ihres Lebens sehr deutlich gemacht. Für sie ist diese Phase der Anfang vom Ende, nicht Abschied und Anfang zugleich. Wer so empfindet, nimmt den Alterungsprozeß als besonders beschämend wahr – tyrannisiert von der Vorstellung, daß nur die junge, schöne, körperlich leistungsfähige und möglichst fortpflanzungsfähige Frau etwas gilt. Andererseits haben diese falschen Vorstellungen auch etwas Gutes. Sie tragen dazu bei, daß das Thema seine Tabus verliert und in der Öffentlichkeit zunehmend breit diskutiert wird.

Dieser Diskussion stellt sich mehr denn je auch die Wissenschaft. In den letzten Jahren haben die Ärzte ihre fachliche Kompetenz erheblich erweitert, um Frauen zu helfen, die Schwierigkeiten mit den Wechseljahren haben. Deshalb informiert Sie das vorliegende Buch auch ausführlich über die aktuellen Erkenntnisse der Hormontherapie und darüber, daß eine individuelle Behandlung der klimakterischen Beschwerden durch einen ebenso sensiblen wie gut informierten Frauenarzt sinnvoll ist. Die häufigsten Fragen, die Frauen in der Sprechstunde stellen, werden von einer Gynäkologin beantwortet. Außerdem berichten zwei Frauen über ihre völlig unterschiedlichen Erfahrungen. Unter dem Titel Wege zum Gleichgewicht gibt das letzte Kapitel schließlich einen Ausblick auf Ernährungs-, Entspannungs- und Bewegungsmöglichkeiten. Nicht zuletzt mit deren Hilfe können Sie die kommenden Jahre als Ihre »besten« genießen.

Kurs aufnehmen

Typisch weiblich: Der Monatszyklus

Zu einem Frauenleben gehört sie einfach dazu: die Regel (Menstruation, Menses, Periode, Blutung). Von der Pubertät bis zu den Wechseljahren wiederholt sie sich Monat für Monat ungefähr alle 28 Tage,

- ◊ mit mehr oder minder großen Schwankungen, wobei drei Tage mehr (31 Tage) oder weniger (25 Tage) normal sind;
- ◊ mit mehr oder minder handfesten körperlichen und seelischen Belastungen, die viele Anlässe haben und Zyklus sowie Wohlbefinden nachhaltig stören können;
- ◊ mit unter Umständen möglichen Krankheiten, die medikamentöse Hilfe oder gegebenenfalls einen operativen Eingriff notwendig machen.

Die erste Regel, die zwischen dem elften und 15. Lebensjahr einsetzt, wird als Menarche bezeichnet, die letzte als Menopause. Dazwischen liegen ungefähr 40 Jahre, in denen Sie schwanger werden können. Ihre Geschlechtsreife und damit Ihre Fruchtbarkeit ist auf diese Zeit begrenzt, während der Mann bis ins hohe Alter zeugungsfähig bleiben kann. Einer der vielen kleinen Unterschiede.

Mit jeder Menstruation wird ein ungefähr vier Wochen dauernder Zyklus eingeleitet, der rein biologisch nichts anderem als der Fortpflanzung dient. Warum in einem Rhythmus von vier Wochen, ist unbekannt. Jedenfalls bereitet der Körper regelmäßig die Gebärmutter für eine Schwangerschaft vor. Dafür verändert sich die Gebärmutterschleimhaut, das Endometrium. Jeden Monat aufs Neue wird sie auf- und umgebaut und schließlich abgestoßen. Möglich wird eine Schwangerschaft jedoch nur, wenn gleichzeitig in einem der Eierstöcke ein Ei heranreift und freigesetzt wird. Der auch Ovulation genannte Eisprung wiederholt sich in einem Frauenleben insgesamt an die vierhundertmal in der Mitte des Zyklus, etwa um den 14. Tag: Die Blase (Follikel), die das Ei umgibt, platzt und schleudert es heraus. Manche Frauen spüren dieses Ereignis als Ziehen im Unterbauch (Mittelschmerz). Bei manchen kommt es auch zu einer Zwischenblutung. Ob mit oder ohne Schmerz, der Eisprung signalisiert den optimalen Zeitpunkt für eine Befruchtung.

Die Eizelle, winziger als ein Stecknadelkopf, wird vom Eileiter aufgefangen, in ihm eventuell befruchtet und wandert durch ihn hindurch in Richtung Gebärmutter. Auf dem Weg dorthin reift das Ei weiter. Die Chancen, daß eine Samenzelle mit einer Eizelle verschmilzt, sind zeitlich jedoch begrenzt. Das Ei überlebt nur zwölf bis 36, in seltenen Fällen bis zu 48 Stunden, während Spermien immerhin bis zu sieben Tage fit bleiben können.

Ob befruchtet oder nicht, die Wanderung der Eizelle zur Gebärmutter dauert vier bis sechs Tage. Nistet sich das Ei unbefruchtet in der Gebärmutterschleimhaut ein, zerfällt die nicht mehr benötigte Schleimhaut und wird abgestoßen. Die damit verbundene Blutung, die das Ei mit wegschwemmt, dauert zwischen drei und fünf Tagen. Der Blutverlust beträgt dabei etwa 30 bis 80 Milliliter. Der erste Tag der Blutung ist auch der erste Tag des neuen Zyklus.

Kopfarbeit: Vom Hirnimpuls zur Hormonbildung

Angeregt und gesteuert werden diese Vorgänge durch einen Regelkreis, der seine Schaltzentrale im Zwischenhirn hat. Von dort aus werden lebensnotwendige Funktionen reguliert. Zum Beispiel Atmung und Appetit, Schlaf- und Wachrhythmus, Wärme- und Kälteempfinden, der Stoffwechsel und die Geschlechtsfunktionen. Mit dem Zwischenhirn (Hypothalamus) direkt verbunden ist die zweite Schaltstation, die Hirnanhangdrüse (Hypophyse). Der Tatsache, daß beide Organe pausenlos Informationen aussenden, haben wir die Betriebsamkeit der verschiedensten Körpersysteme zu verdanken.

Nun war es schon immer so, daß Informationen geeignete Mittel und Wege brauchen, um ans Ziel zu gelangen. Der Weg ist die Blutbahn, die Überbringer sind Hormone. Hormone sind Botenstoffe. Sie werden an einem Ort produziert und setzen an einem anderen

Prozesse in Gang. »ANTREIBEN« oder »ANZEIGEN« heißt denn auch die Übersetzung des griechischen Wortes HORMAO. Eine Vielzahl von Hormonen regelt die Funktionen unseres Organismus. Produziert werden sie in Drüsen und Organen, z.B. in der Nebenniere, der Schild- und Bauchspeicheldrüse.

Zwischenhirn und Hirnanhangdrüse spielen eine entscheidende Rolle dabei. Denn sie wachen über alle hormonproduzierenden Organe. Das tun sie besonders bei den Eierstöcken. Alle drei, Zwischenhirn-Hirnanhangdrüse-Eierstöcke, sind eine untrennbare Einheit – und als hormoneller Regelkreis zuständig für

◊ die Bildung der weiblichen Geschlechtshormone,
◊ Eisprung und Blutung und
◊ dafür, daß der Zyklus gleichmäßig funktioniert.

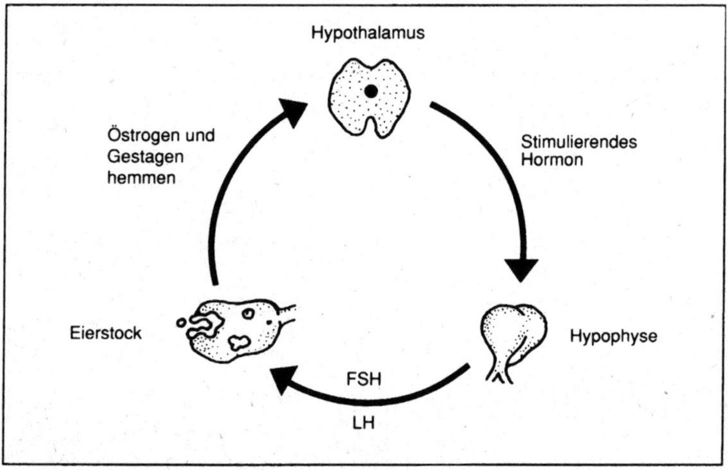

HORMONELLER REGELKREIS

Eröffnet wird der Zyklus vom Zwischenhirn. Indem es ein Hormon an die Hirnanhangdrüse sendet, veranlaßt es diese, zwei Hormone herzustellen: das follikelstimulierende Hormon (FSH) und das luteinisierende Hormon (LH). Diese beiden wirken in den Eierstöcken:

In der ersten Zyklusphase fördert das FSH die Eireifung. Gleichzeitig regt es die Millionen von Zellen, die das Ei in seinem Bläschen umgeben, zur Bildung des Sexualhormons Östrogen an. Das Östrogen bereitet die Gebärmutter durch Wachsen ihrer Schleimhaut für den Fall vor, daß eine Schwangerschaft eintritt. Außerdem verändert es den Schleim im Gebärmuttermutterhals: Dieser wird flüssiger, damit es die Spermien leichter haben, in die Gebärmutter hochzuschwimmen (»Fruchtbarkeitsschleim«). Mit der Folge, daß auch der Vaginalausfluß dünnflüssig, klar und geruchlos ist. Die erste Zyklushälfte wird auch als Östrogenphase bezeichnet. Sie ist bei einem regelmäßigen Zyklus von 28 Tagen am 14. Tag abgeschlossen.

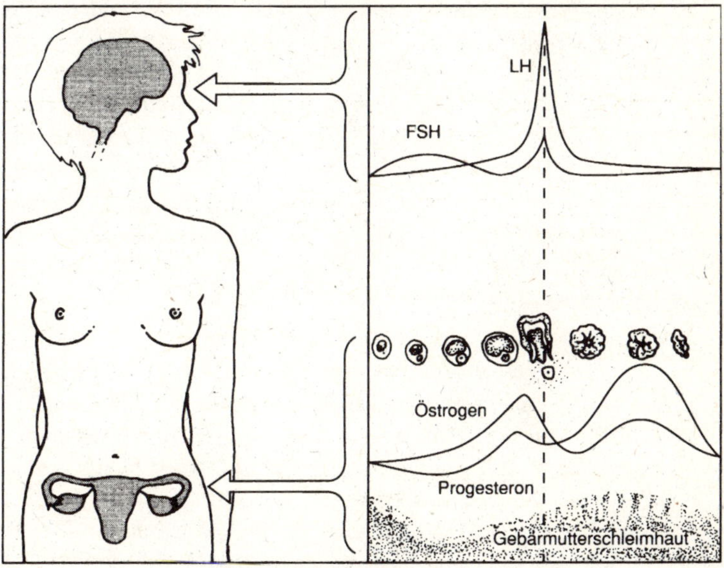

DER ZYKLUS

Schon etwa drei Tage vorher ist die Eiblase auf etwa zwei Zentimeter angewachsen und bereit zu platzen. Das Ei liegt darin wie ein Kern in einer prallen Frucht. Damit der Eisprung stattfinden kann, schüttet die Hirnanhangdrüse große Mengen an luteinisierendem

Hormon aus. Ungefähr 36 Stunden später platzt dann der Follikel, und das Ei wird vom Trichter des Eileiters aufgenommen. Die übriggebliebene Eiblase hat noch längst nicht ihren Sinn verloren. Sie nimmt im Laufe der nächsten Tage eine gelbe Färbung an und wird in ein hormonproduzierendes Gebilde verwandelt, in den sogenannten Gelbkörper.

Damit beginnt die zweite Zyklushälfte, die Gelbkörperphase. Mit dem wachsenden Follikel steigt der Östrogenspiegel stark an und leitet so die Vorgänge ein, die zum Eisprung führen. Kurz vor, während und in der Zeit nach der Ovulation sinkt der Östrogenspiegel steil ab und hat dann in der Mitte der Gelbkörperphase einen zweiten niedrigeren Gipfel. Zusätzlich setzt nun die Produktion des Gelbkörperhormons, des Progesterons, ein. Genaugenommen wird Progesteron sofort nach dem Eisprung hergestellt, einige Tage vor der Menstruation erreichen die Mengen ihren Gipfel und fallen dann wieder ab. Auch das Gelbkörperhormon hat für die Gebärmutter eine wichtige Aufgabe. Es reichert die aufgebaute Schleimhaut mit Nährstoffen an und verdichtet die Schleimmenge im Gebärmutterhals (»Schleimpfropf«). Das zeigt sich auch am ausfließenden Sekret, es ist zäh und trüb. Auf diese Weise wird alles vorbereitet, damit sich ein möglicherweise befruchtetes Ei einnisten kann.

Wird das Ei nicht befruchtet, bildet sich der Gelbkörper nach zehn bis zwölf Tagen zurück. Dadurch sinken auch die Hormonkonzentrationen im Blut. Da aber für das Wachstum und die Erhaltung der Gebärmutterschleimhaut immer eine bestimmte Hormonmenge vorhanden sein muß, lösen sich Teile der Gebärmutterschleimhaut ab und werden im Menstruationsblut nach außen geschwemmt. Es kommt zur Blutung. Die sich dabei rhythmisch zusammenziehende Gebärmutter kann krampfartige Schmerzen auslösen. Pauschal läßt sich sagen, daß die Blutung um so stärker ist, je dicker die Schleimhaut aufgebaut wird. Eine extreme Menstruation, die Hypermenorrhöe, kann jedoch auch organische Ursachen wie Myome haben.

Ein Zyklus ist vollendet, ein neuer bahnt sich an. Der ganze Vorgang hinterläßt eine Wunde in der Gebärmutterhöhle, die aber schnell heilt, weil durch die Östrogenproduktion des nachfolgenden Zyklus neue Schleimhaut wächst. Äußeres Zeichen dafür ist das Aufhören der Blutung. Dieser Ablauf verändert sich langsam aber sicher, während Sie auf das Klimakterium zusteuern.

Östrogene und die anderen

Damit der Zyklus reibungslos abläuft, muß das Hin und Her der Hormone zwischen der »Chefetage« im Gehirn und den Keimdrüsen genau abgestimmt sein: Sobald die Eierstöcke genügend Östrogen und Gelbkörperhormon gebildet haben, stellen die Hirnzentren ihre Aktivitäten ein. Umgekehrt werden sie erneut aktiv, wenn der Hormonspiegel in den Eierstöcken absinkt. Ein Spiel, das sich auf den ganzen Organismus auswirkt.

An diesem hochkomplizierten Zusammenspiel sind hauptsächlich drei Gruppen von Sexualhormonen beteiligt, über die Sie nun Näheres erfahren:

- ◊ Östrogene
- ◊ Gelbkörperhormone (Gestagene)
- ◊ männliche Hormone (Androgene)

Die bedeutsamsten sind jene, die unter dem Oberbegriff Östrogene zusammengefaßt werden. Dazu zählen das biologisch wirksamste Östradiol – das »Leithormon« der ersten Zyklusphase – und die zwei schwächer wirkenden Hormone Östron und Östriol. Das Wort Östrogen stammt aus dem Griechischen und heißt soviel wie »Brunst erzeugend« (oistros = Brunst, genes = entstehend). Östrogene werden in den Follikeln der Eierstöcke gebildet. Außerdem werden die in der Nebennierenrinde produzierten Androgene im Fettgewebe in Östrogene umgewandelt.

Östrogene haben verschiedene Wirkungen, die weit über das hinausreichen, was die Bedeutung der Sexualhormone umfaßt. Diese Stoffe, die für das Fortbestehen der Menschheit von zentraler Bedeutung sind, regulieren die Entwicklung der Geschlechtszellen, die Befruchtung der Eizelle, das Wachstum des Embryos, den Verlauf von Schwangerschaft und Geburt. Sie sind für Sexualität, Schwangerschaft und den Funktionserhalt des Genitale (Geschlechtsorgane) gleichermaßen verantwortlich.

Aber sie sind keinesfalls nur Sexualhormone. Man weiß heute, daß Östrogene in vielfacher Weise in den Stoffwechsel eingreifen. Ständig entdecken die Forscher neue Zusammenhänge, so daß man beinahe glauben möchte, Östrogene wirken in alle Regulationssysteme des Körpers hinein. In der Tat ist die Liste umfangreich:

ÖSTROGENE

- ◊ regulieren den monatlichen Zyklus und sind in starkem Maße auch für das Sexualleben verantwortlich;
- ◊ beeinflussen die Blutfette und den Blutdruck;
- ◊ fördern die Durchblutung;
- ◊ erweitern die Gefäße, hemmen ihre Verkalkung und schützen somit das gesamte Herz-Kreislauf-System;
- ◊ greifen direkt ins Immunsystem ein;
- ◊ stimulieren die Produktion anderer Hormone;
- ◊ beeinflussen die Knochenbildung und das Körpergewicht, den Magen-Darm- und Harntrakt, selbstverständlich die Brust, die Haut und Schleimhäute, das Binde- und Stützgewebe, die Haare, alle Anhangsorgane, das Zellwachstum und auf jeden Fall das subjektive Befinden;
- ◊ fördern die Auflockerung des Körpergewebes durch Wassereinlagerungen und
- ◊ beeinflussen nicht zuletzt verschiedene Hirnleistungen wie Konzentration, Kurzzeitgedächtnis und psychomotorische Geschicklichkeit.

Beobachten Sie sich selbst: Vor der Ovulation wirkt das Östrogenhoch nahezu wie ein Jungbrunnen. Haut und Haare sind in einem guten Zustand, die Stimmung ist positiv. Demnach müßte ein Östrogenmangel oder der abrupte Östrogenabfall nach dem Eisprung entgegengesetzt wirken. Ist auch so, wie Sie gleich erfahren werden.

Das dominante Hormon der zweiten Zyklusphase ist das Progesteron, das Gelbkörperhormon. Mit vielen anderen, synthetisch hergestellten Hormonen, die wie Progesteron wirken, bildet es die Gruppe der Gestagene. Ganz allgemein kann man sagen, daß die Gestagene die Umwandlung des aufgebauten Endometriums (was durch die Östrogene geschieht) in die Sekretionsphase bewirken und damit die Schwangerschaft vorbereiten und auch erhalten können. Sie erinnern sich, daß Progesteron direkt nach dem Eisprung vom Gelbkörper erzeugt wird.

PROGESTERON

◊ ist sowohl Gegenspieler als auch Ergänzung des Östrogen;
◊ polstert das vom Östrogen aufgebaute Endometrium so auf, daß die befruchtete Eizelle ein optimales Milieu zum Wohlfühlen, zur Nährstoffversorung und Sicherheit vorfindet. Sinkt der Progesteronspiegel – weil keine Schwangerschaft eingetreten ist –, wird die aufgebaute Schleimhaut unter Blutung abgestoßen;
◊ schützt das Endometrium, indem es ein zu rasches Wachstum verhindert;
◊ verhindert, daß sich gutartige Knoten in der Brust (Mastopathie) entwickeln;
◊ hat außerhalb der Fortpflanzungsorgane noch viele weitere Aufgaben.

Deutlich wird der Einfluß bzw. der Mangel von Progesteron an Veränderungen besonders vor der Menstruation: Sie nehmen zu – nicht immer, aber immer mal bis zu vier Pfund. Sie bekommen Pickel, essen kurzfristig mit heftigstem Appetit, neigen zum Blähbauch, frösteln und schwitzen, sind deshalb eventuell weniger leistungsfähig, leiden unter Verstopfung und reagieren insgesamt hochsensibel. Entsprechend wird ein Progesteronmangel verdächtigt, eine mögliche Ursache für das prämenstruelle Syndrom (PMS) zu sein, dessen Symptome zahllose Frauen vor der Regel quälen.

Der Grund: Progesteron schwemmt die Flüssigkeit aus, die sich vor der Regel in den verschiedenen Geweben sammelt. Geschieht dies nicht, haben Sie das Gefühl, aus den Nähten zu platzen. Progesteron zieht die Blutgefäße zusammen, wirkt auf das Wärmezentrum im Zwischenhirn und sorgt so unter anderem für einen geringen Anstieg der Körpertemperatur. Progesteron hemmt indirekt die Darmtätigkeit und kann so – beim Zusammentreffen mehrerer Faktoren – auch zu Verdauungsstörungen beitragen. Es steigert durch seine direkte Leitung zum Gehirn die Leistungsfähigkeit. Und es regt das Gehirn zur Bildung von Substanzen an, die ähnlich dem Morphium wirken und Endorphine heißen. Diese Stoffe werden speziell im Gehirn (Hypophyse, Stirnhirnrinde) gebildet. Die Ausschüttung vieler verschiedener Endorphine beruhigt, dämpft Schmerz, hebt die Stimmung und sorgt so für seelische Stabilität. Nicht zuletzt bremsen Endorphine auch die Funktion der Eierstöcke, was unter bestimmten Voraussetzungen (extreme psychische Belastungen, Hochleistungssport, Diäten) den Zyklus empfindlich stören kann.

Frauen tragen auch eine kleine Menge von Botenstoffen des männlichen Geschlechts in sich: Androgene, die wiederum in den Eierstöcken und in den Geweben der Nebennierenrinde gebildet werden und von dort in den Blutkreislauf gelangen. Gemeinsam mit dem wirkungsvollsten Männerhormon, dem Testosteron, bilden das Androstendion, Dehydroepiandrosteron und 17-Hydroxyprogesteron die Gruppe der mehr oder minder »glorreichen Vier«. Denn wie die weiblichen Hormone dienen sie nicht allein dem Aufbau und Schutz, sondern können auch unerwünschte Spuren hinterlassen. Sichtbare Spuren, die einen Frauenkörper schlimmstenfalls mit typisch männlichen Merkmalen verunglimpfen.

Das Gute zuerst. Androgene helfen den Östrogenen, Haut und Knochen aufzubauen und zu schützen. Als sexuelle Lustmacher sind sie nicht zu unterschätzen, auch die Psyche profitiert von ihrer Präsenz. Schon vor der Pubertät beginnt die Nebennierenrinde, Androgene herzustellen. Dies beschleunigt das Wachstum und bewirkt etwa im 12. Lebensjahr einen Wachstumsschub. Androgene veranlassen ebenfalls die Entwicklung der großen Schamlippen, der Klitoris und der Schambehaarung. Sobald die Eierstöcke ihre Funktion aufnehmen, werden Androgene in Östrogene umgewandelt – was dann das fruchtbare Alter einleitet.

In einem normalen Zyklus zirkulieren die männlichen Hormone nun in relativ stabilen geringen Mengen. Bis zum Tag des Eisprungs. Dann steigt der Wirkspiegel auf das etwa Zehnfache. Wenn mit den Wechseljahren die eigengeschlechtlichen Hormone weniger werden, fallen die Androgene stärker ins Gewicht. Zwar nicht mengenmäßig, aber in ihrer Wirkung. Deshalb wird bei vielen älteren das Kopfhaar schütter, es wachsen Barthaare und Haare an Armen und Beinen.

Wenn Frauen generell zu viele männliche Hormone bilden, sprießen Haare an Oberlippe und Kinn, um Nabel und Brustwarzen, am Rücken, an den Oberschenkeln. Dieser sogenannte Hirsutismus (vermehrte Behaarung vom männlichen Typ) kann mit übermäßiger Talgdrüsenaktivität und Akne kombiniert sein. Allerdings liegen dem echten und ausgeprägten Hirsutismus meist andere Störungen zugrunde, die jedoch einer spezifischen (Hormon-)Diagnostik und einer Behandlung gut zugänglich sind.

Das Zentrum der Fruchtbarkeit

Die Fortpflanzungsorgane werden in die äußereren und inneren Geschlechtsorgane unterteilt. In dem Sinne gehört der Venushügel, auch Schamhügel genannt, zu den äußeren Geschlechtsorganen der Frau. Die Schamhaare, die diese Partie bedecken, lassen im übrigen Rückschlüsse auf die hormonelle Situation zu. Je größer der Androgenanteil, desto stärker zieht die Behaarung in Richtung Nabel.

Zu den äußeren Geschlechtsorganen gehören weiterhin die großen und kleinen Schamlippen, die Klitoris, der Scheideneingang, die als Damm bezeichnete Verbindung der großen Schamlippen zum Darmausgang sowie die feinen Drüsen um den Scheideneingang, die bei sexueller Erregung vermehrt ein Sekret abgeben. All diese Organe zusammen heißen Vulva. Die Vulva reagiert empfindlich, vor allem auf die Einwirkung von Östrogen.

Äussere Geschlechtsorgane
◊ Venushügel (Schamhügel)
◊ große und kleine Schamlippen
◊ Kitzler (Klitoris)
◊ Scheideneingang
◊ Damm
◊ feine Drüsen um den Scheideneingang

Ins Innere führt ein dehnbarer, acht bis zehn Zentimeter langer muskulöser Schlauch, die Scheide (Vagina). Sie ist schon Bestandteil der inneren Geschlechtsorgane und als »Zufahrt« auch für Krankheitserreger interessant. Betrachtet man das Bild des weiblichen Genitale, so fällt auf, daß eine offene »kanalartige« Verbindung zwischen der Scheide und dem Bauchraum besteht, eine Verbindung, die Krankheitserregern eine gute Möglichkeit gibt, sich auszubreiten. Dagegen hat der Organismus Sicherheitsbarrieren entwickelt.

Die wichtigste davon ist sicherlich das sogenannte »saure Scheidenmilieu«. Während der geschlechtsreifen Phase der Frau wird unter Einwirkung der Östrogene Glykogen in die Zellen der Schleimhaut eingelagert. Die normalerweise abschilfernden Zellen setzen das Glykogen frei, das nun wiederum durch sehr nützliche und normalerweise auch immer vorhandene Bakterien (Milchsäurebakterien, Döderlein'sche Stäbchen) zu Milchsäure abgebaut wird. Das dadurch entstehende saure weißliche Sekret der Scheide, auch Scheidenflora genannt, ist der wichtigste Schutzmechanismus gegen Infektionen.

Sobald dieses Milieu gestört oder geschädigt ist, fühlen sich Krankheitserreger wohl. Besonders nach der Menopause, wenn die Wirkung der Östrogene wegfällt, treten im Scheidenmilieu Veränderungen auf, die sich durch Trockenheit der Scheide, aber auch durch sich immer wiederholende Scheidenentzündungen bemerkbar machen können. Eine lokale Zufuhr von Östrogenen (in Form von Zäpfchen oder Creme) kann dann leicht Abhilfe schaffen. Funktionsstörungen der Scheidenflora kommen jedoch nicht selten auch durch eigenes Dazutun zustande, beispielsweise durch ständige Reinigung der äußeren Genitalien mit Seife.

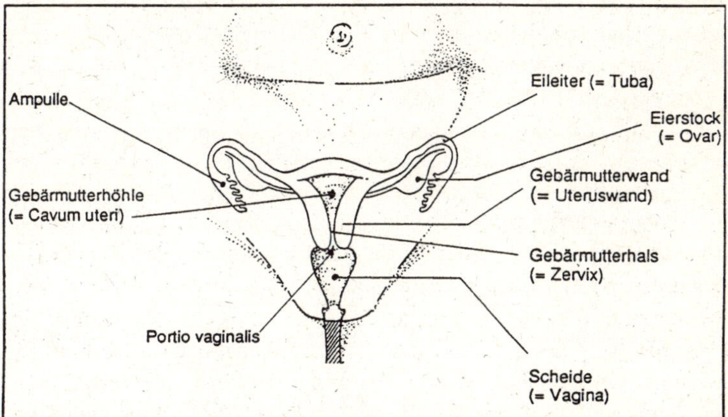

INNERE GESCHLECHTSORGANE

Am hinteren Ende der Vagina ragt zapfenförmig der Muttermund hervor. Er ist der Eingang zum Gebärmutterhals (Zervix). Für die Bildung des Schleims – vorm Eisprung dünn und durchlässig, anschließend dick und undurchlässig – ist der Gang innerhalb des Gebärmutterhalses zuständig, der Zervixkanal. Auch dieser Schleim stellt eine wichtige Barriere bei der Abwehr von Infektionen dar.

Die Gebärmutter (Uterus) ist etwas kleiner als die Faust seiner Besitzerin und ähnelt von der Form her einer auf den Kopf gestellten Birne. Sie liegt hinter dem Schambein unten im Becken und besteht größtenteils aus Muskulatur, die sich während der Schwangerschaft beachtlich ausdehnt und sich dem wachsenden Kind anpaßt. An dem Gewicht trägt seine Mutter zunehmend schwerer, am Stichtag sind es insgesamt (Uterus plus Inhalt) viereinhalb Kilogramm mehr.

Der Hohlraum im Gebärmutterkörper ist mit jener Schleimhaut ausgekleidet, die jeden Monat wieder neu aufgebaut und abgestoßen wird.

Rechts und links aus dem oberen Ende der Gebärmutter wachsen die Eileiter (Tuben, Tube), zwei jeweils etwa fünfzehn Zentimeter lange enge Röhren, deren innere Oberfläche mit feinen Flimmerhaaren übersät ist. Eine faszinierende Einrichtung sind die trichterartigen Enden der Eileiter in direkter Nähe der Eierstöcke: Sie legen sich zum Eisprung regelrecht in Position über den Eierstock, um Ei samt Flüssigkeit aufzusaugen. Durch Bewegungen der Flimmerhärchen im Eileiter wird beides vorangetrieben. Die Beweglichkeit eines Eileiters kann nach einer Entzündung erheblich eingeschränkt werden. Während der Heilung kommt es zu Verwachsungen, die das Auffangen der Eizelle erschweren. Schlimmstenfalls verstopft der ganze Eileiter und eine Frau wird steril.

Die Eierstöcke (Ovarien, Ovar) auf beiden Seiten der Gebärmutter sind durch Bindegewebsstränge an der Gebärmutter und Beckenwand befestigt. Sie stellen Monat für Monat ein befruchtungsfähiges Ei zur Verfügung. Die Ovarien sind die wichtigsten Produktionsorte für die weiblichen Sexualhormone. Deren Wirkung zielt primär auf die Gebärmutterschleimhaut, um diese für die Aufnahme eines befruchteten Eies vorzubereiten. Die übrigen vielfältigen Wirkungen im Organismus bestimmen die eigentliche »Weiblichkeit«.

Bei einem weiblichen Embryo ist in beiden Eierstöcken schon der ganze Vorrat an Eizellen angelegt, der fürs Leben reichen soll: etwa eine halbe Million. Erstaunlicherweise gehen nach der Geburt die meisten Eier ungenutzt zugrunde, der Vorrat minimiert sich bis zur ersten Menstruation auf 200.000 pro Ovar. Davon werden insgesamt nur 400 oder 500 die Ovarien verlassen, der Rest geht wiederum unter. Während seiner Reifung wandert der Follikel zur Oberfläche des Eierstocks. In welchem Eierstock ein Eifollikel reift beziehungsweise in welchem der Eisprung stattfindet, ist wohl eher Zufall. Manche Frauen spüren den Mittelschmerz deutlich auf der linken oder rechten Seite.

INNERE GESCHLECHTSORGANE

◊ Scheide (Vagina)
◊ Muttermund
◊ Gebärmutterhals (Zervix)
◊ Gebärmutterhalskanal (Zervixkanal)
◊ Gebärmutter (Uterus)
◊ Eileiter (Tuben, Tube)
◊ Eierstöcke (Ovarien, Ovar)

DIE BRUST

In der Fachsprache heißt die Brust MAMMA – ein Begriff, der auf irgendwie zärtliche Weise ihre Bedeutung als *das* Symbol für Weiblichkeit und Mütterlichkeit zum Ausdruck bringt. Die Brüste bestehen aus je einem Drüsenkörper, aus Binde- und Fettgewebe und sie stellen die Milch für die Ernährung des Neugeborenen her. Ihre Größe wird weitgehend von genetischen Faktoren und vom Fettgewebe bestimmt. Die Menge des Fettgewebes hängt von Faktoren wie dem Frauentyp, dem Alter und der allgemeinen Ernährung ab. Wie viele andere Organe sind auch Veränderungen der Brust altersbedingt und zyklischen Umbauprozessen unterworfen. Entsprechend kann es zu Beschwerden und Krankheiten kommen, die Frauen in unterschiedlichen Schweregraden treffen.

Im Alter von elf, zwölf Jahren entwickeln sich die Brüste aus den Brustwarzen. Der Drüsenkörper besteht aus 15 bis 20 Drüsen, die wie Blätter an einem Baum aussehen und angeordnet sind, und dessen Stamm zur Brustwarze zeigt. Der Stamm ist der Milchgang, die Blätter sind die Drüsenläppchen, in denen nach der Entbindung die Milch gebildet wird.

Das Bindegewebe gibt der Brust Festigkeit. Sein Anteil ist mit etwa 20 Jahren am größten, bis 30 nimmt es ab – die Brust wird weicher. Ab dann werden sowohl Binde- als auch Drüsengewebe weniger. Durch den Ausfall der Hormone nach dem Klimakterium erschlafft das Stützgewebe, das Drüsengewebe schrumpft und wird durch Fettgewebe oder minderwertiges Bindegewebe ersetzt.

Unter dem Einfluß der Hormone kommt es in der zweiten Zyklushälfte zur stärkeren Durchblutung und Wassereinlagerung des Brustgewebes, manchmal schwillt es vor der Menstruation sogar knotig an. Das ist kein Grund zur Beunruhigung! Diese Schwellungen, die schmerzhafte Spannungsgefühle verursachen können, lassen mit Einsetzen der Blutung wieder nach. Das Abtasten der Brust, sei es durch Selbstuntersuchung oder beim Arzt, sollte daher immer innerhalb der ersten zehn Tage nach der Menstruation erfolgen.

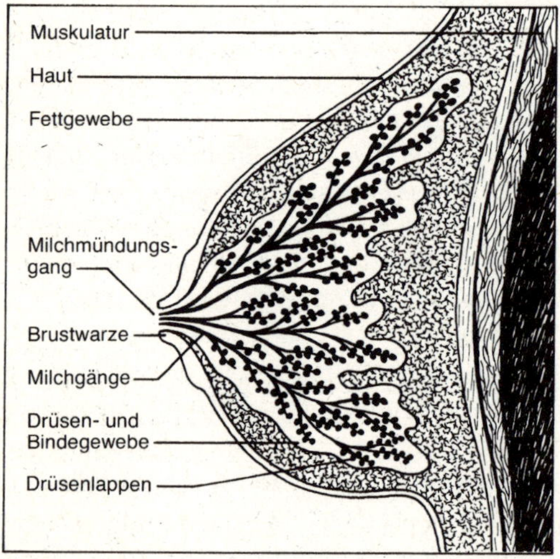

Die Brust

Wechseljahre: Ein Lebensdrittel, viele Begriffe

Auf jeden Fall ein Teil des Alterungsprozesses

Nur allzuoft löst es Unbehagen aus, die Spuren gelebten Lebens nicht länger leugnen zu können. Falten, ergraute Haare, die urplötzliche Notwendigkeit einer Lesebrille: Solche äußerlichen Gegebenheiten können eine symbolische oder emotionale Bedeutung haben. Für den Gesundheitszustand und die Lebenserwartung ist jedoch das, was sich im Organismus abspielt, maßgeblicher. Und das sind vor allem Veränderungen der größeren Organe und der Blutgefäße.

Dieser Prozeß umfaßt den ganzen Lebenslauf, und er heißt Altern. Allerdings sind die Zeichen des Alterns nicht an bestimmte Lebensjahre gebunden. Manche Leute zeigen schon mit 25 Jahren Alterserscheinungen, während andere noch mit 60 oder 70 jung wirken. Außerdem hängt das Tempo der Veränderungen von vielen Faktoren ab: von Ihrer seelischen Struktur, von familiären, beruflichen, finanziellen, gesundheitlichen Begleitumständen und von der politischen und gesellschaftlichen Umgebung, in der Sie leben.

Eine feststehende Größe gibt es trotz allem. Man weiß, daß die Jahre zwischen 14 und 30 unsere besten sind. Fortpflanzungsfähigkeit, Hormonhaushalt und Abwehrkräfte, Stoffwechsel und Sehvermögen, Muskelkraft und Knochensystem – der Organismus ist, sofern wir gesund sind, in Hochform. Die Wende tritt mit 30 ein, obgleich äußerlich noch unsichtbar. Langsam entwickeln sich die körperlichen Funktionen zurück. Haut und Herz, Gefäße und Lunge, Muskulatur und Sehnen verlieren an Elastizität, die inneren Organe und das Gehirn werden kleiner und funktionieren schlechter. Von solchen normalen Altersveränderungen muß man jedoch krankhafte Erscheinungen wie die »Arterienverkalkung« (Arteriosklerose, auch: Atherosklerose) und die Verformung der Gelenke (Arthrose) trennen.

Der Geist altert nicht unbedingt gleichzeitig mit dem Körper. Im Gegenteil. Die geistige Leistungsfähigkeit steigt bei vielen Menschen weiter an. Unter günstigen Umständen bilden die mittleren Lebensjahre und das frühe Alter deshalb die reifste Zeit. C. G. Jung, Professor für Psychologie und Psychiatrie in der Schweiz, legte auf die Entwicklungsmöglichkeiten nach der Lebensmitte das größte Gewicht.

Im Verlauf des Alterns verändert sich auch die Fortpflanzungsfähigkeit bei beiden Geschlechtern, bei der Frau allerdings viel einschneidender als beim Mann. Selbst wenn bei ihm mit den Jahren der Testosteronspiegel absinkt und sich die Potenz vermindert, so bleibt er unter Umständen bis ins hohe Alter zeugungsfähig. Ihm fehlt ein Meilenstein wie die Menopause der Frau.

Warum der Eierstock zu einem bestimmten Zeitpunkt keine Östrogene mehr herstellt, weiß niemand. Mediziner gehen aber davon aus, daß der beim neugeborenen Mädchen angelegte Vorrat an Eizellen fast erschöpft ist. Außerdem ist die Lebensdauer des Ovars durch die Gene festgelegt. Viele Jahre früher als bei anderen Organen verändern sich beim Ovar die Gefäße. Mit der Folge, daß es sich zurückbildet, wenn Sie etwa 54 Jahre sind. Auch die Gründe dafür wurden bisher nicht eindeutig geklärt. Der biologische Sinn mag darin liegen, daß dem weiblichen Organismus Schranken gesetzt werden; der natürliche Alterungsprozess und das Kindergebären ohne Risiko schließen einander aus.

Der Wechsel kann viele Jahre dauern

Mit dem Wechsel ist nicht nur ein langsames Erlöschen der Gebärfähigkeit verbunden. Die dahin führenden Vorgänge sind vielschichtig und laufen über viele lange Jahre ab. Mindestens zehn Jahre dauert es, bis die Hormonproduktion vor und nach der allerletzten Regel allmählich versiegt. Die dadurch auftretenden Beschwerden können sich über einen noch längeren Zeitraum von mehr als 30 Jahren erstrecken.

Demnach sind die Wechseljahre ein fester Bestandteil des Alterungsprozesses. Allerdings nur des weiblichen – oder? Professor Lila E. Nachtigall, amerikanische Ärztin mit dem Spezialgebiet der Hormone, ist rigoros: »Männer kommen nicht in die Wechseljahre – die Vorstellung von einem echten männlichen Klimakterium ist ein vielstrapazierter Mythos«. Diese Meinung wird nicht unbedingt geteilt. Da die hormonalen Abläufe beim altersbedingten Nachlassen der Hodenfunktion und die seelischen und körperlichen Folgen noch wenig verstanden werden, läßt sich die Frage bislang nicht eindeutig beantworten.

Prämenopause: Aller Anfang

Bei der Frau sind die Veränderungen im Hormonhaushalt weitgehend geklärt. Da es hier große zeitliche Unterschiede gibt, sind die Wechseljahre in »Zeitzonen« eingeteilt. Den Anfang macht die Prämenopause (Prä, lateinisch = vor). Manchmal wird damit die gesamte fruchtbare Zeit einer Frau bezeichnet, also von der Pubertät bis zur Menopause. Nach einer Definition der Weltgesundheitsorganisation (World Health Organisation, WHO) ist damit die Zeit zwischen dem vierzigsten Lebensjahr und dem Beginn unregelmäßiger Zyklen gemeint. Wieder anders wird mit dem Begriff Prämenopause der Abschnitt vom 45. Lebensjahr bis zur Menopause mit den typischen Beschwerden beschrieben (siehe Klimakterisches Syndrom: Merkmale des Hormonausfalls).

Auf jeden Fall beginnen die Eierstöcke in dieser Phase, sich den von den Hirnzentren weiterhin ausgesandten Hormonen zu widersetzen. Sie bilden kontinuierlich weniger Sexualhormone – und zwar zunächst weniger Gelbkörperhormon. Mit der Folge, daß das weibliche hormonelle System aus den Fugen gerät: Die zweite Zyklusphase fällt immer mal aus, da kein Eisprung stattfindet. Die Zyklen verkürzen oder verlängern sich. All das kann bereits ab Mitte 30 einsetzen und Probleme bereiten. Übrigens wird ein ganz frühes

Zeichen der hormonellen Umstellung nicht immer damit in Verbindung gebracht: plötzlicher Haarausfall.

Perimenopause oder Klimakterium: Vorbereitung auf die Zeit danach

Die Eierstöcke verlieren massiv an Macht, wenn eine Frau sich der Menopause nähert. Die Blutungen stellen sich selten und in schwankenden Abständen ein. Damit beginnt die zweite Phase, die Perimenopause. Das griechische PERI heißt zu deutsch um, herum. Diese Zeit schließt die endgültig letzte Menstruation ein, die Menopause, und darüber hinaus die zwölf folgenden Monate. Streng genommen bezieht sich der Begriff Klimakterium nur auf die Perimenopause – als eine Vorbereitung auf die Menopause und auf den Übergang zur Zeit danach. Schon bei den alten Griechen weist das Wort KLIMAX auf einen Umbruch hin. Denn es bedeutet soviel wie Stufe, Leitersprosse. Wenn alle Sprossen erklommen sind, muß etwas passieren. Und es passiert etwas: Der Körper verliert seine Balance und sucht ein neues Gleichgewicht.

»Umgekehrte Pubertät«

Während der Perimenopause verändert sich das Hormongleichgewicht extrem: Sturzflug der Östrogene, Progesteron gegen Null. Die Sexualhormone sind dafür zuständig, daß der Körper des Mädchens zu dem einer Frau heranreift, daß sie schwanger werden und empfangen kann. Sie sind jetzt verantwortlich dafür, daß sich dies alles wieder ändert. Die Eierstöcke altern und bilden sich zurück. Und der Körper versucht, sich anzupassen. Der ganze Verlauf entspricht einer umgekehrten Pubertät. Was dabei im Körper vor sich geht, kann Frauen ziemlich erschüttern. Besonders dann, wenn sie nicht genau wissen, ob alles normal ist.

Normal ist es, daß die Eizellen immer seltener ausreifen und der Eisprung gelegentlich bis gar nicht mehr stattfindet. Sie erinnern sich: Ohne Eisprung keine Bildung des Gelbkörperhormons (Progesteron), das gegen Zyklusende die Blutung einleitet. Und: Ohne Gelbkörperhormon kein geregelter Rhythmus. Andererseits bildet das Ovar aber noch Östrogene, die fleißig Gebärmutterschleimhaut aufbauen. Weil Progesteron fehlt, löst sich die Schleimhaut jetzt jedoch mitunter beliebig ab. Bei Ihnen macht sich das so bemerkbar: Eisprung und Blutung – völlig aus dem Rhythmus. Die Menstruation kann mehrere Monate aussetzen oder in kurzen Abständen stattfinden, sie kann kurz oder lang andauern, stark oder schwach sein, »schmierig« und »unsauber« ausschauen, mit Schmerzen und prämenstruellen Symptomen wie Gereiztheit, Unruhe und Brustspannen einhergehen.

Die Medizin weiß heute sehr genau, daß die Begleiterscheinungen stark variieren und von einem beschwerdefreien, eher unmerklichen Übergang bis zu erheblichen Beeinträchtigungen reichen können. Entsprechend haben viele Frauen es gut: Sie hatten nie Unregelmäßigkeiten, sondern haben nach regelmäßigen Zyklen eines Tages gar keine Periode mehr bekommen. Das wars.

Menopause: Das letzte Mal

Damit haben Sie erreicht, was Sie nach der bisherigen Lektüre auswendig können: die Menopause, die letzte hormongesteuerte Blutung. Zu diesem Zeitpunkt sind Frauen zwischen 49 und 54 Jahre alt, das Durchschnittsalter beträgt heute 52. Das gilt für deutsche, amerikanische, west- und nordeuropäische Frauen gleichermaßen. Aber natürlich kann die Menopause noch später oder sehr viel früher eintreten. Stellen die Eierstöcke ihre Funktion vor dem 40. Lebensjahr ein, so sprechen die Mediziner vom Climacterium praecox. Verschiedene Faktoren, die das Menopausenalter beeinflussen, sind:

Was beeinflusst das Menopausenalter?

◊ Es gibt große genetisch bedingte und regionale Unterschiede. Das Klima scheint dabei keine Rolle zu spielen.

◊ Starke Raucherinnen erleben die Menopause bis zu fünf Jahre früher.

◊ Unabhängig vom Alter tritt die Menopause unweigerlich ein, wenn die Eierstöcke entfernt wurden, z.B. aufgrund eines Tumors, wenn sie durch Chemotherapie und Bestrahlung funktionslos gemacht werden müssen.

◊ Nach Entfernung der Gebärmutter kann die Menopause bis zu vier Jahre früher einsetzen.

◊ Eine wichtige Rolle spielt der Gesundheitszustand. Angeborene Chromosomenstörungen und verschiedene Erkrankungen wie Entzündungen der Eierstöcke, Viruserkrankungen und Immunkrankheiten können die Menopause weit vorverlegen. Die Umstände dafür können auch vor der Geburt, in der Kindheit oder im frühen fruchtbaren Alter angelegt sein. Gemeinsam ist ihnen eine geringe Östrogenproduktion.

◊ Eine überdurchschnittlich gute Ernährung und Gesundheit sollen die Menopause um zwei bis drei Jahre hinausschieben können.

◊ Starke Unterernährung kann sowohl den Eintritt der ersten Monatsblutung verzögern als auch zur frühzeitigen Menopause führen und so das fruchtbare Alter um einige Jahre verkürzen.

◊ Es besteht kein Zusammenhang zwischen dem Alter bei der ersten Blutung und dem bei der Menopause.

◊ Die Anlage für eine frühe oder späte Menopause ist erblich. Es gibt Familien, bei denen der Zeitpunkt von der Mutter auf die Tochter übertragen wird.

◊ Kinderlosigkeit kann möglicherweise ebenso wie mehrere Geburten den Eintritt in die Menopause beschleunigen.
◊ Eine späte Schwangerschaft kann das Menopausenalter hinauszögern.
◊ Gleiches ist denkbar, wenn jahrzehntelang mit der Pille verhütet wird.

Je nachdem, ob Sie Ihre Menopause früh oder spät haben, gibt es Vor- und Nachteile. Zumindest empfinden viele Frauen eine frühe Menopause als vorteilhaft, da die Blutungen aufhören und sie nicht mehr schwanger werden können. Die Nachteile überwiegen jedoch. Mit einer frühen Menopause setzt ebenfalls der Alterungsprozeß früher und schneller ein. Der Nachteil der späten Menopause liegt darin, daß manche brustkrebsgefährdete Frau einen zusätzlichen Risikofaktor hat.

Postmenopause und Senium: Jenseits der Fruchtbarkeit

Und schließlich: die Endphase, die Postmenopause (Post, lateinisch = nach). Sie beginnt zwölf Monate nach der Menopause und geht nach dem 65. Lebensjahr in das Senium über, in das Alter. Die Östrogenwerte sind am Nullpunkt angelangt, sofern es noch geringe Mengen gibt, stammen diese jetzt nur noch aus dem Fettgewebe. Mit einer Schwangerschaft können Sie jetzt nicht mehr rechnen. In der Nebennierenrinde weiterhin produziert werden Androgene. Sie haben noch etwa 15 Jahre lang eine erhebliche Bedeutung.

Alle typischen organischen Veränderungen, die im nächsten Kapitel ausführlich besprochen werden, betreffen nach und nach jede Frau.

Späte Schwangerschaft: Nichts ist unmöglich

Sobald die Eisprünge seltener und die Blutungen unregelmäßiger werden, taucht bei Frauen immer mal wieder die Frage auf, ob sie vielleicht doch noch einmal schwanger werden könnten. Es ist durchaus denkbar, daß die Eierstöcke ein spätes lebensfähiges Ei ausstoßen, das dann befruchtet wird. Eine Schwangerschaft ist noch sechs bis zwölf Monate nach der (angenommenen) Menopause möglich – wird jedoch extrem unwahrscheinlich, wenn die Blutung ein Jahr lang ausgeblieben ist.

Hier sollten Sie sich an Ihren Gynäkologen wenden. Die Bestimmung der Konzentration von Follikelstimulierendem Hormon (FSH), von Östrogenen und Progesteron im Blut vermittelt gewisse Einblikke in die hormonelle Gesamtsituation. Da die Ovarien auf das FSH nicht mehr in der gewohnten Weise mit der Produktion von Östrogenen und Progesteron antworten, verstärkt die Hypophyse die Ausschüttung von FSH. Allerdings wird der höchste FSH-Gipfel erst einige Jahre nach der Menopause erreicht. Im Senium (Alter) sinkt die FSH- und LH-Produktion langsam ab.

Solange Sie jedoch nicht genau wissen, ob die fruchtbaren Jahre hinter Ihnen liegen, werden Sie sich weiterhin Gedanken zum Thema Verhütung machen müssen. Denn erstens sind Frauen heute gesünder und damit auch länger fruchtbar. Zum zweiten haben sie eine völlig andere Sexualität als ihre Mütter, sie erleben sie selbstbestimmter und angstfreier denn je. Dazu hat nicht zuletzt die heute zur Verfügung stehende Vielfalt zuverlässiger Verhütungsmethoden beigetragen.

Unabhängig vom Alter wird die Zuverlässigkeit und Wirksamkeit eines Verhütungsmittels mit Hilfe des Pearl-Index errechnet. Damit wird die Anzahl ungewollter Schwangerschaften bei 100 Frauen angegeben, die ein Jahr lang eine bestimmte Methode praktizieren: Wenn 100 Paare über zwölf Monate Kondome verwenden und vier Frauen werden schwanger, so ergibt sich ein Pearl-Index oder eine Versagerquote von 4. Die Methode ist um so zuverlässiger, je niedriger der Pearl-Index ist. Dabei nicht berücksichtigt werden menschliches Versagen, also eigene Anwendungsfehler, und die Häufigkeit des Geschlechtsverkehrs.

Um herauszufinden, welche die ideale Verhütungsmethode für Sie ist, sollten Sie einige Punkte beachten. Denn es kann passieren, daß Ihre persönliche Wahl aus medizinischer Sicht nicht oder nicht mehr zu empfehlen ist. Dies gilt es, in Gesprächen mit Ihrem Arzt zu klären. Dazu muß er genau Ihre Vorerkrankungen und den aktuellen Gesundheitszustand kennen und Informationen über Ihre Partnerschaft haben. Unser Überblick soll sich auf das konzentrieren, was für Frauen ab 40 besonders interessant sein kann.

Antibabypille

Bei gesunden Frauen ist gegen die Pille als Nummer eins unter den Verhütungsmethoden nichts einzuwenden. Bei der inzwischen über 30 Jahre alten Antibabypille sind in den vergangenen Jahren enorme Fortschritte erzielt worden. Im Vergleich zu den »Hormonbomben« der Anfangsjahre bereiten die heute niedrig(st) dosierten Pillen mit etwa 30 – 35 Mikrogramm Östrogen (oder weniger) den Frauen insgesamt weniger Beschwerden. Professor Benno Runnebaum, Heidelberg, sieht die Hauptvorteile dieser sogenannten Mikropillen auch für Frauen ab 40 darin, daß das Risiko für Eierstock- und Endometriumkrebs deutlich abnimmt. Es besteht auch ein Schutz vor Myomen sowie vor gutartigen Knoten in den Brüsten. Nicht zu unterschätzen ist der positive Einfluß auf den Knochenhaushalt sowie auf das Wohlbefinden. Der Hauptnachteil liegt nach wie vor in dem mit zunehmendem Alter erhöhten Risiko für Verschlußkrankheiten (Thromboembolien). Außerdem lassen sich die natürlichen Veränderungen des Hormonhaushalts nicht feststellen, solange die Pille eingenommen wird.

Sofern Sie noch genügend Hormone bilden, nicht rauchen und keine Risikofaktoren (Hochdruck, Herz-Kreislauf-Erkrankungen, Blutgerinnungs- und Fettstoffwechselstörungen, Lebererkrankung) haben, können Sie die Pille bis zum Beginn der Wechseljahre weiternehmen. Doch das gilt, wie gesagt, nicht grundsätzlich. Ob, wie lange und welches Präparat wird der Arzt gemeinsam mit Ihnen reiflich überlegen.

Intrauterinpessar

Das Intrauterinpessar (IUP), wegen der gewundenen Form der ersten Modelle auch Spirale genannt, ist aus Kunststoff. Es gibt unterschiedliche Größen, Formen und Wirkungsweisen, eines aber haben alle Modelle gemeinsam: Sie irritieren die Gebärmutterschleimhaut, so daß sich die befruchtete Eizelle nicht einnisten kann. Reine Kunststoffpessare wirken ausschließlich so. Werden sie speziell beschichtet, ist der Verhütungseffekt höher. Heute sehr gebräuchlich sind mit feinem Kupferdraht umwickelte Pessare. Der Draht gibt kleinste Kupfermengen ab und hindert die Samenzellen am Überleben. Eine dritte Gruppe enthält das Gelbkörperhormon Progesteron, das den Zervixschleim undurchlässig macht.

Wenn Sie bisher gut mit der Spirale zurechtgekommen sind, wissen Sie, daß Sie das Verhütungsproblem je nach Modell für zwei bis fünf Jahre vergessen können. Dann sollte eine neue eingelegt werden, um mögliche Eileiter- und Gebärmutterentzündungen zu vermeiden. Und: Eileiterschwangerschaften sind nicht ausgeschlossen. Nach dem Einlegen gehören regelmäßige Kontrolluntersuchungen daher zum Pflichtprogramm. Das gilt einmal mehr für Frauen direkt vor der Menopause. Weil es schwierig wird, mögliche Unterleibsschmerzen, Scheideninfektionen, verstärkte oder schmerzhafte Blutungen der Spirale oder dem Wechsel zuzuordnen und weil weitere Ursachen in Frage kommen, sollte gründlich untersucht werden.

Wann wird der Arzt vom IUP abraten? Bei

◊ starken, schmerzhaften Regelblutungen,
◊ gutartigen Wucherungen in der Gebärmutter (Myome),
◊ Fehlbildungen der Gebärmutter,

◊ einem Zustand nach Operationen am Gebärmutterhals,
◊ sehr engem und starrem Zervixkanal,
◊ einer zu kleinen Gebärmutter,
◊ ständiger Einnahme bestimmter Medikamente wie Cortison,
◊ einer vorausgegangenen beziehungsweise bestehenden Eileiter- oder Gebärmutterentzündung,
◊ einer früheren Eileiterschwangerschaft.

Diaphragma

Das Diaphragma oder Scheidenpessar besteht aus einer dünnen Gummihaut, die über einen elastischen Metallfederring gespannt ist. Es wird vor dem Verkehr mit einem samenabtötenden Mittel, einem Spermizid, bestrichen und in die Scheide eingeführt. Es verschließt den Muttermund und versperrt den Spermien damit den Weg in die Gebärmutter. Drei Dinge brauchen Sie dafür: Übung beim Einsetzen und Entfernen, ein gutes Verhältnis zum eigenen Körper und einen Ihnen vertrauten Partner. Scheidenpessare gibt es in unterschiedlichen Größen, beim ersten Mal wird es vom Frauenarzt angepaßt. Lassen Sie sich die Anwendung genau zeigen, üben Sie vor dem »ersten Mal« und nehmen Sie es danach frühestens nach sechs, spätestens nach 24 Stunden heraus. Andernfalls kann es zu einer Entzündung kommen. Bei einer bestehenden Entzündung der Harnwege, der Genitalorgene und des kleinen Beckens können Sie kein Diaphragma benutzen. Gleiches gilt für eine Gebärmutter- und Scheidensenkung.

Kondom, chemische Verhütungsmittel

Die Sicherheit sowohl des Diaphragmas als auch des Kondoms ist höher, wenn zusätzlich chemische Verhütungsmittel angewendet werden. Das sind Substanzen in Form von Tabletten, Zäpfchen, Gel oder Cremes und Sprays, die kurz vorm Geschlechtsverkehr in die Scheide eingebracht werden. Auf Körpertemperatur erwärmt, sollen sie einerseits den Muttermund verschließen, andererseits die Samenzellen zerstören. Das scheint nicht so gut zu funktionieren, sonst wäre ihr Ruf als alleiniges Verhütungsmittel weniger zweifelhaft. Für Frauen mit trockener und wenig gleitfähiger Scheide sind Cremes und Gele vorteilhafter als feste Substanzen.

Diese drei sogenannten Barrieremethoden schützen auch gegen sexuell übertragbare Infektionen. Frauen ohne festen Partner müssen schließlich nicht nur eine unerwünschte Schwangerschaft verhüten. Ihre Maßnahmen müssen immer auch solche gegen eine mögliche HIV-Infektion oder Geschlechtskrankheit (wie Herpes genitalis, Feigwarzen) einschließen. Übrigens gibt es Männerkondome mit Zusatzsicherung: Sie enthalten ein chemisches Mittel, das Samen befruchtungsunfähig macht.

Das erste Frauenkondom läßt indes seit Frühjahr 1992 auf sich warten. Es gibt es zwar schon in der Schweiz, in Frankreich und in England. Bei uns scheitert seine Zulassung bislang jedoch an gesetzlichen Hürden. Das Frauenkondom ist ein kleiner Einwegschlauch aus reißfestem, weichem Material. Dennoch ist es deutlich größer als das männliche Gegenstück. Ein loser Innenring schließt sich dicht an den Gebärmutterhals an, ein größerer Ring liegt außen flach an den Schamlippen.

Das Kondom wird ohne ärztliche Hilfe mit zwei Fingern eingelegt. Doch nicht alle Frauen, die es in kontrollierten Versuchsreihen testeten, haben die Handhabung als völlig problemlos bezeichnet. Da die Versagerquote außerdem »unanständig« hoch sein soll – man spricht von 26 Prozent –, soll das Produkt nur dann zugelassen werden, wenn zusätzlich ein Männerkondom empfohlen wird.

Natürliche Methoden

Zu früheren Zeiten, als es eine sichere Verhütung noch nicht gab, waren die biologischen und natürlichen Methoden die nahezu einzigen Möglichkeiten, um eine unerwünschte Schwangerschaft zu vermeiden. Diese zeichnen sich zunächst dadurch aus, daß zur Verhütung nicht mehr – und nicht weniger – getan wird, als während der fruchtbaren Tage enthaltsam zu bleiben. Paare beziehungsweise Frauen, die ihren natürlichen biologischen Rhythmus bewußt erleben, können viel über sich (und den anderen) lernen. Gerade Frauen, die das wollen, haben in den vergangenen Jahren für einen deutlichen Aufwärtstrend der natürlichen Familienplanung gesorgt.

Ob Sie sich für die morgendliche Messung der Basaltemperatur entscheiden oder ob Sie lernen, durch Beobachtung Ihres Zervixschleimes (Schleimstrukturmethode nach Billings) den Verlauf des Zyklus zu erkennen; ob Sie beide Methoden kombinieren (Symptothermale Methode) oder sich auf die Kalendermethode (nach Knaus und Ogino) verlassen – alles kann lehrreich, nützlich und aufregend sein. Dennoch: Die Anwendung solcher Methoden ist in den Wechseljahren nicht unproblematisch, da die Eisprünge aus dem Rhythmus geraten sind. Selbst wenn Sie die Temperaturmethode beherrschen, kann es schwierig werden, die Eintragungen richtig zu lesen. Aus diesem Grund empfehlen sich zusätzliche Barriere-Methoden.

Koitus interruptus

Der Koitus interruptus wird nach wie vor von sehr vielen praktiziert: Ihr Partner zieht sich kurz vor dem Orgasmus zurück. Der Mißerfolg der Methode besteht darin, daß schon vor dem Erguß abgegebene Samenzellen zu einer Befruchtung führen können. Außerdem unterbrechen Männer häufig zu spät. Insgesamt kann der normale Ablauf des Aktes empfindlich gestört werden.

Sterilisation

Die sicherste Verhütungsmethode, jedoch mit Endgültigkeitscharakter, ist die Sterilisation. Immer mehr Frauen und Männer im mittleren Alter entscheiden sich dafür, weil sie kein Kind mehr wollen. Bei medizinischen Gründen wie der Zuckerkrankheit oder nach komplizierten Schwangerschaften ist die Sterilisation zweckmäßig. Sie kann außerdem Frauen helfen, die wegen bestimmter Krankheiten keine anderen Methoden anwenden dürfen oder die sich dadurch gestört fühlen. Die Operation, bei dem die Eileiter beziehungsweise Samenleiter durchtrennt und/oder abgebunden werden, muß gut überlegt sein. Beide Partner sollten mit einem Experten sprechen, ideal wäre auch ein Austausch mit »Betroffenen«.

Die Risiken und Nebenwirkungen bei der Frau liegen vor allem in der Operation und der notwendigen Vollnarkose. Dagegen kann die Sterilisation beim Mann, auch Vasektomie genannt, ambulant (meist unter örtlicher Betäubung) durchgeführt und wieder rückgängig gemacht werden. Vielleicht kann der Gedanke, daß viele Frauen während ihres Wechsels genug mit ihrem Körper zu tun haben, den einen oder anderen Mann ja dazu motivieren, die Hauptverantwortung in Sachen Verhütung zu übernehmen.

Im allgemeinen haben Frauen nach einer sachgemäßen Operation keine deutlichen Nebenwirkungen. Am Beginn oder Verlauf der Wechseljahre und am Zyklusgeschehen ändert sich ebensowenig wie am sexuellen Erleben. Dies kann sich sogar verbessern, weil die Angst vor einer ungewollten Schwangerschaft jetzt wegfällt.

Zum ersten Mal Mutter

Nun muß eine noch immer mögliche Schwangerschaft nicht zwangsläufig mit Angst verbunden sein. Eine ab 40jährige gesunde Frau, die noch ein Kind oder überhaupt ihr erstes Baby möchte, kümmert sich heute wenig um Klischees. Spätgebärende Frauen sind oft besonders glückliche Mütter, weil sie bis zur Erfüllung ihres Mutterwunsches in ihrer Ausbildung oder in ihrem Beruf vorangekommen sind und allein oder gemeinsam mit dem Partner finanziell abgsichert sind. Außerdem sind ältere Paare nicht mehr so stark mit sich selbst beschäftigt wie jüngere, sie kennen das Leben und haben nicht länger die Befürchtung, durch das Kind etwas zu versäumen.

Die Vorsorge-Initiative der Aktion Sorgenkind kommt zu dem Ergebnis, daß die Zahl der Frauen, die sich nach 35 zu einem Kind entschließen, sich in den letzten zehn Jahren verdoppelt hat. Derzeit sind in den alten Bundesländern 1,4 Prozent der Mütter knapp über 40; die Zahl der 30- bis 40jährigen ist relativ hoch. In den neuen Bundesländern wird sich nach Anpassung der sozialen und politi-

schen Verhältnisse früher oder später ein gleiches Bild ergeben. Die allgemeine Tendenz zur »späten Mutter« hat denn auch die Annahme beseitigt, daß eine späte Schwangerschaft riskant sei. Eine optimale Schwangerenvorsorge hat wesentlich dazu beigetragen, daß Mütter aller Altersgruppen beruhigt dem freudigen Ereignis entgegensehen können.

Die Aussichten, den Wunsch nach einem Kind noch im vorgerückten Alter zu realisieren, waren noch nie so gut wie heute. Entsprechend sollten die Voraussetzungen sein: Gerade späte Schwangere sollten die Vorsorgemöglichkeiten besonders gewissenhaft wahrnehmen und die Entwicklung ihres Babys überwachen lassen. Die Maßnahmen reichen von der Ultraschalluntersuchung über Hormonbestimmungen bis zur Überwachung der kindlichen Herztöne im Mutterleib.

Ein besonderes Problem der späten Schwangerschaft darf allerdings nicht verniedlicht werden: Die Rate der Fehlbildungen beim Baby nimmt zu, beispielsweise das Down-Syndrom (Mongolismus).

Um solche Störungen früh zu erkennen, stehen heute zwei Methoden zur Verfügung: die Chorionzottenbiopsie etwa ab der siebten Woche und die Fruchtwasseruntersuchung um die 16. Woche. Ein großer Prozentsatz älterer Schwangerer muß außerdem mit einer Kaiserschnittentbindung rechnen. Das geschieht allerdings oft nicht aus konkreten medizinischen Gründen, sondern weil die Geburtshelfer bei dieser vermutlich letzten Entbindung der Mutter möglichst allen Risiken vorbeugen möchten.

In-Vitro-Fertilisation im höheren Alter

Die Medizin ist in der Lage, mehr zu tun, als sie unter Umständen verantworten kann. Das macht sich besonders bemerkbar in den Befruchtungstechnologien. Die Reagenzglasbefruchtung, die in der Fachsprache In-Vitro-Fertilisation (IVF) heißt, ermöglicht es, daß Frauen sich auch nach den Wechseljahren einen Kinderwunsch erfüllen können. Nicht in Deutschland, das Embryonenschutzgesetz verbietet diesen Eingriff ebenso wie die Leihmutterschaft. Mediziner in England, Amerika und Italien berichten indes über erfolgreiche künstliche Befruchtungen bei Frauen jenseits der 50: Nachdem die Gebärmutter über rund vier Jahre künstlich mit hohen Östrogenmengen auf die Schwangerschaft vorbereitet wird, pflanzt man befruchtete Eizellen jüngerer Spenderinnen ein. Die Befruchtung hat im Reagenzglas stattgefunden, als Samenspender fungieren die Partner der Emfpängerinnen.

Die heftigen emotionalen Diskussionen um den ethisch-moralischen Wert einer solchen IVF schlagen hohe Wellen. Dieses Thema ist längst kein medizinisches mehr, sondern ein gesellschaftliches. Auf der einen Seite stehen die »Forscher«, die die Natur zu überlisten suchen, auf der anderen Seite warnen andere davor, daß »nicht alles Machbare auch gemacht werden darf.«

Klimakterisches Syndrom: Merkmale des Hormonausfalls

Viele notwendige Umstellungen – sehr unterschiedliche Reaktionen

Der Hormonabfall führt zwangsläufig zu einer ganzen Reihe von Ausfallerscheinungen, weil die Östrogene fast überall im Körper wirken. Das fängt im zentralen Nervensystem an und hört im Kohlenhydrat-, Fett- und Eiweißstoffwechsel lange nicht auf. Vegetative, das heißt, willentlich nicht beeinflußbare Beschwerden treten jetzt zum Teil neben seelischen und körperlichen Krankheitszeichen auf. Diese erscheinen im Laufe des Klimakteriums freilich nicht alle gleichzeitig und nicht bei allen Frauen gleich stark. Außerdem vermischen sie sich mit alterstypischen Beschwerden, wodurch das Bild noch komplizierter wird.

Dementprechend macht jede Frau andere Erfahrungen. Und immer mal wieder durchgeführte Untersuchungen liefern dazu Zahlen. Anfang der achtziger Jahre wurden in Berlin 1127 Frauen zwischen 45 und 54 befragt. Daß man gut mit den Wechseljahren leben kann, fanden 80 Prozent der Frauen unter 50 und immerhin 81 Prozent der über 50jährigen. Beide Gruppen konnten dem Lebensabschnitt auch viel Positives abgewinnen. Sie sahen es als ganz normal an, wenn man sich in dieser Phase nicht so wohl fühlt und fanden es von Vorteil, wenn man keine Angst mehr vor einer unerwünschten Schwangerschaft haben muß. Bei 14 bzw. 16 Prozent überwogen die negativen Auswirkungen. Die Frauen hatten Schwierigkeiten mit den Wechseljahren und ihren Begleiterscheinungen. 1989 lebten in Deutschland 7,5 Millionen Frauen im klimakterischen Alter von 45 bis 64. Davon hatten ein Drittel keine, ein Drittel leichte und ein Drittel starke Beschwerden. Dieses letzte Drittel entsprach 2,5 Millionen Frauen, die so sehr litten, daß sie ärztliche Hilfe brauchten.

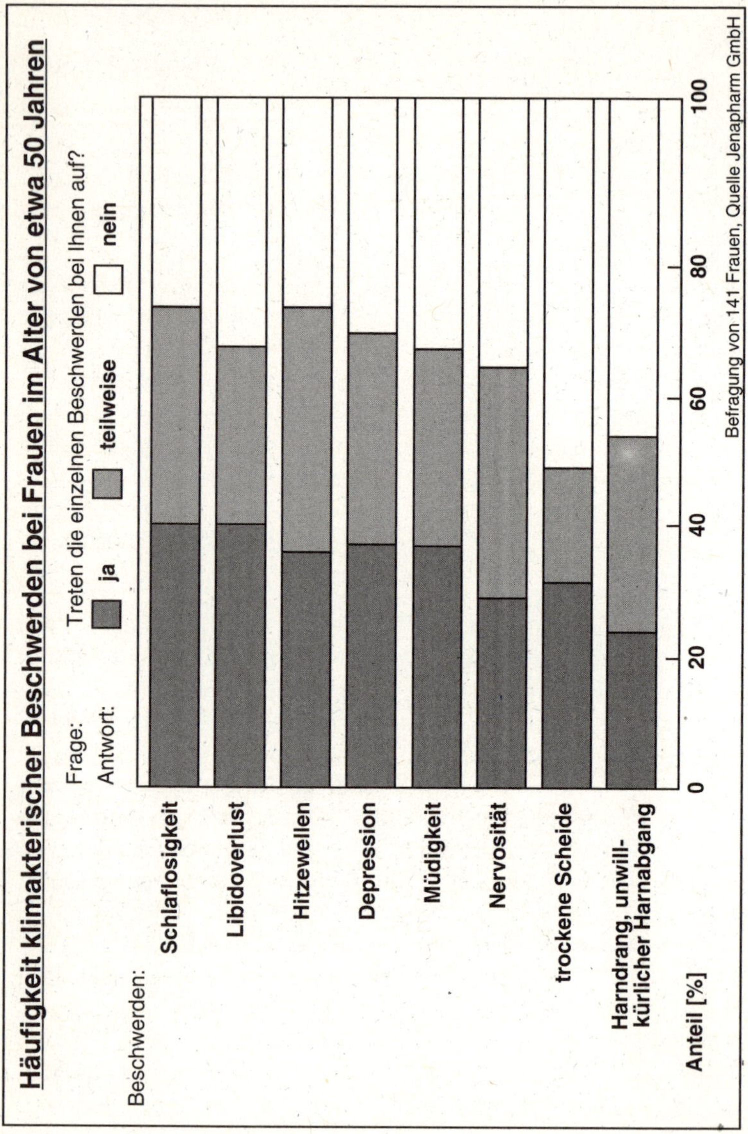

Häufigkeit klimakterischer Beschwerden bei Frauen im Alter von etwa 50 Jahren
Frage: Treten die einzelnen Beschwerden bei Ihnen auf?
Antwort: ja teilweise nein
Beschwerden:
Schlaflosigkeit
Libidoverlust
Hitzewellen
Depression
Müdigkeit
Nervosität
trockene Scheide
Harndrang, unwillkürlicher Harnabgang
Anteil [%]
0
20
40
60
80
100
Befragung von 141 Frauen, Quelle Jenapharm GmbH

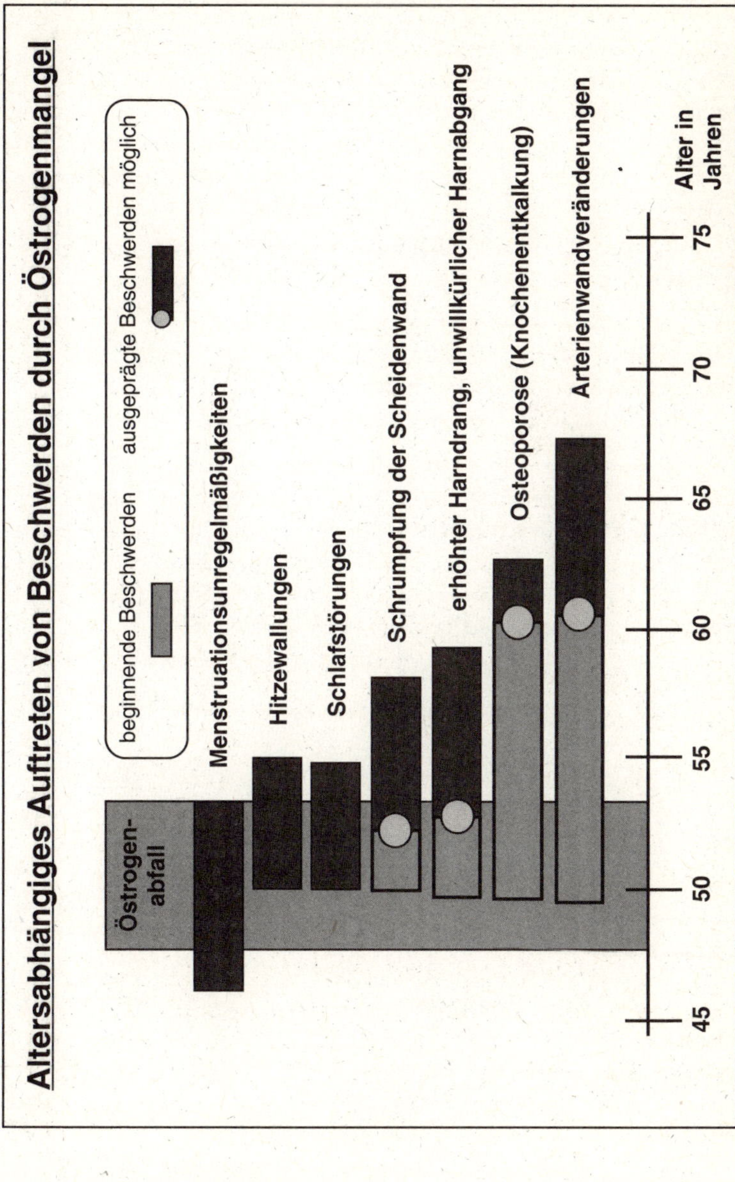
Altersabhängiges Auftreten von Beschwerden durch Östrogenmangel
beginnende Beschwerden
ausgeprägte Beschwerden möglich
Östrogen-abfall
Menstruationsunregelmäßigkeiten
Hitzewallungen
Schlafstörungen
Schrumpfung der Scheidenwand
erhöhter Harndrang, unwillkürlicher Harnabgang
Osteoporose (Knochenentkalkung)
Arterienwandveränderungen
45
50
55
60
65
70
75
Alter in Jahren
modifiziert nach Göretzlehner, 1991

Machen Sie sich klar, daß all diese Veränderungen heftige Versuche Ihres Körpers sind, sich den Hormonumstellungen anzupassen. Wenn er sich daran gewöhnt hat, hören die Beschwerden meist von selbst wieder auf. Um so besser, wenn Sie nicht oder nur gering betroffen sind. Sie gehören dann zu den etwa 30 Prozent der Frauen, denen es ähnlich geht. Dennoch leiden 70 Prozent, manche sogar schwer.

Die vielen Gesichter des Hormonwegfalls bilden das sog. Klimakterische Syndrom, das im wesentlichen diese Kategorien umfaßt:

- ◊ Vegetativ-vasomotorische Beschwerden;
- ◊ Beschwerden der Harn- und Geschlechtsorgane;
- ◊ Abnahme der Knochendichte;
- ◊ Häufung von Herz-Kreislauf-Krankheiten.

Diese Gliederung läßt sich nach Professor Friedrich Husmann, Bad Sassendorf, noch einmal unterteilen: Die vegetativ-vasomotorischen Beschwerden mit Hitzewallungen und Schweißausbrüchen, depressiven Verstimmungen und Schlafunregelmäßigkeiten machen sich sofort mit Beginn des Hormonmangels bemerkbar. Die übrigen Störungen entwickeln sich erst in den folgenden zehn bis 15 Jahren.

Vegetativ-vasomotorische Beschwerden

Hitzewallungen, Schweissausbrüche

Hitzewallungen und die häufig damit verbundenen Schweißausbrüche sind die klassischen Hauptsymptome. Daran denkt jede Frau sofort, wenn von den Wechseljahren die Rede ist.

Auf dem 7. Internationalen Menopausekongreß in Stockholm 1993 berichtete ein dänischer Experte von einer Untersuchung, die an 5213 Frauen im Alter zwischen 39 und 60 Jahren durchgeführt worden war. Die ersten Hitzewallungen traten bereits bei 41 Prozent der noch menstruierenden Frauen auf. Sechs bis 24 Monate nach der Menopause klagten 85 Prozent der Frauen darüber, 30 Prozent von ihnen hatten täglich mehr als fünf Hitzewallungen. Auch noch zehn

Jahre nach der Menopause sind 57 Prozent der Frauen betroffen. Sieben Prozent von ihnen leiden so sehr, daß sie ihre bis dahin gewohnte Beschäftigung nicht mehr ausüben können: Sie werden berufsunfähig.

Diese Beschwerden gehen vom Zwischenhirn aus. Das Wärmeregulationszentrum, das die Körpertemperatur wie ein Thermostat ständig auf etwa 36,7 Grad Celsius halten soll, funktioniert durch den Östrogenentzug nicht mehr ordnungsgemäß. In Sekundenschnelle fällt die Körpertemperatur ab und der Körper muß sich dem neuen Wert anpassen. Dies geschieht, indem das Blut in Wallung gerät und sich die Blutgefäße in der Haut stark erweitern. Verantwortlich dafür ist eine massive Ausschüttung des Nebennierenhormons Adrenalin. Und die spüren viele Frauen. Das heißt, sie spüren die Hitzewelle auf sich zukommen. Gleich darauf wird der Gegenspieler aktiv, das Noradrenalin. Der Noradrenalinspiegel sinkt rasant ab, und der Schweiß bricht aus. Was folgt, ist Frösteln und Frieren.

Das macht der Organismus einer Frau in den Wechseljahren nicht nur ein- oder zweimal am Tag durch, sondern bis zu 20mal. Und nicht nur tagsüber, sondern auch nachts.

Schlafstörungen

Dieser Mechanismus ist laut Professor Jürgen Hanker, Trier, auch direkt für Einschlaf- und Durchschlafstörungen verantwortlich. Am späten Abend und in der Nacht sind die Hitzewellen am intensivsten. Sie treten etwa alle 90 bis 120 Minuten auf. Nicht jede Hitzewelle in der Nacht muß wie ein Wecker funktionieren. Aber viele Frauen wachen morgens zwischen drei und vier Uhr auf. Nicht nur, daß sich dadurch die Schlafqualität verändert. Es kann auch zu einem chronischen Schlafmangel kommen, der sich dann bemerkbar macht mit Müdigkeit, Nervosität und Reizbarkeit, allgemeiner Leistungsminderung, Konzentrationsmangel, Antriebsschwäche und Vergeßlichkeit bis hin zu depressiven Verstimmungen. Diese wiederum können ihre Ursache auch im Östrogenmangel haben und sich damit gegenseitig verstärken. Aus Untersuchungen in Schlaflabors ist bekannt, daß man einen Menschen nach 48 Stunden depressiv machen kann, wenn man ihn nachts immer dann weckt, sobald er in eine Traumschlafphase fällt. Natürlich wäre es eine unzulässige Vereinfachung, die Depression in der Postmenopause ausschließlich darauf zurückführen zu wollen, denn es spielen noch eine Menge anderer Stoffe und Faktoren eine Rolle. Aber diese Vorgänge sollten nicht unterschätzt werden.

Herzrasen

Wenn das Blut in den Hautgefäßen während einer Hitzewallung aktiv ist, schlägt gleichzeitig das Herz schneller – um 25 bis 30 Schläge mehr pro Minute. Sie haben das Gefühl, das Herz fängt an zu rasen. Herzjagen oder Herzstolpern, auch anginöse Beschwerden genannt, beunruhigen Frauen oft mehr als etwa die Wallungen, die eher als unangenehm denn als beängstigend und bedrohlich empfunden werden. Sollte Ihnen je jemand gesagt haben: »Hitzewallungen? Darüber kommst du schon hinweg. Hatten die Großmutter und Mutter auch und die haben auch nichts genommen. Geh mehr an die frische Luft und dusch kalt, ist alles ganz normal ...« – dann gestatten Sie sich, aggressiv zu werden. Möglicherweise weiß jene/r wohlmeinende Ratgeber/in nicht, was Hitzewellen bedeuten können, weil er oder sie diese nie erlebt hat. Recht hat er/sie zumindest damit, daß sie »normal« sind. Die Frage ist nur, ob Sie tapfer die Zähne zusammenbeißen oder ob Sie Ihrem Organismus bei seinen Anpassungsversuchen nicht doch beizeiten helfen sollten.

Psychische Probleme

Trauer, Leeres-Nest-Syndrom

Sie als Wechseljahrs-Frau haben die Chance, Ihr Leben neu zu strukturieren, wie niemand sonst in irgendeiner anderen biographischen Phase. Der biologische Vorgang des Wechsels ist an sich schon ein starkes Stück Umstellung. Doch in vielen anderen Bereichen stehen die Zeichen ebenfalls auf Umbruch. Frauen nehmen jetzt Abschied von allerhand Hoffnungen, Phantasien, Idealen und unerfüllten Wünschen. Vieles von dem, was an die Gestaltung des eigenen Lebens, an die Gesundheit, den Beruf und an die körperliche und geistige Leistungsfähigkeit geknüpft war, muß neu bewertet werden. Wer sich seinen mehr oder minder enttäuschten Träumen stellen will, braucht viel Kraft und nicht selten die Hilfe anderer Menschen.

Und was kommt nun? Auch diese Frage kann Krisen auslösen. Vor allem dann, wenn Abschiednehmen ganz konkret wird:

◊ Die Kinder gehen aus dem Haus, die Mutterrolle fällt weg. Manche Frauen verkraften dies nur schwer, andere fühlen sich wie befreit. Allerdings: Auch wenn man sich gegenseitig manchmal nur noch schwer ertragen hat, so ist zunächst doch alles sehr leer. Dieses Gefühl, das die Wissenschaftler das LEERE-NEST-SYNDROM nennen, erlebt jede Frau anders, was von vielen weiteren Lebensumständen abhängt.

◊ Die Partnerschaft erfordert eine neue Qualität des Zusammenlebens. Gerade in dieser Zeit kommen Ermüdungserscheinungen zum Tragen. Erheblich viele Ehen sind gestört, die Partner leben getrennt oder sind geschieden. Wer den aktiven Schritt zur Trennung bisher gescheut hat, geht ihn möglicherweise jetzt. Heute tun das viel mehr Frauen als noch vor 20 Jahren. Dennoch sind Trennungen in fortgeschrittenem Alter oft besonders tragisch. Selbst wenn die Rollenverhältnisse sich ändern, so hat es nicht jede Frau leicht damit, in die Eigenständigkeit zu springen. Die meisten müssen ganz von vorn anfangen, weil sie es einfach versäumt haben, etwas für sich zu tun.

  Andererseits gibt es genügend Untersuchungen darüber, das die positiven Lebenserwartungen im Klimakterium sich vor allem in einer bewußten und reiferen Gestaltung der persönlichen und familiären Beziehungen äußern, mit einer größeren Freizügigkeit im Geben und Nehmen. Ältere Ehepaare leben häufig in einer Harmonie zusammen, die sie früher selbst nicht für möglich gehalten hätten. Gleiche oder ähnliche Interessen (Reisen, Literatur, Musik und gemeinsamer Bildungshunger) verbinden und sind wichtige Stimulantien für eine zufriedene Partnerschaft, bei der auch die Erotik nicht zu kurz kommt.

◊ Langjährige Freundschaften können sich auflösen. Durch Trennung oder Tod sind vertraute Menschen plötzlich nicht mehr da. Jahre- oder jahrzehntelang hatten sie immer auch solide Tragflächen geboten, wenn man mit sich, dem Partner oder den Kindern nicht klar kam. Gute Freunde zu finden, ist ohnehin nicht einfach und braucht Zeit. Wer dann noch befürchtet, nicht mehr genug Zeit dazu zu haben, trägt an einem Verlust doppelt schwer. Vergänglichkeit wird noch deutlicher, wenn Freunde sterben: Der Tod ist ja auch ein Teil der eigenen Zukunft. In jungen Jahren ließ sich der Auseinandersetzung damit noch aus dem Weg gehen, jetzt nicht mehr.

◊ Die Eltern sterben. Ob Sie ihnen sehr nahe standen oder nicht – es tut weh. Der Psychoanalytiker Dr. Horst Petri, Berlin, hat dazu geschrieben: »Solange sie noch lebten, standen sie, auch wenn man es nicht wahrhaben wollte und der Kontakt auf seltene Anlässe beschränkt war, als schützende Gestalten im Hintergrund ... Der Tod zerreißt dann scheinbar dieses Band und liefert einen dem Alleinsein aus. Kompliziert wird diese Erfahrung besonders bei Menschen, die in dem Gefühl großgeworden sind, von ihren Eltern nie im Leben das notwendige Maß an Liebe und Zuwendung bekommen zu haben.«
Andersherum ausgedrückt: Psychologen haben festgestellt, daß ein Mensch mit Trennungen am besten umgehen kann, wenn er eine liebevolle, harmonische Kindheit hatte. Das »Abnabeln« ist dann mit positiven Gefühlen verbunden und der Weg ins eigene Leben setzt Kräfte frei.

Wer so gelernt hat, auf eigenen Beinen zu stehen, läßt sich auch im Erwachsenenalter durch Trennungen nicht so schnell unterkriegen. Trennungen sind ein wichtiger Teil unseres Lebens. Frauen, die danach keine neuen Wege für sich finden, quälen Dauergefühle von Gescheitertsein und Einsamkeit.

Die typischen Gefühle der Vereinsamung, der Selbstentwertung und Leere, der Angst davor, die Kontrolle über die eigene Situation zu verlieren und depressive Störungen können eine Frau aber auch erschüttern, ohne daß es derart einschneidende Ereignisse gibt. Sie kann ebenso ins Wanken geraten, wenn ihr Körper auf »Entzug« ist. Denn Sexualhormone beeinflussen auch das zentrale Nervensystem.

Körperliche Veränderungen

Gleichzeitig schickt der Körper sich an, schlapp zu machen. Viel brutaler als beim Mann setzt der normale körperliche Abbau nach der Menopause mit einem deutlichen Schub ein.

Die Geschlechtsorgane bilden sich zurück

Im vierten Lebensjahrzehnt beginnen sich die Eierstöcke zu verkleinern. Dieser Prozeß beschleunigt sich nach der Menopause. Betroffen sind auch die Eileiter, der Muttermund, die Gebärmutter und der Harntrakt, die Brüste und die Scheide. Und zwar deshalb, weil die Muskeln, Gewebe und Zellschichten an Umfang abnehmen. Der Fachbegriff dafür heißt Atrophie. Bestimmte Beschwerden machen sich oft erst viele Jahre nach dem Östrogenmangel bemerkbar. Allerdings: Nicht immer ist es eindeutig, ob dafür tatsächlich die Östrogene in Frage kommen. Schädigungen durch Schwangerschaft oder Geburt, eine Bindegewebsschwäche oder das Alter können ebenfalls die Ursachen sein.

Sehr deutlich zeigt sich der Hormonmangel an der Scheide. Vor der Menopause halten die weiblichen Hormone das Scheidengewebe funktionsfähig, indem sie es dazu anregen, Sekret zu bilden. Jetzt schrumpft es und wird schlechter durchblutet – dadurch leicht verletzbar und anfällig für infektionsauslösende Keime. Die Scheide trocknet aus, ist nicht mehr so geschmeidig und dehnbar. Schmerzen bei der Liebe und Blutungen danach sind die Folgen. Frauen, die nicht oder nur selten Verkehr haben, sollen besonders ausgeprägt reagieren.

Veränderungen des Harntrakts

Auch der Beckenboden, der die Harnröhre und Harnblase stützt und hält, erschlafft. Harnröhre und Blase sind direkte Nachbarn der Scheide und reagieren ähnlich wie sie. Der Harntrakt und das Genitalsystem werden auch unter dem Begriff Urogenitalsystem zusammengefaßt. Wenn die Gewebe dünn und Blase sowie Harnröhre kleiner werden, machen Überempfindlichkeiten und Reizungen vielen Frauen das Leben schwer. Es kommt zu Wundgefühlen und Brennen beim Wasserlassen. Schlimmstenfalls kann der erschlaffte Schließmuskel der Blase den Harn nicht mehr halten.

Unwillkürlicher Harnabgang, Inkontinenz genannt, ist eine Störung, über die Frauen trotz ihrer Häufigkeit – neun bis 15 Millionen sind betroffen – höchst ungern sprechen. Viele hoffen auch irrtümlicherweise darauf, daß sich ihr Problem von allein bessern würde. Andere dagegen schweigen, aus Angst, sie müßten sich operieren lassen. Dabei ist eine Operation durchaus nicht immer notwendig!

Zu wenige Frauen wissen, daß nicht nur altersbedingte Veränderungen zu diesem Problem führen können, sondern auch Östrogenmangel. Nach der Menopause machen sich am häufigsten die sogenannte Dranginkontinenz und die Streßinkontinenz bemerkbar. Bei der ersten Form muß die Betroffene schon nach einer Tasse Tee oder einem Glas Wein zur Toilette. Der Harndrang ist kaum zu kontrollieren. Das passiert häufig, wenn eine Frau besonders aufgeregt ist.

Bei der Streßinkontinenz ist es nicht der psychologische, sondern der körperliche Streß, der zur ungewollten Entleerung führt: Durch Husten, Treppensteigen oder Heben eines schweren Gegenstandes erhöht sich der Druck im Bauchraum. Dieser wiederum drückt auf die Blase. Auch wenn sie sich sofort wieder unter Kontrolle hat – es gehört wenig Phantasie dazu, sich in eine Frau hineinzudenken, die sich schuldig wie ein Kind fühlt, weil es sich naß gemacht hat. In schwersten Fällen geht schon beim Aufstehen Wasser ab.

Veränderungen von Haut und Schleimhaut

Die Haut, in der wir leben, ist mehr als nur eine äußere Hülle. Als eines der größten Organe trägt sie aktiv zu unserer Gesundheit bei. Rund 100 Milliarden Zellen dienen als Antenne für Reize, als Filter gegen Licht und Strahlen, als Schutzschild gegen Keime. Nicht zuletzt steuert gesunde Haut selbständig ihre Temperatur.

Die Haut besteht zu einem großen Teil aus einem Netzwerk an Kollagen. Dadurch bleibt sie geschmeidig und kann Wasser speichern. Östrogene regulieren diese Funktionen. Unabhängig davon beginnt die Haut zwischen 30 und 35 Jahren zu altern. Sie verliert zunehmend an Elastizität und speichert infolge geringerer Kollagenbildung nicht mehr so viel Wasser. Wenn zusätzlich der untere Östrogenwert erreicht wird – dies ist spätestens zum Zeitpunkt der Menopause der Fall – beschleunigt sich dieser Prozeß. Die Haut beginnt an verschiedenen Stellen zu spannen und jucken. Sie erscheint zunehmend dünner und trocken, bildet Falten und irgendwann »Altersflecken«. Auch die Schweiß- und Talgdrüsen funktionieren nicht mehr wie früher.

Genauso wirkt sich das Östrogendefizit auf die Schleimhäute aus, die alle Hohlorgane auskleiden und sie damit vor äußeren Reizen und vor Keimen schützen. Die trockene Mundschleimhaut kann als ebenso klassisches klimakterisches Symptom bezeichnet werden wie die trockene Entzündung der Augenbindehaut, die jetzt nicht nur Trägerinnen von Kontaktlinsen Ärger bereitet.

Verstärkung der Körperbehaarung an unerwünschten Stellen

Sie konnten es bereits einige Seiten zuvor lesen: In der Postmenopause kommt es zu einem Übergewicht männlicher Hormone. Bemerkbar macht sich dies am ehesten im Bereich der Haut: Scham- und Achselhaar, gelegentlich auch das Kopfhaar, werden dünner. Dafür wachsen Barthaare sowie Haare an Armen und Beinen. Macht sich der Androgenüberschuß bei der Stimme bemerkbar, wird sie tiefer.

Mehr oder minder ausgeprägte Gewichtszunahme

Ein großer Teil der Frauen nimmt in der Postmenopause an Gewicht zu. Zum einen, weil sich der Lebens- und Bewegungsrhythmus und die Eßgewohnheiten grundlegend ändern können. Manche Frauen plündern regelmäßig ihren Kühlschrank: egal was, Hauptsache viel, gehaltvoll und kräftig im Geschmack. Zum anderen, weil sich der Energiebedarf des Körpers umstellt. Östrogene gehören zu den stabilsten organischen Verbindungen überhaupt. Um diese Stoffe zu bilden, muß der Körper enorme Energie aufwenden. Die spart er ein, wenn keine Östrogene mehr produziert werden – und nimmt an Umfang zu. Er tut das unabhängig davon, ob eine Frau Ersatzhormone bekommt oder nicht.

Professor Thomas von Holst, Heidelberg, hat einmal die umfangreichen Studien zu dem Thema gesichtet. Denn immerhin äußern 30 Prozent der Frauen die Sorge, durch eine Hormontherapie zuzunehmen. Keine der Arbeiten zeigt einen Zusammenhang zwischen Einnahme natürlicher Östrogene und einer Gewichtszunahme. Die meisten Frauen nehmen in der Postmenopause ohne Hormone zu. Natürlich gibt es Frauen, die unter der Therapie zunehmen. Es gibt aber auch welche, die ohne Hormone abnehmen und solche, die mit Therapie abnehmen.

Unabhängig davon noch ein Wort zu den etwas korpulenteren Frauen mit dickeren Fettpolstern: Sie verfügen meist auch noch über ihre Menopause hinaus länger als schlanke Frauen über Östrogene in ihrem Körper, weil diese Hormone einen direkten Bezug zum Fetthaushalt haben. Aus dem Grund treten bei ihnen die Wechseljahrsbeschwerden häufig erst später auf.

Gefässveränderungen

Knapp 50 Prozent der Menschen, die jährlich in Deutschland zu Grabe getragen werden, erliegen einer Herz-Kreislauf-Erkrankung.

Das sind derzeit 500.000. Es gilt mittlerweile als unumstritten, daß die Atherosklerose oder »Arterienverkalkung« die mit Abstand häufigste Ursache dieser Krankheiten ist, deren schlimmste Folgen der Herzinfarkt und Schlaganfall darstellen.

Das Tückische dabei: Bis Sie ernsthafte Gesundheitsstörungen bei sich feststellen, die der Arzt als eindeutige Herz-Kreislauf-Erkrankung diagnostiziert, sind bereits zahlreiche Veränderungen im Organismus abgelaufen. Jedes Jahr setzen die inneren Arterienwände wie alte Leitungsrohre etwas mehr Kalk, Bindegewebe, Blutbestandteile und vor allem Cholesterin an. Doch diese Ablagerungen schränken den Blutfluß erst im Spätstadium ein. Erst dann treten auch klinische Symptome auf.

Neben allgemeinen und unabänderlichen Faktoren wie Geschlecht, Alter und erblicher Veranlagung spielt die persönliche Kombination einzelner Risikofaktoren eine entscheidende Rolle. Wer raucht und Bluthochdruck hat oder wer übergewichtig und zuckerkrank ist, ist auch extrem gefährdet. Neuerdings haben sich außerdem schwere Fettstoffwechselstörungen als gefährlich zu erkennen gegeben.

Das gilt insbesondere für Frauen. Interessant ist, daß Herz-Kreislauf-Erkrankungen bei Frauen bis zur Menopause wesentlich seltener sind als bei Männern. Die Gefäße der Frauen entsprechen bis dahin durchschnittlich denen etwa 15 Jahre jüngerer Männer. Aber nach der Menopause holt die Frau den Mann recht schnell ein. Durchblutungsstörungen an Herz und Hirn nehmen zu.

Wie kommt das zustande? Groß angelegte Studien haben bestätigt, daß Östrogene die Gefäße schützen. Entsprechend negativ wirkt sich der Hormonwegfall auf die Gefäßgesundheit der alternden Frau aus. Ein wichtiger Grund dafür liegt in den Wechselwirkungen mit dem Fettstoffwechsel. Hauptbestandteile der Blutfette sind das »gute« gefäßschützende HDL-Cholesterin (High Density Lipoprotein), das »böse« gefäßschädigende LDL-Cholesterin (Low Density Lipoprotein) und Triglyzeride. Die natürliche Hormonproduktion sorgt dafür, daß der HDL-Wert vor den Wechseljahren relativ hoch ist und Frauen so vor Herz-Kreislauf-Erkrankungen schützt. Erkranken sie dennoch vor dem 45. Lebensjahr, dann deshalb, weil sie rauchen und die Pille nehmen oder weil sie rauchen und einen zusätzlichen Risikofaktor haben. Fällt die Hormonproduktion weg, sinkt das HDL-Cholesterin, das LDL steigt aber an.

Hochdruck

Bluthochdruck, medizinisch Hypertonie, ist ein gravierender Risikofaktor für Gefäßveränderungen und deren Folgen – eben Herzinfarkt und Schlaganfall. Daher überrascht es nicht, daß viele wissenschaftliche Untersuchungen hervorheben, Bluthochdruck so früh wie möglich zu diagnostizieren und zu behandeln. Die Besonderheit dieser Erkrankung liegt darin, daß sie über lange Zeit keine Beschwerden verursacht. Sie fühlen sich völlig gesund und führen mögliche Hinweise wie Kopfschmerzen oder rasche Erschöpfung auf Streß zurück. Bis eines Tages die Dauerbelastung der Blutgefäße deutlich spürbar wird.

Der Weg dorthin führt über das Herz: Mit jedem Atemzug nehmen wir Sauerstoff über die Lunge in das Blut auf. Ebenso wird feste und flüssige Nahrung durch die Verdauungssäfte aufgeschlossen und über den Darm ins Blut aufgenommen. Das Blut transportiert Nährstoffe in alle Körperzellen. Dazu muß es vom Herzmuskel in Bewegung gehalten werden. Also pumpt das Herz mit hohem Druck etwa fünf Liter Blut pro Minute durch den großen und kleinen Kreislauf. Jedesmal steigt dabei der Blutdruck im Normalfall auf unter 140 mmHG (systolisch) und fällt auf 90 mmHG (diastolisch) ab. Am Blutdruckmeßgerät stellt sich das so dar: Die in Millimetern (mm) genormte Quecksilbersäule (HG steht für Quecksilber) treibt hoch, um danach wieder abzusinken. Jeder gemessene Wert über 160/95 mmHG (Grenzwert) sollte kontrolliert und notfalls auch intensiv behandelt werden. Gerade bei älteren Menschen findet man häufig eine gewisse Gleichgültigkeit. Da Beschwerden fehlen, werden die verordneten Medikamente nicht regelmäßig eingenommen oder ohne ärztliche Konsultation selbständig wieder abgesetzt.

Entscheidend für die Hypertonie sind auch hier Ablagerungen in den kleineren Blutgefäßen. Um die gleiche Menge Blut in der gleichen Zeit in die verschiedenen Gewebe zu transportieren, muß sich das Herz kräftiger zusammenziehen. Dazu braucht es einen höheren Blutdruck. Bis zu bestimmten Werten kann der Herzmuskel diesen Dauerdruck verkraften, dann reagiert er: Linke Hauptkammer und linker Herzvorhof erweitern sich, Rhythmusstörungen treten auf. Die großen und kleinen Blutgefäße haben sich unter dem ständigen Druck ebenfalls verhärtet. Das Blut kann nicht mehr ungestört durchfließen. Dadurch werden auch andere Organe in ihren Funktionsabläufen gestört. Betroffen sind beispielsweise die Niere, das Gehirn, Augen und Lunge.

Man weiß inzwischen, daß die Östrogene auch hier eine gewisse Schutzwirkung haben.

Minderung der Knochensubstanz

Kein erwachsener Mensch hat bis zu seinem Lebensende gleichbleibend starke und stabile Knochen. Wie der ganze Körper unterliegt auch der Knochen einem stetigen Auf- und Abbau von Gewebe. So »fressen« bestimmte Zellen, die Osteoklasten, Hohlräume ins Knocheninnere und schwächen sie. Andere Zellen, die Osteoblasten, füllen diese Freiräume mit Calcium, Magnesium und weiteren Mineralien. Auf diese Weise wird neues Gewebe aufgebaut, die Knochen bleiben fest.

Wenn der Auf- und Abbau im Gleichgewicht steht, werden die Knochen ihre Stabilität bis ins hohe Alter behalten. Vor unvorhersehbaren Knochenbrüchen brauchen Sie sich dann nicht zu sorgen. Selbst dann nicht, wenn ab dem 35. Lebensjahr zeitweise mehr Knochenmasse ab- als angebaut wird. Dies versicherte Professor Peter Burckhardt, Lausanne, auf dem 3. Deutschen Ärztekongreß 1992 in Dresden.

Eine Voraussetzung dafür kann allerdings entfallen, wenn mit den Wechseljahren die weiblichen Hormone weniger werden. Dann verschiebt sich das Gleichgewicht zwischen Knochenaufbau und

-abbau. Die »Knochenfresser« gewinnen überhand und können in vielen Fällen nahezu ungehemmt ihrem Zerstörungswerk nachgehen. Dabei lösen sich auch die Mineralstoffe aus dem Skelett und werden mit dem Urin ausgeschieden. Binnen weniger Jahre werden die Knochen spröde, morsch und brüchig. Das Risiko, an Osteoporose zu erkranken, steigt. Knochenschwund mit Brüchen (besonders gefährlich ist ein Oberschenkelhalsbruch), Veränderungen an der Wirbelsäule (bis zu Zusammenbrüchen der Wirbelkörper) und schlimmstenfalls Bewegungsunfähigkeit sind die möglichen Folgen.

Prof. Hans-Peter Kruse, Hamburg: Hinter der nüchternen Osteoporosedefinition steht eine Krankheit, die mehrere Millionen Menschen unseres Landes betrifft, jährlich Kosten in Milliardenhöhe verursacht und für den Betroffenen zu einem schweren Schicksal mit einem breiten Spektrum körperlicher und psychosozialer Aspekte werden kann.

Die Frage, ob eine Frau »zwangsläufig« an Osteoporose erkrankt, hängt von vielen verschiedenen Faktoren ab. Mehr dazu erfahren Sie in dem Kapitel POSTMENOPAUSE UND ALTER.

KNOCHENGITTERVERÄNDERUNGEN BEI OSTEOPOROSE

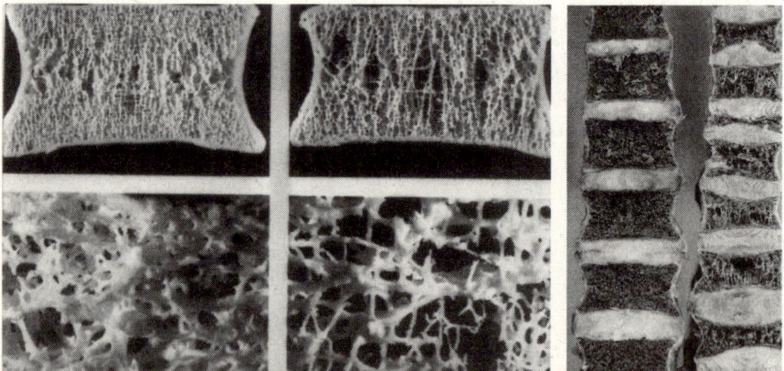

normal Osteoporose normal Osteoporose

Unspezifische Beschwerden

Kopfschmerzen, Mirgräne

Viele Frauen berichten über rasende Kopfschmerzen oder über häufiger werdende Migräneanfälle. Es kommt darauf an, wann die Schmerzen auftreten: Vor Beginn der Blutung handelt es sich um zyklusabhängige Schmerzen. Nach Beginn der Regel spricht man von Hormonentzugskopfschmerzen.

Gliederschmerzen

Sie verspüren vor allem am Morgen eine Steifheit und Schmerzen in den kleinen Gelenken. Dies hat nichts mit dem Knochenschwund zu tun. Gliederschmerzen, so Professor Johannes Huber, Wien, sind eines der ersten Symptome der Wechseljahre.

Sexualität

Sexualität ist die elementarste Form der zwischenmenschlichen Kommunikation. Eine, die Freude, Selbstbestätigung und Selbstsicherheit gibt. Nirgendwo sonst sind Körper, Geist und Seele so untrennbar vereint wie im Liebesakt. Ein liebender, sich hingebender Körper ist gleichsam eine offene verletzbare Seele. Gegenseitiges Vertrauen und Respekt voreinander sind unabdingbar, um verantwortlich miteinander um-

gehen und um erfahren zu können, was gemeinhin mit Erfüllung bezeichnet wird.

Lustverlust?

Und das soll Frauen nach der Menopause nicht mehr möglich sein? Merkwürdige Frage, aber wie es scheint, eine berechtigte. Wollte man nämlich traditionellen Vorstellungen folgen, müßte Sexualität für viele Frauen jenseits der Menopause zu einem Fremdwort werden. Und es ist noch nicht so lange her, da hatten Frauen massive Abwertungen der ganz besonderen Art zu ertragen. Noch vor 50 Jahren galt eine Frau spätestens mit der Menopause als »sexuell erledigt«.

Mit der Annahme von asexuellen Seniorinnen wurde inzwischen gründlich aufgeräumt. Eine Frau kann bis ins hohe Alter aktiv in der Liebe bleiben. Reife Frauen »von heute« trauen sich, umfassender und offener zu lieben. Dennoch hat sich nicht viel daran geändert, daß Sexualität ab einem bestimmten Alter mit zahllosen Tabus belegt ist. Unsere Gesellschaft, insbesondere junge Leute, unterstellen alternden Frauen wie Männern, daß sie an Sexualität kein Interesse mehr hätten. Körperliche, hormonelle und funktionelle alternsbedingte Veränderungern können zwar das Sexualleben älterer Menschen verändern, eines passiert aber keinesfalls: Es gibt keine »Endzeitlichkeit«, sie hören nicht plötzlich auf, miteinander zu schlafen. Die Stimulation dauert länger, und mehr denn je ist für Frauen eine liebevolle Partnerschaft ausschlaggebend. Doch daß der Wunsch nach Sexualität jetzt erloschen und die Fähigkeit zum Orgasmus begrenzt sein soll – das ist ein Märchen. So jedenfalls sieht es Dr. Wolfgang Cyran, Wiesbaden.

Die individuellen Bedingungen und Unterschiede sind sehr groß. Sie wissen es selbst: Schöne Sexualität ist eine hohe Kunst, die es in einem langen Lernprozeß zu entwickeln gilt. Das Vermögen für ein gefühlvolles, warmes Miteinander hängt nicht zuletzt davon ab, wieviel Nähe man selbst in seinem Leben erfahren hat. Wo immer sexuelle Störungen auftreten, ist deshalb zu bedenken, daß es sich um sehr komplexe Zusammenhänge handelt. Und gerade in diesem

Alter können auch Krankheiten und Nebenwirkungen von Medikamenten hinzukommen.

Schmerzen beim Geschlechtsverkehr

Wenn der Östrogenmangel sich auf die Scheide, Harnblase und Harnröhre auswirkt, verlieren diese Organe ihre typische Struktur: Sie schrumpfen, die Häute werden dünn, weniger elastisch und verletzungsanfällig. Beschwerden, die daraus entstehen, können Frauen große Probleme bereiten: Eine trockene Scheide, (chronische) Scheiden- und/oder Harnwegsentzündungen, Ausflußbeschwerden, Brennen und Juckreiz beim Wasserlassen, Drang- oder Belastungsinkontinenz.

Es bedarf keiner großen Anstrengung, sich den Teufelskreis vorzustellen, in den eine Frau geraten kann, wenn beim Geschlechtsverkehr ihre Scheide nur mühsam, gar nicht oder nur mangelnd feucht wird: Sie verspürt starke Schmerzen verbunden mit Blutungen und Verkrampfungen. Das wiederum verhindert einen Orgasmus. Der Gedanke, daß es beim nächsten Mal genauso sein könnte, führt zur Abwehr, zum Lustverlust und letztlich zu Orgasmusstörungen.

Sexuelle Störungen und Psyche

Nicht aufgeräumt wurde bisher mit dem Vorurteil »Wenn du nicht mehr gebärfähig bist, bist du auch keine richtige Frau mehr«. Diese absurde Idee geistert noch immer durch genügend Männer- und Frauenköpfe. Die Geschlechtlichkeit der Frau hat zwei Seiten, die der Fruchtbarkeit und die der Erotik. Beide Seiten, so Dr. Barbara Fervers-Schorre, Köln, sind für die Frau eine wesentliche Quelle ihres Selbstwertgefühls. Entsprechend knüpfen viele Frauen an den Begriff der Wechseljahre die konkrete Angst, daß mit der Fruchtbarkeit auch die Liebe, Sexualität und Attraktivität vorbei seien.

Frauen fürchten vor allem, nicht mehr geliebt zu werden, wenn sich mit fortschreitendem Alter ihre körperliche Anziehungskraft verändert. So äußert sich Dr. Ingeborg Retzlaff, Bad Segeberg. Daß mit dem Nachlassen der Eierstockfunktion und der Menstruation auch die Sexualität völlig versiegt, daß sie keine Lust zur Liebe mehr hat und aus diesem Grunde nicht mehr begehrt wird: Diese Zweifel nagen an der Identität der Frau. Und münden häufig in die Unsicherheit, daß der Partner sie beizeiten wegen einer jüngeren verläßt.

Beim Ausdruck solcher Ängste treffen mehrere Dinge zusammen. Das eine ist das Klischee, nach dem Frauen nur attraktiv sind, wenn sie eben jung, schön, sexuell aktiv und möglichst fortpflanzungsfähig sind. Hinzu kommt nach Professor Hans Peter Rosemeier, Berlin, daß eine Frau sich meist nur attraktiv findet, wenn sie gut bei Männern ankommt. Darauf aufbauend haben sich die Schönheitsindustrie und gewisse Frauenzeitschriften eine wunderbare Werbewaffe geschmiedet, mit der Märkte nicht nur erobert, sondern auch gehalten werden können.

Die amerikanische Autorin Naomi Wolf geht noch einen Schritt weiter. Sie schreibt, daß Schönheitszwang und das Diktat zur Jugendlichkeit vor allem dazu dienen, Frauen an der Gleichberechtigung zu hindern.

Ein anderer Punkt ist: Sexuelles Empfinden und Lust – die Libido – haben nicht nur etwas mit dem Hormonmangel zu tun. Es gibt viele Frauen, die körperfeindlich erzogen worden sind. Sie haben nie gelernt, die ihrem Körper innewohnende Sensibilität zuzulassen. Außerdem kommt es sehr darauf an, wie Frauen sich fühlen. Und wieviel Zuwendung beziehungsweise Anerkennung sie durch ihren Partner erfahren.

Selbstverständlich können eine trockene Scheide, Schweißausbrüche, Schlaflosigkeit und depressive Verstimmungen ihr Befinden so massiv stören, daß Erotik zum Alptraum wird. All diese Beschwerden lassen sich meist aber erfolgreich behandeln.

Viel schwieriger ist die Aufgabe, eine Partnerschaft über lange Zeit lebendig zu erhalten und für den anderen begehrenswert zu bleiben. Trotz Haushalt und Kinder, trotz Beruf und dem leidigen Thema Geld. Die Belastungen des Alltags verstellen oft den Zugang zu den eigenen Wünschen und Gefühlen. Nach Ansicht von Professor Wolf Eicher, Mannheim, wehren sich viele Frauen unbewußt gegen etwas, wenn sie über Libidostörungen klagen:

- ◊ Sexualität nimmt keinen großen Stellenwert in ihrem Leben ein.
- ◊ Sie haben Ängste und Schuldgefühle.
- ◊ Sie lehnen ihren Partner oder alle Männer ab, weil sie sich gegen die ihnen zugeschriebene Rolle wehren oder weil sie in einer Identitätskrise stecken.
- ◊ Sie haben kein Verlangen mehr nach ihrem Partner, weil sie Geborgenheit und Nähe vermissen, nie richtig stimuliert wurden oder sich gegen Sexualität im allgemeinen wehren.

Sich dessen bewußt zu werden, ist schwierig. Besonders zwischen Partnern, die nie gelernt haben, über sexuelle Probleme zu sprechen und sie gemeinsam zu bewältigen, bauen sich möglicherweise unüberwindbare Barrieren auf.

Umgekehrt werden Frauen die Krise um so besser verkraften, je stabiler ihr Selbstwertgefühl ist. Sexualität wird in einer anderen, neuen Qualität erlebt – sie wirkt geradezu befreiend, nachdem die Themen Verhütung und Furcht vor einer unerwünschten Schwangerhaft keine Rolle mehr spielen. Die erotischen Beziehungen blühen auch ohne Verständigungsschwierigkeiten wieder auf. Andere Frauen sind vielleicht überhaupt erst jetzt in der Lage, sich völlig ihrem Partner hinzugeben. Sie haben sich durch ihre lange Lebenserfahrung von überlieferten Fehlvorstellungen frei gemacht. Immer wieder gibt es Frauen, die trotz regelmäßigen Verkehrs keinen Orgasmus erleben. Diese Frauen nutzen den Wechsel dann dazu, sich mehr oder minder zu verweigern.

Generell sind die mittleren Jahre wohl aber eine gute Zeit, der Sehnsucht nach zärtlichen Körpergesprächen offen Ausdruck zu verleihen. Welche Richtung die privaten Genüsse einer Frau letzlich nehmen, hängt von ihren Erfahrungen mit sich selbst und anderen und von ihrem Umfeld ab. Ob sie Sex will oder braucht – vielleicht jetzt sogar mehr denn je – oder nichts von beidem; ob sie Leistungsdruck gegen liebevolle Zuwendung ohne Orgasmuszwang eintauscht: All das muß jede Frau ganz für sich selbst entscheiden.

> **Psychogene Ursachen des Lustverlusts**
>
> ◊ Depressionen
> ◊ Schuldgefühle
> ◊ Ängste
> ◊ Rollenkonflikte
> ◊ Identitätsprobleme
> ◊ Verständigungsschwierigkeiten

Sexuelle Störungen und gesundheitliche Probleme

Krankhafte körperliche Veränderungen – ob altersbedingt oder nicht, ob mit oder ohne Operation – können das Sexualleben stark belasten. Dazu zählt Professor Alfred S. Wolf, Ulm, vor allem Bewegungseinschränkungen durch Muskel- und Gelenkleiden, osteoporotische Rückenbeschwerden (und hier besonders Wirbelbrüche) sowie die Folgen nach deren Ausheilung. Starrheit, Unbeweglichkeit im Hüftgelenk und die Scheu, neue oder andere sexuelle Positionen zu praktizieren, führen häufig zum Rückzug der Frau.

Auch der Bandscheibenvorfall und funktionelle Herzbeschwerden, verbunden mit Angst, können das Liebesleben behindern. Ähnliches gilt für niedrigen Blutdruck und Schwächezustände, für die Folgen von Hirn- und Schädelverletzungen sowie für die Situation nach einem Schlaganfall oder einer Nierentransplantation. Andere chronische Krankheiten wie schwere Anämien oder dialysepflichtige Nierenleiden, aber auch chronische Infektionen wie Tuberkulose, können das Allgemeinbefinden so stark reduzieren, daß die körperliche Leistungsfähigkeit gerade noch für die normale Lebensführung ausreicht.

Ein besonderes Problem sieht Professor Herbert Kuhl, Frankfurt/ Main, im Altersdiabetes. Begleiterscheinungen wie Reaktionsstörungen der Klitoris und eine trockene Scheide gehen oft auch nach einer guten Einstellung der Stoffwechsellage nicht zurück.

Nicht zu vergessen die Schamgefühle, die beim Geschlechtsverkehr entstehen, wenn im Zusammenhang mit einer Drang- und Streßinkontinenz Druck auf die ohnehin schwache Blasenmuskulatur ausgeübt wird und unfreiwillig Harn tropft.

Jede Operation im Genitalbereich kann, muß aber nicht, zu sexuellen Störungen führen. Im Zusammenhang mit der Gebärmutterentfernung tragen gute Aufklärung vorher und intensive Beratung danach ganz wesentlich dazu bei, solche Beeinträchtigungen weitgehend zu vermeiden (siehe OPERATIVE EINGRIFFE UND MENOPAUSE).

Wenn die Gebärmutter entfernt werden muß, weil sie sich gesenkt hat, wird dabei auch die fast immer gleichzeitig vorhandene Erweiterung der Scheide behoben. Diese sogenannte Scheiden-Beckenbodenplastik verengt die Scheide wieder auf das normale Maß. Nach einer solchen Operation kann die sexuelle Reaktion bei der Frau und ihrem Partner wesentlich besser sein. Bei überschießender Narbenbildung, besonders am Scheideneingang, kann der Verkehr beeinträchtigt werden. Orgasmusprobleme, auch Depressionen sind möglich. Eine kleine Operation zur Korrektur kann hier Abhilfe schaffen.

Krebserkrankungen können die Persönlichkeit einer Frau und die Angst vor der Zukunft nachhaltig erschüttern. Damit verliert dann auch die Sexualität ihre Bedeutung.

ORGANISCHE URSACHEN DES LUSTVERLUSTS

◊ Gelenk- und Muskelbeschwerden
◊ Osteoporose
◊ Unbeweglichkeit im Hüftgelenk
◊ Bandscheibenvorfall
◊ funktionelle Herzbeschwerden verbunden mit Angst
◊ Niedriger Blutdruck
◊ Schwächezustände

- ◊ Schädel- beziehungsweise Hirnverletzungen
- ◊ Schlaganfall
- ◊ Nierentransplantation bzw. dialysepflichtige Nierenleiden
- ◊ Tuberkulose
- ◊ schwere Anämien
- ◊ Altersdiabetes
- ◊ Harninkontinenz
- ◊ Tumoren
- ◊ Unterleibserkrankungen

Sexuelle Störungen und Medikamente

Erheblichen Einfluß auf die Libido können auch Medikamente haben. Unter den eindeutig lustbremsenden Präparaten stehen an erster Stelle Beruhigungsmittel und Antidepressiva. Beides sind Mittel, die besonders häufig Frauen und gerade auch in den Wechseljahren verschrieben werden. Unter einer längeren Therapie mit blutdrucksenkenden Medikamenten oder mit Gelbkörperhormon, wie sie zum Beispiel bei der Endometriose durchgeführt wird, sehnen sich Frauen ebensowenig nach Sex. Den gleichen Effekt hat die Behandlung des Hirsutismus mit anderen Gestagenen oder mit Antiandrogenen. Opiate (Heroin, Morphium, Opium) sowie übermäßiger Alkoholgenuß reduzieren die sexuelle Reaktion.

Lustbremsende Arzneimittel

- ◊ Beruhigungsmittel
- ◊ Antidepressiva
- ◊ Blutdrucksenkende Präparate, einschließlich einiger Beta-Blocker und harntreibender Mittel
- ◊ Gelbkörperhormone
- ◊ Antiandrogene

Ist das alles normal? Fragen an die Gynäkologin

Sprechstunde bei Dr. med. Inge Wolf, Ärztin für Frauenkrankheiten und Geburtshilfe, Münster

Ist das alles tatsächlich normal, werden Sie sich nach dem, was Sie inzwischen gelesen haben, sicher fragen. Mit dieser Sorge sind Sie nicht allein. Fast alle Frauen haben dieselben Ängste, Probleme und Unsicherheiten.

Die häufigsten Fragen werden in diesem Kapitel von der Gynäkologin Dr. Inge Wolf aus Münster beantwortet. Sie hat in über 20 Jahren Praxistätigkeit miterlebt, welche grundlegenden Veränderungen im Leben der Frauen die Pille und Hormone für die Wechseljahre gebracht haben. Darüber hinaus engagiert sich Dr. Wolf in verschiedenen Bereichen: seit vielen Jahren im Vorstand der Ärztekammer Westfalen-Lippe, als Vizepräsidentin im Deutschen Ärztinnenbund und als Mitarbeiterin in Fragen der Medizinethik in der Ethikkommission der Universität Münster.

? Muss ich vor den Wechseljahren Angst haben

Die Umstellungsphase »Wechseljahre« ist wie die Pubertät eine Zeit des Übergangs, die sich nicht schlagartig vollzieht. Erste Anzeichen können sich schon in den frühen Vierzigern zeigen. Dennoch besteht kein Grund, die Wendezeit ängstlich zu erwarten. Ängste sind schlechte Ratgeber, wenn es darum geht, den richtigen Umgang mit Umstellungsproblemen zu finden. Denn es gibt ja immer auch Wege zu einem Neubeginn. Keine Frau hat bessere Chancen dazu, als die Wechseljahrs-Frau, weil bei ihr Kräfte frei werden können, die vorher für andere Aufgaben gebraucht wurden. Je besser und vorurteilsfreier das Wissen um mögliche Störungen ist, desto wirksamer können Sie selbst Ängsten und Verunsicherungen entgegenwirken.

? Ich habe Depressionen. Sind Hormone besser als Psychopharmaka

Depressive Verstimmungen, Reizbarkeit oder seelische Tiefs sind von echten Depressionen in jedem Falle abzugrenzen. Östrogene gehören im Zentralnervensystem zu den Schlüsselsubstanzen, die Impulse an die Nerven weiterleiten, wo sie dann verarbeitet werden. Wenn sie fehlen, können Veränderungen auftreten: von niedergeschlagener Stimmung über Konzentrationsstörungen bis hin zur Unfähigkeit, Konflikte zu verarbeiten. Hier ist mit gezieltem Hormonausgleich mehr zu erreichen als mit Beruhigungsmitteln. Auch Schlafunregelmäßigkeiten lassen sich auf diese Weise besser und nachhaltiger beseitigen als durch die Gewöhnung an ein Schlafmittel.

? Sind mit der Hautalterung und dem Verlust der Attraktivität auch Liebe und Sexualität vorbei

Da sexuelle Erregbarkeit (die Libido) und Lustempfinden weitgehend vom seelischen Befinden, vom Selbstwertgefühl der Frau und der Zuwendung beziehungsweise Anerkennung durch ihren Partner abhängen, wird in den Wechseljahren auch im Gefühlsleben ein gewisser Wandel eintreten. Die Werteskala verschiebt sich. Nach Aussage vieler Frauen werden Nähe und Zärtlichkeit wichtiger als der Orgasmus. Miteinander lachen kann viel mehr bedeuten als miteinander schlafen. Da Sie jetzt freier und unabhängiger von Ängsten sind, zum Beispiel vor einer ungewollten Schwangerschaft, sind Ihrer liebevollen und spielerischen Phantasie keine Grenzen mehr gesetzt. Ihr Zuwachs an Lebenserfahrung und die Reifung Ihrer Persönlichkeit können auch dazu beitragen, daß Ihr Partner seine Einstellung ändert: Die äußere Anziehungskraft verliert an Stellenwert zugunsten von mehr gegenseitigem Verstehen, größerer Offenheit und Achtung vor dem alternden Körper.

Dennoch können durch den Hormonabfall Blasenreizungen und Trockenheit der Scheide auftreten. Die Folge: Mißempfindungen beim Verkehr sowie Libidoverlust. Hier können Hormone äußerst hilfreich sein. Sie fördern den Sekretfluß und die Durchblutung und gelten heute unumstritten als Förderstoffe einer intakten körperlichen Abwehr, weil sie auch entzündungshemmend wirken.

? Wenn ich Hormone nehme, treten meine Blutungen wieder auf. Kann ich dann noch schwanger werden

Nein, die alleinige Zufuhr von Östradiol und Gestagen kann nicht wieder befruchtungsfähig machen. Umgekehrt ist grundsätzlich noch eine Schwangerschaft möglich, solange ohne Hormonzufuhr regelmäßige oder fast regelmäßige Blutungen stattfinden. Die Hormonleistung, die der Organismus erbringen muß, um ein befruchtungsfähiges Ei bereitzustellen, ist jedoch auf den genauen Zeitplan mehrerer hormonbildender Systeme eingestellt. So ist eine Schwangerschaft ohne hormonelle Nachhilfe gegen Ende 40 eine große Ausnahme. Im übrigen läßt sich das Schwangerschaftsrisiko im Klimakterium feststellen: Die abklingende Hormonproduktion der Eierstöcke und der nachfolgende Anstieg der Hormone der Hirnanhangsdrüse können im Blut gemessen werden.

? Ich habe keine Beschwerden. Muss ich auch Hormone nehmen

Wenn man die Vorteile mit den Nachteilen vergleicht, also zum Beispiel die Erhaltung der Leistungsfähigkeit und des Wohlbefindens den wiederauftretenden Blutungen oder dem Zwang zur regelmäßigen Einnahme gegenüberstellt, so überwiegen eindeutig die Vorteile. Bei kritischer Selbstbeobachtung wird jede Frau in der Umstellungsphase unliebsame Veränderungen an sich feststellen, an denen der abfallende Hormonspiegel schuld ist. Dazu gehören Schlafstörungen, Antriebsarmut, Stimmungsschwankungen, Konzentrationsmangel und Gewichtsprobleme.

Frauen, die diese durch Hormongaben rasch zu behebenden Störungen nicht haben, sollten aber auch die langfristigen Folgen bedenken. Der zunehmende Verlust der Hautelastizität bedeutet einen Verlust an Abwehrmechanismen gegen Entzündungen. Der Abbau an Knochenmasse, Schleimhauttrockenheit, Kieferveränderungen und

Parodontose führen erst später und ohne Hormonausgleich doppelt so häufig zu behandlungsbedürftigen Beschwerden.

Ganz besonders jedoch ist eine frühe Hormonzufuhr als Vorbeugung gegen vorzeitige Gefäßverkalkung (Atherosklerose) mit der Gefahr des Herzinfarkts zu empfehlen. Wenn die natürlichen Östrogene als Schutzhormone versiegt sind, laufen viele Frauen Gefahr, Gefäßkomplikationen zu bekommen. Dies um so mehr, wenn andere Risikofaktoren wie Bluthochdruck, Rauchen, Übergewicht, Bewegungsmangel und Fehlernährung hinzukommen.

? Muss man nicht die Natur walten lassen und die Wechseljahre ohne Hormone überstehen

Angesichts der kurzfristigen Übergangsbeschwerden ist bei 50 Prozent der Frauen eine solche Einstellung grundsätzlich zu verstehen. Bedenkt man aber die Schutzfunktionen der Östrogene und die vielen Spätrisiken des andauernden Hormonausfalls, sollte diese Frage verneint werden. Wichtig ist auf jeden Fall eine maßgeschneiderte Hormonbehandlung, denn nur dann ist mehr Lebensqualität zu erwarten.

? Erhöht die Hormoneinnahme die Krebsgefahr

Weder die langjährige Pilleneinnahme noch die Zufuhr natürlicher Östrogene und Gestagene erhöhen die Krebsgefahr. Es gibt für bestimmte Tumoren sogar eine geringere Erkrankungsrate, wenn Hormone gegeben werden. Selbst bei hormonabhängigen Tumoren sind die Hormone nicht immer der auslösende Faktor.

? Nehme ich durch Hormoneinnahme an Gewicht zu

Zu Beginn der Einnahme kann das passieren. Dann aber auch nur kurzfristig und nur in wenigen Fällen. Die Frauen mit Hormonzugabe finden jedoch schneller und leichter zu einem normalen Gewicht zurück, als solche mit Gewichtsproblemen ohne Hormonsubstitution. Dies liegt nicht nur an der Kontrolle bei der Kalorienzufuhr, sondern sicher auch an der günstigen Regulierung des Fettstoffwechsels durch die Östrogene. Der zunehmende Mangel an Östrogenen schafft aus vielen Gründen Gewichtsprobleme: etwa weil die Stoffwechselvorgänge auf Sparflamme laufen, die Ernährungsgewohnheiten sich ändern oder die bisherige Bewegung weniger wird. Auf keinen Fall nehmen Frauen durch die Zufuhr von Hormonen automatisch zu.

? Wie kann ich Gewichtsprobleme besser beherrschen

Fastenkuren aller Art können in Einzelfällen helfen. Allerdings sind sie langfristig nur dann erfolgreich, wenn man nicht wieder in alte Ernährungsgewohnheiten zurückfällt. Auf jeden Fall sollten Sie eine ausgewogene Kalorienzufuhr immer mit Bewegung verbinden.

? Lassen sich Hitzewallungen auch mit natürlichen Wirkstoffen oder Maßnahmen beeinflussen

Ausreißer in der vegetativen Balance wie plötzliche Hautrötung, Blutandrang zum Kopf, Herzjagen und Schweißausbrüche werden nicht immer allein durch schwankende Hormonwerte ausgelöst. Auch Stimulanzmitttel wie Alkohol und Koffein können solche körperlichen Antworten hervorrufen. Dementsprechend lassen sich vegetative Überreaktionen immer mit einer Reihe von Maßnahmen und Stoffen aus der Natur dämpfen. Dazu gehören körperliche Aktivitäten und nahezu alle Formen der Wassertherapie ebenso wie Entspannungstechniken, bestimmte Kräuter und homöopathische Mittel.

Allerdings: Allein die Östrogene, unter ihnen das Östradiol, wirken an den Schaltstellen der Erregungsübertragung wie der passende Schlüssel ins Schloß. Im übrigen sind das ja auch natürliche Wirkstoffe, die durch keine andere Substanz zu ersetzen sind.

Bitter und süss: Frauen erzählen

Hildegard Kalvelage, 48, Fremdsprachensekretärin: »Ich wache auf und weiss, wofür«

Die ersten Schweißausbrüche plagten mich mit 43. Nachts. Ich bin immer mal schweißgebadet aufgewacht, hab das aber auf meine Lebensumstände bezogen. Als erstes Anzeichen für die Wechseljahre habe ich das nicht erkannt. Zu der Zeit verließ ich nach 18 Jahren Ehe meinen Mann und meinen Sohn, der bei seinem Vater blieb. Ich zog aus der Provinz nach Hamburg, wollte ein neues Leben anfangen, zurück in den Beruf gehen und mich auf eigene Beine stellen.

Schnell fand ich einen Job als Sekretärin eines Verkaufsleiters. Das war gut, denn ich mußte mir eine Position erkämpfen. Gleichzeitig litt ich an Hitzewallungen, Haarausfall, Konzentrationsschwäche und Schlaflosigkeit. Irgendwann ging ich dann doch zur Untersuchung zu einer Gynäkologin. Sie machte einen Hormontest, konnte jedoch nichts feststellen. Meine Beschwerden konnten also nur mit dem psychischen Streß zusammenhängen – vielleicht noch mit der Umweltbelastung, denn ich arbeitete im Freihafen.

Im Oktober '91 kündigte ich meinen Job. Einerseits glaubte ich, dann meine Beschwerden loszuwerden, andererseits wollte ich frei arbeiten. Ich hatte viele Ideen. All diese festen Rahmen hatte ich doch gerade hinter mir gelassen! Doch es kam anders, als ich dachte. Meine Ärztin drückte mir eine Broschüre über die Wechseljahre in die Hand. Was ich las, war ein Schlag ins Gesicht: Wechseljahre – alt, verbraucht, Schluß, aus. Fürchterlich. Zumindest interpretierte ich es so, weil ich ähnlich über diese Zeit dachte. Ich fühlte mich jung. Auch weil mein neuer Partner, mit dem ich inzwischen zusammenlebe, sieben Jahre jünger ist. Ich konnte das Älterwerden für mich nicht akzeptieren. Was geschah? Ich stürzte ab. In ein richtiges Depressionsloch. Ich konnte mich nicht mehr sehen, wurde immer bequemer, trotz einer erfolgreichen Diät setzten alle abgespeckten Pfunde wieder an.

Da wachte ich endlich auf. Ich las das Buch *Feuerzeichen frau* und näherte mich meinem Dilemma zum erstenmal auf ganz normale Weise. Was passiert denn eigentlich auf seelischer und körperlicher Ebene, wenn ich in die Wechseljahre komme? Auf diese Frage suchte ich jetzt eine Antwort. Ich begann, in Gruppen alles mögliche aufzuarbeiten, vor allem die Trennung von meinem Mann und meinem Sohn. Die Fragen »Wer bin ich, wo stehe ich, wo komm ich her, was darf ich loslassen, wo gehe ich hin«, wurden existentiell wichtig für mich.

Alles war sehr, sehr schmerzhaft. Doch die bisherigen Folgen sind wunderbar. Der Wechsel hat überhaupt nichts damit zu tun, daß ich bedingungslos alt werde und verwelke und keine hundertprozentige Frau mehr bin. Im Gegenteil. Ich glaube daran, daß diese Jahre eine Weiterentwicklung beinhalten müssen. Innerlich wie äußerlich wird langsam eine andere Schönheit für mich wahr, die mich klarer mit mir selbst werden läßt. In meinem Leben als Ehefrau und Mutter hatte ich nie die Zeit, mich mit mir selbst auseinanderzusetzen. Jetzt will ich für mich allein stehen, mich schön und jugendlich fühlen – dabei meine Energien nicht länger für äußeren Firlefanz verpulvern. Bislang wollte ich vor allem Männern gefallen, obwohl ich selbst nicht so viel davon hatte. Heute schätze ich die Einsamkeit. Und ich weiß, daß die Nähe zu Frauen sehr schön sein kann.

Gleichzeitig finde ich durch den eigenen Beruf und durch die Liebe zu einem jüngeren Mann Selbstbestätigung. Trotzdem stelle ich mich vor den Spiegel und schau hinein. Ich sehe Falten, Bauch, ein rundes Becken und Fleisch, das nicht mehr so fest ist. Dies anzunehmen, fällt mir nicht ganz leicht. Aber ich pflege mich sehr, gebe eine Menge Geld für Friseur und Kosmetik aus. Andererseits: Manchmal gehe ich gänzlich ungeschminkt aus und zeig mich, wie ich bin: blaß, mit Rändern unter den Augen, ohne schwarze Wimpern, ohne Lippenstift. Ich dusche heiß-kalt jeden Morgen, verwöhne mich mit Entspannungsbädern, guten Düften und möchte mit Yoga anfangen. Außerdem schreibe ich Gedichte, beschäftige mich mit Musik und tanze. Und ich öffne mich für den Glauben an das Gute im Menschen.

Auf dem Weg des Wechsels stand auch die Frage an: Wollen wir beide ein Kind? Eine schöne Liebe hätte ich gern mit noch einem Kind gekrönt. Doch immer mehr beschlich mich der Gedanke, daß ich nicht wieder dort anfangen möchte, wo ich schon mal gestanden habe. Ich möchte mein Leben mit neuen, vielleicht auch karitativen Aufgaben füllen. Die Welt braucht Frauen, die aus den Wechseljahren raus sind, die die Zeit hinter sich gebracht haben, in der sie Kindern das Leben schenken konnten. Diese Frauen sind eindeutiger geworden. Sie können ihre Kräfte bewußt einsetzen. Ich möchte sagen können: Ich wache auf und weiß wofür.

Insofern sehe ich meinen Wechsel als positivsten Aspekt meines Lebens, als Voraussetzung für meine schönsten Jahre. Das wirkt sich auch auf meine Partnerschaft aus. Wir sind nicht nur verliebt, wir gehen miteinander um. Und es gefällt mir, nicht länger eine einfach zu handhabende, anpassungsfreudige und freundliche Frau zu sein.

Ganz toll ist, daß ich Eitelkeiten auch in der Sexualität ablege. Ich kann mich meiner Lust hingeben und frage mich nicht ständig: Bin ich zu dick, wie sehe ich jetzt aus oder bin ich attraktiv für den Mann? Ich kann sagen: Ich will jetzt nicht. Und fühle mich trotzdem gut dabei. Mein Partner nimmt das nicht als persönlichen Angriff. Mit ihm habe ich überhaupt den ersten Mann, der keinen Orgasmuszwang hat. Er besteht nicht darauf und straft mich nicht mit Schuldgefühlen, wenn ich ihn ablehne.

Meine Erfahrungen mit der Hormontherapie sind noch recht jung. Ich nehme erst seit drei Monaten Tabletten, nachdem der letzte Bluttest angezeigt hat, daß ich so gut wie keine eigenen Hormone mehr habe.

Rückwirkend betrachtet, habe ich mich zum Schluß so elend gefühlt, daß ich wirklich dachte, ich sei schwer krank. Dennoch verweigerte ich mich einer Therapie – aus Unwissenheit, ideologischer Borniertheit, aus Trotz. Hormone – ich? Nie! Ich begriff nicht den Zusammenhang zwischen Hormonmangel und Wechseljahrsbeschwerden. Heute, Jahre später, kann ich nur sagen: Frauen können sich viel Leid ersparen.

Meine Ärztin gab mir seinerzeit keine Entscheidungshilfe. Erst eine gynäkologische Spezialpraxis hat mir richtig geholfen. Dort habe ich vor kurzem den Befund bekommen, daß es nun aus sei mit meiner Fruchtbarkeit. Eigenartig, das Gefühl, dieses Buch nun auch zuschlagen zu können. Aber dafür öffne ich ein anderes. Jetzt, da ich mich intensiv mit der Bedeutung des Wechsels auseinandergesetzt habe, sehe ich nicht mehr ein, daß ich mir die körperlichen Probleme nicht erleichtern sollte.

Ich bereue Dinge in meinem Leben, die danebengegangen sind. Doch ich versuche, mich damit nun nicht mehr schwerzutun. Ich akzeptiere das Leben als den Fluß, in dem ständig alles in Bewegung ist.

Sigrid Behrens, 58, Hausfrau:
»Ich wollte nur, dass endlich alles ein Ende hat«

Ich war 45. Bei anderen Frauen fängt es mit Hitzewallungen an, ich habe immer gefroren. Nachmittags ging es los und wurde bis zum Abend so schlimm, daß ich manchmal regelrecht eingepackt im warmen Wohnzimmer saß. Gleichzeitig wurden meine Blutungen sehr stark und unregelmäßig. Und ich verlor an Gewicht. Ich hatte bei meiner Größe von 1,50 Meter zwar noch nie mehr als 50 Kilo gewogen, doch irgendwann waren es 43. Entsprechend elend sah ich aus und fühlte ich mich. Es gab Phasen, in denen ich mich zum Essen zwingen mußte und alles, wirklich alles, was ich aß, schmeckte salzig. Ich hatte keine Erklärung für diese Veränderungen, mein Hausarzt auch nicht und selbst mein Gynäkologe nicht.

Also hoffte ich, daß mir eine Kur helfen würde. Aber die Anwendungen, vor allem die Massagen und Moorbäder, bekamen mir überhaupt nicht. Im Gegenteil, ich mußte die Kur abbrechen. Das war 1987. In jenem Jahr kam dann noch starker Haarausfall hinzu und die Haut wurde extrem trocken. Ich hatte immer dicke und viele Haare gehabt. Plötzlich rieselten sie nur so, wurden dünn, glanzlos, hingen herunter. In der Haarsprechstunde der Uniklinik fiel nach vielen Tests dann der Begriff »Hormone«, man vermutete einen Zusammenhang.

In der Zwischenzeit hatte ich mir einen neuen Gynäkologen gesucht. Da die Blutungen im Abstand von zehn bis 14 Tagen stattfanden, veranlaßte er eine Ausschabung. Dadurch wurden sie etwas reguliert, doch nicht so, wie gehofft. Ich wünschte mir Hilfe, hatte aber leider nicht das Glück, umfassend über die Zusammenhänge zwischen Wechseljahren und meinen Beschwerden aufgeklärt zu werden. Ich war mittlerweile 53 und wollte eigentlich nur, daß endlich alles ein Ende hat.

1990 verordnete mir ein Arzt dann Hormone. Primär gegen den Haarausfall. Es ging mir allerdings insgesamt relativ schnell besser, wenn auch die Blutungen wieder stärker wurden. Ich nahm das aber in Kauf, Hauptsache, an meinem Haarausfall änderte sich etwas. Und tatsächlich, nach geduldigen sechs Wochen vielen sie nicht mehr aus, wuchsen kräftiger nach. Nur leider nahm ich nicht zu.

Ein Praktischer Arzt, der nach aufwendigen Untersuchungen natürlich extreme Mangelerscheinungen festgestellt hatte, leitete daraufhin eine sogenannte Zellmilieu-Therapie ein. Seit Mai 1993 bekomme ich für zwei Jahre eine spezielle Therapie mit Vitaminen, Mineralstoffen, Spurenelementen, Aminosäuren, Lachs- und Nachtkerzenöl. Ergänzend kommt ein Ernährungsplan auf Vollwertbasis mit viel Fisch und wenig Fleisch hinzu, mit jodiertem Speisesalz sowie 1/4 Liter Kefir und Joghurt am Tag. Daran halte ich mich stur und fühle mich inzwischen wirklich ganz toll.

Anfang des Jahres habe ich mit den Hormontabletten aufgehört. Es gab keinen konkreten Anlaß, ich hatte einfach nur das Gefühl, sie nicht länger zu brauchen. Ich will nicht ausschließen, irgendwann wieder Hormone zu nehmen, vor allem wegen der Knochen.

Ich habe keine Angst vor dem Alter. Im Gegenteil, wenn ich mich weiterhin so gut fühle wie im Moment, dann habe ich keine Probleme. Ich treibe regelmäßig Gymnastik, rauche nicht, trinke keinen Alkohol. Ich bin ruhiger, gelassener geworden, bin nicht mehr so perfektionistisch wie früher. Ich lasse mir für alles mehr Zeit, plane und gestalte den Tag anders. Und ich genieße die Zeit mit meinem Mann. Wir sind seit 40 Jahren verheiratet, haben uns noch immer etwas zu sagen, unternehmen viel und sind sexuell nach wie vor aktiv – wenn auch nicht mehr so wie früher. Und wir sind häufig mit unseren beiden Töchtern und deren Familien zusammen.

Rückwirkend betrachtet fühlte ich mich sieben Jahre lang total ausgezehrt, als hätte ich die schlimmste Krankheit gehabt. Ich wußte schon gar nicht mehr, wohin ich mich noch wenden sollte. Dennoch: Ich hatte keine Schweißausbrüche, keine Depressionen, keine Selbstwertprobleme. Wenn ich manchmal höre, was einige Frauen in ihrem Wechsel alles mitmachen, dann muß ich sagen, ist es mir noch ganz gut ergangen.

Therapeutische Konzepte

Nach allem, was Sie bisher über Ihre körpereigene Hormonproduktion erfahren haben, stimmen Sie sicher zu: Hormone bestimmen das Leben der Frau. Entsprechend kann das Fehlen der Geschlechtshormone eine Reihe von Beschwerden auslösen. Die Symptome sind jedoch keine organischen Krankheiten. Denn die Wechseljahre sind keine Krankheit. Hitzewellen, Schweißausbrüche und andere akute Ausfallerscheinungen hören binnen drei bis fünf Jahren von selbst wieder auf. Möglicherweise sogar eher. Theoretisch bräuchten Sie also nur lange genug zu warten, sofern Sie sich nicht gravierend beeinträchtigt fühlen. Das haben Frauen zu früheren Zeiten im übrigen auch getan: alle mit dem Hormonwegfall verbundenen Probleme als gegeben akzeptiert. Nach dem Motto, das Klimakterium gehört zur Natur der Frau und ist ebenso als Schicksal zu betrachten wie der Geburtsschmerz. Ähnlich denken selbst heutzutage noch Frauen.

Inzwischen weiß man jedoch sehr viel mehr über die Vorgänge im weiblichen Körper. Die Medizin würde die Bezeichnung modern nicht verdienen, wenn sie die Wechseljahre nur beschreiben und erklären könnte, ohne gleichzeitig Auswege aufzuzeigen. Auswege, die unser Leben jenseits der Fruchtbarkeit so lange so lebenswert wie möglich erhalten. Zumal bei der heutigen Lebenserwartung die »hormonarme« Zeit länger ist als die Zeit der Geschlechtsreife.

Wie sich diese längere Lebensdauer individuell auch darstellen mag, die Folgen des Östrogenmangels braucht jedenfalls keine Frau mehr schicksalsergeben hinzunehmen.
Bei den kurzzeitigen Auswirkungen stehen die

- ◊ Hitzewallungen
- ◊ Schweißausbrüche und
- ◊ Schlafstörungen

im Vordergrund.

Mittelfristig kommen Erscheinungen hinzu wie

- ◊ Trockenheit der Scheide (Atrophie der Vagina)
- ◊ Schmerzen beim Geschlechtsverkehr (Koitusschmerzen)
- ◊ Harninkontinenz (unwillkürlicher Harnabgang) und
- ◊ Hautveränderungen.

Darüber hinaus gibt es eine Reihe zentralnervöser Störungen:

- ◊ Erschöpfung und Depressivität
- ◊ Aggressionen
- ◊ Minderung der Konzentrationsfähigkeit
- ◊ Kopfschmerzen.

Erst viele Jahre nach der Menopause machen sich die Spätfolgen des Östrogenmangels auf das Skelett- und Gefäßsystem bemerkbar mit

- ◊ dem Risiko der Osteoporose und
- ◊ dem Risiko, infolge einer Atherosklerose einen Schlaganfall oder Herzinfarkt zu erleiden.

Das Risiko für bestimmte gynäkologische Tumoren besteht mit Beginn des Hormonabfalls.

Erst kommt die Aufklärung, dann die Entscheidung

Was ist herausgekommen bei den jahrzehntelangen Bemühungen der Wissenschaft, Mittel zu finden, die Frauen helfen? Als einer der gangbarsten Wege hat sich die Behandlung mit den Hormonen erwiesen, die Ihr Körper jahrzehntelang selbst gebildet hat. Also eine Therapie mit natürlichen Östrogenen beziehungsweise mit der Kombination aus Östrogenen und Gestagenen, den beiden Haupthormonen. Man nennt das Hormon-Ersatz-Therapie oder Hormon-Replacement-Therapie (HRT).

Natürliche Östrogene sind alle beim Menschen vorkommenden Östrogene, also Östradiol, Östron und Östriol, oder solche aus anderen natürlichen Quellen, wie dem Harn trächtiger Stuten – und zwar ohne Rücksicht darauf, ob sie vielleicht aus der Synthese stammen. Denn die meisten natürlichen Östrogene können heute auch in Laboratorien hergestellt werden. Dort wird eine größtmögliche Übereinstimmung mit der chemischen Struktur der Hormone hergestellt, die im Eierstock produziert werden. Ausgangsstoffe sind oft Pflanzen, männliche Hormone oder Sterine. Der Gegensatz dazu sind die künstlichen, die »artefiziellen« Östrogene, die alle aus der Retorte stammen. Professor Christian Lauritzen, Ulm, nennt hier Ethinylestradiol, Mestranol oder Stilbestrol.

Wenngleich das in Tabletten, Pflastern, Salben oder Spritzen verabreichte Östradiol identisch ist mit dem, das Frauen selbst bilden, so muß die Ersatztherapie immer den gleichen Kriterien unterliegen, die für jede medizinische Behandlung gelten: Es muß eine klare und begründete Indikation vorliegen. Es gibt – wenn auch nur minimale – Gegenanzeigen und Risiken einer Behandlung mit Hormonen. Und man darf auch nicht vergessen, daß hohe Östrogenspiegel nach der Menopause dem Alterungsprozeß widersprechen.

Andererseits: Indem Ihre nicht mehr vorhandenen Hormone frühzeitig ersetzt werden, ersparen Sie sich nicht selten von vornherein viel Leid. Sind bereits Störungen aufgetreten, lassen sich diese nachhaltig beheben, Spätfolgen wird so vorgebeugt. Am sinnvollsten ist es, die Behandlung so zu gestalten, daß sie dem körpereigenen Prozeß ähnelt.

Das ist eigentlich recht einfach. Und doch wiederum schwierig. Warum? Weil bei den betroffenen Frauen eine Menge von Fragen auftauchen. Nicht jede Frau über 50 hat Beschwerden, und nicht jede braucht Hormone, da sie vielleicht noch in ausreichender Menge eigene bildet. So bleiben trotz heftiger Aufklärungsbemühungen angesehener Experten vielfach Unsicherheiten, Ängste, Aversionen bestehen – die den Frauen auch ihre Ärzte nicht immer nehmen können.

Doch machen Sie sich selbst ein Bild. Gehen Sie so kritisch wie nötig, aber trotzdem offen an das Thema heran. Damit Sie nach der Lektüre Ihre eigene Entscheidung für oder gegen eine solche Therapie treffen und gut informiert mit einem Gynäkologen darüber reden können. Immerhin geht es um Sie – um Ihren Körper und um Ihre Zukunft.

Der Arzt als einfühlsamer Begleiter: Ein heikles Thema

Die Gynäkologie beschäftigt sich mit den Geschlechtsorganen der Frau, das heißt aber nichts anderes, als daß sie sich mit dem gesamten Leben der Frau befaßt: mit ihrem Erwachsenwerden, ihrer Fruchtbarkeit, ihrer Reife und ihrem Älterwerden. Jeder dieser Entwicklungsschritte bedeutet immer auch einen Übergang. Übergänge sind dadurch gekennzeichnet, daß der Mensch bestimmte bisherige Rollen und Funktionen biologischer und sozialer Art aufgibt. Sie sind aber auch dadurch gekennzeichnet, daß er aufgrund veränderter Bedingungen neuen Anforderungen gegenübersteht. Das Klimakterium als Übergang zwingt neben den körperlichen Veränderungen möglicherweise auch zu seelischer und sozialer Neuorientierung und zu Einstellungsänderungen.

Vor diesem Hintergrund ist jeder Arzt auch ein Psychosomatiker. Denn in alles, was er sagt oder tut, werden Körper *und* Seele einbezogen. Die Besonderheit des Gynäkologen liegt darin, daß bei der Beratung wie bei der Untersuchung Intimität und Schamgefühl besonders zum Tragen kommen. Es ist daher verständlich, wenn eine sehr persönliche Schamschranke seitens der Patientin erst einmal überwunden werden muß, bevor sie sich in die Hände eines Frauenarztes begibt.

Ärzte, die sich mit der Betreuung und Gesunderhaltung der Wechseljahrs-Frau beschäftigen, sollten über die Folgen des Östrogenmangels und die Möglichkeiten der Behandlung gut informiert sein. Valerie Godfree, London, fordert, daß ebenfalls alle diese Ärzte heute in der Lage sein müssen, ihre Patientinnen entsprechend dem Stand der Wissenschaft über Risiken und Chancen der Nichtbehandlung beziehungsweise Behandlung bei Östrogenmangel aufzuklären.

Und noch etwas muß hinzukommen, damit eine Frau sich die ganzen Wechseljahre hindurch gut betreut fühlt: eine Persönlichkeit, die einfühlsam, verständnisvoll und vertrauenerweckend ein Gespräch führt. Denn auch wenn Sie allein im Sprechzimmer sitzen, Sie bringen ja alles mit: Ihren Körper, Ihre Partnerschaft, Ihre Sexualität, Ihre Psyche, Ihr soziales Umfeld. Alles, was Sie derzeit möglicherweise krank macht. Im Gespräch wird bereits der Stein gelegt für den Verlauf der Untersuchungen. Der Funke des Verstehens, der Annahme, springt über – oder nicht. Ein Arzt muß sich kooperativ zeigen, Unsicherheiten seiner Patientin abbauen und sensibel die Intimität und Gefühle der Frau achten, sorgfältig damit umgehen und Schranken nur soweit als nötig überschreiten. Leider ist dies nicht immer der Fall. Gelegentlich klagen Frauen über Unverständnis, mangelnde Aufmerksamkeit, das Nichtakzeptieren ihrer Persönlichkeit, Zeitmangel (!) und die Atmosphäre in der Praxis. Auch wenn dies Ausnahmeerscheinungen sind, müssen Sie solche Unzulänglichkeiten nicht akzeptieren. Ein klärendes Gespräch kann vieles ausräumen, was das Verhältnis Patientin/Arzt belastet; die Atmosphäre wird danach entspannter sein.

Diagnose Östrogenmangel

Mit Ausnahme der Hitzewallungen, die für einen Östrogenmangel typisch sind, treten alle anderen Wechseljahrsbeschwerden bei jeder Frau in unterschiedlicher Kombination und Intensität auf. Ob unregelmäßige Blutungen, starke Erschöpfung oder depressive Momente – es kann immer auch andere Ursachen für die Beschwerden geben. Mit der Pauschaldiagnose »Östrogenmangel« ist es daher nicht getan. Trotzdem: Die psychischen und physischen Auswirkungen der Wechseljahre wie Nervosität, Hitzewallungen, Leistungsminderung, Schlaf- oder Sexualstörungen werden noch immer unterschätzt. Da sie die Lebensqualität der Frau im Klimakterium massiv beeinflussen, hat Dr. Markus Metka, Wien, einen Fragebogen ausgearbeitet, den Sie am Ende des Buches finden. Diesen Selbstbeurteilungsbogen können Sie vor dem ersten Termin beim Frauenarzt oder gemeinsam mit ihm ausfüllen.

Dieser Fragebogen wird bereits in manchen Praxen verwendet. Wenn nicht, weisen Sie Ihren Arzt darauf hin, daß es dieses Hilfsmittel gibt. Ein Vorteil liegt darin, daß bestimmte Symptome früh erkannt werden können, so daß sich durch rechtzeitige Prophylaxe mögliche spätere Erkrankungen vermeiden lassen. Außerdem stellt die Selbstbeurteilung einen sehr guten Einstieg in das Gespräch zwischen Ihnen und Ihrem Arzt dar. Wundern Sie sich also nicht, wenn Sie in der Praxis als erstes gebeten werden, Teile eines solchen Bogens auszufüllen. Zur Sicherung der Diagnose wird der Arzt dann nach folgendem Schema vorgehen:

SCHRITTE DER DIAGNOSE

◊ Erhebung der Familiengeschichte
◊ Erhebung der eigenen Krankheitsgeschichte
◊ Gynäkogologische Untersuchung und hormonelle Abklärung
◊ Untersuchung zur Krebsfrüherkennung
◊ Zusatzuntersuchungen, falls notwendig

FAMILIENGESCHICHTE

Ein Gynäkologe, der in der Sprechstunde eine sorgfältige Familiengeschichte (Anamnese) erhebt, braucht dafür wie jeder andere Arzt Zeit. Unter Anamnese versteht man die subjektiv erinnerten (oder auch von den Angehörigen mitgeteilten) früheren Krankheiten oder Beschwerden, die durch Krankheitsangaben aus dem Familienbereich ergänzt werden. Da die Anamnese bereits wichtige Hinweise auf die Diagnose und auf eventuell notwendige Behandlungsmaßnahmen geben kann, ist es empfehlenswert, sich schon vor dem Arztbesuch Besonderheiten ins Gedächtnis zurückzurufen oder gar schriftlich zu fixieren.

Der Katalog der zu beachtenden Punkte, die Ihr Arzt Sie wahrscheinlich abfragen wird, ist lang. Eine Liste, die Professor Herbert Kuhl, Frankfurt/Main, zusammengestellt hat, können Sie hier nachlesen:

Anamnese

- ◊ Zeitpunkt der ersten Regel (Menarche)
- ◊ Zeitpunkt, Dauer und Stärke der letzten Blutung
- ◊ Menstruationszyklus (Intervall, Regelmäßigkeit)
- ◊ Jetziges oder früheres Blutungsverhalten (Stärke, Dauer, Schmerzen)
- ◊ Vor-, Zwischen-, Nach- und Kontaktblutungen (Blutungen beim Verkehr)
- ◊ Einnahme von Hormonen zur Zyklusregulierung
- ◊ Kontrazeptive Maßnahmen
- ◊ Schwangerschaften
- ◊ Prämenstruelle Beschwerden
- ◊ Knotige Verhärtungen in der Brust (Mastopathie)
- ◊ Sexualität
- ◊ Harninkontinenz, Senkungserscheinungen und -beschwerden
- ◊ Darmtätigkeit
- ◊ Infektionen (besonders im Genitalbereich)
- ◊ Geschlechtskrankheiten
- ◊ Andere gynäkologische Erkrankungen, z.B. Myome, Endometriose, Eierstockzysten oder -tumoren
- ◊ Gynäkologische Karzinome
- ◊ Ergebnisse bisheriger Früherkennungsuntersuchungen
- ◊ Gynäkologische Operationen
- ◊ Vasomotorische Symptome
- ◊ Gemütsprobleme, depressive Verstimmungen (wenn ja, früher schon gehäuft prämenstruell?)
- ◊ Gewichtsveränderungen, Ernährungsgewohnheiten
- ◊ Familienanamnese (Osteoporose, Thromboseneigung)
- ◊ Rücken-, Kreuz- und Gelenkschmerzen, Abnahme der Körpergröße
- ◊ Rauchgewohnheiten, Alkohol-, Kaffee- und Teekonsum, Einnahme von Medikamenten

◊ Allgemeinerkrankungen: Ödeme, Gicht, Hochdruck, ischämische Herz-Kreislauf-Erkrankungen, Diabetes mellitus, Arthritis, rheumatische Erkrankungen, Fettstoffwechselstörungen, chronische Leberleiden, nichtgynäkologische Karzinome

Für eine Reihe von Beschwerden braucht Ihr Arzt Zusatzinformationen. Dies gilt besonders bei depressiven Verstimmungen (er wird nach Hinweisen auf eine »verschleppte« endogene Depression suchen, die jetzt manifest werden kann und immer von einem Therapeuten mitbehandelt werden muß), bei Schlaf- und Zyklusstörungen, Kopfschmerzen, Ihren Vorerkrankungen und den Medikamenten, die Sie einnehmen.

Untersuchungen

Der nächste Schritt ist die gynäkologische Untersuchung. Ein guter Arzt setzt das Gespräch fort, während er Sie untersucht. Und vor allem bemüht er sich, so vorsichtig wie möglich vorzugehen, um Ihnen Unanehmlichkeiten oder gar Schmerzen zu ersparen. Wer seine Patientin ernst nimmt, schuldet ihr auch Erklärungen zu dem, was er tut, warum er es tut und wofür es gut ist. Nach der Erfahrung von Dr. Marie-Paule Molitor-Peffer, Luxemburg, fangen manche Frauen sogar erst während der Untersuchung auf dem gynäkologischen Stuhl an, über ihre Probleme zu reden.

Zwar kann auch Ihr Körper ausdrücken, was Sie nicht direkt aussprechen. Und oft tut er das sogar ohne Ihr Wissen und vielleicht sogar ohne Ihr Wollen. Um diese Körpersprache jedoch zu verstehen, bedarf es auf Seiten des Arztes offener Augen und Ohren sowie »aufmerksamer Hände«.

Was wird untersucht?

◊ Basisuntersuchung für die Diagnose des Östrogenmangels sollte die sogenannte vaginalzytologische Untersuchung sein: Zellabstriche an der Vaginalwand, um die verbliebene Östrogenbildung im Gewebe festzustellen und gegebenenfalls mit der Konzentration im Blut zu vergleichen;
◊ Im Anschluß an eine gynäkologische Untersuchung kann die Ultraschalldiagnostik weitere Aufschlüsse geben, z.B. über die Größe der Gebärmutter oder über die Dicke der Gebärmutterschleimhaut;
◊ Abstrich vom Gebärmutterhals;
◊ Messung des Blutdrucks;
◊ Intensive Untersuchung der Brust, gegebenenfalls eine Mammographie und/oder Ultraschalluntersuchung;
◊ Test auf Blut im Stuhl;
◊ Komplette Blutuntersuchung mit Blutzucker, Schilddrüsen- und Leberfunktion, Cholesterin- und Triglyzeridwerten, Calcium- und Phosphatspiegel;
◊ Untersuchung des Urins auf Eiweiß, Blut, Bakterien;
◊ Feststellung von Gewicht, Körpergröße, Körperbau, Verteilung des Körperfetts.

Ergeben sich im Verlauf der Anamnese oder bei der gynäkologischen Untersuchung Verdachtsmomente, wird der Arzt weitere Untersuchungen wie die des Herz-Kreislauf-Systems und der Gerinnungsfaktoren veranlassen. Meist liegen Ihrem Internisten oder Hausarzt bereits Befunde dazu vor, die Ihr Gynäkologe anfordern kann.

Der Abstrich

Beim Abstrich wird zunächst ganz allgemein von der Gewebeoberfläche der Vagina mittels Abstrichnadel, -öse (Platindraht) oder

-tupfer (Watteträger, Spatel, Holzstäbchen) etwas Sekret entnommen. Das Sekret wird auf ein Glasplättchen gestrichen. Je nachdem, wonach der Arzt sucht, erfolgt der Vaginalabstrich aus unterschiedlichen Regionen: von der seitlichen Scheidenwand, um die hormonellen Aktivitäten des Ovars zu beurteilen; aus dem Gebärmutterhalskanal und dem äußeren Muttermund für die Krebsdiagnostik.

Die Probe wird entweder gleich in der Praxis eingefärbt und unter dem Mikroskop untersucht – zum Beispiel auf Mikroorganismen, die auf eine Infektion hinweisen oder Ausfluß verursachen – oder in ein Labor geschickt, wie beim »Krebsabstrich«. Dessen Ergebnisse werden nach dem griechisch-amerikanischen Pathologen George Nicholas Papanicolaou von PAP I bis PAP V bewertet. Demnach hat der Krebszellabstrich folgende Bedeutung:

PAP I: Es kommen nur normale Zellen vor.

PAP II: Es gibt abweichende, doch keine verdächtigen Zellen.

PAP III: Zweifelhafte Zellen sind festzustellen. Der Abstrich sollte wiederholt werden. Bleibt er verdächtig, muß eine Gewebeprobe entnommen werden.

PAP IV: Vereinzelte und

PAP V: zahlreiche atypische, verdächtige Zellen. In beiden Fällen muß dringend eine Gewebeprobe untersucht werden.

Krebsfrüherkennung: Bitte entziehen Sie sich nicht!

Nach dem 40. Lebensjahr nimmt bei einer Vielzahl von Frauen die Angst vor Krebs zu. Die Angst ist begründet. Unbegründet ist die Furcht, eine Hormonbehandlung könnte einer Krebserkrankung Vorschub leisten. Im Gegenteil. Wenn sich die Hormonproduktion von Östrogen und Gestagen verringert, erhöht sich das Risiko für verschiedene Krebsformen. Neben Brust-, Eierstock-, Gebärmutterhals- und Gebärmutterkörperkrebs sind Frauen zwischen dem 50. und 60. Jahr besonders vom Dickdarmkarzinom betroffen (siehe Die Krebsproblematik).

Mit einer bestmöglichen individuell »maßgeschneiderten« Ersatztherapie betreiben Frauen deshalb auch aktive Krebsprophylaxe. Lediglich beim Vorliegen krebsbegünstigender oder -auslösender Faktoren wie dem Rauchen, erblicher Vorbelastung oder einer Überernährung können Östrogene die Krebsentstehung oder das Wachstum vorhandener Krebszellen fördern. Dabei ist die Wirkung dosisabhängig.

In Deutschland, so Professor Walter Jonat, Hamburg, erkrankt jede zehnte Frau an Brustkrebs, der häufigsten bösartigen Erkrankung der Frau. Jährlich kommen 30.000 neue Fälle hinzu, dieses Jahr rechnet man mit 40.000. Betroffen sind vor allem Frauen zwischen 40 und 50 Jahren. Ein Drittel der neuen Patientinnen kann nicht mehr geheilt werden, da das Karzinom zu spät entdeckt wird. Die besten Heilungschancen bietet die Früherkennung. Denn bei einer Tumorgröße von unter 0,5 Zentimetern und bei rechtzeitigem Behandlungsbeginn liegen die Heilungschancen heute bei 90 bis 95 Prozent. Bei Tumoren unter zwei Zentimeter liegt die Heilungsquote bei etwa 75 Prozent. Um so bedenklicher, daß gerade Frauen im Risikoalter sich den Früherkennungsuntersuchungen so häufig verweigern. Zumal sie von den Krankenkassen nach wie vor kostenlos angeboten werden.

Sucht man nach den Gründen, so dominiert die Furcht: Wer zur Früherkennung geht, wird damit konfrontiert, daß im eigenen Körper Gefahren lauern. Diese Ängste sind verständlich. Und der schlichte Satz »Sie brauchen keine Angst zu haben« wird Sie nicht beruhigen. Viele Ängste beruhen jedoch auf Unkenntnis darüber, was bei dem Untersuchungsprogramm im einzelnen abläuft. Vielleicht können die Empfehlungen des Berufsverbandes der Frauenärzte Ihnen einen Teil Ihrer Angst nehmen:

Bei einer Untersuchung von Scheide und Muttermund wird nach Anzeichen von Gebärmutterhalskrebs gefahndet. Die Frauenärztin/der Frauenarzt bittet Sie auf den Behandlungsstuhl und sucht zunächst die Geschlechtsorgane und den Muttermund auf Veränderungen ab. Die inneren Geschlechtsorgane werden behutsam nach Größe, Lage, Beschaffenheit und Beweglichkeit abgetastet. Eine Ultraschalluntersuchung ergänzt die Diagnose. Besonders wichtig ist der Zellabstrich, der in einem Labor auf verdächtige Zellen untersucht wird (siehe DER ABSTRICH).

Diese schon vom 20. Lebensjahr an vorgenommene Früherkennung erweitert sich ab 30 um die Tastuntersuchung der Brust und die Suche nach Hinweisen auf Hautkrebs. Sie erhalten zusätzlich Tips zur Selbstuntersuchung Ihrer Brust und zur Selbstbeobachtung Ihrer Haut auf verdächtige Veränderungen.

Nach dem 45. Lebensjahr wird das Programm nochmals erweitert. Jetzt werden bei den Vorsorgeterminen auch Dick- und Mastdarm einbezogen. Dabei tastet der Arzt mit einem handschuhgeschützten Finger die normalerweise glatte Schleimhaut des Enddarms auf knotige Veränderungen hin ab. Hier kann er außer den ersten Krebssymptomen auch Hämorrhoiden oder Polypen entdekken. Für zu Hause erhalten Sie Testbriefchen zur Untersuchung des Stuhls auf verborgenes Blut. Ergeben sich verdächtige Symptome, wird der Arzt weiterführende Untersuchungen empfehlen, z.B. eine Darmspiegelung bei einem darauf spezialisierten Kollegen.

Die systematische Suche nach Vorzeichen von bösartigen Veränderungen bietet Ihnen eindeutige Vorteile. Versuchen Sie, sich bewußt zu machen, daß durch Verdrängung des Problems das Risiko nicht kleiner wird. Sprechen Sie Ihre/n Ärztin/Arzt ruhig darauf an, wenn Sie Fragen haben, und äußern Sie auch Ihre Befürchtungen.

Untersuchen Sie sich einmal im Monat selbst, am besten innerhalb der ersten zehn Tage nach der Regel beim Duschen/Baden oder gleich danach. Nasse Haut erleichtert das Abtasten. Auch beim Eincremen können Sie mögliche Knoten gut erkennen. Wenn Sie keine Menstruation mehr haben, bestimmen Sie selbst einen Tag, an dem Sie Ihre Brust abtasten.

Lassen Sie zusätzlich einmal im Jahr eine ärztliche Brustuntersuchung vornehmen und, wenn Sie 50 Jahre oder älter sind, jährlich eine Mammographie (die durch eine Ultraschalluntersuchung ergänzt, aber nie ersetzt werden kann). Zwischen 40 und 50 alle zwei Jahre.

Die Brust selbst untersuchen – aber wie?

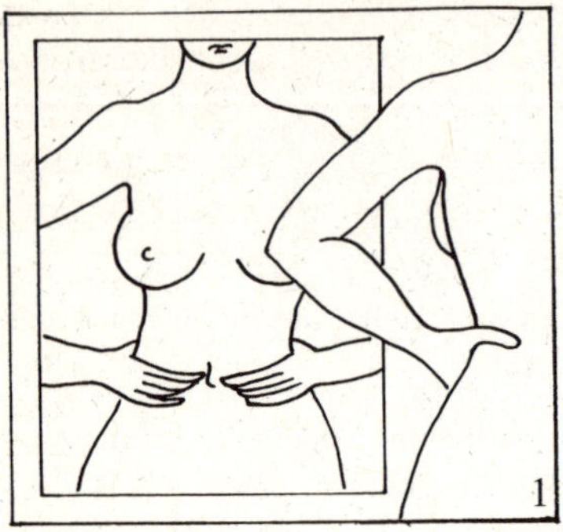

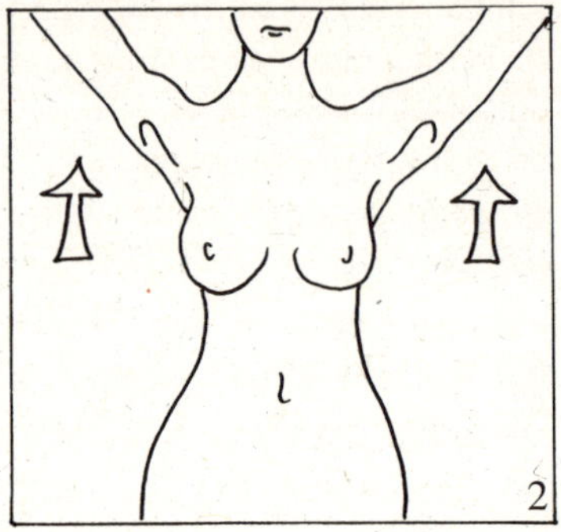

1. und 2. Vor dem Spiegel

Betrachten Sie Ihre Brüste bei hängenden Armen und heben Sie beide Arme dann an. Verändert sich die äußere Form? Folgen die Brüste gleichmäßig der Bewegung oder unterscheidet sich die eine Brust ungewöhnlich von der anderen (höher, tiefer)? Entstehen Rötungen oder neue Blutgefäße?

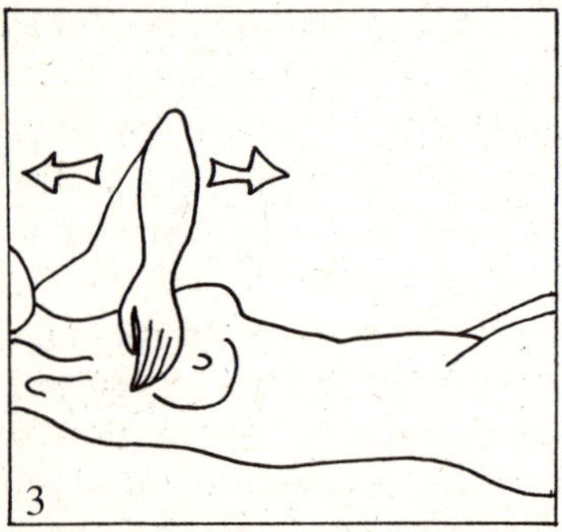

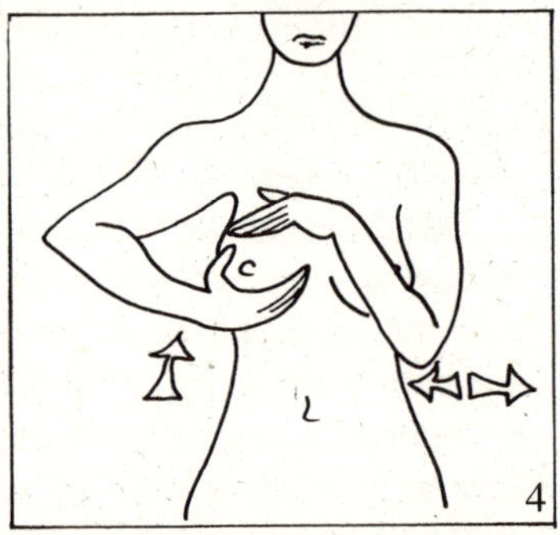

3. Auf dem Rücken liegend

Strecken Sie den Arm auf der Seite, die Sie untersuchen wollen, kräftig nach hinten in die Höhe. Oder legen Sie die Hand unter den Kopf. Denken Sie sich Ihre Brust in vier Viertel unterteilt: Beginnen Sie im oberen inneren Viertel und tasten Sie die Brust mit kleinen, kreisenden Bewegungen ab. Achten sie dabei auf Verhärtungen, die sich nur wenig verschieben lassen. Vergessen Sie nicht den mittleren Bereich um den Warzenhof, die Achselhöhle und das Gewebe zwischen Brust und Achselhöhle.

4. Im Sitzen oder Stehen

Legen Sie eine Hand unter die Brust und heben Sie sie an. Fühlen Sie mit der anderen Hand die Brust streichend und tastend auf Verhärtungen ab. Prüfen Sie auch die Brustwarze: Tritt Blut oder Sekret aus?

Besonders mit Hilfe dieses speziellen röntgenologischen Verfahrens können viele Karzinome sehr früh erkannt werden. Der Wert der Früherkennung mit Mammographie ist 1993 durch die bisher größte einschlägige Studie der Welt – über zwölf Jahre mit 282.777 Frauen in Schweden – nachhaltig bestätigt worden: Durch regelmäßige Mammographieuntersuchungen läßt sich die Sterblichkeit nach Brustkrebs um etwa 25 Prozent senken.

Maßgeschneiderte Therapie

Nachdem alle Untersuchungen abgeschlossen sind und Ihrem Arzt alle Ergebnisse vorliegen, geht es nun darum, eine für Sie bestmögliche Therapie zu finden. Dazu stehen Ihnen eine Reihe von Verfahren zur Verfügung. Wir beginnen mit der

Hormonsubstitution

Anläßlich der Fachtagung Menopause '92 in Wien bezeichnete Professor Rolf-Dieter Hesch, Konstanz, den Anspruch auf eine Ersatztherapie (Ersatz heißt auch Substitution) in der Peri- und Postmenopause als Grundrecht der Frau. In Deutschland werden derzeit allerdings erst rund 15 Prozent der betroffenen Frauen hormonal behandelt. Er war daher überzeugt, daß eine weitere Verbreitung der Therapie das Verhältnis der Frauen zum Alter in ungeahntem Ausmaß verändern wird. Denn Hormone wirken positiv auf den Fettstoffwechsel und das Skelett und sie hemmen das Krebszellwachstum. Die Risiken für Herz-Kreislauf-Erkrankungen, Osteoporose und Krebs würden vermindert (siehe Postmenopause und Alter). Frauen bekämen somit die Chance für ein glückliches Alter, denn die Lebensqualität würde sich erhöhen. Für den Internisten ist die Hormonsubstitution daher keine Therapie im üblichen Sinne, sondern Lebensberatung.

Wider die Natur?

Einer der Gründe, der manche Ärzte und auch ihre Patientinnen dennoch zögern läßt, Hormone anzuwenden, wurde gleich mit genannt: In den Medien, der Öffentlichkeit und im Gespräch in der Praxis wird noch immer nicht klar genug unterschieden zwischen den Östrogenen der Antibabypille und denen für die Wechseljahre. Synthetische Hormone wie Ethinylestradiol, die in der Pille verwendet werden, sind etwas anderes als die natürlichen Östrogene wie Östradiol oder Östriol, die der Arzt für die Hormon-Ersatz-Therapie verschreibt. Natürliche Hormone sind sozusagen »grüne Arzneimittel«. Synthetische Hormone wie das Ethinylestradiol haben in niedriger Dosierung kaum Nebenwirkungen, bei den natürlichen Östrogenen treten diese noch weniger auf. So beeinflussen natürliche Östrogene den Leberstoffwechsel noch weniger als Ethinylestradiol. Auch auf Stoffe, die bei der Blutdruckregulierung eine Rolle spielen, haben natürliche Östrogene keinen oder nur sehr geringen Einfluß. Daher ist auch kaum mit Blutdrucksteigerungen zu rechnen.

Trotzdem gibt es Frauen, die ein Unbehagen dabei spüren, natürliche Prozesse durch »medizinische Eingriffe« steuern zu lassen. Sie wollen von Hormonen partout nichts wissen und nehmen seelische und körperliche schmerzhafte Veränderungen in Kauf. Andere Frauen behaupten, sie würden die Therapie nicht vertragen.

Wie gesagt, die Gabe natürlicher Hormone ist nicht wider die Natur, weil diese Hormone vom Organismus selbst einmal gebildet wurden. Aus dem Grund kann es grundsätzlich keine Frau geben, der Östrogene nicht bekommen. Allerdings können die Menge und Darreichungsform die Verträglichkeit beeinflussen. Sollten Sie also das Gefühl haben, die Hormone nicht zu vertragen, sprechen Sie mit Ihrem Arzt. Er kann die Therapie verändern.

Östrogene – Jungbrunnen, Wunderhormone?

Der Versuch, klimakterische Beschwerden zu behandeln, ist nicht neu. Allerdings gab es bis zum Ende des 19. Jahrhunderts keine gravierenden Erfolge. Die stellten sich erst langsam ein, nachdem in den USA als wirksamstes natürliches Östrogen das sogenannte 17-Beta (ß)-Östradiol isoliert worden war. Besonders in den 60er Jahren fand dieses Thema allgemeine Aufmerksamkeit, als ein amerikanischer Gynäkologe in zahlreichen Veröffentlichungen die Hormontherapie propagierte. Er vertrat die Ansicht, daß nicht nur die klimakterischen Beschwerden, sondern auch fast alle Alterungsvorgänge bei Frauen Folgen des Östrogenmangels seien und sich daher auch mit Östrogenen behandeln ließen. Selbst die im Alter auftretenden Erkrankungen und Veränderungen wie Diabetes, Atherosklerose, Atrophie der Haut und der Brust führte er darauf zurück.

Die Östrogenbehandlung, von einigen als »Jungbrunnen« und Chance der »ewigen Jugend« hochgespielt, stieß auf ein solches Interesse in der Öffentlichkeit, daß die Gefahr bestand, übertriebene Hoffnungen zu wecken. Ab etwa 1965 begannen die Wissenschaftler, nach Nebenwirkungen und Komplikationen zu fragen. Als Mitte der Siebziger in Amerika der Zusammenhang festgestellt wurde, daß Frauen unter der Hormontherapie ein vier- bis achtmal höheres Risiko haben, an Gebärmutterkrebs zu erkranken, war die Euphorie erloschen. Das lag vor allem daran, daß nur Östrogene allein (also ohne Gestagenzusatz) und nach der Devise »Viel hilft viel« in zu hoher Dosierung gegeben wurden. Über lange Jahre war die Hormontherapie sehr umstritten und galt als riskant.

Inzwischen haben zahlreiche Studien zu einer realistischen Einschätzung der Vor- und Nachteile einer Substitution geführt. Die biologische Uhr läßt sich dadurch nicht zurückdrehen, das Altern sich nicht aufhalten. Doch es läßt sich wesentlich erträglicher gestalten. Weltweit liegen Forschungsergebnisse vor, die die Wirksamkeit und den Nutzen der Therapie eindeutig belegen. Diskutiert wird jedoch nach wie vor die Art und Durchführung der Behandlung.

Zur Verfügung stehen dafür verschiedene natürliche Östrogene. Das sind Östradiol, Östriol, Östron und die konjugierten Östrogene. Alle haben unterschiedliche Eigenschaften und Wirkungen. Bei der Entscheidung über das Für und Wider einer Östrogentherapie sollte deshalb möglichst auch ein Gestagentest (siehe GESTAGENTEST) durchgeführt werden. Damit kann der Arzt den Zustand Ihrer Gebärmutterschleimhaut prüfen und so feststellen, wieviel Östrogene Ihr Körper noch produziert.

Gestagene

Sie erinnern sich: In der ersten Zyklusphase bauen Östrogene die Gebärmutterschleimhaut, das Endometrium, auf. In der zweiten Phase baut das Gelbkörperhormon, das Progesteron (ein Gestagen), die Schleimhaut um. Dieser Ablauf gewährleistet in Ihrer fortpflanzungsfähigen Zeit einerseits den regelmäßigen Zyklus, zum andern sorgt das Gestagen dafür, daß das Endometrium nicht zu hoch aufgebaut wird und vielleicht das entsteht, was viele fürchten: die abnorme Vermehrung von Zellen mit einer möglichen Umformung zu Krebszellen. Die Folge hieße Endometriumkarzinom. Weil diese Gefahr besteht, wenn die Ovarien zwar kein Progesteron mehr, aber immer noch Östrogene herstellen, erhalten Sie bei einer Therapie normalerweise stets beide Hormone. Seit August 1993 ist diese Kombination für Deutschland sogar Vorschrift. Ausnahmen: Frauen, deren Gebärmutter entfernt wurde, dürfen Östrogene allein erhalten. Bei der Anwendung von Östriol gibt es ebenfalls Besonderheiten. Das wird aber im Einzelfall der Arzt entscheiden.

Gestagentest

Der Gestagentest liefert dem Arzt wichtige Hinweise für das Therapieschema. Zunächst erhalten Sie dafür zehn Tage lang ein geeignetes Gestagen. Kommt es zu einer Blutung, bildet Ihr Körper noch so viele Östrogene, daß Gebärmutterschleimhaut aufgebaut wird. Sofern Sie klimakterische Beschwerden haben, leitet Ihr Arzt dann in Abstimmung mit Ihnen die kombinierte Östrogen-Gestagen-Therapie ein.

Haben Sie keine wesentlichen Beschwerden, aber azyklische (außerhalb der Menstruation auftretende) Blutungen, ist zunächst nur die Gabe eines Gestagens wichtig. Denn die Ursache der Blutung kann auch auf eine ungebremste Schleimhautwucherung hinweisen. Das Gestagen gebietet hier Einhalt.

Wenn Sie nach dem Gestagentest keine Blutung, aber Beschwerden haben, setzt der Arzt ein Östrogen ein und in der zweiten Zyklusphase ein Gestagen zu, und zwar über zwölf Tage.

Frauen ohne Blutung und ohne Beschwerden brauchen keine Hormone. Dennoch kann es hilfreich sein, sich früher oder später Gedanken darüber zu machen. Besonders im Hinblick auf die Vorbeugung von Herz-Kreislauf-Erkrankungen und Osteoporose kann, bei bestimmter Konstellation, eine Hormontherapie erforderlich sein.

Östrogen plus Gestagen

Sofern Ihre Gebärmutter vorhanden ist, wird Ihr Arzt Ihnen für eine Langzeittherapie also immer Gestagen zum Östrogen (Besonderheiten gibt es beim Östriol) verordnen. Dies soll einen Gebärmutterschleimhautkrebs verhindern. In Studien wurde nachgewiesen: Vier von fünf nach der Menopause entstehende Karzinome lassen sich vermeiden. Das erreicht man entweder mit einer ständigen Kombination der beiden Hormone, oder indem Östrogene und ein Östrogen-Gestagen-Gemisch getrennt voneinander gegeben werden.

Letztere Form heißt Sequenztherapie. Sie nehmen das Gestagen in der zweiten Zyklushälfte zusätzlich zum Östrogen über mindestens zehn bis zwölf Tage ein. Diese Therapie ahmt damit die natürlichen biologischen Verhältnisse nach. Die Folge davon: regelmäßige Blutungen. Zwar gibt es einige Behandlungsstrategien, die versuchen, die Blutung zu umgehen, allerdings ist die Möglichkeit von unregelmäßigen Zwischenblutungen dabei nicht gering. Unter einer Sequenztherapie kommt es nach längerer Behandlungsdauer auch zu einem Abklingen der Blutung.

Bei der kontinuierlichen Östrogen-Gestagen-Kombination wird gleichzeitig mit dem Östrogen ein Gestagen durchgängig verabreicht. Diese Methode führt zu einer schnelleren Schrumpfung des Endometriums. Trotz allem können auch jetzt noch Blutungen auftreten. Darauf sollte Ihr Arzt Sie unbedingt aufmerksam machen. Denn auffällige Blutungen können auch ein Alarmzeichen sein. Welche Therapieform für Sie geeignet ist und welche Ihren eigenen hormonellen Verhältnissen am besten angepaßt ist, wird der Arzt mit Ihnen entscheiden.

Blutungen

Blutungen können auf Veränderungen an der Gebärmutterschleimhaut oder am Gebärmutterhals hinweisen und müssen eingehend untersucht werden – vor allem wenn kein regelmäßiger Zyklus mehr erkennbar ist. Ein eventueller Krebs muß auf jeden Fall ausgeschlossen werden. Nicht immer läßt sich eine Ausschabung, auch Abrasio oder Kürettage genannt, vermeiden. Bei diesem Eingriff wird die Schleimhaut aus der Gebärmutter unter Vollnarkose mit einem löffelartigen Instrument herausgeschabt. Die Untersuchung des Gewebes gibt genaue Auskunft über die Ursachen der Blutungen.

Eine weitere Methode, die Ursache derartiger Blutungen mit einiger Sicherheit zu beurteilen, ist eine Untersuchung mit Ultraschall (Vaginalsonographie). Damit läßt sich die Struktur des Endometriums ausreichend sicher differenzieren. Diese Untersuchung ist technisch einfach und für Sie körperlich nicht belastend. Bei nur geringster Unklarheit kann sie die Ausschabung jedoch nicht ersetzen.

Androgene

Die männlichen Hormone werden als Zusatz zum Östrogen in der Therapie nicht so eindeutig positiv beurteilt wie die weiblichen Hormone. Entsprechend werden sie heute kaum noch und gegebenenfalls nur sehr schwach dosiert eingesetzt. Zwar wirken sie sich günstig auf die Neubildung von Knochen und Haut aus, aktivieren die Talg- und Schweißdrüsen, regen die Libido erheblich an und sorgen für ein besseres allgemeines Befinden. Aber: Östrogen-Testosteron-Präparate können ausgeprägte Merkmale der Vermännlichung nach sich ziehen. Unter dem Sammelbegriff Virilisierung werden eine Klitorisvergrößerung, Akne und Hirsutismus, Seborrhoe sowie ein Tieferwerden der Stimme zusammengefaßt.

Als weiterer Nachteil werden mögliche ungünstige Veränderungen auf den Fettstoffwechsel diskutiert, die das Risiko für eine Atherosklerose erhöhen können.

Für wen, für wen nicht?

Eine Östrogen-Gestagen-Therapie verfolgt das hohe Ziel, einerseits möglichst alle Beschwerden zu lindern, die Ihnen aufgrund des Ausfalls der Eierstöcke und dem damit verbundenen Hormonmangel mehr oder minder zu schaffen machen. Neben dem »heilenden« Wert der Therapie rücken aber immer mehr die vorbeugenden Vorzüge einer Langzeitbehandlung in den Vordergrund.

Die Empfehlungen für (Indikationen) und gegen (Kontraindikationen) eine Ersatztherapie sind leicht zu identifizieren. Gegenanzeigen sind nur die Fälle, in denen man – im übertragenen Sinne – eine junge Frau aus irgendwelchen Krankheitsüberlegungen heraus kastrieren würde. Dies ist derzeit nur bei den östrogenabhängigen Tumoren an der Brust und am Endometrium der Fall. Diese Krebsformen sind damit die einzigen Erkrankungen, die gegen die Hormonsubstitution sprechen. Wobei auch hier neuerdings Einschränkungen gelten: Frauen mit Brustkrebs werden Hormone nicht mehr grundsätzlich verweigert (siehe Die Krebsproblematik). Eine weitere Kontraindikation sind schwere Leberstörungen und ungeklärte Blutungen. Das weite Feld der Indikationen sieht so aus:

Hormontherapie – Indikationen

- ◊ Psycho-vegetative Beschwerden
- ◊ Hautalterung, Beschwerden der Harn- und Geschlechtsorgane
- ◊ Abnahme der Knochendichte
- ◊ Prävention von Herz-Kreislauf-Krankheiten

Psycho-vegetative Beschwerden

Hitzewallungen, Schweißausbrüche und alle weiteren Probleme, die unter diesen Komplex fallen, können fast vollständig behoben werden. Laut Professor Thomas von Holst, Heidelberg, werden neun von zehn Frauen völlig beschwerdefrei, bei einer von zehn tritt eine deutliche Besserung ein.

Hautalterung, Beschwerden der Harn- und Geschlechtsorgane

Bei rechtzeitigem Behandlungsbeginn in der Perimenopause oder in der noch frühen Postmenopause kommt es in der Regel nicht zu den bereits besprochenen Symptomen und Beschwerden. Wenn zwischen ihrem Auftreten und dem Behandlungsbeginn nicht Jahre liegen, ist die Ersatztherapie besonders erfolgreich. Freilich kann diese den natürlichen Alterungsprozeß der Haut nicht aufhalten. Eines vermögen Östrogene aber auf jeden Fall: Sie fördern die Durchblutung und bilden kollagene und elastische Fasern an der Haut sowie an der Keimzellschicht neu. Durch Einlagerung von Wasser quellen diese Kollagenfasern, Falten werden gewissermaßen weggebügelt. Die Fettschicht unter der Haut verteilt sich gleichmäßiger, die vermehrte Zellteilung führt zu einer meßbar dickeren Haut. Sie wird straffer und geschmeidiger, die Bindegewebsstruktur wirkt weniger schlaff.

Auch die direkten Zielorgane der Östrogene werden positiv beeinflußt. Das sind die Gebärmutter und Scheide, die Auskleidung der Harnblase, die Brust und der Blasenschließmuskel. Dies gilt auch für die kollagenen Fasern der Gelenkknorpel. Bei 40 bis 50 Prozent der Frauen im Klimakterium treten Gelenkschmerzen auf, die unter Östrogengaben abklingen.

Abnahme der Knochendichte

Nach der Menopause nimmt die Knochenmasse zunächst um zwei Prozent pro Jahr ab, später um ein Prozent. In manchen Fällen kann der Knochenverlust bis zu zehn Prozent pro Jahr betragen. Östrogene mindern den Verlust auf 0,5 Prozent jährlich. Im Rahmen einer amerikanischen Langzeitstudie ließen 670 Frauen im Alter von durchschnittlich 76 Jahren ihre Knochendichte messen. Von ihnen hatten 212 während oder nach den Wechseljahren Östrogene genommen. Bei den unter 75jährigen mit mindestens sieben Jahren Hormoneinnahme lag die Knochendichte um durchschnittlich 11,2 Prozent höher als bei den Gleichaltrigen ohne Hormongaben. Bei den über

75jährigen betrug der Unterschied allerdings nur noch 3,2 Prozent. Frauen unter 75, die eine Substitution mindestens zehn Jahre durchführen, senken das Bruchrisiko im Bereich des Schenkelhalses um etwa die Hälfte.

Aber: Nach Beendigung der Therapie schwindet der Schutz vor Knochenbrüchen. Und er soll doch gerade den älteren Frauen zugute kommen. In diesem Zusammenhang ist die Erkenntnis relativ neu, daß auch Patientinnen mit bestehender Osteoporose, auch wenn sie über 70 und an allen Stellen des Skeletts betroffen sind, noch mit einer Behandlung beginnen und davon profitieren können.

Prävention von Herz-Kreislauf-Krankheiten

Es ist eine nicht wegzudiskutierende Tatsache, daß das Risiko für Herz-Kreislauf-Erkrankungen bei Frauen nach der Menopause durch den Östrogenmangel enorm zunimmt. Die neuen Daten einer 10-Jahresstudie mit etwa 50.000 Krankenschwestern, durchgeführt in Amerika, sind ebenso interessant wie die einer schwedischen 15-Jahresstudie mit 23.000 Frauen. Beide zeigen, daß Frauen mit Hilfe einer geeigneten Hormon-Therapie ihr Risiko für einen Herzinfarkt um 50 Prozent minimieren können. Auch anderen Erkrankungen des Herz-Kreislauf-Systems, wie dem Schlaganfall, läßt sich entgegenwirken. Weitere Untersuchungen ergaben, daß das Herz hormonversorgter Frauen nach einem Infarkt schneller wieder leistungsfähig wird. Ohne Hormone ist die Sterblichkeit höher.

Die Gründe: Östrogene verändern die Blutfette günstig, indem sie die Konzentrationen für das Gesamtcholesterin und fürs gefäßschädigende LDL-Cholesterin senken. Das günstig wirkende HDL wird dagegen erhöht. Darüber hinaus gibt es direkte Angriffspunkte der Östrogene an den Gefäßwänden: Östrogene erweitern sie und fangen dadurch insbesondere gefährliche Blutdruckerhöhungen ab. Nicht wenige Wissenschaftler sind der Meinung, daß Östrogene bei der Frau die wirksamsten »Medikamente« gegen Atherosklerose überhaupt sind.

DARREICHUNGSFORMEN

Es gibt folgende Bedingungen für eine optimale Therapie:

DIE ÖSTROGEN-DOSIERUNG

- ◊ sollte niedrig sein,
- ◊ mit einem Gestagen kombiniert werden (bis auf einige Ausnahmen),
- ◊ die Beschaffenheit Ihres Organismus berücksichtigen,
- ◊ dem Alter und dem
- ◊ Beschwerdebild angepaßt sein,
- ◊ in einer Darreichungsform erfolgen, mit der Sie persönlich am besten zurechtkommen und,
- ◊ wenn Kontraindikationen vorliegen, müssen die Vorteile in jedem Einzelfall gegen die möglichen Nachteile abgewogen werden.

Insofern ist die Hormonbehandlung hohe Kunst, sie muß maßgeschneidert sein. Nicht von ungefähr nennt Professor Lauritzen, Ulm, die Hormonbehandlung deshalb eine »Therapie für Weise«.

In bezug auf die Darreichungsform, die auch Applikation heißt, können Sie unter verschiedenen Möglichkeiten wählen.

DARREICHUNGSFORMEN

- ◊ Tabletten, die nach regelmäßigem Schema eingenommen werden, ähnlich wie die Antibabypille (ORALE THERAPIE).
- ◊ Spritzen, die unter die Haut, in den Muskel oder in die Vene gegeben werden. Meist injiziert der Arzt alle drei bis vier Wochen ein Hormondepot in die Gesäßmuskulatur (PARENTERALE THERAPIE).
- ◊ Pflaster, die auf die Haut geklebt und etwa alle drei bis vier Tage gewechselt werden. Bisher enthalten Pflaster kein Gestagen und müssen zusätzlich mit einem oralen Gestagenpräparat kombiniert werden (TRANSDERMALE THERAPIE).

◊ Cremes, Salben und Zäpfchen zur örtlichen Anwendung im Vaginalbereich (LOKALE THERAPIE).

Bei jeder dieser Anwendungen gelangen die Hormone in Ihren Körper und wirken dort im Stoffwechsel.

AUF DIE DOSIERUNG KOMMT ES AN

Natürlich muß außer der Darreichungsform auch die Dosierung und die Zusammenstellung der Hormone sehr auf die einzelne Frau abgestimmt werden. Allerdings können wir Ihnen nicht mit Mengeneinheiten dienen. Zum einen würde dies unseren Rahmen sprengen, zum anderen wären Sie danach nicht schlauer. Die richtige Dosierung herauszufinden, ist manchmal schwierig. Dennoch ist sie Sache Ihres Arztes. Das gilt auch für die Kombination der Hormone. Hier hat eine raffinierte Vielfalt letztlich zu einer reichhaltigen Palette an Präparaten geführt.

Eines sei jedoch gesagt: Es gibt höher und schwächer dosierte Kombinationspräparate, die man nach Verträglichkeit und auch nach der Stärke der ausgelösten Blutungen testen muß. Und: Selbst unter einer zyklischen Hormonbehandlung hören die Blutungen irgendwann auf. Es ist dann immer noch möglich, eine Kombinationsbehandlung durchzuführen, ohne daß Sie bluten. Tatsächlich hilft manchmal nur eines: ausprobieren. Schon aus diesem Grund ist eine entspannte, vertrauensvolle Basis zu Ihrem Arzt oder Ihrer Ärztin notwendig, weil regelmäßig alles besprochen werden muß.

NEBENWIRKUNGEN UND RISIKEN

Unverträglichkeiten können auftreten, wenn die Östrogendosis zu hoch ist. Die häufigsten Beschwerden sind in solchen Fällen berührungsempfindliche Brüste, Magen-Darmbeschwerden, Ödeme, Wadenkrämpfe, Kopfschmerzen, Spannungsgefühle in den Brüsten, schwere Beine und vermehrter Ausfluß. Zu den Nebenwirkungen der Gestagene zählen Schmierblutungen, schmerzhafte Brüste, Unterleibsbeschwerden, Depressivität. Falls Sie unter solchen Nebenwirkungen leiden, schildern Sie diese möglichst genau Ihrem Arzt. Diese Begleiterscheinungen lassen sich schnell beheben, wenn er Sie auf ein Präparat mit einem geringeren Östrogen- beziehungsweise Gestagenanteil umstellt.

Bluthochdruck, Stoffwechselstörungen, wie zum Beispiel die Zuckerkrankheit, Störungen im Fettstoffwechsel wie erhöhte Cholesterinwerte, Leber-, Galle- und Venenleiden sind grundsätzlich keine Gegenindikationen. Ausgenommen schwere Leberstörungen. Bei den anderen Krankheiten können Hormone gegeben werden. Berücksichtigt werden muß aber immer Ihre Krankengeschichte. Deshalb sollte Ihr Gynäkologe gegebenenfalls mit Ihrem Internisten zusammenarbeiten. Gemeinsam mit Ihnen kann dann entschieden werden, ob die Nachteile oder Vorteile überwiegen.

Auch das Alter einer Frau ist kein »Risiko«. Im Gegenteil. Für eine Therapie ist es nie zu spät. Östrogene wirken sich auch günstig auf die Durchblutung des Gehirns aus. Nach den Ergebnissen einer amerikanischen Studie konnten bei über 70jährigen Frauen Kurzzeitgedächtnis, Konzentration und psychomotorische Geschicklichkeit verbessert werden. Experten vermuten, daß sie Östrogene irgendwann auch bei der Therapie der Alterskrankheiten – der Demenz mit ihrem Abbau geistiger Kräfte – einsetzen können. Neue Untersuchungen, darunter die der Tokio-University-School of Medicine mit Alzheimerkranken, legen dies nahe. Zumindest teilweise werden Durchblutung und Hirnstromaktivität dieser Patientinnen wiederhergestellt.

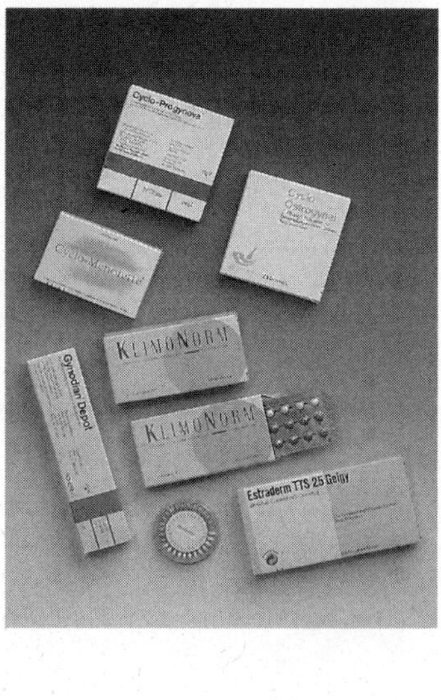

Abgesetzt werden sollte die Behandlung, wenn es (aus anderen

Gründen) zu Leberschäden, zu starken Blutungen, zu massiven Unverträglichkeiten kommt. Oder wenn Störungen im Hormonhaushalt auftreten (etwa aufgrund einer ohnehin erhöhten Hormonproduktion), die mit einer vermehrten Bildung von Gebärmutterschleimhaut einhergehen.

MÖGLICHE NEBENWIRKUNGEN BEI ZU HOHER DOSIERUNG

◊ Mit Östrogen:
Berührungsempfindliche Brüste, Magen-Darmbeschwerden, Ödeme, Wadenkrämpfe, Kopfschmerzen, Spannungsgefühle in den Brüsten, schwere Beine, Ausfluß.

◊ Mit Gestagen:
Schmierblutungen, schmerzhafte Brüste, Unterleibsbeschwerden, Depressivität.

ABGESETZT: DIE HÄUFIGSTEN GRÜNDE

Leider akzeptieren viele Frauen die Behandlung nicht. Entweder, sie fangen gar nicht erst damit an oder sie brechen sie wenige Jahre nach Beginn wieder ab. Das tut ungefähr die Hälfte aller, die Hormone erhalten. Da ohnehin nur 15 Prozent aller behandlungsbedürftigen Frauen eine Therapie durchführen, kann das gesundheitspolitische Konzept einer Prophylaxe nur durch weitestgehende Aufklärung verwirklicht werden. Warum wird die Therapie abgebrochen? Das Stichwort ist auch hier wieder die sogenannte Compliance: die einvernehmliche Kooperation zwischen Arzt und Patientin. Aufschlußreich ist eine Untersuchung von Professor Paul J. Keller, Zürich. Als ganz entscheidend für die Akzeptanz der Therapie wird hier das persönliche Beratungsgespräch durch den betreuenden Gynäkologen genannt.

Nun zu den Gründen eines Therapie-Abbruchs: An erster Stelle nennen Frauen die Darreichungsform. Bei Pflastern stört manche Frau, daß es zu Hautirritationen kommen kann. Außerdem muß zusätzlich ein Gestagenpräparat eingenommen werden. Bei den Tabletten wiederum stören die Blutungen.

Körpergewicht klimakterischer Frauen mit Hormonersatzbehandlung

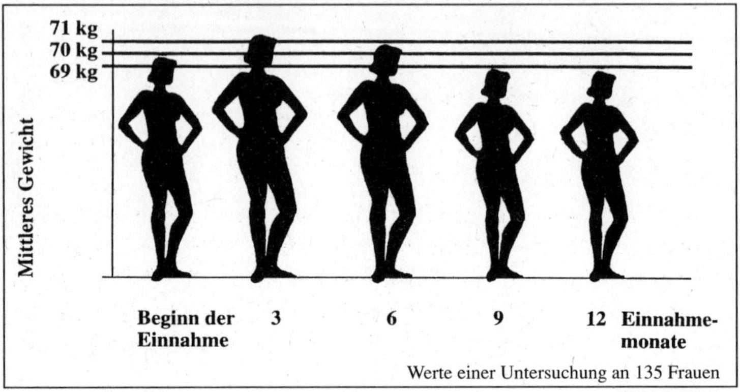

Quelle: Jenapharm

Zweithäufigster Grund ist die Sorge davor, Hormone würden dick machen. Knapp 30 Prozent der Frauen denken so. Es gibt jedoch keine eindeutigen Zusammenhänge zwischen einer hormonellen Substitution und einer reinen Fettzunahme – höchstens dann, wenn Frauen »Gelüste« entwickeln. Zu Beginn einer Hormontherapie können verstärkte Wasser- und Salzeinlagerungen im Körper zu einem höheren Gewicht führen, das läßt sich jedoch wieder ausgleichen. Fest steht nur, daß viele Frauen in etwas höherem Lebensalter durch eine insgesamt veränderte Stoffwechsellage eher dazu neigen, zuzunehmen und sich deshalb auch mit ihrer Ernährung dem Älterwerden anpassen sollten.

Der dritte Punkt für das Nichtbeginnen einer Therapie oder das Absetzen ist Angst: Angst vor unnötiger Behandlung und besonders die Angst vor Krebs. Dazu erhielten Sie bereits einige Informationen. Weitere finden Sie im nächsten Kapitel.

Laut Professor Keller gibt es jedoch auch einen Grund, der Frauen hochmotiviert, die Ersatztherapie lange durchzuführen: Wenn sie im engeren Familienkreis miterleben mußten, wie sich die Folgen brüchiger Knochen, vor allem des Schenkelhalses, auswirken können.

Die häufigsten Gründe für den Abbruch der Therapie

- ◊ Mangelnde Compliance
- ◊ Darreichungsform
- ◊ Gewichtszunahme
- ◊ Angst vor unnötiger Behandlung
- ◊ Angst vor Krebs

Falls Sie selbst mit dem Gedanken spielen, Ihre Hormontherapie abzubrechen, überstürzen Sie nichts. Und brechen Sie vor allem nicht einfach ab, ohne mit Ihrem Arzt zu sprechen. Schildern Sie die Gründe und wägen Sie gemeinsam mit ihm Vor- und Nachteile der Therapie ab. Vielleicht kann auch ein verändertes Therapieschema Ihre Probleme aus dem Weg räumen.

Das Dilemma mit den Beipackzetteln: Lassen Sie sich nicht verunsichern

Unverständlich, verunsichernd, Ängste weckend. Das sind die Hauptmerkmale der Beipackzettel von Hormonpräparaten. So werden sie – ungewollt – zu einem weiterem Feind der Hormonsubstitution. Wen verwundert es da, wenn Frauen nach dem Lesen vor der verordneten Einnahme zurückschrecken, das Mittel wegwerfen oder es nur unter großen Bedenken kurze Zeit verwenden.

Der Beipackzettel quält die Wissenschaft seit Jahren. Denn die gegenwärtig den deutschen Packungen beiliegenden Zettel erfüllen mit ihrem Text nicht den beabsichtigten Zweck, die Einnehmerin aufzuklären. Sie verbreiten eher Fehlinformationen. Alle Angaben, die für die gesamte Gruppe von Hormonen zusammengetragen wurden, sind enthalten, selbst wenn diese für das betreffende Präparat ohne Bedeutung sind. Professor Christian Lauritzen, Ulm: Sinnvoller wäre es, wenn die Information sich nur auf das in der Packung enthaltene spezielle Östrogen/Gestagen, ausschließlich auf die gegebene Dosisempfehlung sowie auf die vorgesehene Anwendungsart bezöge.

Zudem werden Nebenwirkungen aufgezählt oder Erkrankungen beziehungsweise Störungen, die angeblich die Gabe von Hormonen nicht erlauben. Beides stimmt nicht. Die Nebenwirkungen sind gemessen an den vielen Frauen, die diese Medikamente nehmen, minimal. Hochdruck oder Störungen im Fettstoffwechsel sind laut Beipackzettel Kontraindikationen. Falsch, sie sind Indikationen. Aber das muß immer im Einzelfall entschieden werden.

Professor Lauritzen: »Neue, wichtige und gesicherte Indikationen und Ergebnisse der Forschung, die seit Jahren ein Hauptargument für eine langfristige Verschreibung darstellen, sollten deshalb baldmöglichst in die Beipackzettel aufgenommen werden«. Im Interesse der Frauen.

Lassen Sie sich als Patientin nicht verunsichern. Fragen Sie auch hier Ihren Arzt, wenn Ihnen etwas unklar ist oder Angst macht.

Regelmässige Kontrolle

Wie jede andere Therapie muß auch die mit Hormonen überwacht werden. Gehen Sie zur ersten Nachuntersuchung nach drei Monaten, danach alle sechs Monate. Der Arzt wird jedes Mal wieder einen vaginalzytologischen Abstrich vornehmen, weil die Substitution Ihren individuellen Stoffwechselvorgängen angepaßt werden muß. Außerdem muß zunächst weiterhin überprüft werden, wieviele Hormone Sie selbst noch bilden. Darüber hinaus wird Blut für Analysen entnommen, Unterleib und Brüste werden untersucht, bestehende Krankheiten kontrolliert: Hochdruck, hohe Cholesterinwerte, Blutgerinnsel, Funktionsstörungen von Leber und Galle.

Therapie und kein Ende?

Es kommt darauf an, was Sie wollen. Zunächst einmal sollte die Therapie so früh wie möglich beginnen. Nämlich dann, wenn die Menstruation unregelmäßig wird und manchmal Beschwerden auftauchen, die unklar zu beschreiben sind. Sie sollten nicht erst mit einer Hormontherapie anfangen, wenn die Blutungen schon ein oder zwei oder noch mehr Jahre aufgehört haben. Dazu rät Dr. Ingeborg Retzlaff, Bad Segeberg.

Sofern Sie nur Ihre Beschwerden loswerden wollen, reicht möglicherweise eine Behandlung über einige Monate bis zu zwei Jahren. Sie sollten aber immer das zweite große Ziel der Substitution – die Prävention von Krankheiten im späteren Alter und die Verbesserung der Lebensqualität – im Auge behalten.

Eine sogenannte Langzeittherapie über fünf Jahre empfiehlt sich, wenn Sie intakte Schleimhäute behalten oder der Gefahr eines Herz- oder Hirninfarktes vorbeugen wollen. Mindestens zehn Jahre werden zur Vorbeugung des Knochenschwunds empfohlen. Die Behandlung erfolgt in einer Dosierung, die sich dem Alter entsprechend stets verändert.

Nachgefragt: Bei Professor Dr. Dr. Johannes Huber, Wien

Professor Dr. med. Dr. theol. Johannes Huber ist Theologe und Gynäkologe. Sein Forschungsschwerpunkt ist die Gynäkologische Endokrinologie, eine in Europa noch relativ junge Wissenschaft. Die Endokrinologie beschäftigt sich mit den Organen und Drüsen, die keine Wege »nach außen« haben, sondern die alle Stoffe, zum Beispiel Hormone, direkt in den Blutkreislauf absondern. Dazu gehören die Hirnanhangdrüse, die Schilddrüse, das Ovar. Entsprechend konzentriert sich die Gynäkologische Endokrinologie.

Professor Huber leitet seit 1983 die Hormonambulanz der I. Universitäts-Frauenklinik Wien. Seit 1985 ist er Oberarzt der Klinik.

? Können Sie als Endokrinologe jeder Frau über 50 pauschal Hormone empfehlen

Das ist nicht nötig. Jede Frau im klimakterischen Alter sollte allerdings umfassende Informationen bekommen. Eine Hormontherapie ist nur dann sinnvoll, wenn eine Frau entweder Beschwerden hat oder wenn ein Risikofaktor vorliegt: etwa Atherosklerose, Knochenschwund, kardiovaskuläre Erkrankungen. Bei letzterem soll man auch ohne Beschwerden Östrogene/Gestagene substituieren.

Ist weder ein Symptom noch ein Risikofaktor vorhanden, so ist eine »Zwangsbeglückung« mit Hormonen nicht sinnvoll. Eine Frau, die die Beschwerden und Risiken eines Hormonmangels auf sich nimmt und dies als natürlichen Prozeß betrachtet, sollte respektiert werden. Schließlich kann man ja auch eine Bluttransfusion ablehnen, Antibiotika bei einer Lungenentzündung verwehren und eine atypische Lage eines Kindes während der Schwangerschaft als natürlich bezeichnen. Allerdings ist es in solchen Situationen wichtig, als Arzt aufklärend tätig zu sein.

? Wann ist der beste Zeitpunkt für den Beginn der Therapie und wie lange sollte sie mindestens dauern

Der Beginn einer Hormonbehandlung hängt von vielen Faktoren ab und kann individuell sehr unterschiedlich sein. Dabei muß man auch bedenken, daß ja eigentlich zwei Ziele erreicht werden sollen. Im Vordergrund stehen zunächst die klimakterischen Beschwerden, die schon in der leichten Form behandlungsbedürftig sind. Auch azyklische Blutungen, sogenannte klimakterische Blutungsanomalien, lasssen sich gut und frühzeitig beeinflussen. Hinzu kommt die Verbesserung der Lebensqualität im weitesten Sinne. Eine andere Zielsetzung ist die Prophylaxe. Ich denke dabei besonders an Herz-Kreislauf-Erkrankungen, an verschiedene Krebsarten und natürlich an die Osteoporose. Was die Osteoporose betrifft, so nimmt man heute an, daß eine mindestens acht- bis zehnjährige Therapie notwendig ist.

? Können Frauen auch vor der Menopause eine Substitution erhalten, obwohl das Ovar noch genügend Östrogene produziert

Auch vor der Menopause weisen manche Frauen Phasen eines starken Östrogenmangels auf, beispielsweise bei psychischem Streß, nach Gewichtsreduktion und starker körperlicher Belastung. In solchen Situationen ist es äußerst sinnvoll, Östrogene zu geben, da in früheren Lebensphasen der Knochen durch Östrogenmangel besonders gefährdet ist. Es ist gar nicht so selten, daß bei Frauen in der fruchtbaren Zeit Gelbkörpermangelzustände auftreten. Diese zeigen sich in Wassereinlagerungen, Depressionen und schwankenden Gewichtszuständen. Auch in solchen Fällen ist es möglich, bereits vor der Menopause Hormone zuzuführen.

? Die Angst der Frauen vor Krebs ist gross. Bestimmte Krebsformen nehmen in der Postmenopause zu. Welchen Einfluss haben Hormone

Inzwischen ist wissenschaftlich gesichert, daß Gebärmutterhalskrebs durch Östrogene nicht wesentlich beeinflußt wird. Beim Gebärmutterkörperkrebs läßt sich durch Zugabe von Gestagenen das Risiko um fast 80 Prozent senken – im Vergleich zu nichttherapierten Frauen. Es ist das erste Mal, daß die Ärzte durch ein Hormon eine gewisse Krebsprophylaxe betreiben können. Ovarialkrebs wird um bis zu 50 Prozent reduziert, Brustkrebs bis zu 20 Prozent. Was den Brustkrebs betrifft, so gehen die Meinungen in zwei Richtungen: Ein Teil der Wissenschaftler – und das ist der größere – meint, daß die Östrogene keinen Einfluß auf die Entstehung des Mammakarzinoms haben. Ein anderer, kleinerer Teil ist der Ansicht, daß zwar nicht die Entstehung, wohl aber der Ausbruch des Brustkrebses durch Östrogene gesteuert wird. Der Status quo ist zur Zeit so, daß man bei brustkrebsgefährdeten Patientinnen sehr wohl Östrogene geben kann, sofern ihre Beschwerden dies notwendig machen. Die Dosis soll dabei so niedrig wie möglich gehalten werden. Dazu ist eine regelmäßige Kontrolle des Östrogenspiegels im Blut wichtig.

? Ein besonderer Effekt der Östrogene soll in ihrer antidepressiven Wirkung liegen. Dennoch erhalten Frauen über 40 besonders häufig Rezepte für Schlafmittel, Tran-

QUILIZER ETC. LÄSST SICH MIT DER ERSATZTHERAPIE DIE DEPRESSIVITÄT ODER IRGEND EINE BEFINDLICHKEITSSTÖRUNG HUNDERTPROZENTIG BEHEBEN

Nach unseren Untersuchungen steigt bei der 50jährigen Frau die Verschreibungsrate an Psychopharmaka um 800 Prozent. Ähnliches gilt für Lipidsenker bei erhöhten Cholesterinspiegeln, für Antirheumatika und für Betablocker zur Therapie von Herz-Kreislauf-Leiden. Da die Geschlechtshormone Multifunktionäre des weiblichen Körpers sind, bestünde eine kausale Therapie zahlreicher Erkrankungen der Frau nicht in einer reinen Kosmetik, wie etwa im Verschreiben von Psychopharmaka, sondern in der einfachen Herstellung des Hormongleichgewichts. Zu den Beschwerden, die unter einer Hormonsubstitution fast hundertprozentig verschwinden, gehören Schlaflosigkeit, Hitzewallungen, Leistungsabfall, eventuell auch die in den Wechseljahren auftretende Hypercholesterinämie (obwohl hier vor allem diätetische Maßnahmen erforderlich sind), ebenso Gelenkschmerzen sowie vor allem Depressionen. Die Harninkontinenz 1. Grades läßt sich in sehr vielen Fällen mit einer reinen Hormontherapie unter Umgehung einer Operation beheben. Dies hätte für die Frau ungeahnte Vorteile. Der soziale Aspekt, der in der Hormontherapie auch im Hinblick auf Pflegeheime steckt, ist noch gar nicht entdeckt worden.

ANDERE PRÄPARATE

Die Hormontherapie ist eine Möglichkeit, die Probleme der Wechseljahre direkt an der Wurzel zu packen, also ursächlich zu behandeln. Daneben gibt es andere Präparate, mit denen Sie Ihre Gesundheit stabilisieren und kräftigen und Ihre seelische Stimmung erhellen können. Die wichtigsten wollen wir Ihnen hier vorstellen.

Die Therapie mit pflanzlichen Heilmitteln, die Phytotherapie, ist eine der Hauptbehandlungsformen der Naturheilverfahren. Im Sinne einer ganzheitlichen Betrachtung ist sie zugleich eine der ältesten Therapieformen. Pflanzenmittel dienen dazu, die Selbstheilungstendenzen des Körpers anzuregen. Viele lassen sich gut zusätzlich zu einer Hormon-Ersatz-Therapie anwenden. Auch Frauen, die relativ beschwerdefrei sind und auf Östrogene verzichten, können damit ihr Befinden verbessern.

Ob Tees, Tropfen oder Tinkturen, Salben, Dragees oder Kapseln – für die etwa 30.000 Präparate auf pflanzlicher Basis (Phytopharmaka) gilt nichts anderes wie für alle anderen Arzneien: Nicht immer sind sie bekömmlich. Die Natur kann ebenso giftig sein wie die Chemie. Angesichts der immer weiter fortschreitenden Umweltverschmutzung sind Vergiftungserscheinungen, ausgelöst durch Schwermetalle, die sich in den Pflanzen anreichern, durchaus möglich. Achten Sie beim Kauf pfanzlicher Heilmittel deshalb unbedingt darauf, daß sie aus einem kontrollierten Anbaugebiet stammen. Das gilt besonders für Produkte aus dem asiatischen Raum. Außerdem sollten alle Inhaltsstoffe auf dem Etikett angegeben sein.

Die Phytotherapie hat nichts mit der Homöopathie zu tun. Dafür werden zwar auch Pflanzenextrakte verwendet, aber zumeist in hoher Verdünnung und unter Beachtung anderer Regeln (siehe Homöopathika). Für die etwa 30.000 homöopathischen Arneimittel gelten seit 1993 Mindestverdünnungen.

Außerdem gibt es natürlich noch die Vitamine, Mineralstoffe und Spurenelemente, die der Organismus dringend braucht – die mit der Ernährung aber nicht immer ausreichend zugeführt werden. In diesem Abschnitt begrenzen wir uns auf einige Vitamine und Mineralien, die in bezug auf Alterungsprozesse und zur Prävention von Krankheiten schlechthin eine besondere Bedeutung haben. Schließlich werden leider immer noch zahlreiche Medikamente eingesetzt, die ebenfalls Symptome kurieren – die auf Dauer allerdings mehr schaden denn nützen.

Pflanzliche Östrogene

Wenn in der Sprechstunde über eine Östrogensubstitution gesprochen wird, fragen nicht wenige Frauen ihren Arzt nach pflanzlichen

Mitteln als möglicher Alternative. Dazu sollten Sie wissen: Die Wissenschaftler sind sich darin einig, daß pflanzliche Östrogenpräparate das vegetative Nervensystem gut beeinflussen, nicht aber die tiefgreifenden psychischen Störungen und Veränderungen des Stoffwechsels beheben können. Der Grund: Es werden zuwenig Östrogene zugeführt. Sie können mit pflanzlichen Präparaten unangenehmes Schwitzen oder Unruhe und Schlaflosigkeit mindern. Die in der Postmenopause auftauchenden körperlichen Störungen können Sie dagegen nicht damit beeinflussen. Weder Osteoporose noch Atherosklerose und andere Gefäßkomplikationen lassen sich so erfolgreich behandeln.

In einer Mitteilung der Menopause-Gesellschaft Deutschsprachiger Länder heißt es: Nicht nur, daß pflanzliche Östrogene sich von den beim Menschen vorkommenden vollkommen unterscheiden. Sie gehören darüber hinaus in die Gruppe der Stilbene – das sind synthetische Östrogene –, die als krebserzeugende Substanzen vor einigen Jahren aus dem Handel gezogen wurden. Ausnahme sind Präparate, deren Hauptbestandteil der sogenannte Cimicifuga-racemosa-Extrakt (Wanzenkraut) ist. Sie fallen nicht unter diese Aussage, weil sie keine Stilbene enthalten.

Kälbermilzextrakt

Es hat sich herausgestellt, daß Extrakte aus der Kälbermilz (Milzpeptide) die Eierstöcke zur Östrogenbildung stimulieren und erfolgreich bei Hitzewallungen, Schweißausbrüchen, Schlaflosigkeit und depressiven Momenten eingesetzt werden können. Dies funktioniert allerdings nur bei Frauen in der Prä- und Perimenopause, deren Eierstöcke noch bis zu einem gewissen Grad funktionieren. Außerdem erscheint es sinnvoll, die Behandlung alle drei bis sechs Monate mit Progesteron zu ergänzen, um Endometrium- und Mammakarzinomen vorzubeugen. Dies haben Untersuchungen von Professor Alfred S. Wolf, Ulm, ergeben.

Bei wirklich schweren klimakterischen Beschwerden helfen Kälbermilzpeptide nur wenig, sie sind nicht zur Prävention der

Osteoporose geeignet, und eine Reihe von Patientinnen müssen von der Behandlung ausgeschlossen werden.

KÄLBERMILZEXTRAKT

Die Behandlung ist erfolgreich bei
- ◊ Frauen in der Prä- und Perimenopause,
- ◊ vasomotorischen Beschwerden.

Die Behandlung schließt Frauen aus, die
- ◊ in der Prä- und Perimenopause Zyklusstörungen aufweisen,
- ◊ weiterhin mit der Antibabypille verhüten,
- ◊ unter dem Prämenstruellen Syndrom mit Mastopathie, Knoten in der Brust, Mastodynie leiden,
- ◊ Myome haben,
- ◊ keine Eierstöcke mehr haben.

HOMÖOPATHIKA

Die Homöopathie ist eine Arzneitherapie mit besonderen Gesetzen. Kurz gesagt, besteht die Heilmethode darin, daß gegen eine Krankheit jene Stoffe eingesetzt werden, die diese Krankheit auslösen. Dazu werden pflanzliche, mineralische und tierische Substanzen in kleinen mehr oder minder verdünnten Mengen verabreicht, um die Selbstheilungskräfte des Körpers zu unterstützen. Der Entdecker der Homöopathie, der deutsche Arzt, Chemiker und Pharmazeut Friedrich Christian Samuel Hahnemann (1755 bis 1843), formulierte daraus den Leitsatz dieser nunmehr knapp 200 Jahre alten Methode: Ähnliches durch Ähnliches heilen, similia similibus curantur.

Um nach dem Ähnlichkeitsprinzip akute und chronische Krankheiten heilen, Schmerzen lindern und Beschwerden verringern zu wollen, geht der Homöopath praktisch so vor: Er stellt Ihre individuellen Beschwerden immer im Zusammenhang mit Ihrer derzeitigen seelischen Verfassung und Ihrem allgemeinen Befinden fest. Danach wird das Mittel in der Dosierung gesucht, das genau Ihre Symptome bei der Prüfung an gesunden Personen hervorgerufen hat. Deckt sich der Vergleich des Arzneimittelbildes mit Ihrem Krankheitsbild, soll die Therapie erfolgreich sein. Nun ist all das leichter gesagt als getan. Homöopathika sind nicht einfach zu verschreiben. Und sie sind keine Arzneien zum gedankenlosen »Schmerzabschalten«.

Die Homöopathie als ganzheitliche Therapie kann nach Ansicht des Heilpraktikers und Homöopathen Werner Stumpf, München, nur angewandt werden, wenn Patient und Behandler bereit sind, sich detailliert auf die Beschwerden mit all ihren Ausprägungen einzulassen. Dies kann Mühe machen. Und es kann besonders bei Therapiebeginn zu Verunsicherungen seitens des Patienten kommen, weil sich die Beschwerden zunächst verschlimmern können. Solche Reaktionen sind keine gefährlichen Nebenwirkungen des Mittels, sondern zeigen den Wirkungseintritt an.

Die Dosierung selbst erfolgt durch Verdünnung bzw. durch Potenzierung des Ausgangsstoffes. Hahnemann sprach von Potenzen – zu deutsch Kraft –, um die Wirkung homöopathischer Arzneien zu kennzeichnen. Entsprechend wird vom Ausgangsstoff jeweils ein Teil genommen und mit neun Teilen Alkohol oder Milchzucker »verschüttelt« oder »verrieben«. Daraus ergibt sich die erste (Dezimal-) Potenz D 1: Eine Verdünnung im Verhältnis 1:10. D 2 bedeutet eine solche von 1:100, D 3 eine von 1:1000, D12 die unvorstellbare Verdünnung von 1 zu einer Billion und so fort. Durch verschiedene Herstellungsschritte wird der Ausgangsstoff nach und nach zwar immer geringer, dafür aber wird seine Substanz immer weiter aufgeschlüsselt und soll in der Wirkung kraftvoller und stärker werden.

Eben daran zweifeln Kritiker und Gegner der Homöopathie. Viele glauben, daß die Mittel so hoch verdünnt sind, daß sie nach allen Regeln der Vernunft nicht mehr nützen können. »Heilen mit Nichts?« fragen sie und sehen einen trotz allem eintretenden Therapieerfolg als Beweis dafür, daß sich der Patient seine Krankheit nur eingebildet hat, daß er durch eine Art Suggestion gesund wurde oder daß die Heilung bloßer Zufall ist. Wir gehen auf den Streit der Fachleute hier nicht näher ein und stellen Ihnen statt dessen einige gebräuchliche Mittel vor, mit denen klimakterische Beschwerden behandelt werden.

Daß die Homöopathie dennoch keine Einbildung sein wird, zeigen viele Behandlungserfolge. Werner Stumpf drückt sich so aus: »Die Homöopathie kann einen Menschen in seinem biologisch-genetischen Rahmen genesen lassen, soweit dies möglich ist. Keine Frage, daß auch sie die normalen physiologischen Alterungsprozesse nicht aufzuhalten vermag.«

Homöopathische Mittel sind als Tropfen, Tabletten, Verreibungen oder Streukügelchen rezeptfrei in Apotheken erhältlich. Zur exakten Einnahme gibt Ihnen der Homöopath genaue Anweisungen. Wollen Sie sich bei leichteren Beschwerden selbst behandeln – nur dann wird die homöopathische Selbstbehandlung empfohlen –, so brauchen Sie Anleitung. Diese erhalten Sie in entsprechenden Ratgeberbüchern, in denen die Arzneien übersichtlich beschrieben und mit Dosierungsvorschriften versehen sind.

Aristolochia Clematis – Osterluzei

Das vitamin-C-haltige Kraut eignet sich gut bei allgemeiner Mattigkeit, weinerlicher Stimmung und Unruhezuständen, bei Blasenentzündungen auch mit vermehrtem nächtlichen Harndrang, bei Harnröhrenreizungen, schmerzhaften Menstruationen und Gelenkschmerzen.

Cimicifuga Racemosa – Wanzenkraut

Als eines der wichtigsten Pflanzenmittel gegen Frauenleiden beeinflußt Cimicifuga das zentrale Nervensystem. Es wirkt über die Hirnanhangdrüse auf das Ovar, auf Gebärmutter, Gelenke und Muskeln. Speziell in den Wechseljahren hilft es bei reizbaren, hysterischen oder schwermütigen Stimmungen, heftigen Kopfschmerzen, Schlaflosigkeit, nichtentzündlichen rheumatischen Gelenk- und Muskelschmerzen, nervösen Herzbeschwerden, Schmerzen der Wirbelsäule und der Augen.

Helonias Dioica – Falsches Einkorn

Zubereitungen helfen Frauen mit schweren nervösen Erschöpfungszuständen. Die seelische Verfassung ist depressiv, verzweifelt und leicht reizbar. Außerdem quälen sie Unterleibsbeschwerden wie Entzündungen der Scheide, Juckreiz, Weißfluß und Schmerzen in der Beckengegend aufgrund einer möglichen Schwäche des Beckenbodens oder der Beckenbänder.

Lachesis Muta – Gift der Buschotter

Das Schlangengift wirkt auf das zentrale und vegetative Nervensystem, auf Herz, Haut, Blut und Eierstöcke. Charakteristische Symptome für das Arzneimittelbild sind Berührungsempfindlichkeit, Unverträglichkeit der Kleidung, starke Kopfschmerzen, Atemnot, Herzrasen, Beklemmungen, »Geschwätzigkeit« und das Gefühl, unter großem Druck zu stehen. Die Beschwerden verschlechtern sich bei feuchtem Wetter und nachts und sind nach dem Aufwachen am stärksten.

Selenicereus Grandiflorus – Königin der Nacht

Die »Königin der Nacht« ist ein wichtiges Mittel für Herz, Herzkranzgefäße und Muskulatur der Blutgefäße. Entsprechend können mit einem Extrakt aus dem Kaktus oft sehr wirksam Herzstiche, Engegefühle in der Herzgegend, Blutandrang zum Kopf und Angina-pectoris-Anfälle gelindert werden.

Sepia Officinalis – Tintenfisch

Der Inhalt des Tintenbeutels wirkt auf das zentrale Nervensystem ebenso wie auf Beckenorgane und -nerven, auf Haut, Muskeln und Gelenke, auf die Leber und den Magen-Darm-Trakt. Sepia wird unter anderem empfohlen bei Hitzewallungen und Schweißausbrüchen mit anschließendem starkem Schwächegefühl, bei Verstopfungen, Hautausschlägen, Blutungsstörungen, Leberleiden, Senkungsbeschwerden der Beckenorgane. Die psychische Verfassung ist gekennzeichnet durch Überempfindlichkeit besonders gegen warme Räume, Interesselosigkeit, Streitbarkeit und eine tiefe Traurigkeit.

Sulfur – Schwefel

Dieses allgemeine Stoffwechselmittel kann im Klimakterium besonders Frauen helfen, deren Hitzewallungen sich nachts mit heißen Füßen und Handflächen bemerkbar machen. Auch der Kopfscheitel ist heiß. Morgens kommt es zu Durchfällen. Das Lebensgefühl ist pessimistisch, die Stimmung mürrisch, klagend und aggressiv. Es besteht eine Neigung zu unreiner Haut und zu trockenen, juckenden Hautenzündungen.

Heilpflanzen in anderer Form

Die vielen klimakterischen Beschwerden und Gesundheitsstörungen können »sanft« mit Naturheilmitteln behandelt werden, um das Gleichgewicht wieder herzustellen. Vor allem zur Selbstmedikation werden »Phytos« immer beliebter, weil sie sich für Therapie und Prophylaxe gleichermaßen eignen.

Fertige Arzneimittel, in denen oft mehrere Kräuter miteinander kombiniert sind, erhalten Sie rezeptfrei in Apotheken, Reformhäusern oder Bioläden. Nehmen Sie sich Zeit für die Wahl »Ihres« Mittels, denn von Einzelkräutern und Mehrfachmischungen für Teeaufgüsse und Bäder über Elixiere bis zur Kapsel gibt es eigentlich alles und in verschiedenen Qualitäten. Studieren Sie die Gebrauchsanweisungen, sehr wichtig sind Informationen über Dosierungen, Anwendungszeiten und -zeiträume. Beachten Sie auch, daß Kräutertonika nicht selten hohe Mengen an Alkohol enthalten. Am besten, Sie lassen sich vom Fachpersonal, Ihrem (heilkräuterkundigen) Arzt oder Heilpraktiker umfassend beraten.

Einige grundsätzlich wichtige Regeln zur Selbstbehandlung mit freiverkäuflichen pflanzlichen Medikamenten hat Professor Heinz Schilcher, Berlin, aufgestellt:

Regeln für die Selbstbehandlung

◊ Eine Selbstmedikation sollte nur kurzfristig durchgeführt werden, da bei längerer nichtärztlicher Therapie Krankheiten unerkannt bleiben können.
◊ Bessern sich die Beschwerden trotz Selbstmedikation auch nach drei Tagen nicht, einen Arzt aufsuchen.
◊ Bewußtseinsstörungen, Lähmungen, Herzrhythmusstörungen, unklare Schmerzzustände im Brust- und Bauchraum gehören in ärztliche Behandlung.
◊ Nicht gleichzeitig mehrere Präparate nehmen.
◊ Niedrige Dosierungen wählen. »Viel hilft viel« ist falsch und gefährlich.

Baldrian – Valeriana officinalis

In der Gruppe der pflanzlichen Beruhigungsmittel (Sedativa), zu denen auch Hopfen, Melisse und Johanniskraut gehören, nimmt Baldrian eine Sonderstellung ein. Baldrian wird seit jeher zur Beruhigung der Nerven eingesetzt, da es auf Großhirnrinde und vegetatives Nervensystem ausgesprochen entspannend wirkt. Dies natürlich nicht nur während der Wechseljahre. Doch gerade dann lassen sich Schlaflosigkeit, Beklemmungen und Schweißausbrüche so gut beeinflussen wie allgemeine Erschöpfung, nervöse Herz-, Magen- und Darmbeschwerden, Heißhunger oder Gliederschmerzen.

Ginseng – Panax ginseng

Die in Asien wachsende Ginsengpflanze hat einen legendären Ruf als Allheilmittel. Allerdings hat der Ruhm der Wunderwurzel bei uns zu übersteigerten Vorstellungen hinsichtlich der Wirkungen geführt. Nicht jedes Ginsengprodukt hält, was es verspricht, da oft minderwertige Qualitäten oder Produkte mit geringen Ginsengmengen verkauft werden. Ginseng schlägt besonders bei Menschen an, deren Immun- und Nervensystem durch Streß, Krankheit oder Alter geschwächt sind. Entsprechend verbessert Ginseng das Befinden, hilft bei geistiger Abgespanntheit, erhöht die körperliche Ausdauer, beruhigt die Nerven.

Hopfen – Humulus Lupulus

Um nervöse Erregungszustände (Magenkrämpfe) und Schlaflosigkeit in den Griff zu bekommen, ist Hopfen ideal. Das Rankgewächs ist in der Medizin mindestens ebensolange bekannt wie als Grundstoff zum Bierbrauen, da es zu den wichtigsten Kräutern für das Zentralnervensystem zählt. Die weibliche Blüte bildet kleine Zapfen, deren Schuppen den Bitterstoff Lupulin enthalten, in dem sich über 200 Substanzen finden. Auch eine östrogenartige Substanz kommt vor. Hopfen wirkt darüber hinaus entzündunghemmend auf Harnblase (Reizblase) und Haut (bläschenartige Entzündungen) sowie entspannend auf die Muskeln des Magen-Darm-Trakts (nervöse Verkrampfungen).

Johanniskraut – Hypericum Perforatum

Die stimmungsaufhellenden Effekte bei leichten und mittelschweren Depressionen sind 1993 erneut bestätigt worden: In einer Studie der Universität Erlangen wurde Johanniskraut mit einem häufig verordneten chemischen Antidepressivum verglichen. Bei 80 depressiven Patienten stellten die Wissenschaftler fest, daß sich beide Substanzen in der Wirkung kaum unterscheiden. Die Naturarznei wirkt lediglich langsamer. Weitere Anwendungsgebiete sind Nervenschmerzen, Menstruationsschmerzen, Zyklusstörungen.

Melisse – Melissa Officinalis

Die Naturmedizin nennt als Heilanzeigen für die auch Zitronenmelisse, Frauen- oder Herzkraut genannte Pflanze: nervöse Erschöpfung, Unruhe, nervöse Herz-, Magen- und Darmbeschwerden, Verkrampfungen der Verdauungsorgane, Spannungsschmerz (vor allem Kopfschmerz), Überreiztheit, Schlafschwierigkeiten und nicht zuletzt Menstruationsstörungen.

Salbei – Salvia Officinalis

Die Heilkräfte des Salbeis gegen Entzündungen des Mund- und Rachenraums werden seit Jahrhunderten hochgeschätzt. Es gibt aber gerade in Bezug auf die Frauenheilkunde bemerkenswerte Eigenschaften. Salbei enthält östrogene Substanzen, die über das vegetative Nervensystem auf den Hormonhaushalt wirken. Dadurch werden im Klimakterium außer psychisch bedingten auch körperliche Störungen positiv beeinflußt. Salbei hemmt Hitzewellen, Schwitzen und Menstruationsstörungen.

Schafgarbe – Achillea Millefolium

Wie die Melisse ist die Schafgarbe ein »Frauenkraut« schlechthin. Sie wirkt auf das arterielle Gefäßsystem, reguliert den Monatszyklus, kräftigt die Unterleibsorgane, wirkt blutstillend und krampflösend. Ein altes Rezept gegen Beschwerden der Wechseljahre lautet: Schafgarbe, Johanniskraut, Melisse und Herzgespann.

Weissdorn – Crataegus Oxyacantha

In den letzten Jahrzehnten ist Crataegus zum Prototyp der Mittel für die Therapie des alternden Herzens und der Gefäße geworden. Die Blüten, Beeren und Blätter erweitern die Herzkranzgefäße und stärken die Herzmuskulatur. Auf diese Weise lassen sich Herzrhythmusstörungen mildern und Hochdruck senken, der durch verhärtete Ablagerungen in den Arterien oder durch Nierenerkrankungen bedingt ist. Weißdorn hilft auch bei Angina pectoris und bei Schlafstörungen nervösen Ursprungs. Vorbeugend eingenommen, schützt er vor späteren Herz- und Gefäßschäden.

Zinnkraut – Equisetum Arvense

Zinnkraut, auch (Acker)Schachtelhalm genannt, wird wegen seines hohen Gehaltes an Kieselsäure zum einen bei Infektionen und Steinen der Harnwege und Nieren empfohlen. Andererseits hilft Kieselsäure bei stumpfem Haar und splitternden Fingernägeln, fördert die Aufnahme und Verwertung von Calcium und wirkt gefäßverengenden Veränderungen entgegen. Wertvolle Mineralstoffe wie Magnesium, Kalium und Schwefel wirken wiederum streßbedingter Schwäche entgegen.

Mehrfach ungesättigte Fettsäuren

Untersuchungen weisen darauf hin: Unserem Organismus mangelt es an essentiellen Fettsäuren. Die mehrfach ungesättigten Fettsäuren sind Vitalbausteine für die rund 100 Billionen Zellen des Körpers. Seit die Wissenschaft den therapeutischen Wert dieser Fettsäuren als Zellaktivator entdeckt hat, haben die Omega-3-Fettsäuren, Omega-6-Fettsäuren und speziell die Gamma-Linolensäure (GLA) immer größeres Interesse gefunden. Als wichtigste Vorstufe der Prostaglandine (Sammelbegriff für zahlreiche hormonähnliche Substanzen) hat GLA Einfluß auf die Blutzirkulation, die Haut sowie das Immunsystem und reguliert eine Vielzahl von Stoffwechselprozessen. Eben aus diesen Gründen sind die essentiellen Fettsäuren für Frauen in den Wechseljahren interessant. Solange noch Hormone produziert werden, unterstützt GLA ihre Bildung und somit ihre schützenden Funktionen. In geringen Mengen ist GLA in der Muttermilch vorhanden. Als gute Quelle gilt Nachtkerzenöl.

Vitamine, Mineralien, Spurenelemente

Alle Vitamine, Mineralstoffe und Spurenelemente sind Lebensstoffe, da sie konkrete Schutzfunktionen im Organismus ausüben und sich so unentbehrlich für unsere Gesundheit und unser Wohlbefinden machen. Diese recht allgemeine Aussage ist aufgrund ernährungsmedizinischer und biochemischer Forschungen in den vergangenen Jahren um viele wichtige Erkenntnisse bereichert worden.

So haben einige Vitamine über ihre klassische Funktion hinaus einen ganz neuen Stellenwert erhalten. Vitamin A und seine Vorstufe, das Provitamin Beta-Carotin (auch: Beta-Caroten), stellen ebenso wie die Vitamine C und E einen Grundpfeiler der Vorsorgemedizin dar, denn sie können »freie Radikale« fangen und wirken »antioxidativ«. Sie schützen die Zellen und Körpergewebe vor schädlichen Einflüssen und helfen so bei der Prävention weitverbreiteter Krankheiten, an deren Entstehung freie Radikale maßgeblich beteiligt sind. Das sind verschiedene Krebsformen wie Lungen-, Magen-, Speiseröhren-, Dickdarm- und Mundhöhlenkrebs; die Atherosklerose; Herz- und Hirnschäden; Schädigungen, die auf ein geschwächtes Immunsystem zurückzuführen sind sowie generelle Alterungsprozesse. Die Bedeutung dieser Zusammenhänge wird im folgenden erläutert. Weiterhin gehen wir kurz auf die B-Vitamine und Vitamin D ein, auf die Mineralstoffe Calcium und Magnesium und das Spurenelement Selen.

Von allen genannten Vitalstoffen brauchen Sie auch im Klimakterium mehr, von den Vitaminen idealerweise die zwei- bis dreifache Menge des normalen Tagesbedarfs. Da die entsprechenden Werte selbst mit einer überdurchschnittlich angereicherten Ernährung nicht immer zu erreichen sind, empfiehlt sich die zusätzliche Einnahme von Ergänzungspräparaten. Es gibt sie in standardisierten Dosierungen in den unterschiedlichsten Kombinationen.

Freie Radikale und Antioxidantien

Was haben diese Begriffe mit Vitaminen zu tun? Eine Antwort darauf gaben Wissenschaftler 1989 auf dem internationalen Kongreß »Antioxidative Vitamine und Krankheitsverhütung« in London. Als Radikale bezeichnet man aggressive chemische Verbindungen, die aus Sauerstoff durch Strahleneinwirkung, chemische Reaktionen, Enzyme oder im Organismus selbst gebildet werden – etwa um eingedrungene Mikroorganismen abzutöten. Atemluft, Nahrung und der Körper enthalten immer kleine Mengen solcher Substanzen.

Radikale sind besonders reaktionsfreudig, da sie sozusagen »unzufriedene« Atome sind: Sie haben ein Elektron zuviel oder zuwenig und suchen in ihrer Umgebung nach Ausgleich, nehmen ein Elektron auf oder geben eines ab. Dadurch beinflussen sie zahlreiche empfindliche Stoffe wie die lebensnotwendigen mehrfach ungesättigten Fettsäuren: Durch chemische Angriffe (Oxidationen) geht Linolsäure in ein Radikal über, worauf weitere Oxidationsschritte folgen. Es entsteht eine Kettenreaktion, die sich immer mehr beschleunigt. Auf diese Weise werden nicht nur Vitamine, Hormone und Enzyme inaktiviert, sondern auch Zellstrukturen geschädigt. Für die Bildung freier Radikale spielen sowohl Prozesse im Körper als auch äußere Faktoren eine Rolle. Dies sind in erster Linie eine durch Umweltgifte belastete Luft (Abgase, Ozon, Smog) und Zigarettenrauch, einige Medikamente und bestimmte Nahrungsmittel.

Vitamine, die jede einzelne Zelle vor freien Radikalen schützen, heißen auch Antioxidantien. Einige von ihnen sind in der Lage, sowohl die Kettenreaktion bei der Bildung von Radikalen zu unterbrechen als auch die Zellstrukturen vor dem Angriff freier Radikale zu schützen, indem sie diese abfangen. Aus den Wechselwirkungen zwischen freien Radikalen und zellschützenden Vitaminen ergibt sich deren Bedeutung in verschiedenen medizinischen Bereichen.

Vitamin E

Ein typisches Antioxidans ist das fettlösliche Vitamin E. Es entfaltet seine Wirkung in der Zellwand. Dort kann es die »Zersetzung« der ungesättigten Fettsäuren durch freie Radikale verhindern, indem es diese »wegfängt«. Ist der Radikalfänger Vitamin E nicht in genügender Menge vorhanden, ist die Oxidation nicht mehr zu bremsen. Dauert der Mangel längere Zeit an, kommt es zum Beispiel zu Muskelerschlaffungen, zu Ausfallerscheinungen der Muskeln und Nerven, zu brüchigen Gefäßen.

Vitamin E gehört zu den Vitaminen, die in der Nahrung am häufigsten vorkommen. Abgesehen von pflanzlichen Ölen wie Soja- oder Distelöl, finden Sie es vor allem in Sonnenblumenkernen, grünen Gemüsen wie Blattsalat, Spinat und Brokkoli. Den von der Deutschen Gesellschaft für Ernährung empfohlenen Tagesbedarf von 12 Milligramm (mg) dürfen Sie ruhig überschreiten und zwischen 24 und 36 mg aufnehmen.

In Kombination mit Selen hat Vitamin E einen sehr günstigen Effekt auf das Immunsystem, indem es Infektionen verhindern kann. Interessant sind auch die Ergebnisse einer auf ihre Art bisher einzigartigen klinischen Studie. Danach kann durch die tägliche Kombination von Vitamin E (30 mg), Beta-Carotin (15 mg) und Selen (50 µg = Mikrogramm) die Sterblichkeit an Magen- und Speiseröhrenkrebs sowie die allgemeine Sterblichkeitsrate gesenkt werden. Amerikanische und chinesische Wissenschaftler führten die Untersuchung in Nordchina an 29.584 Erwachsenen im Alter zwischen 40 und 69 Jahren durch. Von 1985 bis 1991 bekamen unterschiedliche Teilnehmergruppen je eine von vier möglichen Vitamin- und Mineralstoff-Kombinationen. In der Gruppe der Untersuchten, die zusätzlich zu ihrer normalen Ernährung die oben genannten drei Antioxidantien eingenommen hatten, zeigte sich ein eindeutiger Rückgang der krebsbedingten Todesfälle um 13 Prozent. Außerdem sank die allgemeine Sterblichkeit um neun Prozent.

Vitamin A

Selen und die Vitamine A, C, E lautet eine andere Kombination zur Nahrungsergänzung. Das fettlösliche Vitamin A kann der Körper aus der Vorstufe des Beta-Carotin selbst bilden. Es ist vor allem in Milchprodukten, Eigelb, Butter, Leber und Lebertran enthalten. Vitamin A ist maßgeblich beim Sehvorgang, der Hautfunktion, der Entwicklung des Skeletts beteiligt. Dementsprechend vielfältig sind auch die Anwendungsgebiete. Sie betreffen ganz allgemein die äußeren und inneren Oberflächen des Körpers. Ein Mangel an Vitamin A zeigt sich in

◊ Trockenheit, Verhornung von Haut und Schleimhäuten,
◊ Rückgang und Stillstand der Schleimhautsekretion,
◊ Brüchigwerden der Haare,
◊ erhöhter Infektionsneigung (Hautschäden lassen Keime eindringen),
◊ geringem Appetit, Müdigkeit, Gewichtsverlust,
◊ Nachtblindheit, die zur Erblindung führen kann,
◊ Erhöhung der Krebsbereitsschaft von Epithelgewebe.

Der Tagesbedarf von Vitamin A liegt für Frauen bei etwa 0,9 mg, das entspricht 3000 Internationalen Einheiten (I.E.). Diese Dosis können Sie vorbeugend gegen mögliche Mangelerscheinungen täglich einnehmen. Im Fall von Vitamin A bedeuten geringe Wirkstoffmengen auch ein geringes Risiko an Nebenwirkungen. Denn dieses Vitamin gehört zu den wenigen, die bei Überdosierung unerwünschte

Erscheinungen auslösen können. Dabei kommt es zu Übelkeit und Erbrechen, Sehstörungen, Hautausschlägen, Knochen- und Gelenkschmerzen. Während einer Schwangerschaft kann eine Überdosierung mit Vitamin A das Kind schädigen.

Für die Krebsprophylaxe (und als Zusatz bei einer Krebstherapie) werden neben Vitamin A stets größere Mengen an Beta-Carotin gegeben.

Beta-Carotin (Beta-Caroten)

ist ein wirksamer Krebsschutzstoff. Es lagert sich direkt vor der Zellwand ein und neutralisiert freie Radikale bereits dort. Relativ neu ist die Erkenntnis, daß Beta-Carotin Krebsvorläuferzellen dahingehend beeinflussen kann, daß sie sich wieder zu normalen Zellen entwickeln. Beta-Carotin ist eine Substanz aus der großen Gruppe der Carotine. In der Wissenschaft werden diese Stoffe nicht nur im Zusammenhang mit der Verhütung verschiedener Krebsarten wie Magen-, Haut-, Mundhöhlen- und Lungenkrebs diskutiert, sondern auch mit dem im Alter auftretenden Grauen Star oder der Atherosklerose. Die Frage, wieviel Beta-Carotin der Mensch täglich braucht, wird von Ernährungsexperten unterschiedlich beantwortet: Die Angaben bewegen sich zwischen 10 und 50 mg, wobei die Wirkung durch die Vitamine C, E und dem Spurenelement Selen unterstützt oder ergänzt wird. Im Gegensatz zu Vitamin A ist Beta-Carotin selbst in hohen Dosierungen unschädlich. Es kann allenfalls die Haut gelb oder orange färben, doch das ist harmlos.

Beachten Sie beim Kauf Ihrer Lebensmittel die Farbe. Orangefarbene, gelbe und dunkelgrüne Gemüse und Früchte enthalten viel Beta-Carotin. Hervorragende Quellen sind Karotten, süße Kartoffeln, Kresse, Spinat, Mango, Kürbis und Honigmelonen. Es bestehen teilweise große Unterschiede in der Verwertbarkeit des Carotins – je nachdem, mit welchem Nahrungsmittel Sie es aufnehmen und wie Sie es zubereitet haben: Essen Sie Karotten roh und unzerkleinert, kann der Körper nur wenig davon verwerten. Dagegen fördern Fett- und Milchzusatz die Resorption.

Vitamin C

Im wässrigen Innenteil der Zelle wirkt das wasserlösliche Vitamin C. Das Antioxidans ist entscheidend im Kampf des Körpers gegen freie Radikale. Andererseits fördert es die Entgiftung von Schwermetallen und die Eisenverwertung. Außerdem unterstützt es den Aufbau von Kollagen, einer Eiweißsubstanz, die zur Bildung von Haut, Knochen, Zähnen, Knorpeln und Bindegewebe nötig ist.

Eine gute Vitamin-C-Versorgung hält also die Haut glatt und elastisch, Knochen und Zähne bleiben fest und stabil, das Haar ist kräftig und glänzend, Wunden heilen schneller. Außerdem wurde nachgewiesen, daß hohe Vitamin-C-Werte im Körper das Risiko für ischämische Herzerkrankungen verringern (gleiches gilt für Vitamin E).

Viele dieser Wirkmechanismen wurden erst in den letzten Jahren erforscht. Dadurch ist das Ansehen des Vitamins bei Fachleuten enorm gewachsen. Vitamin C ist in den meisten Pflanzen enthalten. Zu den C-haltigsten Arten gehören Citrusfrüchte, Hagebutten, Sanddorn, Paprika, Kartoffeln und grünes Gemüse wie Petersilie und Brokkoli. Über die Mindestmenge von bisher 75 mg gehen Dosierungen von 100 bis 500 mg pro Tag mittlerweile weit hinaus. Diese Empfehlung sollten auf jeden Fall alle Sporttreibenden, Streßbelasteten, älteren Menschen und alle mit einer geschwächten Immunkraft beherzigen. Auch wenn Sie rauchen, häufig Alkohol trinken oder ständig Medikamente einnehmen, haben Sie einen erhöhten Vitamin-C-Bedarf. Der Grund: Nikotin, Alkohol und Medikamente sind Vitamin-C-Killer, sie verbrauchen Vitamin C und reduzieren die Reserven im Körper.

Noch einmal zu den Zigaretten. Amerikanische Untersuchungen ergaben, daß ein Raucher täglich dreimal so viel Vitamin C benötigt wie ein Nichtraucher, das heißt etwa 200 mg. Raucher sind der Gefahr einer Schädigung weit mehr ausgesetzt als Nichtraucher, da freie Radikale auch durch die im blauen Dunst enthaltenen Nitrosamine entstehen. Die Höhe des Vitamin-C-Spiegels hängt vom Zigarettenquantum ab. Außerdem wird Vitamin C vom Raucher-Organismus um etwa 30 Prozent schlechter aufgenommen.

Vitamin B-Komplex

Der Name B-Vitamine, so Professor Zimmermann, Heidelberg, täuscht auf den ersten Blick eine einheitliche oder verwandte Substanzklasse vor. Das ist jedoch nicht der Fall. B1, B2, B6 und B12 sind chemisch und pharmakologisch völlig unterschiedliche Substanzen. Ihre einzige Gemeinsamkeit liegt darin, daß sie alle auch auf den Stoffwechsel und das Nervensystem wirken. Vitamin-B-Komplex erfüllt wichtigte Funktionen im Eiweiß- und Energiestoffwechsel, beim Wachstum, hinsichtlich Muskelfunktion, Konzentration, Kondition sowie Koordination. Defizite an B-Vitaminen können deshalb ein großes Spektrum an Erkrankungen auslösen: angefangen bei Atemnot und Müdigkeit über Schädigungen des Herzens, der Haut und Schleimhäute bis zu Muskelschwäche, Nervenentzündungen, Nervenkrämpfe und nicht zuletzt geistiger Verwirrung. Auch bei Antriebslosigkeit, Blutarmut, verminderter Sehschärfe und Lichtscheu sollte an einen möglichen Mangel im Vitamin-B-Bestand gedacht werden.

In der Nahrung kommen B-Vitamine so ziemlich überall vor: In Äpfeln, Eiern, Käse und Bananen ebenso wie in Milch, Reis, Rindfleisch, Kartoffeln, Weizenkeimen, Spinat und Leber.

Vitamin D

Wissen Sie, daß Vitamin D für den Knochenaufbau wichtig ist? Und daß es gemeinsam mit den Vitaminen C und B6 den Calciumstoffwechsel unterstützt, der für den Aufbau und Funktionserhalt von Knorpel- und Knochengewebe verantwortlich ist? Vitamin D kann somit als »Knochenvitamin« bezeichnet werden. Es ist interessant in Bezug auf die Osteoporose. Es begünstigt die Aufnahme und Verwertung von Calcium, sichert den Aufbau von Knochensubstanz und die normale Einlagerung von Kalksalzen in den Knochen. Da der Körper dieses Vitamin hauptsächlich unter Mitwirkung von Sonnenlicht selbst aufbaut, sollten Sie sich viel im Freien aufhalten. In den sonnenarmen Wintermonaten können Sie Vitamin D zuführen.

Calcium

Den größten Anteil unter den Mineralstoffen in unserem Körper nimmt Calcium ein. Es macht etwa zwei Prozent des Körpergewichtes aus. Beim Erwachsenen sind das immerhin rund ein bis 1,5 kg Calcium, die zu 99 Prozent im Skelett zu finden sind. Calcium ist der Stoff, aus dem die Knochen sind – er gibt ihnen ihre Festigkeit.

Das restliche Prozent ist im Blut und in den Zellen verteilt und dort für eine Vielzahl lebenswichtiger Funktionen zuständig. Ohne Calcium würde unser Herz nicht schlagen, die Muskeln könnten sich nicht bewegen und unsere Nerven keine elektrischen Impulse weiterleiten. Deshalb finden sich bei jedem Menschen, ob Baby oder Greis, ein Zehntel Gramm Calcium im Liter Blut. Wäre zuviel oder zuwenig des Minerals vorhanden, könnten die meisten Prozesse nicht wie gewünscht ablaufen. Die Calciumkonzentration des Blutes wird durch eine Reihe von Hormonen exakt reguliert.

Leider verliert der Körper jeden Tag etwa ein viertel bis zu einem halben Gramm des Minerals, das dann mit der Nahrung ersetzt werden muß. Ideale Calciumquellen sind Milch und ausgewählte Milchprodukte wie Hartkäse. Der Körper kann das in der Nahrung vorhandene Calcium jedoch nur zu etwa einem Drittel ausnutzen. Das hat zur Folge, daß ein Erwachsener täglich etwa 1000 mg Calcium mit den Mahlzeiten aufnehmen muß, nur um die Verluste auszugleichen. Geschieht dies über einen längeren Zeitraum hinweg nicht, so bedient sich der Körper aus seinem Calciumspeicher – den Knochen.

Während und nach den Wechseljahren benötigen Sie zum Schutz Ihres Skeletts 1200 bis 1500 mg Calcium pro Tag – eine Menge, die etwa in 1,5 Liter Milch enthalten ist. Wer keine Milch mag oder nicht verträgt, findet in Buttermilch, Kefir, Dickmilch, Käse und Joghurt die besten Alternativen. Vor der Einnahme von Calcium-Supplementen rät Professor Helmut W. Minne, Bad Pyrmont, zur Rücksprache mit dem Arzt. Denn für Frauen mit erhöhter Neigung zu Nierensteinen sind solche Präparate nicht geeignet.

Magnesium

hat sich in den letzten Jahren zur regelrechten »Modedroge« gemausert. Magnesium hat den Ruf eines Anti-Streß-Minerals in negativen Streßsituationen. Denn es beeinflußt die Erregbarkeit von Muskeln und Nerven. Hierbei wird der Magnesiumbestand abgebaut und braucht ständige Erneuerung. In der Therapie gilt Magnesium als eines der wirksamsten Mittel bei Herz- und Kreislauf-Störungen und zur Vorbeugung von Herzschäden und Herzmuskelschwäche. Es schützt Herz und Gefäße, indem es bei der Regulierung von Blutdruck und Blutgerinnung hilft sowie günstig auf den Cholesterinspiegel wirkt. Umgekehrt ist erwiesen, daß dort, wo Magnesiummangel herrscht, krampfartige Kopfschmerzen, Schlafstörungen, Waden- und Muskelkrämpfe, Unruhe sowie Nervosität auftreten. Magnesium steckt im Chlorophyll der Pflanzen. Sie konsumieren das Mineral daher am besten mit grünem Gemüse wie Spinat, Brokkoli, Paprika, Grünkohl. Aber auch Kartoffeln, Nüsse, Fisch und Milchprodukte enthalten viel davon.

Selen

wirkt ähnlich antioxidativ wie Vitamin E. Ohnehin ergänzen sich die beiden gut: Einige Störungen im Sinne von Zellvergiftungen werden mehr durch das Selen bereinigt, andere durch Vitamin E. Bei der entgiftenden Wirkung gegen Schwermetallschäden (Cadmium, Blei, Quecksilber) arbeiten beide wieder gemeinsam.

Medikamente

Schlaflosigkeit, Unruhe, depressive Verstimmungen: Wenn Sie in den Wechseljahren massiv darunter leiden, ist meistens die nachlassende Hormonproduktion Ihrer Eierstöcke schuld daran. Schlafmittel, Beruhigungspillen und Antidepressiva können dann nur kurzfristig Abhilfe schaffen. Diese Medikamente beheben nur einzelne Symptome, nicht aber deren Ursache. Und: Wer einmal in den Teufelskreis geraten ist, kommt nur schwer wieder heraus. Deshalb sollten solche Präparate keinesfalls über einen längeren Zeitraum eingenommen werden. Und: Vor der Verordnung sollte eine tiefgreifende Ursachenforschung stattfinden. Helfen Sie dabei aktiv mit, um Ihren Arzt zu unterstützen.

Antidepressiva

lösen Angstzustände, haben dämpfende und schlaffördernde Eigenschaften und können depressionsbedingte Ein- und Durchschlafstörungen lindern helfen. Wegen ihrer hohen Wirksamkeit werden Antidepressiva sehr häufig eingesetzt.

Sedativa, Tranquilizer

Diese Begriffe überschneiden sich. Eine Gemeinsamkeit besteht allerdings zwischen diesen Beruhigungsmitteln: Sie sind suchtbildend und gefährlich, wenn sie über längere Zeit genommen werden – und nicht nur kurzfristig und sehr zurückhaltend. Tranquilizer dämpfen die Funktion des Zwischenhirns und setzen somit die Hirnfunktion herab. Frauen erhalten sie oft wegen ihrer mit der Depression einhergehenden Unruhe, bei Ängsten, Schlaflosigkeit und Erregungszuständen. Es werden gelegentlich auch Kombinationen von Östrogenen und Tranquilizern eingesetzt.

Die Wirkung der Sedativa beruht darauf, daß sie die Erregbarkeit des vegetativen Nervensystems herabsetzen. Unruhe, Herzklopfen und Schlaflosigkeit können damit kurzfristig behandelt werden.

Migränemittel

Clonidin, eigentlich ein Mittel gegen Migräne und Bluthochdruck, lindert in manchen Fällen typische klimakterische Störungen wie Hitzewallungen und Schweißausbrüche.

Schlafmittel

50 Jahre, vital, keine Schlafprobleme – welche Frau kann das von sich sagen? Die Zahl der Frauen, die unter Schlafstörungen leiden, nimmt mit 50 drastisch zu. Leider greifen sehr viele zu Schlafmitteln, ohne

zu bedenken, daß diese ihren Zweck zwar erfüllen, die Ursachen der Schlaflosigkeit aber nicht beseitigen. Abgesehen davon, daß solche Probleme oft in Verbindung mit den bekannten klimakterischen Beschwerden auftreten und deshalb auch eine gynäkologische Indikation sind, muß es deshalb heißen: Erst die Diagnose, dann die Therapie. Um Ihnen helfen zu können, muß Ihr Arzt zunächst organische, seelische, soziale oder andere äußere Ursachen klären. Außerdem muß er Sie darüber aufklären und beraten, welche Verhaltensweisen und Maßnahmen, die nichts mit Medikamenten zu tun haben, Ihnen zu einem guten Schlaf verhelfen (KASTEN). Sollte dies alles nicht genügen, wird auf ein Medikament zurückgegriffen. Dafür steht eine Reihe schlaffördernder Substanzen zur Verfügung.

Als erster Versuch bieten sich pflanzliche Mittel an. Diese haben im allgemeinen einen milden Soforteffekt und bergen keine Suchtgefahr in sich. Vorsicht ist jedoch bei Kombinationspräparaten geboten, die vordergründig als Pflanzenheilmittel imponieren, in Wirklichkeit aber mit chemischen schlafanstoßenden Substanzen gemixt sind.

Bei den nichtpflanzlichen Präparaten gehören die Benzodiazepine heute zu den ersten Mitteln der Wahl. Doch auch hier ist Vorsicht angesagt. Bei unkritischem Einsatz müssen Sie mit Nebenwirkungen und Risiken rechnen.

SCHLAFEN OHNE MEDIKAMENTE

Mit ärztlicher Hilfe:
- ◊ Licht- und Farbtherapie
- ◊ Entspannungsverfahren wie autogenes Training, progressive Muskelentspannung, gestufte Aktivhypnose
- ◊ Verhaltenstherapien
- ◊ Psychotherapie

Aus der Naturheilkunde:
- ◊ Fußreflexzonenmassage
- ◊ Energiezonenmassage
- ◊ Neuraltherapie
- ◊ Akupunktur

Zur Selbsthilfe:

◊ Ein Glas lauwarme Milch mit oder ohne Honig, ein beruhigender Kräutertee aus Melisse, Baldrian oder Hopfen, ein Bier oder ein kleines Glas Rotwein entspannen und wirken schlaffördernd.

◊ Ein leichtes, kleines Abendessen bis 19 Uhr belastet den Organismus nicht.

◊ Kurz vorm Schlafengehen treibt ein Spaziergang inklusive einiger gymnastischer Übungen verbrauchte Luft aus den Lungen und versorgt die Blutgefäße mit frischem Sauerstoff.

◊ Ein warmes Bad oder Fußbad wirkt ebenso einschläfernd wie Lesen.

◊ Das Bett sollte bequem, das Schlafzimmer gut gelüftet und den Bedürfnissen entsprechend temperiert sein, wobei die optimale Schlaftemperatur bei 16 Grad Celsius liegt.

◊ Eine dunkelblaue Glühbirne in der Schlafzimmerlampe, die bei Bedarf während der Nacht brennt, beruhigt und macht müde.

Operative Eingriffe und Menopause

Es kann passieren, daß Ihr Frauenarzt Ihnen anläßlich einer Untersuchung mitteilt: »Es ist besser, wenn Sie eine Unterleibsoperation durchführen lassen«. Diese Mitteilung erzeugt Ängste, denn es ergeben sich Fragen: Ist eine große Operation notwendig? Habe ich möglicherweise Krebs? Verliere ich die Gebärmutter oder die Eierstöcke – oder beides? Verändert sich meine Sexualität?

Sie als Patientin können selten selbst einschätzen, wie notwendig oder dringend eine Operation ist. Daher hat Ihr Arzt oder Ihre Ärztin die Pflicht, Sie besonders ausführlich und sensibel zu informieren und zu beraten. Gerade in einer solchen Situation ist ein gutes Vertrauensverhältnis zwischen Patientin und Frauenarzt/Frauenärztin wichtig. Natürlich gibt es Situationen, in denen sofortiges Opererieren notwendig ist. Ansonsten werden solche Eingriffe nur dann empfohlen, wenn die Erkrankung sich nicht anders beheben läßt, etwa durch Medikamente.

Wenn die Gebärmutter allein entfernt werden soll, spricht man von einer Hysterektomie oder Totalexstirpation des Uterus. Sollen ein oder beide Eierstöcke entfernt werden, handelt es sich um eine Ovarektomie (ein- oder beidseitig). Sollte es erforderlich sein, sowohl die Gebärmutter als auch die Eierstöcke zu entfernen, so lautet der Fachausdruck Totalexstirpation des Uterus mit einem oder beiden Eierstöcken. Weitaus eingreifender ist die Radikaloperation, die meist nur bei einer Krebserkrankung erforderlich ist. Hierbei wird neben dem erkrankten Organ auch das umgebende Bindegewebe und vor allem das zugehörige Lymphsystem entfernt.

All diese Operationen können nie nur aufs Technische reduziert werden. Ihr Unterleib ist schließlich das »Zentralorgan« Ihrer Hormonproduktion und Ihrer Fruchtbarkeit. Und hier spielt sich Ihre Sexualität ab. Deshalb kommt ein allzu verständliches Problem hinzu: Die Angst und Sorge, nach einer Operation keine »komplette«

Frau mehr zu sein. Selbst wenn diese Angst in den meisten Fällen unbegründet ist, so kann sie zu tiefgreifenden Störungen in der Ehe, der Partnerschaft und im Sexualleben führen.

Ihr Arzt ist gefordert, im intensiven sachlichen Gespräch die Gründe, die Methode, das Für und Wider sowie die physiologischen Folgen des geplanten Eingriffs zu erklären. Außerdem gilt es, behutsam das Gefühlsleben anzusprechen und – wenn Sie es wünschen – den Partner einzubeziehen. Wenn Sie noch nicht im Klimakterium sind, müssen Sie auch wissen, wie sich der Eingriff in dieser Hinsicht auswirkt. Sie müssen darauf vorbereitet werden, daß nach der Ovarektomie die Menopause abrupt kommt, daß Sie nicht mehr menstruieren und nicht länger fruchtbar sind. Nach Entfernung des Uterus finden ebenfalls keine Blutungen mehr statt. Sie können natürlich auch nicht mehr schwanger werden.

Wissen ist das beste Mittel gegen Ängste und die beste Voraussetzung dafür, sich eigenverantwortlich für oder gegen eine Operation zu entscheiden. Untersuchungen haben darüber hinaus gezeigt, daß Frauen sehr viel besser mit der Zeit nach der Operation fertig werden, wenn sie genau informiert sind. Deshalb: Fragen Sie, lassen Sie sich gründlich aufklären. Das gilt für jeden Eingriff. Selbst wenn es allein um die Gebärmutter geht: Die Hysterektomie ist zwar die häufigste gynäkologische Operation und in geübter Hand eine Routinesache, es besteht aber nur eine Rechtfertigung dafür, wenn eindeutige medizinische Befunde vorliegen. Sie können sich mit Ihren Fragen gern auch an den Berufsverband der Frauenärzte in München wenden. Die Anschrift finden Sie im Anhang.

Entfernung der Gebärmutter

In den Jahren 1987 bis 1989 wurde in den alten Bundesländern 150.000 Frauen die Gebärmutter entnommen. Heute geht die Zahl der Hysterektomien glücklicherweise zurück, sagt Privatdozent Dr. Heribert Kentenich, Berlin. Die Ärzte haben viel dazulernen müssen – sowohl hinsichtlich der körperlichen als auch der seelischen Belastung für die Frau. Obwohl der Verlust der Gebärmutter selbst nicht spürbar ist, reagieren viele Patientinnen im Sinne einer »Trauerreaktion« auf die Entfernung. Unterleibsschmerzen, Libidoprobleme und zum Teil schwere depressive Verstimmungen können auftreten. Solche Beschwerden werden als Posthysterektomiesyndrom bezeichnet.

Durch die Hysterektomie werden Libido und Orgasmusfähigkeit so gut wie nicht beeinflußt. Dafür und auch für das Feuchtwerden der Scheide (Lubrikation) ist es unwesentlich, wo die Erregung und die sexuelle Stimulation einsetzen. Nicht nur die Klitoris und ein unversehrtes Scheidengewölbe sind für die Reizübermittlung verantwortlich, andere erogene Zonen wie Schamlippen, Brustwarzen und Ohrläppchen tun dies ebenfalls. Auch Uteruskontraktionen sind für das Orgasmuserleben nicht erforderlich. In einer Studie konnte Professor Wolf Eicher, Mannheim, feststellen, daß nur etwa zehn Prozent der hysterektomierten Frauen depressiv und mit Libidostörungen reagieren. Die meisten dieser Frauen hatten aber bereits vor der Operation sexuelle Störungen und Partnerprobleme.

Heute gibt es neuentwickelte Medikamente und Verfahren, die ein zurückhaltendes Operieren ermöglichen. Zum Beispiel bei versprengter Gebärmutterschleimhaut (Endometriose) oder bei gutartigen Geschwülsten der Gebärmuttermuskulatur, den Myomen.

Die Endometrioseherde können zu vielerlei Beschwerden führen: zu einer schmerzhaften Regelblutung, zur Narbenbildung im kleinen Becken, zu Eierstockzysten. Diese Herde können mitunter mit Hilfe einer Bauchspiegelung, ohne Öffnung der Bauchdecke, entfernt werden. Bei dieser sogenannten Laparaskopie oder Pelviskopie werden durch kleine Schnitte im Bauchnabel und über dem Schambeim Instrumente eingeführt, die dem entsprechend qualifizierten Chirurgen das minimal invasive Operieren ermöglichen. Medikamente wie Gelbkörperhormon oder die sogenannten GnRH-Analoga unterstützen diese Behandlung. Die gleichen Medikamente können auch Myome verkleinern und dadurch ihre Entfernung per Bauchspiegelung ermöglichen. Dennoch ist die Entnahme der Gebärmutter manchmal notwendig.

HYSTEREKTOMIE – WANN?

◊ Deutlich vergrößerter Uterus
◊ Starke Senkung der Gebärmutter bis in die Vagina mit Inkontinenz, Harnstau, Schmerzen
◊ Besonders große, schnell wachsende oder immer wiederkehrende Myome, die auf Harnleiter, Blase oder Mastdarm drücken oder die Schmerzen oder verstärkte Blutungen verursachen
◊ Schwere Blutungen oder Dauerblutungen, die durch Hormone nicht gestillt werden können
◊ Adenomartige Veränderungen der Gebärmutterschleimhaut, die auf Gelbkörperhormone nicht ansprechen
◊ Gebärmutterkörperkrebs (Korpus-, Endometriumkarzinom)
◊ Gebärmutterhalskrebs (Zervixkarzinom)
◊ Eierstock- und Eileiterkrebs

Die Gebärmutter kann durch die Scheide oder mit Hilfe eines Bauchdeckenschnitts entfernt werden. Es kommt dabei auf die Art der Erkrankung, auf die allgemeine Verfassung der Patientin und auf die Erfahrung des Arztes mit dem einen oder anderen Verfahren an. So kann die Gebärmutter bei kleiner oder normaler Größe mitunter durch die Scheide entnommen werden. Ist der Uterus deutlich vergrößert oder besteht der Verdacht auf eine krebsartige Erkrankung, wird durch den Bauch operiert.

Wenn der Arzt allein die Gebärmutter entfernt, bleiben die Eierstöcke erhalten. Sofern die Menopause noch nicht eingetreten ist, arbeiten die Eierstöcke normal weiter. Sie bilden weiterhin Hormone. Obwohl keine Blutung mehr stattfinden kann, treten die sonst üblichen Hormonausfallerscheinungen nicht abrupt auf, sondern zu einem natürlichen Zeitpunkt. Allerdings wird durch den Eingriff die Durchblutung der Ovarien beeinträchtigt. Bei relativ jungen Frauen kann die Menopause mit ihren typischen Symptomen dann um Jahre früher eintreten.

Eine aktuelle holländische Studie kommt zu einem anderen Ergebnis. An der Universität Leiden wurden die Daten von fast 1000 operierten Frauen mit denen von mehr als 5000 nicht operierten Frauen verglichen. Laut dieser Untersuchungsergebnisse führt die Hysterektomie generell zu einer Vorverlagerung der Wechseljahre, im Durchschnitt sogar um vier Jahre und vor allem bei den 39- bis 41jährigen Frauen.

Nach einer Entfernung der Gebärmutter können sich kein Zervix- und Endometriumkarzinom mehr entwickeln.

Entfernung der Eierstöcke

Eine solche Operation wird nur durchgeführt, wenn eindeutige medizinische Voraussetzungen bestehen. Wie bei jeder Operation müssen Sie eine schriftliche Einwilligung geben. Das dazugehörige Aufklärungsgespräch sollte besonders intensiv geführt werden. Denn die Entnahme der Keimdrüsen entspricht einer Katastration mit massiven körperlichen und seelischen Folgen. Die meisten Frauenärzte raten deshalb danach zu einem Östrogen-Gestagen-Ersatz.

Wenn vor der Menopause ein Eierstock entfernt wird, tritt die Menopause nicht verfrüht ein, da der verbliebene Eierstock weiter Hormone produziert. Nach Entfernung beider Ovarien folgt die Menopause jedoch sofort. Der Hormonspiegel stürzt ab, es stellen sich die typischen klimakterischen Beschwerden ein. Die Symptome verlaufen häufig ausgeprägter als bei einem normalen Wechsel. Außerdem können die eher mittel- und langfristigen Auswirkungen des Östrogenmangels um Jahre vorverlegt werden: Atrophie der Vagina, Hauttrockenheit, Veränderungen des Skelett- und Gefäßsystems mit dem erhöhten Risiko für Osteoporose sowie Herz-Kreislauf-Erkrankungen. Eine Hormonsubstitution unmittelbar nach der Operation – schon am Operationstag – ist hier sehr wichtig.

Ovarektomie – wann?

◊ Besonders große gutartige Zysten, die starke Beschwerden verursachen und mit Medikamenten nicht behandelt werden können
◊ Ausgedehnte Endometriose, die auf Medikamente (beispielsweise Gestagen, Testosteronabkömmlinge, GnRH-Analoga) nicht anspricht
◊ Andere gutartige Geschwülste wie Fibrome, die auf Medikamente nicht ansprechen
◊ Schwere entzündliche Veränderungen am Eierstock, zum Beispiel Abszesse, die nicht ausreichend mit Antibiotika behandelbar sind

In bestimmten Fällen ist die alleinige Entfernung der Eierstöcke inzwischen mit Hilfe von Bauchspiegelungen möglich. Früher wurden diese Methoden nur angewandt, um eine klare Diagnose zu stellen. Oder man führte auf diese Weise eine Sterilisation durch. Heute erspart die minimal invasive Chirurgie der Patientin einen großen Bauchschnitt und einen längeren Krankenhausaufenthalt. Körperlich und seelisch kann sie schneller genesen.

Allerdings: Komplikationen sind auch bei einer laparoskopischen Operation nicht ausgeschlossen. Die Entscheidung, ob die Laparoskopie oder die Operation mittels Bauchschnitt angewendet wird, muß immer der Arzt übernehmen, der den Eingriff durchführt.

Radikaloperation

Es wird immer bestimmte Fälle geben, die eine ausgedehnte Operation unumgänglich machen. So werden alle Unterleibskrebse radikal operiert. Das bedeutet, es müssen beide Eierstöcke, die Eileiter, die Gebärmutter und eventuell auch die Lymphknoten entfernt werden. Eine umfangreiche Aufklärung ist hier von besonderer Bedeutung.

Dr. Kentenich: »Aufgrund der deutlich verbesserten Intensivmedizin können diese Operationen heute sehr radikal durchgeführt werden. Dadurch ist es möglich, allen sichtbaren Krebs und eventuell vorhandene, aber noch nicht sichtbare Absiedelungen (Metastasen) in der Umgebung und im Lymphsystem zu entfernen. Gerade bei den Frühformen läßt sich so mitunter eine dauerhafte Heilung erreichen.«

RADIKALOPERATION – WANN?

◊ Ovarialkarzinome
◊ Zervixkarzinom
◊ Korpuskarzinom

Gesunde Ovarien sollte man nicht entfernen – schon wegen der oft dramatischen psychischen und physischen Folgen nicht. Dennoch befürworten es manche Mediziner für Frauen nach der Menopause. Der Grund: Werden die Eierstöcke im Zuge einer Hysterektomie »prophylaktisch« mitentfernt, kann kein Ovarialkarzinom entstehen.

Dies ist sicher eine besondere Problematik. Der Begriff Ovarialkarzinom umfaßt eine Vielzahl von Tumoren der Eierstöcke und Eileiter, sie gelten als die am meisten gefürchteten Krebserkrankungen der Frau und sind die vierthäufigste Todesursache. Nach Angaben des Forum Oncologicum erkranken in den alten Bundesländern jährlich 7.400 Frauen neu. Die Hälfte aller Patientinnen ist jünger als 47 Jahre, die meisten sind zwischen 50 und 60. Obwohl Eierstockkrebs im Frühstadium zu knapp 90 Prozent heilbar ist, wird er zu dieser Zeit nur selten erkannt: Er verursacht keine eindeutigen Beschwerden und ist nur sehr schwer von einer gutartigen Geschwulst zu unterscheiden. Verdickungen oder Vergrößerungen lassen sich zwar ertasten. Und zur weiteren Diagnose werden eine Ultraschalluntersuchung sowie eine Bauchspiegelung oder Computertomographie vorgenommen. Doch in 60 bis 70 Prozent der Fälle werden Krebswucherungen erst erkannt, wenn sie sich weit ins kleine Becken ausgedehnt haben. Von diesen Frauen überleben rund 40 Prozent mindestens fünf Jahre nach der Behandlung, wobei die Chemotherapie meist dazugehört.

Bei nicht eindeutiger Gutartigkeit ist eine Ovarektomie angezeigt. Zumal dann, wenn die Geschwulst das eigentliche Ovarialgewebe so verdrängt hat, daß eine Hormonproduktion nicht mehr möglich ist. Zu bedenken ist auch, daß eine zunächst gutartige Geschwulst plötzlich entarten kann.

Sollte anläßlich einer Hysterektomie das Thema Eierstockentfernung auf Sie zukommen, überlegen Sie sehr genau. Auch nach der Menopause hat der Eierstock seine Funktion nicht immer schon völlig verloren. Auf jeden Fall bildet er noch jahrelang Androgene und bei vielen Frauen minimale Östrogenmengen. Es kommt daher auf den Einzelfall an: auf den Funktionszustand des Ovars, das Stadium des Klimakteriums, das Alter der Patientin und auf die Einschätzung des Krebsrisikos. Lassen Sie die erforderlichen Voruntersuchungen durchführen und wägen Sie gemeinsam mit Ihrem Arzt alle Vor- und Nachteile ab. Sprechen Sie zusätzlich mit einem weiteren Fachmann. Und entscheiden Sie dann.

Postmenopause und Alter: Spätfolgen – Ernste Angelegenheiten

Erkrankungen des Herz-Kreislauf-Systems

Das Herz als Hauptenergiequelle unseres Körpers liefert die Antriebskraft, die den Blutstrom im Kreislauf in Bewegung hält. Sollte es irgendwann selbst nicht mehr mit genügend Energie – mit Blut und Sauerstoff – versorgt werden, so macht sich dies entweder gar nicht oder erst sehr spät bemerkbar. Mit der Folge, daß 1992 knapp 40.000 Frauen in Deutschland einen Herzinfarkt erlitten.

Herz-Kreislauf-Krankheiten werden oft unter dem Begriff koronare Herzkrankheit zusammengefaßt. Am Anfang stehen Durchblutungsstörungen der Herzkranzgefäße (Koronararterien, die das Herz versorgen). Dafür gibt es selten nur eine Ursache, die häufigste jedoch ist die sich über Jahre und Jahrzehnte hinweg entwickelnde Atherosklerose. Im Spätstadium kann es zur Angina pectoris oder zum Herzinfarkt kommen. Sie erleben in diesem langen Zeitraum vielleicht Symptome wie Müdigkeit, Antriebsarmut und Schmerzen – oder merken gar nichts. Viele Menschen sind beschwerdefrei, obwohl die Kranzgefäße bis zu 50 Prozent verschlossen sind. Doch nicht nur das Herz ist betroffen. Nahezu alle Gefäße des Organismus sind es. Nicht zuletzt die Niere und das Gehirn.

Die Medizin kennt viele Risikofaktoren, die eine koronare Herzkrankheit begünstigen. Die Wahrscheinlichkeit dafür ist um so größer, je mehr Risiken vorliegen. Den meisten läßt sich allerdings durch Umstellung der Lebens- und Ernährungsgewohnheiten entgegenwirken. Denn sie sind direkte Folgen von Gepflogenheiten, die zu Streß und Bewegungsmangel, zu erhöhten Blutfetten, Hochdruck und Übergewicht führen. Allein durch körperliche Bewegung, täglichen Streßausgleich und fettarmer Ernährung verringern sich bestehende Gefäßverengungen. An anderen Risikofaktoren läßt sich allerdins nichts ändern: an familiärer Veranlagung, am Alter, am Klimakterium als Teil des Alterungsprozesses. Obwohl Frauenherzen anders schlagen und mehr Männer von Herzkrankheiten betroffen sind, holen Frauen sie nach der Menopause durch den Östrogenabfall schnell ein.

Es ist aber sicher sinnvoll, sehr früh selbst etwas für sich zu tun. Darüber informiert Sie das letzte Kapitel.

RISIKOFAKTOREN FÜR HERZ-KREISLAUF-ERKRANKUNGEN

◊ Alter
◊ Menopause
◊ Familiäre Disposition
◊ Atherosklerose
◊ Bluthochdruck
◊ Bewegungsmangel
◊ Diabetes
◊ Zu hohe Cholesterinwerte
◊ Übergewicht
◊ Rauchen

ANGINA PECTORIS

Angina-Pectoris-Schmerzen haben nichts mit einem Herzinfarkt zu tun, die Beschwerden können sich aber ähneln. Charakteristisch für die nur wenige Minuten anhaltenden Schmerzen ist ein Gefühl der Enge oder des Drucks im Brustraum. Im allgemeinen tritt die Angina Pectoris bei körperlicher Belastung auf. Sie kann jedoch auch bei Körperruhe – vor allem nachts und in den frühen Morgenstunden aus dem Schlaf heraus –, bei seelischen Belastungen oder Kälte plötzlich entstehen. Um einen solchen »Aufschrei des Herzens« zu dämpfen, empfiehlt sich die Einnahme von Nitroglycerintabletten, -pflastern oder -tropfen. Die erhalten Sie vom Arzt, den Sie vorsichtshalber rufen oder aufsuchen sollten.

Herzinfarkt

Nitroglycerin hilft bei einem Herzinfarkt wenig oder gar nicht. Der Herz- oder Myokardinfarkt ist das letzte Stadium, wenn das Herz immer schlechter versorgt wird. Er wird ausgelöst durch einen Blutpfropf, der den Blutfluß durch die verengten Koronararterien völlig unterbricht. Dadurch ist ein Teil des Herzmuskels gefährdet oder er stirbt ab. Das Risiko eines Infarkts ist tageszeitlichen Schwankungen unterworfen. Zwischen sechs und zwölf Uhr liegt es um 80 Prozent höher als zu allen anderen Tageszeiten. Zwischen Null und ein Uhr ereignen sich die wenigsten Herzattacken.

Vielen Betroffenen kann unmittelbar nach dem Infarkt geholfen werden, wenn sie sich sofort in ärztliche Behandlung begeben. Wird die Durchblutung des betroffenen Herzmuskelbezirks in vier bis sechs Stunden wieder hergestellt, kann der Schaden am Herzen begrenzt werden. Deshalb: Wenn Sie eines der genannten Symptome bei sich bemerken, warten Sie nicht, rufen Sie sofort einen Krankenwagen. Oder lassen Sie sich in die Notaufnahme der nächsten Klinik fahren. Bis ein Arzt helfen kann, müssen Sie Panik vermeiden, den Oberkörper hoch lagern und die Kleidung um Hals und Taille lockern.

Mit der Kenntnis dieser Notfallmaßnahmen können Sie möglicherweise auch anderen das Leben retten.

Schmerz- und Ausstrahlungsorte bei Angina Pectoris und Herzinfarkt

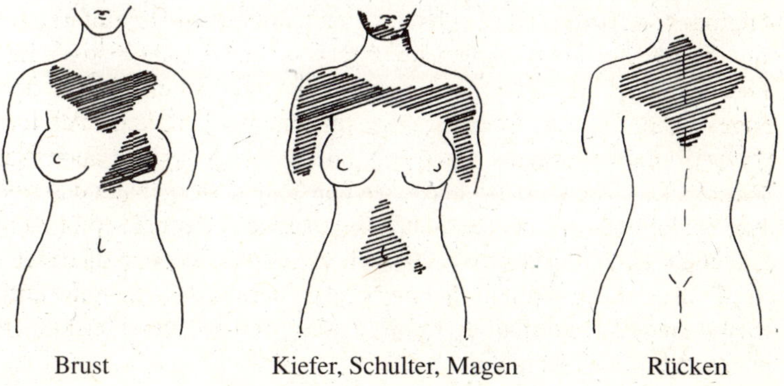

Brust | Kiefer, Schulter, Magen | Rücken

ANGINA PECTORIS

Als Angina pectoris bezeichnet man Schmerzen in der Herzgegend, die infolge von Sauerstoffnot des Herzens

- ◊ in den Brustraum,
- ◊ hinter das Brustbein,
- ◊ in die linke Schulter,
- ◊ in den linken Arm bis in die linke Hand,
- ◊ in den Oberbauch,
- ◊ in den Rücken,
- ◊ in den Hals,
- ◊ in den Kiefer-Bereich,
- ◊ gelegentlich auch in den rechten Arm

ausstrahlen können.

HERZINFARKT

Bei einem Herzinfarkt geht die

- ◊ Angina pectoris meist einher mit
- ◊ kalten Schweißausbrüchen auf Stirn und Oberlippe oder auch im ganzen Gesicht,
- ◊ mit Luftnot (flache Atmung) sowie mit
- ◊ plötzlichem Kreislaufkollaps mit oder ohne Bewußtlosigkeit.

Ein Herzinfarkt kann auch stumm verlaufen, also ohne Angina pectoris.

SCHLAGANFALL

Nach Herz-Kreislauf-Erkrankungen und Krebs ist der Schlaganfall oder Hirninfarkt in Deutschland die dritthäufigste Todesursache. Pro Jahr erleiden rund 100.000 Menschen einen Schlaganfall, etwa die Hälfte von ihnen überlebt nicht. Das Risiko für einen Schlaganfall steigt ebenfalls mit zunehmendem Lebensalter. Auch davon sind im Alter deutlich mehr Frauen betroffen als Männer. Schlaganfall ist eine direkte Folge des Hochdrucks beziehungsweise der atherosklerotischen Gefäßveränderungen. Etwa 55 Prozent der Betroffenen sind jünger als 60 Jahre und 30 Prozent jünger als 50. Drei Prozent sind jünger als 40 Jahre. Hier sind bei Frauen vor allem die Kombinationen Rauchen-Pille oder Rauchen-Migräne die Hauptursachen.

Was ist ein Schlaganfall? Eine Durchblutungsstörung oder Blutung, bei der die Versorgung des Gehirns mit Sauerstoff und Nährstoffen unterbrochen ist. Teile des Gehirns sterben ab. Es gibt verschiedene Arten des Schlaganfalls. Faßt man Schlaganfälle in zwei große Gruppen zusammen, so entstehen sie zum einen durch Blutungen im Gehirn. Zum anderen werden sie durch Blutgerinnsel verursacht, wobei entweder eine zum Gehirn führende Arterie oder ein Gefäß im Gehirn verstopft ist. Wird die Durchblutung des Gehirns für acht bis zehn Minuten gedrosselt, kommt es zum Tode.

Schon die Vorboten eines Schlaganfalls (KASTEN) sollten von Ihnen sehr ernst genommen und ärztlich abgeklärt werden. Solche Attacken weisen auf ein deutlich höheres Schlaganfallrisiko hin. Die vorbeugende Behandlung der Risikofaktoren, vor allem die des Bluthochdrucks und der Zuckerkrankheit, reduzieren die Gefahr deutlich. Im Falle eines akuten Schlaganfalls gilt es, keine Zeit zu verlieren. Lassen Sie sofort einen Arzt rufen, der Sie in die nächste Klinik bringt. Denn die Behandlung ist in den ersten sechs bis acht Stunden am wirksamsten.

SCHLAGANFALL – FRÜHZEICHEN

Vorübergehende Durchblutungsstörungen des Gehirns, die zwischen 60 Sekunden bis 15 Minuten dauern. Nach spätestens 24 Stunden sind sie vollständig abgeklungen. Typische Symptome dieser sogenannnten Transienten Ischämischen Attacken (TIA) sind

◊ flüchtige Lähmungen in Mundwinkeln und Arm,
◊ Gefühlsstörungen in Gesicht und Arm,
◊ Probleme beim Sprechen,

◊ Sehschwäche, vor allem kurze Erblindung auf einem Auge,
◊ Kombination von Schwindel und Gedächtnislücken.

SCHLAGANFALL-SYMPTOME
◊ Lähmungen einer Körperseite
◊ Gefühlsstörungen einer Körperseite
◊ Sprachstörungen
◊ Sehstörungen

OSTEOPOROSE

Die Osteoporose war lange Zeit ein Stiefkind der Medizin. Das hat sich inzwischen geändert. Denn in der zweiten Lebenshälfte gehört sie zu den häufigsten chronischen Erkrankungen. Frauen sind acht- bis neunmal häufiger betroffen als Männer, zum einen, weil sie von vornherein schwächere Knochen haben und zum anderen, weil Östrogenmangel das Osteoporoseriko erhöht. Nach den Wechseljahren ist bei uns jede vierte Frau davon bedroht. Professor Helmut Minne, Bad Pyrmont, spricht von fünf bis sieben Millionen erkrankten Frauen und Männern in Deutschland. Behandelt wird aber nur etwa jede/r fünfte Betroffene.

Knochenschwund allein ist noch kein Grund, von Osteoporose zu sprechen. Denn eine bestimmte Menge von altersbedingtem Verlust an Skelettsubstanz ist normal. Nachdem Sie etwa bis zum 35. Lebensjahr ständig Knochenmasse aufgebaut haben, nimmt diese dann allmählich wieder ab. Erst wenn der Verlust stärker ausgeprägt ist, als es dem Alter entspricht, handelt es sich um Osteoporose. Dabei wird die Knochenstruktur immer poröser, die Knochenmasse immer geringer. Der Knochen ist weniger widerstandsfähig gegenüber den normalen Belastungen des Alltags, die Bruchgefahr steigt. Zunächst kommt es zu mikroskopisch kleinen, später zu deutlich erkennbaren Brüchen.

An den kleinen Wirbelkörpern der Wirbelsäule wirkt sich die Osteoporose zuerst aus. Im höheren Alter sind zusätzlich die langen Röhrenknochen betroffen: Der Oberschenkelhalsbruch hat häufig von einem Moment zum anderen fatale Folgen. Eben noch rüstig, werden Menschen danach oft zum Pflegefall. Im Extremfall kann ein solcher Bruch zum Tode führen. Etwa 15 Prozent der Patienten sterben an den direkten oder indirekten Folgen der Fraktur innerhalb eines Jahres.

Es gibt eine Reihe von Ursachen, die zur Osteoporose führen. Einer der entscheidenden Gründe ist das Nachlassen der Eierstockfunktion. Da aber nicht jede Frau in der Postmenopause erkrankt, müssen weitere Risiken vorliegen.

RISIKOFAKTOREN FÜR OSTEOPOROSE

- Frühzeitige Entfernung der Eierstöcke
- Frühe Menopause
- Extreme körperliche Belastungen wie Leistungssport, Unterernährung, längeres Ausbleiben der Menstruation vor dem Klimakterium infolge von Hormonstörungen
- Behandlung mit Cortisonpräparaten
- Geringes Körpergewicht
- Familiäre Vorbelastung
- Hoher Alkohol- und/oder Kaffeekonsum
- Calciumarme Ernährung
- Phosphatreiche Ernährung (Fast-Food, Cola)
- Bewegungsmangel
- Helle Haut, helles Haar

Wenn Sie zur Gruppe der Gefährdeten gehören, sollten Sie alle notwendigen vorbeugenden Maßnahmen treffen, bevor das Skelett instabil wird oder zumindest, um eine weitere Verschlimmerung zu vermeiden: bedarfsgerecht Calcium und Vitamin D zuführen, regelmäßig körperlich aktiv sein, die positiven Effekte der Hormon-Ersatz-Therapie überdenken, vermeidbare Risiken abstellen, Stolperfallen in der häuslichen Umgebung beseitigen. Und Sie sollten die Möglichkeiten der Frühdiagnostik wahrnehmen. Denn die Krankheit entwickelt sich oft jahrelang ohne äußere Anzeichen. Sie selbst sollten laut Dr. Jutta Semler, Berlin, auf folgende Hinweise achten:

- ◊ Sie betrachten sich im Spiegel und dabei fällt Ihnen auf, daß Ihr Leib vermehrt vorgewölbt ist, ohne daß Sie an Gewicht zugenommen haben. Zusätzlich ziehen Hautfalten von der Mitte des Rückens schräg abwärts (Tannenbaum-Phänomen). Sie stehen nicht mehr aufrecht, sondern der Rücken wirkt rund. Grund dafür: Die Wirbelkörper haben sich verformt, sie sinken zusammen oder brechen ein. Die Folgen dieser Fehlstatik sind heftige Schmerzen.
- ◊ Die Rückenmuskulatur ist verspannt und verhärtet. Haben Sie das Gefühl, Ihr Rücken würde »durchbrechen«? Beachten Sie dabei, daß nicht jeder Rückenschmerz Osteoporose bedeutet.
- ◊ Hat Ihre Körpergröße bereits abgenommen? Die Ursache ist in den bereits zusammengebrochenen Wirbelkörpern zu suchen.

Die Diagnose der Osteoporose setzt sich aus Mosaiksteinen zusammen: aus Ihrer persönlichen Vorgeschichte, aus der Differenzierung der Schmerzsymptomatik, aus der Bestimmung der Knochenmasse und Knochenarchitektur, aus Laboruntersuchungen des Blutes, insbesondere aus den Parametern des Knochenstoffwechsels. Im Einzelfall werden weitere Untersuchungen notwendig, zum Beispiel die mikroskopische Untersuchung einer Knochenprobe. Allerdings sind nicht alle diagnostischen Schritte objektiv und mit ausreichender Qualität erfaßbar.

Verfahren zur Knochendichtemessung

Bei den radiologischen Möglichkeiten zur Knochendichtemessung stehen laut Dr. Dieter Felsenberg, Berlin, zur Zeit zwei grundsätzlich unterschiedliche Verfahren zur Verfügung: Die flächenbezogene (planare) und die querschnittbezogene densitometrische (tomographische). Beide beruhen auf dem Prinzip des Röntgenbildes, das mit Hilfe von Strahlen die Stärke oder Schwäche von Gewebe darstellt. Das Bild entsteht jedoch nicht auf einem Film, sondern wird vom Computer errechnet: Je mehr Masse ein Knochen hat, desto stärker schwächt er die Strahlung. Je weniger Masse ein Knochen hat, desto geringer schwächt er die Strahlung. Die Strahlenbelastung ist gering. Gemessen wird der Knochenmineralgehalt an Unterarm, Wirbelsäule, Schenkelhals und Fersenbein. Es kann auch die Knochenmasse am Gesamtskelett ermittelt werden. Keine der Methoden kann zwischen einer Osteoporose und anderen Knochenerkrankungen differenzieren, die ebenfalls mit einem niedrigen Mineralgehalt einhergehen.

Der Arzt erhält als Meßwert die Grammangabe von Hydroxylapatit. Das ist das calciumhaltige Salz, das unsere Knochen stabil hält. Bei Knochenschwund sinkt die Menge im Skelett. Da eine einzelne Messung keine Auskunft über den Krankheitsverlauf gibt, sind meist nach einem Jahr weitere Messungen notwendig, möglichst am selben Gerät, da die Ergebnisse mit denen anderer Geräte nicht verglichen werden können. Zu den strahlungsfreien Verfahren gehört die Quantitative Ultraschalluntersuchung, die am Fersenbein, der Kniescheibe sowie an den Finger- und Zehengliedern erfolgen kann.

Die frühzeitige Knochendichtemessung, die Osteodensitometrie, hat die Erforschung der Osteoporose weitergebracht. Als allgemeine Vorsorgeuntersuchung ist sie aber nicht gedacht. Wenn Sie glauben, eine Knochendichtemessung sei sinnvoll – weil sie in den Wechseljahren sind und/oder zur Risikogruppe gehören oder weil Sie die oben beschriebenen Anzeichen an sich entdeckt haben, so wenden Sie sich am besten an eine gynäkologische Spezialpraxis, an eine Fachklinik oder an ein Universitätsklinikum.

Die Krebsproblematik

Die Krebsforscher der ganzen Welt sind sich darin einig, daß ein Drittel der Krebserkrankungen durch Vorbeugung verhindert und ein zweites Drittel nach Früherkennung geheilt werden könnte. Ließe sich dieses Ziel erreichen, gäbe es nur noch ein Drittel der jetzigen Krebspatienten. Dennoch nehmen Krebserkrankungen in allen europäischen Ländern zu. Und: Die Häufigkeit steigt mit dem Lebensalter.

Zum überwiegenden Teil wird Krebs durch uns selbst verursacht. Das gilt auch für Krebsformen, die Frauen nach dem 40. Lebensjahr am häufigsten betreffen. Professor Winfried Krafft, Erfurt, hat es so beschrieben: »Die Tumorentstehung ist *eine* Reaktionsmöglichkeit in der Auseinandersetzung mit der endogenen (körpereigenen) oder exogenen (äußeren) Umwelt«. Verantwortlich für die Mehrzahl maligner, also bösartiger Tumoren in den hochentwickelten Ländern sind: Rauchen zu etwa 30 Prozent, eine Ernährung mit überwiegend gesättigten tierischen Fetten zu etwa 30 Prozent, Virusinfektionen zu zehn bis 15 Prozent, Umweltfaktoren zu fünf Prozent. Gerade in der Krebsforschung hat es in den vergangenen Jahren bedeutende Entwicklungen gegeben, wenngleich der »große Durchbruch« nicht unmittelbar in Sicht ist. So spielt das Übergewicht in Bezug auf den Brust- und Endometriumkrebs eine noch umstrittene Rolle. Für den Dickdarm- und Gebärmutterkrebs gilt es dagegen inzwischen als Hauptrisikofaktor. Auch erbliche Faktoren oder die Zahl der Schwangerschaften darf man nicht außer acht lassen.

Was sich an menschlichem Leid hinter der Diagnose Krebs verbirgt, wissen nur die, die den Schock erlebt haben und mit der Krankheit leben müssen. Tun Sie alles Ihnen Mögliche dafür, einer Krebskrankheit vorzubeugen. Ernähren Sie sich vollwertig, reduzieren Sie gegebenenfalls das Rauchen, gehen Sie regelmäßig zur Früherkennung. Und wägen Sie ab, ob eine Hormonsubstitution für Sie in Betracht kommt. Heute kann als gesichert gelten, daß Östrogen-Gestagen-Kombinationen die Entstehung maligner Tumoren an den weiblichen Geschlechtsorganen nicht begünstigen, sondern eher verhüten.

Brust

Eine von zehn bis zwölf Frauen erkrankt im Laufe ihres Lebens am Mammakarzinom. Im Jahr 2000 wird es jede achte sein, so die

Schätzungen. In Europa sterben jährlich 58.000 Frauen an Brustkrebs. Zwischen 45 und 55 Jahren ist es die häufigste Todesursache, obwohl ab 30 das Risiko steigt. Entsprechend seiner Häufigkeit gibt es dafür die meisten Untersuchungen. Dennoch sind bis heute viele Fragen ungeklärt. Gerade auch die: Wodurch entsteht Brustkrebs? Für alle Fragen gilt: Eine einzige Ursache gibt es nicht. Denn die Einwirkungen auf die Brustdrüse sind vielfältig, besonders die hormonalen. Die Brust wird nicht nur durch Östrogene und Progesteron reguliert, sondern unter anderem auch durch Prolaktin, das für die Milchbildung in der Stillzeit zuständig ist. Hinzu kommen weitere Faktoren: familiäre Vorbelastungen (eine von 200 Frauen entwickelt diesen Krebs aufgrund einer ererbten Anlage), Zahl und Zeitpunkt der Geburten (keine Schwangerschaft oder die erste nach 35), eine fett- und kalorienreiche Ernährung, andere Brusterkrankungen. Das Risiko ist sehr individuell.

Die meisten internationalen Studien zeigen, daß Östrogene die Entstehung eines Brustkrebses nicht fördern. Dies gilt inzwischen auch für die bisher umstrittenen Gestagene. Niedrige Östrogenmengen, die bis zu zehn Jahren gegeben werden, erhöhen das Risiko nicht oder nur geringfügig. Laut einiger Untersuchungen hemmen beide Hormone kombiniert die Brustkrebsentstehung sogar um bis zu 20 Prozent. Erst wenn eine Behandlung über zehn bis 15 Jahre durchgeführt wird, kann es – wenn andere Faktoren hinzukommen – einen Anstieg um zehn bis 30 Prozent geben. Diese Ergebnisse lassen sich in anderen Studien nicht bestätigen. Da eine eindeutige Aussage so schwierig ist, wird von der amerikanischen Food and Drug Administration die pauschale Auffassung vertreten: »Die Häufigkeit von Mammakarzinomen bei Frauen in der Peri- und Postmenopause wird durch eine Hormonsubstitution weder erhöht noch gesenkt.«

Eine Frau, die wegen eines Mammakarzinoms behandelt werden muß, braucht heute nicht mehr auf Hormone zu verzichten. Die Deutsche Gesellschaft für Senologie in Köln empfiehlt, daß der Arzt die Entscheidung nach dem Krankheitsverlauf, dem jeweiligen Mammakarzinom und nach dem Zustand der Lymphknoten (Rezeptor-Lymphknoten-Status) trifft. Nach Ausbehandlung des Krebses und wenn drei bis fünf Jahre lang kein erneutes Krebswachstum (Rezidiv) erfolgt, bestehen keine grundsätzlichen Bedenken mehr gegen eine Östrogen-Gestagen-Behandlung.

Derzeit erhalten weltweit etwa 200.000 Frauen pro Jahr das Antiöstrogen Tamoxifen, das an der Brustdrüse das Tumorzellwachstum blockiert und außerdem die Osteoporose zu verhindern vermag. Auf diese Weise werden in jedem Jahr 10.000 bis 20.000 Frauen gerettet, bei denen es ohne Behandlung zum Rezidiv gekommen wäre. Da während einer Therapie mit Tamoxifen bei manchen Frauen eine Wirkung am Endometrium möglich ist, sollten sich diese Patientinnen regelmäßigen gynäkologischen Kontrolluntersuchungen unterziehen.

Gebärmutter

Der häufigste Krebs der Genitalorgane ist heute das Endometriumkarzinom, der Krebs der Gebärmutterschleimhaut. Betroffen sind überwiegend Frauen in der Postmenopause zwischen dem 50. und 70. Lebensjahr. Wesentliche Risikofaktoren sind Übergewicht, Diabetes, Kinderlosigkeit – und eine hohe Östrogeneinwirkung. Die Gefahr steigt grundsätzlich, wenn Frauen nur Östrogene erhalten. Denn das Endometrium gehört wie die Brust zu den Geweben/Organen, die empfindlich auf Östrogene reagieren. Es wird um so eher atypisch entarten, je länger hohe Östrogenmengen ohne den Zusatz von Gestagen darauf einwirken.

Im Kapitel Therapeutische Konzepte konnten Sie ausführlich lesen, daß es auf die Balance zwischen Östrogen und Gestagen ankommt, um das Risiko für Endometriumkrebs zu minimieren. Dementsprechend muß in Deutschland zusätzlich zum Östrogen (Ausnahmen gibt es beim Östriol) für zehn bis zwölf Tage pro Monat ein Gestagen gegeben werden oder das Östrogen wird mit dem Gestagen kontinuierlich kombiniert, also während des gesamten Einnahmezyklus zugeführt. Laut Professor Lauritzen sind Gestagene die ersten Hormone und überhaupt Medikamente, mit denen sich östrogensensible Krebserkrankungen wirksam verhüten lassen. Für die Gebärmutterschleimhaut bedeutet das: Vier von fünf »normalerweise« nach der Menopause entstehende Karzinome entwickeln sich dann nicht. Gegenwärtig wird diskutiert und wissenschaftlich untersucht, ob Gestagene, die dem Östrogen alle drei bis sechs Monate zugesetzt werden, das Risiko in gleicher Weise senken.

Zum Thema Gebärmutterkörperkrebs, dem Korpuskarzinom, hieß es anläßlich des 7. Internationalen Menopause-Kongresses 1993 in Stockholm: Mit einer Östrogen-Gestagen-Therapie läßt sich das Risiko im Vergleich zu unbehandelten Frauen um beinah 80 Prozent senken. Wenn unter einer Substitution ein Gebärmutterkrebs auftritt, so sind die Geschwülste kleiner und weniger bösartig. Zu diesem Schluß kommt eine schwedische Studie. Diese Patientinnen haben dann eine bessere Prognose als erkrankte Frauen, die keine Hormone bekommen haben. Das bedeutet: Sie haben eine bessere Heilungschance, eine längere Lebensdauer und der Zeitraum bis zu einem Rezidiv ist größer – wenn eines eintreten sollte.

Jährlich erkranken bei uns rund 25 bis 30 von 100.000 Frauen am Korpuskarzinom. Neben einer frühen Menarche, der Kinderlosigkeit und Zuckerkrankheit ist der wichtigste Risikofaktor das Übergewicht. Das amerikanische Krebsforschungsinstitut in Bethesda hat bei 702 Frauen herausgefunden: Unabhängig von ihrer Körpergröße sind Frauen mit mehr als 90 Kilogramm siebenmal häufiger betroffen als bei einem Gewicht unter 57 Kilogramm.

Gebärmutterhals

Dank der guten Möglichkeiten zur Früherkennung erleiden bei uns heute weniger Frauen als noch vor einigen Jahren ein Zervixkarzinom (Gebärmutterhalskrebs). Und: Bei rechtzeitiger Diagnose besteht durch vollständige oder teilweise Entfernung der Gebärmutter eine nahezu hundertprozentige Heilungschance. Weltweit liegt der einst häufigste Genitalkrebs allerdings an Platz zwei, nach Brustkrebs. Jährlich werden etwa 440.000 neue Fälle registiert. In Deutschland sind laut Professor Heinrich Maass, Hamburg, 20 bis 25 von 100.000 Frauen betroffen.

Obwohl das Durchschnittsalter für diese bösartige Erkrankung zwischen 50 und 60 liegt, sind auch jüngere Frauen keine Seltenheit. Die Entstehung hängt direkt mit dem Sexualleben zusammen. Oft wechselnde Partner und mangelnde Hygiene besonders der Männer spielen eine ebenso gravierende Rolle wie Infektionen mit Papillomaviren. Die Humanen Papillomaviren, kurz HPV genannt, zählen zu den kleinsten und den gefährlichsten Viren. Dennoch sollen sie nicht allein den Krebs auslösen, sondern erst gemeinsam mit weiteren Risikofaktoren. Diskutiert werden hier zusätzliche mikrobielle Infektionen und das Rauchen. Typische krebserregende Substanzen des Tabakrauchs sind im Zervixschleim nachgewiesen worden.

Eine Hormontherapie trägt nicht wesentlich dazu bei, ein Zervixkarzinom zu verhindern.

Eierstöcke

Der Begriff Ovarialkarzinom umfaßt eine Vielzahl von Tumoren. Bei uns entwickeln jährlich 18 bis 20 von 100.000 Frauen einen Eierstockkrebs, vor allem 50- bis 70jährige.

Frauen erkranken seltener an einem Ovarialkrebs, wenn sie mit der Pille verhütet haben. Anläßlich des 9. Expertentreffens der Dr. Mildred Scheel Stiftung für Krebsforschung im November 1993 wurde berichtet: Fünf Jahre Antibabypille können das Risiko für einen Eierstockkrebs um 20 Prozent senken. Man erklärt dies damit, daß durch Einnahme der Pille die Funktion der Eierstöcke weitgehend ausgeschaltet wird. Gleiches gilt für Frauen, die eine späte Menarche und frühe Menopause hatten und die jung ihr erstes Kind geboren haben. Frauen, die in den Wechseljahren Hormone erhalten, sind der Gefahr gegenüber nicht-hormonversorgten Frauen um 50 Prozent weniger ausgesetzt. Ob und inwieweit bestehende Ovarialkarzinome sensibel auf Östrogene reagieren, läßt sich nach Meinung von Professor Meinhardt Breckwoldt, Freiburg, zur Zeit nicht eindeutig sagen. Andererseits gibt es aber auch keine Hinweise darauf, daß Frauen nach der Behandlung eines solchen Krebses auf eine Östrogen-Gestagen-Substitution verzichten müssen. Ihre Prognose verschlechtert sich nicht. Gleiches gilt für das Endometriumkarzinom.

Dickdarm

Jährlich sterben in Deutschland etwa 35.000 Menschen am Kolonkarzinom. In der Zeit des Östrogenmangels zwischen dem 50. und 60. Lebensjahr erkranken vor allem Frauen, davor sind es mehr Männer. Das Kolonkarzinom ist zu einem Teil erblich bedingt, eine wesentliche Rolle spielen Ernährung und Übergewicht. Die Pille ist ein Schutzfaktor, die Zahl der Geburten und der Zeitpunkt der ersten sowie letzten Regel scheinen dagegen keine Rolle zu spielen. Es gibt jedoch offenbar Zusammenhänge zwischen dem Vorkommen dieser Krebsform und der von Brust, Endometrium und Eierstock. So haben Brustkrebs-Patientinnen ein achtmal höheres Risiko, ein Dickdarmkarzinom zu entwickeln.

Bisher veröffentlichte Daten sprechen dafür, daß Frauen seltener erkranken, wenn sie sich für eine Hormontherapie entscheiden. 1993 wurden Ergebnisse von Untersuchungen der Universitäts-Frauenklinik Ulm vorgestellt, durchgeführt über 22 Jahre an 1402 Wechseljährigen. Demnach entwickeln diese gegenüber unbehandelten Frauen um 43 Prozent seltener ein Kolonkarzinom. Weltweit liegen insgesamt sechs Studien an ähnlich großen Patientenzahlen vor. Demnach läßt sich das Risiko zwischen 20 und 50 Prozent senken.

Wege zum Gleichgewicht

Es ist seltsam. Selbst, wenn wir ganz deutlich spüren, daß etwas Wesentliches nicht mehr stimmt, können wir uns nicht immer zu aktivem Handeln durchringen. Wahrscheinlich, weil es dann auch darum gehen würde, sich von bislang vertrauten Sehweisen oder Gewohnheiten zu lösen und innere Trägheiten zu überwinden. Oder Entscheidungen zu treffen, vor denen wir Angst haben und die unserem Innern zuwiderlaufen. Inwieweit die Auseinandersetzung mit sich selbst, der Umwelt und den gestellten Anforderungen zu niederschmetternden Erkenntnissen führen oder ob selbst schmerzhafte Einsichten als bereichernd akzeptiert werden, ist letztlich eine Frage unserer Bereitschaft zu lernen und umzudenken.

Zum Schluß dieses Buches soll es deshalb um Impulse gehen, die aus dem Chaos der »klimakterischen Ungereimtheiten« nach und nach ein gereinigtes und neugeordnetes Gesamtbild entstehen lassen können, die Ihre Vitalität und Ihr Körperbewußtsein fördern: Von A wie Atmen bis Z wie Zeit für Sinnlichkeit reicht die Palette. Die Möglichkeiten des Hormonersatzes und der naturheilkundlichen Präparate, die wir Ihnen vorgestellt haben, helfen fraglos dabei, Ihre Lebensqualität zu beeinflussen. Das reicht aber nicht. Ausstrahlung, Offenheit, Lebendigkeit haben nichts mit kurativer Medizin zu tun. Es ist eine Haltung zum Leben schlechthin. Es ist die Freude an dem, was Sie tun. Es ist die Fähigkeit loszulassen, um frei zu sein für Neues.

Betrachten Sie Ihr Leben. Brauchen Sie einen Menschen, der Sie respektiert und Ihnen Vertrauen schenkt? Der Sie mag, liebevoll behandelt und Ihnen Wege zeigt, sich leichter und entspannter zu fühlen? Diesen Menschen gibt es, ganz in Ihrer Nähe. Dieser Mensch sind Sie. Wer sich selbst mag, geht gut mit sich um. Die Psychologin Katrin Wiederkehr-Benz, Zürich, hat dazu etwas Feinsinniges geschrieben: »Die Einsicht, daß es nicht darum gehen kann, den richtigen Menschen zu finden, sondern der richtige Mensch zu werden, stellt sich oft erst um die Lebensmitte langsam ein. Sie mildert die Erwartung an den Partner. Kein Mensch schuldet dem anderen ein sinnvolles Leben. Der Verzicht auf Forderungen öffnet die Seele zur Dankbarkeit für das Gegebene und für das stille Klingen der Atmosphärenmusik, das im Schlachtgetöse untergegangen war.«

Atmen

Nicht von ungefähr bedeuten die Worte Luft und Atem in vielen Sprachen auch Lebenskraft oder göttliche Energie. Das lateinische Wort Spiritus heißt Atem, Seele und Geist zugleich. Es drückt damit schon aus, daß Atmen über seine reine Stoffwechselfunktion hinaus von großer Bedeutung ist. Richtiges Atemverhalten ist eine Quelle körperlicher, seelischer und geistiger Gesundheit. Atemvolumen und Lungenkapazität werden dabei optimal ausgeschöpft. Falsche Atmung stört somit das psychosomatische Gleichgewicht und behindert die persönliche Entfaltung. Der »Arbeit am Atem« haben sich die sogenannten Atemschulen verschrieben, die als Instrument der Gesundheitsvorsorge sowie als »Erfahrungsheilkunde« wichtige Bestandteile ganzheitlicher Heilverfahren sind.

Dennoch sollte die Erziehung zum richtigen Atmen nicht erst bei Krankheit erfolgen. Atempflege und die bewußte Atemschulung sind vorbeugende Maßnahmen, die Sie mühelos in Ihren Alltag integrieren können. Beobachten Sie sich selbst. Setzen Sie die Bauchmuskeln und das Zwerchfell bei der Atmung ein? Wenn nicht, entleeren die Lungenbläschen nicht vollständig die verbrauchte Luft. Die Lippenbremse ist die wichtigste Hilfe, um die Ausatmung zu verlängern. So können sich die Lungen ziemlich entleeren und bei der Einatmung mehr Sauerstoff aufnehmen: In entspannter Sitzposition atmen Sie gegen die fast geschlossenen Lippen aus, ohne zu pressen. Bei geschlossenem Mund atmen Sie durch die Nase ein, der Bauch wölbt sich vor. Das Zwerchfell gelangt so an seinen tiefsten Punkt.

Mit einem Luftbad laden Sie am geöffneten Fenster bereits morgens gleich nach dem Erwachen Energie auf: entspannt hinstellen, die Arme hängen lassen, bei geschlossenem Mund tief durch die

Nase einatmen, den Bauch vordrücken, ausatmen durch die Nase, Bauch einziehen. Wiederholen Sie diese Übung zehn- bis 20mal. Übrigens hat herzhaftes Gähnen für Gesicht und Atmung ähnliche Wirkung wie das Recken und Strecken für den Körper. Es dient der Geschmeidigkeit der Muskeln. Und ein Spaziergang mit integrierten Atemübungen sieht so aus: Immer zwei Schritte mehr aus- als einatmen.

Atemtherapie – wann?

Der Atem-, Sprech- und Stimmtherapeut Hubert Krizian, Bad Liebenzell, hat verschiedene Indikationen zusammengestellt, von denen Sie hier einige nachlesen können:

- ◊ Atemfehlfunktionen
- ◊ Erkrankungen der Atemwege
- ◊ Stimm- und Sprechstörungen
- ◊ Haltungsschwächen, muskuläre Fehlspannungen
- ◊ Alle psychosomatischen Erkrankungen und Störungen
- ◊ Zur Stützung bei psychischen Belastungen
- ◊ Zur Anregung, Harmonisierung und Stabilisierung körperlicher, geistiger, seelischer Prozesse

Somatische Krankheitsbilder sollten gemeinsam mit einem Arzt, psychische Krankheitsbilder mit einem Therapeuten behandelt werden.

Die Luft als Heilmittel

Trotz stetig zunehmender Schadstoffkonzentrationen in der Luft gibt es sie (noch) – die heilklimatischen Kurorte. Bereits die Bezeichnung verweist auf die Bedeutung bestimmter klimatischer Bedingungen für das Atemsystem. Höhenklimatische Kurorte veredeln die Atemluft durch besonders hohe Ozongehalte sowie ätherische Stoffe aus den Wäldern. Außerdem gibt es die heilsame Temperaturumkehr: Warme Luft steigt aus den Tälern zu den Hochflächen der Gebirgslandschaft auf, v.a. im Herbst und Winter. Sie aktiviert u.a. den Stoffwechsel, die Selbstheilungsprozesse in den Zellen der Atemwege.

Als regelrechte Freiluft-Inhalatorien gelten die Nord- und Ostseebäder, die allesamt einen extrem hohen Aerosolgehalt in der Luft haben. Das heißt, sie sind auf natürliche Weise mit wertvollen Spurenelementen, zum Beispiel mit Jod, angereichert.

Bäder

Die therapeutische Wirkung des Wassers ist seit Jahrtausenden bekannt. Seine Heilkraft verdanken wir aber nicht allein ihm, sondern auch den Temperaturunterschieden zwischen Hautoberfläche und Wasser. Wasser ist das »Medium«, es vermittelt Wärme und Kälte 200mal intensiver als Luft. Die Hauptwirkung des Wassers liegt darin, über die Reaktionsmechanismen des Körpers direkt Kreislauf, Stoffwechsel und Nervensystem zu provozieren. Über eines dieser Systeme kann fast jede Störung oder Erkrankung beeinflußt werden.

Warmes Wasser fördert die Durchblutung: Die Haut rötet sich, Muskeln entkrampfen, die Blutversorgung wird verbessert. Es gibt wohl kaum ein besseres Entspannungsmittel als das warme Bad. Umgekehrt verriegelt Kälte augenblicklich die Blutversorgung des Gewebes. Allerdings will kaltes Wasser keine Kälte erzeugen, sondern Wärme. Das geschieht auch, denn nach dem Kältereiz erweitern sich die Gefäße, Schlacken und Entzündungsstoffe werden abtransportiert, der Stoffwechsel normalisiert sich. Zur Kräftigung und Abhärtung des Organismus und zur Behandlung von Entzündungen ist Kälte daher der Wärme vorzuziehen.

Alle klassischen Wärme-Kälte-Anwendungen benutzen das Wasser als Hilfsmittel. Man gebraucht es pur, beispielsweise beim Kneippen, oder in Verbindung mit Wirkstoffen, die bei Packungen, Umschlägen oder eben Bädern über Haut und Atemluft an ihren Bestimmungsort gelangen. Um sich gesund und schön zu baden, spielt es keine Rolle, ob ein Badesalz oder Kräuter-Ölbad verwendet wird. Wichtig ist nur, daß der Badezusatz auch wirklich Wirkstoffe enthält, und nicht synthetische oder natürliche Duftstoffe – wie in manchen Billigprodukten.

Unter dem Oberbegriff der Balneotherapie (Balneum, lateinisch = Bad) macht sich die Medizin das Wasser in seinen verschiedenen Anwendungsformen zunutze. Ob heiß, kalt, warm oder wechselwarm; als Voll- oder Teilbad; in Form eines Dampf-, Moor-, Sole-, Thermal-, Kohlensäure- oder Heißluftbades (Sauna): Das Badewasser hat viele Namen und wird dem Beschwerdebild, der körperlichen Verfassung und dem Alter angepaßt. Vor allem Sole (Kochsalz) und die heilkräftigen Moor- und Lehmerden eignen sich gut für Störungen in den Wechseljahren, für Gelenk-, und Muskelerkrankungen.

Bewegung

Bewegung, körperliche wie geistige, ist nicht nur das beste Mittel gegen das Altern. Wer auch in fortgeschrittenen Jahren regelmäßig trainiert, hält Körper und Seele gleichermaßen fit und gesund. Wer rastet, der rostet – diese Volksweisheit sagt alles. Ohne ausreichende Bewegung

◊ degenerieren Gelenke und Muskeln, vor allem auch der Herzmuskel,
◊ erschlafft das Gewebe,
◊ wird der Körper ungenügend mit Sauerstoff versorgt, wird die Lungenfunktion eingeschränkt,
◊ kommt es zu Stoffwechsel-, Kreislaufsstörungen, Haltungsschäden,
◊ erhöhen sich Krankheitsrisiken,
◊ wird Streß langsamer abgebaut.

Nicht von ungefähr gilt körperliche Belastung auch als Grundtherapie zur Beseitigung vieler neurotischer und vegetativer Störungen, da sie sich äußerst positiv auswirkt auf

◊ Ausdauer,
◊ Gelenkigkeit,
◊ Schnelligkeit und Kraft,
◊ Geschicklichkeit und Reaktionsvermögen,

◊ Entspannungsfähigkeit,
◊ Widerstandskraft des Körpers,
◊ Körperbewußtsein und Selbstwertgefühl,
◊ die psychische Verfassung,
◊ die Bewältigung täglicher Anforderungen.

Darüber hinaus helfen gezielte Übungen bekanntermaßen bei vielen Leiden, seien es Wirbelsäulenschäden und rheumatische Erkrankungen oder Herz-Kreislauf- und Venenkrankheiten. Viele Kurorte bieten sogenannte Terrain-Kuren an, ärztlich überwachte Wanderungen und Bewegungen in freier Natur, wozu im Winter auch Skilanglauf und Eislauf gehören. Sie stärken Herz, Kreislauf, Lungen und beruhigen das vegetative Nervensystem. Daher werden Terrain-Kuren auch bei nervösen Erschöpfungszuständen sowie unterstützend bei Frauenleiden empfohlen.

Der stärkste Akzent von Bewegung liegt jedoch auf der Vorbeugung. Als Motto gilt: Mäßiges aber regelmäßiges Training stärkt, Überlastung schadet. Wichtig ist, daß Sie ins Schwitzen geraten und Ihre Atmung tiefer wird. Mediziner empfehlen täglich zehn bis 15 Minuten und ein- bis zweimal wöchentlich 30 Minuten Bewegung, die sich durchaus auf eine Stunde und mehr ausdehnen läßt. Voraussetzung ist, daß Ihnen genügend Zeit zur Verfügung steht und Sie auf Dauer Spaß an dem haben, was Sie tun. Als sehr geeignet erweisen sich immer wieder die klassischen Sportarten: Laufen oder auch strammes Marschieren

(Walking) oder Wandern, Schwimmen, Radfahren, Skilanglauf, Tanzen, Gymnastik.

Alle Bewegungsformen erfordern vor dem Beginn ein Aufwärmprogramm, geeignete Bekleidung und eine gewisse Technik. Nicht immer ist es deshalb sinnvoll, einfach auf eigene Faust mit einem Training zu beginnen. Professor Hans Eberspächer, Sportpsychologe in Heidelberg, weist auf den Wert von Vereinen hin, auf neudeutsch Club oder Studio:

»Diese bieten nicht nur das Know How. Insbesondere in der Einstiegsphase kann auch das Trainieren in der Gruppe eine nicht zu unterschätzende Stabilisierung und Motivation bedeuten. Wenn man sich zu einem gemeinsamen Trainingstermin verabredet, sich gegenseitig aufmuntert und bekräftigt, fällt regelmäßige sportliche Betätigung erfahrungsgemäß sehr viel leichter. Hüten Sie sich jedoch davor, sich dem Gruppendruck zu unterwerfen und um jeden Preis mithalten zu wollen! Wichtig ist, daß Sie Ihren eignen Rhythmus finden.«

Noch ein Wort zur Gymnastik, einer sehr vielfältigen Form der Bewegung: Sie haben den großen Vorteil, daß Sie unabhängig von Sportclubs zu jeder Zeit und zu Hause Übungen durchführen können. Je nach Art der Übungselemente, Intensität und Dauer trainieren Sie damit Schnelligkeit, Kraft, Geschicklichkeit, Ausdauer und Beweglichkeit. Sie können sich Ihr eigenes Programm zusammenstellen und es ständig verändern.

Eine besondere Form der Gymnastik ist das Beckenbodentraining, das dazu entwickelt wurde, die Beckenbodenmuskulatur zu stärken und zu straffen. Einfache aber gezielte Übungen helfen dabei, der Inkontinenz vorzubeugen. Nach gynäkologischen Operationen – besonders nach plastischen Operationen zur Behebung einer Senkung und von Harninkontinenz – ist die Beckenbodengymnastik eine der wichtigsten Rehabilitationsmaßnahmen.

Beckenbodentraining

Jede Übung dauert etwa 30 Sekunden und kann bis zu fünfmal gesteigert werden. Bei allen Übungen gleichmäßig durch den Bauch atmen, die Luft nicht anhalten: tief durch die Nase einatmen, den Bauch leicht vorwölben. Beim Ausatmen flacht der Bauch von selbst ab.

1. Anspannen

Diese Übung können Sie überall im Alltag anwenden, beim Sitzen, Gehen, Stehen – und im Liegen: Einatmen und beim langsamen Ausatmen die Unterleibsmuskulatur so fest es nur geht anspannen. Die Spannung fünf bis zehn Sekunden halten.

2. Radfahren

Auf den Boden legen, unter das Becken ein Kissen schieben. Die Arme liegen etwas vom Körper entfernt. Beine senkrecht nach oben strecken und dann wie beim Radfahren bewegen.

3. Entlasten – Belasten – Ausruhen

Als Hilfsmittel brauchen Sie eine Wand. Rückenlage einnehmen, Beine leicht schräg nach oben zur Wand strecken, nur die Fersen berühren die Wand. Aufstellen, Kopf (gerade halten) und Rücken gegen die Wand lehnen, Schultern hängen lassen. Achten Sie bitte darauf, daß Sie kein Hohlkreuz bilden.
In Rückenlage ausruhen: Der Kopf liegt gerade, Schultern und Rumpf berühren den Boden (kein Hohlkreuz bilden), die Arme ruhen mit den Handflächen nach innen leicht vom Körper entfernt, die Beine sind etwas gespreizt, die Füße sind parallel zueinander.

Ernährung

Was wir essen und trinken, besteht aus den gleichen »Stoffen« wie wir selbst: aus Eiweißen, Kohlenhydraten, Fetten, Mineral- und Faserstoffen, aus Vitaminen sowie Wasser. All das – und natürlich Sauerstoff – braucht der Organismus, um zu wachsen, Leistungen zu bringen, sich stets zu erneuern und zu erhalten. Eine schlichte Wahrheit ist und viele klinische Studien belegen es, daß sich durch eine sinnvolle Ernährung viele Funktionsstörungen und Erkrankungen vermeiden lassen. Sofern Sie sich vor und während der Wechseljahre »richtig ernähren« und dazu noch ein individuelles Bewegungsprogramm zusammenstellen, schaffen Sie also wesentliche Voraussetzungen für Ihre körperliche und geistige Leistungsfähigkeit und für die Erhaltung Ihrer Gesundheit.

Was aber heißt »richtige Ernährung«? Seit Todesursachen und Krankheitshäufigkeiten statistisch erfaßt werden, hat sich gezeigt, daß die Zahl der an ernährungsbedingten Krankheiten leidenden Menschen stetig steigt. Die Liste ist lang, wie Sie im untenstehenden Kasten ersehen können. Und die Kosten für die Behandlung jeder einzelnen Krankheit sind hoch, wie die regelmäßig veröffentlichten Daten der Deutschen Gesellschaft für Ernährung zeigen. Folgen einer Kost, die zu opulent, zu fett, zu süß und zu salzig ist.

Ernährungsabhängige Krankheiten

- ◊ Allergien, Nahrungsmittelintoleranzen
- ◊ Atherosklerose
- ◊ Darmdivertikulose (Ausstülpung der Damwand)
- ◊ Diabetes mellitus Typ II
- ◊ Durchblutungsstörungen
- ◊ Entzündungen der Bauchspeicheldrüse
- ◊ Fettstoffwechselstörungen
- ◊ Fettleber
- ◊ Gallenwegserkrankungen und Gallensteine

◊ Hypertonie
◊ Hämorrhoiden
◊ Gesundheitsstörungen durch Vitamin- und Mineralstoffmangel
◊ Gicht beziehungsweise erhöhte Harnsäurewerte im Blut
◊ Karies und Parodontose
◊ maligne Tumoren
◊ Nierensteine
◊ Obstipation (Verstopfung)
◊ Osteoporose

Die modernen Ernährungsempfehlungen für Patienten unterscheiden sich kaum von denen, die jedem Menschen zur Prävention gängiger Zivilisationsleiden ans Herz gelegt werden. Zeitgemäß in dem Sinne ist eine konsequent vollwertige Ernährung, die keine Mindest- oder Höchstzufuhr einzelner Vitamine, Spurenelemente, Ballast- und Mineralstoffe in den Vordergrund stellt, sondern die Auswahl bestimmter Lebensmittel beinhaltet. Das sagt der Ernährungsexperte Professor Claus Leitzmann, Gießen. Schwerpunkte sind demnach:

◊ Salate, Frischobst, Frischgemüse und Vollgetreideprodukte,
◊ Milch und Milchprodukte,
◊ nicht unbedingt wenig Fett – aber wenig tierisches,
◊ ausgewählte Fischsorten, manchmal Fleisch und Eier,
◊ viel Flüssigkeit in Form von Wassern, Tees und zuckerarmen Säften – aber ein sehr moderater Alkoholkonsum.

Wer sich so ernährt, macht von allein fast alles richtig, ohne sich mit Nahrungsmitteltabellen, Kalorienwerten oder Milligramm pro Tag aufzuhalten. Sicher, kaum jemand wird sein bisheriges Eßverhalten radikal umkrempeln können. Doch wer wirklich will, fängt mit kleinen Schritten an. Vollwertige Ernährung ist weder umständlich noch schwierig oder fremd. Vor allem ist sie nie langweilig!

Sie werden sehr schnell merken, wie viel mehr Energie, Elan, gesteigerte Lebensfreude sie mit sich bringt. Denn ein vollwertig versorgter Körper erträgt Belastungen besser, die Organfunktionen werden angeregt, Verdauung und Stoffwechsel gefördert, die Durchblutung aller Gewebe wird verbessert. Beherzigen Sie nach und nach folgende Regeln:

◊ Grundsätzlich sollten Lebensmittel so natürlich wie möglich belassen werden. Man unterscheidet die Bearbeitungsstufen I (unverändert) = gewaschen, gekühlt, geschält; II (bearbeitet) = geschnitten, gehobelt, geraspelt, geschrotet, gemahlen, kaltgepreßt (Öl), gegoren, gesäuert, gekäst; III (erhitzt) = blanchiert, tiefgefroren, gegart, gebacken, gekocht, getrocknet, pasteurisiert.
◊ Verwenden Sie größtenteils pflanzliche Lebensmittel.
◊ Verzehren Sie möglichst viel frisch, also unerhitzt, um die Vitalstoffe optimal aufzunehmen. Zum Beispiel morgens Körner mit Joghurt und Früchten, vor den Mahlzeiten immer Salat (auf Abwechslung achten), zum Dessert Obst, zwischendurch Vollkornkuchen, Obst, Nüsse.
◊ Bereiten Sie alles schonend zu, das heißt: Erhitzen Sie beim Kochen, Garen, Backen alles so kurz wie es geht.
◊ Ein totaler Verzicht auf Fleisch ist nicht notwendig, es wird jedoch zugunsten von Getreide- und Gemüsegerichten zur Beilage (ein- bis zweimal pro Woche) degradiert.
◊ Zucker ist unschädlich, wenn man am Tag nicht mehr verwendet als Salz – und hier auf ein Maximum von etwa fünf Gramm achtet (würzen Sie am besten mit Jodsalz oder frischen Kräutern). Dennoch: Gewöhnen Sie sich an den natürlichen Geschmack ungesüßter Speisen. Ersetzen Sie Fabrikzucker durch Honig, ungeschwefelte Trockenfrüchte, Dicksäfte.
◊ Weißes und graues Auszugsmehl wird durch Vollkornmehl ersetzt.
◊ Um den Bedarf an tierischem Eiweiß zu decken, reichen Roh- bzw. Vorzugsmilch, Naturjoghurt, Quark, Naturkäse.

- ◊ Der Verzehr von sojahaltigen Nahrungsmitteln wie Tofu, Miso, Koridofu kann in den Wechseljahren besonders sinnvoll sein, denn sie enthalten östrogenartige Substanzen. Zusammen mit amerikanischen Wissenschaftlern ging ein Chemiker der Universität Helsiniki der Frage nach, warum japanische Frauen seltener an Hitzewallungen, Schweißausbrüchen und anderen Wechseljahrssymptomen leiden als europäische und amerikanische Frauen. Bei Untersuchungen fanden die Forscher im Urin japanischer Frauen deutlich höhere Konzentrationen sogenannter Isoflavonoide, auch als Phyto-Östrogene bezeichnet. Sie sind dem weiblichen Geschlechtshormon in der Struktur sehr ähnlich und haben eine geringe Östrogenwirkung.
- ◊ Steigen Sie bei Getränken auf kalorienfreie Flüssigkeiten um: Quellwasser, Mineralwasser mit einem Natriumgehalt unter 170 mg pro Liter, ungesüßte Kräuter-, Früchtetees, grüner Tee.

Um all das gerade am Anfang »durchzuhalten«, brauchen Sie tatsächlich eine völlig neue Einstellung zur Ernährung. Auch das Einkaufen wird zunächst vielleicht mehr Zeit beanspruchen, denn Bioläden und Reformhäuser stehen nicht an jeder Ecke.

Dennoch: Scheuen Sie sich nicht. Kaufen Sie ein Kochbuch, belegen Sie einen Kochkurs – machen Sie sich einfach vertraut mit den »Zutaten für ein positiveres Lebensgefühl.«

In diesem Sinne können Sie noch einen ganz anderen Weg einschlagen: Fasten. Es mag paradox klingen, aber die Domäne des Fastens ist der Anstoß zur grundlegenden Änderung falscher Ernährungsgewohnheiten. Jedenfalls sieht Dr. Andreas Buchinger, Bad Pyrmont, es so.

Fasten

Wenngleich sich das Heilfasten vom religiösen Fasten unterscheidet, treffen sich beide Formen doch in der Erkenntnis, daß die intensive

Reinigung des Körpers mit der Reinigung der Seele einhergeht. Fasten bedeutet, freiwillig auf feste Nahrung zu verzichten. Durch den Nahrungsentzug verbraucht der Körper überschüssiges Gewebe wie Fett als Brennstoffvorrat. Die dadurch ausgelöste Umstellung des Stoffwechsels bewirkt einen Abbau zellschädigender Substanzen. Davon profitieren alle Organe und Gewebe, besonders die Haut, das Verdauungs- und das Immunsystem. Daher dient Fasten sowohl der Prophylaxe als auch der Behandlung vieler Krankheiten, an denen die Immunkräfte beteiligt sind. Selbst vegetative klimakterische Beschwerden lassen sich erfolgreich kurieren.

Gleichzeitig bietet die Fastenzeit – sofern Sie sich aus dem Alltag zurückziehen, und das sollten Sie auf jeden Fall tun – die große Chance, Konflikte abzulegen, neue Perspektiven zu sehen oder aber nur mit der Seele zu baumeln. Gespräche sind ein wichtiger Bestandteil. Wer will, kann das Fasten als Umkehrpunkt im bisherigen Leben erfahren. Denn Sinn und Zweck ist es, außer den bisherigen Eß- und Trinkgewohnheiten die Lebensgewohnheiten neu zu ordnen.

Mit einem hat Fasten nichts zu tun: mit Hungern, selbst wenn sich dieses Gefühl bei vielen kurzfristig einstellt. Einige Beispiele verschiedener Fastenformen machen deutlich, daß ohne elementare Substanzen nichts geht: Es gibt das kohlenhydratergänzte Saftfasten, Molkefasten, Buchinger-Heilfasten, die Rohobstdiät, die Magen-Darm-Sanierungsdiät nach F. X. Mayr, die Vollgetreidekörner-Diät oder die Obst-Gemüse-Vollreis-Diät.

Eine Fastenkur sollte mindestens fünf Tage dauern und nie ohne fachkundige Anleitung durchgeführt werden, wenn Sie noch keine Erfahrungen damit haben. Am sinnvollsten ist sie unter ärztlicher Aufsicht in einer Klinik oder einem Sanatorium. Wollen Sie zu Hause fasten, dann empfiehlt es sich in einer Gruppe von Gleichgesinnten ebenfalls mit fachlicher Führung.

Vor Beginn steht grundsätzlich ein eingehender ärztlicher Check mit Laboruntersuchung, EKG, eventuell Ultraschall. In Kliniken sind solche Maßnahmen obligatorisch. Der Fastenverlauf selbst beginnt mit zwei Vorbereitungstagen (Entlastungstage): mit einem kalorienreduzierten Rohkosttag und einem Obsttag. Am dritten Tag wird der Darm zum Beispiel mit Glaubersalz gereingt. Dann beginnt das eigentliche Fasten, dessen Dauer individuell festgelegt ist. Beim klassischen Buchinger-Heilfasten gehören mindestens drei Liter Flüssigkeit am Tag mit 350 bis 400 Kalorien dazu: Tees, Gemüsebrühen, Buttermilch, Obst-, Gemüsesäfte und vor allem Mineralwasser. Begleitet wird das Ganze von balneophysikalischen Maßnahmen, einem Entspannungs- und wohldosierten Bewegungsprogramm, da ohne Sport nicht gefastet werden sollte. Ergänzend können im Verlauf andere Heilmethoden dazugenommen werden, sei es Homöopathie oder Akupunktur. Den Abschluß bildet das Fastenbrechen: Eingeweichte Pflaumen, frische Äpfel und Nüsse bilden den Auftakt dazu, daß langsam wieder feste Nahrung zugeführt wird.

Kontakt – zu sich und anderen

Der Hort, aus dem wir in aller Regel Energie für das Alltagsleben gewinnen, ist eine gute Beziehung zum Partner, zu Freunden, zu Menschen im Berufs- und Alltagsleben. Wie wichtig aber Momente sind, in denen wir innehalten, zeigt sich immer dann, wenn wir abseits von Aktivismus und vielen Leuten zur Ruhe kommen. Solche Momente der Stille sollten nicht mit Gefühlen wie Alleinsein oder Einsamkeit verbunden werden. Sie dienen der Entspannung, bringen uns unbeeinflußt von Meinungen anderer ein Stück näher zu uns selbst – zu dem, wer wir sind, was wir wollen und wie wir dahin kommen können. Wer seinem Bedürfnis nach Zurückgezogenheit von Zeit zu Zeit folgt, indem er für einige Stunden oder Tage die Abgeschiedenheit sucht, kann konzentriert Gedanken sammeln, an einem Problem oder einer Aufgabe arbeiten. Oder in »ruhiger Wachheit« abwarten, bis sich Erkenntnisse von selbst einstellen. Solche inneren Selbstgespräche können gut begleitet werden von autogenem Training, Fasten, Yoga, Musik, Büchern. Andere malen und/oder meditieren. Den Möglichkeiten sind keine Grenzen gesetzt. Doch je ruhiger und harmonischer die Umgebung ist, desto besser.

Das Ergebnis solcher Erfahrungen ist ein Mehr an Kraft, Klarheit und dem wunderbaren Wissen, allein sein zu können. Das führt häufig auch zu reiferen Formen der Freundschaft und der Liebe. Gute Voraussetzungen für Zweisamkeit liegen in der Fähigkeit beider Partner, sich zurückziehen und an sich selbst arbeiten zu können, ohne daß die tragenden Gefühle des Vertrauens, der Zusammengehörigkeit und der Fürsorge mit dem Gift des Zweifels durchtränkt werden.

Andererseits müssen solche Worte für Frauen, die seit längerem ohne Partner leben und dies eigentlich nicht wollen, wie blanker Hohn klingen. Sie haben im Privatleben alle Zeit der Welt und brauchen sich nicht zurückzuziehen, um die Besonderheiten des Alleinlebens zu erfahren. Sie leiden unter dem weit verbreiteten Mangel an »Vitamin Z«, das für Zuwendung, Zuhören, Zärtlichkeit und Zeit steht.

Als schwerste Belastung für das Leben und die Gesundheit eines Menschen überhaupt gilt nach Ansicht von Streßforschern der Verlust eines geliebten Partners durch Tod. Mit der damit verbundenen Einsamkeit können seelische Erkrankungen zunehmen. Verzweiflung, Ablehnung, Angstzustände, Aggression, Hoffnungslosigkeit und bedrohliche Depressionen sind Ursachen dafür, daß viele Menschen sich immer mehr abkapseln.

Es gibt keine Patentrezepte für die Verarbeitung von Einsamkeit, Trennung und Trauer. Das bewußte Durchleiden solcher Phasen ohne »Zeitdruck« (!) ist allerdings die Voraussetzung für einen Neubeginn – mit sich und neuen Partnern. Bei der Umkehrung selbstzerstörender Gefühle in »positives Denken« helfen unterschiedliche Therapieformen: Gesprächstherapie oder Gestalt- und Gestaltungstherapie. Den Weg zu einem neuen Gleichgewicht können auch eine ökologisch orientierte Ernährung (siehe Ernährung) und die verschiedenen Konzentrationsschulungen ebnen, von denen wir hier nur wenige vorstellen können.

Autogenes Training

Durch bewußte Konzentration auf Körper und Atmung abschalten und sich entspannen, die Konzentration erhöhen und »überschießende Kräfte« dämpfen – so lassen sich die Wirkungen des autogenen Trainings (Autosuggestion = Selbstbeeinflussung) beschreiben. Autogenes Training macht ruhig, gelassen und ausgeglichen – aber nicht gleichgültig. Sie wenden die Übungen unabhängig von irgend jemandem für sich allein an, bestimmen selbst über Ort, Zeit und Dauer. Autogenes Training läßt sich in einem der vielen angebotenen Kurse erlernen.

Meditation

Die Meditation ist eine weitere Form des Selbstgesprächs. Sie können Ihr Innerstes aufschließen, von Empfindungen zu Gedanken hin und her schwanken und dabei erfahren, mit welcher Gelassenheit und Heiterkeit man sich entwickeln kann. Über die Meditation existiert eine reichhaltige Literatur.

Musik

Mozart statt Kamillentee – so schrieb das Nachrichtenmagazin Der Spiegel zum Thema Musiktherapie. Warum nicht, Rhythmus und Klang sind Urphänomene und seit jeher ein Teil der Heilkunst. Ob hörender und Musik produzierender Mensch, ob Liebhaber der Klassik, des Jazz, Pop oder Musicals – welche Richtung Sie auch bevorzugen, Sie werden den Einfluß von Musik auf Ihre Stimmungen kennen. Anregungen zum weiteren Aufbau einer »musikalischen Hausapotheke« vermitteln Bücher, die über ein umfassendes Komponisten- und Werksverzeichnis verfügen.

Massagen

Wir alle erinnern uns daran: Hatten wir uns als Kinder gestoßen, so strich die Mutter mit der Hand über den wunden Punkt – und schon tat es nicht mehr weh. Diese instinktive Geste ist der älteste Massagegriff überhaupt. Das Wesen der Massage ist klar, es ist eine Berührung. Massage regt an oder entspannt, je nach Druck und Art der Griffe. Auf jeden Fall baut sie sicher und schnell Spannungen ab. Der Naturheilkundler Leon Chaitow schreibt, daß bei einer guten Massage die Entspannung auf körperlicher und auf emotionaler Ebene stattfindet.

Denn bereits die Tatsache, daß einem Gutes widerfährt, macht locker. Die in Europa geläufigste Form der Heilmassage, die klassische oder schwedische Massage, ist fester Bestandteil unserer heutigen Physiotherapien. Bei dieser rein manuellen Massage gehen bestimmte Griffe und wechselnder Fingerdruck gleichzeitig unter die Haut, um Muskeln, Nerven, Sehnen und Gelenke in den Griff zu bekommen. Eine vorausgehende Wärmebehandlung (Fango, Bad) unterstützt die Wirkung. Anschließen können sich krankengymnastische Übungen – besonders bei Erkrankungen des Bewegungsapparats –, die der Lockerung der Gelenke ebenso dienen wie dazu, mit der jetzt gut durchbluteten Muskulatur Bewegungseinschränkungen und Schmerzgrenzen zu überwinden.

Die klassische Massage hat zum Ziel

- ◊ verspannte Muskelpartien und Gewebe zu lockern,
- ◊ die Durchblutung zu fördern,
- ◊ Lymphfluß und Stoffwechsel zu aktivieren, um die Entgiftung zu aktivieren,
- ◊ das Herz- und Kreislaufgeschehen zu beeinflussen,
- ◊ die Psyche zu beruhigen.

Eine spezielle Form der manuellen Massage ist die Akupressur, die manuelle Druckpunktmassage. Schon vor Jahrtausenden wurden in der chinesischen Heilkunst lehrmäßig festgelegte Hautpunkte auf den Energiebahnen des Körpers gereizt, um erkrankte innere Organe zu beeinflussen. Werden dazu Edelmetallnadeln verwendet, sind wir bei der Akupunktur. Die Akupunktur zählt zur physikalischen Medizin. Während sie ausschließlich von kundigen Ärzten durchgeführt werden sollte, bietet die Akupressur Ihnen selbst die Möglichkeit aktiver Beeinflussung – auch bei den Anpassungsprozessen von Körper und Seele während der Wechseljahre. Diese Methode ist leicht zu erlernen und überall anwendbar.

Weitere Methoden sind die Reflexzonenmassagen wie die Fuß- oder Bindegewebsmassage. Andere Formen nehmen Wasser, Strom und verschiedene Apparate zur Hilfe. Gleichgültig, welche Massage zum Einsatz kommt, jede ist eine herrliche Methode, um Heilungsprozesse zu fördern, da sie zu einer Umstimmung im Organismus führt und das Immunsystem stärkt.

YOGA

bedeutet körperliche und geistige An- und Entspannung. Die Lehre indischer Religionen verfolgt das Ziel, durch Konzentration zu höheren Bewußtseinsstufen vorzudringen. Dies geschieht durch verschiedene Vorschriften: Zügelung, äußere und innere Reinheit, bestimmte Körperhaltungen, Regelung der Atmung, Loslösung der Sinne von weltlichen Gegenständen, Konzentration, Meditation und Versenkung. Alle unsere modernen gymnastischen Übungen und Entspannungsrituale, besonders das autogene Training, haben ihre Wurzel in der fast 6000 Jahre alten Philosophie.

PFLEGE

Intensive Haut- und Körperpflege dient nicht nur der Hygiene und Entspannung, sie verbessert bekanntermaßen auch den Hautzustand, der mit zunehmendem Alter zu einem Extrathema wird. Gleichgültig, ob Sie heute 40 oder 50 sind: Ihre Haut braucht sorgfältigere Pflege denn je. Mehr oder minder gnadenlos deutlich zeigen sich mit Trokkenheit, Schlaffheit und Faltenbildung einhergehende Funktionsveränderungen (siehe KLIMAKTERISCHES SYNDROM: HAUT) speziell im Gesicht, an Hals, Händen, Unterarmen, Dekolleté und Kopfhaut. Schuld daran sind Veränderungen der Zellen durch zunehmendes Lebensalter und äußere Einwirkungen durch Klima und Sonnenlicht.

Sicher, ein Patentrezept gegen das Altern der Haut gibt es nicht. Um jedoch schön und widerstandsfähig zu bleiben, braucht die Haut viel frische Luft, gesunde Ernährung von innen und äußere Pflege. Darüber hinaus haben Sie bei der Beschreibung der Hormon-Ersatz-Therapie einiges über die Bedeutung der Östrogene erfahren.

Das Ziel äußerer Pflege muß es sein, der Haut Feuchtigkeit und Fett zuzuführen. Auf diese Weise wird sie geschont, Defizite können ausgeglichen werden. Pflegeprodukte sollten speziell auf die Physiologie Ihrer Haut abgestimmt sein. Dabei heißt teuer nicht besser, wenngleich Sie Wert auf sehr gute Qualität legen sollten. Das gilt für Gesicht, Körper und Haare gleichermaßen. Wichtig sind sehr milde Pflegeprogramme, denn reife Haut ist empfindlich. Sie neigt dazu, rissig und spröde zu werden.

Gönnen Sie Ihrer Gesichtshaut täglich vier Pflegeschritte: Reinigung, Erfrischung/Stärkung, Schutz für den Tag, Regeneration für die Nacht. Und verwöhnen Sie sie zusätzlich mit Feuchtigkeit in Form ausgewählter Masken, Ampullen und Packungen.

Für die jetzt leicht austrocknende Körperhaut steht eine ebenfalls unüberschaubare Palette an guten Produkten zur Verfügung. Für die gründliche, porentiefe Reinigung und zur besseren Hautdurchblutung empfehlen sich Bürstenmassagen, heiß-kalte Wechselduschen, regelmäßige sanfte Ganzkörperpeelings, Packungen sowie das Saunen. Die Effekte des Schwitzens in der Sauna gehen über Hautpflege und Körperreining allerdings weit hinaus (siehe SAUNEN). Für den Hautschutz und zur weiteren Unterstützung der Hautfunktionen nach Sauna, Dusche und Bad gibt es zahlreiche Körpercremes und -öle, die am besten immer einmassiert werden. Außerdem schmeicheln Wohlgerüche und Düfte den Sinnen.

Besonderes Augenmerk bedarf die Pflege der Füße. Kranke Füße sind die Ursache vieler Bandscheibenschäden, Muskelverspannungen, Gesichts-, Kopf- und Nackenschmerzen; sie begünstigen die Entstehung von Gelenkarthrosen und Venenerkrankungen. Der Fuß selbst ist ein sehr kompliziertes Gebilde: 26 Knochen, 33 Gelenke, zahlreiche Muskeln, Bänder, Sehnen und Knorpel machen sich fürs Gehen und Stehen unentbehrlich. Das Fersenbein allein trägt beinahe das Körpergewicht, Fußballen und Zehen dienen hauptsächlich der Fortbewegung. Insofern ist es eigentlich keine Frage, daß die Füße gehätschelt werden sollten.

Nehmen Sie Fußbäder mit oder ohne Kräuterzusätzen, benutzen Sie aber auf jeden Fall eine weiche Bürste. Damit lassen sich die abgestorbenen Hautteilchen entfernen, zugleich wird die Durchblutung angeregt. Anschließend gründlich abfrottieren, vor allem zwischen den Zehen. Die feuchte Wärme dort bietet Pilzen einen idealen Nährboden. Sorgsame Nagelpflege schützt vor eingewachsenen Nägeln, einer schmerzhaften Angelegenheit. Spezielle Fußcremes halten die Haut geschmeidig und verhindern Schweißbildung. Regelmäßige medizinische Fußpflege hat nichts mit Luxus zu tun, sondern befreit von starken Verhornungen oder Hühneraugen (an denen falsches Schuhwerk schuld ist) und beugt erneuten Schäden vor.

Saunen

reinigt wie keine andere Methode den Körper von »Altlasten«. Eine Hauptbedeutung fällt in den Bereich der Vorbeugung und günstigen Beeinflussung von Beschwerden – und zwar um so mehr, je regelmäßiger gesaunt wird. Wöchentliches Saunen wirkt positiv auf

- ◊ Infekte der oberen Atemwege,
- ◊ den Wasserhaushalt (Entschlackung),
- ◊ die Haut (Körperreinigung, Hautpflege),
- ◊ Erkrankungen des Bewegungsapparates (Rheumaformen),
- ◊ Periphere Durchblutungsstörungen,
- ◊ Regulationsstörungen des Blutkreislaufs (hoher/niedriger Blutdruck),
- ◊ den Wärmehaushalt (Bildung von Abwehrstoffen, Training der Hautblutgefäße),
- ◊ Herz und Kreislauf,
- ◊ Nerven und Psyche (Muskelentspannung, Frischegefühl, Erholung, Abbau von Aggressionen).

Enorm, was sich da auftut. Zumal Erwärmung und Wiederabkühlung durch jeweils ungewohnte Temperaturen dem Körper einiges zumuten. Gerade die ständig wechselnden thermischen Reize von trockener Luft, Wasserdampf und kaltem Wasser fördern den gewünschten Effekt. Allerdings kann nicht jede Frau diese rasanten Temperaturwechsel vertragen, insofern hängt der Saunabesuch von ihrem Gesundheitszustand ab. Es gibt Störungen, bei denen der Arzt entscheiden muß.

Zeit für Sinnlichkeit

Augenblicke voller Sinnlichkei und Lebensfreude sind Augenblicke, in denen wir uns einfach mitreißen lassen von überschwenglichen Gefühlen, ohne an irgendwelchen Nutzen zu denken. Das Leben »feiern«, vergnügt sein, sich freuen – seien Sie ruhig romantisch, etwas verspielt und unrealistisch. Wer weiß, wann das Kind in Ihnen wieder ausbricht. Was immer Sie tun, um sich allein oder gemeinsam mit einem Partner aus dem Alltag in eine Welt voller Träume und sinnlicher Gefühle zu katapultieren, nehmen Sie sich Zeit und schaffen Sie eine angenehme Atmosphäre. Reisen, in eine Ausstellung gehen, tanzen, sich einen alten Film anschauen, einfach nur faul sein, unbeschwerte Geselligkeit mit Freunden genießen: Ihre Seele lebt von Bildern. Geben Sie ihr Nahrung, bis sie satt ist.

Glücklicher Einklang in der Partnerschaft ist der Inbegriff für warme Großzügigkeit und Verständnis, für liebevolles Verwöhnen und herzhaftes Genießen. Leider spielt in zu vielen Partnerschaften die Körpersprache eine zu geringe Rolle. Der Intellekt wird überbetont, mit der Folge, daß sinnliche Fähigkeiten verkommen. Dabei ist jeder Körper für Berührung empfänglich. Jeder Mensch kann lernen, sie einfach nur zu genießen – ohne daß er darüber nachdenken muß, sie in der sexuellen Vereinigung enden zu lassen. Die amerikanische Autorin Lucy Lidell schreibt in einem der vielen Bücher, die es zum Thema sinnliche Körpererfahrung gibt: »Viele Menschen empfinden das Erlebnis, über längere Zeit hinweg Zärtlichkeit zu erfahren, noch tiefer als den Geschlechtsakt selbst und müssen sich erst an diese neue Dimension von Lust gewöhnen«.

Ein sehr sinnlicher Weg dorthin führt über die Partnermassage, sie stärkt das Gefühl von Nähe und Vertrauen. Ihr Wesen ist der

Austausch von Energie, ist passives Empfangen und aktives Geben. Partnermassage steht auch dafür, daß innig erlebte Intimität vor allem ein Ergebnis jener ganzheitlichen Kommunikation ist, von der uns die Psychosomatik sagt, daß sie eine der Grundvoraussetzungen von Gesundheit als umfassendem psychosozialem Wohlbefinden ist.

Ausblick

Alle Maßnahmen, die dieses Buch Ihnen vorgestellt hat, dienen letztlich einem Ziel: einer Verbesserung Ihrer Lebensqualität. Aber was heißt das? Bringen die Wechseljahre tatsächlich ein neues Lebensgefühl mit sich? Ist vielleicht alles nur Phrase?

In der Medizin ist der Begriff von der Lebensqualität zu einem Schlagwort geworden und symbolisiert vor allem zwei Dinge: Lebensqualität ist oft erst durch eine geeignete Arzneimitteltherapie möglich. Und: Eine Behandlung muß so gestaltet werden, daß weder die normalen alltäglichen Aktivitäten noch die Lebensfreude oder Zufriedenheit beeinträchtigt werden. Zumindest jene Wissenschaftler, die sich in ihrer Arbeit auf Sie als Frau in den Wechseljahren konzentrieren, schwören in dem Zusammenhang auf die Kraft der Hormone. Daran wollte auch dieses Buch keinen Zweifel lassen. Es hat aber auch versucht, deutlich zu machen, daß Sie ein Wesen des Werdens und der Wandlungen bleiben.

Wir möchten es im weiteren gern Ihnen überlassen, sich mit Ihren höchstpersönlichen Veränderungen auseinanderzusetzen. Was bedeutet Lebensqualität für Sie? Was wollen Sie tun, um körperlich und geistig gesund zu bleiben, um schöpferische Kraft zu entfalten, kreative Seiten lebendig werden zu lassen, Ihren Phantasien und Träumen den Platz zu geben, den sie brauchen, damit sie Gestalt annehmen?

Die Erlebnisse des »neuen Erwachens« aus einer mehr oder minder kritischen Phase sichern natürlich nicht gegen neue Resignationen. Doch sie richten das Augenmerk auf den Fluß des Lebens und lehren, daß nichts beständig ist. Und sie fördern den Glauben daran, daß jede Schwierigkeit überwindbar sei. Sie bekommen nicht die Jugend mit ihrer Frische und Unschuld zurück. Sie verlieren nicht ganz den Schmerz der gemachten Erfahrungen. Aber Sie können wieder neugierig werden auf die Möglichkeiten, die Ihnen jetzt offenstehen. Schließen Sie Frieden mit Ihrem Körper und Ihrem Leben, das schafft Freiheit und Gelassenheit.

Anhang

Glossar

ADENOM – gutartiger Tumor

ADENOMATÖSE HYPERPLASIE – übermäßige gutartige Gewebewucherungen, die bösartig werden können

ADRENALIN, NORADRENALIN – Hormone des Nebennierenmarks; wirken auf Zentralnervensystem, Stoffwechsel, Atmungsorgane, Blutkreislauf

ABRASIO – oder Kürettage, Ausschabung bes. der Gebärmutter nach einer Fehlgeburt und zu diagnostischen Zwecken

AMNIOPUNKTION – auch: Amniozentese; Fruchtwasseruntersuchung; vgl. Chorionzottenbiopsie

ANAMNESE – Vor- beziehungsweise Krankengeschichte eines Patienten

ANDROGENE – männliche Sexualhormone: Testosteron, Androstendion, Dehydroepiandrosteron, 17-Hydroxyprogesteron; jede Frau bildet kleine Mengen in Eierstock und Nebennierenrinde

ANGINA PECTORIS – Schmerzen in der Herzgegend infolge mangelnder Sauerstoffversorgung des Herzens

ANTIANDROGENE – Substanzen, die die Wirkung der Androgene an den Zielorganen unterdrücken

ANTIOXIDANTIEN – Vitamine, die Körperzellen vor freien Radikalen schützen: Vitamin A, C, E, Beta-Caroten

ANTIÖSTROGENE – Substanzen, die die Wirkung der Östrogene an den Zielorganen unterdrücken

APPLIKATION – Verabreichung von Arzneimitteln, Behandlungsform, Anwendungsart

ATHEROSKLEROSE – auch: Arteriosklerose; Arterienverengung verursacht durch Ablagerungen an den Innenwänden

ATROPHIE – Rückbildung von Körpergeweben, Organen, Körperteilen

CHORIONZOTTENBIOPSIE – auch: Chorionbiopsie; Untersuchungsmethode in der Frühschwangerschaft, zur Feststellung genetischer Defekte

CLIMACTERIUM PRAECOX – Menopause vor dem 40. Lebensjahr

CORPUS LUTEUM – Gelbkörper; entsteht im Ovar nach dem Eisprung aus dem Follikel, bildet Gestagene und Östrogene

ENDOKRINE DRÜSE – innersekretorische Drüse, die Stoffe (Hormone) in das Blut abgibt

ENDOKRINOLOGIE – Lehre von Funktion und Wirkung endokriner Drüsen

ENDOMETRIOSE – versprengte Gebärmutterschleimhaut

ENDOMETRIUM – Gebärmutterschleimhaut

ENDORPHINE - körpereigene Morphine, Opiate

EPITHEL, EPITHELZELLEN – ein- oder mehrschichtige Zellverbände, die alle inneren und äußeren Körperoberflächen bedecken

ETHINYLESTRADIOL – künstliches Östrogen; wird zur Herstellung der Antibabypille verwendet

FERTILITÄT – Fruchtbarkeit

FIBROM – gutartige Bindegewebsgeschwulst

FOLLIKEL – Eibläschen im Eierstock

FREIE RADIKALE – reaktionsfreudige chemische Verbindungen, die ein Elektron zuviel oder zuwenig haben und nach Ausgleich suchen

FSH – Follikelstimulierendes Hormon; Hormon der Hirnanhangdrüse, regt Eireifung an

GENITALE – Geschlechts-, Fortpflanzungsorgane

GESTAGENE – weibliche Sexualhormone; Hormone des Gelbkörpers; Haupthormone der zweiten Zyklusphase (auch: Lutealphase)

HIRSUTISMUS – übermäßiger Haarwuchs bei Frauen an untypischen Stellen, meist Folge androgener Überaktivität

HOMÖOPATHIE – von Friedrich Christian Samuel Hahnemann begründete Arzneitherapie: Krankheiten werden mit kleinen Mengen tierischer, pflanzlicher und mineralischer Substanzen behandelt, die bei der Prüfung an gesunden Personen die betreffenden Symptome hervorriefen

HORMONSUBSTITUTION – Hormon-Ersatz-Therapie, Hormon-Replacement-Therapie; Ausgleich von Hormonmangel durch Gabe eines Präparates

HORMONELLER REGELKREIS – das System »Zwischenhirn-Hirnanhangdrüse-Eierstöcke«; steuert und reguliert Hormonproduktion

HUMANE PAPILLOMAVIREN, HPV – Erreger, die Feigwarzen (Kondyloma) hervorrufen; kleine gutartige Hauttumoren an Haut und Schleimhäuten, Übertragung durch Kontaktinfektion; häufig im Genitalbereich

HYDROXYLAPATIT – Calciumhaltiges Salz, hält die Knochen stabil

HYPERCHOLESTERINÄMIE – extrem hohe Cholesterinwerte im Blut

HYPERPLASIE – übermäßige Gewebewucherungen infolge krankhafter Vermehrung von Körperzellen

HYPERTONIE – Bluthochdruck

HYPOPHYSE – Hirnanhangdrüse; steuert mit dem übergeordneten Zwischenhirn den Hormonhaushalt

HYPOTHALAMUS – Zwischenhirn; steuert mit der Hirnanhangdrüse den Hormonhaushalt und viele Funktionen des vegetativen Nervensystems

HYSTEREKTOMIE – Entfernung der Gebärmutter

INKONTINENZ – Unfreiwilliger Harnabgang aufgrund geschwächter Blasenmuskulatur

IN-VITRO-FERITILISATION, IVF – Befruchtung einer Eizelle mit einer Samenzelle außerhalb des menschlichen Körpers; auch: Extrakorporale oder »Reagenzglas«-Befruchtung

KARZINOM – Krebsgeschwulst

KASTRATION – operative Entfernung beziehungsweise künstliche Funktionsausschaltung der Keimdrüsen (Ovarien, Hoden)

KLIMAKTERISCHES SYNDROM – Beschwerdebilder, die infolge des Östrogenmangels auftreten

KLIMAKTERIUM – Wechseljahre

KOLLAGEN – Eiweißstoffe zum Aufbau von Geweben

LAPAROSKOPIE – Bauchspiegelung

LH – Luteinisierendes Hormon; Hormon der Hirnanhangdrüse, verantwortlich für Eisprung und Bildung des Gelbkörpers

LIBIDO – sexuelle Lust, Erlebnisfähigkeit

MALIGNE – bösartig

MAMMA – Brust

MASTITIS – Entzündung der Brustdrüse

MASTODYNIE – auch: Mastalgie; Spannungs- und Schwellungsgefühl der Brust vor der Menstruation, meist mit Schmerzen verbunden

MASTOPATHIE – zwischen dem 35. und 50. Lebensjahr sehr häufig auftretende knotige Verhärtungen in der Brustdrüse

MENOPAUSE – letzte vom Ovar gesteuerte Menstruation, der rückwirkend betrachtet zwölf Monate keine weitere gefolgt ist

MENSTRUATION – Abstoßung der Gebärmutterschleimhaut; auch: Monatsfluß, Blutung, Periode, Regel, Menses

MYOKARDINFARKT – Herzinfarkt

MYOM – gutartige Geschwulst der Gebärmuttermuskulatur

OSTEOBLASTEN – Zellen, die Knochensubstanz bilden

OSTEODENSITOMETRIE – verschiedene röntgenologische Verfahren, die den Knochenmineralgehalt eines Skelettabschnitts messen: Die SAX (Single X-ray Absorptiometry) wird vorwiegend am Unterarmknochen eingesetzt. Mit der DXA (Dual X-ray Absorptiometry) werden die Lendenwirbelsäule, der Oberschenkelknochen, der Unterarm, das Fersenbein sowie das Gesamtskelett gemessen; die pQCT (periphere quantitative Computer-Tomographie) wird vorwiegend am Unterarm eingesetzt, kann aber auch zur Schienbeinmessung herangezogen werden; die QCT (Quantitative Computer-Tomographie) ist die aufwendigste, aber auch am weitesten fortgeschrittene Methode; zu den strahlungsfreien Methoden gehört; die QUS (Quantitative Ultraschalluntersuchung), die am Fersenbein, der Kniescheibe sowie an den Finger- und Zehengelenken erfolgen kann; bestimmt wird die Schallgeschwindigkeit und die Schallschwächung (Stand: Oktober 1993)

OSTEOKLASTEN – Zellen, die Knochensubstanz abbauen

OSTEOPOROSE – Knochenbrüchigkeit selbst bei geringer Belastung durch übermäßigen Verlust an Knochenmasse

ÖSTROGENE – weibliche Sexualhormone, dazu zählen das biologisch wirksamste Östradiol, die schwächer wirkenden Hormone Östron, Östriol - Haupthormone der ersten Zyklusphase (auch: Östrogenphase)

OVAR – Eierstock
OVAREKTOMIE – Entfernung der Eierstöcke
OVULATION – Eisprung

PEARL-INDEX – Anzahl ungewollter Schwangerschaften bei 100 Frauen, die zwölf Monate eine bestimmte Verhütungsmethode anwenden
PERIMENOPAUSE – laut Weltgesundheitsorganisation: Übergangsphase zwischen Prämenopause und Menopause
PHYTOTHERAPIE – Behandlung mit pflanzlichen Heilmitteln
POSTHYSTEREKTOMIE-SYNDROM – Beschwerdebild als Folge der Gebärmutterentfernung, geht mit Unterleibsschmerzen, Libidoproblemen, z. T. schweren depressiven Verstimmungen einher
POSTMENOPAUSE – Beginnt nach der Menopause, geht nach ungefähr 15 Jahren in das Senium über
PRÄMENOPAUSE – gesamte fruchtbare Phase von der Pubertät bis zur Menopause; im engeren Sinn Zeitraum vom 45. Lebensjahr bis zur Menopause
PRÄVENTION, PROPHYLAXE – Vorbeugung
PROGESTERON – weibliches Sexualhormon, Hormon des Gelbkörpers; wichtigstes Hormon aus der Gruppe der Gestagene
PROLAKTIN – Hormon der Hirnanhangdrüse; setzt in der Brustdrüse die Milchbildung in Gang
PUBERTÄT – Beginn der Geschlechtsreife

RADIKALOPERATION – Entfernung von Gebärmutter, Eierstöcken unter Einbeziehung regionaler Lymphknoten
REZEPTOR – Empfänger

SEBORRHOE – starke Talgdrüsenaktivität
SENIUM – Alter
STERINE – Alkohole mit bestimmten Eigenschaften, die im Tier- und Pflanzenreich vorkommen

TESTOSTERON – das biologisch wirksamste Androgen
TRANSIENTE ISCHÄMISCHE ATTACKEN – Frühzeichen des Schlaganfalls: Vorübergehende Durchblutungsstörungen des Gehirns; dauern

zwischen 60 Sekunden bis 15 Minuten, sind nach spätestens 24 Stunden vollständig abgeklungen

TUBE/N – der/die Eileiter

TUMOR – gut- oder bösartige Geschwulst

UTERUS – Gebärmutter

VASOMOTOREN – die Nerven des vegetativen Nervensystems; verengen und erweitern die Gefäße

VEGETATIVES NERVENSYSTEM – steuert die unwillkürlich ablaufenden Lebensfunktionen wie Atmung, Verdauung, Blutdruck, Schwitzen

VIRILISIERUNG – Vermännlichungserscheinungen von Frauen unter Hormoneinfluß: Klitorisvergrößerung, Akne, Hirsutismus, Seborrhoe, tiefere Stimmlage

VULVA – äußere Geschlechtsorgane der Frau

ZERVIX – Gebärmutterhals

ZYKLUS – in regelmäßigen Abständen wiederkehrender Ablauf

ZYSTEN – mit Flüssigkeit gefüllte Hohlräume

Hilfreiche Adressen

Arbeitskreis Gesundheit im Alter, Postfach 1250, 51588 Nümbrecht

Arbeitskreis Gesundheit eV, Coburger Str. 3, 53113 Bonn (für Fragen zum Thema Kuren)

Ärztlicher Arbeitskreis Heilfasten eV, Geschäftsstelle, Wilhelm-Beck-Str. 27, 88662 Überlingen

Berufsverband der Frauenärzte eV, Pettenkoferstr. 35, 80336 München

Bundesministerium für Gesundheit, Broschürenstelle, 53108 Bonn

Deutsche Hauptstelle gegen die Suchtgefahren, Postfach 1369, 59003 Hamm

Deutsche Herzstiftung eV, Hans-Thoma-Str. 10, 60596 Frankfurt/M.

Deutsche Krebsgesellschaft eV, Paul-Ehrlich-Str. 41, 60596 Frankfurt

Deutsche Liga zur Bekämpfung des hohen Blutdruckes eV, Deutsche Hypertonie Gesellschaft, Berliner Str. 46, 69120 Heidelberg

Frauenselbsthilfe nach Krebs, Bundesverband eV, B 6 10/11, 68159 Mannheim

Gesellschaft für biologische Krebsabwehr eV, Postfach 10 25 49, 69015 Heidelberg

GIH Gesellschaft für Inkontinenzhilfe eV, Friedrich-Ebert-Str. 124, 34119 Kassel

Herz-Kreislauf-Telefon der Deutschen Hochdruckliga Heidelberg 06221 – 18 10 88 und 06221 – 47 48, Montag–Freitag 9 bis 17 Uhr

Informationsbüro Frau und Gesundheit eV, Helenenweg 15, 40822 Mettmann

Kuratorium Knochengesundheit eV, Hettenbergring 5, 74889 Sinsheim

Lipid-Liga eV, Im Waldklausenweg 20, 81377 München

Menopause-Gesellschaft Deutschsprachiger Länder, Institut für gynäkologische Endokrinologie, Reproduktions- und Menopausenforschung eV, Frauenstr. 51, 89073 Ulm

Senioren-Schutz-Bund Graue Panther eV, Rathenaustr. 2, 42277 Wuppertal

Zentralinstitut für Seelische Gesundheit, Postfach 12 21 20, 68072 Mannheim

Zum Weiterlesen

Bahr, Dr. F. R.: Akupressur. Erfolgreiche Selbstbehandlung bei Schmerzen und Beschwerden. Mosaik, München 1991

Barth, Prof. Dr. V.: Erkrankungen der weiblichen Brust.Vorsorge/GutartigeErkrankungen/Krebs/Nachsorge. Trias, Stuttgart 1991

Berbuer, E.: Zwischen Ethik und Profit. Arzt und Patient als Opfer eines Systems. Access, Königstein 1990

Brown Doress, P., Laskin Siegal, D. und The Midlife and Older Women Book Project: Unser Körper – unser Leben. Über das Älterwerden. Rowohlt, Reinbek 1991

Buchinger, Dr. O. und Buchinger, Dr. A.: Das heilende Fasten. Joop, Wiesbaden 1991

Bundesministerium für Gesundheit: Ratgeber Schlaganfall. Aktivierende häusliche Pflege durch Angehörige, Hilfsmittelversorgung für den Alltag. Bundesministerium für Gesundheit, Bonn 1993

Cardas, E.: Atmen – Lebenskraft befreien. Gräfe und Unzer, München 1989

Castell, W.: Haarausfall? Die Ursachen und mögliche Behandlungsmethoden. Ahlering, Hamburg 1987

Chungliang Al Huang: Tai Ji. In der Bewegung zu Harmonie und Lebensfreude finden. Einführung und Anleitung, Gräfe und Unzer, München 1988

Cyran, W. und Halhuber, M. J.: Erotik und Sexualität im Alter. Gustav Fischer, Stuttgart/Jena/New York 1992

Deutscher Turner Bund: Turnen der Älteren. BLV, München Wien Zürich 1989

Ehret-Wagener, B., Stratenwerth, I. und Richter, K. (Hrsg.): Gebärmutter – das überflüssige Organ? Sinn und Unsinn von Unterleibsoperationen. Rowohlt, Reinbek 1994

Furthmayr-Schuh, A.: Postmoderne Ernährung. Food-Design statt Eßkultur. Trias, Stuttgart 1993

Gotved, H.: Beckenboden und Sexualität – Wirkungsweise und Kräftigung der Muskulatur. Trias, Stuttgart 1991

Gotved, H.: Harninkontinenz ist überwindbar, Trias, Stuttgart 1991
Greer, G.: Wechseljahre. Econ, Düsseldorf/Wien/New York/Moskau 1991
Hofmann, S.: Sanfte Medizin für Frauen. Orientierung und Tips von A bis Z. Kreuz, Zürich 1993
Huber, Prof. Dr. J.: Hormone für die Schönheit. Ariston, Genf 1993
Die Hormontherapie. Gesundheit, Jugendlichkeit, blühendes Aussehen. Ariston, Genf 1991
Huth, Dr. A./Huth, Dr. W.: Meditation – Begegnung mit der eigenen Mitte. Einführung und Anleitung. Gräfe und Unzer, München 1988
Jenny, E. und Keshava, D.: Yoga. Grundkurs für Anfänger. Gräfe und Unzer, München 1990
Kannamüller, G.: Die weibliche Brust. Kunstmann, München 1991
Klaus, Prof. Dr. D. und Unsorg, R.: Richtige Ernährung und Lebensführung bei Bluthochdruck. Risikofaktoren, Vorbeugung, Behandlung. Falken, Niedernhausen/Ts. 1991
Kuratorium Knochengesundheit: Osteoporose. Ein Patientenratgeber. Kuratorium Knochengesundheit, Sinsheim 1994
Kuan Hin, Dr.: Chinesische Massage und Akupressur. Hallwag, Bern Stuttgart 1992
Langenbucher, H.: Sprache des Körpers – Sprache der Seele. Wie Frauen sich wohlfühlen können. Herder, Freiburg 1991
Lange-Ernst, M.-E.: Was müde Menschen mobil und munter macht. Fit–Gesund–Schlank. Das Ganzheitskonzept. Mosaik, München 1991
Larisch-Haider, N.: Füreinander bestimmt. Wie Sie Ihren Seelenpartner finden. Kösel, München 1990
Lauritzen, Prof. Dr. C.: Jetzt, da ich älter bin. Universitätsverlag Ulm, Ulm 1990
Lauritzen, Prof. Dr. C. und Minne, Prof. Dr. H.: Osteoporose. Wenn Knochen schwinden. Trias, Stuttgart 1990
Lauster, P.: Selbstbewußtsein. Sensibel bleiben, selbstsicher werden. Econ Düsseldorf/Wien/New York/Moskau 1991
Minker, M. und Kunstmann, A. (Hrsg.): Handbuch 2, Frau – Gesund Leben. Vorbeugen und Behandeln körperlicher und seelischer Erkrankungen. Weissmann, München 1990

Markus, Dr. H. H. und Finck, H.: Umwelt-Medizin. Gesund bleiben in der heutigen Umwelt. Scherz, Bern/München/Wien 1991

Mäurer, Prof. Dr. P.-A.: Wenn du krank bist, fehlt dir was. Ein Lesebuch der Psychosomatik. Wuth, Lünen 1990

Mohl, H.: Die Altersexplosion. Droht uns ein Krieg der Generationen? Kreuz, Stuttgart 1993

Nin, A.: Die neue Empfindsamkeit. Über Mann und Frau. Fischer, Frankfurt 1987

Ojeda, L.: Wechseljahre – Der andere Weg. Kunstmann, München 1993

Onken J.: Feuerzeichen frau. Ein Bericht über die Wechseljahre. Beck, München 1992

Pflugbeil, Dr. K. J. und Niestroj, Dr. I.: Rundum immunaktiv – Schutzorgan Haut. So wehren Sie alle Angriffe von außen ab. BVL, München 1994

Richter, H.-E.: Umgang mit Angst. Hoffmann und Campe, Hamburg 1992

Rosenberg, Dr. S.A.: Die veränderte Zelle. Das Rätsel Krebs und seine Entschlüsselung. Goldmann, München 1992

Rossmann, Dr. I.: Vital ab 50. Die Gesundheit nicht dem Zufall überlassen. BLV, München 1990

Rueger, Prof. Dr. C.: Die musikalische Hausapotheke. Für jedwede Lebens- und Stimmungslage von A bis Z. Ariston, Genf 1991

Schindele, E.: Pfusch an der Frau. Krankmachende Normen, überflüssige Operationen, lukrative Geschäfte. Rasch und Röhrig, Hamburg 1993

Schöne, L.: Mein Arzt und Ich. Pamminger & Partner, Leonberg 1988

Sheehy, G.: Wechseljahre, na und? List, München 1993

Stumpf, W.: Homöopathie. Anleitung zur Selbstbehandlung. Gräfe und Unzer, München 1990

Thich Nhat Hanh: Ich pflanze ein Lächeln. Der Weg der Achtsamkeit. Goldmann, München 1991

Vollmer, H.: Jungbrunnen Hormone. Wie sie wirken, was sie bewirken. Ehrenwirth, München 1992

Wolf, N.: Die Stärke der Frauen. Gegen den falsch verstandenen Feminismus. Droemer Knaur, München 1993

QUELLEN

Anthuber, Dr. Ch.: Mehr als nur ein Handicap – Harninkontinenz. Presseworkshop, Ofterschwang 6/1994
Arbeitskreis Ernährungs- und Vitamininformation: Pressedienste P4/89, 12/89; P3/91, 9/1991; P5/91, 3/1992, S3/93, 9/1993
Achtes Solcosplen-Symposium, Bovenau 11/1993
arznei-telegramm 11/93
Ärzte-Zeitung 20:13, 12/1993
Backhaus, M.: Naturheilmittel gegen Frauenleiden. Ehrenwirth, München 1991
Berufsverband der Frauenärzte eV: Pressedienste 68, 12/1990; 89, 9/1992; 93, 1/1993; 100, 8/1993. Infoblatt Unterleibsoperationen: Die prä- und postoperative Begleitung der Patientin durch den Frauenarzt. Pressegespräch, Hamburg 11/1992
Böhmig, Dr. U.: Naturheilpraxis für zu Hause. Orac, Wien 1988
BPI: Informationsdienst 20/92, 10/1992
Brown Doress, P., Laskin Siegal, D. und The Midlife and Older Women Book Projekt: Unser Körper – unser Leben. Rowohlt, Reinbek 1991
Chaitow, L. Das sanfte Gesundheitsprogramm. Massage, Atmen, Meditation und Ernährung. Mosaik, München 1990
Cooper, Dr. K.H.: Ständig unter Hochdruck – Muß das sein? Mosaik, München 1990
Cyran, Dr. W.: Vom Märchen der erloschenen Sexualität. Orgasmusfähigkeit und Libido der Frau über 50. Sexualmedizin, 7/1987
Das freie Medikament 11,12/1993
Debus-Thiese, G. und Dimpfl, T.: Die psychische Situation der harninkontinenten Frau. Zentralblatt f. Gynäkologie 115 (1993) 332-335, Presseservice Organon, 5/1993
Der Knochen – Spiegelbild des Körpers. Pressemitteilung, Opfermann 1992
Deutsche Gesellschaft für Senologie, Tagung, Köln 5/1992
Deutsche Krebsgesellschaft eV, 18. Deutscher Krebskongreß, München 3/1986

Die Wechseljahre. Was eine Frau in dieser Zeit bewegt und was ihr helfen kann. Schering AG, Berlin 1988

Diener, Prof. Dr. H.C.: Schicksalsschlag Schlaganfall? Primär- und Sekundärprävention.

Diener, Prof. Dr. H. C.: Definition cerebraler Durchblutungsstörungen und Epidemiologie. Presseworkshop, Bühl 6/1991

XXIII. Jahrestagung DGPGG eV, 4/1994

Eberspächer, Prof. Dr. H. und Fanck, M.: Fit für das Leben. Streßausgleich und Entspannung durch Bewegungstraining. sportinform, Oberhaching 1985

Eicher, Prof. Dr. W.: Sexualberatung und Hormonsubstitution bei der Frau. 13. Fortbildungstage für Psychosomatik und Sexualmedizin, Heidelberg 5/1989

Eicher, Prof. Dr. W.: Gynäkologie (1993) 26: 177-183, Presseservice Organon 5/1993

Einblick, Zeitschrift des Deutschen Krebsforschungszentrums, 1/94

extraca gynaecolgica, Bd. 8/ 1. Suppl. (1984), Acron, Berlin

Faber, Prof. Dr. P.: Aktueller Stellenwort von Estriol zur Hormonsubstitution (München, 5/94). Presseworkshop, Ofterschwang 6/1994

FAZ, 2/1988

Faust, Prof. Dr. V.: Medikamentöse Therapie der Insomnie. Über den richtigen Umgang mit Schlafmitteln. Presseworkshop, Burg Staufenberg 9/1992

FdM, Nr. 18/109, 6/91, Presseservice Organon

Fervers-Schorre, Dr. B.: Die Frau über 40: Psychosomatische Aspekte. Deutsche Gesellschaft für Gynäkologie und Geburtshilfe, 49. Kongreß, Berlin 9/1992

Forum Oncologicum: Krebserkrankungen der Frauen-Status quo und Perspektiven. Presseworkshop, Hamburg 6/1994

Forum Ernährungsmedizin: Ernährung in Prävention und Therapie. Aufklärung und Patientenführung. Symposium, Medica, Düsseldorf 11/1993

5. Internationaler Osteoporose-Workshop. Garmisch-Partenkirchen 1990

5. Phytotherapiekongreß, Bonn 11/1993
Gesundheitsforum Bad Oeynhausen: Hochdruck – ein Lebensschicksal? Bad Oeynhausen, 11/1985
Girndt, Prof. Dr. J.: Wirkung natürlicher Östrogene und Gestagene auf Blutdruck und Kreislauffunktion. Menopause Medienforum, Köln 7/1992
Gros, Dr. R.: Gynäkologie für Frauen, Trias, Stuttgart 1989
Gyne Nr. 5/1992; Nr. 3/1993
Halhuber, Prof. Dr. M.-J.: FdM, Nr. 18/109, 6/91, Presseservice Organon
Hanker, Prof. Dr. J.: Wechseljahre – na und? Pressekonferenz, Bad Rappenau 7/1993
Hauser, Prof. Dr. G.A.: Praktische Erfahrungen mit einem neuen Menopause Index. Menopause Medienforum, München, 6/1993
Hautkontakt, Informationsdienst, Nr. 5 11/1992
Huber, Prof. Dr. J.: Die Hormontherapie. Ariston, Genf 1991
Huber, Prof. Dr. J.: Hormone für die Schönheit. Ariston, Genf 1993
Husmann, Prof. Dr. F.: Lebensqualität bei klimakterischen Frauen – klinische Aspekte.Workshop, Genf 11/1991
Husmann, Prof. Dr. F.: Der vasoprotektive Effekt der Östrogene – Wie schützen Östrogene vor Arteriosklerose. Menopause Medienforum, Köln 7/1992
Informationsbüro Knochengesundheit, Pressemitteilungen 7/89; 1989
Ist Erfahrung meßbar? Naturheilmittel auf dem Prüfstand, Pressekonferenz, Hamburg 12/1987
JAMA, 4/1992-Vol. 1903; 2/1993-Vol. 858; 10/1993-Vol. 270, Nr. 14
Klemm, Dr. M.: Die Wechselbeziehung zwischen Arzt und Patientin. Pressekonferenz, Berlin 7/1990
Klimakterium aktuell, 3, 9/1992; 4, 11/1992; 1, 2/1993; 2, 5/1993
Köhnlechner Gesundheitsdienst 3/1992; 4/1992; 9/1992; 10/1992
Kuhl, Prof. Dr. H.: Wechseljahre – na und? Pressekonferenz, Bad Rappenau 7/1993
Kuhl, Prof. Dr. H. und Taubert, Prof. Dr. H.-D.: Das Klimakterium. Pathophysiologie – Klinik – Therapie, Thieme, Stuttgart 1987
Kreuter, J. H. P.: Die sanfte Art des Heilens – Homöopathie. Prakti-

sche Anwendung und Arzneimittellehre, Falken, Niedernhausen/ Ts. 1989
Lauritzen, Prof. Dr. C.: Menopause – Hormonsubstitution heute. Bd. 5, Stabil, München 1992 (Hrsg.)
Lauritzen, Prof. Dr. C.: Menopause – Hormonsubstitution heute. Bd. 6, Aesopus, Basel 1993 (Hrsg.)
Lauritzen, Prof. Dr. C.: Estrogen-Gestagensubstitution vor und nach Mamma- und Endometriumkarzinom. Menopause Medienforum, Köln 7/1992
Lauritzen, Prof. Dr. C.: Prävention des Kolonkarzinoms mit Östrogenen? Menopause Medienforum, München 6/1993
Lidell, L.: Die neue Schule der Sinnlichkeit. Sanfte Körpererfahrung durch Massage und Meditationen. Mosaik, München 1987
Loewit, Prof. Dr. K.: Hormonbehandlung bei sexuellen Störungen in der Menopause – kausale Therapie oder Plazebo? Geburtshilfe und Frauenheilkunde 53 (1993) 814 – 818, Presseservice Organon 1/94
Maass, Prof. Dr. H.: Umweltfaktoren in der Entstehung gynäkologischer Malignome. Deutsche Gesellschaft für Gynäkologie und Geburtshilfe, 49. Kongreß, Berlin 9/1992
Mabey, R. (Hrsg.): Das neue BLV Buch der Kräuter – Gesundheit, Ernährung, Schönheit. BLV, München 1989
Martius, Prof. Dr. G.: Ich bekomme ein Kind. Schwangerschaft und Geburt. Begleitbuch für werdende Mütter und Väter. Trias, Stuttgart 1991
Medical Tribune 38, 9/1993; 39, 10/1993; 19/1994
Menopause-Gesellschaft Deutschsprachiger Länder, Consensus-Beschlüsse der 6. Tagung
Molitor-Peffer, Dr. M.-P.: Die Untersuchung in ihrer psychosomatischen Bedeutung. 13. Fortbildungstage für Psychosomatik und Sexualmedizin, Heidelberg 5/1989
Nachtigall, Prof. Dr. L. und Heilman, J. R.: Östrogen. Was heutige sichere Therapie zu bewirken vermag. Ariston, Genf 1990
9. Expertentreffen der Dr. Mildred Scheel Stiftung für Krebsforschung, 11/1993

New Scientist 10/1993
Nilsson, L.: Ein Kind entsteht. Mosaik, München 1990
Osteoporose-Aktionswochen Köln 9/1992; Hamburg 10/1993
Petri, H.: Verlassen und verlassen werden. Angst, Wut, Trauer und Neubeginn bei gescheiterten Beziehungen. Kreuz, Stuttgart 1991
Pfleiderer, Prof. Dr. A.: Onkologie – Ergebnisse laufender Therapiestudien. Deutsche Gesellschaft für Gynäkologie und Geburtshilfe, 49. Kongreß, Berlin 9/1992
Platt, Prof. Dr. D.: A-1438 Dt. Ärztebl. 87, Heft 18, 5/1990
Retzlaff, Dr. I.: Liebe, Sexualität, Schönheit: Ist mit den Wechseljahren alles vorbei? Wann und wie sollten Wechseljahrsbeschwerden behandelt werden? Pressegespräch, Hamburg 7/1990
Rosemeier, Prof. Dr. H.P.: Lebensqualität im Klimakterium – psychosoziale Aspekte. Presseworkshop, Genf 11/1991
Rosemeier, Prof. Dr. H.P.: Wechseljahre – ein wirklich neues Lebensgefühl? Pressegespräch, Berlin 9/1992
Rossmann, Dr. I.: Vital ab 50. Die Gesundheit nicht dem Zufall überlassen. BLV, München 1990
Runnebaum, Prof. B.: Kontrazeption der Frau über 40 Jahre. Deutsche Gesellschaft für Gynäkologie und Geburtshilfe, 49. Kongreß, Berlin 9/1992
Saure, A.: Die Wechseljahre der Frau. Hormone – Präparate – Therapien. Birkhäuser, Berlin 1985
Schrage, Prof. Dr. R.: Anfänge und Erforschung des Klimakteriums. Menopause Medienforum, München 6/1993
6. Hamburger Symposium über Tumormarker, Hamburg 1991
6. Lindauer Lipidforum, Lindau 5/1993
Seifert, T. und Waiblinger, A. (Hrsg.): Die 50 wichtigsten Methoden der Psychotherapie, Körpertherapie, Selbsterfahrung und des geistigen Trainings. Kreuz, Stuttgart 1993
Semler, Dr. J.: Komplementäre Möglichkeiten der Hormonsubstitution, Pressekonferenz, Berlin 1990
Semler, Dr. J.: Mobiles Leben, Heft 2/1990
7. Internationaler Menopause-Kongreß, Stockholm 1993
Späh, Dr. F.: Herz und Kreislauf in Gefahr. Leben mit der Diagnose

– Nutzen und Risiken einer Langzeittherapie. Pressekonferenz, Seefeld 5/1992
Springer-Kremser, Dr. M.: Seelisches Erleben der Frau im Klimakterium. Pressekonferenz, Frauenwörth/Chiemsee 6/1987
Streßinkontinenz: Beckenbodentraining hilft. Pressegespräch, Hamburg 1988
Tausk, M., Thijssen, J.H.H., van Wimersma Greidanus, Tj. B.: Pharmakologie der Hormone. Thieme, Stuttgart 1986
The Lancet 342, 1993, Nr. 17
Verhütung – eine Standortbestimmung. Presseworkshop, Sonthofen 3/1993
Vitamin Forum Merck: Pressedienst 11/1993
von Holst, Prof. Dr. T.: Gewichtsverhalten und Wassereinlagerungen während langzeitiger Östrogen-Gestagensubstitution. Menopause Medienforum, Köln 7/1992
von Holst, Prof. Dr. T.: Östrogene im Klimakterium. Substitutionstherapie für mehr Lebensqualität. Pressegespräch, Berlin 9/1992
von Holst, Prof. Dr. T.: Wechseljahre – na und? Pressekonferenz, Bad Rappenau 7/1993
Vorsorge-Initiative: Pressedienst 148, 4/1993
Walter, Dr. J. und Hoffmann, Dr. K.O.K.: Partnerschaftliche Empfängnisregelung. Vor- und Nachteile der unterschiedlichen Verhütungsmethoden. Trias, Stuttgart 1992
Welt am Sonntag, 3/1994
Wiederkehr-Benz, K.: Neue Zürcher Zeitung, Fernausgabe Nr. 229, 10/1993
Wolf, Prof. Dr. A.S.: Hormonale/nicht-hormonale Behandlungsmöglichkeiten klimakterischer Beschwerden.Pressekonferenz, Frauenwörth/Chiemsee, 6/1989
Wolf, Prof. Dr. A.S.: FdM, Nr. 18/109, 6/91, Presseservice Organon
Wolf, N.: Der Mythos Schönheit. Droemer Knaur, München 1991
Yatros Dermatologie 5 (1991) 4
Zeitschrift der Deutschen Herzstiftung, Heft 19, 4/1991, 11. Jahrgang
Ziegler, Dr. H.: Vitamine, Mineralstoffe, Spurenelemente, Germa Press, Hamburg 1986

Zimmermann, I.: Beckenbodentraining. Anleitung und Übungen zur Prophylaxe und Rehabilitation bei Streßinkontinenz. Schlütersche Verlangsanstalt und Druckerei, Hannover 1989

HORMONDIALOG

ARZT-PATIENTINNEN-SERVICE

Anamnesebogen – Wechseljahre

Hitzewallungen und Schweißausbrüche sind Beschwerden, die von fast allen Frauen mit den Wechseljahren und der hormonellen Umstellung in einen Zusammenhang gebracht werden. Aber wußten Sie schon, daß beispielsweise Haarausfall oder zyklisch auftretende Kopfschmerzen relativ frühe Symptome der beginnenden Wechseljahre sind? Symptome, die auftreten noch bevor die Menstruationsblutung ausgeblieben ist. Oder hätten Sie gedacht, daß morgendliche Gelenkschmerzen in den Fingern oder Schlafstörungen Beschwerden sind, über die Sie unbedingt mit Ihrem Frauenarzt oder Ihrer Frauenärztin sprechen sollten?

Der Anamnesebogen-Wechseljahre enthält eine Liste mit Symptomen und Beschwerden, die in einer großen Ambulanz für Wechseljahrbeschwerden, der sogenannten Wechselambulanz der Universitätsfrauenklinik in Wien, zusammengestellt wurden. Dr. med. Markus Metka, Oberarzt an der österreichischen Wechselambulanz: "Alle diese Beschwerden sind auf die nachlassende Gestagen- und Östrogenproduktion und auf das Ungleichgewicht im Östrogen-Gestagen-Haushalt zurückzuführen. Das bedeutet aber auch, daß sich die Beschwerden und Folgeerscheinungen durch eine individuelle, maßgeschneiderte Hormon-Ausgleich-Therapie lindern oder sogar ganz beseitigen bzw. verhindern lassen."

Gehen Sie diesen Fragebogen einmal in aller Ruhe durch, um festzustellen, ob Sie einzelne oder mehrere Symptome auch schon bei sich beobachtet haben. Die Bewertungsskala soll Ihnen nur eine Orientierungshilfe geben, mit der Sie selbst in etwa einschätzen können, ob das Beschwerdebild, das in der medizinischen Fachsprache als klimakterisches Syndrom bezeichnet wird, leicht, mittel oder schwer ausgeprägt ist.

In allen Fällen sollten Sie jedoch mit Ihrer Frauenärztin oder Ihrem Frauenarzt über eine individuelle Therapie zur Linderung der Beschwerden und zur Vorbeugung von Herz-Kreislauf-Erkrankungen und Osteoporose sprechen.

Nach einem ausführlichen Gespräch auf der Grundlage des ausgefüllten Fragebogens kann Ihnen Ihre Ärztin oder Ihr Arzt ein ganz persönliches Therapiekonzept erarbeiten und die Behandlungsmöglichkeiten mittels einer natürlichen Hormon-Ausgleich-Therapie mit Ihnen besprechen.

Eine Kopie des Fragebogens ist für Ihren Arzt gedacht, damit er sich Ihr ganz persönliches Beschwerdeprofil zu seinen Unterlagen heften kann. Eine weitere Kopie dieses anonymen Fragebogens möchte die Redaktion von Hormondialog auswerten und in einer der nächsten Ausgaben veröffentlichen. Bitte geben Sie auch den Durchschlag mit dem Aufdruck "Kopie für Statistik" an Ihre Frauenärztin oder Ihren Frauenarzt weiter. So können mehrere Fragebogen gesammelt und auf einmal an die Redaktion geschickt werden. Wir sind davon überzeugt, daß es für alle Frauen – aber auch für die Gynäkologen – interessant ist zu erfahren, welche Beschwerden und Symptome in welcher Altersgruppe am häufigsten auftreten.

Zum Schluß noch ein Tip: Sollte der Arzt Ihnen eine Hormon-Ausgleich-Therapie verordnen, dann bitten Sie ihn doch um ein zweites Exemplar des Anamnesebogens. So können Sie nach einer drei- oder sechsmonatigen Behandlungsdauer selbst noch einmal überprüfen, wie die Beschwerden in Ihrem ganz persönlichen Fall gelindert wurden. Den Erfolg einer Hormontherapie können Sie damit schwarz auf weiß verfolgen und festhalten.

HORMONDIALOG Anamnesebogen – Wechseljahre

Wie alt sind Sie? ____________________

Wurde bei Ihnen die Gebärmutter entfernt? ☐ ja ☐ nein
Wurden die Eierstöcke auch entfernt? ☐ ja ☐ nein
Wenn ja, in welchem Alter? ___________

◊ Haben Sie vasomotorische Störungen – also Hitzewallungen oder nächtliche Schweißausbrüche?

☐ ja ☐ teilweise ☐ nein ■

◊ Leiden Sie an Schlaflosigkeit oder Durchschlafstörungen?

☐ ja ☐ teilweise ☐ nein ■

◊ Sind Sie in letzter Zeit nervöser als zuvor?

☐ ja ☐ teilweise ☐ nein ■

◊ Leiden Sie an Parästhesien (Ameisenkribbeln in den Armen oder Beinen)?

☐ ja ☐ teilweise ☐ nein ■

◊ Haben Sie festgestellt, daß Sie im Gegensatz zu früher weniger belastbar sind oder zu depressiven Verstimmungen neigen?

☐ ja ☐ teilweise ☐ nein ■

◊ Haben Sie in letzter Zeit unter Schwindel (Vertigo) zu leiden?

☐ ja ☐ teilweise ☐ nein ■

◊ Fühlen Sie sich in der letzten Zeit schwächer oder sind Sie häufiger müde als zuvor?

☐ ja ☐ teilweise ☐ nein ■

◊ Haben Sie stärkeren Haarausfall als zuvor beobachtet?

☐ ja ☐ teilweise ☐ nein ■

◊ Fühlen Sie sich manchmal wie »aufgedunsen« (Enger Rockbund, Ringe gehen nicht vom Finger)?

☐ ja ☐ teilweise ☐ nein ■

◊ Haben Sie festgestellt, daß die Schleimhaut im Bereich der Mundhöhle oder der Augen trokkener geworden ist (z.B. Schwierigkeiten mit der Haftung des Zahnersatzes oder im Gegensatz zu früher Augenreizung beim Tragen von Kontaktlinsen)?

☐ ja ☐ teilweise ☐ nein ■

◊ Leiden Sie unter Scheidentrockenheit, die zu einer Reizung der Schleimhaut oder auch zu Schmerzen beim Sexualverkehr führt?

☐ ja ☐ teilweise ☐ nein ■

◊ Haben Sie Gelenkschmerzen, insbesondere in den kleinen Fingergelenken oder im Vorfuß?

☐ ja ☐ teilweise ☐ nein ■

◊ Haben Sie Muskel- und Skelettschmerzen?

☐ ja ☐ teilweise ☐ nein ■

◊ Haben Sie häufiger als zuvor Kopfschmerzen?

☐ ja ☐ teilweise ☐ nein ■

◊ Haben Sie Herzklopfen oder andere auffällige Herzunregelmäßigkeiten bei sich beobachtet?

☐ ja ☐ teilweise ☐ nein ■

◊Haben Sie häufiger Harndrang oder Schwierigkeiten, den Harn zu halten (Harninkontinenz) – »tröpfelt« es unwillkürlich?

☐ ja ☐ teilweise ☐ nein ■

◊ Leiden Sie unter Hauttrockenheit und nachlassender Elastizität der Haut (verstärkte Fältchenbildung)?

☐ ja ☐ teilweise ☐ nein ■

◊ Haben Sie in letzter Zeit eine verstärkte Menstruation oder Beschwerden vor der Menstruation?

☐ ja ☐ teilweise ☐ nein ■

◊ Sind Sie in letzter Zeit häufiger mißgestimmt (Dysphorie)?

☐ ja ☐ teilweise ☐ nein ■

◊ Haben Sie festgestellt, daß Ihre Libido – die Lust auf Sexualverkehr – nachgelassen hat?

☐ ja ☐ teilweise ☐ nein ■

◊ Haben Sie ein ungangenehmes Spannungsgefühl in den Brüsten?

☐ ja ☐ teilweise ☐ nein ■

◊ Haben Sie andere Symptome oder Beschwerden, die erst in den letzten Jahren aufgetreten sind?

____

____

____

____

____

Gesamt ■

Auswertung:

Ja = 2 Punkte, Teilweise = 1 Punkt, Nein = 0 Punkte

0–10 Punkte: Leichtes klimakterisches Syndrom
10–20 Punkte: Mittleres klimakterisches Syndrom
Über 20 Punkte: Schweres klimakterisches Syndrom

Klimakterium-Index
nach G. A.Hauser (1991) (modifiziert und ergänzt)

Symptom	Faktor	Intensität 0-1-2-3	Punktzahl
Hitzewallungen (mit Schweißausbrüchen)	3		
Schlafstörungen	2		
Nervosität, Reizbarkeit	2		
Müdigkeit, rasche Erschöpfbarkeit	2		
Depressives Syndrom, depr. Verstimmung	2		
Libidoverminderung	2		
Schwindel	1		
Parästhesien	1		
Vergeßlichkeit, Paiksyndrom	1		
Gelenkbeschwerden, »Rheuma«	1		
Urologisches Syndrom, Streß-/Urgeinkontinenz	1		
Dyspareunie	1		
Pruritus, Pruritus vulvae	1		
Kopfschmerzen	1		
Herzbeschwerden, Palpiationen, Tachykardie	1		
Weitere Symptome:			
....			
....			
Klimakterium-Index			

Die Punktzahl für die einzelnen Symptome ergibt sich aus der Multiplikation: Faktor x Intensität.
Der Klimakterium-Index ergibt sich aus der Addition aller Punktzahlen (Gesamt-Punktzahl).

Raum für persönliche Notizen

Raum für persönliche Notizen

ullstein

Das Buch

Fountain Bridge: Seit sie denken kann, ist Ellie Carmichael in Adam Sutherland verliebt, den besten Freund ihres großen Bruders. Aber Adam sieht in ihr nur eine gute Freundin. Bis es eines Nachts zu einem leidenschaftlichen Kuss kommt, der alles verändert. Adam geht auf Abstand. Doch dann gerät Ellie ernsthaft in Gefahr, und Adam muss sich entscheiden, wie viel sie ihm bedeutet …

Castle Hill: Braden Carmichael hätte nie gedacht, dass aus ihm einmal ein echter Romantiker werden könnte – bis er Jocelyn Butler traf. Seitdem träumt er nur noch von einer Frau. Jetzt will er sie heiraten. Er hat alles bis ins letzte Detail geplant: Den Antrag, die Hochzeit, die Flitterwochen. Nur mit Joss hat er nicht gerechnet …

Valentine: Ein großartiger Valentinstag in Edinburgh mit Jocelyn & Braden, Ellie & Adam, Johanna & Cameron, Olivia & Nate, Hannah & Marco und Shannon & Cole. Inklusive romantischen Dinnern, heißen Küssen und Versprechen für die Ewigkeit …

King's Way: Als Craig Rain Alexander das erste Mal in der Bar sieht, ist er sofort von ihr fasziniert. Und bald schon merkt er, dass Rain nicht nur eine weitere Nummer auf seiner langen Liste von One-Night-Stands sein kann. Dazu ist sie zu stolz, zu besonders und viel zu sexy. Diese Frau will er nie mehr gehen lassen. Er ist bereit, sich grundlegend zu ändern. Wenn Rain nur nicht so stur wäre …

Die Autorin

Samantha Young wurde 1986 in Stirlingshire, Schottland, geboren. Seit ihrem Abschluss an der University of Edinburgh arbeitet sie als freie Autorin und hat bereits mehrere Jugendbuchserien veröffentlicht. Seit *Dublin Street* und *London Road*, ihren ersten beiden Romanen für Erwachsene, stürmt sie die internationalen Bestsellerlisten.

Homepage der Autorin: www.samanthayoungbooks.com

SAMANTHA
YOUNG

Edinburgh Love Stories

Fountain Bridge
Castle Hill
Valentine
King's Way

Aus dem Englischen von
Nina Bader
und Sybille Uplegger

Ullstein

Besuchen Sie uns im Internet:
www.ullstein-taschenbuch.de

MIX
Papier aus verantwortungsvollen Quellen
FSC® C083411

Deutsche Erstausgabe im Ullstein Taschenbuch
1. Auflage Juli 2016

Titel der englischen Originalausgaben:
Until Fountain Bridge (© 2013 by Samantha Young)
Castle Hill. A Joss and Braden Novella (© 2013 by Samantha Young)
Valentine (© 2015 by Samantha Young)
One King's Way (© 2015 by Samantha Young)
Umschlaggestaltung: ZERO Werbeagentur, München
Titelabbildung: © Maria Teijeiro/getty images
Satz: Pinkuin Satz und Datentechnik, Berlin
Gesetzt aus der Dorian
Druck und Bindearbeiten: CPI books GmbH, Leck
Printed in Germany
ISBN 978-3-548-28709-6

Samantha Young

Fountain Bridge

Verbotene Küsse

Aus dem Englischen von
Sybille Uplegger

Kapitel 1

Es ist immer dasselbe, wenn man etwas in einem großen Haufen von Sachen sucht: Das, was man sucht, befindet sich unweigerlich ganz zuunterst. Endlich hatte ich den letzten Karton auf die andere Seite des Zimmers geschleppt, wo ich ihn fallen ließ und mir den Schweiß von der Stirn wischte.

Als ich vor drei Monaten bei Adam eingezogen war, hatte ich ihm versprochen, sämtliche Kartons mit Krimskrams, die ich in seinem unbenutzten Zimmer zwischengelagert hatte, innerhalb von zwei Wochen auszupacken. Leider hatte ich dieses Versprechen gebrochen, und ich gebe zu, dass ich noch immer den Tumor vorschob, um der Standpauke zu entgehen, die mir sonst von ihm geblüht hätte. Vor acht Monaten hatte man bei mir einen Gehirntumor diagnostiziert. Zwar hatte er sich als gutartig herausgestellt, dennoch war es eine beängstigende Erfahrung gewesen. Die Diagnose hatte meine Familie und meine Freundin Joss schwer erschüttert. Vor allem aber hatte sie Adam, dem besten Freund meines Bruders, einen kräftigen Tritt in den Allerwertesten versetzt. Er hatte endlich offen gestanden, dass er mich liebte, und seitdem waren wir kaum einen Tag getrennt gewesen. Obwohl unsere Beziehung sich seitdem verändert hatte, gab Adam sich Mühe, mich nicht zu behandeln, als wäre ich aus Glas. Trotzdem fiel mir auf, dass er mir Dinge durchgehen ließ, über die er sich früher geärgert hätte, zum Beispiel, dass ich seine schicke, penibel aufgeräumte Wohnung mit meinen Sachen überflutete. Ich wusste nicht recht, ob das an dem Tumor lag oder daran, dass wir jetzt ein Paar waren und er Kompromissbereitschaft signalisieren wollte.

Mit einem triumphierenden »Ha!« stürzte ich mich auf den letzten Karton und riss das Klebeband ab. Darin fand ich genau das, wonach ich gesucht hatte. Ich lächelte und hatte den Karton bereits umgekippt, so dass meine alten Tagebücher mit lautem Poltern auf Adams Parkett hinunterregneten, als mir einfiel, dass Kratzspuren im Holz nicht ganz unwahrscheinlich waren, wenn man eine Kiste Bücher auskippte. Ich verzog besorgt das Gesicht und führte einen albernen kleinen Tanz über den Büchern auf, als könnte ich so auf wundersame Weise die Wirkung ihres Aufpralls abmildern.

Was natürlich reines Wunschdenken war.

Ich hockte mich auf den Boden, sammelte die Bücher ein und inspizierte das Parkett. Nichts. Gott sei Dank. Adam war Architekt, was bedeutete, dass er ganz genaue Vorstellungen davon hatte, wie sein Zuhause aussehen sollte – nämlich in erster Linie makellos, da es ihn ein kleines Vermögen gekostet hatte. Parkett war nicht billig. Adam hatte sein Leben für mich umgekrempelt. Er hatte eine Hundertachtziggradwende vom notorischen Aufreißer zum hingebungsvollen Freund vollzogen, vom Junggesellen und stolzen Besitzer einer noblen, perfekt aufgeräumten Wohnung zum liebenden Partner und stolzen Besitzer einer Designerwohnung voller Nippes, den seine komische, übermäßig romantische Freundin an allen möglichen Orten (unter anderem auch Wohltätigkeitsläden) zusammengekauft hatte. Er hatte mir erlaubt, mich in jedem Zimmer auszubreiten, und sein Parkett zu beschädigen war keine angemessene Art, sich dafür zu bedanken. Zur Entschuldigung küsste ich meine Fingerspitzen und presste sie auf den Fußboden.

»Els, was war denn das für ein Krach? Alles in Ordnung?« Adams tiefe Stimme schallte quer durch den Flur. Er saß in seinem Arbeitszimmer und feilte gerade an einem neuen Projekt, das Braden und er gemeinsam betreuten.

»M-hm!«, rief ich zurück und sah den Stapel Tagebücher durch, um mich zu vergewissern, dass keins fehlte. Die Tätigkeit beanspruchte meine gesamte Aufmerksamkeit, so dass ich Adams näherkommende Schritte gar nicht hörte.

»Was machst du da?« Plötzlich war seine Stimme direkt über mir. Vor Schreck fuhr ich zusammen, verlor das Gleichgewicht und plumpste mit einem »Uff!« auf den Hosenboden.

Ich hörte Adams unterdrücktes Gelächter und schaute anklagend zu ihm hoch. »Ich sollte dir eine Kuhglocke besorgen.«

Adam ignorierte die Bemerkung, kniete sich neben mich und musterte die Tagebücher. Wie jedes Mal, wenn ich ihn ansah, war da dieses leichte Flattern in meiner Magengrube, und meine Haut begann am ganzen Körper zu prickeln. Mit seinen dichten dunklen Haaren und seinem phänomenalen, durch tägliche Besuche im Fitnessstudio gestählten Körper war Adam ein attraktiver Mann, und zwar die Art von attraktiv, die sich umgehend in *heiß* verwandelte, sobald man anfing, sich mit ihm zu unterhalten. Er hatte ein Wahnsinnslächeln, kluge dunkelbraune Augen, die aufleuchteten, wenn er sich für das interessierte, was man sagte, und eine kräftige Stimme, die eine Direktverbindung zu den erogenen Zonen einer Frau zu haben schien. Er richtete seine wunderschönen Augen auf mein Gesicht und lächelte mich an. »Mit denen hast du dich schon eine ganze Weile nicht mehr beschäftigt.«

»Mit meinen Tagebüchern?« Ich nickte, während ich mich daranmachte, sie in eine chronologische Reihenfolge zu bringen. »Ich schreibe nicht mehr.«

»Wieso?«

»Nachdem wir zusammengekommen sind, habe ich aufgehört. Ich fand es irgendwie sinnlos, weil sie im Grunde ja nur ein Ventil für meine unerwiderten Gefühle waren.«

Adam zog einen Mundwinkel nach oben. »Baby«, murmelte er und streckte die Hand aus, um mir eine kurze Haarsträhne hinters Ohr zu streichen. Ich schob missmutig die Unterlippe vor, weil mich seine Geste daran erinnerte, dass meine Haare so kurz waren. Vor der Operation hatte ich lange hellblonde Haare gehabt. Ich hatte sie heiß und innig geliebt, und ich wusste, dass Adam sie immer besonders an mir gemocht hatte. Aber die Chirurgen mussten an einer Stelle meine Kopfhaut rasieren, um ungehindert an meinem Hirn herumschnippeln zu können. Anfangs hatte ich die kahle Stelle mit einem Kopftuch kaschiert, aber als dann die Haare langsam nachwuchsen, ließ ich mich von meiner Mutter dazu überreden, mir einen »schicken Pixie-Cut« zuzulegen.

Ich war am Boden zerstört, als ich aus dem Frisörsalon kam, und es tröstete mich nur teilweise, dass Adam mir versicherte, er fände meine neue Frisur süß und sexy. Vollständigen Frieden mit meinem Haarschnitt schloss ich erst, als Joss mir sagte, alles sei besser als ein Tumor.

Sie hatte recht. Wenn mein Tumor mich eins über das Leben gelehrt hatte, dann, dass es nicht lohnte, sich über Kleinigkeiten aufzuregen. Was allerdings keinesfalls bedeutete, dass es *nicht* unglaublich nervtötend war, zu warten, bis meine Haare wieder lang waren. Im Moment reichten sie mir knapp bis zum Kinn.

»Und? Warum schaust du sie dir an?«, wollte Adam wissen. Er nahm eins der Tagebücher in die Hand und begann gedankenverloren darin zu blättern. Mir machte das nichts aus. Ich war von Natur aus ein sehr offenherziger Mensch, Adam gegenüber sowieso. Ich schämte mich für nichts, was ich geschrieben hatte. Ich hätte ihn in die tiefsten Tiefen meiner Seele blicken lassen.

»Für Joss«, antwortete ich vergnügt. Ich war ganz aufgekratzt deswegen.

Gestern Abend hatten Joss und ich in ihrer und Bradens gemeinsamer Wohnung – meiner alten Wohnung in der Dublin Street – zusammengesessen, und sie hatte mir erzählt, dass ihr Manuskript große Fortschritte machte. Joss war Schriftstellerin. Sie stammte aus den USA und war nach Edinburgh gekommen, um ihrer traurigen Vergangenheit zu entfliehen. Ihr Schicksal brach einem das Herz. Mit vierzehn hatte sie ihre gesamte Familie bei einem Autounfall verloren. Ich konnte mir nicht ansatzweise vorstellen, wie sehr sie gelitten haben musste, ich wusste nur, dass das Ereignis eine tiefe Wunde in ihrer Seele hinterlassen hatte.

Joss war damals wegen eines freien WG-Zimmers zu mir gekommen, und ich hatte sie auf Anhieb gemocht. Gleichzeitig war mir aufgefallen, dass sie irgendwie gebrochen wirkte, und ich hatte ihr helfen wollen. Zuerst war sie sehr verschlossen gewesen, aber als sie begann, mit meinem großen Bruder Braden auszugehen, taute sie ganz allmählich auf. Sie glaubt, Braden und ich hätten sie verändert, aber eigentlich war es vor allem Braden. Er hatte ihr sehr geholfen, sich über ihre Gefühle klarzuwerden, so dass sie sogar anfing, einen Roman über die Beziehung ihrer Eltern zu schreiben – für sie ein riesengroßer Schritt. Gestern Abend nun hatte sie mir anvertraut, dass sie gar nicht glauben könne, wie viel Spaß es ihr mache, sich mit dem Thema zu beschäftigen. Das hatte mich auf eine Idee für ihr nächstes Projekt gebracht.

»Wieso für Joss?«

»Weil in diesen Tagebüchern unsere Vergangenheit steckt.« Ich grinste ihn an. »Sie erzählen eine wunderschöne romantische Geschichte. Ich finde, sie sollte daraus ihren nächsten Liebesroman machen.«

Aus irgendeinem Grund war Adam kurz davor, in Gelächter auszubrechen, aber da ich mir nicht erklären konnte, weshalb, ging ich nicht weiter darauf ein.

»Ihren *nächsten* Liebesroman?«, fragte er.

»*Nächster* im Sinne von: der, der auf den jetzigen folgt. Die Geschichte über ihre Eltern ist auch eine Liebesgeschichte.«

»Trotzdem. Ich glaube kaum, dass Joss sich als Liebesromanautorin sieht. Ich habe sogar gehört, wie sie das gesagt hat.«

»Ich auch.« Das erste Tagebuch warf ich zurück in den Karton. Es würde Joss nicht weiterhelfen, da ich es im Alter von sieben Jahren geschrieben hatte. Die Eintragungen drehten sich hauptsächlich um meine Barbie- und Sindy-Puppen sowie um das Dilemma, dass Sindy zu flache Füße hatte und die beiden deshalb niemals untereinander die Schuhe tauschen konnten. Das hatte mich damals schier in den Wahnsinn getrieben. »Aber ich finde, dass sie sich ein bisschen zu heftig gegen diese Bezeichnung wehrt. Sie ist definitiv eine Liebesromanautorin. Und ich habe dafür den Grundstein gelegt. Ich habe sie gezwungen, so viele Liebesfilme anzuschauen, dass es an ein Wunder grenzen würde, wenn sie *keine* Liebesromanautorin wäre.«

Er lachte leise und setzte sich im Schneidersitz neben mich. Er hielt noch immer das aufgeschlagene Tagebuch in den Händen. Sein Blick flog über die Seiten hinweg. »Soll das heißen, du hast in all diesen Büchern über mich geschrieben?«

O ja, das hatte ich. Ich hatte schon für Adam geschwärmt, als ich zehn und er siebzehn gewesen war. Als ich vierzehn wurde, war diese Schwärmerei in echte Verliebtheit umgeschlagen und von da an stetig angewachsen. Ich ließ ein weiteres Tagebuch aus Kindertagen in den Karton wandern und nahm mir das nächste vor. »Ich liebe dich eben schon sehr, sehr lange«, murmelte ich.

»Ich möchte es lesen«, gab er leise zurück. Sein Tonfall war ernst, und ich sah unwillkürlich zu ihm auf. Seine Augen funkelten. In ihnen lag so viel Zärtlichkeit und Liebe, dass mir der Atem stockte. »Ich will alles von dir erfahren. Auch das, was ich verpasst habe, ohne zu wissen, dass ich es verpasse.« Er spielte auf den Umstand an, dass er die längste Zeit nichts von meinen Gefühlen für ihn gewusst hatte.

Ich schmolz dahin. Ich war eine hoffnungslose Romantikerin, und obwohl niemand, der Adam näher kannte, es geglaubt hätte, ging er auf meine romantische Seite mit einer Hingabe ein, die ich einfach umwerfend fand. Er konnte sich sehr gut ausdrücken und fand immer Worte, die mein Herz berührten – und mich dann unweigerlich erregten, insofern war es für uns beide eine absolute Win-win-Situation.

Ich schenkte ihm noch ein Lächeln, bevor ich mich wieder den Tagebüchern zuwandte und im Stapel herumsuchte, bis ich das richtige entdeckt hatte. Ich blätterte es durch, fand die Stelle, die ich ihm zeigen wollte, und hielt ihm das aufgeschlagene Buch hin. »Hier, fang damit an. Da war ich vierzehn.«

Adam zog eine Braue hoch, vermutlich bei dem Gedanken daran, was einem vierzehnjährigen Mädchen so alles durch den Kopf ging, und griff nach dem Tagebuch. Ich wusste genau, was er gleich lesen würde. Ich konnte mich daran erinnern, als wäre es gestern gewesen.

Montag, 9. März

Heute war ein ziemlich seltsamer Tag. Angefangen hat er wie jeder andere Tag auch: Ich bin aufgestanden, gerade als Clark zur Arbeit aufbrach, und habe dann Mum mit Hannah geholfen, weil die sich um Dec kümmern musste. Ich habe versucht zu essen und gleichzeitig Hannah zu füttern, was allerdings darauf hinauslief, dass ich meine Bluse wechseln musste, weil Hannah der Meinung ist, Porridge wäre nur zur Dekoration da. Ich wünschte, das wäre der einzige unangenehme Zwischenfall an diesem Tag geblieben, aber leider kam es anders. Als ich Allie und June vor dem Schultor traf, merkte ich sofort, dass irgendwas nicht stimmte …

Kaum hatte es zur Mittagspause geläutet, schoss ich von meinem Platz hoch und stürzte aus der Spanischklasse, als wäre mir ein Rudel Wölfe auf den Fersen. Ich versuchte, die Tränen zurückzuhalten, ich versuchte es wirklich, weil diese Idioten auf keinen Fall sehen sollten, wie sehr sie mich verletzt hatten, doch als ich durch den Haupteingang der Schule ins Freie stolperte, öffneten sich die Schleusentore.

Das Getuschel und die Beschimpfungen – es war furchtbar. So etwas war mir noch nie passiert. Nicht in diesem Ausmaß. Normalerweise mochten mich alle. Ich war ein netter Mensch! Ich war keine »Schlampe«. Ich weinte noch heftiger, weil ein paar Jungs aus der Klasse über mir laut lachten, als ich am Tor an ihnen vorbeilief. Mit zitternden Fingern zog ich das Handy, das Braden mir zu Weihnachten geschenkt hatte, aus der Tasche und rief meinen großen Bruder an.

»Els, ist alles in Ordnung?«

Sobald ich seine Stimme hörte, fing ich erneut an zu schluchzen.

»Ellie?« Ich hörte die Besorgnis in seiner Stimme. »Ellie, was ist los?«

»Bri–«, begann ich unter Tränen und schnappte verzweifelt nach Luft. »Brian.« Vor lauter Weinen bekam ich kaum ein Wort heraus. »Fairmont … der – der ist in der Zehnten, und e-er hat allen erzählt, ich hä-hätte auf Allies Geburtstagsparty am Samstag S-sex mit ihm gehabt.« Ich verstummte und hockte mich vor einen Gartenzaun. Mittlerweile hatte ich genügend Abstand zwischen mich und die teure Privatschule gebracht, die mein ansonsten durch Abwesenheit glänzender Vater für mich bezahlte. Sie lag nur einen zwanzigminütigen Fußweg vom Haus meiner Eltern am St. Bernard's Crescent entfernt, und ich überlegte ernsthaft, ob ich die Schule schwänzen und mich für den Rest des Tages zu Hause verkriechen sollte.

»Dieser kleine Scheißer«, knurrte Braden. Seine Wut schien durch die Telefonleitung bis in meine Hand geleitet zu werden.

»Sie sagen, dass ich eine Nutte und eine Schlampe bin, und tuscheln und lachen die ganze Zeit über mich. Und June spricht kein Wort mehr mit mir.«

»Wieso spricht June nicht mehr mit dir? Was hat die denn damit zu tun?«

»Sie steht auf Brian. Ich hab nicht mal ... Braden, ich hab am Samstag ungefähr vier Sätze mit ihm geredet. Er hat mich gefragt, ob ich mit ihm knutschen will, und ich hab gesagt: ›Vielleicht in deinen Träumen.‹«

»Waren Leute in der Nähe, als du das zu ihm gesagt hast?«

»Seine Freunde waren dabei, ja«, schniefte ich.

»Du hast den kleinen Perversling abblitzen lassen, und er hat ein Gerücht über dich in die Welt gesetzt.« Braden stieß einen Fluch aus. »Okay, wo bist du gerade?«

»Ich gehe jetzt nach Hause. Ich halte das nicht noch drei Stunden durch.«

»Liebes, du kannst jetzt nicht nach Hause gehen. Auf der Braebank sieht man es nicht gern, wenn die Schüler schwänzen. Warte vor dem Tor, ich kümmere mich darum.« An seinem Tonfall erkannte ich, dass Brian Fairmont schon sehr bald lernen würde, dass man sich mit Braden Carmichaels kleiner Schwester besser nicht anlegte.

Ich legte auf und wischte mir übers Gesicht. Zum allerersten Mal war ich froh, dass Mum mir verboten hatte, vor meinem fünfzehnten Geburtstag Mascara zu benutzen oder mich zu schminken. Selbst danach, hatte sie betont, seien ausschließlich Mascara und Concealer erlaubt, keine Foundation und definitiv kein Lippenstift, zumindest nicht, bis ich sechzehn war.

Meine Freundinnen fanden meine Mum komisch.

Ich wartete auf Braden und fühlte mich schon ein kleines bisschen besser, weil ich wusste, dass er gleich kommen und mir helfen würde. Genau genommen war mein großer Bruder nur mein Halbbruder. Wir hatten denselben Vater – Douglas Carmichael. Dad war ein wichtiger Geschäftsmann in Edinburgh, er besaß eine Immobilienagentur, mehrere Restaurants und jede Menge Mietwohnungen. Er war stinkreich. Für Braden opferte er hin und wieder seine Zeit, aber was mich anging, schien er zu glauben, dass Geld als Entschuldigung dafür ausreichte, dass er mich die ganzen vierzehn Jahre, die ich bereits auf diesem Planeten weilte, ignoriert hatte. Sein Desinteresse tat mir sehr weh. Aber immerhin hatte ich Braden, der mich praktisch mit Mum und meinem Stiefvater Clark zusammen großgezogen hatte. Mum hatte Clark vor fünf Jahren geheiratet, und er hatte vom ersten Moment an keinen Zweifel daran gelassen, dass er mir ein Vater sein wollte. Und das war er auch. Mehr, als Douglas Carmichael es jemals sein würde.

Manchmal fragte ich mich, wie es überhaupt möglich war, dass Braden und ich von Douglas Carmichael abstammten. Wir waren beide viel zu anständig, um seine Kinder zu sein. Man nehme nur Braden: Nachdem er es lange Zeit bewusst vermieden hatte, für unseren Vater zu arbeiten, war er vor einigen Jahren zu dem Schluss gekommen, dass er doch eine Rolle im Carmichael-»Imperium« spielen wollte – was im Klartext bedeutete, dass er sich den Arsch aufriss, damit unser Vater glücklich war. Er arbeitete nicht nur hart, er verbrachte auch viel Zeit mit seiner neuen Freundin Analise. Sie war eine Studentin aus Australien, und Braden ging seit kurzem mit ihr aus. Er schien sie wirklich zu mögen. Und trotzdem fand er immer noch Zeit für mich. Etwa, um mich aus grauenhaften Situationen wie dieser hier zu befreien.

»Ellie.« Eine vertraute Stimme drang an mein Ohr, allerdings war es nicht die, die ich erwartet hatte. Eine Autotür wurde zugeschlagen. Ich drehte mich um und machte große Augen. Adam Gerard Sutherland ging um die Motorhaube seines sechs Jahre alten Fiats herum – ein

Wagen, von dem Braden meinte, dass er eine völlig unsinnige finanzielle Belastung für Adam darstellte, zumal Adam noch studierte und die Parksituation in der Innenstadt ein absoluter Alptraum war.

Adam Gerard Sutherland war Bradens bester Freund.

Ich war seit meinem zehnten Lebensjahr heimlich in ihn verliebt, entsprechend peinlich war es mir, dass Braden ihn geschickt hatte, um mir aus der Patsche zu helfen. Nicht dass es mich überraschte. Die beiden teilten diese Aufgabe unter sich auf, seit ich ein Baby war.

»Adam.« Ich wurde blass und fuhr mir hektisch mit den Händen übers Gesicht, um sicherzugehen, dass ich auch alle Tränen erwischt hatte.

So, wie seine dunklen Augen mich musterten und sein Kiefer sich dabei anspannte, waren meine Bemühungen umsonst gewesen. Meine Augen fühlten sich verquollen an und sahen vermutlich auch so aus. »Braden tut es leid, er steckt in einem Meeting fest und kann nicht weg«, erklärte Adam, während er auf mich zukam. Er trug ein leuchtend weißes, faltenfreies T-Shirt und ausgebleichte Jeans. Für den Grunge-Look eines typischen Studenten war er viel zu ordentlich und adrett. Selbst seine alte Rostlaube sah innen wie geleckt aus. »Er hat mich angerufen, weil ich heute Nachmittag keine Lehrveranstaltungen habe. Komm her, Kleines.« Ohne zu fragen, zog er mich in seine Arme, und ich schmiegte sofort die Wange an seine Brust, hielt ihn fest und bemühte mich, nicht schon wieder in Tränen auszubrechen.

»Also, wo steckt der Dreckskerl?«

Ich löste mich von ihm. Auf einmal zögerte ich, nun, da Adam tatsächlich hier – und augenscheinlich mehr als wütend – war. »Was hast du vor?«

»Er ist fünfzehn?«

»Sechzehn.«

»Sechzehn.« Adam schürzte verächtlich die Lippen. »Keine Sorge, ich tue ihm nichts. Ich sorge nur dafür, dass er sich vor Angst in die Hosen scheißt.«

Braden und Adam benutzten sehr oft Kraftausdrücke, auch wenn ich dabei war. Mum würde sie umbringen, wenn sie davon wüsste. Adam und Braden konnten von Glück sagen, dass mir von klein auf eingetrichtert worden war, dass man in Elodie Nichols' Gegenwart nicht fluchte, deshalb kam ich nie auf die Idee, die Wörter, die ich von den beiden aufschnappte, in ihrer Gegenwart zu wiederholen. Der Gerechtigkeit halber muss erwähnt werden, dass sie ihre Kraftausdrücke auf die wesentlichen Schimpfwörter beschränkten – in der Schule hatte ich schon weit Schlimmeres gehört. Heute, zum Beispiel, und noch dazu hatte es mir gegolten.

Ich spürte, wie mir erneut die Tränen kamen.

Als Adam es bemerkte, wurden seine Augen schmal. »Els, wo ist der Kerl?«

Ich seufzte schwer. »Auf der anderen Seite, hinter der Cafeteria.«

»Okay.« Adam marschierte zielsicher durchs Schultor. Ich eilte ihm nach und versuchte die neugierigen Blicke und das aufgeregte Getuschel meiner Mitschüler zu ignorieren. Sie hatten sich bereits zusammengereimt, dass Adam meinetwegen hier war und gleich irgendetwas passieren würde.

Meine Wangen brannten vor Scham, doch mein Herz klopfte erwartungsvoll. Gleich würde es Rache geben für den schrecklichsten Morgen meiner Schulzeit.

Als wir um die Ecke des Schulgebäudes bogen, blieb Adam stehen und richtete den Blick auf eine Gruppe Zehnt- und Elftklässler. Einer nach dem anderen drehten sie die Köpfe in unsere Richtung, und als sie Adam neben mir stehen sahen, machten sie große Augen.

»Welcher von denen ist es?«, fragte Adam gepresst.

»Der, der sich den Blazer um die Taille geknotet hat.«

»Der große Blonde mit der Saftflasche in der Hand? Der, der wie ein Arschloch aussieht?«

»Das ist er, ja.«

»Dieser kleine …«, knurrte Adam halblaut und schritt, die Hände an den Seiten zu Fäusten geballt, auf Brian zu. Einer von Brians Freunden stieß ihn an, woraufhin der sich zu Adam umwandte und bei dessen Anblick schlagartig erbleichte.

Adam hatte vor ihm haltgemacht. Er überragte Brian um mindestens zehn Zentimeter. Er senkte den Kopf, kam Brian mit seinem Gesicht ganz nahe, und was auch immer er zu ihm sagte, ließ die umstehenden Schüler vor Schreck die Augen noch weiter aufreißen.

»Und?«, fragte Adam plötzlich laut.

Brian nuschelte etwas.

»Lauter, du verlogener kleiner Scheißer.«

»Ich hatte keinen Sex mit ihr!«, rief Brian. »Ich hab sie nicht mal angefasst!« Er drehte sich um, sah, wie ich ein Stück abseits die Szene verfolgte, und flehte mich mit den Augen an, Adam zurückzupfeifen. »Und es tut mir leid, okay? Ich hab gelogen!«

Unter den Schülern erhob sich plötzlich ein aufgeregtes Murmeln. Ich schaute an Brian vorbei zu den Türen der Cafeteria, und mein Magen machte einen Satz, als ich Mr Mitchell dort stehen sah, der Adam argwöhnisch ins Visier nahm. Adam musste ihn ebenfalls bemerkt haben, denn er richtete sich wieder auf, allerdings ohne von Brian abzurücken.

»Wer sind Sie?«, fragte Mr Mitchell in angriffslustigem

Tonfall und nahm Kurs auf Adam. »Sie dürfen sich nicht auf dem Schulgelände aufhalten.«

»Ich hatte nur kurz etwas mit Mr Fairmont zu besprechen. Es ist alles geklärt.« Adam zuckte mit den Achseln, als wäre er kein einundzwanzigjähriger Mann, der soeben einen Sechzehnjährigen bedroht hatte.

»Brian, ist alles in Ordnung mit Ihnen?«, erkundigte sich Mr Mitchell.

»Äh, ja, alles klar, Mr Mitchell«, stammelte dieser, wich einen Schritt vor Adam zurück und flüchtete sich in die sichere Nähe des Erdkundelehrers.

»Adam«, rief ich. Er sollte bloß verschwinden, bevor er Ärger bekam.

Mr Mitchells Blick wanderte zu mir. »Miss Carmichael, Sie wissen sehr wohl, dass es nicht erlaubt ist, während der Schulzeit Besucher zu empfangen.«

»Tut mir leid, Mr Mitchell.«

»Ich wollte gerade gehen.« Adam sah Brian ein letztes Mal warnend an, bevor er sich umdrehte und in gemächlichem Tempo auf mich zuschlenderte. Er ließ sich wirklich reichlich Zeit. Adam mochte es nicht gern, wenn man ihm sagte, was er tun sollte. Bei mir angekommen, legte er einen Arm um meine Schultern und ließ sich von mir zum Schultor bringen. Jetzt tuschelte niemand mehr, und auch die gehässigen Blicke hatten aufgehört. Stattdessen schauten mich alle an, als wäre ich extrem cool. Und das musste ich ja wohl auch sein, wenn Adam Sutherland den Arm um meine Schultern gelegt hatte und extra zu mir in die Schule gekommen war, um Brian zu zwingen, vor allen Leuten mit der Wahrheit rauszurücken.

Ich grinste. Adam bemerkte es und begann zu lachen. Sein tiefes Lachen löste ein warmes, wohliges Gefühl in mir aus.

»Dann geht's dir jetzt besser?«, erkundigte er sich, als wir am Schultor angekommen waren.

»Ja. Vielen Dank.«

»Was hattest du überhaupt am Samstagabend auf einer Party zu suchen?«

Stirnrunzelnd nahm ich seinen bevormundenden Tonfall zur Kenntnis. »Ich bin vierzehn, Adam. Ich war auf dem Geburtstag einer Freundin, und außerdem hatte ich keine Ahnung, dass auch Ältere eingeladen waren.«

Er nickte. »Pass einfach auf dich auf, versprochen?«

»Ja.« Ich senkte den Blick. Es war mir unangenehm, dass ich ihn in mein Teenie-Drama verwickelt hatte.

»Komm schon her.« Erneut zog Adam mich an sich und gab mir einen sanften Kuss auf die Stirn, ehe er mich fest umarmte. Nun, da ich nicht länger sein T-Shirt vollschluchzte, war mir auf einmal sehr bewusst, dass ich an seine Brust gedrückt wurde. Er roch unglaublich gut, und sein Körper war stark und muskulös. Es fühlte sich gut an, sich daran anzuschmiegen.

Ein seltsames Kribbeln erwachte in meinem Bauch, und kurz darauf fing meine Haut an zu glühen. Ich machte mich von Adam los und versuchte meine Verlegenheit mit einem zittrigen Lächeln und einem albernen Abschiedswinken zu überspielen.

Adam reagierte mit einem verwunderten Lächeln. »Wenn du mich brauchst, sag einfach Bescheid. Jederzeit, okay?«

Ich nickte.

»Also dann, Kleines. Wir sehen uns.«

»Tschüs.«

Er schenkte mir noch ein Lächeln, und schon wieder war da dieses Kribbeln, das sich in meinem ganzen Körper ausbreitete. Während ich beobachtete, wie er in sein

Auto stieg und davonfuhr, kam mir der Gedanke, dass meine Schwärmerei für Adam soeben eine neue Stufe erreicht hatte. Mein Gehirn war nicht länger das Einzige, was sich zu ihm hingezogen fühlte. Jetzt hatte es auch meinen hormongeschwängerten Teenagerkörper erwischt.

Kapitel 2

Adam hatte die Stirn in Falten gelegt, als er von dem Tagebucheintrag aufblickte, schenkte mir aber dennoch ein kleines belustigtes Lächeln. »Ich weiß nicht so genau, wie ich mich dabei fühlen soll, für das sexuelle Erwachen einer Vierzehnjährigen verantwortlich zu sein. Für meinen Geschmack klingt das ein bisschen zu sehr nach *Lolita.*«

Ich musste über sein Unbehagen lachen. »Du hattest damals ja nicht dieselben Gefühle für mich wie ich für dich. Und jetzt, da wir zusammen sind – wäre es dir da etwa lieber gewesen, jemand anders hätte für mein sexuelles Erwachen gesorgt?«

Die Falten auf seiner Stirn vertieften sich, und er warf erneut einen Blick auf die Seiten. »Gutes Argument«, murmelte er.

»Hier.« Ich reichte ihm ein anderes Tagebuch, wenige Seiten hinter der Mitte aufgeschlagen. »Dies ist aus dem Jahr danach.«

Samstag, 23. September

Ich bin so kurz davor, Adam anzuschreien, dass er mich gefälligst nicht immer wie seine Schwester behandeln soll. Ich bin nicht seine Schwester! Wenn er das nur endlich in seinen dicken Schädel kriegen würde …

Ich holte tief Luft und setzte die Mascara-Bürste ab. Ich betrachtete mich im Kommodenspiegel, atmete tief durch und ermahnte mich innerlich zur Ruhe. Aber sosehr ich mich auch bemühte, ich konnte nichts gegen das wilde Flattern der Schmetterlinge in meinem Bauch tun. Also gab ich es auf und beugte mich ganz dicht zum Spiegel, um großzügig Wimperntusche aufzutragen. Es war das einzige Make-up, das Mum mir erlaubte. Ich hatte lange helle Wimpern, so dass niemand sehen konnte, *wie* lang sie wirklich waren, bis ich anfing, schwarze Mascara zu tragen. Wenn sie schwarz waren, strahlten meine blassblauen Augen außerdem noch blauer.

Hoffentlich ließen mich die getuschten Wimpern optisch auch ein wenig älter wirken, denn obwohl ich für mein Alter ziemlich groß war, hatte ich Minibrüste und viel zu viele Sommersprossen auf der Nase, mit denen ich eher wie fünf als wie fünfzehn aussah.

Heute Abend hatte ich eine Verabredung. Meine allererste. Mit Sam Smith, einem Jungen aus der Elften. Er war zwei Jahre älter als ich, sah gut aus und war cool, und ich mochte ihn richtig, richtig gern.

So gern, wie ich einen Jungen, der nicht Adam war, eben mögen konnte.

Nicht dass Adam noch ein Junge gewesen wäre.

Es klopfte an meiner Zimmertür, gerade als ich mir zum hundertsten Mal mit der Haarbürste durch meine lange blonde Mähne fuhr. »Herein!«, rief ich ein bisschen nervös, weil ich vermutete, dass es Mum war, die wegen des bevorstehenden Dates noch aufgeregter zu sein schien als ich.

Doch zu meinem Erstaunen gehörte der Kopf, der im Türspalt auftauchte, nicht Mum, sondern Adam.

Mein Herz machte diesen kleinen Hüpfer, den es immer

machte, wenn ich Adam sah. Ich schenkte ihm ein freudiges Lächeln. »Was machst du denn hier?«

Er trat ein und schloss die Tür hinter sich. Als ich aufstand, um ihn zu begrüßen, zog er missbilligend die Brauen zusammen. Er musterte mich von oben bis unten, und ich sah einen Muskel in seiner Wange zucken.

Ich trug ein ärmelloses weißes Kleid. Es war nicht tief ausgeschnitten, außerdem trug ich eine Strickjacke darüber, um meine nackten Arme zu bedecken, und an den Beinen eine schwarze Strumpfhose. Vermutlich gefiel ihm der relativ kurze Saum nicht. Mir wiederum gefiel nicht, dass er in mir immer nur die kleine Schwester sah, die es zu beschützen galt. Ich verschränkte die Arme vor der Brust. Diese Bewegung lenkte seinen Blick wieder aufwärts zu meinem Gesicht.

»Clark hat Braden erzählt, dass du heute Abend eine Verabredung hast. Bei so einem wichtigen Ereignis wollten wir dabei sein. Wer ist es?«

Ich rollte mit den Augen. Andauernd dieser herrische Tonfall. »Ein Junge halt.«

»Und wie alt ist dieser Junge?«, fragte Adam leise, während er auf mich zukam.

»Wo ist Braden?«

»Unten. Weich mir nicht aus. Wie alt?«

»Sam ist siebzehn.«

»Was?« Er sog scharf die Luft ein. »Und Elodie hat nichts dagegen?«

Clark erwähnte er erst gar nicht, da der zu solchen Dingen eine wesentlich entspanntere Haltung hatte als Mum. »Wenn du's unbedingt wissen willst: Sie freut sich für mich.«

»Sie läuft unten herum wie ein aufgescheuchtes Huhn.«

»Weil Sam jeden Moment vor der Tür steht.« Ich wich seinem eindringlichen Blick aus. Die Sturheit darin behagte mir nicht.

»Wo geht ihr hin?«

»Ins Kino und danach noch was essen.«

»Vor elf bist du aber zu Hause?«

Ich schnappte mir meine Handtasche vom Bett und gab einen Stoßseufzer von mir. »Ja doch.«

»Und du lässt dich nicht von ihm anfassen.«

Das war nicht als Frage formuliert, sondern als Anweisung.

Abrupt blieb ich stehen und sah ihn mit zusammengekniffenen Augen an, während Adam gleichzeitig die letzten Meter zwischen uns überbrückte und vor mir stehen blieb. Er war mir jetzt so nah, dass ich den Kopf in den Nacken legen musste, um ihm ins Gesicht schauen zu können. »Es ist ein Date, Adam«, sagte ich mühsam beherrscht. »Da gehört Anfassen gewissermaßen dazu.«

»Nicht, wenn man ein fünfzehnjähriges Mädchen ist. Nicht, wenn *du* dieses Mädchen bist.« Ich zuckte zurück. Es hatte wie eine Beleidigung geklungen, und Adam verzog sofort reumütig das Gesicht. »Els, so war das nicht gemeint. Ich meine nur … du bist nicht einfach *irgendein* Mädchen.«

»Lass gut sein. Braden hat mir vor drei Stunden am Telefon schon dieselbe Ansprache gehalten.«

»Ellie.« Adam maß mich mit einem Blick, der mir *»Sei jetzt bloß still«* signalisierte. »Du bist was Besonderes. Du hast einen Jungen verdient, der das begreift. Und ein Junge, der das begreift, wird heute Abend keine krummen Touren versuchen, okay?«

»Krumme Touren?« Ich zog die Brauen hoch. »Ich bin

mir ziemlich sicher, dass Sam keine krummen Touren versuchen wird.«

»Els, du bist eine echte Romantikerin, und du bist jung. Jungs in deinem Alter … sind *keine* Romantiker. Die haben nur eins im Kopf. Und dieser Kerl wird es auf gar keinen Fall von dir bekommen.«

Verärgert über seine Andeutung, ich sei hoffnungslos naiv, schob ich mich an ihm vorbei. »Hast du nicht irgendwo eine abgefüllte Tussi sitzen, die auf dich wartet?«

»Kleine freche Göre«, knurrte er hinter mir, als ich aus meinem Zimmer ging und die Treppe zum Erdgeschoss nahm. »Als du noch klein und niedlich warst und keine Widerworte gegeben hast, mochte ich dich lieber.«

Ich schnaubte und schnappte dann mitten im Schnauben plötzlich nach Luft, weil es an der Tür klingelte.

»Ich gehe hin«, verkündete Adam entschlossen, aber ich machte mit Armen und Beinen eine Absperrung, um ihn aufzuhalten.

Leider reichte die Anzahl meiner Gliedmaßen nicht aus, um auch noch Clark zu stoppen, der mit einer finsteren Miene, wie ich sie noch nie an ihm gesehen hatte, aus dem Wohnzimmer geeilt kam.

Uh-oh.

Vielleicht war Clark in Hinblick auf mein erstes Date also doch nicht so entspannt.

»Verdammt«, zischte ich und sprang die letzten Stufen hinunter, gerade als Braden mit einer Flasche Bier in der Hand aus dem Wohnzimmer kam. Sein unvermitteltes Auftauchen überraschte mich ebenso wie der Gesichtsausdruck, mit dem er mein Outfit zur Kenntnis nahm. Ich schlüpfte an ihm vorbei und prallte gegen Clarks Rücken, als der gerade meine Verabredung an der Haustür begrüßte.

»Da ist sie«, sagte Clark, als ich um ihn herumstolperte und ihm dabei einen fragenden Blick zuwarf. Er schaute ungewohnt streng und furchteinflößend.

»Sam«, sagte ich atemlos, und bei seinem Anblick waren die Schmetterlinge in meinem Bauch nicht mehr zu halten. Sam war so groß wie Braden, aber eher schlaksig, und er hatte strubbelige dunkelblonde Haare, die ein Eigenleben zu führen schienen. In der Schule war er berühmt für diese Haare. Alle Mädchen träumten davon, ihm mit den Fingern durch die Haare fahren zu dürfen. Nach dem heutigen Abend, hoffte ich, würde ich diejenige welche sein.

Sam hörte auf, Clark argwöhnisch zu mustern, und schenkte mir ein Lächeln. Er hatte Grübchen. »Hey, Ellie. Du siehst toll aus.«

»Tut sie nicht.« Urplötzlich war Braden hinter mir und Clark aufgetaucht, und ich schloss schmerzerfüllt die Augen, nachdem ich gesehen hatte, dass sich nun auch noch Adam neben die beiden drängte. Gemeinsam versuchten sie, Sam durch die Kraft ihrer Blicke zu Staub zu verbrennen. »Sie sieht aus wie fünfzehn. Vergiss das ja nicht.«

O Gott. Töte mich. Töte mich auf der Stelle.

»Wenn du irgendwelche Dummheiten machst, sorge ich dafür, dass du jegliches Gefühl dort unten verlieren wirst. Dauerhaft«, drohte Adam ihm grimmig.

Als ich wagte, die Augen wieder aufzumachen, schlug mir das Herz bis zum Hals. Ich sah, dass Sam kreidebleich geworden war und Braden und Adam anstarrte, als wären sie plündernde Wikinger, die gekommen waren, um ihm den Kopf abzuschlagen.

»Was ist hier los?« Beim Klang von Mums Stimme fiel mir ein Stein vom Herzen. »Macht, dass ihr da wegkommt.« Adam und Braden, gefolgt von Clark, wurden beiseitegezogen, bis meine Mutter schließlich alleine an der Tür stand. Sie war groß und schlank und wunderschön, und in diesem Moment kam sie mir vor wie ein Engel.

»Danke«, hauchte ich.

Sie bemerkte meine Miene und feuerte über die Schulter einen wütenden Blick auf die im Rückzug begriffenen Männer ab. Es besänftigte mich ein wenig, zu wissen, dass, sobald ich mit Sam losgegangen war, den dreien eine Standpauke blühen würde, die sich gewaschen hatte.

Mum drehte sich wieder nach vorn und streckte die Hand aus. »Elodie Nichols. Es freut mich sehr, dich kennenzulernen, Sam.«

»Gleichfalls, Mrs Nichols«, erwiderte Sam zaghaft. Offensichtlich hatte er seinen Schreck noch nicht ganz überwunden.

»Na, dann lasse ich euch zwei mal losziehen.« Mums Augen waren etwas glasig, als sie mir die Haare hinter die Ohren strich und sich zu mir beugte, um mir einen Kuss auf die Wange zu geben. »Amüsier dich gut, Schatz. Und sei spätestens um elf zurück.«

»Danke, Mum.«

»Hast du dein Handy dabei?«

Ich nickte, bevor ich schleunigst aus dem Haus trat und Sam zur Straße lotste. Auf dem Weg zur Bushaltestelle sprach er kein Wort.

»Denk gar nicht weiter drüber nach«, riet ich ihm. »Sie meinen es nicht so.«

Er lächelte dünn, dann sah er auf seine Armbanduhr. »Der Film fängt bald an. Wir sollten uns beeilen.«

* * *

Ich knallte die Tür hinter mir zu und versuchte mit aller Kraft, die Tränen zurückzuhalten, die kurz davor waren, mir in die Augen zu schießen.

»Bist du das, Liebling?«, rief Mum aus dem Wohnzimmer.

Ich war todunglücklich und brauchte dringend eine Umarmung von meiner Mum. Doch als ich den Flur entlangschlurfte und das Wohnzimmer betrat, blieb ich wie angewurzelt stehen.

Es war halb elf, und Braden und Adam waren immer noch da.

Mum und Clark saßen in ihren jeweiligen Sesseln, Braden und Adam auf der Couch, und alle vier hatten den Blick nicht mehr auf den Fernsehbildschirm gerichtet, sondern auf mich.

Ich wusste sofort, weshalb sie noch hier waren. Tränen der Wut füllten meine Augen.

»Wie war dein Date?«, fragte Mum, geriet aber ins Stocken, als sie mein Gesicht sah.

»Die reinste Hölle«, presste ich durch zusammengebissene Zähne hervor und funkelte Braden und Adam an. »Es wird bestimmt kein zweites geben, und das habe ich ganz allein diesen zwei Vollidioten zu verdanken.«

»Gut«, erwiderte Braden flach. »Du bist zu jung für Verabredungen.«

Mum stieß einen Seufzer aus. »Sie ist nicht zu jung.«

»Sie ist zu jung«, pflichtete Adam meinem Bruder bei. »Und schaut euch nur mal dieses Kleid an.«

»Das Kleid ist völlig in Ordnung. Sie trägt eine Strumpfhose.«

»Sie ist fünfzehn«, hielt Braden dagegen. »Ihr bleibt noch reichlich Zeit, sich mit Jungs zu treffen. Sie sollte sich lieber auf die Schule konzentrieren.«

»Mein Gott, Braden, du klingst wie ein vertrockneter alter Knacker.«

»Ich kann deine Einstellung nicht nachvollziehen, Elodie«, sagte Adam kopfschüttelnd. »Ich dachte, du wärst, was so was angeht, vorsichtiger.«

»Vorsichtiger?«, wiederholte Mum fassungslos. »Es war nur ein Date.«

Während sie sich stritten, hatte meine Wut Gelegenheit, immer höher zu kochen, und das Gefühl der Demütigung hatte Zeit, sich festzusetzen. Der netteste, süßeste, coolste Junge der ganzen Schule hatte sich mit mir verabredet, und mein Bruder und sein bester Freund hatten mir den Abend komplett ruiniert. »Ich mochte ihn«, warf ich plötzlich dazwischen. Ich sprach leise, aber mit einer Schärfe in der Stimme, die die anderen sofort verstummen ließ. Alle Augen waren auf mich gerichtet, als mir eine Träne über die Wange lief. »Ich hab ihn wirklich gemocht. Ihr zwei habt mir alles kaputtgemacht, und es interessiert euch nicht mal.« Ich spürte einen dumpfen Schmerz in der Brust, so verletzt war ich. Ich drehte mich um und stürzte zur Treppe. Braden rief mir etwas hinterher, aber ich kümmerte mich nicht darum.

»Ich gehe«, hörte ich Adam zu ihm sagen, woraufhin meine Füße die Stufen nur noch schneller hinaufliefen. Ich schlug meine Zimmertür hinter mir zu, warf mich aufs Bett und vergrub das Gesicht schluchzend im Kopfkissen.

Ich hörte das Klopfen über mein gedämpftes Schniefen hinweg und hob den Kopf ein winziges Stück, um »Hau ab!« zu fauchen.

Danach drückte ich den Kopf wieder ins Kissen und wartete.

Da ich wusste, wie hartnäckig Adam sein konnte, überraschte es mich nicht, als er meinen Befehl ignorierte. Ich hörte, wie meine Zimmertür geöffnet wurde, und dann das Knarren der Dielen, als er zum Bett kam. Gleich darauf spürte ich, wie sich rechts neben mir die Matratze senkte. Adam seufzte.

»Es tut mir leid«, entschuldigte er sich mit ernster Stimme. »Kleines, es tut mir leid, ehrlich.«

Ich sagte nichts. Meine Kehle brannte wie Feuer, als mir der Gedanke durch den Kopf schoss, dass dies das allererste Mal war, dass Adam mir weh getan hatte.

»Els.«

Ich drehte das Gesicht auf dem Kissen zur Seite und sah ihn an. Die Sorge, die sich in seinem wunderschönen Gesicht spiegelte, beeindruckte mich kein bisschen. »Lass mich einfach in Ruhe, Adam.«

Er fuhr sich durch die Haare. »Hör zu, Els, ich fühle mich wirklich schlecht deswegen. Ich wollte dir nicht den Abend verderben. Und Braden wollte das auch nicht.«

»Nein, natürlich hattest du nicht die geringste Absicht, mir meine Chancen bei Sam zu versauen, als du ihm mit dem Verlust seiner Empfindungsfähigkeit gedroht hast!«

»Mein Gott«, stieß Adam hervor. »Du bist viel zu klug für dein Alter. Das ist ja, als würde man sich mit einer erwachsenen Frau streiten.«

»Woher weißt du schon, wie es ist, sich mit einer erwachsenen Frau zu streiten? Du bleibst ja nie lange genug mit einer zusammen, um etwas zu tun, was sie verärgern könnte.«

Seine Mundwinkel zuckten, und er schüttelte den Kopf. »Mein Gott«, sagte er noch einmal.

Nach längerem Schweigen schaute Adam mich wieder an. Sein Gesichtsausdruck war nicht länger belustigt. Im Gegenteil, er war todernst. »Wenn dieser Kerl sich nicht mehr mit dir treffen will, weil er nicht damit klarkommt, dass deine Familie sich berechtigte Sorgen um dich macht, dann ist er sowieso nicht die Art von Junge, mit der du näher zu tun haben willst.«

Das Wort »Familie« betätigte einen kleinen Auslöser in meinem Innern, und als ich Adam ansah, war mein Blick so kalt wie niemals zuvor, was ich daran merkte, dass Adam vor Erstaunen ganz starr wurde. »Du bist nicht mein Bruder, Adam«, fuhr ich ihn an. »Also hör auf, dich so zu benehmen.«

Ein Stich wie von einer Messerklinge fuhr mir in die Brust, als ich seine Betroffenheit sah. Schuldgefühle machten sich in mir breit, und am liebsten hätte ich noch heftiger geweint. »Das weiß ich, Ellie.«

Unsere Blicke trafen sich und hielten einander fest. Weil ich seine Gegenwart wie immer überdeutlich spürte, erhitzte sich meine Haut. »Wirklich?«, murmelte ich außer Atem.

Etwas flackerte kurz in seinen Augen auf, bevor er abrupt aufstand. Mit einem Mal wirkte er unbehaglich. »Ich lasse dich eine Weile allein. Ich wollte nur, dass du weißt, dass ich dir niemals absichtlich weh tun würde.«

Als ich nichts erwiderte, seufzte Adam niedergeschlagen, drehte sich um und ging.

Gerade als er die Tür hinter sich schließen wollte, hörte ich Bradens Stimme aus dem Flur. »Geht es ihr gut?«

»Sie ist sauer. Am besten, wir lassen sie erst mal in Frieden.«

»Ich will mit ihr reden.«

»Braden –«

»Ich komme gleich runter«, schnitt Braden seinem Freund das Wort ab und trat in mein Zimmer. Mit besorgter Miene kam er zu mir ans Bett.

»Els, Liebes.« Seine Stimme war belegt, als er sich neben mich setzte. »Bitte verzeih.«

Bei diesen Worten begann ich hemmungslos zu schluchzen. Ich warf mich an seine Brust und ließ mich von seinen starken Armen halten, während er beruhigende Worte murmelte.

Kapitel 3

Du hast Braden verziehen?« Adam hielt mir mit gerunzelter Stirn das Tagebuch hin.

Ich zuckte die Achseln, nahm es entgegen und legte es neben das aus dem Vorjahr. »Du hast mir mehr weh getan als er. Natürlich nicht mit Absicht, aber ich wollte, dass du mich endlich als Frau wahrnimmst, nicht als Mädchen.«

Adam warf mir einen Blick zu, als wäre ich nicht ganz richtig im Kopf. »Du *warst* ein Mädchen. Du warst fünfzehn.«

»Dann hast du also nie mehr in mir gesehen? An dem Abend … in meinem kurzen Kleidchen?«, neckte ich ihn.

»Damals noch nicht«, gestand er zögerlich, als fürchte er, er könnte mit seiner Antwort meine Gefühle verletzen. »Damals warst du für mich nur Bradens kleine Schwester.«

In Wahrheit verletzte mich das kein bisschen. Diese Gefühle hatte ich alle längst hinter mir gelassen, und ehrlich gesagt wäre mir auch nicht ganz wohl bei der Vorstellung gewesen, Adam könnte ein Auge auf mein schlaksiges, flachbrüstiges, fünfzehnjähriges Ich geworfen haben. Neugierig war ich trotzdem. »Und wann hat sich das geändert?«

Die Frage brachte mir gleich den nächsten ›Bist du noch ganz bei Trost?‹-Blick ein. »Das sage ich dir nicht.«

»Warum nicht?«

»Weil das ein Männerding ist und du es nicht verstehen würdest. Wahrscheinlich würdest du dich bloß darüber aufregen.«

Okay, jetzt wollte ich es *unbedingt* wissen. »Ich rege mich nicht auf, ich verspreche es. Sag's mir einfach. Bitte«, fügte ich zuckersüß hinzu.

»Also schön.« Er beäugte mich skeptisch. »Das war am Morgen nach deinem achtzehnten Geburtstag.«

Ich riss die Augen auf, als ich mich daran erinnerte. *Im Ernst?*

»Der Morgen, an dem du ganz beiläufig erwähnt hast, dass du gerade deine Jungfräulichkeit verloren hattest.«

Das war der Moment, in dem Adam klargeworden war, dass er Gefühle für mich hatte? Ach du liebe Zeit ... Joss hatte recht. Männer waren Neandertaler. Als ich mich an Einzelheiten jenes Morgens zurückerinnerte, musste ich lachen. Ich ließ die Ereignisse noch einmal Revue passieren, diesmal allerdings vor dem Hintergrund, dass Adam eifersüchtig gewesen war. Wow. So war es mir damals gar nicht vorgekommen. »Ich wusste, dass du sauer warst, aber ich dachte, das wäre nur wieder so eine ›Großer Bruder muss kleine Schwester beschützen‹-Sache.«

»Nein.« Adam schüttelte mit düsterer Miene den Kopf und stützte sich auf den Handflächen ab. »Das war eine ›Ich stehe vor der kleinen Schwester meines besten Freundes, die mir soeben eröffnet hat, dass sie zum ersten Mal Sex hatte, ich sehe ihre geschwollenen Lippen und ihre zerwühlten Haare, und das macht mich ungeheuer an‹-Sache.« Sein Blick wanderte zu meinem Mund. »Mein Körper hat viel eher auf das reagiert, was du gesagt hast, als mein Kopf. Plötzlich habe ich mich gefragt, wie sich deine Lippen wohl anfühlen, wie du schmeckst und wie es wäre, wenn du deine langen Beine um meinen Rücken schlingst, während ich in dich eindringe …« Mir wurde ganz heiß bei dem Gedanken, dass Adam damals solche verführerischen Phantasien durch den Kopf gegangen waren, ohne dass ich etwas davon geahnt hatte. »Dann bin ich wütend geworden. Auf mich, weil ich diese Gefühle für dich hatte. Und auf den Kerl, der einfach so mit dir geschlafen hatte. Und dann auf dich – weil du es ihm erlaubt hast.«

Unsere Blicke trafen sich, und mein Atem wurde flacher.

Ich wusste, wenn ich jetzt nichts sagte, würden wir hier auf dem Fußboden seines leerstehenden Zimmers Sex haben, bevor unsere Reise in die Vergangenheit zu Ende war, und ehrlich gesagt machte mir diese Reise zu großen Spaß. Ich räusperte mich, schnappte mir das nächste Tagebuch und begann hastig darin zu blättern.

Ich fand den entsprechenden Eintrag und reichte das Buch an Adam weiter. »Ich möchte, dass du weißt«, sagte ich leise, »dass es mir immer nur um dich ging.«

Sonntag, 30. April

Letzte Nacht habe ich mein erstes Mal erlebt. Mit Liam. Es war nicht so, wie ich es mir vorgestellt hatte. Und er war auch nicht derjenige, mit dem ich es mir vorgestellt hatte. Ich habe mir immer geschworen, dass es mit jemandem sein würde, den ich liebe. Außerdem hat es weh getan, allerdings nur kurz. Eigentlich war es gar nicht so schlimm. Dafür ist gestern Abend noch etwas anderes passiert, das mir weh getan hat – und das, im Gegensatz zum Sex, immer noch weh tut …

Der Tanzsaal des Marriott Hotel war brechend voll, und als ich den Blick durch die Menge schweifen ließ, merkte ich, dass ich einige der Gäste nicht einmal kannte.

Trotzdem war es großartig, dass so viele gekommen waren. Allie bezeichnete die Party zu meinem achtzehnten Geburtstag schon jetzt als vollen Erfolg, dabei war sie noch gar nicht zu Ende. Braden hatte den Saal im Hotel samt DJ und Catering-Service für mich gemietet. Meine Familie hatte die komplette Verwandtschaft sowie ihre Freunde eingeladen, und die wiederum hatten ihre Freunde mitgebracht. Ich hatte meine Freunde eingeladen, die ihre Freunde mitgebracht hatten, die wiederum ihre Freunde eingeladen zu haben schienen. Es herrschte ein ziemliches Gedränge, vom Buffet war kaum noch etwas übrig, und die Tanzfläche war zum Bersten voll.

Ich sah die Leute vom Catering mit frischen Platten aus dem Hinterzimmer kommen und zog missmutig die Brauen zusammen, als eine der hübschen jungen Mitarbeiterinnen von Adam angehalten wurde, gerade als sie an ihm vorbeigehen wollte. Was auch immer er zu ihr sagte, brachte sie zum Lachen, und sie legte kokett den Kopf in den Nacken. Ich beobachtete die beiden und versuchte zu ignorieren, dass mir die Eifersucht dabei die Kehle zuschnürte.

»Habe ich dir schon gesagt, wie sexy du heute Abend aussiehst?«

Plötzlich wurde ich rückwärts an einen warmen Körper gezogen. Ich hob das Kinn und drehte den Kopf ein wenig, so dass ich in Liam Fentons attraktives Gesicht schauen konnte. Er lächelte mit funkelnden Augen zu mir herab. Er war angeheitert, aber nicht so betrunken wie Adam, der bereits eine Stunde vor Beginn der Party mit dem Vorglühen begonnen hatte. Wie üblich war er alleine gekommen. Aus den Bemerkungen, die Braden seit Jahren fallenließ, schloss ich, dass Adam ein notorischer Aufreißer war. Ich hatte noch nie eins der Mädchen, mit denen er zusammen war, zu Gesicht bekommen. Wahrscheinlich, weil er mit keiner von ihnen wirklich »zusammen war«.

Liam hingegen schien darauf bedacht, Herr seiner Sinne zu bleiben. Ich glaubte zu wissen, warum. Er war neunzehn und studierte an der Napier University. Wir hatten uns letztes Jahr auf meiner Besichtigungstour der Universität kennengelernt und waren in Kontakt geblieben, bis Liam mich vor sechs Wochen aus heiterem Himmel um ein Date gebeten hatte. Wir hatten schon ein bisschen herumgemacht (und er hatte mir meinen ersten Orgasmus verschafft), aber was den Sex anging, zögerte ich noch. Ich hatte so viele Liebesromane und -filme im Kopf, dass ich darauf bestand, mein erstes Mal mit jemandem zu erleben, den ich liebte. Ich mochte Liam und fand ihn attraktiv, aber Verliebtheitsgefühle hatten sich bislang noch nicht eingestellt. Allerdings vermutete ich, dass er heute, da ich achtzehn geworden war, den großen Abend für gekommen hielt. Was bestimmt auch der Grund war, weshalb er halbwegs nüchtern bleiben wollte.

Mir wurde ein bisschen mulmig, als ich mir die Frage stellte, wie ich ihn über seinen Irrtum aufklären sollte.

Ich lächelte zu ihm auf und nickte schüchtern. »Kann sein, dass du es ein- oder zweimal erwähnt hast.«

Liam grinste, und seine Hand glitt tiefer bis zu meiner Hüfte. »Das kann man ruhig öfter sagen. Jeder Typ hier im Saal findet, dass ich ein Riesenglückspilz bin, und sie haben recht.«

Seine Lippen streiften meine, und es fühlte sich schön an. Wirklich schön. Doch kein einziger Kuss – einschließlich meines ersten mit Pete Robertson eines Freitagabends beim Bowling mit Freunden mehrere Monate nach meinem alptraumhaften Date mit Sam – hatte sich je so angefühlt, wie es immer in den Liebesromanen geschildert wurde. Ich hatte seitdem fünf Jungs geküsst, und keiner dieser Küsse hatte meine Haut zum Glühen gebracht oder meinen Körper in Schwingungen versetzt, und ich hatte auch kein Flattern im Magen verspürt. So langsam kam mir der Verdacht, dass mich die Liebesromane womöglich verdorben hatten …

»Ich will nicht stören, aber ich würde gerne mit dem Geburtstagskind tanzen.«

Beim Klang von Adams Stimme löste ich mich sofort von Liam und drehte mich um. Adam stand hinter mir und musterte Liam mit einem ›Du hast fünf Sekunden Zeit, deine Pfoten von ihr zu nehmen, bevor ich dir eine reinhaue‹-Blick. Es war zweieinhalb Jahre her, dass ich angefangen hatte, regelmäßig mit Jungs auszugehen, und Adam und Braden hatten nach wie vor großen Spaß daran, meine Freunde das Fürchten zu lehren. Gott sei Dank ließ Liam sich nicht so leicht einschüchtern.

Er drückte mich zärtlich. »Ich hole dir noch was zu trinken. Ich bin dann drüben bei Allie und den Jungs.«

Ich nickte und sah ihn durch die Menge davongehen.

Der Druck warmer Finger auf meinem Handgelenk ließ mich aufblicken. Grinsend zog Adam mich an sich. Sobald mein Körper mit seinem in Berührung kam, spürte ich das altbekannte Kribbeln, das mir direkt zwischen die Beine fuhr. Adam schlang einen Arm um meine Taille, während seine andere Hand meine Finger einfing und sie an seine Brust legte. Meine linke Hand ruhte auf seiner Schulter, und ich wiegte mich mit ihm im Takt. Ihm so nah zu sein machte mir das Atmen schwer, doch ich bemühte mich, mir nichts anmerken zu lassen. Seine Fingerspitzen strichen über meinen Rücken, und da ich ein rückenfreies Kleid trug, berührten sie dort meine Haut. Mein Körper reagierte in einer Weise, die ich nur allzu gut kannte. Ich senkte den Kopf, weil ich nicht wagte, ihn anzuschauen.

Vor zwei Wochen war ich mit Liam in seinem Zimmer im Studentenwohnheim gewesen. Wir hatten uns geküsst und gegenseitig gestreichelt. Das Streicheln war etwas intensiver geworden als gewohnt, aber ich war neugierig, und als Liams Hand unter meinen Rock glitt und er die Finger in mein Höschen schob, um mich dort zu berühren, hätte es mich fast vom Bett katapultiert. Ich spürte ein köstliches Ziehen zwischen den Beinen und in meinen Brüsten. Liam streichelte mit dem Daumen meine Klitoris, und die Spannung in meinem Körper wurde immer, immer größer, bis ich schließlich in einer unbeschreiblichen, himmlischen Explosion verglühte.

Adam musste nicht mal die Hand zwischen meine Beine schieben, um dieses Ziehen bei mir auszulösen. Alles, was er tun musste, war, mich zu berühren.

»Und? Gefällt dir dein Geburtstag?«

Erst jetzt sah ich ihn an. Unsere Gesichter waren einander ganz nahe. Ich war eins fünfundsiebzig groß und damit nur wenige Zentimeter kleiner als Adam, aber an diesem Abend trug ich Zehn-Zentimeter-Absätze, so dass ich ihn sogar um einige Zentimeter überragte. Das schien ihm auch aufzufallen, denn er musterte mich kurz und schüttelte grinsend den Kopf.

»Ja, tut er«, antwortete ich.

»Hast du schon Geschenke aufgemacht?«

»Nein. Ich hatte vor, das später zu machen, aber ich fürchte, die meisten sind schon zu betrunken, um überhaupt noch etwas mitzubekommen. Du eingeschlossen.«

»Pff. Ich bin nicht betrunken. Ich bin nur etwas angeheitert, mehr nicht.« Seine Augen wurden schmal. »*Du* bist doch nicht betrunken, oder?«

Ich schielte zur Decke. »Adam, ich bin offiziell alt genug, um Alkohol zu trinken.«

»Ist das ein Ja oder ein Nein?«

»Ich hatte ein paar Shots, mehr nicht.«

Wir schwiegen einen Moment lang, und ich erlaubte mir, mich in seinen Armen zu entspannen. Zumindest so lange, bis er seine Finger auf meinem Rücken spreizte und mich ein wohliger Schauer durchlief. Adam versteifte sich, als hätte er meine Reaktion bemerkt, und ich warf ihm rasch einen prüfenden Blick zu. In seinen dunklen Augen war ein Leuchten, wie ich es noch nie gesehen hatte.

Ich musste schlucken.

Er musterte mich einen Moment lang, dann zog er mich noch enger an sich. Meine Finger krallten sich in seine Schulter. Bei seinen nächsten Worten fiel ich fast in Ohnmacht. »Du bist das Schönste, was ich je gesehen habe, Els«, sagte er mit belegter Stimme.

Als ich das hörte, wurden meine Augen kugelrund vor Schreck, und mein Herz begann wie wild gegen meine Rippen zu hämmern. Adam hielt mich für schön? Nein, nicht nur für schön – für »das Schönste, was er je gesehen hatte«?

Wow.

Okay.

Mein Brustkorb hob und senkte sich mit meinen immer schneller hervorgestoßenen Atemzüge. »Adam …«, antwortete ich stockend, unsicher, ob er das Kompliment platonisch gemeint oder ob er endlich eingesehen hatte, dass ich kein kleines Mädchen mehr war. Immerhin hatte ich jetzt richtige Brüste.

»Ich mache mir ständig Sorgen um dich«, gestand er. »Du bist so gutmütig und freundlich – zu freundlich manchmal. Ich mache mir Sorgen, jemand könnte dir weh tun, und ich wäre nicht da, um es zu verhindern.«

Es stimmte, dass ich dazu neigte, in jedem Menschen nur das Beste zu sehen, und mir auch gern mal von Braden und Adam helfen ließ, aber ich war durchaus überlebensfähig. Und ich war jetzt eine Frau. Ich konnte auf mich selbst aufpassen, und genau das sagte ich Adam auch.

Er runzelte die Stirn. »Das meinte ich doch gar nicht. Du bekommst viel männliche Aufmerksamkeit, Ellie, und manchmal ist es schwer zu erkennen, wer es ernst mit dir meint. Zum Beispiel der Typ, mit dem du heute Abend hier bist. Er flirtet mit allem, was Titten und lange Beine hat.«

Ich strafte diese beleidigende Bemerkung über Liam mit einem finsteren Blick. »Liam ist nett«, widersprach ich.

»Liam hat es nur auf eins abgesehen. Ich muss es schließlich wissen –«

»So. Du hast sie lange genug in Beschlag genommen.« Auf einmal stand Braden neben uns und grinste breit. »Ich will auch einen Tanz mit dem Geburtstagskind.«

Adam verstärkte seinen Griff um mich, doch dann, als wäre ihm plötzlich aufgefallen, was er da tat, erwiderte er Bradens Grinsen und gab mich frei. Wir wechselten einen letzten Blick, dann war er verschwunden, und ich fand mich in Bradens Armen wieder.

Was zum Teufel war da eben passiert? Hatte Adam Sutherland … war er … war das mehr als nur ein freundschaftlicher Rat gewesen? Wie er mich berührt, was er zu mir gesagt, wie er mich angesehen hatte … Es hatte sich irgendwie anders angefühlt als sonst. Mein Herz raste, und Hoffnung keimte in mir auf. Der arme Liam war vergessen, als ich mich in meiner Sehnsucht und meinen Phantasien verlor.

»Ich bin so stolz auf dich«, sagte Braden rau und riss mich aus meinen Gedanken. Im Kopf hatte ich bereits Hochzeitskleider ausgesucht und überlegt, wer meine Trauzeugin werden könnte. Höchstwahrscheinlich Allie, da ich sie am längsten kannte.

Ich lächelte meinen großen Bruder an, und die Brust wurde mir ganz weit bei seinem Lob. »Weswegen denn?«

»Aus vielerlei Gründen. Weil du es auf die Edinburgh University geschafft hast. Weil du dich um Elodie und Clark kümmerst und weil du so eine tolle große Schwester für Hannah und Declan bist. Und eine tolle kleine Schwester für mich. Das war ein hartes Jahr, Els, und ich bin dir sehr dankbar für deine Unterstützung.«

Ich umarmte ihn fest, und erneut wurde mir das Herz schwer vor Mitgefühl. Braden hatte sich in die australische Studentin Analise verliebt und sie geheiratet, allerdings recht bald wieder die Scheidung eingereicht, nachdem er sie und einen alten Schulfreund in einer seiner leerstehenden Wohnungen in New Town beim Sex erwischt hatte. Die letzten neun Monate ihrer Ehe hatte das Miststück ihn an der Nase herumgeführt und mit einem seiner engsten Freunde betrogen. Das war der ultimative Verrat. Noch schlimmer fand ich, dass unser Vater derjenige gewesen war, der Wind von der Sache bekommen und es so eingefädelt hatte, dass Braden die beiden in flagranti ertappt hatte. So war er eben: Statt seinem Sohn in einem Vieraugengespräch die Wahrheit möglichst schonend beizubringen, hatte er dafür gesorgt, dass Braden alles hautnah mitbekam. Braden schien es ihm nicht nachzutragen. Im Gegenteil, er war ihm sogar dankbar. Ich hingegen fand, dass er ein gefühlloser Mistkerl war. Andererseits hegte ich im Moment (oder überhaupt) ohnehin nicht gerade die wärmsten Gefühle für Douglas Carmichael.

Als hätte er meine Gedanken gelesen, seufzte Braden. »Es tut Dad leid, dass er nicht hier sein kann, Ellie. Mir tut's auch leid.«

»Entschuldige dich bloß nicht für ihn.« Ich wandte mich ab und kniff die Augen zusammen, um die Tränen zurückzuhalten. Man sollte meinen, dass mich nach achtzehn Jahren sein Desinteresse nicht mehr kränken würde.

Leider war dem nicht so. Ich konnte einfach nicht begreifen, was Douglas Carmichael an mir so wenig liebenswert fand, dass er mich absichtlich immer wieder zurückstieß. Verdammt noch mal, es war mein achtzehnter Geburtstag, und da konnte er nicht für eine halbe Stunde seinen reichen Arsch herbewegen, um auf meiner Party vorbeizuschauen und mir wenigstens zu gratulieren?

Erneut seufzte Braden, und ich hörte ihn halblaut fluchen. Er hatte mittlerweile eine recht gute Beziehung zu unserem Vater aufgebaut, und ich wollte nicht der Grund für irgendwelche Konflikte zwischen den beiden sein, daher drückte ich ihn und lächelte. »Mir geht's gut. Mehr als gut. Ich bin umringt von Freunden und Verwandten, denen etwas an mir liegt, Braden. Das ist alles, was *mir* wichtig ist.«

Wir lächelten einander an und umarmten uns erneut, bevor die Musik schneller wurde und Mum und Clark auf uns zusteuerten. Ich tanzte mit den beiden und kicherte, als sie Tanzschritte vorführte, die innerhalb der letzten zwei Jahrzehnte niemand mehr gesehen hatte.

Im Laufe des Abends mischte ich mich unter Freunde und Familie, doch mein Blick wanderte immer wieder durch die Gästeschar auf der Suche nach Adam. In meinem Magen liefen die Schmetterlinge Amok. Ich bekam seine Worte einfach nicht aus dem Kopf.

»Du bist das Schönste, was ich je gesehen habe, Els.«

Ich schmunzelte, als Allie Liam gegenüber irgendeine Bemerkung machte und er schallend darüber lachte, obwohl ich gar nicht wusste, was sie gesagt hatte. In meinem Kopf klemmte die Rückspultaste.

Als es mir im Saal zu heiß wurde, bestellte ich eine Flasche Wasser an der Bar, schlüpfte durch die hintere Tür und suchte den Wegweiser zum Ausgang. Es war ein Notausgang, der hinter das Hotel führte, wo die Müllcontainer standen. Leise trat ich nach draußen, atmete tief die frische Luft ein und genoss die Stille. Vielleicht würde sie mir Gelegenheit geben zu begreifen, was passiert war, beziehungsweise *ob* das, wovon ich glaubte, dass es passiert war, überhaupt passiert war.

Ein vergnügtes Lächeln umspielte meine Lippen, bis mich plötzlich ein kehliger Laut, gefolgt von einem Stöhnen, erstarren ließ. Hinter den fahrbaren Müllcontainern befand sich in der Gebäudewand eine kleine Nische, und von dort kamen die Geräusche. Mein Herz schlug schneller, als mir klarwurde, worauf ich zufällig gestoßen war. Als ich ein weiteres Stöhnen hörte, schlug ich mir die Hand vor den Mund, um nicht laut loszukichern.

»Ja«, hörte ich eine weibliche Stimme keuchen. »Adam, o mein Gott.«

Sofort erstarb das Kichern auf meinen Lippen, und das Blut begann in meinen Ohren zu rauschen. Ich spürte ein Brennen tief unten in der Kehle, als irgendein masochistischer Teil in mir mich zwang, still und heimlich um die Container herumzuschleichen.

Alle Hoffnung, die ich zuvor empfunden hatte, zerfiel jäh in tausend Scherben.

Als ich zusah, wie Adam die junge Frau vom Catering an der Backsteinwand stehend vögelte, ging mir auf, was für ein erbärmlicher Idiot ich gewesen war. Was für ein kindisches, dummes, naives Ding.

Und dann kam die Wut. Der Frust. Der Schmerz – dass ich aus irgendeinem Grund nicht gut genug war. Nicht gut genug für Adam. Nicht gut genug für meinen Vater.

Meine Augen verengten sich. Es gab einen Menschen, der fand, dass ich sehr wohl gut genug war – also, worauf wartete ich noch? Auf Blumen und Sonette und einen Mann, der vor mir auf die Knie fiel? Das würde niemals passieren. Dies hier war die Wirklichkeit. Sex war Sex. Er hatte nichts Magisches an sich.

Wie man ja deutlich sehen konnte.

Ich war von Natur aus nicht leicht zu reizen, aber die Eifersucht schürte meinen Zorn, als ich lautlos den Rückzug ins Hotel antrat. Kaum war ich drinnen, tauchte immer wieder Adam vor meinem geistigen Auge auf, wie er sich mit der Frau vom Catering vergnügte. Mir wurde schlecht. Ich stürzte hastig etwas von meinem Wasser hinunter und kam dann zu einer Entscheidung. Ich musste das Bild aus meinem Gedächtnis verbannen. In den Tiefen des Saals erspähte ich Clark im Gespräch mit seinem Bruder. Glücklicherweise war Mum nirgendwo zu sehen, denn höchstwahrscheinlich wäre sie nicht gerade begeistert gewesen, wenn sie gehört hätte, worum ich sie bitten wollte.

»Els, was willst du eigentlich mit all deinen Geschenken machen?«, fragte Clark und deutete auf den Gabentisch, der im hinteren Bereich des Saals aufgebaut war.

»Kann ich dich und Mum um einen Riesengefallen bitten?«

Er schmunzelte, weil er bereits vermutete, um was für einen Gefallen es sich handelte. »Sollen wir die Geschenke für dich mit nach Hause nehmen?«

»Meine Freunde und ich wollen noch in einen Club, wäre das okay?«

Clark musterte mich einen Moment lang, dann seufzte er. »Na gut, geh schon, bevor deine Mum dich sieht. Und sei vorsichtig.«

Ich nickte und gab ihm einen flüchtigen Kuss auf die Wange. Dann drängte ich mich zu Liam und Allie durch, die miteinander tanzten. Ich warf Allie ein entschuldigendes Lächeln zu und zog Liam zur Seite.

»Was gibt's?«, fragte er und schlang einen Arm um meine Taille.

Ich sah ihm in die Augen und spürte, wie mein Magen einen Purzelbaum machte, als ich bedeutungsvoll sagte: »Lass uns verschwinden.«

Sein Körper spannte sich an, und er zog die Brauen zusammen. »Nur du und ich?«

»Ja.«

»Und wo willst du hin?«

Ich drängte mich ganz dicht an ihn, um meine Absicht deutlich zu machen. »Die Frage ist wohl eher, wo du mit mir hinwillst?«

Liams Atem geriet ins Stocken. Er schluckte schwer. »Ich könnte uns ein Zimmer besorgen.«

»Gut.«

Rasch verließen wir den Saal und die Party, bevor Mum oder Braden uns sehen konnten. Meine Nerven begannen verrückt zu spielen, als wir durch die Lobby zur Rezeption gingen, und ich hatte Mühe, meinen Magen unter Kontrolle zu bringen, während Liam ein Zimmer für uns buchte.

Jeder Zentimeter meines Körpers zitterte, als wir mit dem Fahrstuhl in den ersten Stock fuhren. Als wir endlich im Zimmer waren und Liam mich zu küssen begann, spürte ich, wie ich in seinen Armen zitterte.

»Bist du dir sicher?«, wisperte er an meinem Mund.

Wieder sah ich die Szene vor mir, die ich erfolglos aus meinem Kopf zu verdrängen versucht hatte. Ich wollte Feuerwerk und Schmetterlinge. Ich wollte heiße Haut und Leidenschaft. Ich wollte Vertrauen und Geborgenheit, ich wollte Zuneigung und Lachen. Ich wollte Treue und Freundschaft. Ich wollte Liebe.

Dummerweise hatte mir das Leben einen üblen Streich gespielt, und ich hatte mich in den einen Menschen auf der Welt verliebt, den ich nicht haben konnte.

Aber das hieß noch lange nicht, dass ich gewisse Dinge nicht genießen konnte. Keine meiner Freundinnen war noch Jungfrau. Was war Jungfräulichkeit überhaupt – außer einer Last? Früher hatte man sie noch als Geschenk betrachtet. Zumindest hatte ich sie in meinem Kopf dazu verklärt, in Wahrheit war sie vermutlich in erster Linie ein Zeichen von Besitzdenken gewesen. Aber mittlerweile lebten wir im einundzwanzigsten Jahrhundert. Ich war niemandes Eigentum. Und meine »Jungfräulichkeit« konnte ich »verschenken«, an wen ich wollte.

»Ja«, flüsterte ich zurück und griff in meinen Nacken, um die Schleife meines Kleids zu lösen. »Ja, ich bin mir sicher.«

Gott sei Dank ließ Liam sich Zeit. Er sorgte dafür, dass ich zum Höhepunkt kam, bevor er sich ein Kondom überzog und langsam in mich eindrang, so dass ich wirklich bereit für ihn war. Weh tat es trotzdem. Nach einer Weile ließ der Schmerz nach, und es fühlte sich ganz okay an. Liam hatte auf alle Fälle seinen Spaß. Er versuchte sich zurückzuhalten, bis ich ein zweites Mal gekommen war, aber es klappte nicht. Während er sich in mir bewegte, musste ich die ganze Zeit nur daran denken, wie gründlich ich mir alles vermasselt hatte.

Mit vierzehn Jahren hatte ich mir geschworen, dass ich mein erstes Mal mit jemandem erleben würde, den ich liebte.

Stattdessen lag ich jetzt in einem Hotelzimmer und ließ zu, dass ein Junge, den ich allenfalls ganz nett fand, sich leichtfertig das nahm, was ich ihm mit derselben Leichtfertigkeit angeboten hatte. Als Liam fertig war, lag mir die Enttäuschung wie ein Stein im Magen.

Ich lag wach, hörte ihn neben mir schnarchen und verfluchte mich dafür, dass ich mich von Wut und Eifersucht zu so einer Dummheit hatte hinreißen lassen.

* * *

Irgendwann hielt ich es nicht länger aus. Gegen vier Uhr morgens schlich ich mich aus dem Hotelzimmer und ließ mir an der Rezeption ein Taxi rufen. Die Frau am Empfang registrierte meine wirren Haare und das freizügige Kleid und wusste sofort, was ich getrieben hatte. Als sie schmunzelte, kam ich mir billig vor, allerdings wurde mir schnell klar, dass dies vor allem daran lag, dass ich selbst glaubte, mich billig verhalten zu haben.

Im Taxi kämpfte ich mit den Tränen und hatte den Kampf fast schon verloren, als ich leise die Haustür aufschloss. Ich schlich gerade zur Treppe, als ein Kopf in der Küchentür auftauchte und ich vor Schreck beinahe einen Herzinfarkt bekam. Ich schnappte nach Luft und presste mir die Hand auf die Brust.

Im Licht, das durch die offene Küchentür fiel, stand Adam. Er winkte mich mit gekrümmtem Finger zu sich heran, und als ich näher kam, sah ich ihn im Geiste mit der Frau vom Catering. Auf einen Schlag kam die ganze Wut wieder hoch.

Ich folgte ihm in die Küche und schloss die Tür. Als ich ihm ins Gesicht sah, fiel mir auf, dass seine Augen blutunterlaufen waren. Kaffeeduft erfüllte den Raum, und ich sah mehrere Scheiben Käsetoast auf einem Teller liegen. Anscheinend versuchte er den Symptomen eines Katers zuvorzukommen. Ich war so sehr mit diesen Betrachtungen beschäftigt, dass ich seinen Ärger gar nicht wahrnahm.

»Wo zum Teufel warst du?«, fuhr er mich an.

Ich sah ihn wütend an und gab ihm die Schuld an meinem verpatzten ersten Mal. »Weg.«

»Wo?«

»Weg halt.«

Er verengte die Augen. »Mit wem?«

»Liam.«

Von einem Moment auf den anderen verdüsterte sich Adams Miene, und er machte einen Schritt auf mich zu. Sein Blick glitt über mein zerzaustes Haar und blieb schließlich an meinem Mund hängen. Er starrte ihn so lange an, bis ich mir an die Lippen fasste, weil ich mich fragte, was um alles in der Welt so faszinierend daran war. »Was habt ihr gemacht?«, fragte er schroff.

Dies war der Moment im Verhör, an dem ich die Geduld verlor, was sich in einer Mischung aus Gleichgültigkeit und Trotz äußerte. »Ich bin achtzehn, Adam. Ich darf Sex mit meinem Freund haben.«

Ein Zucken ging durch seinen Körper, als hätte ich ihn angeschossen. »Sex?«, würgte er hervor.

Ich hob die Schultern und tat so, als würde mein Herz nicht wie verrückt gegen die Rippen hämmern. »Das war mein Geburtstagsgeschenk an mich selbst.«

Er schluckte. »Willst du damit sagen … dass du gestern Nacht deine Jungfräulichkeit verloren hast?«

Ich nickte langsam. Die Schärfe in seinem Ton machte mir ein klein wenig Angst.

Nach diesem Geständnis blitzte etwas in Adams Augen auf. Ich stand da und wand mich unter seinem Blick, während er mich von Kopf bis Fuß musterte. Ich errötete, weil ich nicht wusste, was hier gerade passierte. Doch dann brachte Adam Klarheit in die Situation, indem er sich ruckartig umdrehte und die Küchentür aufstieß. Ohne auf die Schlafenden Rücksicht zu nehmen, stürmte er aus dem Haus. Die Tür fiel krachend hinter ihm ins Schloss.

Ich holte tief Luft. Erst jetzt erkannte ich, was die Schärfe in seinem Ton bedeutet hatte.

Adam betrachtete sich als meinen großen Bruder. Kein großer Bruder wollte hören, dass seine kleine Schwester eine Nummer geschoben hatte. Und mehr noch: Ich fragte mich, ob er vielleicht genauso enttäuscht von mir war wie ich selbst. Er kannte mich. Er wusste, dass ich an Sterne und Sonnenuntergänge und »Sie lebten glücklich bis an ihr Lebensende« glaubte. Ich hatte meine Überzeugungen verraten, indem ich mit einem Jungen, den ich kaum kannte, aus einer Laune heraus Sex gehabt hatte.

Jetzt begannen die Tränen zu fließen, und mit verschleiertem Blick eilte ich nach oben in mein Zimmer. Dort schnappte ich mir frische Unterwäsche und meinen Schlafanzug und ging damit ins Bad. Eine halbe Stunde lang stand ich weinend unter der Dusche.

Wenigstens, sagte ich mir, hatte ich eine wertvolle Lektion gelernt.

Ich hatte gelernt, dass es einige Dinge im Leben gab, die man nicht zurückbekommen konnte.

Kapitel 4

Adam ließ das Tagebuch sinken und sah zu mir auf. In seinen Augen spiegelte sich Reue, doch mir war es nicht darum gegangen, dass er sein Verhalten von damals bereute. Er sollte nur wissen, dass ich, obwohl es am Ende anders gekommen war, mir mein erstes Mal immer mit ihm gewünscht hatte.

»Baby, es tut mir leid«, flüsterte er.

Ich schüttelte tröstend den Kopf. »Nicht. Das war nicht meine … Ich wollte bloß, dass du weißt, dass es immer nur um dich ging.«

»Aber dein erstes Mal hätte was Besonderes sein sollen, Els. Es hätte romantisch sein sollen.«

Ich zuckte die Achseln. »Aufs große Ganze gesehen ist das nicht das Schlimmste, was mir passiert ist. Dad –«

»Douglas ist ein paar Tage nach deinem Geburtstag gestorben«, beendete Adam mit leiser Stimme meinen Satz.

»Ja«, wisperte ich und erinnerte mich daran, was für ein Gefühlschaos der Tod meines Vaters in mir ausgelöst hatte. Ich hatte getrauert, konnte mir aber nicht darüber klarwerden, ob ich um die Vorstellung von einem Vater oder um den echten Douglas Carmichael getrauert hatte. Erschwerend kam noch hinzu, dass er mir eine ganze Menge Geld vermacht hatte. Ich brauchte lange, um mir darüber klarzuwerden, wie es mir damit ging. Vom »Ich war wütend auf ihn, und als er starb, war ich immer noch wütend«, das mir ständig durch den Kopf ging, ganz zu schweigen.

Adam rückte näher, legte den Arm um mich und zog mich an sich. »Ellie, ich dachte, du fühlst dich deswegen nicht mehr schuldig. Er war ein beschissener Vater. Du hattest jedes Recht, wütend auf ihn zu sein, ganz egal, was passiert ist.«

Ich nickte, schmiegte mich an ihn und atmete seinen Duft und den seines Aftershaves ein. Er roch immer so gut.

Wir saßen eine Zeitlang schweigend da, bis Adam sagte: »Nur damit du's weißt, ich kann mich kaum noch daran erinnern, was damals zwischen mir und dieser Frau vom Catering gelaufen ist. Und ich hatte keine Ahnung, dass ich das auf deiner Party zu dir gesagt habe – dass du schön bist und ich mir die ganze Zeit Sorgen um dich mache. Verdammt widersprüchliche Signale. Ich war ganz schön betrunken an dem Abend.«

»Ich weiß. Aber am Ende hattest du recht, was Liam anging. Er hat mich mit Allie betrogen.«

Adam versteifte sich. »Deswegen hast du aufgehört, mit Allie zu reden? Warum hast du mir nichts gesagt?«

»Weil du ihn dann verprügelt hättest.«

»Stimmt.«

Ich schnaubte. »Immer musstest du meine Kämpfe für mich ausfechten.«

»*Mit* dir, Baby. Mit dir, nicht für dich.«

Diese Beschreibung gefiel mir. Ich wandte mich ihm zu, küsste ihn und genoss das mittlerweile vertraute Gefühl seines Mundes an meinem. Dann löste ich mich von ihm und legte nachdenklich den Kopf schief. »Ich dachte, das Jahr, in dem du angefangen hast, mich mit anderen Augen zu sehen, wäre das Jahr nach meinem achtzehnten Geburtstag gewesen.«

»Das Jahr nach …?« Adam zog die Augenbrauen zusammen und dachte angestrengt nach. Dann hellte sich sein Gesicht urplötzlich auf. »Der Beinahe-Kuss.«

Während er noch in die Lektüre vertieft gewesen war, hatte ich das Tagebuch mit dem Ereignis gefunden, von dem ich glaubte, dass es für Adam den Punkt markiert hatte, an dem sich seine Wahrnehmung von mir gewandelt hatte. Ich hielt es ihm hin, und er nahm es mit einem kleinen Lächeln entgegen.

Freitag, 5. Juli

Heute Abend hatte ich mein erstes Date mit einem erwachsenen, kultivierten und, na ja, HEISSEN Mann. Ich bin mir nur nicht ganz sicher, wer dieser Mann war …

Als Christian mir beim Aussteigen aus dem Taxi half, fragte ich mich unwillkürlich, ob ich in ihm den Richtigen gefunden hatte. Christian war gutaussehend, charmant, ein echter Gentleman, und er hatte Klasse. Zum Lachen hatte er mich bisher noch nicht gebracht, aber ich war überzeugt, dass das noch kommen würde, wenn wir uns erst ein wenig besser kannten.

Er lächelte, als ich den Saum meines schwarzen Kleids herunterzog. Es war mir im Taxi hochgerutscht. »Du siehst atemberaubend aus.«

Ich errötete. Wenn er mich so anschaute, *fühlte* ich mich auch atemberaubend. Ich trug ein schlichtes schwarzes ärmelloses Kleid, das mit seinem hohen Ausschnitt und dem bis zur Mitte des Oberschenkels reichenden Saum einigermaßen züchtig geschnitten war, allerdings schmiegte es sich hauteng an meinen Körper, so dass nur sehr wenig der Phantasie überlassen blieb. Es war ein elegantes Kleid mit einem Hauch von Sinnlichkeit.

Ich hatte es am selben Tag extra für Christian gekauft.

Wir hatten uns eine Woche zuvor im Studentenwerk kennengelernt. Christian studierte Jura, war zwei Jahre älter als ich und kam aus einer wohlhabenden, angesehenen Familie, die allen Ernstes einen »Landsitz« in den Highlands besaß. Natürlich hatte das nichts damit zu tun, weshalb ich mich zu ihm hingezogen fühlte. Ich interessierte mich für seine Persönlichkeit, und ich mochte die Art, wie er sich bei unserer ersten Begegnung verhalten hatte – mit erfrischender Offenherzigkeit. Er hatte mir das Gefühl gegeben, dass ich ihm gegenüber genauso offen und ehrlich sein konnte. Dass ich bei ihm ich selbst sein durfte.

Christian hatte mir erzählt, dass seine Familie neben dem Landsitz auch noch ein Haus in Corstorphine, einem lebendigen Vorort im Westen von Edinburgh, besaß. Seine Eltern hatten es gekauft, als seine Schwester nach Edinburgh gezogen war und eine Familie gegründet hatte. Mittlerweile war sie mit ihrem dritten Kind schwanger, und die gesamte Familie lebte in Edinburgh, um in ihrer Nähe zu sein. Ich fand, das sprach Bände, und konnte es kaum erwarten, seine Familie endlich kennenzulernen.

Zu meiner großen Freude hatte Christian für unser erstes Date einen Tisch im *La Cour* reserviert. Es hatte noch keine Gelegenheit gegeben, ihm mitzuteilen, dass das Restaurant Braden gehörte – er hatte es von unserem Vater geerbt. Als wir das Restaurant betraten, öffnete ich den Mund, um es Christian zu sagen, doch er begann sofort über die Speisekarte zu sprechen und über die Gerichte, die er für mich zu bestellen gedachte. Ich wollte ihn gerade darüber aufklären, dass ich genau wusste, was ich bestellen wollte, da ich öfter im *La Cour* gegessen hatte, als ich zählen konnte, als ich Adam meinen Namen rufen hörte.

Wir wurden gerade vom Oberkellner an unseren Tisch begleitet, blieben nun jedoch stehen. Ich sah mich um. Adam saß mit einer attraktiven dunkelhaarigen Frau an einem Tisch in der Mitte des Restaurants. Ich unterdrückte die Eifersucht, die in mir aufkeimte, und rief mir in Erinnerung, dass ich einen phänomenalen Mann an meiner Seite hatte und diese attraktive Brünette bloß eine der unzähligen Sexpartnerinnen von Adam war. Adam war gewissermaßen eine männliche Schlampe.

Aber er war *meine* Schlampe, und ich musste einfach, Christian im Schlepptau, mit einem strahlenden Lächeln auf ihn zugehen, weil ich mich jedes Mal freute, ihn zu sehen.

Adam schaute grinsend zu mir hoch. Beim Anblick von Christian verrutschte sein Grinsen ein wenig. Er taxierte ihn von oben bis unten und richtete dann den Blick seiner wunderschönen Augen auf mich, um mit einem verhaltenen Lächeln mein Kleid zu mustern. Als er mir danach ins Gesicht sah, waren seine Augen voller Zärtlichkeit. »Du siehst absolut phantastisch aus, Els.«

Bei diesem Kompliment errötete ich nicht nur, ich ging regelrecht in Flammen auf. »Danke«, murmelte ich und wandte mich dann mit einem höflichen Lächeln an seine Begleiterin. »Hallo.«

Sie funkelte mich an.

Nun ja.

»Adam, das hier ist Christian.«

Adam fertigte Christian mit einem brüsken Nicken ab und machte dann eine Geste in die ungefähre Richtung der Brünetten. »Das ist Megan.«

»Es heißt Meagan«, korrigierte sie ihn schnippisch, wobei sie es wie »Miegan« aussprach.

Adam unterdrückte einen leidgeprüften Seufzer. Oje. Offenbar lief seine Verabredung nicht sonderlich gut.

»Wir gehen besser an unseren Tisch.« Christian zog sanft an meinem Ellbogen.

Ich schenkte Adam ein weiteres Lächeln. »Einen schönen Abend noch.«

»Dir auch, Kleines.« Ich wollte Christian folgen, hatte aber nur einen Schritt gemacht, als ich ein Ziehen am Saum meines Kleides spürte. Ich sah nach unten und bekam gerade noch mit, wie Adam das Preisschild abriss. Ich wurde rot, als er mir zuzwinkerte.

Ich schloss kurz die Augen. Ich hatte das Etikett drangelassen. Solche Sachen passierten mir andauernd. Gott, hoffentlich hatte Christian es nicht bemerkt. Ich schlug die Augen wieder auf, ignorierte ganz bewusst Adams Begleiterin und formte ein lautloses, von Herzen kommendes »Dankeschön« mit den Lippen. Adam grinste mich an, und ich musste mir ein Lachen über mich selbst verkneifen, bevor ich davoneilte, um mich zu Christian an unseren Tisch am anderen Ende des Gastraums zu gesellen.

»Wer war das?«, erkundigte Christian sich beiläufig, als wir uns gesetzt hatten.

»Der beste Freund meines Bruders«, antwortete ich mit derselben Beiläufigkeit. »Wir sind praktisch zusammen aufgewachsen.«

Christian nickte und bestellte dann Weißwein für uns. Ich trank lieber roten.

Wir unterhielten uns, während wir auf die Rückkehr des Kellners warteten, und Christian erzählte mir alles über ein Wohltätigkeitsprojekt, das er ins Leben gerufen hatte. Er verstummte, als der Kellner an unseren Tisch kam, und machte Anstalten, für mich zu bestellen. Ich beschloss, dies nicht anmaßend, sondern charmant zu finden, informierte ihn aber trotzdem darüber, dass dies das Restaurant meines Bruders sei und ich daher wisse, was ich essen wollte. Er war beeindruckt, dass Braden das *La Cour* gehörte, und die nächsten fünf Minuten erzählte ich ihm ein bisschen über Bradens diverse geschäftliche Aktivitäten.

Danach drehte sich das Gespräch wieder um Christian.

Als der zweite Gang kam, waren meine Hoffnungen, er könnte der Richtige sein, so gut wie dahin. Nicht ein einziges Mal hatte er bisher aufrichtiges Interesse an mir gezeigt, und je stärker ich spürte, wie selbstbezogen er war, desto öfter musste ich daran denken, dass Adam auf der anderen Seite des Raums saß. Adam, dessen Augen jedes Mal vor Interesse leuchteten, sobald ich auch nur den Mund aufmachte.

Ich hatte gerade die Gabel in die Hand genommen, um ein Stück von meinem Steak zu essen, als ich ein Handy klingeln hörte. Debussy. Im Ernst? Sogar sein Klingelton war prätentiös.

Ja, zu diesem Zeitpunkt war von der schönen Fassade definitiv nicht mehr viel übrig.

Christian zog das Handy aus der Tasche, nahm ab und machte große Augen. »Ich komme sofort.« Er steckte das Handy wieder ein und erhob sich.

Ich starrte ihn mit unverhohlenem Entsetzen an. Wollte er mich etwa alleine hier sitzen lassen? Während unseres Dates?

»Bei meiner Schwester haben die Wehen eingesetzt«, erklärte er, und ich sah zu, wie er ein Bündel Geldscheine auf den Tisch legte. »Bleib noch und iss zu Ende.« Er beugte sich vor und gab mir einen Kuss auf die Wange. »Ich melde mich.« Und schon war er weg.

Ich konnte ihn schlecht dafür hassen, dass er mich bei unserem ersten Date im Regen stehenließ, um an die Seite seiner gebärenden Schwester zu eilen. Bei diesem Gedanken ließ ich mich gegen meine Stuhllehne sinken. Christian war offensichtlich ein guter Mensch. Nur war er leider unendlich selbstbezogen. Mir ging auf, dass das schon letzte Woche bei unserem Treffen im Studentenwerk der Fall gewesen war und ich sein Verhalten in meinem übermäßig romantischen Hirn lediglich verdreht und irrigerweise für Offenheit und Ehrlichkeit gehalten hatte.

Frustriert starrte ich auf mein Essen.

Eine Hand landete auf der Rückenlehne meines Stuhls, und ein Schatten fiel auf mich. Ich hob den Kopf und erblickte Adam, der sich stirnrunzelnd von hinten über mich beugte.

»Wo zum Teufel ist er hin?«, knurrte er.

Gott, ich liebte ihn.

»Bei seiner Schwester haben die Wehen eingesetzt.«

Adam entspannte sich ein klein wenig, rührte sich aber nicht von der Stelle.

»Ist schon gut«, versicherte ich ihm. Es war *nicht* gut. Am liebsten hätte ich geheult. Und das wusste er.

Er richtete sich auf und rief einen der Kellner bei seinem Namen. »Könnten Sie uns an einem größeren Tisch platzieren?«

»Selbstverständlich, Mr Sutherland.«

»Adam, nein«, protestierte ich. »Ich werde bestimmt nicht deine Verabredung sprengen.«

Er griff meine Hand und zog mich hoch. »Du hast dich extra hübsch gemacht, da sollst du wenigstens dein Essen in Ruhe genießen können.«

Adam hielt meine Hand, während er mit mir zu dem neuen Tisch ging, und forderte die Brünette mit einer knappen Kopfbewegung auf, sich zu uns zu gesellen. Er setzte sich neben mich, und Meagan nahm ihm gegenüber Platz. Ihre grünen Augen blitzten vor Ärger.

»Ellie isst mit uns«, teilte Adam ihr in einem Tonfall mit, der keinen Widerspruch duldete.

»Entschuldigung«, murmelte ich.

»Du musst dich nicht entschuldigen«, wies Adam mich zurecht. »Dazu besteht überhaupt kein Grund.«

Die Kellner beeilten sich, unsere Teller an den neuen Tisch zu bringen, und sobald wir angefangen hatten zu essen, fragte Adam mich nach Christian.

»Tja«, seufzte ich, nachdem ich einen Bissen butterzartes Steak hinuntergeschluckt hatte. »Vor vierzig Minuten dachte ich noch, er wäre der perfekte Mann. Vor vierzig Minuten wusste ich auch noch nicht, dass er über meinen Kopf hinweg bestellen oder ohne Punkt und Komma über sich selbst reden würde.«

Adam grinste. »Über seine Haare? Ich wette, er könnte problemlos vierzig Minuten damit füllen, wie lange es gedauert hat, die Tolle richtig hinzubekommen – welches Styling-Mousse er verwendet und warum, die Menge, die er braucht, um exakt die richtige Festigkeit und den richtigen Schwung zu erzielen …«

Ich kicherte albern. Er hatte es geschafft, mich aufzuheitern. Und es stimmte, Christian hatte eine ziemlich große Haartolle. Vor vierzig Minuten war ich noch der Ansicht gewesen, sie sei Ausdruck von Individualität und Stilbewusstsein. Inzwischen musste ich Adam recht geben. Der Mann verbrachte wahrscheinlich mehr Zeit mit seinen Haaren als ich, und das war selten ein gutes Zeichen.

Während des gesamten Essens brachte Adam mich immer wieder zum Lachen, so dass ich meinen verdorbenen

Abend schnell vergaß. Erst als der Kellner kam, um unsere Teller abzuräumen und uns die Dessertkarte anzubieten, fiel mir wieder ein, dass Meagan auch noch da war. Sie rief sich uns ins Gedächtnis, indem sie laut den Stuhl zurückschob und Adam einen mordlustigen Blick zuwarf. »Mir ist gerade eingefallen, dass ich morgen früh rausmuss. Danke für das Abendessen, Adam. Man sieht sich.«

Bevor Adam etwas erwidern konnte, hatte sie auf den Absätzen ihrer Designer-Stilettos kehrtgemacht und war aus dem Restaurant gerauscht.

Ich fühlte mich schrecklich. Adam und ich hatten uns kein bisschen Mühe gegeben, sie in unser Gespräch mit einzubeziehen. Das war wirklich gemein von uns.

Adam musste meine schuldbewusste Miene bemerkt haben, denn er sah mich an und schüttelte den Kopf. »Mach dir keine Gedanken, Kleines. Die Frau ist eine launische Ziege, seit ich sie heute Abend abgeholt habe, hat sie nur gemeckert. Aufmerksamkeitssüchtig ist gar kein Ausdruck.«

Ich schenkte ihm ein mitfühlendes Lächeln. »Dann sieht es wohl so aus, als hätten wir uns gegenseitig vor unseren lausigen Dates gerettet.«

»Sieht wohl so aus«, feixte er und widmete sich der Karte. »Also, was nimmst du zum Nachtisch?«

»Das müssen wir nicht machen«, protestierte ich leise. »Wir können auch einfach zahlen, ich gehe nach Hause, und du kannst den Rest des Abends so verbringen, wie du möchtest.«

Er hob den Kopf und sah mich an, als hätte ich einen Knall. »Halt den Mund, Els, und such dir ein Dessert aus.«

Ich verkniff mir ein Lächeln und studierte die Karte.

* * *

Wir traten hinaus in die laue Sommernacht. Adam nahm meinen Arm und hakte sich bei mir unter. »Und wohin jetzt?«

Ich blinzelte verdutzt. Ich war davon ausgegangen, dass ich nach Hause fahren würde. »Hm, worauf hast du denn Lust?«

»Die *Voodoo Rooms* sind nur fünf Minuten von hier, und ich kenne die Barkeeper, wir würden also auf jeden Fall einen Platz bekommen.«

Ich nickte und musste mein Herz daran hindern, im wilden Galopp davonzupreschen. Adam ging mit mir etwas trinken. Er war noch nie mit mir allein etwas trinken gegangen. Seit kurzem gingen er, Braden und ich hin und wieder gemeinsam aus, aber nie waren es nur Adam und ich.

Als wir Arm in Arm die Straße entlangschlenderten, erlaubte ich mir, mich der Phantasie hinzugeben, wir wären ein Paar. So wirkten wir bestimmt auf die anderen Passanten. Meine Brust zog sich vor Sehnsucht zusammen.

Unerwiderte Liebe war nicht halb so romantisch, wie in den Büchern immer behauptet wurde.

»Wen kennst du eigentlich nicht in dieser Stadt?«, neckte ich ihn, um ein halbwegs unverfängliches Verhalten bemüht.

Adam grinste. »Es gibt ein paar Leute, die mir noch nicht vorgestellt wurden.«

Ich musste lachen. Adam und Braden bezeichneten Edinburgh immer als »ihre Stadt«, und das meinten sie fast wörtlich. Sie hatten überall Bekannte, und jedes Mal, wenn ich mit ihnen unterwegs war, verbrachten wir die Hälfte der Zeit damit, Leute zu grüßen, die sie von irgendwoher kannten. Manche hätten vielleicht eingewandt, dass Adam niemals eine so enge Beziehung zur Stadt gehabt hätte, wäre er nicht als Bradens bester Freund aufgewachsen. Im Gegensatz zu uns kam Adam nicht aus einer privilegierten Familie. Seine Eltern waren ganz normale Leute, die nie den Eindruck erweckt hatten, dass sie Eltern hatten werden wollen. Adam war ein Unfall gewesen. Obwohl sie ihn nie vernachlässigt oder schlecht behandelt hatten, waren sie ihm gegenüber stets distanziert gewesen, so hatte er den Großteil seiner Kindheit bei Braden verbracht und über die langen Sommer geklagt, in denen Braden mit seiner Mutter in Europa war. Sobald Adam achtzehn wurde und in eine Studentenwohnung zog, für die er sich hoch verschuldete, bestiegen seine Eltern ein Flugzeug und wanderten nach Australien aus. Sie ließen einmal im Monat von sich hören. Als Geschenk zum Uni-Abschluss hatte Braden Adams Schulden bezahlt. In seinem Stolz hatte Adam natürlich abgelehnt, bis Braden ihn abgefüllt und seine gelallte Zustimmung mit seinem iPhone aufgezeichnet hatte. Ich hatte die Aufnahme gehört. Adam sagte so oft »Ich liebe dich, Alter, du bist der Beste«, dass ich mir vor Lachen fast in die Hosen gemacht hätte.

In Wahrheit hatte Adams Herkunft keinerlei Bedeutung. Ich war überzeugt davon, dass er, selbst wenn Braden ihm nicht so viele Türen geöffnet hätte, dank seiner Ausstrahlung und seines Charmes immer jemand gewesen wäre, den die Leute kannten, mochten oder ins Bett kriegen wollten.

Als wir bei den *Voodoo Rooms* ankamen, war das Abendessen gerade vorbei, und es herrschte Hochbetrieb.

»Adam«, rief ein Barkeeper, kaum dass wir den Club betreten hatten. Adam nickte ihm zu. »Ich besorge euch einen Tisch.«

Wir folgten ihm, als er einen Tisch ansteuerte, den ein Pärchen gerade frei gemacht hatte, und ihn mit einem feuchten Tuch abwischte. Der Mann beäugte mich, als ich auf die Bank rutschte, und warf Adam dann ein anerkennendes Lächeln zu, das mich bis in die Haarwurzeln erröten ließ.

»Was kann ich euch bringen?«

»Ich nehme einen Whiskey mit Ginger-Ale. Els, was möchtest du?«

»Für mich einen Mojito, bitte.«

Adam machte es sich in der Sitznische neben mir bequem und legte den Arm hinter mir auf die Rückenlehne. Aus irgendeinem Grund war ich schrecklich verkrampft und suchte fieberhaft nach einem Gesprächsthema.

»Tut mir leid, dass dein Date so furchtbar war.«

Adam zuckte mit den Schultern. »Dann feiere ich eben mit dir.«

»Feiern?«

Er grinste mich an. Er strahlte eine fast kindliche Freude aus, und als er mich ansah, fuhr mir sein Blick direkt zwischen die Beine. Ich brauchte wirklich dringend Hilfe. »Ich bin jetzt ganz offiziell ein eingetragener Architekt.«

Ich öffnete den Mund zu einem stummen Freudenschrei und warf ihm impulsiv die Arme um den Hals. »Herzlichen Glückwunsch!«

Er lachte dicht an meinem Ohr, und ich erschauerte. Das Gefühl seiner starken, kreativen Hände an meinem Rücken war einfach berauschend. »Danke, Kleines.«

»Weiß Braden es schon?«, fragte ich und machte mich von ihm los.

»Ja. Er hat mir gratuliert, indem er mir eine Festanstellung angeboten hat.«

Ich lachte. Das war typisch Braden.

Adam hatte seine nötige Praxiserfahrung erworben, indem er Seite an Seite mit Bradens Architekten gearbeitet hatte. Im vergangenen Jahr hatte er die Arbeit so gut wie alleine bewältigt, und nun, da sämtliche Anforderungen erfüllt waren, hatte er sich bei der Architektenkammer registrieren lassen.

»Ich freue mich wahnsinnig für dich.«

»Ich weiß. Deswegen bin ich auch viel lieber mit dir hier als mit Megan.«

»Meagan«, korrigierte ich.

»Wie auch immer«, brummte Adam.

Unsere Getränke kamen, und ich stellte ihm Fragen zu dem Projekt, an dem er und Braden gerade arbeiteten. Danach erkundigte Adam sich nach meinem Studium. Ich hatte mich entschieden, Kunstgeschichte zu studieren, in der hochfliegenden Hoffnung, eines Tages Kuratorin einer Galerie zu werden. Seit ich meine ersten Seminare und Vorlesungen besucht hatte, liebäugelte ich allerdings mit der Idee einer Karriere in Lehre und Forschung. Clark, der an derselben Universität eine Professur für alte Geschichte innehatte, war sehr stolz und freute sich, dass ich in seine Fußstapfen treten wollte. Als ich Braden eröffnet hatte, dass ich darüber nachdachte, einen Doktor in Kunstgeschichte zu machen, hatte er mir Adams patentierten ›Bist du jetzt völlig übergeschnappt?‹-Blick zugeworfen, aber dann hatte er mich auf die Stirn geküsst und gesagt, ich solle tun, was immer mich glücklich mache.

Der Abend schien wie im Flug zu vergehen, und ehe ich wusste, wie mir geschah, war ich bei meinem dritten Mojito angekommen und schmiegte mich enger an Adam. Ich lachte ausgelassen, als Adam Anekdoten über sich und meinen Bruder und ihre gemeinsamen Eskapaden zum Besten gab.

Für die Außenwelt waren die beiden zwei reife Männer Mitte zwanzig.

Aber ich wusste es besser.

Ich wischte mir Lachtränen aus den Augen und griff erneut nach meinem Glas. »Ihr zwei seid wirklich Idioten.«

»Pst, das ist ein Geheimnis.«

Ich grinste ihn an. Er warf mir ein Lächeln zu, das jedoch auf seinen Lippen gefror.

»Was?«, hauchte ich. Mein Herz blieb stehen.

Er schluckte und schüttelte den Kopf. »Manchmal frage ich mich nur, wo die Zeit geblieben ist.«

»Ich weiß. Wir sind alle erwachsen geworden«, zog ich ihn auf.

Er schaute mir forschend ins Gesicht. Seine Miene war unergründlich. »Ja, das sind wir«, murmelte er, und etwas an der Art, wie er es sagte, ließ die Luft zwischen uns plötzlich knistern, als wäre sie elektrisch aufgeladen. Ich bin mir ganz sicher, dass ich aufhörte zu atmen. Seine Augen waren dunkel und auf mich fokussiert, und ich spürte, wie die sinnliche Hitze seines Blicks zu meiner Körpermitte glitt. Nervös fuhr ich mir mit der Zunge über die Lippen. Er fixierte meinen Mund.

Ich fing seinen Blick ein.

Keine Ahnung, wer von uns beiden sich zuerst bewegte. Kam ich ihm entgegen oder er mir? Oder wir beide einander? Wer auch immer es war, unsere Gesichter waren sich mit einem Mal so nahe, dass unsere Münder sich beinahe berührten. Ich konnte seinen Atem auf meinen Lippen spüren, so wie er wahrscheinlich meinen Atem auf seinen Lippen spürte. Der Geruch von Whiskey und Adam versetzte meine Hormone in Aufruhr. Mein Brustkorb begann sich hektisch zu heben und zu senken. Ich war voller Spannung, Hoffnung und Erwartung.

Ich bewegte den Kopf ein kleines Stück auf ihn zu, und unsere Lippen berührten sich unmerklich. Und doch jagte mir diese zarteste aller Berührungen einen Schauer der Lust durch den ganzen Körper.

Adam machte einen Laut tief unten in der Kehle und war drauf und dran, mir das letzte kleine Stück entgegenzukommen …

… aber dazu sollte es nicht kommen. Aus seiner Sakkotasche erklang der Klingelton eines Handys und ertränkte die Magie des Augenblicks in einem Kübel Eiswasser. Ich fuhr von ihm zurück und sah, wie sich ein dunkler Schatten über sein Gesicht legte, als ihm bewusst wurde, was um ein Haar passiert wäre. Mit zusammengebissenen Zähnen griff er in seine Tasche und zog das Handy hervor, das jedoch bereits wieder aufgehört hatte zu klingeln. Er hob den Blick und verkündete düster: »Braden.«

Ich nahm an, dass er damit sagen wollte, der Anruf sei von Braden gewesen, aber wahrscheinlich steckte noch mehr dahinter. Dass ich mit dieser Vermutung richtiglag, bestätigte sich, als er hastig unsere Drinks bezahlte, mich in ein Taxi setzte und damit unserem Abend ein abruptes Ende bereitete.

Ich war Ellie, Bradens kleine Schwester. Für Adam würde ich immer Bradens kleine Schwester bleiben, und das hieß, ich war tabu.

Als ich später im Bett lag, wünschte ich Adam Sutherland zum Mond. Hätte er mir nicht schon vorher alles ruiniert, hätte er es an diesem Abend definitiv getan.

Eine Berührung unserer Lippen.

Eine winzige Berührung unserer Lippen hatte den Funken entfacht, auf den ich gewartet hatte, seit ich mit fünfzehn beim Bowling Pete Robertson geküsst hatte. Wer auch immer danach kam, musste sich an hohen Erwartungen messen lassen.

Kapitel 5

Ich bin in Panik geraten«, räumte Adam ein. Er warf mir ein verschmitztes Lächeln zu. »Ich war noch nie so hart von einer bloßen Lippenberührung. Danach wollte ich dich jedes Mal vögeln, wenn wir uns gesehen haben.«

Errötend gab ich ihm einen kleinen Klaps. Adam drückte sich oft absichtlich derb aus, weil er wusste, dass es mich gleichermaßen in Verlegenheit brachte wie erregte. Ich hatte es immer gehasst, wenn andere Leute das Wort »vögeln« benutzten, um Sex zu beschreiben. Es klang gefühllos und gleichgültig. Aber seit ich mit Adam zusammen war, hatte ich entdeckt, dass es, wenn man jemanden liebte und wusste, dass man zurückgeliebt wurde, die unterschiedlichsten Arten von Sex gab. Am einen Ende des Spektrums befand sich der zärtliche, süße, langsame Sex, den ich als »Liebe machen« bezeichnen würde, und am anderen Ende der harte, wilde »Ich kann nicht genug von dir bekommen«-Sex, auf den definitiv die Bezeichnung »vögeln« zutraf. Adam war versiert in beiden Varianten.

Ich dachte über seine Worte nach. »Das hast du aber gut verborgen.«

»Hm«, machte er. »Ich weiß nicht.« Er warf noch einen Blick in das Tagebuch und runzelte die Stirn. »Was ist eigentlich aus diesem Christian geworden?«

»Ich habe ihn höflich abserviert, als er das nächste Mal angerufen hat, um mich erneut um ein Date zu bitten.«

»Ich würde ja sagen ›der Arme‹, aber ich musste fünf Jahre lang damit leben, dich zu wollen und nicht haben zu können.«

»Das war ganz allein deine Schuld.« Ich suchte nach dem nächsten Tagebuch. Sobald ich es in der Hand hielt, war es nicht weiter schwer, den entsprechenden Eintrag zu finden, da es sich um eine Nacht handelte, die ich vermutlich nie vergessen würde. »Neun Monate bevor Joss nach Edinburgh gekommen ist … Ein perfektes Beispiel dafür, dass es einzig und allein deine Schuld war.«

Sonntag, 23. Oktober

Das war's. Ich gebe es auf. Ich bin am Ende. Verwirrt und gedemütigt. Und verletzt. Gott – »verletzt« beschreibt es nicht mal ansatzweise …

Eigentlich hätte ich den Samstagabend mit Jenna und ein paar Mädels von der Uni verbringen sollen. Unser Plan war es, Cocktails zu schlürfen und über alles außer über unsere Abschlussprüfungen zu reden. Stattdessen saß ich in einem Taxi auf dem Weg zu Adams Wohnung an der Fountain Bridge. Ich hätte zu Fuß gehen können, aber ich hatte es eilig. Ich wollte mich so schnell wie möglich vergewissern, dass es ihm gutging.

Außerdem musste ich ihm unbedingt dafür danken, dass er mich wieder einmal verteidigt hatte, so wie er mich immer verteidigte.

Das letzte Wochenende war furchtbar gewesen. Und das war noch milde ausgedrückt.

Ich war hintergangen worden. Nicht zum ersten Mal. Aber diesmal war es schlimmer als jemals zuvor. Die letzten fünf Monate lang war ich mit Richard Stirling ausgegangen und hatte in dem Glauben gelebt, ich wäre mit einem netten, geradlinigen Mann zusammen, der in Glasgow für eine Personalagentur arbeitete. Dann hatte ich jedoch erfahren, dass er in Wirklichkeit der Spitzel eines mit Braden konkurrierenden Unternehmers hier in Edinburgh war. Ein Projektentwickler war so sehr darauf erpicht, Braden beim Kauf eines begehrten Baugrundstücks unten am Commercial Quay auszustechen, dass er Richard damit beauftragt hatte, sich an mich heranzumachen, um die Höhe von Bradens Gebot in Erfahrung zu bringen und ihn zu überbieten.

Ich hatte Rich nicht geliebt, aber ich hatte den Schleimbeutel in mein Leben gelassen und in mein Bett. Ich hatte mich ihm geöffnet. Ich glaube, ich war mir in meinem ganzen Leben noch nie so dumm vorgekommen. Meine Freunde und meine Familie sagten mir immer wieder, dass ich zu nett sei, kein gutes Gespür für Menschen hätte und deshalb anfällig für Arschlöcher sei, und so langsam begann ich zu glauben, dass sie recht hatten.

Ich hätte mich zurückziehen und Menschen nicht mehr so nah an mich heranlassen können. Ich hätte meine Offenherzigkeit ablegen können – aber so war ich nun mal nicht, und außerdem hätte Rich dann gewonnen. Ich weigerte mich, mich zu ändern, und darin lag immerhin ein kleiner Triumph.

Trotzdem schmerzte es mich, dass ich nichts unternehmen konnte, was in irgendeiner Weise für ausgleichende Gerechtigkeit gesorgt hätte. Doch dann stand Braden vor meiner Tür – ich lebte inzwischen in einer traumhaften Wohnung in der Dublin Street, die er saniert und mir überschrieben hatte – und teilte mir mit, dass er und Adam Rich zufällig am vergangenen Abend in der Stadt über den Weg gelaufen seien. Ich hielt den Atem an, denn ich wusste genau, was als Nächstes kommen würde. Und tatsächlich: Braden hatte Adam gewaltsam von Richard wegzerren und ihn nach Hause fahren müssen, wo er ihn beruhigt und seine Hand mit Eis gekühlt hatte. Anscheinend hatte Adam der ganzen Welt kundgetan, was er davon hielt, wenn jemand mich hinterging. Es missfiel ihm. Und wenn ihm etwas missfiel, dann schloss das Gesicht des Betreffenden mit diesem Missfallen enge Bekanntschaft.

Sobald Braden weg war, lief ich hektisch in meiner Wohnung auf und ab und überlegte fieberhaft, was ich tun sollte. Adam anrufen und mich bei ihm bedanken? Oder lieber persönlich bei ihm vorbeischauen? Sollte ich ihm Vorwürfe machen, weil er seinen Standpunkt mit Gewalt vertreten hatte? Nein, das wäre nicht fair. Er war kein aggressiver Mensch. Im Gegenteil, obwohl er furchteinflößend sein konnte und in meiner Kindheit und Jugend des Öfteren hänselnde Mitschüler eingeschüchtert hatte, war dies meines Wissens das erste Mal, dass er jemandem meinetwegen körperlichen Schaden zugefügt hatte. Fast hatte ich damit gerechnet, dass er sich Rich vorknöpfen würde. Als Braden uns die Nachricht von Richs falschem Spiel überbracht hatte, war Adam wutentbrannt aus Mums und Clarks Haus gestürmt. Braden hatte es mir vorher bereits unter vier Augen gesagt, trotzdem hatte ich auch beim zweiten Mal mit den Tränen kämpfen müssen.

Schließlich beschloss ich, meinen Mädelsabend abzusagen. Ich sprang unter die Dusche, föhnte mir die Haare glatt und zog einen tiefsitzenden Maxirock, meine Ugg Boots und einen kurzen Rollkragenpulli an. Ich wollte einen legeren Look, aber wenn ich wusste, dass ich Adam begegnen würde, legte ich stets Wert darauf, ihn daran zu erinnern, dass ich eine Frau war und die Figur einer Frau hatte. Nicht dass es sonderlich großen Eindruck auf ihn gemacht hätte. Trotz klarer Anzeichen, dass er mich gerne ansah, wahrte Adam seit der Beinahe-Lippenberührung vor drei Jahren bei unseren Begegnungen konsequent einen gewissen Abstand. Um über ihn hinwegzukommen, hatte ich seither drei Beziehungen angefangen. Aus keiner war etwas geworden. Die Männer konnten einfach nicht mit Adam mithalten, und die Sache verlief jedes Mal im Sande.

Da es ziemlich kalt war, hatte ich mir eine kurze Wolljacke über den Pulli gezogen, einen Schal umgewickelt und mir ein Taxi genommen. Erst als es vor Adams Wohnung hielt, kam mir der Gedanke, dass ich ihn vorher vielleicht hätte anrufen sollen. Es war Samstagabend. Gut möglich, dass er Besuch hatte.

Mein Magen rebellierte bei dieser Vorstellung. Als ich das letzte Mal vor vier Monaten unangekündigt bei ihm vorbeigekommen war, hatte ich zu meiner großen Überraschung Vicky bei ihm angetroffen. Ich war nicht nur entsetzt, Zeugin eines seiner sexuellen Abenteuer werden zu müssen, sondern darüber hinaus auch schockiert über die Erkenntnis, dass er und mein Bruder offenbar Frauen miteinander teilten. Nicht zur selben Zeit, Gott sei Dank. Ich wusste das deshalb (und ich wollte gar nicht darüber nachdenken, ob das häufiger vorkam), weil Braden vorher drei Monate lang mit Vicky zusammen gewesen war. Im Bemühen, meine ernsthaft in Mitleidenschaft gezogenen romantischen Ideale vor dem Todesstoß zu retten, hatte Adam beteuert, Braden und Vicky hätten eine offene Beziehung geführt, und als Vicky einmal zu Braden gesagt habe, dass sie Adam scharf finde, hätte Braden dies seinem Freund gegenüber erwähnt, und er hätte … La, la, la, la, la, la, la! Den Rest seiner Erklärung hatte ich nicht mitbekommen, weil ich mir allen Ernstes wie ein

Kleinkind die Finger in die Ohren gesteckt und laut gesungen hatte.

Für mich war Sex nichts Beiläufiges. Ich war wütend auf meinen Bruder, weil er, der selbst einmal ein verkappter Romantiker gewesen war, nun der seriellen Monogamie frönte, und noch wütender auf Adam, weil der ihn dazu anstiftete. Wie wütend ich auf Vicky war, vermochte ich nicht einmal in Worte zu fassen.

Nachdem ich den Taxifahrer gebeten hatte, einen kleinen Augenblick zu warten, zückte ich mein Handy und rief Adam an.

»Hey, Kleines«, begrüßte er mich. Ich hörte das Mitgefühl in seiner tiefen Stimme. Offenbar machte er sich immer noch Sorgen, wie ich Richards Verrat verwunden hatte.

»Hey«, erwiderte ich leise, und beim Klang seiner Stimme erfüllte Wärme meine Brust. »Ich bin unten. Ist es okay, wenn ich hochkomme?«

»Klar. Ich lass dich rein.«

Ich legte auf, bezahlte den Taxifahrer und sprang aus dem Auto. Mein Herz raste, als ich den Eingang erreichte, gerade als Adam auf den Summer drückte. Meine Handflächen begannen zu schwitzen, während ich im Aufzug zu seiner Wohnung hinauffuhr. Es war komisch, aber meine Reaktion auf Adam, wenn ich mit ihm allein war, war in den letzten Jahren immer heftiger geworden. Jede Begegnung mit ihm kam mir vor wie ein erstes Date, und trotzdem kannte ich ihn besser als fast jeden anderen Menschen.

Als sich die Fahrstuhltüren öffneten, lehnte Adam bereits mit vor der Brust verschränkten Armen im Türrahmen seiner Wohnung. Er trug ein schlichtes weißes T-Shirt und abgetragene Jeans, seine Füße waren nackt, die Haare ungekämmt, und er musste sich dringend rasieren.

Er sah so verdammt heiß aus, dass es an ein Wunder grenzte, dass ich nicht auf der Stelle hyperventilierte.

Ich ging durch den Hausflur auf ihn zu und hielt ihm die Flasche Wein entgegen, die ich mitgebracht hatte. Er nahm sie mit einem verwunderten Lächeln entgegen, und ich seufzte. »Ich musste mich entscheiden: entweder eine Flasche Wein oder was auf die Finger.« Ich warf einen vielsagenden Blick auf seine geschwollenen Knöchel.

Adams Lippen zuckten. »Wein ist in Ordnung.«

Ich folgte ihm in die Wohnung und schaute mich wie immer voller Bewunderung um. Im Eingangsbereich empfing den Besucher als Erstes eine große offene Treppe. Sie führte nach oben zu zwei geräumigen Schlafzimmern, einem Bad und Adams Arbeitszimmer. Im unteren Stockwerk gab es nur einen einzigen Raum – einen riesigen Wohnbereich, an dessen einer Wand die Fenster vom Boden bis zur Decke reichten, und dahinter eine moderne Küche mit Mittelinsel, Frühstückstresen, Esstisch und Stühlen.

Es war eine Luxuswohnung, und Adam konnte sie sich problemlos leisten. Nicht nur, weil er bei Braden extrem gut verdiente, er hatte in den letzten zwei Jahren auch in seine eigenen Immobilien investiert und sein Vermögen auf diese Weise vergrößert.

Ich ließ den Blick durch den großen Raum schweifen und musste schmunzeln. Anders als bei mir herrschte in Adams Wohnung penible Ordnung. Jeder Gegenstand war mit großer Sorgfalt ausgewählt und hatte seinen festgelegten Platz. Wäre ich nicht sicher gewesen, dass Adam zu hundert Prozent hetero war (ich kannte keinen Mann, der weniger feminin war als er, mit Ausnahme von Braden vielleicht), hätte seine Wohnung mich vom Gegenteil überzeugen können.

»Ich glaube, ich mache die hier mal auf … Ich habe das Gefühl, ich bekomme gleich eine Standpauke.« Sein Tonfall war neckend, als er in Richtung Küche davonging.

Ich schlüpfte aus meiner Jacke, nahm meinen Schal ab und sah mit schiefgelegtem Kopf seinem göttlichen Po nach. Der Mann hatte den vollkommensten Hintern in der Geschichte der menschlichen Anatomie. Ich legte meine Jacke auf das ausladende Ecksofa und schlenderte dann gemächlich in die Küche, wo ich zusah, wie Adam zwei Gläser aus einem Schrank nahm und den Wein einschenkte. Er drehte sich um, und ich sah, wie sein Blick über die nackte Haut zwischen dem Saum meines Pullovers und dem Bund meines Rocks glitt, bevor er schnell den Kopf abwandte. Ich gestattete mir ein kleines selbstgefälliges Lächeln. Gute Kleiderwahl.

»Hier«, sagte er mit leicht rauer Stimme und gab mir ein Glas.

Unsere Blicke trafen sich, als wir an unserem Wein nippten. Als ich das Glas absetzte, sagte ich ernst: »Ich bin gekommen, um mich bei dir zu bedanken.«

Adam schüttelte den Kopf. »Du musst dich nicht bei mir bedanken, Ellie.« Seine Miene verfinsterte sich. »Es war mir ein Vergnügen, glaub mir.«

»Braden hat gesagt, er konnte dich nur mit Mühe von Rich herunterzerren.«

»Der Kerl hat dich betrogen, Els. Dieser Kerl hat dich wirklich aufs Kreuz gelegt.«

»Im wahrsten Sinne des Wortes«, murmelte ich, und Adam verkrampfte sich.

»Nicht«, warnte er. »Ich bin so kurz davor, hinzugehen und dem Schwein den Rest zu geben.«

Ich spürte einen Anflug von Erregung in mir aufsteigen, als ich die Entschlossenheit in seiner Stimme hörte.

Es war ein gutes Gefühl, dass Adam so viel an mir lag. Vielleicht sah er nichts anderes in mir als Bradens kleine Schwester, aber es tröstete mich, dass er immerhin *irgendetwas* für mich empfand. »Eigentlich sollte ich dich einmal ordentlich zusammenstauchen.« Ich nutzte seine Wunden als Ausrede, ihn zu berühren, nahm seine Hand und hob sie an mein Gesicht, damit ich sie betrachten konnte. Seine Knöchel waren nicht nur blau, sie waren regelrecht geschwollen, und am Mittelfinger sah man eine kleine Platzwunde. Ich holte bestürzt Luft. »Wie oft hast du denn zugeschlagen?«

Adam trat näher und starrte auf seine Hand in meiner. »Zuerst habe ich als Warnung meine Faust neben seinem Kopf gegen die Wand geschlagen. Leider hat er die Warnung nicht ernst genommen und einige Dinge gesagt, die er besser nicht gesagt hätte. Ich glaube, ich habe vier ziemlich gute Treffer gelandet, bevor Braden mich festhalten konnte.«

Ich hob den Blick zu seinem Gesicht. Der Anflug von Erregung hatte sich verflüchtigt. »War er danach noch bei Bewusstsein?«

»Gerade noch so.« Adam zog die Brauen zusammen. »Wieso fragst du?«

»Ich will nicht, dass du Probleme bekommst.«

Seine Miene wurde weicher, und er entzog mir sanft seine Hand. »Keine Sorge, Kleines. Verlässliche Quellen berichten, ich sei letzte Nacht nicht mal in der Nähe von New Town oder von Rich gewesen. Es gibt ein Dutzend Zeugen, die notfalls aussagen werden, dass ich mich gestern Abend zum fraglichen Zeitpunkt in der *Bar Kohl* aufgehalten habe.«

Ich nickte, biss mir aber trotzdem besorgt auf die Lippe.

»Els, wie geht es dir wirklich?«, fragte Adam zögerlich.

Statt gleich zu antworten, drehte ich mich um und ging langsam zu seinem gemütlichen Sofa. Ich hörte, dass er mir folgte. Ich machte es mir bequem, und Adam setzte sich dicht neben mich und legte den Arm entspannt auf die Rückenlehne. Dann erst sah ich ihn an und zuckte mit den Schultern. »Ich bin ein Trottel.«

Adam zog die Brauen zusammen und presste die Lippen aufeinander. »Du bist kein Trottel.«

»Ich bin ein Trottel«, beharrte ich. »Ich bin dumm und naiv und … ich schäme mich.«

Er rutschte näher und strich beruhigend mit den Fingerspitzen über mein Handgelenk. »Du hast keinen Grund, dich zu schämen. Rich ist ein Schwein, und er hat dich reingelegt. *Er* ist der Trottel. *Er* ist der Idiot, und irgendwann wird er zurückschauen und merken, dass er die letzten fünf Monate der glücklichste Mann des Planeten war, weil er mit dir zusammen sein durfte. Er wird es bereuen, Baby.«

Baby.

Einen Moment lang vergaß ich zu atmen. Adam hatte mich noch nie »Baby« genannt. Ein intimes Kosewort. Es gefiel mir. Es gefiel mir verdammt gut.

Ich lächelte ihn an. »Du weißt immer genau, was du sagen musst, damit ich mich besser fühle.«

»Weil ich immer die Wahrheit sage. Du bist einzigartig, Els. Jeder Mann sollte sich glücklich schätzen, dich zur Freundin zu haben.«

Ich sah in seine Augen. Seine Worte waren wie eine zärtliche Liebkosung, und während ich ihn so ansah, merkte ich, wie sein Blick erneut unauffällig meinen Körper streifte, bevor er sein Weinglas an die Lippen setzte. Ich überlegte, ob Adam womöglich bloß einen kleinen Schubs brauchte. Ja, ich war Bradens jüngere Schwester, aber ich war auch Ellie, die Frau, auf die Adam angeblich so große Stücke hielt und von der er behauptet hatte, sie sei schön. Vielleicht war der Wein schuld oder die Tatsache, dass er wieder einmal zu meiner Verteidigung geeilt war, jedenfalls wollte ich ihn und kam ganz spontan zu dem Entschluss, dass ich es leid war, mich zu verstellen.

Ich genoss Adams Nähe, während wir unseren Wein tranken. Bevor ich wusste, wie mir geschah, war eine Stunde vergangen, ich hatte mir die Ugg Boots abgestreift und mich neben ihn auf die Couch gekuschelt. Sein Arm lag immer noch auf der Rückenlehne, und jedes Mal, wenn ich lachte, berührte ich dabei seinen Bizeps oder legte ihm die Hand aufs Knie. Ich war ein herzlicher, körperbetonter und offener Mensch, aber es steckte mehr dahinter, und dessen war Adam sich durchaus bewusst. Ich konnte es in seinen Augen lesen, während wir uns unterhielten. Ich hoffte, dass mein Plan aufgehen würde.

Man hätte meinen können, dass der Schmerz über Richs Verrat mich anderen Menschen gegenüber vorsichtiger gemacht hätte, aber es war mir unmöglich, meine Offenheit abzulegen. So war ich einfach nicht, und so wollte ich auch nicht sein. Schon gar nicht bei Adam.

Als aus einer Stunde zwei wurden, reifte mein Entschluss. Heute würde sich alles zwischen uns ändern. Ich hatte es satt, mit Männern zusammen zu sein, in die ich mich nicht verlieben konnte oder die mich für dumm verkaufen wollten.

Adam berichtete mir gerade von einem Gespräch, das er mit seiner Mutter via Skype geführt hatte, und von den Plänen seiner Eltern, im April für einige Wochen nach Schottland zurückzukehren, als ich plötzlich die Arme über den Kopf hob, als wolle ich meine Wirbelsäule dehnen. Durch die Bewegung rutschte der Saum meines Pullovers ein

Stück nach oben und entblößte meinen flachen Bauch, und meine Brüste wurden nach vorn geschoben. Als ich die Arme wieder sinken ließ, war Adam verstummt, und ich konnte einen Muskel in seinem Kiefer zucken sehen.

»Ellie, was zum Teufel machst du da?«, fragte er heiser.

Obwohl meine Wangen aus Angst vor seiner Zurückweisung brannten, schaffte ich es, gelassen mit den Schultern zu zucken. »Ich strecke mich.«

Sein Blick wanderte an mir hinab, und ich konnte beobachten, wie sein eigener Körper sich dabei versteifte. »Du weißt genau, was ich meine. Die Berührungen, das Flirten, dieses … Räkeln …«

Mit klopfendem Herzen rückte ich noch dichter an ihn heran, bis mein Knie die Außenseite seines Schenkels streifte. Ich fuhr mir mit der Zunge über die Lippen, nervös, aber zugleich unglaublich erregt bei dem Gedanken, dass wir uns berührten. »Ich glaube, das weißt du«, wisperte ich.

Unsere Blicke trafen sich … und hielten einander gefangen. Die Luft zwischen uns begann zu knistern. Adam schluckte mühsam. »Ellie«, sagte er.

Ohne seinen Blick loszulassen, streckte ich eine zitternde Hand aus, legte sie auf seinen Schenkel und ließ sie langsam nach oben wandern. Ich war fast in der Hitze seines Schritts angekommen, wo sich zu meiner großen Freude eine Erektion gegen den Reißverschluss seiner Hose wölbte, als er meine Hand mit starkem Griff festhielt.

Ich hatte gerade noch Zeit, einen überraschten Laut auszustoßen, bevor er an meiner Hand zog und mich an sich riss. Ich fiel gegen ihn, und er nutzte meine vorübergehende Verwirrung zu seinem Vorteil: Seine Hand glitt in meinen Nacken, und er zog meinen Mund gierig auf seinen hinab.

Mir war, als würde ich unter der Berührung zerfließen. Einfach zerfließen.

Meine Finger wühlten sich in sein Haar, und ich veränderte die Position meiner Beine, so dass ich nun rittlings auf seinem Schoß saß. Mein Körper schmiegte sich an seinen Körper. Mein Mund verschmolz mit seinem Mund.

Es war so, wie ich es mir immer erträumt hatte, nur besser.

Meine Haut glühte, meine Nervenenden sprühten Funken, ein Kribbeln erfasste meinen ganzen Körper. Adam schmeckte nach Wein und nach ... Zuhause. Ich stöhnte in seinen Mund, und seine Arme schlossen sich fester um meine Taille. Er zog mich noch näher an sich heran, und innerhalb eines Wimpernschlags war der Kuss nicht mehr nur leidenschaftlich, sondern regelrecht stürmisch. Er war wild und feucht, unsere Zungen leckten und umspielten einander und erkundeten jeden Zentimeter unserer Münder.

Es war nicht genug.

Wir küssten uns noch inniger, und alles um uns herum versank in einer Wolke sexueller Begierde, die so elektrisierend war, dass ich niemals wieder an der Wahrheit von Liebesromanen zweifeln würde. Kurz darauf spürte ich Adams raue Hände an meinen Knöcheln, dann glitten sie über meine Waden und die Rückseite meiner Schenkel hinauf. Er befreite meinen Rock zwischen unseren verschlungenen Körpern und schob ihn mir bis zu den Hüften hoch. Seine Hände umfassten meinen Hintern und drückten zu, so dass sich die Hitze in meinem Schritt förmlich zusammenballte und ich in seinen Mund keuchte.

Stöhnend umfasste Adam meine Hüften. Er drückte mich noch tiefer in seinen Schoß, bis seine Erektion sich zwischen meinen Beinen rieb. Das Einzige, was uns noch trennte, waren seine Jeans und der dünne Baumwollstoff meines Höschens. Ich wollte mehr von dieser köstlichen Reibung und ritt ihn, bis unsere Lippen sich widerstrebend voneinander trennten, weil wir Atem schöpfen mussten.

Ich musste ihn ganz nah spüren, musste ihn in mir haben. Ich drängte mich an ihn und grub meine Finger in seine Schultern, während ich mich immer heftiger auf ihm zu bewegen begann.

Adam machte sich knurrend von mir los, um mir den Pullover auszuziehen. Ich hob die Arme. Unsere Bewegungen waren fahrig und voller Ungeduld, als er mir erst das Oberteil, dann den BH auszog. Er legte die Hände auf meine Brüste, und ich bog mich seiner Berührung entgegen.

»Perfekt«, murmelte er heiser. »Ganz und gar perfekt.« Er nahm meine Brustwarze zwischen seine heißen Lippen, und ich schrie auf, als eine Woge der Lust mich überrollte und unaufhaltsam auf einen Höhepunkt zutrieb.

Meine Erregung schien Adam noch mehr anzustacheln. Kaum war mein Aufschrei verstummt, fand ich mich flach auf dem Rücken liegend in den Polstern der Couch wieder. Wie durch einen Nebel nahm ich wahr, dass Adam sich das T-Shirt vom Leib riss und mir den Rock samt Höschen herunterzog. Ich beobachtete das Spiel seiner harten Bauchmuskeln und spürte die Feuchtigkeit zwischen meinen Beinen.

Er war so unglaublich schön. Es war einfach nicht fair.

Erneut trafen unsere Lippen aufeinander, als er sich über mir abstützte. Meine harten Nippel strichen über seine Brust, und ich spreizte die Beine, damit er dazwischen Platz hatte. Er trug noch immer seine Jeans, und der raue Stoff war eine himmlische Folter an meiner nackten Haut.

Unsere Küsse wurden immer drängender, und schließlich fand ich, was ich gesucht hatte. Ich ertastete Knopf und Reißverschluss seiner Hose und öffnete sie. Ich zerrte an seinen Boxershorts, ließ meine Hand unter den Bund gleiten, umfasste seinen Schaft und zog ihn heraus. Er war heiß und hart und pochte in meiner Hand. Ich konnte nicht glauben, dass es jetzt endlich passieren würde. Jetzt wusste ich alles über ihn.

»Gott«, stöhnte er an meinen Lippen und kam mir mit seinem Becken entgegen, so dass sich die Eichel seines erigierten Glieds an meiner Klitoris rieb. Er küsste mich heftig, und sein Penis glitt tiefer zwischen meine Beine.

Ich spreizte die Beine noch weiter. Meine Hände wanderten seinen muskulösen Rücken hinab, weil ich ihm die Jeans herunterschieben wollte. Dann umfasste ich seinen Hintern und zog ihn ganz nah an mich heran. »Adam, bitte«, flehte ich. »Adam …«

Er erstarrte. Von einem Moment auf den anderen. Sein Name auf meinen Lippen riss ihn jäh aus dem magischen Nebel der Begierde.

Er hob den Kopf, und unsere Blicke trafen sich. Er war über mir, seine Muskeln zitterten vor Anspannung. Meine Miene drückte vermutlich Erstaunen aus, aber Adams … Adams war das blanke Entsetzen.

Es war ein Gesichtsausdruck, bei dem ich mich am liebsten ganz tief in mein Innerstes verkrochen hätte.

Dieser Anblick schmerzte mehr als alles, was ich je zuvor erlebt hatte.

Er kletterte von mir herunter, zog Boxershorts und Jeans wieder hoch und warf dann den Rock über mich, um mich notdürftig zu bedecken. »Ellie, das geht nicht.« Er schüttelte den Kopf und sprang praktisch von der Couch, bevor er sich sein T-Shirt schnappte und es mit ruckartigen Bewegungen überzog.

In mir herrschte das reinste Gefühlschaos – ich schwankte zwischen Verwirrung, Schmerz und sexueller Frustration –, deshalb dauerte es eine Weile, bis ich mich aufgerappelt hatte.

»Mein Gott, Ellie, zieh dir endlich was an, verdammt noch mal!«, bellte Adam, und es kostete mich all meine Selbstbeherrschung, nicht zusammenzuzucken – oder in Tränen auszubrechen.

Als ich begann, mich mit steifen Fingern anzuziehen, atmete Adam lange und tief aus. »Kleines, es tut mir leid, ich wollte nicht …« In seiner Stimme schwang aufrichtige Reue mit.

Ich sagte nichts. Ich richtete nur meine Kleider, griff nach meinen Uggs und versuchte mich am Riemen zu reißen. Ich durfte nicht vor ihm zusammenbrechen. Die Blöße wollte ich mir nicht geben.

»Ellie?«

Als ich aufstand, sah ich ihn endlich an. Er sah so unglücklich aus, wie ich mich fühlte. Es war ein schwacher Trost.

»Ellie, du bist Bradens kleine Schwester. Ich kann nicht … wir können nicht …« Er deutete mit einer hilflosen Geste zur Couch, bevor er sich durchs Haar fuhr.

In diesem Moment wurde mir die Tragik der Situation voll bewusst: Während ich angenommen hatte, dass das, was zwischen uns geschah, etwas mit Zuneigung, gegenseitiger Anziehung und, ja, Liebe zu tun hatte, ging es für Adam einzig und allein um körperliches Begehren. Er wollte mich nicht lieben. Er wollte mich vögeln.

Ein schrecklicher Schmerz setzte sich in meiner Kehle fest, und ich wusste, dass ich fünf Sekunden von einem monumentalen Weinkrampf entfernt war. Ich wandte mich ab und umrundete die Couch. Meine langen Haare verdeckten mein Gesicht, als ich nach meiner Jacke griff und zur Tür ging.

»Ellie«, rief Adam mir in Panik nach, aber ich hatte bereits die Klinke in der Hand. »Ellie. Verdammt!« Ich hörte ihn fluchen, als ich die Tür hinter mir zuschlug. Ich stürzte die Treppe hinunter, weil ich wusste, dass der Fahrstuhl vielleicht nicht rechtzeitig kommen würde, um Adam zu entkommen.

Die Tränen liefen mir in Strömen über die Wangen, als ich die Stufen hinabrannte. Ich versuchte, die krampfartigen Schluchzer zurückzuhalten, die aus meiner Kehle drängten.

»Ellie, bitte!« Plötzlich war Adam hinter mir im Treppenhaus. Ich hörte das harte Poltern seiner Schritte und rannte schneller. Sein Rufen, ich solle zurückkommen und über alles reden, ignorierte ich.

Als er den Ausgang erreicht hatte, rannte ich bereits quer über die Straße auf einen Bus zu, der gerade abfahren wollte. Ich sprang hinein, und die Türen schlossen sich hinter mir. Ich ließ mich erleichtert auf einen Sitz fallen und warf reflexartig einen Blick auf die Liniennummer.

Eigentlich war mir völlig egal, wohin der Bus fuhr. Hauptsache weit, weit weg vom größten Fehler meines Lebens.

* * *

In meiner Jugend war es hin und wieder vorgekommen, dass ich mich in den Schlaf geweint hatte. Manchmal war sogar Adam der Grund dafür gewesen. Aber als Teenager war mir, wie den meisten Teenagern, das geringste Problem wie das Ende der Welt erschienen. Zum Glück legt sich dieser Hang zum Theatralischen normalerweise mit dem Erwachsenwerden. Bei mir war es wenigstens so gewesen. Wenn ich also sage, dass ich mich in jener Nacht in den Schlaf weinte, dann tue ich dies ohne falsche Dramatik. Mein Schmerz war echt. Er war bitter. Er wütete in mir.

Gute acht Stunden lang glaubte ich nicht nur, den eindeutigen Beweis dafür erhalten zu haben, dass Adam Sutherland mich nicht so liebte wie ich ihn, ich war auch der festen Überzeugung, unsere Beziehung ruiniert und eins der wichtigsten Dinge in meinem Leben unwiderruflich zerstört zu haben: unsere Freundschaft.

Ich schlief kaum und war früh wach. Ich kochte mir Tee, um dann allein, mit verquollenem Gesicht, zwei verschiedenen Socken an den Füßen und einer kaputten Spange im Haar in meiner großen Wohnung zu sitzen.

Ein lautes Klopfen an der Tür ließ mich hochfahren, so dass heißer Tee über den Rand meines Bechers auf meine Hand schwappte. Ich unterdrückte einen Fluch, stellte den Becher vorsichtig auf dem Tisch ab und huschte in den dunklen Flur.

»Ellie, mach auf!«, rief Adam durchs dicke Holz der Tür. »Ellie!«

Ich wollte mit ihm reden. Ich wollte die Sache irgendwie wieder geradebiegen und die Uhr zurückdrehen, aber ich wusste, wenn ich ihn hereinließ, würde er nur einen Blick auf mein Gesicht werfen und sofort wissen, dass ich, Ellie Carmichael, unsterblich und hoffnungslos in ihn verliebt war und dass die letzte Nacht mich vernichtet hatte.

Also ließ ich ihn nicht herein. Ich lehnte mich gegen die Wand im Flur und ließ mich daran hinabrutschen, bis ich auf dem Parkettboden saß. Ich hörte Adam gegen die Tür trommeln und meinen Namen rufen. Ich hörte das Telefon in meinem Schlafzimmer klingeln. Ich hörte Adam eine

Nachricht nach der anderen hinterlassen. Ich hörte ihn weggehen …

Als ich aufwachte, lag ich zusammengerollt auf dem kalten Fußboden. Ich blinzelte und versuchte, mich zu orientieren, und sofort fiel mir alles wieder ein. Aber ich hatte keine Zeit, mich lange damit aufzuhalten, denn mir wurde klar, dass das Klingeln meines Handys mich geweckt hatte. Stöhnend rappelte ich mich auf. Mein Rücken und mein Nacken schmerzten, weil ich so unbequem gelegen hatte. Ich lief ins Schlafzimmer, um abzunehmen. Die Uhr auf meinem Handy zeigte mir an, dass ich etwas über zwei Stunden geschlafen hatte.

Mein Magen machte einen Satz, als ich Adams Bild auf dem Display sah. Ich holte tief Luft und nahm ab.

»Ellie, Gott sei Dank.« Er stieß einen Seufzer der Erleichterung aus, und ich stellte mir vor, wie er sich dabei besorgt die Haare raufte. »Ich war vorhin bei dir und habe geklopft.«

»Ich habe geschlafen. Ich habe gestern zu Hause noch Wein getrunken, deswegen war ich völlig weg«, log ich.

»Els, ich weiß gar nicht, wo ich anfangen soll. Es tut mir so wahnsinnig leid. Gott, ich kann dir gar nicht sagen, wie leid es mir tut.«

»Adam –«

»Ich darf dich nicht verlieren, Els. Ich kann nicht glauben, dass ich so einen Mist gebaut habe, aber du musst mir verzeihen. Ich darf dich nicht verlieren.«

Wenn er so etwas sagte, fiel es mir schwer, ihn zu hassen. Und noch schwerer fiel es mir, ihn mir aus dem Kopf zu schlagen. Aber ich wusste, dass ich es ab jetzt wirklich versuchen musste. Ich musste mir nicht nur vornehmen, es zu versuchen, sondern ich *musste es versuchen*. Ich konnte nicht mein ganzes Leben damit verbringen, ihm nachzutrauern. Also traf ich die Entscheidung, damit ein für alle Mal Schluss zu machen. »Adam, es ist schon in Ordnung«, beteuerte ich leise. »Es war ein Fehler. Wir haben uns hinreißen lassen. Und es tut mir leid, dass ich einfach abgehauen bin. Es war mir peinlich, das ist alles.«

Ich hörte sein tiefes Aufseufzen und versuchte das Stechen der Tränen in meiner Nase zu ignorieren. »Els, dir muss überhaupt nichts peinlich sein, okay?«

»Okay.«

»Also ...« Er wurde noch leiser. »Dann ist zwischen uns alles gut? Alles wie immer?«

»Alles wie immer«, brachte ich über die Lippen und blinzelte meine Tränen weg.

»Ich will nicht, dass es zwischen uns jetzt irgendwie verkrampft wird.«

»Wird es nicht. Ich bin nicht verkrampft, wenn du nicht verkrampft bist.«

»Gut, Kleines. Gut. Vergessen wir das Ganze einfach. Es hat nichts bedeutet.«

Ich würgte meinen Schmerz hinunter. »Genau. Es hat nichts bedeutet.«

Kapitel 6

»Das ist wie ein Autounfall«, seufzte Adam und rieb sich mit einer Hand übers Gesicht, während er mir das Tagebuch zurückgab. »Es ist schlimm für mich, das alles aus deiner Perspektive zu lesen, aber gleichzeitig kann ich mich auch nicht davon losreißen.« Er deutete auf ein anderes Buch. »Ich will mehr erfahren.«

Ich schüttelte den Kopf. Er sah so betroffen aus und tat mir leid. »Adam, das alles liegt hinter uns. Ich wollte dich damit nicht verletzen, ich dachte nur … Na ja, jetzt, da wir zusammen sind, kann ich zurückschauen und diesen Teil meiner Vergangenheit betrachten, ohne dass es mir weh tut. Und du weißt ja, wie ich bin.« Ich zuckte die Achseln. »Rückblickend finde ich, dass diese ganze Angst auch irgendwie etwas Romantisches hat.« Dann runzelte ich die Stirn. »Aber ganz offensichtlich siehst du das anders, deshalb packe ich sie lieber weg.«

Er legte eine große Hand auf meine, als ich die Tagebücher aufsammeln wollte. Ich sah zu ihm hoch, und er schüttelte mit einem kleinen Lächeln den Kopf. »Es ist schlimm zu lesen, wie sehr ich dich damals durch meine Dummheit verletzt habe, aber ich mag es, alles noch einmal mit deinen Augen zu sehen. Während ich mich noch mit Händen und Füßen gegen die Einsicht gewehrt habe, dass ich mich in die kleine Schwester meines besten Freundes verliebt hatte, hat sie mich schon mehr geliebt, als ich es jemals verdient hätte. Es ist schön, das zu wissen.«

Ich lächelte zurück. »Erstens: Du *hast* es verdient. Und zweitens«, ich zeigte auf die Tagebücher, die unsere Geschichte enthielten, »ist das Ganze doch total romantisch, oder nicht?«

Adam lachte über meine unbeirrbare Entschlossenheit, aus unserer Beziehung einen Liebesroman zu machen. »Schon möglich. Aber verrat niemandem, dass ich das gesagt habe. Sonst ist mein Ruf ruiniert.«

Ich wühlte mich durch den Stapel und hielt Ausschau nach dem vertrauten violetten Ledereinband meines letzten Tagebuchs. »Baby, dein Ruf war in dem Augenblick ruiniert, als du Braden Carmichael gestanden hast, dass du in mich verliebt bist.«

»Der Mistkerl hat es die ganze Zeit gewusst«, brummte Adam mürrisch. »Er hätte uns beiden monatelange Qualen ersparen können.«

»Du meinst« – ich fand das gesuchte Tagebuch und blätterte darin – »die Monate, in denen du mir mit deinen dämlichen Launen auf die Nerven gegangen bist.«

»Wie reizend formuliert. Ich war nicht die einzige Nervensäge, das wollen wir mal nicht vergessen.«

»Ich habe lediglich angefangen, wieder mit Männern auszugehen. Nach der kleinen Couch-Szene habe ich zehn Monate gebraucht, bis ich wieder so weit war. Da bist du noch gut weggekommen.« Ich warf ihm das violette Tagebuch zu, und er schlug es stirnrunzelnd auf.

»Ich habe lediglich meinen Besitzanspruch geltend gemacht.«

»Falsch. Du hast bei jeder Gelegenheit dein Territorium markiert, *ohne* wirklich einen Besitzanspruch geltend zu machen.«

Er lachte leise und beugte den Kopf über die Seiten, ohne mir zu antworten – weil er nämlich ganz genau wusste, dass ich recht hatte.

Sonntag, 13. August

In den letzten paar Tagen hatte ich keine Zeit zum Schreiben, zum einen, weil ich lernen musste, und zum anderen, weil ich zu sehr mit meiner Wut beschäftigt war. Angefangen hat alles am Freitagnachmittag mit einer zwanglosen Unterhaltung mit Nicholas, an deren Ende ich das dringende Bedürfnis verspürte, Adam zu erwürgen.

Joss und ich waren zu den Meadows unterwegs, wo wir uns mit Braden, Adam, Jenna und Ed zum Picknick verabredet hatten. Ich überlegte, ob ich ihr erzählen sollte, was ich gestern Nachmittag beim Kaffeetrinken mit meinem Studienkollegen und guten Freund Nicholas über Adam erfahren hatte. Gestern war keine Gelegenheit gewesen, es ihr zu sagen, weil sie im *Club 39* gearbeitet hatte. Ich wusste, dass Joss sich an meiner Stelle empören würde, und ich brauchte diese Energie. Ich brauchte einen zusätzlichen Motivationsschub, um Adam auf Armeslänge von mir fernzuhalten. Mal sehen, wie ihm das gefiel.

Adam und ich hatten mehrere Monate gebraucht, um über die Peinlichkeit hinwegzukommen, dass wir beinahe miteinander geschlafen hätten. So ganz war unsere Beziehung immer noch nicht wieder wie früher. Wenn ich darüber nachdachte, war sie das eigentlich schon länger nicht mehr, seit dem Beinahe-Kuss mit neunzehn in der Bar.

Wie auch immer. Selbstverständlich wusste ich, dass Adam seit dem Vorfall auf der Couch mit anderen Frauen geschlafen hatte, und das schmerzte mich mehr, als ich zugeben wollte. Es fiel mir unglaublich schwer, die Sache abzuhaken, und dementsprechend hatte ich es auch nicht getan. Ich hatte seit geschlagenen zehn Monaten kein einziges Date mehr gehabt.

Aber das würde sich jetzt ändern. Nachdem ich Nicholas gegenüber eine scherzhafte Bemerkung über meine anhaltende Durststrecke gemacht hatte, hatte er mir geantwortet, dass meine Chancen auf ein Date womöglich besser stünden, wenn mein Freund Adam aufhören würde, alle Männer zu bedrohen, die Interesse an mir zeigten. Überrascht und – milde ausgedrückt – verwirrt, hatte ich um eine Erklärung gebeten und erfahren müssen, dass Nicholas sich einige Monate zuvor mit mir hatte verabreden wollen. Da er wusste, wie nah ich Braden und Adam stand, und in der Annahme, Adam sei von beiden der weniger gefährliche Ansprechpartner, hatte er ihn angerufen und um Rat gefragt, wohin er mich ausführen könne. Adams Reaktion darauf: »Lass die Finger von Ellie, oder du bekommst es mit meiner Faust zu tun.«

Was um alles in der Welt dachte er sich dabei?

War das sein Ernst?

Ich konnte nicht einmal ansatzweise in Worte fassen, wie unmöglich ein solches Verhalten war. Er bedrohte nette, harmlose Männer, um sie davon abzuhalten, mit mir auszugehen? Wie sollte ich das verstehen? Er durfte sich durch ganz Edinburgh schlafen, aber ich durfte mich nicht mal mit einem Mann verabreden? Da hätte er wohl gern.

All das wollte ich Joss brühwarm berichten. Obwohl sie in Bezug auf ihre eigene Vergangenheit sehr verschlossen war, hatte ich rasch festgestellt, dass sie ein absolut aufrichtiger Mensch war. Sie sollte mir sagen, ob sie es in Ordnung fand, wenn ich Adam ein wenig quälte. Im Ernst, ich hatte endgültig die Nase voll davon, das liebe, brave

Mädchen zu spielen, nur damit er weiter auf mir herumtrampelte, weil er genau wusste, dass ich ihn trotzdem noch lieben würde. Er hatte unter Beweis gestellt, dass er sehr besitzergreifend sein konnte, was bedeutete, dass er mich in irgendeiner Form als sein Eigentum betrachtete. Ich würde ihm zeigen, dass ich *nicht* sein Eigentum war. Ich würde ihm niemals gehören, es sei denn, er kam zu dem Schluss, dass er mehr von mir wollte als einen One-Night-Stand.

All das hätte ich Joss an diesem sonnigen Samstag, während wir zu den Meadows spazierten, gerne anvertraut, doch Joss war mit ihren eigenen Gedanken beschäftigt, es war also kein günstiger Zeitpunkt. Ich brannte darauf zu erfahren, ob Joss' grüblerisches Schweigen etwas mit Braden zu tun hatte. Sie benahm sich in seiner Gegenwart seit einiger Zeit ziemlich seltsam – so seltsam, dass es mir sogar unmittelbar nach einer meiner Kopfschmerzattacken aufgefallen war. Wir hatten mit Hannah zusammen im Buchladen gestöbert, als es passierte. Die Kopfschmerzen kamen aus heiterem Himmel, so wie es in den letzten Monaten schon häufiger passiert war. Sie waren sehr heftig und wurden von einem Kribbeln und einem Taubheitsgefühl im Arm begleitet. Hinterher fühlte ich mich immer wie durch die Mangel gedreht. Überhaupt hatte ich in der letzten Zeit wenig Energie. Ich nahm mir immer wieder vor, zum Arzt zu gehen, aber jedes Mal grummelte es dabei unheilverkündend in meinem Magen, so dass ich es aufschob und mir schwor, am nächsten Tag aber ganz bestimmt einen Termin auszumachen.

Wie dem auch sei, die Kopfschmerzen kamen ganz plötzlich, Joss machte sich Sorgen – mich konnte sie mit ihrem »Andere Leute sind mir egal«-Quatsch nicht täuschen – und zwang mich, etwas zu essen. Kurz danach liefen wir Braden und Vicky über den Weg. Ich war ziemlich geladen, weil Braden schon wieder mit ihr geschlafen und sie damit zurück in unser Leben (sprich: in Adams Dunstkreis) geholt hatte, dennoch fiel mir die Spannung zwischen Joss und Braden sofort auf.

Ich muss zugeben, als sie sich das erste Mal begegnet waren, hatte ich die leise Hoffnung gehabt, sie miteinander zu verkuppeln. Jüngste Enthüllungen hatten diese Hoffnung zwar zunichtegemacht, trotzdem stellte Braden mir (sehr oft) Fragen über Joss und starrte sie (sehr oft) an, und so langsam hegte ich den Verdacht, dass zwischen den beiden etwas im Busch war, auch wenn sie es vehement bestritten. Ich wusste nicht recht, wie ich mich dabei fühlen sollte. Ich wusste ja, dass Joss eigentlich keine feste Beziehung suchte. Es war schwer, ihre wahren Gefühle zu ergründen, und ich wollte nicht, dass sie oder Braden verletzt wurden.

Doch als wir nun auf dem Weg zu unseren Freunden waren, verkniff ich mir all die Dinge, die mir auf dem Herzen lagen, und plauderte stattdessen über belangloses Zeug. Braden, Adam, Jenna und Ed hatten es sich bereits mit zwei Picknickkörben auf einer großen Chenille-Decke bequem gemacht. Mein Blick fiel zuallererst auf Adam und glitt dann, sobald ich sah, dass er mich beobachtete, rasch weiter zu Braden.

Ich amüsierte mich köstlich, als Joss sich gleich nach unserer Ankunft über Braden lustig zu machen begann. Nicht viele Menschen außerhalb unserer Familie wagten das, und ich fand es beeindruckend, dass sie den Mut dazu hatte. Ich glaube, meinem Bruder gefiel es auch. Ohne weiter nachzudenken, ließ ich mich neben Adam nieder, der sofort einen starken Arm um mich legte und mich liebevoll an sich zog. »Schön, dich zu sehen, Els.«

Sinn und Zweck des Picknicks war, sich mit Adam und Braden zu treffen, die so hart an ihrem neuen Projekt arbeiteten, dass wir sie in den letzten Wochen kaum zu Gesicht bekommen hatten. Ich vermisste die beiden. Ich vermisste Adam, und als mir sein vertrauter Duft in die Nase stieg und ich seinen starken Körper spürte, hätte ich beinahe den Entschluss vergessen, den ich kurz zuvor gefasst hatte. Aber nur beinahe.

»Ich freue mich auch.« Ich fertigte ihn mit einem halbherzigen Lächeln ab und befreite mich wie selbstverständlich aus seiner Umarmung. Dann wandte ich mich Jenna und Ed zu, um sie zu begrüßen, und ignorierte die Anspannung, die plötzlich von Adam ausging. Er kannte mich gut und begriff sofort, dass etwas nicht stimmte.

Umso besser.

Als ich Joss zu Braden sagen hörte, dass sie jetzt gehen müsse, schaute ich mich besorgt nach ihr um. Schlagartig fragte ich mich, ob ihre Schweigsamkeit, die mir vorhin schon aufgefallen war, einen ganz anderen Hintergrund hatte, als ich vermutete. »Ist alles in Ordnung? Soll ich mitkommen?«

Joss schüttelte den Kopf und winkte mit ihrem Handy. »Nein, ist schon okay. Rhian braucht bloß jemanden zum Reden. Es kann leider nicht warten. Sorry.« Aus unerfindlichen Gründen wich sie dabei Bradens Blicken aus, und als ich zu meinem Bruder schielte, bemerkte ich, dass er Joss scharf ansah. Glaubte er ihr etwa nicht? Wieso nicht? Rhian war Joss' beste Freundin. Sie lebte in London und hatte in der letzten Zeit einige private Probleme gehabt, insofern war es absolut plausibel, dass sie jemanden brauchte, dem sie ihr Herz ausschütten konnte.

»Wir sehen uns später.« Joss verabschiedete sich, und ihr langer Pferdeschwanz schwang beim Gehen hin und her. Als ich mich wieder zu Braden umwandte, war sein Blick fest auf Joss gerichtet, was mich ein wenig beunruhigte. Nicht genug, dass er dabei diesen entschlossenen, hochkonzentrierten Gesichtsausdruck hatte, den er immer dann bekam, wenn er etwas unbedingt haben wollte – normalerweise ein Bauprojekt, niemals eine Frau –, da war auch noch ein erregtes Glitzern in seinen Augen. Ich hatte noch nie erlebt, dass er jemanden so angesehen hatte. Meine romantische Seite seufzte vor Glück. Meine praktische Seite (ob man es glaubt oder nicht, ich habe eine) biss sich vor Sorge auf die Unterlippe und konnte sich nicht entscheiden, ob Joss und Braden das perfekte Paar waren oder die Zutaten für die perfekte Katastrophe.

Später, nachdem ich Adam so lange die kalte Schulter gezeigt hatte, bis er richtig sauer war, wurde mein Verdacht in Bezug auf Braden bestätigt. Den ganzen Rückweg löcherte er mich mit Fragen über Joss. Als Braden mich in der Dublin Street absetzte, gab es keinen Zweifel mehr daran, dass er sie erobern wollte. Da wir zusammen aufgewachsen waren, wusste ich: Wenn Braden etwas wirklich wollte, konnte er eine unglaubliche Hartnäckigkeit an den Tag legen, selbst wenn es ein Griff nach den Sternen war. Ich konnte nur hoffen, dass er sich, wenn er nach Joss griff, nicht die Finger verbrannte.

* * *

Den Großteil des Picknicks hatte ich damit verbracht, mich mit Jenna zu unterhalten und über Bradens und Eds Witze zu lachen. Wir saßen insgesamt drei Stunden zusammen. Während dieser Zeit hatte ich vielleicht einmal direkt das Wort an Adam gerichtet. Ansonsten war ich seinem Blick konsequent ausgewichen, was ziemlich schwierig war, da er wiederum die ganze Zeit über versucht hatte, meinen einzufangen. Zum Glück ergab sich keine Gelegenheit für ihn, mich zu fragen, was zum Teufel mit mir los war. Meine Foltermethode schlug also noch besser an, als ich mir erhofft hatte.

Mit diebischer Freude stellte ich fest, dass es für Adam tatsächlich eine Art der Folter war, denn als Braden und ich uns von ihm verabschiedeten, war seine Miene verschlossen und grimmig. Unter normalen Umständen hätte Braden unser sonderbares Verhalten bemerkt, aber genau wie Joss war er gerade mit anderen Dingen beschäftigt.

Noch mehr freute ich mich darüber, dass Joss meine Meinung teilte, als ich sie später, nachdem ich mit ihr über Braden gesprochen hatte – ich war mir immer noch nicht ganz sicher, wie ihre Haltung dazu war, da sie für meinen Geschmack ihr Desinteresse ein wenig zu wortreich bekundet hatte –, in die Sache mit Adam einweihte. Sie fand auch, dass Adam dringend eine Lektion zum Thema Konsequenz erteilt werden musste. Wenn er kein romantisches Interesse an mir hatte, sollte er sich gefälligst aus meinem Liebesleben heraushalten. Ich plante, die Folter am Abend fortzusetzen.

Joss musste im *Club 39* arbeiten, aber Braden, Adam und ich wollten mit Darren, dem Manager von Bradens Nachtclub *Fire*, und seiner Frau Donna zusammen ausgehen. Ich trug ein schwarzes rückenfreies Top, das hinten nur von einem dünnen Seidenbändchen zusammengehalten wurde, vorne allerdings einigermaßen züchtig aussah. Es war hochgeschlossen und hatte ein gerafftes Vorderteil aus Chiffon, das knapp zehn Zentimeter über meine Taille reichte. Dazu hatte ich schwarze Skinny Jeans kombiniert, die so eng waren, dass sie aussahen, als wären sie aufgemalt. Mein Haar war zu einem unordentlichen Knoten hochgesteckt, damit das Top optimal zur Geltung kam, und an den Füßen trug ich zehn Zentimeter hohe silberne Pumps, die zu meinen silbernen Tropfenohrringen passten.

Ich war ein bisschen mehr Femme fatale als üblich, aber es funktionierte. Adams Augen weiteten sich, nachdem ich ihm, um Donna zu begrüßen, für einen Moment den Rücken zugedreht hatte. Sein Blick begann zu flackern, als ihn die volle Wucht meines Outfits traf.

Das ärgerte mich bloß.

Noch mehr ärgerte ich mich, als Braden verkündete, wir würden in den *Club 39* gehen. Ich wusste genau, was für einen Plan er verfolgte, und mir war nicht wohl dabei, zumal es sich um Joss' Arbeitsplatz handelte. Doch Braden ließ nicht mit sich reden, und Donna kannte den Club noch nicht und wollte ihn sich unbedingt einmal ansehen.

Mein Ärger wuchs weiter, als Adam mich zurückhielt, während wir alle zusammen die George Street entlanggingen.

»Willst du mir endlich sagen, was los ist, oder muss ich raten?«, fragte er brüsk.

Ohne ihn anzuschauen, hob ich die Schultern. »Keine Ahnung, was du meinst.«

»Ellie, lass das. Die Zicke zu spielen steht dir nicht.«

Ich zuckte zusammen, ging aber weiter. »Weißt du, was mir genauso wenig steht? Single zu sein. Aber allem Anschein nach ist das ja nicht meine Entscheidung.«

»Wovon redest du, verdammt noch mal?«, grollte er. Er gab sich Mühe, leise zu sprechen, da wir fast zu Braden aufgeschlossen hatten.

Ich wandte ruckartig den Kopf und funkelte ihn an. »Du weißt genau, wovon ich rede, du überheblicher Mistkerl!«, zischte ich, ebenfalls mit gesenkter Stimme, zurück.

»Alles in Ordnung?« Braden hatte sich stirnrunzelnd zu uns umgedreht.

Ich nickte knapp und eilte dann an seine Seite. Als wir uns dem *Club 39* näherten, seufzte ich. »Braden, ich hoffe, du weißt, was du da tust.«

Er warf mir ein spitzbübisches Lächeln zu. »Aber natürlich. Weißt du, Darren kennt sogar den Türsteher.« Braden wandte sich an Darren und brachte seinen diabolischen Plan ins Rollen. »Darren, warum gehst du nicht vor und bestellst uns schon mal was zu trinken. Wir suchen uns derweil einen Tisch.«

Darren nickte, drängte sich an der Schlange vorbei und ignorierte dabei die lautstarken Beschwerden der anderen Gäste. Er grüßte das Muskelpaket an der Tür, und sie wechselten ein paar Worte. Dann drehte er sich um und deutete zur Straße, wo wir standen. Ehe ich wusste, wie mir geschah, wurden wir durchgewunken. Darren verschwand in Richtung Bar, und ich musste mit ansehen, wie Braden Donnas Arm ergriff.

Ich starrte wutentbrannt seinen Rücken an. Donna war eine attraktive Brünette, und Braden wollte sie benutzen, um eine Reaktion von Joss zu erzwingen. Ich wusste, wie Braden tickte. Ihm gefiel die Idee, weil er Joss eifersüchtig machen konnte, ohne etwas mit einer anderen Frau anfangen zu müssen. Mein Bruder mochte es, wenn andere auf ihn reagierten, und ich vermutete, dass er sich von Joss eine sehr deutliche Reaktion erhoffte. Ein Teil von mir hoffte, dass sie der Situation mit ihrer typischen Selbstbeherrschung begegnen würde.

Leider war diese Hoffnung vergebens. Kaum waren wir drinnen, schaute ich mich nach Joss um, deren Blick hart wurde, als Braden sich zu Donna beugte und ihr etwas ins Ohr flüsterte. Er behandelte Joss wie Luft, und ich sah etwas Unheilvolles in ihren Augen aufflackern, ehe sie sich hastig abwandte.

Wie gerne hätte ich Braden und Adam am Schopf ergriffen und ihre Köpfe gegeneinandergeschlagen.

Am liebsten hätte ich die beiden einfach sich selbst überlassen. Aber das ließ Adam nicht zu. Er schob mich vorwärts, sobald Braden es geschafft hatte, einen Tisch für uns zu ergattern. Ich spielte immer noch die Unbeteiligte, schüttelte seine Hand ab und marschierte Braden hinterher. Als er und Donna, gefolgt von Adam, auf eine Couch rutschten, blieb ich unschlüssig stehen. Ich konnte mich nicht entscheiden, auf welchen von den beiden ich meinen Ärger richten sollte.

»Ellie, beweg deinen Hintern hierher«, hörte ich Adam über die Musik hinweg unwirsch rufen.

Meine Augen wurden schmal, und ich schüttelte den Kopf.

Adams Miene verfinsterte sich, und bevor ich Gelegenheit hatte, mich außer Reichweite zu bringen, hatte er schon meinen Arm gefasst und mich neben sich auf die Couch gezogen. Ich versuchte mich der Nähe seines Körpers zu entziehen, hielt aber jäh inne, als ich das sinnliche Streicheln seiner Finger auf meinem nackten Rücken spürte und er mir den Arm um die Taille schlang. Seine Hand legte sich auf meine Hüfte, und er zog mich noch enger an sich, bis sein Mund ganz dicht an meinem Ohr war. »Wenn du aufhörst, dich wie ein bockiges Kind zu benehmen, höre ich auf, dich zu bevormunden.«

Meine Gegenwehr ließ nach, aber ich blieb in steifer Haltung sitzen, um ihm zu signalisieren, dass ich nach wie vor wütend auf ihn war. Eine ganze Stunde lang hielt er mich im Arm. Sein Griff um meine Taille war besitzergreifend und definitiv mehr als nur freundschaftlich.

Braden bekam gar nichts davon mit. Seine Augen brannten Löcher in Joss und ihren Kollegen Craig, die sich kurz zuvor geküsst und die letzte halbe Stunde mit Flirten und Schäkern verbracht hatten. Ich mochte diese Seite an Joss.

Braden anscheinend nicht so. Falsch: Er mochte sie sehr wohl, er mochte nur nicht, dass ein anderer Mann dabei im Spiel war. Das Minidrama, das sich vor meinen Augen abspielte, lenkte mich ein wenig von meinem eigenen Drama ab, aber irgendwann hatte Braden offenbar genug. Er stand auf, ging an die Bar, kurz nachdem Joss in die Pause verschwunden war, und schaffte es irgendwie, den Barkeeper zu überreden, ihm Zutritt zum Pausenraum zu gewähren. Nun wurde ich mir wieder meiner eigenen Misere bewusst.

Darren und Donna standen an der Bar und warteten auf die nächste Runde.

Adam und ich saßen allein auf der Couch.

Er streichelte beruhigend über meine Taille. Offenbar wollte er, dass ich mich entspannte. »Also«, raunte er mir ins Ohr und verstärkte damit das Gefühl, dass wir uns abgeschnitten vom Rest der Welt in unserer eigenen kleinen Blase befanden. »Willst du mir jetzt sagen, warum du heute so eine Zicke bist?«

»Hör auf, mich so zu nennen«, keifte ich und fuhr mit dem Kopf herum, so dass sich unsere Nasen fast berührten. Ich starrte in seine dunklen Augen, und das Atmen fiel mir auf einmal so schwer, dass ich wegschauen musste.

»Dann hör du auf, dich wie eine zu benehmen.«

»Ich bin sauer auf dich«, verkündete ich. »Ich darf auch mal sauer sein.«

»Könntest du mir erklären, worum es überhaupt geht?«

Erneut drehte ich mich zu ihm um, und diesmal konnte ich meine Verletztheit und Verwirrung über sein Verhalten wohl schlecht verbergen, denn seine Miene wurde ganz weich. »Warum hast du Nicholas Gewalt angedroht, als er dich um Rat gefragt hat, weil er mit mir ausgehen wollte?«

Jetzt endlich begriff Adam. Er stieß einen schweren Seufzer aus. »Er ist nicht gut genug für dich.«

»Es ist nicht deine Aufgabe, das zu beurteilen.«

Seine Finger krümmten sich reflexartig und gruben sich ins Fleisch meiner Hüfte. »Aber es ist meine Aufgabe, dich zu beschützen.«

Ich schloss die Augen. Seine Worte taten mir weh. »Nein. Ganz bestimmt nicht.«

Daraufhin wurde Adam steif wie ein Brett, und ein drückendes Schweigen senkte sich über uns.

So saßen wir da, bis er irgendwann den Griff um meine Taille lockerte. Ich wollte ihn gerade verdutzt ansehen, als ich die Berührung seiner Finger zwischen meinen Schulterblättern spürte. Quälend langsam strichen sie meinen Rücken hinab. Ich errötete. Meine Brustwarzen zeichneten sich sichtbar unter dem Stoff meines Oberteils ab. »Bist du dir sicher?«, murmelte er heiser in mein Ohr.

Meine Augen weiteten sich, als ich in seine starrte, unzählige Fragen schwirrten durch meinen Kopf, aber ich konnte keine davon äußern, denn im nächsten Moment kamen Donna und Darren mit unseren Drinks zurück und setzten sich neben uns. Adams Arm legte sich wieder um meine Taille, die Hand locker an meiner Hüfte, und ich saß in fassungslosem Schweigen da und fragte mich, was um alles in der Welt er mit dieser Frage gemeint hatte.

Kapitel 7

Adam verzog schmerzvoll das Gesicht, als er mich ansah. »Ich habe dir wirklich ein paar ziemlich verwirrende Signale gegeben.«

Ich schnaubte. »Ach ja?«

Er grinste verschämt. »Es tut mir leid, Els. Du hast mich provoziert. Ich wollte dir klarmachen, dass du mir gehörst. Das war nicht fair.«

Ich zuckte die Achseln. »Du warst hin- und hergerissen. Ich verzeihe dir. Vor allem, da es eine richtig gute Geschichte abgibt.« Er lachte, als ich erneut nach dem Tagebuch griff und darin weiterblätterte, um den nächsten Eintrag zu finden. »Der Abend im *Club 39* war nicht annähernd so schlimm wie der Abend im *Fire.*«

Adam stöhnte. »Gott, ich weiß wirklich nicht, ob ich das aus deiner Perspektive lesen will.«

»Ich gehe ziemlich ins Detail.«

Er zog eine Augenbraue hoch. »Ins Detail?«

Ich nickte und wurde rot.

Grinsend nahm er mir das Tagebuch aus der Hand. »Baby, das ist heiß.«

Sonntag, 16. September

Ich bin fertig. Das war's. Es ist mir egal, was für eine gemeinsame Vergangenheit Adam und ich haben … Ich bin fertig mit ihm …

Ich hatte mich auf den Abend im *Fire* nicht sonderlich gefreut, weil er bedeutete, dass ich in einem Club festsitzen würde und Adam dabei zuschauen müsste, wie er mit allem flirtete, was einen Rock trug. Aber es war ein wichtiger Abend für Braden. Er hatte zu einer Feier im Rahmen der Fresher's Week geladen, und ich hatte ihm versprochen zu kommen.

Wie üblich waren Joss und Braden so sehr mit ihren eigenen Konflikten beschäftigt, dass sie die schlechte Stimmung zwischen Adam und mir gar nicht wahrnahmen. Zwischen uns herrschte eine unangenehme Anspannung, gepaart mit sexueller Frustration, seit wir kurz nach der schicksalhaften Nacht im *Club 39* in einen weiteren Streit geraten waren.

Ich hatte mich mit einem Mann namens Jason verabredet, den ich bei Starbucks kennengelernt hatte. Jason sah gut aus und schien nett zu sein, also fand ich, dass es nicht schaden könne, mich mit ihm auf einen Drink zu treffen. Dumm nur, dass Braden Adam über meine Pläne informiert hatte. Adam hatte mich den ganzen Abend über mit Anrufen belästigt und mir irgendwelche belanglosen Fragen gestellt. Er hatte mir das Date komplett vermasselt. Sein Verhalten war kindisch und absolut daneben.

Noch kindischer und mit Sicherheit daneben war aber, dass ich, wie Joss in ihrer direkten Art angemerkt hatte, unhöflicherweise jedes Mal abgenommen hatte, statt mein Handy einfach auszuschalten. Die Wahrheit war, dass Adams Reaktion auf mein Date mir eine diebische Freude bereitet hatte. Den Entschluss, ihn mir nach der Nacht in seiner Wohnung aus dem Kopf zu schlagen, musste ich zwischenzeitlich vergessen haben. Stattdessen ließ ich mich wieder auf unser albernes Spiel ein. Ich wollte eine Reaktion von ihm erzwingen, und ich bekam auch eine.

Doch nachdem ich ihm am nächsten Tag beim Sonntagsessen im Haus meiner Eltern die Leviten gelesen hatte, hatte Adam von heiß auf eiskalt umgeschaltet. Fortan tat er alles, um nicht mit mir allein sein zu müssen, und wenn er doch mit mir allein war, sprach er über Dinge, über die man sich auch mit einem Wildfremden unterhalten könnte. Die Situation zerrte seit Wochen an meinen Nerven, dazu kamen noch der Stress an der Uni und die immer wiederkehrenden Kopfschmerzen. Am liebsten hätte ich ihm meinen ganzen Frust vor die Füße geschleudert.

Für alle anderen war ich immer noch die nette Ellie, die süße Ellie, die Ellie, wie man sie kannte und liebte. Aber für Adam war ich die launische Ellie, die müde Ellie, die Ellie mit dem bitteren, gebrochenen Herzen.

Während Braden Joss nach einem kurzen Streit über ihr Kleid zurückhielt (das Alphatier-Gehabe meines Bruders konnte ziemlich peinlich sein), lotste Adam mich zu einer privaten Sitznische gegenüber der Bar. Ich rutschte auf die Bank und war erstaunt, als Adam direkt neben mir Platz nahm.

»Vorsicht«, warnte ich ihn trocken. »Ich glaube, du brichst deine Ein-Meter-Abstand-Regel.«

Er schürzte unbeeindruckt die Lippen. »Lass das. Nicht heute Abend.«

»An gar keinem Abend.«

In seinen Augen flackerte etwas auf. »Weißt du, warum ich keine Beziehungen habe, Ellie? Damit ich mich nicht mit so einem Scheiß herumschlagen muss. Das hier ist wie eine Beziehung, nur ohne die Vorteile.«

Ich strafte ihn mit dem vernichtendsten Blick, den ich zustande brachte. »Nein, das hier ist wie eine Freundschaft, die *du* gebrochen hast.«

Kaum hatte ich erfolgreich meinen Schmerz auf ihn

abgewälzt, fühlte ich mich schrecklich, und das machte mich nur noch wütender auf ihn. Ich wollte, dass es mir egal war, ob ich seine Gefühle verletzt hatte.

Adam war im Begriff zu antworten, als eine Bewegung uns aufsehen ließ. Joss stand vor unserem Tisch und wollte gerade wieder kehrtmachen, um nicht in unseren Streit hineinzugeraten. Adam signalisierte ihr aber, dass sie sich setzen und ihn vor mir retten solle.

Ich war beinahe ebenso erleichtert wie er, als sie mir gegenüber Platz nahm.

»Braden lässt gleich was zu trinken bringen«, verkündete sie und ließ den Blick über die Gäste schweifen. »Ich wusste gar nicht, dass er auch noch andere Leute eingeladen hat, ich dachte, wir wären unter uns.«

»Nein«, gab ich geistesabwesend zurück. Meine üble Laune hatte dafür gesorgt, dass die Verbindung zwischen meinem Gehirn und meinem Mund gerissen war. »Einige seiner Exfreundinnen und ehemaligen ›Bettgefährtinnen‹ lieben es, in seinem Club abzuhängen. Er hat sie und noch ein paar seiner Kumpels eingeladen.«

Erst als Adam mich mit den scharfen Worten »Ellie, was soll das?« unterbrach und vielsagend in Joss' Richtung schielte, kam ich zur Besinnung. Ich folgte seinem Blick und musste erkennen, dass Joss nach meiner gedankenlosen Bemerkung wie versteinert dasaß.

Es war mir furchtbar unangenehm, und ich versuchte sofort, zurückzurudern. »O nein, Joss, das habe ich damit nicht sagen wollen … Ich meine, diese Mädchen bedeuten nichts …«

»Kommt, wir betrinken uns«, verkündete sie mit erzwungener Heiterkeit, und ich fühlte mich unsagbar schuldig, weil sie jetzt meinetwegen verunsichert war und an Braden zweifelte.

»Das halte ich für keine gute Idee. Lasst uns einfach auf Braden warten«, beharrte Adam.

Braden verbrachte allerdings sehr viel Zeit damit, mit den Gästen zu flirten und zu plaudern, und die Spannung an unserem Tisch wurde so stark, dass wir alle verzweifelt nach einer Möglichkeit suchten, ihr zu entkommen. Joss und mich zog es auf die Tanzfläche, und wir tanzten eine Weile zusammen, bis ich irgendwann an die Bar ging, um mir ein Wasser zu bestellen. Im Näherkommen fiel mein Blick auf Adam, der am anderen Ende der Bar stand, und ich spürte dieses allzu bekannte Brennen in meiner Kehle. Er trug ein schwarzes Hemd, dessen Ärmel er hochgekrempelt hatte, und eine schwarze Hose. Es war ein schlichtes Outfit, und er sah heiß darin aus. Er sah *immer* heiß aus. Auch an diesem Abend, als er sich zu einer Frau beugte, die auf einem Barhocker saß. Sie hatte den Kopf in den Nacken gelegt, während Adam eine Hand auf den Tresen stützte und ihr etwas ins Ohr flüsterte. Sie lachte, und er hob den Kopf, so dass sie fast nahe genug waren, um sich zu küssen. Was auch immer er ihr vorsäuselte, verwandelte ihr Lachen in ein kokettes Lächeln, und ich spürte, wie das Brennen in meiner Kehle zu einem harten Klumpen aus Tränen wurde.

Als hätte er meinen Blick gespürt, sah Adam auf, und unsere Blicke trafen sich. Es war mir noch nie leichtgefallen, meine Gefühle zu verstecken, deshalb beeilte ich mich, wegzuschauen, bevor er etwas merkte.

»Was kann ich dir bringen?«, fragte endlich einer der Barkeeper.

»Eine Flasche Wasser«, bat ich, aber meine Kehle war wie zugeschnürt, und er musste sich zu mir beugen, damit ich meinen Wunsch wiederholte. Gerade als ich ihm das Geld reichte, spürte ich eine Hand auf meinem Rücken.

Ich roch sein Aftershave, Sekunden bevor seine Lippen mein Ohr streiften.

»Els«, raunte Adam leise. Seine Stimme war voller Gefühl.

Ich wusste nicht, wie ich reagieren sollte. Den Blick starr auf die Wasserflasche geheftet, rang ich um Fassung. Ich wusste, dass ich jeden Tag mehr und mehr Gefahr lief, in unserer Situation irgendeine Lösung zu erzwingen, indem ich die Wahrheit ans Licht brachte.

»Kleines, schau mich an.«

Ich tat, worum er mich gebeten hatte, und suchte in seinen Augen nach Antworten, von denen ich wusste, dass sie zu geben er nicht bereit war. Antworten, die er mir vielleicht nie geben würde.

Er nahm die Hand von meinem Rücken und strich mit den Fingerknöcheln zärtlich meine Wange entlang. Seine Augen folgten der Bewegung. »Das Schönste, was ich je gesehen habe«, murmelte er.

Die Worte schmerzten, weil sie eine weitere Runde auf dem Karussell seiner verwirrenden Signale einläuteten. Ich zog mich vor der Berührung zurück und machte ein ablehnendes Gesicht. »Lass das.«

Er ließ die Hand sinken. »Ellie …«

Ich deutete zu der Frau am anderen Ende des Tresens, die inzwischen mit Blicken unsichtbare Pfeile auf mich abschoss. »Hast du das zu ihr auch gesagt?«

»El–«

Plötzlich schnitten ihm aufgeregtes Gemurmel und schockierte Rufe das Wort ab. Wir drehten uns um und sahen gerade noch, wie Braden sich aufrappelte, nachdem er jemanden geschlagen hatte. »Gavin!«, keuchte ich.

Sofort drängte Adam sich zu meinem Bruder durch. Ich folgte mit klopfendem Herzen. Gavin war auf der Uni

Bradens und Adams Freund gewesen. Er hatte sich mit der Zeit zu einem richtigen Arschloch entwickelt, doch aus unerfindlichen Gründen hatte Braden ihm weiterhin die Treue gehalten – bis vor fünf Jahren, als Gavin Braden betrogen und mit Analise geschlafen hatte.

Und jetzt war er hier in diesem Club?

»*Das* ist Gavin.« Braden warf Joss einen angewiderten Blick zu. »Der Freund, der es mit Analise getrieben hat. Warum zum Teufel redest du mit ihm, als würdest du ihn kennen?«

Ach du liebe Zeit, Joss kannte ihn? Einen Moment lang empfand ich blinde Panik bei dem Gedanken daran, dass die Geschichte sich wiederholen könnte. Doch dann rief ich mir in Erinnerung, dass es hier um Joss ging. Trotz all ihrer Macken würde sie sich *niemals* so illoyal verhalten. Ich musste nur das Entsetzen in ihrer Miene sehen, als ihr aufging, wer Gavin war, um zu erkennen, dass es sich um ein riesengroßes Missverständnis handelte.

Wenigstens, was Joss anging. Ich musterte Gavin voller Verachtung.

»Er ist Trainer in meinem Fitnessstudio«, erklärte Joss. »Er hat mir einmal geholfen.« Sie sah zu Braden hoch, und während sie ihm schwor, dass sie keine Ahnung gehabt hatte, wer Gavin war, standen ihr die Gefühle für meinen Bruder überdeutlich ins Gesicht geschrieben. Ihr selbst war dies vermutlich gar nicht bewusst, und sie wäre im Erdboden versunken, wenn sie gemerkt hätte, dass sie sich durchschaubar machte. Mich hingegen freute der Anblick, und ich wünschte, Braden wäre nicht so außer sich, denn er bemerkte es nicht einmal.

»Sieht aus, als hätte sich dein Geschmack verbessert, Bray.« Gavin sah Joss auf eine Art und Weise an, bei der es mir eiskalt den Rücken runterlief, und ich spürte, wie

Adam vor mir unwillkürlich die Schultern anspannte. »Hoffentlich wiederholt sich die Geschichte von damals, denn ich bin schon seit Wochen scharf auf sie. Wie wäre es, Joss? Hast du mal Lust auf einen richtigen Mann?«

Ich hatte noch nie mit eigenen Augen gesehen, wie mein Bruder jemanden schlug, aber er hatte sich auf Gavin gestürzt, ehe jemand ihn aufhalten konnte. Adam versuchte sein Bestes, aber ich wusste, dass es einen Teil von ihm gab, der Braden gar nicht von dem widerlichen Verräter trennen *wollte*. Er tat es dennoch und konnte meinen Bruder nur mit Mühe zurückhalten, als Gavin etwas sagte, was so vulgär war, dass *ich* ihm fast eine verpasst hätte.

Als die Sicherheitsleute schließlich anrückten und Gavin aus dem Club führten, dachte ich schon, Adam würde Braden loslassen, damit er selbst die Arme freihatte, um ein paar Schläge zu platzieren. Besorgt verfolgte ich, wie Braden, der schier überkochte vor Adrenalin und Wut, die arme Joss die Treppe hinauf in sein Büro zog. So hatte ich ihn noch nie erlebt.

Ich wollte gar nicht wissen, was da drinnen passieren würde.

Zitternd blieb ich zurück, während die aufgeregten Gäste sich wieder ihrem Vergnügen zuwandten. Adam und ich blieben auf der Tanzfläche stehen und starrten einander an. Wahrscheinlich versuchte er genau wie ich, sich darüber klarzuwerden, wo wir standen und was um alles in der Welt da gerade geschehen war.

Die Frau von der Theke kam herübergeschlendert. Sie trug ein enges Stretchkleid, das ihre phänomenale Figur betonte. Sie war kleiner als ich, aber genau wie Joss hatte sie mehr Hüfte und mehr Hintern. Plötzlich kam ich mir in meinem formlosen, schimmernden Kleid geradezu altbacken vor. Die Frau blieb neben Adam stehen und legte besitzergreifend eine Hand auf seinen Arm. »Komm, nach dem Schreck gebe ich dir einen aus.«

Adam sah erst sie, dann mich an, und da ich auf keinen Fall schon wieder ein offenes Buch für ihn sein wollte, setzte ich eine neutrale Miene auf und sagte: »Geh ruhig, ich wollte sowieso nach Hause.«

Ehe er antworten konnte, hatte ich mich an ihm vorbeigedrängt und schob mich durch die Menge zum Ausgang, wo ich vorsichtig die Stufen zur Straße hochstieg. Ich wollte gerade ins Freie treten, da umfasste eine Hand meinen Oberarm, und als ich aufschaute, sah ich zu meinem Erstaunen Adam im Mantel.

»Ich bringe dich nach Hause.«

»Das ist nicht nötig.«

Er erwiderte nichts, ließ mich aber auch nicht los. Ich war zu müde, um mich zu wehren, also ließ ich mich von ihm in ein Taxi setzen und wartete in eisigem Schweigen, bis wir in der Dublin Street ankamen.

Adam bezahlte den Fahrer, stieg mit mir aus und folgte mir bis hoch zur Wohnungstür. Er wartete geduldig, während ich nach meinem Schlüssel suchte und die dunkle Wohnung aufschloss. Ich machte ein paar Schritte in den Flur, schaltete das Licht an und drehte mich dann zu ihm um, während ich mir gleichzeitig die Highheels von den Füßen streifte. »Du kannst jetzt gehen.«

Stattdessen warf Adam die Tür hinter sich zu und starrte mich düster an.

Ich seufzte leise. Ich hatte diese andauernden Kämpfe so satt. Mum sagte immer scherzhaft, ich sei nicht zum Kämpfen geboren, sondern zum Lieben. Sie hatte mir sogar ein T-Shirt gekauft, auf dem genau das zu lesen stand. »Du kannst mich jetzt allein lassen, Adam. Danke, dass du mich begleitet hast.«

»Was willst du von mir?«, fragte er unvermittelt. Seine Stimme war ganz heiser vor zurückgehaltener Wut.

Ich wich einen Schritt zurück, bis ich gegen die Wand stieß, und sah voller Unbehagen zu, wie er mir folgte. Ich hob den Kopf und öffnete überrascht den Mund, als er seine Hände oberhalb meines Gesichts rechts und links an die Wand stützte und mich so gefangen hielt. Er senkte den Kopf und rieb seine Nase an meiner, bis sein Mund wenige Millimeter über meinen Lippen schwebte. Ich schluckte und fand endlich meine Stimme wieder. »Was willst *du* von mir?«

Als Antwort presste er in einem wilden Kuss seine Lippen auf meine.

Genau wie bei unserem letzten Kuss verschwand die Welt um mich herum und nahm die Realität und alle anderen wichtigen Dinge einfach mit. Ich schlang die Arme um Adams Nacken, meine Finger wühlten sich in sein Haar, und meine Brüste drückten sich fest gegen seinen Brustkorb, während wir uns gegenseitig verschlangen.

Nach einer Weile wurde der Kuss ein wenig sanfter. Adam ließ von meinen geschwollenen Lippen ab, um hauchzarte Küsse auf meinen Kiefer und meinen Hals zu tupfen, während seine Hand an der Innenseite meines Oberschenkels aufwärtsglitt. Ich ließ mich mit einem Seufzer gegen die Wand sinken und schloss die Augen, als er mich wieder auf den Mund küsste und seine Zunge sich um meine schlang. Seine Finger glitten unter den Stoff des Spitzenhöschens, das ich unter meinem züchtigen Kleid trug, und ich stöhnte in seinen Mund, als er sie langsam in mich hineinschob.

Adam hob den Kopf, seine Atemzüge waren flach und abgehackt wie meine, während er mich weiter streichelte. Erneut schloss ich die Augen, die Lust steigerte sich ins

Unerträgliche. Ich fühlte den Höhepunkt nahen und packte seinen Arm. »Adam«, flehte ich.

»Schau mich an«, murmelte er dicht an meinen Lippen, und als sich meine Lider hoben, war sein Blick glühend heiß. »Ich will es in deinen Augen sehen, wenn du kommst.«

Als er dies sagte, brannten meine Wangen noch heißer, doch ich hielt seinem Blick stand. Seine Finger liebkosten mich, meine Hüften rieben sich kreisend an seiner Hand, und meine Augen waren halb geschlossen. Adams Atem wurde zu einem unregelmäßigen Keuchen, während er mich beobachtete. Als er schließlich mit dem Daumen über meine Klitoris strich, explodierte ich und klammerte mich dabei verzweifelt an ihn. Adam stieß einen leisen Fluch aus und schmiegte den Kopf in meine Halsbeuge.

Meine Knie zitterten, als ich langsam aus den schwindelnden Höhen wieder zur Erde herabschwebte und die Realität sich zurückmeldete. Verwirrung setzte ein, und ich musste gegen die Tränen ankämpfen. Adams warmer Atem streichelte meine Haut, als er den Kopf hob, um mir ins Ohr zu flüstern: »Ich wäre fast vom Zusehen gekommen.«

Ein Schauer lief durch meinen Körper.

»Du machst mich so unglaublich an«, gestand er und nahm dann sanft meine Hand, um sie gegen seine Erektion zu pressen, die sich unter der Hose abzeichnete. Für eine Sekunde verdrängte der Triumph darüber meine Verwirrung. Ein Gefühl von Macht durchströmte mich, als ich ihn streichelte und sein lustvolles Stöhnen an meinem Ohr spürte. Immerhin wollte er mich. Immerhin litt er deswegen.

»Wenn du nicht aufhörst, Baby«, er zog mit einem bedauernden Seufzer meine Hand weg, »explodiere ich.«

Als er den Kopf hob, trafen sich unsere Blicke, und er sah die Tränen in meinen Augen. Mit einem weiteren Fluch machte er sich von mir los. Er fuhr sich durchs Haar und seufzte schwer. »Das hätte ich nicht tun sollen, Els. Es tut mir leid.« Seine Miene war gequält und voller Selbstvorwürfe.

»Wieso?«, fragte ich mit erstickter Stimme. Ich musste ein für alle Mal Klarheit darüber haben, was zwischen uns war. »Wieso hättest du es nicht machen sollen? Wieso können wir nicht zusammen sein?«

Er sah mich mit seinen unvergleichlichen dunklen Augen verwundert an, als könne er nicht glauben, dass ich es nicht begriff. »Wegen Braden, Els. Er ist mein bester Freund. Er ist meine Familie. Ich kann nicht riskieren, dass er mir nicht vergibt, wenn ich …« Mit einer hilflosen Geste zeigte er auf mich.

Bei diesen Worten verflüchtigte sich die Wärme nach dem Orgasmus, den er mir geschenkt hatte, und ließ nichts als Kälte zurück. Ich trat von der Wand weg und versuchte den Kloß in meinem Hals hinunterzuwürgen. »Aber ich bin dazu bereit. Ich bin dazu bereit, weil ich dich liebe. Du weißt, dass ich dich liebe.«

Die Abwesenheit jeglichen Erstaunens in seinem Gesicht war Bestätigung genug.

Ich schüttelte den Kopf und lachte bitter, während ich mir die Tränen wegwischte, die ich nicht länger zurückhalten konnte. »All die Jahre, sogar jetzt noch, behauptest du ständig, dass du nichts anderes willst, als mich davor zu bewahren, dass mir jemand weh tut. Und zur selben Zeit sagst und tust du Dinge, die vollkommen widersprüchlich sind. Manchmal denke ich, dass du vielleicht dasselbe empfindest wie ich, aber im nächsten Moment bist du so kalt wie Eis und machst vor meinen Augen mit anderen

Frauen herum.« Die Tränen flossen immer heftiger, und auch Adams Augen waren glasig geworden. Es war mir egal. Ich musste es hinter mich bringen. »Der einzige Mensch, der mir jemals wirklich weh getan hat, bist du, Adam. Und ich lasse es immer wieder zu.«

»Ellie.« Seine Stimme klang verzweifelt, als er einen Schritt auf mich zumachte. Doch ich wich vor ihm zurück, und er blieb stehen. Jetzt spiegelte sich der Schmerz auch in seinen Augen. »Ich liebe dich wirklich«, beteuerte er, aber statt bei diesen Worten Freude zu empfinden, verflog auch das letzte Stückchen Hoffnung, an das ich mich noch geklammert hatte.

Ich schüttelte den Kopf. »Aber nicht genug.«

»Du weißt, dass das nicht wahr ist, Els. Du müsstest es doch am allerbesten verstehen. Wenn wir beide etwas miteinander anfangen und es schiefgeht, dann verliere ich auch Braden. Ich verliere die beiden Menschen, die mir am meisten bedeuten.«

Ich wollte ihn verstehen. Ich versuchte immer, die Gründe hinter dem Handeln anderer Menschen nachzuvollziehen, weil ich stets nur das Beste in jedem sehen wollte. Alles, was ich wusste, war, dass ich ihn so sehr liebte, dass ich alles – auch unsere gemeinsame Vergangenheit – für etwas Neues aufs Spiel setzen würde. Dass er nicht dazu bereit war, verriet mir, dass er nicht so viel für mich empfand wie ich für ihn. Ich wollte keine Beziehung mit einem Mann eingehen, der mich weniger liebte als ich ihn.

»Geh nach Hause, Adam«, sagte ich leise. »Es ist vorbei.«

Seine Augen wurden groß vor Entsetzen. »Ellie –«

»Für Braden mache ich gute Miene zum bösen Spiel. Wenn ich mit ihm zusammen bin und du dabei bist, tue ich seinetwegen so, als hätte sich zwischen uns nichts geändert.« Ich hielt seinen Blick fest. Ich wollte unbedingt stark sein, wenn ich den Schlussstrich zog. »Aber was auch immer das hier ist, es ist aus. Alles. Ruf mich nicht mehr an, komm nicht mehr vorbei – lass mich einfach in Ruhe. Ich will dich nicht in meiner Nähe haben, wenn es nicht unbedingt sein muss. Es tut zu sehr weh, und wenn du auch nur ein winziges bisschen für mich empfindest, dann hältst du dich ab jetzt von mir fern.«

Ich gab ihm keine Gelegenheit zu antworten. Ich brachte es nicht fertig. Ich drehte mich einfach um und ging durch den Flur in mein Zimmer. Dort schloss ich die Tür hinter mir und lehnte mich von innen dagegen, während ich versuchte, wieder zu Atem zu kommen.

Eine gefühlte Ewigkeit lang war es totenstill im Flur, doch dann, endlich, hörte ich, wie die Wohnungstür sich leise öffnete und ins Schloss fiel.

Das Brennen in meiner Kehle wurde zu einem haltlosen Schluchzen. Ich sank an der Tür zu Boden und rang verzweifelt nach Luft …

Kapitel 8

»Die Wochen danach waren die schlimmsten meines Lebens.« Adam blätterte die Seiten um und überflog die spärlichen Einträge nach jener Nacht.

Ich legte ihm die Hand in den Nacken und streichelte ihn sanft. »Mir ging es genauso, mein Schatz.«

Er nahm meine Hand, hob sie an seine Lippen und hauchte gedankenverloren einen Kuss auf meine Knöchel. »Der Abend von Jennas und Eds Hochzeit war die reinste Folter.«

Dem konnte ich nicht widersprechen. Wir waren beide in Begleitung anderer erschienen. Ich hatte Nicholas mitgebracht, nur um Adam zu provozieren, und Adam war mit irgendeiner Frau gekommen. Obwohl ich mich unter die Gäste gemischt, gute Laune versprüht und Adams Blick konsequent gemieden hatte, war es eine der schmerzhaftesten Erfahrungen meines Lebens gewesen.

Adam verschränkte meine Finger mit seinen und legte unsere Hände in seinen Schoß. »Hier ist es.« Er hielt das Tagebuch in die Höhe.

»Was?« Ich runzelte die Stirn und versuchte, meine Schrift zu entziffern.

»Ich habe vorgeblättert. Bis zu meinem Weckruf.«

Montag, 17. Dezember

Ich schreibe dies hier, so schnell es geht, ich sehe nämlich, dass Adam kurz davor ist, mir den Stift aus der Hand zu reißen und jedes ihm zur Verfügung stehende Mittel zum Einsatz zu bringen, um meine Aufmerksamkeit wieder auf sich zu lenken. Da mir selbige Mittel ziemlich gut gefallen, muss ich mich mit dem Schreiben beeilen. Das Wochenende war ungeheuer aufreibend, aber als ich heute Morgen aufgewacht bin, habe ich mich zum ersten Mal seit langem stärker gefühlt. Der Tag hat nämlich mit etwas Wunderschönem begonnen, obwohl ich das nach der letzten Woche niemals für möglich gehalten hätte …

Ich konzentrierte mich auf den Riss in meiner Zimmerdecke und versuchte krampfhaft, die Angst und die Verzweiflung zurückzudrängen. Es gab einen verborgenen Teil von mir, der sich einfach nicht unterdrücken ließ und mir immer wieder mit trostloser Stimme zuflüsterte: »Ich bin noch nicht bereit zu sterben.«

Hör auf, hör auf, hör auf, hör auf, hör auf, hör …

Ich durfte so etwas nicht denken.

Dies war es, wovor ich seit Monaten die Augen verschlossen hatte. Als mir mein Arzt gesagt hatte, dass ich eine Brille brauche, hatte ich meine Instinkte ignoriert und mich voller Erleichterung an diese Lösung geklammert.

Doch die Kopfschmerzen hörten nicht auf, die Erschöpfung wurde immer schlimmer, und meine Furcht, die ich bislang vor aller Welt verborgen hatte, wuchs und wuchs.

Vor zehn Tagen hatte ich in meiner Küche einen Krampfanfall gehabt. Ich hatte schreckliche Angst, fühlte mich aber gleichzeitig seltsam erleichtert, als ich im Krankenhaus saß und darauf wartete, dass ich bei der MRT an die Reihe kam. Mir war vor Angst ganz schlecht, aber ich war froh, dass ich endlich erfahren würde, was zum Teufel mit mir los war.

Es war ein Tumor. Ein Gehirntumor.

Ich versuchte, ruhig durchzuatmen. Wir hatten zehn Tage auf die Ergebnisse warten müssen. Es war ein Gehirntumor, mehr hatten sie mir nicht sagen wollen. Nun lagen weitere vierundzwanzig Stunden des Wartens vor mir, nach deren Ablauf ich wissen würde, ob es Krebs war oder nicht.

Ich wollte es mit Fassung tragen, nicht nur meinetwegen, sondern auch um Bradens und Mums und Clarks und Hannahs und Declans willen. Ich wollte es auch für Joss mit Fassung tragen, weil ich wusste, dass es sehr schwer für sie werden würde. Aber ihre Reaktion …

Eine Träne rann mir die Wange hinab, als ich daran dachte, wie sie sich wenige Stunden zuvor verhalten hatte. Ich hatte die nackte Panik in ihrem Gesicht gesehen, und dann hatte sie einfach … dichtgemacht. Sie hatte mich alleingelassen. Als ich sie am meisten gebraucht hätte, hatte sie mich … alleingelassen.

Braden war unglaublich wütend, er hatte Angst um mich und um Joss und gab sich größte Mühe, ruhig zu bleiben. Seine Angst machte es für mich nur noch schlimmer, also sagte ich ihm, er solle nach Hause fahren und sich um Mum und Clark kümmern. Da er begriff, dass ich ein bisschen Zeit für mich brauchte, hatte er nachgegeben.

Ich durfte nicht an das Schlimmste denken. Ich durfte nicht so werden wie Joss. Natürlich wollte ich auf alles gefasst sein, aber ich war keine Pessimistin. Und ich war doch noch zu jung zum … Man glaubt nie, dass einem selbst so etwas passieren könnte. Es kommt einem vor wie ein Traum, so surreal ist es. Als würde man das Leben eines anderen Menschen auf der Leinwand verfolgen.

Mein Handy klingelte, und ich drehte den Kopf auf dem Kissen, um zu meinem Nachttisch zu schielen.

Adam.

Ich atmete gegen das Engegefühl in meiner Brust an und griff nach dem Handy. Seit ich vor zehn Tagen im Krankenhaus gewesen war, hatte Adam sein stillschweigendes Versprechen, sich von mir fernzuhalten, mehr als einmal gebrochen. Er rief mich jeden Tag an und kam so oft vorbei, wie ich ihm durchgehen ließ. Da ich zu müde war, um mich mit ihm zu streiten, ließ ich ihm einiges durchgehen.

»Hallo«, meldete ich mich, und selbst ich konnte hören, dass ich nicht wie ich selbst klang.

Ich hörte ein Rauschen in der Leitung, als er einen schweren Seufzer ausstieß. »Braden hat gerade eben angerufen.«

Alles in mir krampfte sich zusammen, als ich Adams Stimme hörte. Sie klang erstickt und brüchig. »Ja.«

»Gott, Ellie …« Er stöhnte, als habe er Schmerzen. »Baby –«

»Nicht.« Ich schüttelte den Kopf, obwohl er mich natürlich nicht sehen konnte, und biss mir auf die Lippe, um die Tränen zurückzuhalten. Sobald ich das Gefühl hatte, weitersprechen zu können, fuhr ich fort. »Wir wissen noch nichts.«

»Ich muss dich sehen. Ich bin in zehn Minuten da.«

»Nein, nicht.« Mein Tonfall war scharf, als ich mich aufsetzte. Mein Herz pochte heftig bei der Vorstellung, dass er hier wäre und mich während des Wartens im Arm halten würde. »Ich will das nicht.«

»Scheiß drauf, Els.« Er klang tief getroffen.

»Adam, bitte.«

»Ich muss es tun. Ich muss bei dir sein. Ich liebe dich, Ellie. Verdammte Scheiße noch mal, ich liebe dich.«

Er weinte.

Noch nie zuvor hatte ich gesehen oder gehört, wie Adam weinte. Seine Tränen und sein offenes Geständnis brachten auch mich zum Weinen. Ich ließ mich zurück auf mein Kissen sinken und presste das Handy ans Ohr. Irgendwann wisperte ich: »Bleib einfach dran, okay?«

Adam räusperte sich, und seine Stimme zitterte, als er antwortete. »Alles, was du willst, Baby.«

Ich atmete tief durch und hielt mein Handy ganz fest. »Wir wissen noch nichts«, wiederholte ich.

»Vielleicht ist es ja gar nichts Schlimmes.«

»Was auch immer es ist, ich werde kämpfen.«

»Ich kämpfe mit dir.«

»Schh«, sagte ich leise. »Keine Versprechen. Nicht so.«

»Ich werde keine Zeit mehr verschwenden, Els.«

Ich lächelte traurig, zu erschöpft, um mich auf diese Diskussion einzulassen. »Verschwende noch ein kleines bisschen mehr Zeit. Mir zuliebe. Bitte.«

Er schwieg eine Weile, dann antwortete er leise: »Nur noch ein bisschen, Baby. Nur noch ein bisschen.«

* * *

Adams Handyrechnung musste astronomisch sein, aber offensichtlich war ihm das egal. Er blieb zwei Stunden lang in der Leitung, und während dieser Zeit redeten wir kaum. Ich lauschte einfach nur seinem Atmen, so wie er meinem. Als Braden zurückkam, wollte ich das Telefonat beenden, doch Adam verbot mir, mich zu verabschieden. Es war das erste Mal, dass ich unverhohlene Angst in seiner Stimme hörte, als er mich anflehte, nur keine Worte des Abschieds zu sagen.

Das war schon viel. Ein sehr großer Schritt. Aber es war

eine Sache, mir zu gestehen, dass er mich liebte, und eine ganz andere, es Braden zu gestehen. Ich musste erst diese Krise bewältigen, ehe ich mich mit der Sache zwischen Adam und mir auseinandersetzen konnte.

Ich sah eine Weile mit Braden zusammen fern und kuschelte mich an ihn, während er mir beruhigend übers Haar strich. Mum und Clark waren mit ihm in einen handfesten Streit geraten, weil sie mich besuchen wollten, Braden jedoch darauf beharrt hatte, dass es nichts gebe, was sie tun könnten, und dass es im Moment das Beste wäre, wenn ich Ruhe hätte und mir nicht auch noch Sorgen darum machen müsste, wie sie mit der Situation klarkamen. Ich wusste das zu schätzen, rief sie aber trotzdem kurz an, damit sie meine Stimme hören konnten und ich sie bitten konnte, mich zu meinem Termin am nächsten Tag zu begleiten. Zuerst hielten sie sich tapfer, doch dann musste Clark sich abrupt verabschieden, als Mum in Tränen ausbrach. Natürlich musste ich daraufhin auch wieder weinen, aber ich beruhigte mich wieder. Doch als es draußen dunkler wurde und der Abend langsam voranschritt, brach die Angst vor dem, was ich morgen hören würde, erneut über mich herein.

Braden half mir zurück ins Bett und gab mir eine Tasse mit heißem Wasser und Whiskey. Er saß auf meinem Bett, während ich trank, und blieb bei mir, bis mir die Augen zufielen.

Meine Lider flogen auf, als ich meine Zimmertür knarren hörte. Ich lag im Dunkeln zusammengerollt in meinem Bett, und im Mondlicht, das durchs große Fenster hereinfiel, sah ich Joss am Fußende stehen.

Erstaunt, dass sie zurückgekommen war, aber immer noch verletzt, weil sie mich zuvor im Stich gelassen hatte, sah ich sie stumm mit großen Augen an.

Meine Augen wurden noch größer, als sie einen heiseren Seufzer ausstieß und ich begriff, dass Joss weinte. Joss weinte. *Joss.* Ich wusste, dass sie weggelaufen war, weil sie durch den Unfalltod ihrer Familie ein emotionales Trauma erlitten hatte. Ich wusste auch, dass ihre Angst daran schuld war, dass sie mich im Stich gelassen hatte, aber als ich nun ihre Tränen sah, wurde mir klar, dass ihre Flucht vor allem eins bedeutete: Ihr lag etwas an mir. Sie hatte Angst, mich zu verlieren.

Als mir die ersten Tränen über die Wangen liefen, kam Leben in Joss. Sie kroch zu mir aufs Bett, und als sie sich neben mich legte, drehte ich mich auf den Rücken. Sofort legte Joss den Kopf an meine Schulter und rückte näher. Sie nahm meine Hand und hielt sie zwischen ihren beiden Händen fest.

»Es tut mir leid«, sagte sie kaum hörbar.

»Schon gut«, beruhigte ich sie, und ich meinte es ernst. »Du bist ja wieder da.«

»Ich hab dich lieb, Ellie Carmichael. Du stehst das durch.«

Ich hatte die Liebe und Zuneigung von jemandem erobert, der so verschlossen war wie Jocelyn Butler? Das war für mich ein helles Licht in tiefer Dunkelheit, und es überwältigte mich. Ich musste einen Schluchzer unterdrücken, als ich ihr flüsternd antwortete. »Ich dich auch, Joss.«

* * *

Braden weckte uns am nächsten Morgen und machte Frühstück. Obwohl ich in Gedanken ganz bei meinem bevorstehenden Termin beim Neurochirurgen am Nachmittag war, merkte ich, dass zwischen Joss und Braden etwas Schreckliches vorgefallen sein musste. Als ich sie danach fragte, erfuhr ich, dass sie sich getrennt hatten. Ich gab mir Mühe, keine Schuldgefühle zu empfinden, aber es gelang mir nicht.

Es bestand kein Zweifel, dass sie sich meinetwegen getrennt hatten – wegen Joss' Reaktion auf meinen Zustand. Als ich hörte, in welch kaltem Ton Braden mit ihr sprach, und den Schmerz in Joss' Miene sah, wäre ich am liebsten sofort eingeschritten. Ich wollte reparieren, was meinetwegen zerbrochen war, aber sie ließen sich nicht darauf ein. Ich wurde aus dem Zimmer und unter die Dusche geschickt.

Irgendwann hörte ich ihre lauten Stimmen über das Plätschern des Wassers hinweg, dann zerbrach ein Teller, gefolgt von noch mehr Geschrei. Besorgt drehte ich den Hahn zu und stieg aus der Dusche, doch inzwischen war aus dem Geschrei ein Murmeln geworden. Trotzdem beeilte ich mich mit dem Abtrocknen und warf mir einen Bademantel über. Ich war bereit, dazwischenzugehen, falls nötig.

Stattdessen hörte ich, als ich leise den Flur entlangschlich, wie Braden Joss gestand, dass er sie liebte und nicht aufhören würde, um sie zu kämpfen. Er versprach ihr auf seine Art, dass er unerbittlich sein würde. Die Romantikerin in mir wäre fast auf der Stelle in Ohnmacht gefallen.

»Du bist verrückt!«, fauchte Joss.

»Nein«, widersprach ich, blieb in der Küchentür stehen und lächelte sie an. »Er kämpft um das, was er will.«

»Und da ist er nicht der Einzige.«

Beim Klang der vertrauten Stimme fuhr ich erschrocken herum. Mit klopfendem Herzen sah ich, wie Adam auf mich zukam. Er sah zum Fürchten aus und hatte dunkle Ringe unter den Augen, außerdem schien er sich mehrere Tage nicht rasiert zu haben.

Er war noch immer wunderschön, genau wie der Blick, mit dem er mich ansah, als wäre ich etwas Kostbares, das er zu fassen versuchte.

Er blieb vor mir stehen, nahm meine Hand und hob sie an seine Lippen. Mit geschlossenen Augen hauchte er einen Kuss darauf. Mir stockte der Atem, als er die Augen wieder aufschlug und ich Tränen darin schimmern sah. An dem Feuer, das in seinem Blick loderte, erkannte ich, dass es ihm ernst gewesen war, als er gesagt hatte, er würde nicht mehr viel Zeit verschwenden. Im Sinne von: weniger als vierundzwanzig Stunden.

Deshalb ließ ich mich von ihm an die Hand nehmen und in die Küche ziehen, wo er Braden gegenübertrat. In wenigen Stunden würde ich erfahren, ob mir der größte Kampf meines Lebens bevorstand, und trotz allem, was passiert war, war der Einzige, den ich in diesem Kampf an meiner Seite haben wollte, Adam Gerard Sutherland. Wir hatten eine gemeinsame Geschichte, und ich wollte, dass diese Geschichte sich noch über viele Jahre fortsetzte.

»Ich muss dir etwas sagen.« Adam wandte sich an Braden, und ich spürte die Anspannung in seinem Körper.

Er tat es. Er würde es wirklich für mich aufs Spiel setzen. Ich drückte seine Hand fester.

Braden verschränkte die Arme vor der Brust. Sein Blick ging von Adam zu mir und dann wieder zurück zu Adam, und da wusste ich, dass er es wusste, es seinem Freund jedoch nicht leichtmachen würde. »Schieß los.«

»Du bist wie ein Bruder für mich. Ich würde nie etwas tun, was dich verletzt. Und ich weiß, dass ich nicht gerade das bin, was sich ein Bruder für seine kleine Schwester wünscht, aber ich liebe Ellie. Schon sehr lange, und ich halte es nicht mehr aus, ohne sie zu sein. Ich habe schon zu viel Zeit verschwendet.«

Ich glaube, keiner von uns atmete, während wir auf Bradens Antwort warteten. Er ließ sich die Sache eine Minute durch den Kopf gehen, dann wandte er sich an mich. Seine Miene wurde ganz sanft. »Liebst du ihn?«

Adam sah mich an, und ich war verblüfft, als ich merkte, dass er plötzlich unsicher wurde. So etwas Albernes. Ich verstärkte beruhigend den Griff um seine Hand, dann lächelte ich meinen Bruder an. »Ja.«

Und dann, als wären Adam und ich nicht sichtlich nervös und verkrampft in Erwartung seiner möglichen Reaktion, zuckte Braden bloß mit den Schultern und schaltete den Wasserkocher ein. »Das wurde auch langsam Zeit. Ihr zwei habt mir ziemliche Kopfschmerzen bereitet.«

Ich traute meinen Ohren nicht. Er hatte es die ganze Zeit gewusst? Adam und ich hatten die letzten Monate Qualen gelitten, und Braden hatte die ganze Zeit gewusst, was wir füreinander empfanden?

»Du bist wirklich eine besserwisserische Nervensäge«, verkündete Joss scharf und sprach uns damit allen aus der Seele. Sie drängte sich wütend an ihm vorbei und blieb dann stehen, um leiser, an Adam und mich gewandt, »Ich freue mich so für euch« zu sagen, ehe sie den Flur hinunter Richtung Bad verschwand.

Braden lachte leise. »Seht ihr, sie liebt mich wirklich.«

Gleich darauf wurde die Badezimmertür zugeknallt, und das brachte Braden erneut zum Lachen. Adam sah ihn aus zusammengekniffenen Augen an. »Ich hoffe, sie macht dir die Hölle heiß, du selbstgefälliger Klugscheißer.«

Braden feixte und sah uns an. »Ich musste nur sichergehen, dass du bereit bist, um sie zu kämpfen. Sie ist es wert.«

Adam legte mir seufzend den Arm um die Schultern

und zog mich an sich, um mir einen Kuss aufs Haar zu drücken. »Ich weiß das besser als jeder andere.«

Ich schloss die Augen, atmete seinen Duft ein und dankte dem göttlichen Wesen da oben, dass es meine Dunkelheit durch einen weiteren Lichtstrahl erhellt hatte.

* * *

Eine Weile lag ich einfach nur da und lächelte in mein Kissen. Ich war nicht nur neben Adams warmem Körper aufgewacht, der sich an meinen Rücken geschmiegt, die Stirn im Schlaf an meinen Nacken gedrückt, einen schweren Arm über meine Hüfte gelegt und sein rechtes Bein zwischen meine gedrängt hatte. Ich war mit der befreienden Erinnerung an die Erleichterung aufgewacht. Ich fühlte mich so stark wie seit langer, langer Zeit nicht mehr.

Gestern war Adam, obwohl ich ihm angesehen hatte, dass er unbedingt mitkommen wollte, mit Braden, Joss, Hannah und Dec in der Wohnung geblieben, während Mum und Clark mich zu meinem Termin beim Neurochirurgen begleitet hatten. Dr. Dunham war ein freundlicher Mann Anfang vierzig, der mir und meinen Eltern mit sechs Worten die schreckliche Ungewissheit nahm. »Sie müssen sich keine Sorgen machen.« Er teilte uns mit, dass die Ursache meiner körperlichen Beschwerden in Wirklichkeit eine große Zyste sei, die an zwei sehr kleinen Tumoren saß und Druck auf mein Gehirn ausübte. Er erklärte uns, dass sie operativ entfernt werden müsse, dass aber aufgrund ihrer oberflächlichen Lage bei der OP nur ein sehr geringes Risiko von Komplikationen bestehe. Ungefähr zwei Prozent. Er erklärte uns auch, dass die Wahrscheinlichkeit, dass es sich um bösartige Tumore handele, äußerst gering sei, das Gewebe aber trotzdem ins Labor geschickt würde, um ganz sicherzugehen. Der Termin für meine OP war in zwei Wochen angesetzt, und obwohl ich, nun da ich Zeit hatte, darüber nachzudenken, eine Heidenangst bekam, war doch eine ungeheure Last von mir abgefallen. Die Chancen standen gut, dass ich nur einen kleinen Kampf würde ausfechten müssen, nicht einen, in dem es um Leben und Tod ging.

Als ich nach Hause gekommen war und den anderen die gute Nachricht verkündet hatte, hatte Adam mich in Staunen versetzt, indem er mich vor den Augen meiner Eltern auf den Mund küsste. Noch mehr staunte ich allerdings, als ich erkannte, dass sie nicht im mindesten überrascht waren. Anschließend waren wir alle nach nebenan ins Pub gegangen, um uns zu sammeln und uns von den schrecklichsten vierundzwanzig Stunden zu erholen, die ich – soweit ich mich erinnern konnte – je erlebt hatte. Adam saß an meiner einen Seite, Hannah schmiegte sich an meine andere, und alles in allem war ich, als ich den Blick über meine Familie und Freunde schweifen ließ, unsagbar glücklich.

Irgendwann fuhren Mum und Clark mit Hannah und Declan nach Hause, Braden verabschiedete sich widerstrebend, um Joss ein bisschen Raum zu geben, und Joss wiederum verschwand in ihrem Zimmer, um Adam und mir ein bisschen Raum zu geben. Wir bestellten uns etwas beim Lieferservice, was ich gierig verschlang, da ich das Gefühl hatte, seit Ewigkeiten nichts mehr gegessen zu haben. Wir saßen auf meinem Bett und unterhielten uns ein wenig, aber es gab so viel, worüber wir hätten reden müssen, und ich war zu müde, um mich wirklich darauf zu konzentrieren. Adam schien es ähnlich zu gehen, denn er brachte die Essensreste weg und kam dann zurück, kuschelte sich neben mich ins Bett und knipste das Licht aus.

Und nun war ich aufgewacht. Die weiche Morgensonne

fiel durch die Vorhänge, ich fühlte mich stark, als könne ich es mit allem aufnehmen, und Adam Sutherland kuschelte sich in Löffelchenstellung an mich.

Es war wunderschön.

Seine Haare kitzelten meinen Nacken, als er sich regte, und der Griff seines Arms um meine Taille verstärkte sich. »Bist du schon wach, Baby?«, murmelte er. Verschlafen klang er besonders sexy.

Mein Grinsen wurde breiter. »Hm.« Ich strich mit den Fingerspitzen über seinen Unterarm. »Weißt du, wir kennen uns schon so lange, aber ich habe nicht ein einziges Mal neben dir geschlafen. Du machst Geräusche.«

Ich spürte, wie sein Brustkorb an meinem Rücken vor Lachen bebte. »Geräusche?«

Ich drehte mich um und grinste ihm ins Gesicht, als er sich über mich beugte. »Du gibst ›Mmm‹-Laute von dir.«

Adam erwiderte mein Grinsen. »Was sind denn ›Mmm‹-Laute?«

Du weißt schon, ›Mmm‹, wie wenn man etwas lecker findet.«

Er verzog das Gesicht. »Wie ›mjam, mjam‹?«

»Genau, aber eben ›Mmm‹ …«

»Ich glaube, das ist ein schwerer Schlag für meine Männlichkeit.«

Ich lachte und streichelte seine Wange. »Keine Angst. Es hat mir gefallen. Ich habe mir einfach vorgestellt, dass du meinetwegen ›Mmm‹ gemacht hast.«

Er schlang die Arme noch fester um mich und zog mein Bein über seine Hüfte, bis wir engumschlungen dalagen. Adams Blick verschleierte sich und wurde heißer, als er meinen Mund betrachtete. »Habe ich auch.«

»Wie kann das sein, wenn du gar nicht wusstest, dass du solche Geräusche überhaupt machst?«

»Weil ich von dir träume«, antwortete er sofort, so dass ich vor Überraschung ganz still wurde. Er merkte es und zog mich an sich. »Ich träume schon seit einigen Jahren von dir.«

»Was mache ich denn so in diesen Träumen?«, fragte ich ein wenig atemlos. Eine Hitze breitete sich in meiner Brust aus, aber noch heißer war das Kribbeln zwischen meinen Beinen, das sein Geständnis ausgelöst hatte.

Seine Hand glitt meine Hüfte hinab und streichelte meinen Hintern. Dann drückte er meinen Unterkörper so fest an sich, dass ich seine Morgenerektion fühlen konnte. Meine Brustwarzen wurden hart, und ich holte zitternd Luft. »Manchmal lieben wir uns, und manchmal vögeln wir.«

Ich hob den Blick. Mein Lächeln war ein bisschen verrutscht. »Das Wort mag ich nicht.«

Seine Mundwinkel zuckten. »Du findest es unromantisch.«

Er kannte mich wirklich gut. Verunsichert zuckte ich mit den Schultern.

»Els, dass ich dich vögeln will, bedeutet nicht, dass ich dich nicht liebe.«

Das musste er mir genauer erklären, also strich ich mit den Händen über sein Gesicht und legte sie dann leicht auf seine Brust. »Was heißt das?«

Seine Stimme war rau. »Wenn ich dich vögeln will, heißt das, dass ich es hart und wild möchte.«

Zu meinem großen Entsetzen erregten mich seine Worte. Ich spürte, wie meine Wangen zu glühen begannen. »Ich glaube, ich bin noch nie …« Ich war mir nicht sicher, ob ich das Wort aussprechen konnte. Ich hatte Joss so oft dafür gerügt, dass sie es benutzte. Es klang so geschmacklos, aber aus Adams Mund …

»Sag es«, flüsterte er. »Ich will es aus deinem süßen Mund hören, Baby.«

Ich schluckte und sah ihm tapfer in die Augen. »Ich … ich bin noch nie gevögelt worden«, hauchte ich.

Sofern das möglich war, wurde sein Penis daraufhin noch härter. Als seine Hand zwischen unsere Körper, in mein Höschen wanderte und seine Finger sanft und wie von selbst in mich hineinglitten, stöhnte er auf. »Baby …« Er drängte sich mir entgegen, seine Lippen strichen über meine, seine Zunge berührte federleicht meine Zungenspitze. »Ich glaube, dir gefällt die Vorstellung, von mir gevögelt zu werden.«

Zur Antwort küsste ich ihn. Es war ein tiefer Kuss, der eigentlich meine neue Einstellung in dieser Sache unterstreichen sollte, aber stattdessen gefühlvoll und fast verzweifelt ausfiel.

Adam rollte mich auf den Rücken und schob meine Beine auseinander, so dass er dazwischen Platz hatte. Als er unseren Kuss unterbrach, tat er dies nur, um mir mit so viel Liebe in die Augen zu schauen, dass ich davon ganz benommen war. »Heute Morgen vögel ich dich aber nicht, Baby. Heute Morgen will ich dich lieben. Das andere holen wir nach, sobald du dich erholt hast und wieder ganz bei Kräften bist.« Seine Augen verdunkelten sich verheißungsvoll. »Du wirst sie brauchen.«

Ich musste grinsen, als mir plötzlich klarwurde, dass Adam hier war, in meinen Armen, und von unserer gemeinsamen Zukunft sprach. Ein dreizehn Jahre währender Traum war endlich in Erfüllung gegangen. »Du hast ja keine Ahnung, wie sehr ich dich liebe.«

Er nickte bedächtig und schob mein Kleid hoch. »So sehr wie ich dich.«

Es war das erste Mal, dass ich das Gefühl wirklich zulassen konnte. Seine Worte flossen aus seinem Mund direkt in mein Herz, und als ich mir das Kleid über den Kopf zog, so dass ich fast nackt unter ihm lag, lächelte ich scheu zu ihm auf. »Mir ist egal, was wir heute Morgen machen. Du kannst mit mir machen, was du willst.«

Zu meiner Überraschung stöhnte Adam auf und ließ dann den Kopf auf meine Schulter sinken.

»Baby?«

Er drehte den Kopf und gab mir einen Kuss auf die nackte Haut, während seine Hände über meine Rippen nach oben glitten und meine Brüste umfassten. Mit einem Aufseufzen bog ich mich seiner Berührung entgegen. »Wie kann es sein, dass ich so viel Glück habe?«, sagte er. »Klug, humorvoll, lieb, wunderschön, leidenschaftlich, und sie sagt mir, dass ich mit ihr machen kann, was ich will.« Er lachte. »Da muss es doch einen Haken geben.« Ich errötete tief, und als Adam den Kopf hob und es sah, lachte er. »Oh, ich habe ›bescheiden‹ vergessen.«

»Hör auf.« Ich gab ihm einen Klaps auf die Schulter. Er musste wirklich damit aufhören, sonst fing ich vor Rührung noch an zu weinen.

Wieder lachte er, und das tiefe Vibrieren an meiner Brust stellte in meinen unteren Körperregionen jede Menge herrliche Dinge an. Er gab mir noch einen Kuss auf die Schulter, dann richtete er sich auf und setzte sich rittlings über mich, während er sich das T-Shirt auszog. Ich musste mir auf die Lippe beißen, während ich ihn mit meinen Blicken verschlang. Ich hatte vergessen, wie wunderschön er war – breite Schultern und schlanke Muskeln. Bauchmuskeln zum Niederknien.

Er ließ mich keine Sekunde aus den Augen, als seine Hände zu seiner Gürtelschnalle wanderten. Ich erschauerte vor Erregung, als er den Gürtel öffnete und den Reißverschluss seiner Jeans herunterzog. »Heute Morgen werden wir uns lieben, so, wie es bei unserem ersten Mal sein sollte. Außerdem, ganz egal, wie gut du dich fühlst – und ich sehe dir an, dass es dir viel bessergeht –, dein Körper ist bestimmt immer noch erschöpft. Wir lassen uns ganz viel Zeit.« Er schob sich die Jeans samt Unterhose herunter, und es verschlug mir einen Moment lang den Atem, als ich seine harte, pochende Erektion sah. Kein Wunder, dass er so selbstbewusst war. Wenn er mit *so etwas* in der Hose herumlief …

»Jetzt machst du selber ›Mmm‹«, teilte Adam mir lachend mit, während er die Position veränderte, um sich die Jeans ganz auszuziehen.

»Mache ich nicht!«, widersprach ich, obwohl ich ihn so selbstvergessen angestarrt hatte, dass durchaus die Gefahr bestand, dass ich ›Mmm‹-Geräusche gemacht hatte.

»Machst du wohl. Das ist unheimlich süß.« Er drehte sich mir wieder zu und machte sich an meinem Höschen zu schaffen. Ich hob das Becken an, um ihm dabei behilflich zu sein, es abzustreifen, und als er es mir herunterzog, hielt er alle paar Zentimeter an und küsste meine nackte Haut. Sobald das Höschen aus dem Weg war, winkelte er mein rechtes Knie an, und die Hitze in meinem Unterleib wurde beinahe unerträglich, als ich zusah, wie er sich meine Wade hinaufküsste, am Knie vorbei und dann die Innenseite meines Schenkels entlang. »Deine Beine hören ja gar nicht mehr auf«, wisperte er und sah mir in die Augen. »Ich kann es gar nicht erwarten, dass du sie um mich schlingst, während ich in dir bin.«

»Adam«, hauchte ich. Ich war ihm mit Haut und Haaren verfallen.

Ich wiederholte seinen Namen noch atemloser, als er den Kopf zwischen meine Beine senkte und mit der Zunge sanft meine Klitoris zu liebkosen begann. Er erregte mich mit dem Mund, küsste und leckte und saugte, bis ich heftig und schnell kam.

Ich hatte noch nicht aufgehört zu schreien, als Adam eine Spur aus Küssen meinen Bauch hinaufzog und bei meinen Brustwarzen innehielt, um sie mit seinen heißen Lippen zu umschließen. Er spielte eine Weile mit mir, die ganze Zeit über Komplimente und Koseworte murmelnd, bis ich kurz vor der Explosion stand und ihn anbettelte, endlich mit mir zu schlafen.

Als ich ihn zwischen meinen Beinen spürte, spannte ich mich unwillkürlich an. Adam merkte es. Er verschränkte seine Finger mit meinen, hielt meine Hände auf dem Bett fest und sah mir tief in die Augen, damit ich mich so geborgen, so sicher wie möglich fühlte. Er atmete mit geöffneten Lippen aus, als er tief in mich eindrang. Ich keuchte und hob instinktiv die Hüften an, so dass uns beide ein köstlicher Schauer durchlief. Adam betrachtete mich mit zärtlicher Miene. »Ich liebe dich, Ellie Carmichael«, sagte er, und seine Worte waren voller Aufrichtigkeit.

Ich nickte, bewegte erneut die Hüften und keuchte leise. »Ich liebe dich auch, Adam.«

Sein Griff um meine Hände wurde immer fester, und er zog sich fast vollständig aus mir zurück, ehe er erneut in mich hineinglitt. Ich kam ihm mit den Hüften entgegen, und wir fanden einen Gleichklang, einen langsamen Rhythmus, der sich immer weiter hinaufschaukelte, bis ich mich verzweifelt nach Erlösung sehnte. Ich hatte die Beine um ihn geschlungen, und meine Schenkel drückten ihn fester, wollten mehr.

»Adam«, rief ich und versuchte meine Hände zu befreien. Ich wollte ihn berühren, wollte ihn ganz fest an mich ziehen. »Härter, bitte.«

Ein Stöhnen drang tief aus seiner Kehle, und er zog sich zurück, um dann mit einem schnellen Stoß in mich einzudringen. Ich begann unsinniges Zeug zu murmeln, hauptsächlich sagte ich das Wort »Ja« immer und immer wieder, während er hart in mich hineinstieß.

»Komm für mich, Els«, forderte er mich auf. »Komm für mich, Baby.«

Und so wie ich es seit Jahren tat, gab ich ihm, was er wollte. Unser Rhythmus erreichte sein Crescendo, und ich kam mit einem lauten Schrei, unmittelbar bevor Adam seine Wange gegen meine presste und sein Körper sich versteifte. Ich schwebte nach meinem Orgasmus noch auf einer Wolke reiner Seligkeit, als er kam und heftig in meinen Armen erschauerte.

Wir waren beide außer Atem, schweißnass und ziemlich erledigt. Ich grinste zur Zimmerdecke hoch. So war das eben, wenn man gerade den großartigsten Sex seines Lebens gehabt hatte. »Wow«, flüsterte ich und legte ihm, nun da er meine Hände losgelassen hatte, die Arme um den Nacken.

Adam hob den Kopf. Seine Miene war jetzt ganz weich, aber seine dunklen Augen glitzerten. »›Wow‹ beschreibt es nicht mal ansatzweise«, gab er zurück. »Darauf habe ich mein ganzes Leben lang gewartet.«

Ich biss mir auf die Lippe, weil seine Worte so schön waren, dass ich am liebsten geweint hätte.

Da er es spürte, lächelte er und gab mir einen zarten Kuss. Als er sich von mir löste, runzelte er die Stirn. »Das war ein bisschen von beidem.«

»Was?« Verwirrt zog ich die Brauen zusammen.

»Am Anfang haben wir uns geliebt, aber es ist deine Schuld, dass ich dich am Ende gevögelt habe.«

»Meine Schuld?«

»Adam«, ahmte er mich mit einer lustigen, atemlosen Stimme nach. »Härter, bitte.« Er schüttelte lachend den Kopf. »Ich verfüge über eine große Selbstbeherrschung, aber das ...«

Vor Freude schloss ich noch einmal meine Schenkel um ihn. »Gibst du etwa zu, dass ich Macht über dich habe, Adam Gerard Sutherland?«

Seine Augenbrauen zogen sich zusammen, und er schüttelte verneinend den Kopf – ein Kopfschütteln, das schon bald in ein Nicken überging, als ich unter ihm kicherte. Er schloss die Augen in einer Mischung aus Schmerz und Belustigung, und plötzlich packte er mich um die Taille und rollte mit mir herum, so dass er auf dem Rücken lag und ich auf ihm. Er hielt mich fest, und ich entspannte mich in seinen Armen. Ich hatte verstanden. Er musste mich einen Augenblick halten, um sich daran zu erinnern, dass es mir gutging.

Wieder einmal war ich überwältigt von der Erkenntnis, dass er mich liebte. Ich lächelte gegen seine Brust und schmiegte mich ganz eng an ihn.

Nach einer Weile murmelte er: »Du nimmst doch die Pille, oder?«

Ich stutzte angesichts dieser unerwarteten Frage und sah ihn ungläubig an. »Hättest du das nicht fragen sollen, bevor du es so wild mit mir getrieben hast?«

Er grinste. »Ich habe eben an nichts anderes gedacht als daran, es wild mit dir zu treiben.«

»Na ja, du musst dir jedenfalls keine Sorgen machen. Ich nehme die Pille«, beruhigte ich ihn. Danach machte ich es mir wieder auf seinem Oberkörper bequem.

»Wäre auch nicht weiter schlimm gewesen«, murmelte er und streichelte mein Haar.

Ich hob den Kopf. »Was meinst du damit?«

»Damit meine ich, dass es mir egal wäre, wenn ein Unfall passiert wäre. Ein Unfall mit dir wäre ein Kind mit dir.«

Vor Schreck war ich wie versteinert, als die Bedeutung seiner Worte zu mir durchdrang. Wie oft hatte ich Braden und Adam Witze darüber machen hören, wie sehr sich Adam davor fürchtete, er könne aus Versehen eine Frau schwängern? Braden nahm an, dass dies einer der Gründe war, weshalb Adam nie zweimal mit derselben Frau schlief. In seiner verdrehten männlichen Logik dachte er wohl, dass sich dadurch die Wahrscheinlichkeit eines Betriebsunfalls verringerte – oder wenigstens die Wahrscheinlichkeit, dass sich eine der Frauen so sehr in ihn verliebte, dass sie einen Betriebsunfall provozierte.

»Du willst ein Baby mit mir haben?« Auf einmal hatte ich einen Kloß im Hals.

Seine Fingerknöchel strichen über meinen Rücken. Es war eine Liebkosung, die mir einen Schauer bis hinab zu den Zehen jagte. »Ellie, ich will alles mit dir.«

Mit Tränen in den Augen hob ich den Kopf und sagte leise und voller Dankbarkeit: »Ich wusste gar nicht, dass du so romantisch sein kannst.«

Adams Lippen zuckten, und er schüttelte den Kopf. »Bin ich auch nicht, aber für dich würde ich alles tun, und da ich mir dir zuliebe schon mehr Liebesfilme angesehen habe, als ein Mann je erdulden sollte, weiß ich, dass *du* romantisch veranlagt bist – und ich möchte, dass du glücklich bist. Ich habe viel wiedergutzumachen.« Er strich mir die Haare aus dem Gesicht. »Und du machst es mir leicht.« Er zog sanft an einer Haarsträhne. Plötzlich war er ganz ernst. »Aber wenn du bei deinem Bruder oder irgendwem sonst auch nur ein Wort davon erwähnst, wird das Konsequenzen haben.«

Lächelnd schüttelte ich den Kopf. »Ich schweige wie ein

Grab, Ehrenwort. Mir gefällt es, etwas über dich zu wissen, was sonst keiner weiß.«

»Dann sind wir ja quitt.«

»Wieso?«

Erneut rollte er mich herum, und ich quietschte vor Lachen, als er mich auf die Matratze drückte. Sobald er mich bezwungen und ich ihm die Beine um die Hüften geschlungen hatte, küsste er mich und murmelte: »Ich bin der Einzige, der weiß, dass die süße, brave Ellie Carmichael, die kein Wässerchen trüben kann, darauf steht, wenn ich versaute Sachen zu ihr sage.«

Erneut spürte ich, wie ich vor Verlegenheit rot wurde, aber ich widersprach ihm nicht. Das konnte ich nicht, weil er verdammt noch mal recht hatte.

Kapitel 9

»Okay, ich habe beschlossen, dass du Joss die hier auf keinen Fall geben darfst.« Schwungvoll klappte Adam das Tagebuch zu. »Eventuell wirst du sie sogar verbrennen müssen.«

Ich nahm ihm das Buch aus der Hand und legte es zu den anderen auf den Stapel. »Wieso das denn?«

»Weil du ziemlich ins Detail gehst, Els. Nicht nur, was den Sex angeht, sondern auch in Bezug auf das, was ich vor, während und nach dem Sex zu dir sage.«

Ich gab mir Mühe, nicht zu lachen, und versagte kläglich. »Du meinst die romantischen Sachen?«

Er sah mich unbeeindruckt an. »Joss kriegt sie nicht in die Finger. Sie sagt es dann Braden weiter, und ich komme nie wieder aus der Nummer raus.«

»Weißt du, Joss versucht Rücksicht zu nehmen, weil Braden mein Bruder ist, aber hin und wieder rutscht ihr doch etwas heraus, und daher weiß ich, dass Braden auch seine romantischen Momente hat.«

Adams Augenbrauen schossen in die Höhe, und seine Mundwinkel verzogen sich zu einem teuflischen Grinsen. »Romantisch? Wie genau?«

Ich schnaubte. »Als ob ich dir das sagen würde. Damit würde ich dir bloß die Munition liefern, um ihn zu quälen.«

»Da ist es nur fair, wenn du *ihm* was in die Hand gibst, womit er *mich* quälen kann, oder wie?«

Ich lachte über seine Angst, Braden könnte von seiner sanften Seite erfahren. Dann schüttelte ich langsam den Kopf und sagte beiläufig: »Ich mache es nicht.«

»Was machst du nicht?«

»Ich habe entschieden, Joss die Tagebücher nicht zu geben.«

Adam legte verwirrt den Kopf schief und sah mich fragend an.

Ich zuckte die Achseln. »Ich dachte, dass es eine gute Idee wäre, bis zum letzten Eintrag. Das alles zu lesen hat mich wieder daran erinnert, wie viel wir empfunden haben, wie viel wir jetzt füreinander empfinden und wie sehr das alles ein Teil von uns ist. Es gehört niemandem außer uns, und ich finde, so soll es auch bleiben. Das ist unsere Geschichte. Unsere Vergangenheit. Und irgendwie auch unsere Zukunft. So gern ich Joss mag, du hast recht. Ich kann ihr das nicht geben. Ich kann ihr *die hier* nicht geben.« Ich wies auf die Tagebücher und kroch dann auf allen vieren herum, um das Durcheinander aufzuräumen. Ich wurde jäh daran gehindert, als Adams Hände auf meinen Hüften landeten.

Ich sah über die Schulter, und meine Augen weiteten sich, als ich ihn hinter mir knien sah. Sein Gesicht hatte diesen sinnlichen, besitzergreifenden Ausdruck. Meine Lippen teilten sich, als er mich zu sich heranzog und seine Erektion an meinem Po rieb. »Was machst du da?«, fragte ich flüsternd.

Statt einer Antwort glitt seine Hand nach vorn zum Reißverschluss meiner Shorts und zog ihn herunter, während die andere Hand bei seiner Jeans dasselbe tat. »Später gehen wir nach oben und lieben uns, aber jetzt werde ich meine zukünftige Frau auf unserer gemeinsamen Vergangenheit vögeln.«

Irgendwie war es Adam gelungen, dieses Wort in den romantischsten Satz aller Zeiten einzubauen, und es störte mich nicht einmal. Ich keuchte, als er sich an mich drängte, und sagte mit rauer Stimme: »Was ist mit dem Fußboden? Der könnte Kratzer bekommen.«

Er strich mit einer Hand meinen Rücken hinauf und wieder hinunter, bevor er mich erneut bei den Hüften packte und mich fester an sich zog. »Glaubst du im Ernst, dass mich in diesem Moment der Fußboden auch nur im Geringsten interessiert?«

Ich schüttelte den Kopf. Meine Wangen brannten bereits vor Erwartung. »Wohl eher nicht.«

Adam grinste verrucht. »Lass uns das nächste Kapitel schreiben, Baby.«

Samantha Young

Castle Hill

Stürmische Überraschung

Aus dem Englischen von
Sybille Uplegger

KAPITEL 1

Der Antrag

Schnell, aber leise flogen meine Finger über die Tasten des Laptops. Die Bildschirmbeleuchtung hatte ich so eingestellt, dass sie nicht blendete. Ich war mitten in der Nacht mit dem dringenden Bedürfnis aufgewacht, an meinem Manuskript weiterzuarbeiten. Ich wollte unbedingt das Kapitel zu Ende schreiben, in dem mein Vater endlich Fortschritte in der Beziehung zu meiner Mutter macht. Das meiste war pure Spekulation, weil ich die Liebesgeschichte meiner Eltern nur in Grundzügen kannte. Trotzdem hatte mir ihre Welt beziehungsweise die Welt, die ich für sie geschaffen hatte, in den letzten Monaten sehr geholfen. Noch nie hatte mir das Schreiben so viel Spaß gemacht.

Eine Folge davon war der eine oder andere nächtliche Tippmarathon, und obwohl ich dabei immer ganz in meiner Geschichte versank, war ich mir dennoch meines verständnisvollen Bettgenossen bewusst und versuchte, mich so zu verhalten, dass er nicht wach wurde.

Ich hatte etwas mehr als eine Stunde gearbeitet, und jetzt war das Kapitel endlich fertig. Ich sicherte die Datei, schaltete meinen Laptop aus und starrte ihn danach noch eine Weile an. Ich atmete langsam und gleichmäßig und spürte dem Schmerz in meinem Innern nach. Tief in meiner Brust gab es eine Wunde, und wann immer ich an den Tod meiner Eltern und meiner kleinen Schwester Beth dachte, riss diese Wunde auf. Bevor besagter verständnisvoller Bettgenosse in mein Leben getreten war, hätte ich die Wunde einfach zugenäht und mir ein örtliches Betäubungsmittel gespritzt. Jetzt erlaubte ich mir wieder, sie zu fühlen, ich ließ nur nicht zu, dass sie zu einem klaffenden Loch aufriss und mich der Schmerz vollständig überwältigte.

Braden hatte mir dabei sehr geholfen.

Mein verständnisvoller Bettgenosse.

Unter anderem.

Ich drehte mich lächelnd auf meinem Stuhl herum und betrachtete ihn im dunklen Zimmer. Sein Rücken war nackt. Die Bettdecke war ihm bis zur Hüfte heruntergerutscht und hatte sich um seine Beine gewickelt, die er quer über die Matratze ausgestreckt hatte. Wir hatten keine festen Bettseiten. Braden kuschelte gern – er fand feste Bettseiten überflüssig.

Gestern hatte er einen sehr anstrengenden Tag gehabt. Er hatte spätabends angerufen und erklärt, dass er von einem Meeting zum nächsten gehetzt war, und dann musste er auch noch zu einem Notfall in seinen Nachtclub *Fire* fahren, der sich hinterher allerdings weniger als Notfall, sondern mehr als ein Fall von hundsmiserablem Management entpuppt hatte. Als er schließlich nach Hause gekommen war, schlief ich schon, aber ich war nicht überrascht gewesen, als ich später in seinen Armen aufgewacht war. Auch nicht darüber, dass er keinen Mucks von sich gab, als ich mich aus seiner Umarmung gelöst hatte, um aufzustehen.

Jetzt betrachtete ich voller Sehnsucht seinen muskulösen Rücken und seine starken Arme. Am liebsten wäre ich sofort zurück ins Bett gekrochen und hätte mich an ihn gekuschelt. Doch er schlief so friedlich, und ich besann mich eines Besseren. Ich sollte ihn wirklich nicht stören. Ganz offensichtlich brauchte er den Schlaf dringend.

Ich stand ganz vorsichtig auf, damit mein Stuhl nicht knarrte, schlich auf Zehenspitzen zum Bett und schlüpfte hinein, wobei ich mich mehrmals vergewisserte, dass ich ihn nicht aufgeweckt hatte. Ich zog die Decke hoch, drehte mich auf die Seite, die Hand unter der Wange, und schaute ihn an.

Er war so wunderschön.

Bei seinem Anblick machte sich ein ganz anderer Schmerz in meinem Innern bemerkbar.

Dies war ein Mann, der lange und hart um mich gekämpft hatte, selbst als ich wild entschlossen gewesen war, alles, was zwischen uns war, zu zerstören. Ein Mann, der verstand, dass ich schwierig und stur und ein bisschen irrational (na schön, vielleicht *sehr* irrational) sein konnte, und der mich trotzdem liebte. Ich war nicht gerade sehr talentiert, wenn es darum ging, meine Gefühle auszudrücken. Ich hatte sie lange unter Verschluss gehalten, um mich vor Verletzungen zu schützen, und war noch immer keine vor Emotionen übersprudelnde Frau, die ihrem Freund jeden Tag sagte, dass sie ihn liebte.

Aber Braden wusste es auch so.

Allerdings fragte ich mich manchmal, ob er wusste, wie *sehr* ich ihn liebte. Ich fragte mich, ob er wusste, dass ich ihm nur beim Schlafen zuzusehen brauchte, um dieses beängstigende Glück zu empfinden, das mich schier atemlos machte. Ich fragte mich, ob er wusste, dass er alles, absolut alles für mich war.

Normalerweise hätte ich gar nicht gewollt, dass jemand davon erfuhr, denn das wäre gleichbedeutend mit einem Eingeständnis meiner Gefühle gewesen, und wenn ich mir meine Gefühle eingestand und den Menschen, für den ich sie hegte, verlor, dann konnte ich hinterher nicht behaupten, diese Gefühle nie empfunden zu haben. Aber das war mein früheres Ich. Meine Therapeutin Dr. Pritchard wäre alles andere als zufrieden mit mir gewesen, wenn ich immer noch in solchen Denkmustern feststecken würde.

Ich selbst wäre alles andere als zufrieden mit mir gewesen.

Und noch schlimmer: *Braden* wäre alles andere als zufrieden mit mir gewesen.

Ich überlegte, ob ich näher an ihn heranrücken sollte. Ich wollte die Wärme seines Körpers spüren. Mein Blick ging zu seinem Mund, seinem wunderschönen Mund, der so viele herrliche Worte zu mir sagte und so Phantastisches mit mir anstellen konnte.

Ich war Bradens Ein und Alles. Das wusste ich, weil er es mir gesagt hatte. Er ließ nie einen Zweifel daran aufkommen, wie viel ich ihm bedeutete.

»Gibt es einen Grund dafür, wieso du da drüben liegst und ich hier?«, murmelte er plötzlich mit geschlossenen Augen.

Im ersten Moment erschrak ich, als ich seine Stimme hörte, doch dann schmiegte ich mich lächelnd an ihn. »Du bist ja wach«, flüsterte ich, schlang ihm den Arm um die Taille und verschränkte meine Beine mit seinen. Er streichelte meinen Rücken und zog mich an seine starke Brust. Ich seufzte. Mir ging es gut.

»Ich bin seit zehn Minuten wach und warte darauf, dass du deinen Hintern zurück ins Bett bewegst.«

Als ich seinen eingeschnappten Tonfall hörte, musste ich lachen.

Seine warme Hand glitt meinen Rücken hinab über meinen Po, bevor sie an der Wirbelsäule entlang wieder nach oben wanderte. »Hast du alles geschrieben, was du schreiben wolltest?«

»Mmm-hmm. Das Kapitel ist fertig.«

»Gut, Babe. Dann schlaf jetzt.«

Ich grinste an seiner Brust. »Alles klar, Höhlenmensch.«

Etwa eine Minute verstrich, und gerade als Braden im Begriff war einzuschlafen, wisperte ich: »Du bist meine ganze Welt. Das weißt du, oder?«

Sein Griff wurde kurz fester, dann schob er mich ein Stück von sich weg und sah mir tief in die Augen. Nachdem er sie gründlich erforscht hatte, verzog sich sein Mund zu einem schläfrigen Lächeln. »Du musst nicht erst Süßholz raspeln, wenn du Sex willst, Babe.«

Ich erwiderte das Lächeln mit den Augen. »Diese Information hätte mir Monate voller peinlicher Liebesbezeugungen ersparen können.«

Inzwischen war Braden hellwach und zog mich in seine Arme. Dann rollte er sich mit mir zusammen auf den Rücken, so dass ich auf seiner Brust lag. Sein Blick wurde ernst, als er mir mit dem Daumen über die Lippe strich. Ein Schauer durchlief meinen Körper. Es war unglaublich, wie sehr er mich erregte. »Ich weiß, was du für mich empfindest. Ich empfinde dasselbe für dich. Du musst dir keine Gedanken darüber machen, dass du es mir nicht oft genug sagst, hörst du?«

Schon wieder bewies er einen Scharfsinn, der fast an die Fähigkeiten eines Gedankenlesers grenzte. Gruselig. »Du liest meine Gedanken. Das ist gruselig.«

Er zog eine Augenbraue hoch. »Gruselig?«

»Aber auch sexy.«

»Kann man sexy sein, wenn man gruselig ist?«

»Schieb deine Hand weiter nach unten, dann wirst du's schon sehen.«

Bradens Zähne blitzten im Dunkeln, und sein teuflisches Grinsen ließ mein Herz höherschlagen. Seine Hand wanderte über meinen knackigen Po, den er so mochte, und unter mein Nachthemd.

»Ist das schon sexy?«, fragte er leise und mit vor Erregung heiserer Stimme, als seine Finger in mein Höschen glitten.

Ich bog mich ihm entgegen und legte die Hände an seine Brust. »Baby, was anderes als sexy kannst du gar nicht.«

Bei diesen Worten setzte Braden sich auf, so dass ich auf seinem Schoß saß. Brust an Brust, hielt er mich fest in den Armen, und seine Lippen strichen zärtlich über meine, während er mich zurechtrückte, so dass er seine Erektion zwischen meinen Beinen reiben konnte. »Du bringst mich mit deinen Komplimenten noch um.«

Ich zuckte mit den Achseln und flüsterte an seinem Mund: »Ich wollte nur, dass du weißt, was ich für dich empfinde, auch wenn ich es dir nicht ständig sage.«

Diesmal küsste er mich mit Zunge. Es war ein stürmischer, feuchter Kuss. Dann löste er sich von mir. »Das weiß ich«, beteuerte er. Seine Hände fuhren über mein Nachthemd, bis sie den Saum ertastet hatten. Er zog es mir über den Kopf. Sein glühender Blick wanderte über meinen nackten Körper, und ehe ich mich versah, lag ich auf dem Rücken, und Braden schob seine Pyjamahose herunter. »Glaub mir, das weiß ich.«

***

Wind peitschte auf meinen Rücken, und der Himmel hing voller trostloser grauer Wolken. Als ich am Morgen aus dem Haus gegangen war, schien die Sonne, und ich hatte mich dementsprechend angezogen: ein dünnes T-Shirt und meine beste schwarze Röhrenjeans. Jetzt sah es aus, als würde es jeden Augenblick zu regnen anfangen, und mich fröstelte in meinem T-Shirt. Ich fragte mich, wieso ich mich zu diesem Ausflug hatte überreden lassen, bemühte mich aber, mir meine Verärgerung nicht anmerken zu lassen.

Nach dem gefühlsgeladenen Sex in den frühen Morgenstunden war ich ein bisschen verwundert, dass Braden beim Aufstehen kaum ansprechbar war. Sicher, er war müde, weil er zu wenig geschlafen hatte, aber das hatte ihn noch nie davon abgehalten, mir zuzuhören. Heute aber war er unter die Dusche gesprungen, hatte mich aus dem Schlafzimmer gescheucht (jawohl, gescheucht!), damit er sich in Ruhe anziehen konnte, mir einen flüchtigen Kuss auf den Mund gegeben, gesagt, dass Ellie den Tag mit mir verbringen wollte und ich sie anrufen sollte, und war dann holterdiepolter aus der Wohnung verschwunden.

Ich war mit dem Gefühl zurückgeblieben, irgendetwas Wichtiges nicht mitbekommen zu haben.

Doch statt an einem Samstag zu Hause zu hocken und darüber zu brüten, hatte ich mich von Ellie breitschlagen lassen, sie zu begleiten. Manchmal setzte sie sich etwas in den Kopf, und dann schleppte sie mich kreuz und quer durch die Stadt in irgendwelche obskuren Geschäfte. Diesmal war es ein halbstündiger Fußmarsch nach Bruntsfield gewesen. Früher, in der Zeit vor Braden Carmichael, hatte ich in Bruntsfield gewohnt. Es war ein kitschiges kleines Viertel mit kitschigen kleinen Läden, das viele Studenten anzog. Ich würde ja sagen, dass ich Bruntsfield vermisste, allerdings hatte hier weder eine bezaubernde nervige beste Freundin wie Ellie gewohnt noch ihr Bruder Braden – der Mann, dessen sonderbares Verhalten mich gegenwärtig so stark beschäftigte. Unser Ausflug nach Bruntsfield diente einem konkreten Zweck, zumindest hatte Ellie das behauptet. Sie sagte, sie sei kürzlich an einer kleinen Boutique vorbeigekommen, die ein Paar der »unglaublichsten Vintage-Schuhe überhaupt« heruntergesetzt hatte, und jetzt ärgerte sie sich maßlos, nicht gleich zugegriffen zu haben. Wir waren zurückgekommen, um den Laden – und hoffentlich auch die Schuhe – wiederzufinden.

»Hörst du mir überhaupt zu?«, fragte Ellie leicht belustigt und betrachtete mich. Der Wind wehte ihr die kurzen blonden Haare ins Gesicht.

»Na klar.« Ich hörte wirklich zu. Größtenteils. Jedenfalls wusste ich, dass es um unsere gemeinsame Freundin

Jo und ihren neuen Freund Cameron ging. »Du hast eben gesagt, du findest, das mit Cameron und Jo geht ziemlich schnell?« Mein Tonfall deutete eine Frage an, da ich mir nicht hundertprozentig sicher war, ob das tatsächlich der Inhalt ihrer Aussage gewesen war.

»Ein bisschen. Du etwa nicht?«

Doch, absolut. »Mmm-hmm.« Ich war mit ihr einer Meinung, mein Bauch allerdings sagte mir, dass Cameron ein anständiger Kerl war. »Aber ich halte das nicht für was Schlechtes. Im Gegenteil, ich finde, er ist so ziemlich das Beste, was ihr passieren konnte.«

Ellie zuckte mit den Schultern. »Ich mag ihn. Wirklich. Ich will bloß nicht, dass Jo auf die Nase fällt.«

Ich zog fragend eine Augenbraue hoch. »Seit wann bist du so … normal?«

»Normal?« Sie funkelte mich entrüstet an. »Du meinst, unromantisch? Mir ist durchaus bewusst, dass es Zeiten gibt, in denen die Romantik gegenüber der Realität in den Hintergrund treten muss. Jo hatte es sehr schwer im Leben. Ja, ich finde, Cam ist ein toller Typ, und ich drücke ihnen beide Daumen. Ich wünsche mir einfach nur, dass er es ernst mit ihr meint. Dass er sie dieses Wochenende mit zu seinen Eltern nimmt, ist eine große Sache. Ich hoffe, das ist ihm klar.«

Obwohl Ellies Skepsis mich überraschte, konnte ich ihre Haltung durchaus nachvollziehen. Unsere Freundin Jo hatte schon viel zu oft Pech mit Männern gehabt. Das lag daran, dass sie sie nach den falschen Kriterien auswählte. Jo trug die Verantwortung für ihren kleinen Bruder und ihre alkoholkranke Mutter und suchte sich stets Männer, die ihr finanzielle Sicherheit boten. Cam fiel aus diesem Raster heraus. Als Graphikdesigner kam er gerade so über die Runden und hatte genau wie Jo und ich einen Job als Barkeeper im *Club 39*, einer coolen kleinen Bar in der George Street. Kaum waren Cam und Jo sich das erste Mal begegnet, hatte es zwischen ihnen gefunkt, und Jo hatte endlich ihre albernen Datingregeln über Bord geworfen, um sich auf einen Mann einzulassen, der sie um ihrer selbst willen zu lieben schien.

Doch obwohl ich Ellies Vorbehalte verstand, teilte ich sie nicht. Immerhin lenkte mich das Thema von den Grübeleien über Braden ab, weil ich nun versuchte, Ellie von meinem Standpunkt zu überzeugen. »Ich glaube schon, dass er es ernst meint. Ich finde, das zwischen ihnen ist was ganz Besonderes. Wenn einem so etwas passiert, dann muss man sein Glück festhalten. Hätte ich bei Braden nicht so einen Dickkopf gehabt, wären wir wahrscheinlich innerhalb von wenigen Wochen fest zusammen gewesen.«

Ein geheimnisvolles Lächeln umspielte Ellies Lippen.

Was zum …?

»Was ist? Habe ich irgendwas verpasst? Oder was Komisches gesagt?«

»Nein«, antwortete sie hastig. Ihr Blick ging nach oben, über die alte evangelische Kirche hinweg. Dann blieb sie abrupt stehen. »Wir sind da.«

»Wo ist *da*?« Ich sah mich um. Weit und breit keine Vintage-Schuhe.

Ellie konsultierte ihre Armbanduhr, schaute dann auf den Verkehr auf der Kreuzung, dann wieder auf ihre Uhr, dann wieder zur Kreuzung …

»Ellie?« Mein Herz begann, schneller zu klopfen, als

die bisherigen Ereignisse des Tages sich Stück für Stück wie ein Puzzle zusammenfügten. »Was geht hier vor?«

Unsere Blicke trafen sich. Ihre Augen waren kugelrund.

»Meine Güte, Ellie, was ist denn los? Da kriegt man ja Angst.«

Ausnahmsweise jedoch waren ihre Lippen versiegelt. Im wahrsten Sinne des Wortes. Sie hatte sie so fest zusammengekniffen, dass die Farbe fast vollständig daraus gewichen war. Sie spähte erneut die Straße entlang, und als ich sah, wie ihre Schultern vor Erleichterung herabsackten, folgte ich ihrem Blick.

Sie strahlte einem herannahenden schwarzen Taxi entgegen.

Dann schenkte sie mir ein glückseliges Lächeln, das ihr ganzes Gesicht zum Leuchten brachte. »Ich verschwinde dann mal.«

Äh …

Ich fuhr herum, als sie an mir vorbeifegte und eilig in die Richtung verschwand, aus der wir eben gekommen waren.

Völlig perplex warf ich die Hände in die Luft. »Ellie?«

Sie grinste immer noch, als sie sich nach mir umsah. Sie deutete hinter mich, und als ich mich wieder nach vorn drehte, sah ich, dass das schwarze Taxi neben mir am Straßenrand zum Stehen gekommen war.

Die Tür öffnete sich, und mir bot sich ein unerwarteter, aber höchst willkommener Anblick.

Mein Freund.

»Braden?« Ich lächelte verdattert, als er sich nach draußen lehnte. Er trug einen seiner teuren maßgeschneiderten Dreiteiler, die ihm so unglaublich gut standen. Dieser hier war dunkelgrau, saß wie angegossen und betonte seine breiten Schultern und den durchtrainierten Oberkörper. Ihn in diesem Anzug im Taxi sitzen zu sehen, an genau der Stelle, wo wir uns zum ersten Mal begegnet waren …

Mein Herz setzte ein paar Schläge aus, als ich endlich Bradens eindringlichen Blick registrierte und sah, dass der Boden des Taxis mit dunkelroten Rosenblättern bestreut war. *Mist, Mist, und noch mal Mist.* Seine Zerstreutheit heute Morgen, wie er mich aus dem Zimmer gescheucht hatte … auf einmal ergab es einen Sinn. Als mir klar wurde, worauf dies alles hinauslief, stockte mir einen Augenblick lang der Atem.

»Steig ein«, sagte er leise. Sein Tonfall duldete keinen Widerspruch.

Meine Knie zitterten, als ich seine ausgestreckte Hand ergriff. Ich zog den Kopf ein und ließ mich von ihm neben sich auf die Rückbank ziehen. »Braden, was …?« Ich verstummte, als er ein Kästchen aus grauem Samt in die Höhe hielt.

Die Welt stand still.

Es gab kein Taxi mehr, keine Rosenblätter, keinen neugierigen Taxifahrer, der uns feixend im Rückspiegel beobachtete, keinen Verkehr … nur noch Braden und das Kästchen, das mir so viel bedeutete.

Vor Jahren hatte ich alles verloren, was mir lieb und teuer gewesen war.

Der Verlust hatte mich völlig haltlos gemacht.

Bis Braden gekommen war.

Er hatte mich davon zu überzeugen versucht, dass es

das Beste für uns beide wäre, wenn ich meine Liebe zu ihm zuließe. Ich hatte ihm den Kampf seines Lebens geliefert, und selbst nachdem er mich für sich gewonnen hatte, selbst nachdem ich irgendwann eingesehen hatte, dass er recht hatte, war mir eins klar gewesen: Unser gemeinsamer Weg würde steinig werden. Sollte jemals dieser Moment kommen, hatte ich mir gedacht, müsste ich alle meine Kraft aufwenden, um der Panikattacke Herr zu werden, die ich zweifellos bekommen würde. Zu meiner großen Überraschung jedoch war ich kein bisschen panisch. Natürlich war da eine gewisse Angst. Angst, mich auf Braden einzulassen ... um ihn dann vielleicht an die Unwägbarkeit des Lebens zu verlieren. Aber größer als meine Angst war meine Freude. Freude darüber, dass dieser unmögliche, viel zu scharfsinnige, arrogante, störrische, herzensgute, fürsorgliche, aufregende Mann mich gleich fragen würde, ob ich den Rest meines Lebens mit ihm verbringen wollte.

Bradens helle Augen quollen fast über vor Liebe, als er das Kästchen öffnete. Darin steckte ein eleganter, schlicht gehaltener Platinring mit einem von einer Krönchenfassung gehaltenen Diamanten im Princess-Schliff, eingerahmt von zwei kleineren Brillanten.

Besser hätte er meinen Geschmack nicht treffen können.

Er kannte mich wirklich in- und auswendig. *Jetzt bloß nicht heulen. Bloß nicht heulen!*

»Jocelyn.« Bradens Stimme war rau, als bereite ihm das Sprechen Mühe. »Du bist meine beste Freundin. Mein Ein und Alles. Ich liebe dich, und ich will für immer bei dir sein. Heirate mich. Ich verspreche, ich gebe mir

Mühe, es nicht zu vermasseln, wenn du dir Mühe gibst, es nicht zu vermasseln.«

Ich musste lachen, und Tränen liefen mir die Wangen hinab. Dann nickte ich stumm, weil ich kein Wort herausbrachte. Braden grinste von einem Ohr zum anderen. Ich streckte die Arme nach ihm aus. Ich musste unbedingt seine Lippen auf meinen spüren. Wir schmeckten meine Tränen in unserem leidenschaftlichen Kuss, und als Braden mich nach einer ganzen Weile losließ, waren wir beide ein wenig außer Atem. Er nahm meine zitternde linke Hand und steckte mir den Ring an. Gemeinsam betrachteten wir den funkelnden Diamanten an meinem Ringfinger. Mein Bauch und mein Herz vollführten Luftsprünge.

Ich verschränkte meine Finger mit seinen, drückte seine Hand und blickte in sein wundervolles Gesicht.

»Ich liebe dich«, wisperte ich heiser. »Du bist mein absoluter Lieblingsmensch.« Vor lauter Tränen sah ich ihn nur verschwommen. »Und wenn du jemals irgendwem verrätst, dass ich in diesem Moment geweint habe, gibt es ein Jahr lang keinen Sex.«

Sein warmes, kehliges Lachen löste einen wohligen Schauer in mir aus. Er nahm mich in die Arme und zog mich an sich. Mein Griff um seine Schultern verstärkte sich, und ein erwartungsvolles Kribbeln ging durch meinen Körper, als er dicht an meinem Mund flüsterte: »Das will ich sehen.«

Selbstverliebter, arroganter Höhlenmensch. »Die Ehe wird dir deinen Hochmut schon noch austreiben«, murmelte ich zurück.

»Das Einzige, was mir meinen Hochmut austreibt, ist

ein vorgetäuschter Orgasmus. Aber was das angeht, hege ich für die absehbare Zukunft keine Befürchtungen.«

»Hmm.« Ich rieb meine Nase an seiner. Das Prickeln zwischen meinen Beinen wurde stärker. »Da könnten Sie recht haben, Mr Carmichael.«

***

»Mr Carmichael, ich glaube, ich bin ein klitzekleines bisschen angesäuselt.« Ich warf Braden ein schiefes Lächeln zu, während ich den Schlüssel im Schloss unserer Wohnungstür herumdrehte.

Wir kamen gerade vom Feiern mit Ellie und Adam zurück. Eigentlich hätten Braden und ich am Tag unserer Verlobung lieber einen ruhigen Abend zu Hause verbracht – nur wir zwei –, aber davon hatte Ellie nichts wissen wollen. Außerdem hatte Alistair, mein Kollege aus dem *Club 39*, uns zwei Flaschen Schampus zum Vorzugspreis überlassen, insofern hatte ich keinen Grund gehabt, mich zu beklagen. Es war ein fröhlicher Abend gewesen.

Als ich die Tür aufstieß, fühlte ich Bradens starke Hände an meinen Hüften und seinen warmen Atem an meinem Ohr. »Angesäuselt oder betrunken?«, fragte er.

Ich schmunzelte und betrat, dicht gefolgt von ihm, die Wohnung. »Angesäuselt.«

Es stimmte, ich kicherte öfter und war redseliger als sonst, aber ich sah nicht doppelt und hatte nach wie vor die volle Kontrolle über meinen Körper.

»Sicher?«

Ich drehte mich um und gab der Tür einen Schubs,

woraufhin sie ins Schloss fiel. Während ich sie von innen verriegelte, drückte ich absichtlich meine Brüste an Bradens Brust. Ich schmunzelte immer noch, als ich den Kopf hob, um ihm in die Augen zu schauen. Sie flackerten. »Falls du dich fragst, ob ich nüchtern genug zum Vögeln bin, aber betrunken genug, um richtig abzugehen, lautet die Antwort ja.«

Braden musste sich ein Lächeln verkneifen. »Habe ich dir schon gesagt, wie sehr ich auf dein versautes Mundwerk stehe?«

Ja, schon des Öfteren. »Na, das will ich auch schwer hoffen«, zog ich ihn auf. »Weil du ab jetzt nämlich eine sehr lange Zeit damit verbringen wirst, komme, was wolle.« Ich strich mit der Hand über seine starke Brust. »Da wir gerade von Kommen sprechen …«

Bradens Griff um meine Hüfte verstärkte sich. Ich sah ihn an und stutzte. Auf einmal hatte sein Blick nichts Verspieltes mehr. Ich kannte diesen Blick gut: Mein Verlobter hatte Lust, Höhlenmensch zu spielen. Ich erschauerte und spürte, wie meine Brüste vor Erregung anschwollen. »Zieh dich aus«, befahl er leise und todernst.

Schon setzte das Kribbeln ein. »Hier?«

Mit einem Nicken deutete er vor sich, mitten in unseren Flur. »Da.«

»Also gut«, lenkte ich ein. »Aber morgen darf ich bestimmen.«

Seine angespannte Miene erhellte sich einen Moment lang, dann signalisierte er seine Zustimmung durch ein unmerkliches Nicken. *Natürlich.* Wenn ich beim Sex das Kommando übernahm, bedeutete das meistens, dass ich oben sein wollte, und obwohl das nicht Bradens erklärte Lieblingsstellung war, genoss er sie trotzdem – einschließlich der Aussicht.

Ohne seinen Blick loszulassen, machte ich vorsichtig einige Schritte rückwärts, bis so viel Abstand zwischen uns war, dass er meine Vorstellung optimal würdigen konnte. Als Erstes zog ich meinen leichten Blazer aus und ließ ihn zu Boden fallen. Dann griff ich nach dem obersten Knopf meiner schwarzen ärmellosen Seidenbluse.

»Alles außer den Ring«, murmelte Braden. Seine Augen glühten, als er sich lässig gegen die Wohnungstür lehnte. Seine Körperhaltung suggerierte Lockerheit, ja fast Langeweile, aber sein Blick versengte meine Haut. Und das, obwohl ich noch nicht mal nackt war.

Seine Aufforderung sandte einen Schauer durch meinen Körper, und mein Blick fiel auf den funkelnden Ring am Ringfinger meiner linken Hand. Braden hatte eine besitzergreifende Ader, was ihm allerdings erst aufgefallen war, nachdem wir uns kennengelernt hatten. Sich mich mit einem anderem vorzustellen machte ihn rasend, genau wie es mich rasend machte, ihn mir mit einer anderen vorzustellen. Das war Teil der ganz besonderen Verbindung zwischen uns. Außerdem hatte ich es ihm höllisch schwergemacht, mich zu erobern. Das war keine Absicht gewesen, wirklich nicht, aber die Erfahrung hatte Braden ruhiger gemacht – und er konnte sich in seiner Rolle als Eroberer sonnen. Nicht, dass er das jemals offen zugegeben hätte, aber ich wusste, wie mein Verlobter tickte. Er besaß die Mentalität eines Neandertalers.

Deswegen wusste ich auch, wie sehr es ihn anmachte, wenn ich so vor ihm stand, mit nichts am Leib außer meinem Versprechen, für immer ihm zu gehören. Mich machte es genauso an.

Meine Finger wanderten von meiner noch geschlossenen Bluse zu den Steckern in meinen Ohrläppchen. Ich nahm sie heraus, und man hörte das Klimpern von Metall auf Holz, als ich sie auf die Kommode legte. Als Nächstes nahm ich die Halskette ab, gefolgt von meiner Armbanduhr. Sobald ich allen Schmuck, bis auf den Ring, abgelegt hatte, widmete ich mich wieder der Bluse.

Schon jetzt lag ein verräterischer Glanz in Bradens hellen Augen.

Ich hielt seinen Blick fest, während ich mir langsam die Bluse aufknöpfte. Mit einer Bewegung glitt sie von meinen Schultern zu Boden.

Als Nächstes war der Reißverschluss meines Bleistiftrocks dran. Ich zog ihn ganz langsam herunter. Bei dem Geräusch sah ich einen Muskel in Bradens Kiefer zucken. Mein Blick glitt nach unten zu seinem Schritt.

Er war jetzt schon steif.

Meine Brustwarzen wurden hart, und vor Erregung konnte ich kaum atmen.

Mein Rock fiel zu Boden, und ich stieg heraus. Ich staunte über meinen Gleichgewichtssinn. Ich hatte einiges an Alkohol intus, und Alkohol plus Zwölf-Zentimeter-Absätze waren normalerweise keine erfolgversprechende Kombination, wenn es um ein gutes Gleichgewicht ging. Zum Glück bekam ich die Sache einigermaßen elegant hin. Danach bückte ich mich, um mir die Schuhe von den Füßen zu streifen. Ich beobachtete Braden, während ich hinter mich griff, um meinen BH aufzuhaken. Ich löste den Verschluss, schob mir die

Träger ganz langsam über die Schultern und streifte ihn mir in einer aufreizenden Bewegung ab.

Auf meinen nackten Brüsten und Vorhöfen breitete sich eine Gänsehaut aus, und meine Nippel richteten sich auf. Bradens Erektion zeichnete sich deutlich unter seiner Hose ab, und ich verbarg ein zufriedenes Lächeln. Für einen Mann, der früher auf Frauen mit kleinen Brüsten gestanden hatte, war Braden regelrecht besessen von meinen D-Körbchen. Er hatte sich von einem Bein-Typen zu einem Busen-Typen gewandelt.

Nicht, dass ihm meine Beine nicht auch gefallen hätten. Sie gefielen ihm definitiv.

Unwillkürlich leckte ich mir die Lippen, und ich sah das Flackern in seinen Augen, als ich vorsichtig meinen Slip herunterzog. Er war feucht, so erregt war ich. Ich wollte, dass Braden mich anfasste, er sollte spüren, wie feucht ich war – jetzt schon, obwohl er mich nur ansah.

»Und jetzt?«, fragte ich mit belegter Stimme.

Seine Augen hinterließen eine brennende Spur auf meiner Haut. »Mach deine Haare auf.«

Grinsend hob ich die Arme und zog die Nadeln aus meinen Haaren, so dass sie mir in schweren Wellen den Rücken hinabfielen. Ich warf die Haarnadeln auf die Kommode und massierte mir den Kopf, wobei meine Brüste sich verführerisch hoben. »Und jetzt?«

Er stieß sich von der Tür ab. Das Entspannte war aus seiner Haltung komplett verschwunden, als er in seiner tiefen, rauen Stimme antwortete: »Jetzt geh ins Schlafzimmer, leg dich aufs Bett, nimm die Arme über den Kopf, spreiz die Beine, und mach dich auf was gefasst. Es wird hart und tief.«

Ich malte mir die Szene aus, und vor Verlangen ging ein Ziehen von meinem Bauch geradewegs zwischen meine Beine. Ich liebte seine Selbstsicherheit und dass er im Bett so dominant war. Trotzdem, alles durfte ich ihn auch nicht bestimmen lassen. »Wenn ich die Beine für dich breitmachen soll, dann will ich als Erstes deinen Mund dazwischen haben, sonst läuft nichts.«

Er nickte lächelnd. »Abgemacht.«

»Na dann.« Mit einem aufreizenden Grinsen wandte ich mich um. Ein Gefühl von Macht durchströmte mich, als ich ihn hinter mir scharf Luft holen hörte.

Während ich aufs Schlafzimmer zuging, sagte er: »Später will ich dich auf dem Bauch, mit deinem sexy Hintern in der Luft.«

»Erst dein Mund«, erinnerte ich ihn, ehe ich im Schlafzimmer verschwand.

Mein Herz klopfte heftig vor Erregung, als ich auf die kühlen Laken kroch und die Nachttischlampe einschaltete. Dann legte ich mich auf den Rücken, streckte die Arme über den Kopf und spreizte die Beine.

Mein ganzer Körper bebte, weil ich mich ihm so darbot.

Ich blickte zur Tür. Mein Puls jagte, als Braden ins Zimmer kam.

»Scheiße«, hauchte er. Er kam zu mir und entledigte sich seiner Kleider wesentlich schneller, als ich es kurz zuvor getan hatte. »Wie kann es sein, dass ich so verdammt viel Glück habe?«

»Du warst dieses Jahr ein artiger Junge«, neckte ich ihn.

Er grinste teuflisch im schummrigen Licht, bevor

er sich die Hose samt Unterhose herunterschob. Mein hungriger Blick lag auf seiner großen pulsierenden Erektion, als er zum Bett kam und seine wunderschönen Hände meine gespreizten Beine hinaufglitten. »Und warst du auch ein artiges Mädchen, Jocelyn?«

Ich hob das Becken von der Matratze, um ihm wortlos zu verstehen zu geben, dass ich seinen Mund auf mir haben wollte, und zwar umgehend, bevor ich explodierte. »Ja«, stieß ich hervor. »Ich habe dieses Jahr noch keinen Mann zum Weinen gebracht. Das ist auf alle Fälle besser als letztes Jahr. Und jetzt her mit deiner Zunge.«

Er packte meine Schenkel. »Wer hat hier das Sagen?«

Obwohl ich mit dem Spiel begonnen hatte, ging mir allmählich die Geduld aus. Aber ich kannte einen Weg, um die Sache zu beschleunigen. »Mach's mir mit dem Mund, Braden, bitte.«

Sein Knurren war das Letzte, was ich hörte, bevor er den Kopf senkte und mit der Zunge meine Schamlippen teilte. Ich bog mich ihm entgegen, und eine unerträgliche Spannung begann, sich in mir aufzubauen, als er meine Klitoris wieder und wieder mit der Zunge umkreiste, ehe er sie schließlich mit den Lippen umschloss und zu saugen begann. Mein keuchend hervorgestoßenes Flehen nach mehr hallte durch die Wohnung, und meine Finger krallten sich in die Laken, als seine Zunge tiefer wanderte und in mich eindrang.

»Braden«, keuchte ich. Meine Finger gruben sich in sein Haar.

Sofort hörte er auf. »Hände weg«, befahl er und sah mich mit lodernden Augen an.

Ich gehorchte sofort, und er fuhr fort, mich zu foltern.

Als ich kurz vor dem Höhepunkt war, hörte er wieder auf.

»Was machst du da?«, keuchte ich, als er weiter nach oben kroch. Er hatte es mir versprochen: zuerst mit dem Mund.

Er verschränkte seine Finger mit meinen und drückte meine Hände in die Matratze. Sein Daumen rieb über meinen Verlobungsring, als unsere Blicke sich trafen. »Das erste Mal als meine Verlobte sollst du kommen, während mein Schwanz in dir ist.«

Die Muskeln in meinem Unterleib zogen sich zusammen. Meine Antwort fiel überraschend fügsam aus. »Okay.«

Sein Mund senkte sich auf meinen, und im selben Moment stieß er in mich hinein.

Es war hart. Es war tief. Es war unglaublich.

Wie immer.

KAPITEL 2

Mission erfüllt

Ich habe mir überlegt, vielleicht meinen Job im *Club 39* zu kündigen«, rief ich Braden vom Schlafzimmer aus zu. Er war früher als sonst von der Arbeit nach Hause gekommen und kochte gerade Kaffee für uns.

»Wieso?«, rief er zurück. »Ich dachte, die Arbeit gefällt dir.«

Ich klappte meinen Laptop zu. Ich würde später an dem Kapitel weiterschreiben. Es kam nicht oft vor, dass Braden um fünf Uhr Feierabend machte, und ich wollte die Gelegenheit ausnutzen.

Ich schlenderte in die Küche, blieb jedoch stehen, als mein Blick auf den Küchentisch fiel. Braden hatte seinen Laptop eingeschaltet, überall lagen Zettel und aus Magazinen herausgerissene Seiten herum. »Na ja …« Ich sah ihn an, während er Zucker in seinen Kaffee rührte. »Ich möchte einfach mal ein freies Wochenende mit dir zusammen haben, und Jo hört auch auf, insofern …« Ich zeigte auf den Tisch. »Was ist das alles?«

Er reichte mir meine Kaffeetasse. »Hochzeitsvorbereitungen.«

»Hochzeitsvorbereitungen?«

Braden setzte sich vor seinen Laptop und bedeutete mir mit einem Nicken, neben ihm Platz zu nehmen. »Ich habe versprochen, alles zu organisieren, und du hast gesagt, du hilfst mir. Ich treffe keine endgültigen Entscheidungen, ohne dich vorher zu fragen.«

Aus Dankbarkeit, dass er Ellies Pläne zur Pinkifizierung unserer Hochzeitsfeier durchkreuzt und sie als unseren Hochzeitsplaner abgelöst hatte, hatte ich mich einverstanden erklärt, ihm zu helfen. Ich nahm meinen Kaffee, setzte mich hin und sah mir alles an. Viel war es noch nicht, aber unsere Entscheidungen waren mehrere tausend Pfund wert, deshalb mussten wir uns ganz sicher sein. Wir hatten uns darauf geeinigt, die Kosten für die Hochzeit zu teilen – was ich angesichts der Höhlenmenschen-Tendenzen meines Verlobten überaus fortschrittlich von ihm fand.

»Wie ist denn der Stand der Dinge?«

»Die Kirche ist gebucht, aber wir müssen uns noch entscheiden, wo der Empfang stattfinden soll.« Braden drehte den Laptop zu mir herum. »Ich mag das *Balmoral* Hotel. Ich habe auch schon einen Kostenvoranschlag. Was hältst du davon?«

Ich las gerade das PDF durch, das ihm das Hotel geschickt hatte, als ich einen Schlüssel im Schloss hörte. Das konnten nur Ellie oder Adam sein.

»Ich bin's!«, rief Ellie. »Bevor ich einen Schritt in die Wohnung mache – seid ihr angezogen?«

Lachend versicherte ich ihr, dass sie nichts zu befürchten habe. Keine Ahnung, woher sie den Eindruck hatte, Braden und ich hätten den ganzen lieben langen Tag hemmungslosen Sex.

Kurz darauf tauchte Ellie in der Küchentür auf. Sie hatte ein breites Lächeln im Gesicht und hielt eine Tüte mit Essen in die Höhe, aus der es köstlich duftete. »Braden hat mir von der Hochzeitsplanungssitzung erzählt. Ich habe was vom Inder mitgebracht!«

»Obwohl ich dich als Hochzeitsplanerin gefeuert habe, erlaube ich dir zu bleiben, weil du uns was zur Stärkung bringst.« Ich stand auf, um ihr zu helfen, das Essen anzurichten.

»Ich weiß.« Sie lächelte ein wenig verschämt. »Aber das ist alles so aufregend! Ich wollte einfach dabei sein und sehen, wofür ihr euch entscheidet.«

»Du hast kein Vetorecht«, sagte Braden mit einem strengen Blick. »Deswegen bin ich ja überhaupt erst Hochzeitsplaner geworden.«

»Ich werde ganz brav sein«, versprach sie. »Ach so, die hier habe ich euch mitgebracht.« Sie hielt mir eine weiße Plastiktüte hin, während ich mit den Tellern hantierte.

»Was ist das?«, fragte ich argwöhnisch.

»Kerzen.« Ellie zog sich die Jacke aus. »Hier ist es so kahl, seit ich ausgezogen bin. Ich dachte, mit denen wird es vielleicht ein bisschen wohnlicher.«

Ich tauschte einen belustigten Blick mit Braden und stellte die Tüte auf die Arbeitsfläche. Ellie war bekanntermaßen ein großer Fan von Krimskrams und Nippes. Ihre Vorstellung von »kahl« entsprach nicht der eines normalen Menschen. »Wir sind Minimalisten. Aber danke.«

»Oohh!«, gurrte Ellie, als sie über Bradens Schulter spähte und den Winkel des Monitors veränderte. »Das *Balmoral*? Was sagst du denn dazu, Joss?«

»Ich finde es wunderschön«, antwortete ich wahrheitsgemäß. Ich hatte mir die Fotos angesehen und bereits entschieden, dass ich Bradens Vorschlag zustimmen würde. Es würde die Sache beschleunigen, außerdem hatten wir ja sowieso denselben Geschmack.

»Ja?«, fragte er.

»Definitiv.« Ich brachte ihm einen Teller mit Curry und Reis. Rein zufällig senkte ich dabei den Blick und bemerkte Ellies Schuhe. Ich konnte mir ein Schmunzeln nicht verkneifen, als ich sie fragte: »Süße, hast du dir in letzter Zeit mal deine Füße angesehen?«

Ellie zog verwirrt die Nase kraus und schaute nach unten. Sie seufzte. »Ach, Mist.«

Braden hatte seinen Teller von mir entgegengenommen und sah nun ebenfalls neugierig zu Boden. Prompt verschluckte er sich an einem Bissen Curry.

Ich lachte.

Ellie trug zwei verschiedene Schuhe. Es waren flache Schuhe, die ziemlich ähnlich aussahen, aber es gab keinen Zweifel: Einer war schwarz, der andere braun. »Ich laufe schon den ganzen Tag so durch New Town.«

»Ich glaube nicht, dass viele Leute auf deine Füße geachtet haben.«

Ellie streifte sich die Schuhe von den Füßen, und dann setzten wir uns alle an den Tisch, um zu essen und zu planen. Na ja, Braden *hatte* das meiste schon geplant, ich musste seine Entscheidungen nur noch abnicken und Ellie den Mund zuhalten, als sie ihre Meinung zu den Blumen allzu wortreich kundtat.

Wir waren fast fertig, als Ellies Handy klingelte. Es war Adam, der sie bat, nach Hause zu kommen. So wie sie beim Telefonieren errötete, war seine Bitte wohl ziemlich unverblümt und nicht frei von sexuellen Anspielungen.

Sie stand eilig auf, lächelte mir zu und gab ihrem Bruder einen Kuss auf die Wange. »Das hat Spaß gemacht. Danke, dass ich eure Planungssitzung sprengen durfte. Wir sehen uns bald!« Sie tanzte aus der Küche, in Gedanken bereits bei ihrem Freund.

»Sag Adam einen schönen Gruß von mir!«, rief ich ihr nach.

»Mach ich!« Die Wohnungstür fiel mit einem Knall hinter ihr zu.

Ich schob meinen Teller weg, stützte das Kinn in die Hand und lächelte Braden an. »Danke, dass du alles organisiert hast.«

»Gern geschehen.« Sein eigenes Lächeln ging in ein Gähnen über. Er fuhr sich mit der Hand durchs Haar. Er sah hundemüde aus. »Jetzt müssen wir uns nur noch um den Junggesellen- beziehungsweise Junggesellinnenabschied kümmern.«

»Wollten das nicht Adam und Ellie übernehmen?«

»Ja, Gott sei Dank.«

»Ha!«, machte ich. »Du hast gut reden. Ich glaube kaum, dass Adam für *deinen* Junggesellenabschied eine elegante Teeparty vorschwebt.«

»Nee.« Braden feixte. »Eine Nacht im Casino.«

Ich zog einen Schmollmund. »Ich will auch eine Nacht im Casino.«

»Was hindert dich? Ich werde Adam sagen, er soll Ellie in die richtige Richtung lenken.«

»Wir können doch nicht am selben Ort feiern.«

Braden lehnte sich zu mir und sah mich neugierig an. »Wieso nicht?«

Ich blinzelte verdutzt. Die Antwort lag doch wohl auf

der Hand. »Na ja, weil es ein symbolischer Abend sein soll, an dem wir unseren Abschied vom Singledasein feiern.«

»Aber wir sind doch gar keine Singles. Wir sind verheiratet, auch ohne Trauschein. Wir sollten die Symbolik ändern und gemeinsam feiern. Wir feiern so, wie wir den Rest unseres Lebens verbringen wollen.«

Dabei sah er mich mit diesem Blick an, den ich so liebte – ein Blick, der alles ausdrückte, was er empfand. »Ich glaube nicht, dass es jemanden gibt, der deinem Charme widerstehen könnte«, teilte ich ihm leise mit.

Er schmunzelte. »Dann gefällt dir die Idee?«

»Sehr sogar. Mir gefällt jedes einzelne Wort, das du gesagt hast. Aber ich weiß genau, wie sehr Ellie sich auf den Abend freut, und deshalb werden wir uns den Wünschen unserer Freunde fügen.«

»Adam hat was von Strippern erwähnt«, warnte Braden. Seine Augen blitzten.

»Wenn Adam für dich einen Stripper bestellt, dann zwinge ich Ellie, für mich auch einen Stripper zu bestellen.«

Braden lachte und lehnte sich auf seinem Stuhl zurück. »Lass uns was vereinbaren: keine Stripper.«

Ich hob mein Wasserglas und wartete, bis Braden es mir gleichtat. »Keine Stripper.«

»Keine Stripper«, wiederholte er.

»Das sollten wir zum Motto unserer Ehe machen.«

Braden nickte lachend. »Unbedingt.«

Ich schenkte ihm ein Lächeln und deutete auf die Unterlagen. »Sind wir dann für heute Abend fertig? Können wir uns jetzt aufs Sofa fläzen und uns einen Film reinziehen?«

»Natürlich.«

Wir spülten gemeinsam unsere Teller und räumten die Hochzeitsunterlagen weg. Eine halbe Stunde später lagen wir zusammen auf der Couch und schauten uns einen Actionfilm an. Ich hatte meinen Kopf an Bradens Brust gebettet, und er hatte seinen Arm um mich gelegt.

Nach etwa vierzig Minuten hob ich den Kopf, schaute Braden ins Gesicht und sagte: »Manchmal kann ich gar nicht glauben, dass ich das für den Rest meines Lebens mit dir machen darf.«

Erstaunt über dieses ungewohnt emotionale Geständnis, musterte Braden mich. Seine Augen blitzten belustigt. »Was denn? Filme gucken?«

»Ja«, antwortete ich aufrichtig. »In deinen Armen liegen und schlechte Filme gucken. Für andere Leute ist das vielleicht nichts Besonderes, aber mir bedeutet es alles.«

Seine Belustigung verschwand und machte einem anderen, viel intensiveren Ausdruck Platz. Er hob die Hand und strich mir mit dem Daumen über die Wange. »Ich bin froh, dass du in der Bar aufhörst.«

»Ja?«

»Ja. Ich konnte mich nie so recht damit anfreunden, dass du da arbeitest, außerdem fehlst du mir an den Wochenenden.«

»Warum hast du nichts gesagt?«

»Weil ich dachte, du bist glücklich mit dem Job. Und es ist gewissermaßen die Mission meines Lebens, dafür zu sorgen, dass du glücklich bist«, neckte er mich.

Ich grinste. »Verstehe. Wenn das so ist, würde ich sagen, du hast deine Mission bereits erfüllt. Ich habe viele neue Freunde gefunden, also brauche ich die Bar nicht mehr, wenn ich unter Leuten sein will. Außerdem will ich mich mehr aufs Schreiben konzentrieren. Und auf uns. Ich kündige diese Woche.«

Braden nickte und drückte mich. »Klingt gut, Babe.«

Ich kuschelte mich an ihn, seufzte zufrieden und widmete mich dann wieder dem Film. »Pfft«, machte ich verächtlich, während wir uns gegenseitig wärmten. »Als würde ein Cop mitten in der Öffentlichkeit um sich ballern. Was für einen Schwachsinn tun wir uns da eigentlich an?«

»Irgendwas, was dir ›alles bedeutet‹, wenn ich mich recht erinnere.«

»Hm. Na ja, so *wird* es vielleicht sein, wenn wir bei unseren Ausleihentscheidungen in Zukunft ein bisschen mehr Geschmack an den Tag legen. Oh Mann«, stöhnte ich mit Blick auf den Fernsehbildschirm. »Der Typ ist ein Vollpfosten.«

»Jocelyn?« Braden nahm mich fest in die Arme, und als ich zu ihm hochsah, grinste er. »Nur damit du Bescheid weißt, für mich bedeutet es auch alles.« Er senkte den Kopf und gab mir einen zärtlichen Kuss, bevor er seine Aufmerksamkeit wieder dem Film zuwandte. »Obwohl ich auf die Kommentare von den billigen Plätzen gut verzichten könnte.«

KAPITEL 3

Die Hochzeit

Clark, Ellies Stiefvater, der auch für Braden und mich eine Art Vaterfigur darstellte, bot mir den Arm, damit ich mich bei ihm unterhaken konnte. Dann tätschelte er mir beruhigend die Hand.

Seine Geste veranlasste mich dazu, ihm forschend ins Gesicht zu blicken. »Was ist denn? Wirke ich so nervös?«

Er schenkte mir ein sanftes Lächeln. »Ein bisschen.«

»Ich will aber nicht nervös wirken«, flüsterte ich.

Er verzog keine Miene, aber seine Augen funkelten vor Lachen. »Atme einfach tief durch.«

Wir standen vor den Flügeltüren, die sich jeden Moment öffnen würden, damit ich den mit rotem Teppich ausgelegten Mittelgang der Kirche hinabschreiten konnte. Meine Brautjungfern waren bereits auf dem Weg zum Altar. Gleich würde ich ihnen folgen.

Ich konnte kaum glauben, dass die Zeit so schnell vergangen war und ich heute heiraten sollte. Es schien noch gar nicht so lange her, dass ich am Morgen nach meiner Verlobung aufgewacht war, weil Ellie mit einem Stapel Brautmagazine unter dem Arm an die Tür geklopft hatte. Hin und wieder waren mir Zweifel gekommen, aber die hatte ich energisch beiseitegeschoben.

Deswegen war es fast ein Schock, dass ich jetzt, so kurz vor dem Altar, plötzlich eine Krise bekam.

Scheiße.

Tief durchatmen.

Nur jetzt keine Panikattacke kriegen! Ich wollte den Rest meines Lebens mit Braden verbringen. Das Problem war nur, dass ich eine Todesangst davor hatte, ich könnte irgendwie alles kaputtmachen. Selbst nach all den Monaten, in denen ich mir bewiesen hatte, dass ich in der Lage war, eine feste, liebevolle Beziehung zu führen, war diese Angst noch nicht verschwunden. Angst davor, Braden vielleicht eines Tages weh zu tun.

»Was, wenn ich es vermassle?«, murmelte ich.

Clark drückte meine Hand. »Es wird nicht perfekt sein. Keine Ehe ist perfekt. Ihr werdet euch streiten, aneinandergeraten, Dinge sagen, die ihr hinterher bereut … Wenn man jemanden liebt, kann das vorkommen. Aber Joss …« Er senkte den Kopf, um mir in die Augen zu sehen. »Das Positive zwischen euch wird immer stärker sein als das Negative.« Er lächelte. »Und ich denke, Braden hat unter Beweis gestellt, dass er sich nicht so leicht erschüttern lässt.«

»Stimmt.« Ich holte tief und zitternd Luft. »Danke.«

»Keine Ursache. Und jetzt komm. Auf geht's.«

Die Flügeltüren schwangen auf, und die Klänge von Gitarre und Violine wurden lauter. Als ich die wunderschöne Instrumentalversion von Paul Wellers »You Do Something To Me« hörte, bekam ich unwillkürlich eine Gänsehaut. Wir betraten den Mittelgang der Kirche, und zuerst sah ich nichts als Blumen und die neugierigen, anerkennend lächelnden Gesichter der Gäste, die sich zu mir umgedreht hatten. Erst als Clark meine Hand drückte, in der ich den Brautstrauß aus weißen Lilien und dünnen champagnergoldenen Gräsern fest umklammert hielt, gab ich mir einen Ruck. Mein Blick fiel auf meine Brautjungfern Ellie, Hannah, Jo, Rhian und Liv, die in ihren bodenlangen champagnerfarbenen Kleidern elegant und glücklich aussahen. Im Näherkommen erkannte ich, dass Ellie Tränen in den Augen hatte. In einer der vorderen Reihen erspähte ich Elodie zusammen mit Cam, Cole, Jos Onkel Mick, dessen neuer Lebensgefährtin Dee, Cams besten Freunden Nate und Peetie sowie Peeties Freundin Lyn. Aus meiner Verwandtschaft war niemand anwesend, deswegen hatten wir beschlossen, die Bankreihen nicht nach Gästen der Braut und Gästen des Bräutigams zu trennen. Ich hatte lediglich meine Kollegen aus dem *Club 39* eingeladen, die restlichen Gäste waren Freunde und Bekannte von Braden oder der Familie Nichols. Seine oberflächliche, egozentrische Schickimicki-Mutter ließ sich natürlich nicht blicken. Sie fühlte sich indisponiert. Übersetzt hieß das: Wir hatten uns letzte Weihnachten kennengelernt, und ich hatte aus meiner Abneigung gegen sie keinen Hehl gemacht. Sie aus ihrer gegen mich auch nicht.

Mein Blick fand Adam und Dec, die auf der anderen Seite des Altars standen. Sie trugen dieselben Outfits wie Clark und Braden – graue, sogenannte Prince-Charlie-Jacken und passende Westen mit drei Knöpfen. Ihre champagnerfarbenen Seidenkrawatten passten perfekt zu den dunkelgrauen Hemden, und weil die Carmichaels entfernt mit dem Stewart-Clan verwandt waren, hatten ihre Kilts dessen dezentes graues Tartanmuster. Als ich

Adams ermutigendes Lächeln sah, wagte ich es endlich, Braden anzusehen.

Fast wäre ich stehen geblieben.

Sein Blick traf mich mitten ins Herz, und als ich die Liebe in seinen Augen sah, schnürte es mir die Kehle zu. Ich musste mich auf Clark stützen, während ich versuchte, möglichst anmutig in meinem Brautkleid auf Braden zuzuschreiten. Es war ein schlichtes Kleid, trägerlos und mit geschwungenem Ausschnitt. Die elfenbeinfarbene Brustpartie des Bustiers war mit Spitze und Kristallsteinchen verziert. Bis zur Hüfte lag es eng an, dann ging es in einen mehrlagigen, weit fallenden Rock aus weißem Seidenchiffon mit eingewebten Silberfäden über. Elegant und ohne Schnickschnack. Es war Braden anzusehen, dass ihm das Kleid gefiel.

Wir hatten die letzten Meter hinter uns gebracht. Zitternd gab ich Clark einen Kuss auf die Wange. Ich fühlte mich geehrt und war ihm von ganzem Herzen dankbar dafür, dass er mich zum Altar geführt hatte. Als er mich an Braden übergab, sah ich den feuchten Schimmer in seinen Augen. Es fehlte nicht viel, und ich hätte losgeweint.

Statt sich dem Priester zuzuwenden, nahm Braden meine Hand und zog mich an seine Seite. Seine Augen brannten sich in meine. Er senkte den Kopf, und gleich darauf spürte ich seinen warmen Atem an meinem Ohr. »Du siehst zauberhaft aus, Babe, aber beruhig dich. Hier geht es nur um uns beide.«

»Sag das den hundert Leuten, die hinter uns sitzen«, gab ich mit unsicherer Stimme zurück.

Er lachte leise und küsste mich auf den Mund.

Nachdem er sich von mir gelöst hatte, murmelte er aufmunternd an meinen Lippen: »Ich liebe dich, du liebst mich, unsere Familie liebt uns, und alle sind bei uns. Der Rest zählt nicht. Also: Keine Angst vor der Zukunft, keine Angst, du könntest irgendeinen nicht wiedergutzumachenden Fehler machen. Das Leben ist nicht vollkommen, und wir sind es auch nicht, aber eins sage ich dir, Joss: Wir zwei sind unzerstörbar! Also hör jetzt auf zu zittern, und heirate mich.«

Ich schmiegte mich noch enger an ihn und streifte seinen Mund mit meinem. »Alles klar.«

Der Priester räusperte sich, und die Blase um uns herum zerplatzte. Zusammen mit meinem schmunzelnden Bräutigam wandte ich mich nach vorn, damit die Zeremonie beginnen konnte. Hinter uns kicherten die Gäste verstohlen. Die Musik verstummte.

Jetzt wurde es ernst.

***

Es war fast ein bisschen surreal, mit Braden am Tisch der Brautleute zu sitzen, den hübschen Ehering über meinem Verlobungsring zu betrachten und zu hören, wie jeder uns als Mann und Frau bezeichnete. Einige machten sich einen Spaß daraus, statt Joss »Mrs Carmichael« zu mir zu sagen. Es war seltsam, aber schön.

Unser Hochzeitsempfang fand wie geplant im *Balmoral Hotel* statt. Der Festsaal war ein prächtiger Raum mit hohen Decken, Säulen, üppigen Kronleuchtern und großen Bogenfenstern, durch die man Edinburgh Castle sehen konnte. Es war atemberaubend und elegant und schöner als alles, was ich mir jemals für diesen Augenblick erträumt hatte.

Nach dem Abendessen klopfte Clark an sein Champagnerglas und lenkte die allgemeine Aufmerksamkeit auf sich, bevor er aufstand, um seine Rede als stellvertretender Brautvater zu halten. Ich hatte ihm gesagt, er solle sich zu nichts verpflichtet fühlen, aber er hatte darauf bestanden. Und als ich sah, mit welcher Ruhe er das Mikrophon in die Hand nahm, ging mir auf, dass er als Professor wohl keine Probleme damit hatte, vor einer großen Anzahl Menschen zu sprechen.

Ich hatte nicht die geringste Ahnung, was mich bei seiner Rede erwartete. Schmetterlinge flatterten in meinem Bauch, als er lächelnd auf Braden und mich herabsah.

»Braden ist einer der anständigsten Männer, die ich kenne«, begann er. »Er ist wie ein Sohn für mich, aber er ist gleichzeitig auch ein guter Freund. Als sich herauskristallisierte, dass das zwischen ihm und Joss etwas Besonderes ist, hätte meine Freude nicht größer sein können. Denn Jocelyn ist ohne Zweifel eine der stärksten, außergewöhnlichsten jungen Frauen, denen ich je begegnet bin.«

Ach du lieber Gott.

Auf einmal hatte ich einen Kloß im Hals und musste schlucken. Ich schmiegte mich an Braden, der augenblicklich den Arm um mich legte, ohne dass ich ihn darum hätte bitten müssen.

»Es tut mir leid, dass dein Vater heute nicht hier sein kann, Joss«, fuhr Clark fort. Er sprach leise, und in seiner Stimme schwang so viel Gefühl mit, dass die Tränen in meinen Augen überzulaufen drohten. »Aber ich weiß, dass er ungeheuer stolz auf die Frau wäre, die aus dir geworden ist, und er würde sich freuen, dass du in Braden, und in uns, eine Familie gefunden hast. Es war mir eine Ehre, dich heute an seiner Stelle zum Altar führen zu dürfen. Heute Abend« – er hob sein Glas und wandte sich in den Raum – »bitte ich euch alle, auf meinen Sohn und meine Tochter die Gläser zu erheben. Auf Braden und Jocelyn.«

Als alle im Chor unsere Namen sagten und uns zuprosteten, kämpfte ich erneut mit den Tränen. Ich fühlte mich wirklich und wahrhaftig wie ein Mitglied der Familie Nichols, und es rührte mich sehr, dass sie genauso dachten.

Als Nächster war Adam, Bradens Trauzeuge, an der Reihe. Seine Ansprache sorgte für jede Menge Heiterkeit, er machte Scherze über Bradens Vergangenheit, seinen Ruf bei den Frauen, wie sehr er sich durch mich verändert hatte und wie amüsant es gewesen war, zuzusehen, wie er sich abmühte, mein Herz zu gewinnen. Als er hinterher das Glas hob, um einen Toast auf uns auszubringen, gab Braden mir einen Kuss. Er wartete, bis Adam sich wieder hingesetzt hatte, dann stand er auf.

Ich sah zu ihm empor. Ich wünschte mir nichts sehnlicher, als dass der Empfang endlich vorbei war; ich wollte nicht länger im Mittelpunkt stehen. Und vor allem wollte ich meinen Ehemann endlich für mich allein haben.

Kerzengerade stand Braden in seinem Kilt da, ganz der unwiderstehliche Schotte, und wandte sich mit der ihm eigenen, beinahe ehrfurchtgebietenden Selbstsicherheit an die versammelte Gästeschar. »Vor etwas mehr als zweieinhalb Jahren«, begann er mit tiefer, ernster Stimme, »teilte ich mir ein Taxi mit einer wildfremden Frau. Einer jungen Frau mit losem Mundwerk und«, er grinste zu mir herunter, »phänomenalen Beinen.«

Gelächter schwappte durch den Saal, als ich mit einem kleinen Schmunzeln den Kopf schüttelte.

»Da wusste ich …« Braden sprach zu den Gästen, doch sein Blick ruhte weiterhin auf mir, »dass mein Leben im Begriff war, sich radikal zu verändern. Aber erst an dem Tag, als du ohne Handtuch aus Ellies Badezimmer kamst, wurde mir klar, wie glücklich ich über diese Veränderung sein würde.«

Ich rollte mit den Augen, und meine Wangen brannten, als wieder alle lachten.

»Ich scherze nicht.« Braden wandte sich an die Gäste. »Bei unserer zweiten Begegnung war Jocelyn nackt. Das war der bis dahin schönste Tag meines Lebens. Und selbst als sie ohne einen Fetzen am Leib vor mir stand, hat sie mir noch die Hölle heißgemacht.« Wieder grinste er mich an, und das warme Gefühl in meiner Brust wurde zu einem Vulkan überwältigender Gefühle. »Du warst vom ersten Tag an eine Herausforderung. Keine Frau hat mich je mehr herausgefordert als du – und keine bringt mich häufiger zum Lachen. Es vergeht kein Moment, in dem ich mich durch dich nicht lebendiger fühle – lebendiger, als ich jemals zu hoffen gewagt habe. Und heute hast du mir etwas geschenkt, von dem ich dachte, dass es für uns beide schon vor langer, langer Zeit verlorengegangen wäre. Bei dir habe ich Frieden gefunden, Babe. Du gibst mir alles, was man sich nur wünschen kann.« Vor lauter Emotion war seine Stimme noch tiefer als sonst, und ich schwöre bei Gott, ich stand schon wieder kurz davor, in Tränen auszubrechen, als er sein Champagnerglas hob und sagte: »Auf meine Frau, Mrs Jocelyn Carmichael.«

Die Gäste wiederholten seinen Trinkspruch, während er sich zu mir herunterbeugte. Sein Blick wurde zärtlich, als er die unvergossenen Tränen in meinen Augen glänzen sah. »Auf meine Frau«, sagte er noch einmal, legte mir zärtlich die Hand in den Nacken und presste seine Lippen auf meine.

***

Als wir später auf dem Empfang die Runde machten und versuchten, mit allen Gästen wenigstens ein paar Worte zu wechseln, hatte sich das hektische Flattern in meinem Magen schon ein wenig gelegt, und ich war deutlich entspannter als zuvor. Was vielleicht auch am Champagner lag.

Ich stand an Bradens Seite, während er mich entfernten Cousins, Verwandten von Elodie und Clark, Freunden und Geschäftspartnern vorstellte. Wir hatten uns fast durch die komplette Gästeliste gearbeitet, als wir auf Jenna und Ed stießen. Jenna war eine Freundin von Ellie, und Ed war ihr Mann. Als ich Ellie kennengelernt hatte, waren Jenna und Ed noch fester Bestandteil ihrer Clique gewesen. Dann hatten sie geheiratet, Jenna war schwanger geworden, und aus irgendeinem Grund waren sie in der Versenkung verschwunden. Anfangs hatte Ellie sich deshalb Vorwürfe gemacht, aber anscheinend lag es ganz einfach daran, dass Jenna ihre Zeit lieber mit anderen Paaren verbrachte, die auch Kinder hatten. Ich versicherte Ellie, dass es nichts mit ihr zu tun hatte. Manche Menschen waren eben so. Trotzdem freute ich mich, die beiden jetzt wiederzusehen.

»Joss, du siehst umwerfend aus«, sagte Jenna und umarmte mich fest.

»Wer passt denn auf Andrew auf?«, erkundigte sich Braden. Andrew war ihr kleiner Sohn.

Ed grinste. »Ich habe meine Eltern dazu überredet, heute Abend auf den Kleinen aufzupassen. Wir waren schon seit Ewigkeiten nicht mehr zu zweit aus. Ich musste Jenna richtig bearbeiten, damit sie mitkommt.«

Jenna sah ihren Mann mit gerunzelter Stirn an. »Ich lasse ihn eben nicht gerne bei anderen. Das ist doch wohl nichts Schlimmes.«

Als ich den scharfen Unterton in ihrer Stimme hörte, warf ich Braden einen Blick zu, um ihm zu signalisieren, dass es besser wäre weiterzugehen.

Er nickte und wollte noch etwas sagen, aber Jenna kam ihm zuvor, indem sie mich am Arm fasste und an sich zog.

»Und? Wie sieht's denn bei euch mit Nachwuchs aus, Joss?«

Die Jenna, an die ich mich erinnerte, war entspannt, locker und *nicht neugierig*. Wer auch immer diese Person war, ich hätte sie am liebsten umgebracht. »Äh …« Mein Blick geisterte hilfesuchend durch den Raum.

»Wir haben uns noch nicht mit der Frage beschäftigt«, sagte Braden. Ich spürte seine Hand auf meinem Rücken – ein Zeichen dafür, dass er wusste, dass ich kurz davor war, die Flucht zu ergreifen. »Aber wir wollen auf jeden Fall Kinder haben.«

Meine Schultern verspannten sich, mein Magen krampfte sich zusammen, und der Champagner gluckerte auf höchst unangenehme Weise in meinem Bauch.

Als ich am Morgen vor dem Spiegel gestanden hatte, war ich guter Dinge gewesen. Ich hatte an den Mini-Nervenzusammenbruch gedacht, den ich einige Wochen zuvor erlitten hatte, nachdem Braden zum ersten Mal auf das Thema »Kinder« zu sprechen gekommen war. Ich war überzeugt gewesen, mich und meine Gefühle inzwischen besser im Griff zu haben.

Stattdessen reichte auch diesmal die bloße Erwähnung von Kindern, um mich in Panik zu versetzen.

Schlimmer noch: Die Vorstellung, Braden könnte es als ausgemachte Sache betrachten, dass wir in nächster Zeit Nachwuchs bekamen, löste regelrechte Beklemmungen in mir aus. Ich konnte jetzt noch keine Kinder kriegen. Dazu war ich emotional noch längst nicht bereit. Definitiv nicht. »Da sind Alistair und seine Freundin.« Ich wies mit dem Finger über Eds Schulter hinweg. »Ich gehe mal kurz zu ihnen und sage hallo.« Ich löste mich aus Bradens Umarmung und sprintete regelrecht los. Ich war noch zwei Schritte von Alistair entfernt, als sich ein starker Arm um meine Taille legte und mich zum Stehenbleiben zwang.

Ich prallte mit dem Rücken gegen Bradens harte Brust und blinzelte verdattert zu ihm hoch. »War das nötig?«

Mein Mann betrachtete mich stirnrunzelnd. »Irgendwas bedrückt dich.«

»Nein.« Ich schüttelte den Kopf. »Ich habe nur … Jenna nervt mich ein bisschen, ich wollte einfach weg.«

Braden blickte mir forschend ins Gesicht, und ich

fragte mich, ob er mir die Ausrede abgekauft hatte. Mit Gewissheit konnte ich es nicht sagen, aber er hakte nicht weiter nach, sondern beugte sich zu mir und küsste mich sanft auf den Mund. Heute war unsere Hochzeit.

Streiten verboten.

KAPITEL 4

Die Flitterwochen – Teil 1

»Verstehe ich richtig, was da steht?«, fragte ich und lehnte mich gegen Braden. Wir standen am Flughafen von Edinburgh vor der Tafel mit den Abflugzeiten. Wir freuten uns auf unsere Flitterwochen auf Hawaii und wollten uns die gute Laune nicht davon vermiesen lassen, was wir soeben auf der Tafel gelesen hatten.

Braden drückte meine Hand. »Mmm-hmm. Verspätet.«

Unser Flieger würde erst in ein paar Stunden starten, also saßen wir fürs Erste hier fest. Zum Glück war der Flughafen von Edinburgh nicht schmuddelig – im Gegenteil, er funkelte geradezu vor Sauberkeit. Es gab Designershops, Restaurants und ganz am Ende des Wartebereichs für die internationalen Abflüge eine altmodische Bar mit ovaler Theke. Trotzdem: Flughafen ist Flughafen. Menschen sind genetisch darauf programmiert, Flughäfen zu hassen.

Mein Mann ließ meine Hand los, legte stattdessen den Arm um mich und zog mich an seine Seite. »Sollen wir in der First-Class-Lounge warten und da was trinken, oder willst du lieber in die Bar, an der wir eben vorbeigekommen sind?«, fragte er und drückte mir gedankenverloren einen Kuss auf die Schläfe.

Das war eins der Dinge, die ich so an ihm liebte. Ich

hatte mir jahrelang jegliche Zuneigung versagt, deshalb hatte ich eine Weile gebraucht, um mich an Bradens sehr körperbetonte Art zu gewöhnen. Inzwischen hätte ich sie nicht mehr missen wollen. Er war so freigebig in seiner Zuneigung und berührte oder küsste mich andauernd, selbst wenn er gerade ganz andere Dinge im Kopf hatte. Anfangs war das seltsam gewesen, irgendwann hatte ich mich daran gewöhnt, und mittlerweile sehnte ich mich richtig danach.

»Gehen wir in die Bar.« Ich nickte und löste mich widerstrebend von ihm. »Ich muss nur kurz auf die Toilette. Wir treffen uns dann da.«

Als ich vom Klo kam, stand ich noch eine Weile vor dem Waschbecken und betrachtete prüfend mein Gesicht im Spiegel. Ellie hatte mir gesagt, dass ich seit der Hochzeit anders aussähe. Ich hatte nicht gewusst, was sie damit meinte, aber als ich mich nun so ansah, fragte ich mich, ob es vielleicht an meinen Augen lag. Sie waren metallgrau und leicht schräg stehend. Es waren keine warmen, freundlichen Augen. Von Fotos wusste ich, dass sie ziemlich durchdringend wirken konnten. Manchmal hatte ich auch einen Schlafzimmerblick, was in der Regel allerdings nicht beabsichtigt war. Wärme strahlten meine Augen nur aus, wenn ich lachte. Aber jetzt fiel mir eine Veränderung auf. Die Intensität in meinem Blick war zwar immer noch da, aber es war etwas Neues hinzugekommen. Etwas angenehm Weiches.

Ich riss mich von meinem Spiegelbild los und trocknete mir lächelnd die Hände ab.

Dabei fiel mein Blick auf meine Beine. Sie waren nackt, weil ich in Erwartung des warmen Wetters auf Hawaii ein Sommerkleid angezogen hatte. Meine von Natur aus leicht dunkle Haut würde in den nächsten zwei Wochen viel Zeit haben, so richtig schön braun zu werden, während ich faul am Pool lag. Reisen war nie ein großes Thema für mich gewesen, solche Vergnügungen waren zusammen mit meiner Familie gestorben. Urlaub an einem Ort wie Hawaii war etwas völlig Neues für mich – und noch dazu würde ich jetzt mit meinem rattenscharfen Ehemann hinfliegen!

Braden und ich waren beruflich stark eingespannt. Dies war das erste Mal, dass wir vierzehn Tage ganz für uns hatten, ohne Unterbrechung durch Arbeit, Freunde oder Familie. Die Tage würden wir am Pool oder am Strand verbringen, die Nächte im Bett bei heißem, kräfteraubendem Sex.

Ich lächelte bei dieser Vorstellung.

Ich ging zurück in den Wartebereich und langsam weiter Richtung Bar. Wenigstens war ich nicht verschwitzt und abgehetzt wie einige andere Passagiere, die sich verspätet hatten. Mein Blick schweifte durch die relativ leere Bar und fiel schließlich auf Braden, der mit dem Rücken zu mir auf einem Hocker am Tresen saß. Die Barfrau sah immer wieder verstohlen zu ihm herüber, während sie so tat, als sei sie schwer beschäftigt.

Braden war kein klassisch schöner Mann, aber er war verwegen, sexy, sehr groß, gut gebaut, und Anzüge standen ihm besser als jedem Armanimodel. Schon bei unserer ersten Begegnung hatte mich seine natürliche Selbstsicherheit beeindruckt. Sie war einfach heiß. Selbst wenn sie manchmal an Arroganz grenzte – und mich zu Tode nervte –, machte sie mich an.

Es wunderte mich gar nicht, dass auch andere Frauen meinen Ehemann attraktiv fanden.

Zu Beginn unserer unverbindlichen Affäre hatte ich so getan, als würde es mir nichts ausmachen, wenn ich andere Frauen mit Braden flirten sah. Später dann, nachdem ich aufgehört hatte, ihm etwas vorzuspielen, und klar wurde, dass ich ihn genauso sehr liebte wie er mich, musste ich mich sehr zusammenreißen, um die aufdringlichen Verehrerinnen nicht zu verscheuchen. Manchmal verlor ich auch die Beherrschung und machte besagten Frauen auf nicht sehr diplomatische Weise klar, dass Braden mir gehörte. Der fand das in gleichem Maße lustig wie sexy.

Was sich allerdings schlagartig änderte, sobald man den Spieß umdrehte.

Dennoch hatte sich unsere Beziehung weiterentwickelt, unser Vertrauen zueinander war gewachsen, und gemeinsam waren wir ein bisschen entspannter geworden. Nicht *vollständig* entspannt, aber immerhin entspannt genug, dass ich in diesem Moment nicht den Drang verspürte, schnurstracks zu meinem Mann zu marschieren und vor den Augen der Barfrau meinen Besitzanspruch anzumelden.

Ich war auf dem Weg in die Flitterwochen. Ich hatte einen riesengroßen Schritt in Richtung Bewältigung meiner Probleme gemacht, allein indem ich geheiratet hatte. Meine Laune war bombig.

Ich hatte Lust zu spielen.

Ich verkniff mir ein diebisches Grinsen, setzte ein neutrales Gesicht auf und schlenderte zur Bar. Allerdings setzte ich mich nicht neben Braden. Meine Absätze klackerten auf dem harten, glänzenden Boden, als ich auf einen Barhocker zusteuerte, von dem aus ich einen guten Blick auf Braden hatte … am anderen Ende der Theke.

»Was kann ich Ihnen zu trinken bringen?«, fragte die Barfrau freundlich.

»Ein Glas Rotwein, bitte.«

Ich spürte Bradens Blicke auf mir, als die Barfrau sich abwandte, um mir meinen Wein einzuschenken. Ich sah zu ihm hin. Seine Augen funkelten vor Belustigung über meinen kleinen Streich.

Er wusste genau, was ich im Schilde führte.

Die Frau schob mir das Weinglas hin, und ich gab mir Mühe, nicht zu lachen.

»Hi«, grüßte ich Braden beiläufig. »Ich bin Jocelyn.«

Er musterte mich einen Moment lang mit seinen einschüchternden, umwerfenden hellblauen Augen. Dann beschloss er offenbar mitzuspielen, denn er rutschte von seinem Hocker herunter und kam zu mir, um sich neben mich zu setzen. Grinsend schüttelte er meine Hand. Ich spürte, wie sein Daumen dabei über meinen Ehering strich. »Braden.«

Ich schenkte ihm ein kleines kokettes Lächeln. »Kann ich Ihnen vielleicht einen Drink spendieren?«

»Eigentlich sollte ich wohl ablehnen.« Er hielt seinen Ringfinger mit dem Ehering hoch. »Ich bin verheiratet.«

»Oh?« Ich verbarg ein Lächeln, als ein Schauer der Erregung mich durchrieselte. Unser kleines Spiel machte Spaß. »Das wusste ich nicht. Ich nehme an, Ihre Frau begleitet Sie heute nicht?«

»Wie es aussieht, nicht«, lautete Bradens Antwort. Als unsere Blicke sich trafen, zuckten seine Lippen.

Ich tat so, als wären wir nicht in einer Flughafenbar, sondern zu Hause. Meine Augen begannen zu glühen, und Braden verstand das Signal. »Das sind ja gute Neuigkeiten.«

»Tatsächlich?« Er schielte auf meine linke Hand.

Ich drehte den Diamanten am Finger, so dass er im Licht wunderschön funkelte. »Ja, ich bin auch verheiratet.«

Braden sah mir tief in die Augen, »Er ist wirklich ein Glückspilz.« In seinen Worten lag eine Aufrichtigkeit, die ich genauso rührend wie erregend fand.

Ich legte den Kopf schief. »Das habe ich schon öfter gehört.«

Braden lehnte sich zu mir. Ich wusste, dass ihm das nicht einmal bewusst war.

Mein Lächeln wurde breiter. »Also, was ist jetzt? Darf ich Sie auf einen Drink einladen oder nicht?«

»Warum nicht?«

Die Luft zwischen uns knisterte, während Braden darauf lauerte, was ich als Nächstes tun würde. Ich wandte den Blick ab und rief die Barfrau zu uns. Nachdem ich Bradens Drink bestellt hatte, wartete ich, ob er das Spiel weiterspielen würde.

»Wo fliegen Sie denn hin?«, erkundigte er sich. Er klang belustigt, aber zugleich ein klein wenig heiser.

Ich musste ihm nicht in die Augen sehen, um zu wissen, dass er erregt war. Dennoch sah ich ihn an, weil ich einfach nicht anders konnte.

»Hawaii.« Ich drückte mein Bein gegen seinen Schenkel und bedauerte aufrichtig, dass wir uns an einem öffentlichen Ort befanden. Ich wollte seine Hände auf meinem Körper spüren.

»Ich auch.«

»Ihr Drink.« Die Barfrau stellte Braden seinen Whisky hin.

Wir nahmen unsere Gläser und stießen an.

»Geschäftlich oder zum Vergnügen?«, fragte ich frech.

»Oh, zum Vergnügen, will ich hoffen«, sagte er, als ich an meinem Wein nippte.

Ich leckte mir betont langsam einen Tropfen von der Unterlippe und registrierte zufrieden das erstickte Stöhnen, das daraufhin aus Bradens Kehle drang. »Da sind wir ja schon zwei.«

Braden hatte den Blick auf meinen Mund geheftet und verstärkte den Griff um sein Glas. »Meine Frau wäre gar nicht erfreut, wenn sie mich mit einer Fremden in einer Bar flirten sähe.«

»Neigt Ihre Frau etwa zur Eifersucht?«, neckte ich ihn, allerdings verflog jede Albernheit, als wir einen intensiven Blick teilten.

»Manchmal«, murmelte er.

Ich sog scharf die Luft ein. »Und Sie? Sie auch?«

»Und ob.«

Ich lächelte. »Sie sind also beide ein bisschen besitzergreifend, was? Dann würde ihr wohl kaum gefallen, was ich gerade über Sie denke.«

Bradens Blick glitt über mein Gesicht, ehe er antwortete. »Nein, garantiert nicht. Aber wissen Sie, was? Sie erinnern mich irgendwie an meine Frau.«

Leise lachend drückte ich meinen Schenkel noch fester gegen seinen. »Wirklich? Und Sie mich an meinen Mann.«

Bradens Augen blitzten. »Wie würde Ihr Mann denn reagieren, wenn er jetzt hier wäre?«

»Na ja, er kann auch ein bisschen besitzergreifend sein, aber er hat Manieren, deshalb würde er Ihnen auf sehr höfliche Art und Weise zu verstehen geben, dass Sie gefälligst nicht mit mir zu flirten haben.«

»Ein kluger Mann.«

»Habe ich mir sagen lassen.«

Wann immer ich Braden lachen hörte, hatte ich das Gefühl, einen Preis gewonnen zu haben.

Ich sah ihn an. Ich liebte einfach alles an ihm. Langsam verebbte sein Lachen, und wir sahen uns an, als wollten wir gleich hier an Ort und Stelle übereinander herfallen. »Und was würde er dann tun?«

Es kribbelte zwischen meinen Beinen, und unter dem dünnen Stoff meines Sommerkleides schwollen meine Brüste an. Ich rückte näher, atmete Bradens vertrauten Duft ein und wünschte mir, wir wären an einem Ort, an dem wir etwas gegen die sexuelle Spannung zwischen uns unternehmen könnten.

»Jocelyn?«

Ich räusperte mich. »Wahrscheinlich würde er mich küssen. Und dann würde er mich bitten, ihm zu erzählen, was ich alles mit ihm anstellen will, sobald wir allein sind.«

Sogleich verdunkelten sich Bradens Augen. Er senkte den Kopf und küsste mich heiß und tief. Ich hielt mich an ihm fest und erschauerte, als er die Hand unauffällig unter mein Kleid schob. Die Berührung ließ meine Brustwarzen hart werden. Ich rang nach Atem und unterbrach den Kuss.

Ich nahm unsere Umgebung kaum noch war, als ich

seinen Kopf zu mir heranzog, bis meine Lippen sein Ohr berührten. »Wenn wir erst mal allein sind«, wisperte ich, »darfst du mich so hart vögeln, wie du willst.« Ich malte das Szenario weiter aus, bis mein Atem flach und unregelmäßig wurde und die Muskeln in Bradens Kiefer steinhart waren.

Und nicht nur die. Seine Hand krallte sich fest in meinen Oberschenkel. Ich lehnte die Stirn an seine Wange und versuchte, mich ein wenig zu sammeln.

Nach einigen sehr langen Minuten lockerte sich Bradens Griff, und er zog mich seine Arme. Ich rieb meine Nase an seinem Hals und spürte in mir das Brennen unbefriedigten Verlangens. »Tut mir leid«, murmelte ich an seiner Haut.

Er strich mir beruhigend über den Rücken. »Ach was. Das war scharf.«

»Zu scharf für einen Flughafen.«

Ich spürte, wie sein Körper bebte, wahrscheinlich vor Lachen. »Vermutlich. Aber ich kümmere mich später um dich. Und wenigstens musst du nicht in aller Öffentlichkeit mit einer Latte rumlaufen.«

Jetzt war ich diejenige, die lachte. Ich rückte ein Stück von ihm ab und warf einen Blick unter den Bartresen auf seinen Schritt. Er hatte nicht gelogen. Ich sah ihm ins Gesicht und sagte: »Deine Mutter. Nackt.«

Ein Ausdruck des Widerwillens trat in sein Gesicht, und das Feuer in seinen Augen erlosch.

Er trank einen Schluck von seinem Whisky, dann sagte er leise: »Danke.«

Ich riskierte einen zweiten Blick. Die Erektion war verschwunden.

Ich verkniff mir ein Schmunzeln, wandte den Blick ab und fragte dann betont unbeschwert: »Worüber sollen wir reden, bis unser Flug aufgerufen wird?«

»Kalten Wind. Schneeregen. Den hässlichen Türsteher im *Club 39*. Porridge.«

Ich prustete los. »Sprich: alles, was dich nicht anmacht?«

Er lächelte mich an und musterte mich liebevoll. »Vielleicht sollten wir am besten gar nicht mehr reden. Sondern dir eine Tüte über den Kopf ziehen. Und deine Beine bedecken.«

»Schau doch einfach nicht hin.«

»Ich kann dich trotzdem noch riechen.«

»Ich könnte ja auch weggehen.«

»Wenn du das machst, lege ich dich übers Knie, Weib.«

»Hört sich nicht gar so schlimm an.«

Braden bedachte mich mit einem drohenden Blick, und ich hielt mir die Hand vor den Mund, damit er mein Grinsen nicht sah.

Wir schwiegen eine Zeitlang, dann stützte ich meinen Ellbogen auf die Theke, legte das Kinn in die Hand und sagte leise: »Bis jetzt finde ich unsere Flitterwochen wundervoll.«

Er nahm meine andere Hand in seine. »Ich auch.«

Ich rückte noch näher an ihn heran und rieb unsere Knie gegeneinander. »Sollen wir in die First-Class-Lounge gehen? Da sitzen bestimmt jede Menge spießige Geschäftsleute rum, die unseren sexuellen Vibes mit ihrer Steifheit den Garaus machen.«

Bradens Mundwinkel zuckten. »Steifheit?«

»Steifheit.«

Er nickte und lachte leise, als er aufstand und mir von meinem Hocker herunterhalf. Er legte mir den Arm um die Taille, und als wir auf die Lounge zugingen, sagte er: »Vielleicht sollten wir das Wort ›steif‹ lieber vermeiden. Mit dir verheiratet zu sein, bedeutet offenbar, dass ich nicht nur die Kontrolle über meinen Körper, sondern auch jegliche Selbstachtung verliere.«

»Ein Scheidungsgrund?«, zog ich ihn auf, als wir der Mitarbeiterin der Fluglinie am Eingang zur Lounge unsere Bordkarten zeigten.

»Grund für einen Fickmarathon«, antwortete er trocken, ohne sich darum zu kümmern, dass die Frau bei seiner Antwort feuerrot wurde. »Wenn ich mit dir fertig bin, wirst du eine ganze Weile nicht laufen können«, setzte er hinzu und lotste mich dann sanft in die Lounge, während die Angestellte der Fluglinie nach Luft schnappend zurückblieb.

Ich tat mein Bestes, meine Verlegenheit zu überspielen. Ich war es gewohnt, dass er in der Öffentlichkeit versaute Dinge zu mir sagte. Der Trick war, sich nicht anmerken zu lassen, wie sehr er mich damit aus der Fassung brachte.

»Damit habe ich kein Problem, solange wir von *multiplen* Orgasmen reden.«

Drei Typen in Anzügen, die an der kleinen Bar der Lounge saßen, drehten uns mit erhobenen Brauen die Köpfe zu.

Braden und ich blieben stehen. Er drückte meine Hüfte. »Sie schmeißen uns noch raus.«

Ich feixte. »Du hast angefangen.«

»Wenn man's genau nimmt, hast *du* angefangen.«

Mit einem schweren Seufzer sah ich auf meine Armbanduhr. »Tja, leider müssen wir noch etwa zehn Stunden warten, bis wir es zu Ende bringen können.«

Braden machte ein ziemlich unglückliches Gesicht. Sein Blick schweifte durch den Raum, und ein Funkeln trat in seine Augen, als er die Tür zu den Toiletten erspähte.

»Nein«, sagte ich sofort.

Er warf mir dieses jungenhafte Lächeln zu, dem ich nur sehr, sehr schwer widerstehen konnte.

Oh Scheiße.

»Braden, nein«, zischte ich. »Das würde total auffallen.«

»Na und?«

»Braden …«

Er ließ meine Hand los. »Komm in einer Minute nach.«

Ich schnappte mir seine Hand. »Nein. Wir benehmen uns wie Teenager.«

Sein Grinsen wurde noch breiter. Er beugte sich dicht zu mir. »Das hier sind unsere Flitterwochen, Babe. Genau darum geht es doch.« Er sah wieder zur Toilette und drückte meine Hand. »Ich gehe vor, und nach einer Minute kommst du hinterher. Tu so, als ginge es mir schlecht und du wolltest nach mir sehen, oder so.«

Bevor ich Einspruch erheben konnte, hatte Braden sich umgedreht und verschwand auf der Toilette.

Ich sah mich in der Lounge um. Vier Männer und eine Frau, von denen keiner in meine Richtung sah. Trotzdem …

»Ich bin noch nie erster Klasse geflogen«, maulte ich.

»Und jetzt werde ich rausgeschmissen, noch bevor ich überhaupt im Flieger sitze.«

Mit missmutig gerunzelter Stirn wartete ich ein gefühltes Jahrtausend – in Wirklichkeit waren es wohl nur ein paar Sekunden – ab, ehe ich mich in Richtung Toiletten in Bewegung setzte. Ich kam mir unsagbar dämlich vor, als ich anklopfte und rief: »Schatz, ist alles in Ordnung mit dir?«

Als keine Antwort kam, schlüpfte ich hinein, als hätte ich nichts anderes im Sinn als die Sorge um meinen Ehemann.

Als ob wir mit unserem Kasperletheater irgendjemanden täuschen konnten.

Kaum war ich drin, stellte ich fest, dass es zwei weitere Türen für Männer und Frauen gab.

Ich klopfte beim Männerklo. In derselben Sekunde öffnete sich die Tür einen Spaltbreit, und Braden zog mich hinein. Er knallte die Tür hinter mir zu, verriegelte sie und presste mich dagegen.

Ich legte ihm die Arme um die Schultern, als er seinen harten Körper an mich drängte. »Man wird uns garantiert rauswerfen.«

Seine Hand streichelte meinen Arsch, ehe sie meinen Schenkel hinab unter mein Kleid glitt. Mit einer geschickten Bewegung schob er die Finger in mein Höschen und flüsterte rau: »Dann sollten wir auf jeden Fall dafür sorgen, dass es sich lohnt.«

KAPITEL 5

Die Flitterwochen – Teil 2

Wir betraten die Villa im Plantagenstil, die Braden für unsere Flitterwochen am Pazifik in einem Luxusresort gebucht hatte, und ich beschloss, dass ich nie wieder wegwollte.

Die Villa lag einige Gehminuten vom eigentlichen Resort entfernt. Man erreichte sie über einen von Lampen erleuchteten, leicht ansteigenden Pfad, der mitten durch eine Gartenlandschaft führte. Zum Haus gehörte auch eine riesige Terrasse mit Meerblick, Tauchbecken und einer kleinen Cabaña. Im Innern erwarteten uns ein großes, helles Wohnzimmer mit wunderschönen weißen Möbeln, die ich kaum anzufassen wagte, und ein atemberaubendes Schlafzimmer mit Himmelbett samt weißen Voilevorhängen sowie begehbarem Kleiderschrank. Die Krönung dieser ganzen Pracht jedoch war das marmorne Bad, das größer sein musste als Olivias Wohnung.

Braden und ich waren nun schon drei Tage hier. Die meiste Zeit hatten wir faul an unserem Pool gelegen und die grandiose Aussicht genossen. Der Blick erfüllte mich mit einer inneren Ruhe und Zufriedenheit, die ich mir für jeden Tag meines Lebens wünschte. Am Abend suchten wir uns eins der drei exzellenten Restaurants im Resort aus, gingen danach noch auf ein paar Drinks in eine der

Bars und kehrten dann in unsere Villa zurück, wo wir uns stundenlang liebten.

Die. Allerbesten. Flitterwochen. Überhaupt.

Am dritten Tag war uns nach einem Tapetenwechsel, also verließen wir die Villa und nahmen uns am Strand zwei Liegen unter einem Sonnenschirm. Hin und wieder kam ein zuvorkommender Hotelmitarbeiter vorbei und fragte uns, ob wir etwas zu essen oder zu trinken wünschten, während wir dalagen, Bücher auf unseren eReadern lasen und Sonne tankten.

Ungefähr eine Stunde zuvor war es Braden endlich gelungen, mich zu einem Bad im Meer zu überreden. Anfangs hatte ich keine rechte Lust gehabt, aber das Wasser lag so wunderschön spiegelglatt da, und der Anblick wie auch Bradens Hartnäckigkeit hatten mich schließlich doch dazu bewogen, einen Versuch zu wagen. Vorsichtig war ich in die Fluten gewatet.

Braden war so geduldig mit mir gewesen, dass ich nicht darauf gefasst war, als er mich untertauchte.

Niemand tauchte ungestraft Jocelyn Butler Carmichael unter.

So kam es zu einer erbitterten Wasserschlacht, die die im Meer planschenden Kinder dazu veranlasste, einen weiten Bogen um uns zu machen, während die dazugehörigen Eltern uns tadelnde Blicke zuwarfen. Braden fand das Ganze ungemein komisch. Kein Wunder – er war mir haushoch überlegen. Erst nachdem er mich in die Luft gehoben und mit einem Riesenklatscher ins Wasser geworfen hatte, so dass ich vor den versammelten Hotelgästen fast mein Bikini-Oberteil verloren hätte, fand er, dass aus dem Spiel langsam die Luft raus war. Ich japste und prustete, während er zu mir schwamm und mir die Bikini-Schnüre im Nacken wieder festband.

»Zufrieden?« Ich spritzte ihn nass und warf ihm einen gespielt erzürnten Blick zu.

Er küsste mich auf den Nacken und schlang unter Wasser die Arme um meine Taille. »Immer.«

Bei so einer Antwort konnte niemand lange beleidigt sein, deswegen ließ ich die Sache auf sich beruhen. Wir gingen zu unseren Liegen zurück, um uns dort von der Sonne trocknen zu lassen. Braden lag auf dem Bauch. Er war zu lang für die Liege, schien es aber trotzdem bequem zu haben. Der Augenblick war vollkommen. Das Rauschen der Wellen, die sanft an den Strand spülten, das Geschrei übermütiger Kinder, gemurmelte Gespräche, der Geruch von Sonnencreme und Meerwasser, das leichte Zucken der Wimpern meines Mannes, der neben mir lag und träumte.

Eigentlich hätte mir das einen Heidenschrecken einjagen müssen.

So viel zu verlieren.

Die alte Angst meldete sich kurz, doch ich schob sie entschieden beiseite.

»Was starrst du mich so an?«, murmelte Braden, die Augen noch immer vor der blendenden Sonne geschlossen.

»Ich habe noch nie gesehen, dass du so lange entspannt bist. Das ist schön.«

»Es tut gut, mal zu entspannen.«

Ich zog eine Augenbraue hoch. »Willst du damit etwa sagen, dass dir die Arbeit nicht fehlt?«

Träge schlug er die Augen auf und blinzelte im grellen

Licht. Er stützte sich auf die Ellbogen. »Ich kann in den nächsten Wochen ungehindert über meine Frau verfügen. Glaub mir, mir fehlt gar nichts.«

Ein köstlicher Schauer überlief mich, und ich beugte mich zu ihm, so dass unsere Münder sich beinahe berührten. »Wer so was sagt, riskiert Streit.« Ich strich mit meiner Lippe über seine. »Ich glaube, da will mir jemand ans Höschen.«

»Was heißt hier ›will‹?«, brummte Braden und umfasste sanft meinen Nacken. Seine nächsten Worte waren kaum zu verstehen, weil er mich währenddessen küsste, aber das Wesentliche bekam ich trotzdem mit: irgendeine überhebliche Bemerkung darüber, dass er sowieso unbegrenzten Zugang zu meinem Bikinihöschen hätte. Zur Strafe biss ich ihm sanft in die Lippe, was allerdings nur dazu führte, dass er in meinen Mund stöhnte und den Kuss vertiefte.

Wie immer verblasste dabei die Welt um uns herum. Halb lag ich auf meiner Liege, halb hing ich in der Luft und klammerte mich an Bradens Oberarmen fest, während er mich mit seinen Küssen fast betrunken machte. Sie zogen mir immer noch den Boden unter den Füßen weg, genau wie am Anfang.

Der übermütige Schrei eines Kindes, der über den Strand schallte, brachte uns zur Besinnung. Ich lächelte bedauernd, als Braden mir mit der Daumenkuppe über die Unterlippe strich. Er sah in die Richtung, aus der der Schrei gekommen war, und ich folgte seinem Blick. Ein Junge machte Jagd auf ein Mädchen, allem Anschein nach seine kleine Schwester. Sein Lachen und ihr aufgeregtes Gekreisch erregten das Missfallen eines Pärchens, das in der Nähe des ausgelassenen Treibens auf Liegen in der Sonne döste.

Braden sah mich an. »Wir können auch zurück zur Villa gehen und am Pool liegen, wenn die Kids dich stören.«

Stirnrunzelnd schüttelte ich den Kopf. Die Kinder störten mich überhaupt nicht. Ihre Ausgelassenheit und Freude machten die Urlaubsstimmung erst komplett. »Die Villa kommt mir im Moment so weit weg vor, und die Kinder machen mir gar nichts aus.«

Braden legte den Kopf schief und fragte überrascht: »Wirklich nicht?«

Ich ließ mich lachend auf meine Liege zurücksinken. »Nein, wirklich nicht.«

»Na, das ist doch ein gutes Zeichen.«

Als ich das Lächeln in seiner Stimme hörte, krampfte sich mir aus unerfindlichen Gründen der Magen zusammen – und nicht auf eine angenehme Art. »Was ist ein gutes Zeichen?«, fragte ich, unsicher, ob ich die Antwort überhaupt hören wollte.

»Dass du kein Problem mit den Kindern hast.«

Es stimmte: Ich hatte die Antwort nicht hören wollen.

»Wenn dir das Geschrei fremder Kinder nichts ausmacht, dann wird dir das Geschrei unserer Kinder erst recht nichts ausmachen.«

Es war, als hätte er mich an der Gurgel gepackt und zugedrückt. Vergeblich schluckte ich gegen die Enge in der Kehle an, die seine Worte bei mir ausgelöst hatten. Ich wusste, dass ich aufstehen und flüchten musste – alles, nur keine Panikattacke. Damit Braden nicht merkte, wie aufgewühlt ich war, wartete ich so lange, wie es eben ging, ehe ich ihn fragte: »Willst du was zu trinken? Ich hole mir was.«

Ich spürte seine Blicke auf mir, als ich in meine Flipflops stieg, die Sonnenbrille aufsetzte und hastig den Sarong um meine Hüften festknotete. Ich sah ihn die ganze Zeit über nicht an, merkte aber an seinem leisen: »Gern, Babe«, dass mein Versuch, meine aufsteigende Panik zu verbergen, nicht erfolgreich gewesen war.

Während der Mann an der Bar die Drinks für uns mixte, nagte das schlechte Gewissen an mir. Ich hatte Braden einfach stehenlassen, bestimmt fragte er sich jetzt, was mit mir los war und ob ich mich vor ihm zurückzog. Ich hatte ihm versprochen, das nie wieder zu tun, und ich musste mein Versprechen unbedingt halten. Mit diesem Vorsatz nahm ich die Drinks, ging damit zurück an unseren Platz und machte es mir wieder auf meiner Liege bequem.

Nach ein paar Minuten des Schweigens sagte ich: »Komm, lass uns zur Villa gehen und am Pool liegen.«

Als ich zu Braden herübersah, merkte ich, dass er mich mit tiefgerunzelter Stirn musterte. »Warum?«

Ich hielt seinem Blick stand. »Weil ich Ruhe mag«, antwortete ich ganz bewusst. »Und zwar noch für eine ganze Weile.«

Braden atmete tief ein, richtete sich langsam auf und stützte die Ellbogen auf die Knie. »Aber eines Tages willst du schon ein bisschen Lärm haben, oder?«

Bei der Vorstellung begann das Herz in meiner Brust, heftig zu klopfen, trotzdem nickte ich zaghaft. »Ja. Aber erst mal möchte ich dich ganz für mich.«

Etwas Dunkles, das ich nicht verstand, glomm in seinen Augen auf, aber er küsste mich, legte die Hand an mein Gesicht und murmelte: »In Ordnung.«

Als er sich von mir löste, wich er meinem Blick aus und runzelte die Stirn. Ich hatte das Gefühl, dass an seinem Einverständnis etwas faul war. »Alles klar bei dir?«, hakte ich nach.

Seine Antwort war ein beschwichtigendes Nicken. Dann stand er auf und begann, seine Sachen einzusammeln.

Ich wandte mich ab und machte dasselbe. Ich schlüpfte wieder in die Flipflops und bückte mich, um meinen eReader aufzuheben, den ich unter die Liege in den Schatten gelegt hatte.

»He! Geht's noch?«, hörte ich Braden plötzlich wutentbrannt rufen.

Es war sein Tonfall, der mich abrupt hochfahren ließ. Mein Blick fiel auf unseren Liegen-Nachbarn, einen Mann Ende vierzig oder Anfang fünfzig, der alleine Urlaub zu machen schien. Im Moment schaute er in milder Belustigung an mir vorbei auf meinen Mann. Sein Blick glitt kurz zu meinen Brüsten, dann wieder zu Braden.

Na, toll.

Ich musste mich nicht erst umsehen, um zu wissen, dass Braden mit seiner aggressiven Art die Blicke sämtlicher Gäste auf sich gezogen hatte.

»Ihre Frau ist sehr schön«, stellte der Fremde fest. Er sprach mit starkem Akzent.

Ich versteifte mich. Rasch drehte ich mich zu Braden um und schüttelte den Kopf. »Lass es gut sein.«

Er ließ es *nicht* gut sein.

Stattdessen nahm er mich sanft bei der Hand und zog

mich hinter sich, bevor er einen drohenden Schritt auf den Fremden zu machte. »Ja, meine Frau ist schön. Aber für Sie ist sie unsichtbar. Verstanden?«

Der Fremde nickte. »Verstanden.«

Ich verstand es auch. Ich verstand, dass ich am liebsten vor Scham im Boden versunken wäre.

Da ich keine noch größere Szene riskieren wollte, ließ ich zu, dass Braden mich an der Hand hinter sich herzog. Aber kaum waren wir außer Sicht, schüttelte ich seinen Griff ab.

»Du bist sauer.« Er seufzte.

»Klar bin ich sauer. Es bestand überhaupt kein Grund, den Mann so anzugehen. Das war oberpeinlich. Da kannst du mich ja gleich anpinkeln, um dein Revier zu markieren.«

Ich hörte sein Schnauben, wagte aber nicht, ihn anzusehen, weil ich Angst hatte, ich könnte sonst den Drang verspüren, ihn zu erwürgen.

»Das Arschloch glotzt dich schon den ganzen verfickten Tag lang an und hat jeden warnenden Blick von mir ignoriert. Ich mag es nicht, wenn ein anderer Mann meine Frau anglotzt, als würde er sich vorstellen, wie er sie fickt, während ich verfickt noch mal danebenstehe.«

»Dreimal ficken in zwei Sätzen, ist das wirklich nötig?«

Diesmal war sein Seufzer geradezu abgrundtief. »Du bist immer noch sauer.«

Ja, ich bin immer noch sauer. »Ich bin verwirrt. Du hast total überreagiert, und das weißt du auch. Ich habe den Verdacht, dass das nichts mit diesem Spanner da draußen zu tun hatte, der mir auf die Brüste gestarrt hat.«

Statt mir zuzustimmen und einzugestehen, dass ihm der unausgesprochene Konflikt zwischen uns zu schaffen machte, schüttelte Braden bloß ungehalten den Kopf und ging ohne mich zurück zur Villa.

***

Das Abendessen war eine ziemlich schweigsame Angelegenheit.

Ich hatte den Rest des Nachmittags am Pool gelegen und über Kopfhörer »Bastille« gehört, während Braden einen Spaziergang unternahm. Als er zurückkam, stand ich bereits unter der Dusche, und als ich rauskam, um mich fürs Abendessen fertig zu machen, ging er duschen. Danach versuchte er, eine Unterhaltung mit mir anzufangen. Ich brummelte irgendwelche Antworten. Ich war weniger sauer auf ihn, als vielmehr sauer darauf, dass er mir während unserer Flitterwochen überhaupt Anlass gegeben hatte, sauer auf ihn zu sein.

Als ich in einem engen blauen Kleid aus dem begehbaren Kleiderschrank kam, funkelte er mich grimmig an. Es war aus dünnem Jersey, soll heißen: Es bedeckte mich, ließ aber so gut wie nichts für die Phantasie übrig. Es war ein rattenscharfes Kleid, und ich hatte es für meinen rattenscharfen Ehemann gekauft.

Ursprünglich hatte ich nicht die Absicht gehabt, ihn damit zu foltern, aber jetzt war ich wütend. Jetzt war Folter durchaus meine Absicht.

Wir sprachen nicht, als wir zum Essen gingen. Am Abend zuvor hatten wir im *Oceanview* gegessen, einem Restaurant direkt am Strand. Heute Abend hatte ich mich für das *Great Room* entschieden, das im Hauptgebäude des Resorts lag.

Während des gesamten Abendessens sagte keiner von uns ein Wort.

Die Spannung zwischen uns wurde immer unangenehmer. Ich spürte, dass Braden allmählich die Geduld mit der Situation verlor. Beziehungsweise mit mir.

Es wäre das Beste für uns, an diesem Abend früh schlafen zu gehen und den dummen Streit einfach zu vergessen. Also schlug ich Braden mit leiser Stimme vor, nach dem Essen nichts mehr trinken zu gehen, sondern direkt in die Villa zurückzukehren. Ich interpretierte sein brüskes Nicken als Einverständnis.

Kaum war das Abendessen vorbei, machten wir uns auf den Rückweg. Ich streifte mir die Highheels ab und grub die Füße in den Sand. Nur widerstrebend bog ich auf den Pfad zu unserer Villa ein. Insgeheim fürchtete ich mich vor einer Nacht voller genervtem Schweigen und ohne Sex.

In der himmlischen Kühle unserer klimatisierten Villa warf ich meine Schuhe auf den Boden und tappte über die kalten Fliesen ins Schlafzimmer. Ich hörte Bradens Schritte hinter mir, Sekunden, bevor er mich an sich riss.

Vor Schreck schnappte ich nach Luft, und als seine Hand grob über meinen Bauch und weiter nach oben glitt, stockte mir der Atem. Er umfasste meine Brust, während er mit der anderen Hand sanft in meine Haare griff. Behutsam bog er meinen Kopf zurück und entblößte meine Kehle. Das altbekannte Zittern durchlief mich, als er meine Brust knetete und heiße, feuchte Küsse auf die Seite meines Halses drückte.

Genauso heftig, wie er mich an sich gerissen hatte, stieß Braden mich nun vorwärts, bis ich gegen das Bett stolperte. Ich beugte mich nach vorn, als er mit dem Fuß meine Beine auseinanderschob. Gleichzeitig ließ er die Hände unter den Saum meines engen Kleides gleiten und zerrte den Stoff an meinem Rücken nach oben, bis mein Hintern zum Vorschein kam.

Inzwischen ging mein Atem genauso heiß und keuchend wie seiner.

Kühle Luft strich mir über die Haut, als Braden meinen Slip herunterzog. Ich stieg heraus und schleuderte ihn mit dem Fuß zur Seite. Danach stellte ich mich wieder breitbeinig hin und verbiss mir ein Stöhnen, als ich Bradens Erektion an meinem Hintern spürte.

Seine Finger gruben sich in meine Hüften, während er mich mit seiner Berührung quälte.

»Braden«, wisperte ich flehentlich.

Er rieb seine Erektion zwischen meinen Beinen und reizte mich erbarmungslos weiter. Ich kam seinen Bewegungen entgegen, bis die Spannung unerträglich wurde.

»Bitte«, wimmerte ich.

Plötzlich war die Hitze seines Körpers verschwunden, doch dann spürte ich seine starken Finger, die erst zwischen meine Beine, dann in mich hineinglitten.

Er stöhnte, weil ich so feucht war, und zog gleich darauf die Finger aus mir zurück. Ich hörte, wie ein Reißverschluss heruntergezogen wurde, und schon drang Braden in mich ein. Den Oberkörper auf die Matratze gedrückt, schrie ich leise auf. Meine Finger krallten sich in die Laken, als Braden mich fest bei den Hüften gepackt hielt und hart in mich hineinstieß.

Meine Erregung wurde immer größer, Verzweifelt drängte ich mich seinem Schwanz entgegen.

»Härter?«, knurrte er.

»Härter«, keuchte ich.

Seine Stöße wurden heftiger, und als ich kurz davor war zu kommen, zog er sich aus mir zurück, drehte mich auf den Rücken, als wöge ich nichts, griff den Saum meines Kleides und zog es mir mit einem Ruck über den Kopf. Er warf es zur Seite und zog sich eilig sein Hemd aus, bevor er mich bei den Schenkeln packte, meine Beine spreizte und mich an sich riss, so dass ich jetzt nur noch mit dem oberen Rücken auf dem Bett lag.

Unsere Blicke trafen sich, und wir beide stöhnten auf, als er erneut in mich eindrang.

Wir sahen einander an, während er mich um den Verstand vögelte. Der Blickkontakt steigerte unsere Lust und ließ uns immer schneller auf den Höhepunkt zujagen. Sein keuchender Atem und mein Stöhnen erfüllten die Nacht. Sein Schwanz stieß noch ein letztes Mal ganz tief in mich hinein und brachte die Spannung in meinem Innern zum Explodieren.

»Jocelyn«, stöhnte er, als meine Muskeln sich um ihn zusammenzogen. Ein Zucken ging durch seinen Körper, und er kam bebend zum Höhepunkt.

Nach einer Weile nahm er mich in die Arme. Ich umschlang ihn mit Armen und Beinen und ließ mich von ihm nach oben auf die Matratze ziehen. Kaum lag ich auf dem Bett, brach Braden auf mir zusammen und presste den Mund an meinen Hals, während ich meine Schenkel noch fester um seine Hüften schlang und seinen schweißnassen Rücken streichelte.

Er hob den Kopf, gab mir sanft einen Kuss auf den Mund und zog sich dann zurück. »Habe ich meinen Standpunkt deutlich gemacht?«, fragte er.

Ich zog eine Braue hoch. »Dass du nach wie vor ein Höhlenmensch bist? Ja.«

Ein leises Lachen schüttelte seinen Körper. Ich liebte das Gefühl und war enttäuscht, als er sich von mir herunterrollte. Die Enttäuschung legte sich jedoch rasch, als er mich erneut an sich zog.

»Ich gehe mal lieber duschen.«

»Gleich.« Er seufzte. »Mir hat nicht gepasst, wie der Kerl dich angestarrt hat. Das wollte ich nur klarstellen.«

»Es war total peinlich ... Und außerdem ... ging es wirklich nur um den Typen? Hand aufs Herz?«

»Natürlich.« Er küsste mein Haar. »Und ... ein bisschen um den Bikini. Den solltest du vielleicht besser nicht mehr tragen.«

»Ich dachte, der Bikini gefällt dir.«

»Er gefällt mir auch, genauso wie jedem Mann hier im Resort, der einen Schwanz hat und weiß, wozu man ihn benutzt.«

»Hmm. Okay.«

Er schnaubte. »Weißt du, ich sage es wirklich ungern, da wir gerade erst wieder miteinander reden, aber du hast dich schon weit schlimmer benommen, wenn ich mit anderen Frauen geflirtet habe.«

Mist.

»Okay, das stimmt. Aber ich dachte, jetzt, wo wir verheiratet sind, versuchen wir, uns wie Erwachsene zu benehmen.«

»Ach, und was war das am Flughafen?« Wieder musste er lachen. »Hast du dich da vielleicht wie eine Erwachsene benommen?«

Er hatte aber auch wirklich auf alles eine Antwort. »Schön«, grummelte ich. »Tut mir leid, dass ich sauer auf dich war. Ich war wohl ein bisschen angespannt …«

»Weil ich schon wieder von Kindern gesprochen habe?«

Ich versteifte mich in seinen Armen. »Ich … ich möchte noch ein paar Jahre warten, aber du sollst deswegen nicht traurig sein. Ich will dich nicht enttäuschen.«

Gleich darauf lag ich auf dem Rücken, und mein Mann sah auf mich herab. »Das tust du auch nicht. Wir warten.«

Zur Antwort küsste ich ihn.

Rückblickend betrachtet, habe ich ihn wohl geküsst, damit ich die Enttäuschung in seinen Augen nicht sehen musste, die er so krampfhaft zu verbergen versuchte.

KAPITEL 6

Die Rückkehr

Irgendetwas ließ mich langsam aus dem Schlaf ins Wachsein hinüberdriften, aber ich weigerte mich, die Augen zu öffnen. Stattdessen vergrub ich das Gesicht an Bradens Hals und genoss das warme, vertraute Gefühl seiner Haut.

Dann wurde mir klar, dass ich durch meinen Mann aufgewacht war. Ich merkte nämlich, wie er versuchte, sich so behutsam wie möglich aus meiner Umarmung zu befreien.

Ich klammerte mich nur noch fester an ihn.

Ich spürte das Beben in seinem Körper, als er lachte. »Darf ich heute Morgen nicht aus dem Bett aufstehen?«, wollte er wissen.

»Nein«, murmelte ich. »Wenn du dich bewegst, muss ich mich bewegen. Und wenn ich mich bewege, muss ich mich mit der Tatsache auseinandersetzen, dass wir nicht mehr auf Hawaii sind. Ich weiß nicht, ob ich schon dazu bereit bin.«

Er drehte mich auf den Rücken und lachte erneut, als er sah, dass ich die Augen immer noch fest geschlossen hatte. »Wie sieht dann dein Plan aus? Sollen wir bis in alle Ewigkeit hier liegen bleiben?«

»Ja.«

»Das könnte gewisse Komplikationen nach sich ziehen.«

Ich schüttelte meinen im Kissen vergrabenen Kopf. »Wüsste nicht, welche. Der Plan ist absolut wasserdicht.«

»Na ja«, seufzte Braden. »Irgendwann fangen wir an zu stinken. Und wenn wir aufs Klo müssen, was machen wir dann? Dazu kommt noch dein Flatulenz-Problem …«

Ich boxte ihn in den Arm. Weil ich ihn nicht verfehlen wollte, musste ich notgedrungen die Augen öffnen. Er wehrte den Schlag ab und lachte, als wäre er der komischste Mensch auf Erden.

»Ein Jahr«, knurrte ich ihn an. »Ein Jahr, in dem du es nicht erwähnst, mehr verlange ich gar nicht!«

»Was soll ich nicht erwähnen? Dass es total süß ist, wie verlegen du wirst, wenn du in meiner Gegenwart gepupst hast?«

Nachdem ich ihm einen bitterbösen Blick zugeworfen hatte, wälzte ich mich aus dem Bett. »Ich bin nicht süß«, keifte ich ihn an und schlappte aus dem Schlafzimmer.

»Du bist so was von süß!«, rief er mir hinterher, während ich auf dem Weg in die Küche war. Ich verdrehte die Augen. Braden konnte selbst manchmal ziemlich niedlich sein, aber er hätte sich noch mehr aufgeregt als ich, wenn ich ihm das gesagt hätte.

Ich schnappte mir den Wasserkocher und wollte Braden gerade fragen, ob ich ihm auch einen Kaffee machen sollte, als eine Welle der Übelkeit in meinem Magen hochschwappte und ich mich gegen den Küchentresen sinken ließ.

»Babe, alles klar?« Braden kam zu mir und legte mir die Hände an die Hüften.

Ich atmete durch die Nase und kämpfte gegen die Übelkeit an. Nach einem Moment legte ich meine Stirn an Bradens Brust. »Irgendwie fühle ich mich nicht so gut.«

Ich spürte seinen Mund in meinem Haar. »Jetlag. Setz dich hin.« Er führte mich zum Küchentisch und drückte mich auf einen Stuhl. Als er anfing, Kaffee zu kochen, wurde mir schon wieder schlecht. Und diesmal war Widerstand zwecklos. Ohne ein Wort sprang ich auf und stürzte aus der Küche ins Bad.

Der Toilettendeckel war kaum hochgeklappt, als ich alles von mir gab, was ich im Magen hatte.

»Jocelyn?«, hörte ich Braden hinter mir.

Ich machte eine abwehrende Handbewegung. »Geht schon.«

Da er merkte, dass ich lieber allein sein wollte, trat er den Rückzug an.

Nachdem ich eine Weile gewartet hatte, um sicher zu sein, dass es vorbei war, stand ich mit zitternden Beinen auf, wusch mich und putzte mir die Zähne. Als ich mein blasses Gesicht im Spiegel war, warf ich ihm einen finsteren Blick zu.

Willkommen zu Hause. Schöner Scheiß.

»Besser?«, fragte Braden, als ich in die Küche kam.

»Ja.« Ich lächelte und nahm dankbar den Kaffee von ihm entgegen. »Viel besser.«

***

Als ich im Wartezimmer saß und die Leute um mich herum husten und schniefen hörte, fühlte ich mich zum ersten Mal seit langer, langer Zeit verwundbar. Ich spürte einen Druck auf der Brust, als wäre die Luft im Raum zu dünn. Meine Gedanken wirbelten wild durcheinander, bis ich mir wie eine Wahnsinnige vorkam.

So oder so, ich musste Gewissheit haben.

Wenn ich Gewissheit hatte …

Ich musste es einfach wissen.

»Jocelyn Carmichael, Behandlungsraum fünf zu Dr. Orr, bitte.«

Auf geht's …

***

Braden lümmelte sich in Hemdsärmeln und mit verrutschter Krawatte im Sessel und starrte abwesend auf den Fernseher, als interessiere er sich gar nicht wirklich für das, was über den Bildschirm flimmerte.

Er hatte einen langen Arbeitstag hinter sich.

Ich hatte einfach nur einen langen Tag hinter mir.

Und jetzt hatte ich schreckliche Angst. Angst vor den Antworten. Angst, dass ich es versauen würde. Dass ich … *alles* verlieren würde.

Unsere Rückkehr aus Hawaii lag nun schon fast vier Wochen zurück, und seit jenem ersten Morgen hatte ich meine Übelkeit, so gut es ging, vor Braden geheim gehalten. Heute war ich beim Arzt gewesen. Ich war mir ziemlich sicher, wie die Diagnose ausfallen würde, aber absolute Gewissheit würde ich erst haben, wenn jemand aus der Praxis anrief, um mir das Ergebnis mitzuteilen.

»Jocelyn?«

Ich drehte mich zu meinem Mann um, der mich mit sorgenvoll gerunzelter Stirn betrachtete. »Was ist los, Babe?«

»Nichts«, flüsterte ich. Mein Herz schlug hart und krampfend in meiner Brust.

»Du hast doch was. Du bist so still. Angespannt.«

Ich zuckte mit den Achseln. »Ich bin bloß aufgeregt, ob mich diese Literaturagentin in New York unter Vertrag nehmen will.«

Nach zig Monaten, in denen es nichts als Absagen gehagelt hatte, hatte ich eine E-Mail von einer Agentin aus einer der Top-Agenturen in New York bekommen. Sie hatte mich gebeten, ihr die ersten drei Kapitel meines Manuskripts zu schicken. Als dann wenig später die nächste Mail gekommen war, in der sie schrieb, dass sie den Rest auch noch lesen wolle, konnte ich mein Glück kaum fassen. Aber ich versuchte, auf dem Teppich zu bleiben und nicht allzu oft daran zu denken. Mein heimliches Problem half mir dabei.

»Ist das wirklich alles?«

Ich fand es schrecklich, ihn anzulügen. Also ließ ich es. Stattdessen stand ich langsam auf, ging zu ihm und setzte mich rittlings auf seinen Schoß. »Ich wünschte, wir wären wieder auf Hawaii«, wisperte ich an seinem Mund, während er mir mit der Hand über den Rücken strich. »Ich wünschte, ich wünschte, ich wünschte …«

»Joc…«

Ich schnitt ihm mit einem harten, verzweifelten Kuss das Wort ab. An diesem Abend liebte ich meinen Mann, als wüsste ich, dass das, was kommen würde, alles zwischen uns verändern konnte.

***

Ellie und Adam hatten sich in eine Wohnung in der Scotland Street verliebt, und um mich abzulenken, ließ ich Ellie einen zweiten Besichtigungstermin vereinbaren, damit die Mädels und ich die Wohnung in Augenschein nehmen konnten. Jo, Liv und ich folgten Ellie und ihrem Makler durch die georgianische Altbauwohnung, und eine Zeitlang lenkten mich Ellies Begeisterung und ihre Pläne von meinem Kummer ab. Für einen Moment vergaß ich sogar, dass ich überhaupt Kummer *hatte*. Umso härter war die Landung auf dem Boden der Tatsachen, als beim Verlassen des Hauses mein Handy klingelte.

In meinem Magen begann es zu rumoren.

Ich lächelte den Mädels entschuldigend zu und ging ein paar Schritte auf die Seite, um das Gespräch anzunehmen.

»Mrs Carmichael, hier ist Dr. Orr. Wir haben jetzt das Ergebnis Ihres Schwangerschaftstests vorliegen. Ich freue mich, Ihnen als Erster gratulieren zu können! Sie sind schwanger.«

Die Welt kippte nach links.

»Mrs Carmichael?«, fragte Dr. Orr leise. Dann wurde sein Tonfall verhaltener. »Ich gebe Ihnen erst mal ein bisschen Zeit, um die Neuigkeit zu verdauen. Aber melden Sie sich so bald wie möglich, damit wir Ihren ersten Vorsorgetermin ausmachen können. Bei der Gelegenheit können wir uns dann auch gleich um eine Hebamme kümmern.«

»Danke«, brachte ich hervor. Keine Ahnung, wie ich das schaffte. Sämtliche Nerven in meinem Körper bebten und zitterten, als wäre ich gerade den New York Marathon gelaufen. Ich legte auf und steckte das Handy zurück in meine Handtasche.

Dann hörte ich, wie jemand etwas zu mir sagte.

Ich werde Mutter.

Jemand stellte mir eine Frage.

Ich bekomme ein Kind.

»Joss, was ist?« Erst jetzt drang Ellies ängstliche Stimme zu mir durch.

Ich sah zu ihr hoch. Ihr hübsches Gesicht war ein wenig verschwommen. »Ich muss los.«

»Wohin?«

»Ich … einfach …« Die Welt kippte nach rechts. »Ich muss einfach gehen.«

»Ganz im Ernst, du machst mir Angst. Was ist los mit dir?«

Sie hatte Angst? *Sie* hatte Angst! »Ellie!«, fuhr ich sie an, während eine unsichtbare Hand sich um meine Kehle schloss und zudrückte, bis ich kaum noch Luft bekam. »Ich …« Als ich die unverhohlene Besorgnis in ihren Augen sah, verstummte ich kurz. »Ich … ich muss einfach kurz allein sein.«

Ich wartete darauf, dass sie nickte. Endlich signalisierte sie mir, dass sie mich verstand, dass ich sie nicht wegstieß, sondern einfach nur für mich sein musste. Ich drehte mich um und ging, nein, *rannte* fast in Richtung Burg.

Der dreißigminütige Fußweg war im Nu vorbei. Ich kaufte eine Eintrittskarte, stapfte die Lang Stair hoch und zog mich auf den erhöhten Teil der Burg zurück, wo sich die St. Margaret's Chapel befand. Genau vor der Kapelle war mein Platz.

Neben der alten Steinbüchse Mons Meg. Von hier aus hatte man den besten Blick auf Edinburgh.

Ich lehnte mich einen Moment lang gegen das Geschütz und achtete nicht auf die Touristen, die es fotografieren wollten. Ich fühlte das kühle Gusseisen unter meiner Hand und atmete tief ein.

Ich bekam ein Baby.

Meine Glieder zitterten immer noch wie Pudding, als ich zur Brüstung ging, die Ellbogen auf die Mauer stützte und auf meine Heimatstadt hinunterblickte.

An diesem Ort fand ich Ruhe. Aus irgendeinem Grund konnte ich hier oben auf Castle Hill am besten meine Gefühle ordnen und verarbeiten. Es war ein ganz besonderer Platz. Und ich hatte schon eine ganze Weile nicht mehr hierherkommen müssen.

Aber jetzt wurde ich Mutter … Jetzt hatte ich nicht mehr nur Braden und Ellie, meine Familie und Freunde zu verlieren, sondern auch noch ein kleines Wunder. Mein eigenes Kind.

Tränen brannten in meiner Kehle. In mir wütete eine rasende Angst.

»Jocelyn?«

Beim Klang von Bradens Stimme fuhr ich herum. Ich wusste, alles, was ich gerade empfand, stand mir ins Gesicht geschrieben.

Ellie musste ihn angerufen haben, und er hatte sofort gewusst, wo er mich finden würde.

Kaum dass er mich sah, wurde Bradens Miene besorgt.

Er eilte zu mir und fasste mich bei den Armen. »Liebling, was ist passiert?«

»Ich bin schwanger«, platzte ich heraus. Tränen liefen mir übers Gesicht.

Braden zuckte zurück, als hätte ich ihn geschlagen. Er sah mich lange und forschend an. Sein Gesicht war verzerrt, als hätte er Schmerzen. »Und deswegen bis du hierhergekommen?«, flüsterte er fassungslos.

Ich wusste nicht, was das heißen sollte, aber mir wurde schnell klar, dass es auf keinen Fall etwas Gutes war.

»Braden …«

»Nicht«, unterbrach er mich und wandte sich ab. »Nicht hier.«

Bei der Vorstellung, von hier wegzugehen, ehe ich Gelegenheit gehabt hatte, gründlich über alles nachzudenken, wurde ich unruhig, und eine ganz neue Angst regte sich in mir. Ich hatte mir erst über einige Dinge klarwerden wollen, bevor Braden und ich …

In eisigem Schweigen gingen wir den Hügel hinab. Bradens Taxi wartete an der Esplanade. Ich war so weggetreten, dass ich nicht mal bemerkte, dass Braden mich die ganze Zeit über nicht anfasste. Er öffnete die Autotür, legte mir aber nicht die Hand an den Arm, um mir beim Einsteigen zu helfen, und als wir saßen, nahm er auch nicht wie sonst den Platz direkt neben mir. All das fiel mir erst später auf, als sich der Wirrwarr in meinem Kopf ein wenig gelegt hatte und die Gefühle nicht mehr ganz so heftig in meinem Magen brodelten.

Wir wechselten kein einziges Wort, bis die Tür zu unserer Wohnung hinter uns ins Schloss gefallen war und wir uns in der Küche gegenüberstanden.

Bradens Miene war hart, und das machte mir Angst. »Du kriegst ein Kind von mir, und das ist für dich so eine Katastrophe, dass du rauf zur Burg gehen musst?«

Was? Dachte er etwa im Ernst … Es war doch alles ganz anders!

»Braden …«

»Freust du dich, oder freust du dich nicht?«, fragte er barsch. In seinen Augen stand die nackte Verzweiflung.

Mein Herz klopfte so hart in meiner Brust, dass ich glaubte, mich jeden Moment übergeben zu müssen. »Braden.« Meine Lippen zitterten, Tränen stachen in meiner Nase. »So einfach ist das nicht.«

Erneut wich er vor mir zurück. In seinen Augen glomm ein Schmerz auf, den er jedoch rasch unterdrückte.

»Jetzt lass mich doch …«

Ich hatte keine Chance, den Satz zu beenden, so schnell war er aus der Wohnung verschwunden.

Ich sank auf einen Stuhl. Ich zitterte am ganzen Leib. Nicht nur hatte ich keine Gelegenheit gehabt, mir über meine eigenen Gefühle klarzuwerden, ich hatte auch keine Ahnung, was Braden dachte, und seine abweisende Art machte mir Angst. Normalerweise gab er einem immer die Chance zu erklären, aber offenbar hatte er meine Reaktion auf die Schwangerschaft komplett missverstanden, und jetzt war er so verletzt, dass er mir gar nicht mehr zuhörte.

Ich musste es ihm irgendwie erklären.

Er *musste* mich anhören.

***

Es war spät, aber ich hatte eine Nachricht auf Dr. Pritchards Praxistelefon hinterlassen und um einen Termin noch in dieser Woche gebeten. Dr. Kathryn Pritchard war meine Therapeutin, und sie hatte mir dabei geholfen, meine posttraumatische Belastungsstörung zu überwinden. Dank ihr hatte ich gelernt, um meine Familie zu trauern und mit meinen Ängsten klarzukommen. Ich hatte schon länger keine Sitzung mehr bei ihr gehabt, aber jetzt brauchte ich einen Unbeteiligten, mit dem ich über alles reden konnte.

Braden blieb mehrere Stunden lang weg. Ich bekam eine SMS von Ellie, die wissen wollte, ob es mir gutging. Das war ein todsicheres Indiz, dass Braden Adam von meiner Schwangerschaft erzählt hatte. Ellie wusste Bescheid, und jetzt versuchte sie herauszufinden, wie sie mit mir umgehen sollte. Das schloss ich daraus, dass sie mich nicht wie sonst anrief oder gleich vorbeikam. Eine SMS bei einer derart großen Sache … Ja, sie wusste definitiv nicht, wie sie sich verhalten sollte.

Ich betrachtete das Foto von mir mit meiner Familie, das Braden gerahmt und mir zu Weihnachten geschenkt hatte, und versuchte, mich zusammenzureißen. Ich sah meine kleine Schwester Beth an, die ich auf dem Foto fest im Arm hielt, und versuchte zu ergründen, was genau ich fühlte. Die Angst überschattete alles. Ich war mir nicht einmal sicher, ob ich mit der Vorstellung, Mutter zu werden, unglücklich war. Es war alles so plötzlich über mich gekommen. Viel schneller, als ich erwartet hatte, aber wenn es mir gelänge, hinter meine Angst zu blicken, würde ich vielleicht erkennen, dass es gar keine so schlimme Sache war. Im Gegenteil. Dieses Baby war von Braden und mir. Ein Teil von ihm. Ein wunderschöner Teil von ihm. Ein Geschenk, das wir einander gemacht hatten.

Sosehr ich die Ersatzfamilie liebte, die ich in Edinburgh um mich geschart hatte – dies war meine Chance, wieder eine eigene Familie zu haben.

Der Druck meiner Gefühle lag schwer auf meiner Brust, aber ich kämpfte mit tiefen, langen Atemzügen dagegen an.

Jetzt musste ich nur noch Braden alles erklären, damit er einsah, dass ich mich nicht in mein Schneckenhaus zurückzog, nur weil es haarig wurde, so wie damals, als bei Ellie der Gehirntumor diagnostiziert worden war. Ich wollte ihm einfach nur erklären, was in mir vorging.

Na bitte. Ich hatte es weit gebracht.

Gleich darauf zuckte ich zusammen. Die Wohnungstür ging auf und wieder zu. Mein Puls schlug heftiger, als Bradens Schritte lauter wurden.

Kurz darauf tauchte er im Türrahmen des Schlafzimmers auf. Mit dem dunklen Flur im Rücken und im sanften Schein der Nachttischlampe war nur seine Silhouette zu erkennen, trotzdem konnte ich sehen, dass er müde war. Und schlecht gelaunt.

Ich setzte mich auf und wartete.

»Eigentlich sollte heute der glücklichste Tag unseres Lebens sein.«

Schuldgefühle fraßen an meinem Innern, und ich verzog entschuldigend das Gesicht.

»Ich muss eine Antwort haben«, verlangte er leise. »Ich muss wissen, ob du dich freust, dass du mit meinem Kind schwanger bist. Nach allem, was wir durchgemacht haben, brauche ich diese Antwort.«

Ich rutschte übers Bett und streckte die Hand nach ihm aus. »Bitte, lass mich doch einfach erklären. Ich …«

»Falsche Antwort«, sagte er schneidend. Auf einmal war seine Miene wie versteinert. »Ich fasse es einfach nicht … Nach allem, was passiert ist, sind wir schon wieder am selben Punkt angelangt.« Er wandte sich ab und ging mit schnellen Schritten durch den Flur. Ich blieb erschüttert und mit offenem Mund zurück. Dann hörte ich, wie eine Tür zuschlug. Mit einem Satz sprang ich vom Bett und lief in den Flur. Unter der geschlossenen Tür unseres Gästezimmers war ein Streifen Licht zu sehen.

Tränen schnürten mir die Luft ab, und ich würgte mühsam den Kloß im Hals herunter, ehe ich auf Zehenspitzen zurück ins Schlafzimmer schlich. Mein Mann und ich hatten in den letzten Jahren oft gestritten, aber nicht ein Mal hatte Braden sich deswegen so von mir distanziert. Er schlief immer mit mir in unserem gemeinsamen Bett, und wir schliefen jede Nacht Arm in Arm.

Heiße Tränen liefen mir über die Wangen.

Ich hatte ihm weh getan.

Und zum ersten Mal seit langem hatte er auch mir weh getan.

***

Die ganze Nacht wälzte ich mich schlaflos im Bett und ließ den Flur nicht aus den Augen. Etwas in mir drängte mich, ins Gästezimmer zu gehen, Braden wach zu rütteln und ihn zu zwingen, mir zuzuhören, aber je länger ich dalag und je gründlicher ich über alles nachdachte, desto mehr kam ich zu dem Schluss, dass es das Beste wäre, ihn schlafen zu lassen, damit wir uns am nächsten Morgen vernünftig miteinander unterhalten konnten.

Nur dass ich, als der Morgen dann kam, wegen des Schlafmangels zu Tode erschöpft war. Um kurz vor sechs kroch ich aus dem Bett, saß in der Küche, trank einen Kaffee und versuchte, ein Buch zu lesen. Kurz bevor Bradens Wecker klingelte, stand ich auf, um frischen Kaffee für ihn aufzusetzen.

Wenig später kam er im Schlafanzug in die Küche geschlurft. Seine Haare waren zerzaust, und alles in mir schmerzte vor Liebe, als er meinen Blicken beharrlich auswich.

»Ich habe dir Kaffee gemacht«, sagte ich leise, während ich abzuschätzen versuchte, ob ihn das milder stimmen würde.

»Danke«, murmelte er und nahm sich eine Tasse. Dann lehnte er sich gegen den Küchentresen und starrte die Wand an.

Mein Magen machte einen unangenehmen Satz.

Ich musste ihm alles erklären, damit er nicht länger das Schlimmste von mir annahm.

»Braden …«

»Ich muss unter die Dusche.« Überstürzt verließ er die Küche.

»Wir müssen reden!«, rief ich ihm wütend hinterher.

Seine Antwort bestand darin, die Badezimmertür hinter sich zuzuknallen.

Ich lernte eine ganze neue Seite an meinem Ehemann kennen. Und sie gefiel mir überhaupt nicht.

Ich erhob mich, bereit, in den Kampf zu ziehen, als ein Klopfen an der Tür mich innehalten ließ. Dem Klopfen folgte das Knirschen eines Schlüssels im Schloss. Ellie.

Ich wappnete mich. Wie sollte ich damit umgehen, wenn zwei der Menschen, die ich auf der Welt am liebsten hatte, wütend auf mich waren? Noch vor drei Jahren wäre das für mich ein Kinderspiel gewesen. Aber diese Idioten hatten mich weichgeklopft, auch wenn ich es ungern zugab.

Ellie erschien in der Küchentür. Der Blick ihrer blauen Augen fiel sofort auf mich.

Was immer sie in meinem Gesicht sah, ließ sie blass werden. Mit weit ausgebreiteten Armen kam sie auf mich zu.

Ich überließ mich der Umarmung. Erst jetzt merkte ich, wie nötig ich sie gehabt hatte.

»Ich weiß nicht, ob ich dir gratulieren soll.«

Sofort versteifte ich mich.

Ellie löste sich von mir und betrachtete mich fragend. »Braden ist ganz schön fertig.«

Ich konnte nichts sagen. Ich wollte es. Aber ich hatte Angst, dass ich losschreien würde, sobald ich den Mund aufmachte.

»Hör mal, ich bin hier, Joss.« Sie rieb mir tröstend die Schulter. »Ich bin immer da, wenn du mich brauchst.«

Ich würgte meinen Schrei herunter und bedankte mich mit belegter Stimme.

Wir schwiegen, als ich ihr eine Tasse Tee machte und wir uns am Küchentisch niederließen. Während wir stumm dort saßen, kam mir der Gedanke, dass es vielleicht gut wäre, Ellie alles zu erzählen. Ihr würde Braden bestimmt zuhören. Ich hatte keine Ahnung, was mit meinem sonst so verständnisvollen und mitfühlenden Ehemann los war, aber ich hatte ihn noch nie so aufgebracht erlebt, und er weigerte sich, mir zuzuhören. Ellie hingegen würde er vielleicht Gehör schenken.

Ich öffnete den Mund, um etwas zu sagen, doch gerade in dem Moment ging die Badezimmertür auf, und ich verlor den Mut. Ellie und ich drehten uns um. Als Braden an der offenen Tür vorbeikam, nickte er seiner Schwester kurz zu und ging dann ins Schlafzimmer, um sich für die Arbeit anzuziehen. An einem Sonntag.

Ellie wandte sich mit fragendem Blick zu mir.

Ich nahm ihre Hand und drückte sie. »Er hat letzte Nacht in seinem alten Zimmer geschlafen«, flüsterte ich. »Das hat er noch nie gemacht.«

Meine Freundin sah mich mitleidig an. »Joss … rede …«

Meine Übelkeitsattacke verhinderte, dass sie ihren Satz beendete. Ich sprang auf und beugte mich über die Spüle. Els hielt mir die Haare aus dem Gesicht, und nachdem ich alles von mir gegeben hatte, ließ ich mich gegen sie sinken und mich trösten. Dann nahm ich aus dem Augenwinkel eine Bewegung wahr und erstarrte. Braden musterte mich mit hartem Blick. Ein Muskel in seiner Wange zuckte. Er wandte sich an seine Schwester. »Sag Elodie, es tut mir leid, dass ich heute nicht zum Essen kommen kann. Ich habe den ganzen Tag über Termine. Und, äh …« Er warf mir einen kurzen Blick zu, ehe er das Wort wieder an Ellie richtete. »Bleib bei ihr, bis es ihr wieder bessergeht.«

Wut flammte in mir auf, als Braden einfach so aus der

Wohnung marschierte, obwohl Ellie völlig verdattert und geschockt seinen Namen rief.

Plötzlich war ihr mitfühlender Blick nicht mehr tröstend, sondern qualvoll.

Ich entzog mich ihrer Umarmung. »Tut mir leid, Süße, ich … ich glaube, ich gehe wieder ins Bett.«

Sie nickte zaghaft und ließ mich gehen.

* * *

Ich konnte nicht schlafen. Wieder und wieder ging mir alles durch den Kopf, und ich versuchte, mir zu überlegen, was ich Braden zuerst sagen musste, damit er mir zuhörte. Irgendwann hatte ich mir alles zurechtgelegt, aber es wurde Mittag, ohne dass er auftauchte.

Dann wurde es Abend.

Ich schrieb ihm eine SMS, auf die ich keine Antwort bekam. Ich rief ihn an. Er nahm nicht ab.

Ich simste Adam, aber bei Adam war er auch nicht.

Endlich, um kurz nach zwei Uhr morgens, hörte ich unsere Wohnungstür. Blanke Wut katapultierte mich aus dem Schlafzimmer. Ich stürmte in den Flur, gerade als Braden die Tür hinter sich schloss. Sein Blick zuckte in meine Richtung, aber es war, als würde er direkt durch mich hindurchsehen. Wortlos steuerte er auf das Gästezimmer zu.

Oh nein! Nicht schon wieder!

»Wo warst du?«, fragte ich erbost und packte ihn am Arm, damit er mich ansah.

Er riss sich los, als könne er meine Berührung nicht ertragen. »Weg«, sagte er schlicht und in eiskaltem Ton.

Dann verschwand er im Gästezimmer. Er bemerkte nicht einmal, dass ich vermutlich so fertig aussah, als wäre ich von einem Auto überrollt worden.

Ich hatte meine Theorien darüber, weshalb er so wütend war. Ich wusste, dass er dachte, ich wollte sein Kind nicht. Ich fragte mich, ob er jetzt unsere ganze Beziehung in Zweifel zog. Ich fragte mich, ob er Angst hatte und warum er mir all das nicht einfach sagen konnte. Hätten wir über so ein Verhalten nicht langsam hinweg sein müssen? Nein … wahrscheinlich war ich einfach – zu Unrecht – davon ausgegangen, dass ich mich immer auf ihn verlassen konnte.

Vor langer Zeit hätte er einmal fast mit mir Schluss gemacht, weil ich ihn nicht an mich herangelassen hatte. Und jetzt ließ er mich nicht an sich heran. Er hatte sich in sich selbst zurückgezogen und sämtliche Eingänge verbarrikadiert.

Er wollte nicht einmal, dass ich ihn berührte, und das verletzte und verängstigte mich so sehr, dass ich am liebsten gar nichts mehr gefühlt hätte. Bestimmt hätte ein bisschen Schlaf geholfen, aber es ging einfach nicht. Also schloss ich mich im Badezimmer ein und zog mich aus. Ich drehte den Duschhahn auf und trat unter den eiskalten Wasserstrahl, um meinen Schmerz zu betäuben. Ich ließ all meine Gedanken los, schloss die Augen und legte mir schützend die Hände auf den Bauch. Überall durfte ich taub sein, nur dort nicht.

Irgendwann glaubte ich, ein halblaut gemurmeltes »Scheiße« zu hören. Ich schlug die Augen auf, gerade als Braden die Tür zur Duschkabine aufschob. Mit versteinerter Miene langte er hinein und drehte das Wasser auf warm. Sein Blick traf mich wie ein Messerstich. »Willst du dir eine verdammte Lungenentzündung holen?«

Ich bibberte am ganzen Leib und wurde blass. Ich hatte nicht nachgedacht. So viel war offensichtlich.

»Bleib da drin, bis dir wieder warm ist«, fuhr Braden mich an.

Wo war mein Ehemann geblieben?

Plötzlich brachen all meine Gefühle durch die Taubheit an die Oberfläche. All die Angst, die Schuld, die Wut, die Einsamkeit der letzten Tage. Und vor allem die Verletztheit.

Braden wich zurück. In seinem Gesicht spiegelten sich Verwirrung und auch ein wenig Angst.

Aber dieser Mann war ein Fremder … Es scherte mich einen Scheißdreck, wie ihm zumute war.

Mit ausdrucksloser Miene streckte ich die Hand aus, schloss die Tür der Duschkabine und kehrte ihm den Rücken zu.

KAPITEL 7

Castle Hill

Es ist eine ganze Weile her, Joss. Was ist passiert?«, fragte Dr. Pritchard in ihrer bedächtigen Art. Sie beherrschte die hohe Kunst, nicht zu besorgt zu klingen, aber auch nicht zu unbeschwert. Einfach nur ausgeglichen. Beruhigend.

Früher war mir das unsäglich auf die Nerven gegangen. Es hatte eine Zeit gegeben, da wäre ich vor Freude an die Decke gesprungen, wenn sie mich wegen irgendetwas angeschrien hätte, nur damit ich sehen konnte, dass sie überhaupt Gefühle hatte. Dass sie ein Mensch war.

Inzwischen wusste ich es. Sie war ein Mensch. Noch dazu ein Mensch, der zum Sarkasmus neigte. Vielleicht war sie mir deshalb so sympathisch.

»Braden und ich haben geheiratet«, teilte ich ihr leise, die Hände auf dem Bauch, mit.

Sie lächelte. »Meinen Glückwunsch.«

»Danke.«

Dr. Pritchard zog eine Augenbraue hoch. Sie war ein Profi im Augenbrauenhochziehen. »Sonst noch was?«

An den eigentlichen Grund für meinen Besuch musste ich mich erst langsam herantasten. Vorerst vermied ich das Thema. »Ich habe jetzt eine Agentin.« Das stimmte.

Dana hatte Anfang der Woche angerufen, und ich hatte bei ihr unterschrieben. Eigentlich hätte das einer der aufregendsten Momente meines Lebens sein sollen. »Sie hat sogar schon einen Verlag, der sich für mein Manuskript interessiert.« Nach so kurzer Zeit! Auch das hätte einer der großen Momente meines Lebens werden können.

»Das sind ja gute Neuigkeiten.«

Neben einem Hang zum Sarkasmus schien Dr. Pritchard auch Angst vor Übertreibungen und Begeisterungsstürmen jeglicher Art zu haben. Noch ein Grund, weshalb ich sie mochte.

»Ich bin schwanger.«

Die gute Frau Doktor schwieg einen Moment und ließ mein Geständnis auf sich wirken. »Sind Sie deshalb hier?«

Ich nickte und versuchte, den Kloß im Hals und meine aufsteigenden Tränen zu ignorieren, während ich an die letzten Tage dachte. Unsere Wohnung war neuerdings so still und kalt – wie mein ganzes Leben. Ellie und Adam wollten nicht zwischen die Fronten geraten, also hielten sie sich komplett aus der Sache heraus. Ellie musste Elodie wohl ebenfalls davon überzeugt haben, denn ich hatte noch nichts von ihr gehört. Ich hatte ein paar SMS von meinen Freundinnen bekommen, aber keine wollte das Problem beim Namen nennen. »Es steht wie eine riesige Wand zwischen Braden und mir.«

»Es oder Sie?«

»Also, genaugenommen *er*.« Ich zuckte hilflos mit den Schultern. »Als ich vermutet habe, schwanger zu sein, hatte ich ziemliche Angst. Und als sich dann rausgestellt hat, dass ich *tatsächlich* schwanger bin, wurde diese Angst auf einmal riesengroß. Aber das ist gar nicht das eigentliche Problem. Ich … ich brauchte ein bisschen Abstand, wollte mich zurückziehen, um das Ganze zu verarbeiten, aber bevor ich Gelegenheit dazu hatte, ist Braden aufgetaucht. Ich habe ihm erzählt, was los ist, er hat mein Gesicht gesehen und ist sofort … vom Schlimmsten ausgegangen.«

»Vom Schlimmsten?«

»Dass ich mich nicht freue. Dass ich kein Kind mit ihm will. Er ist so wütend, so verletzt, dass er mir keine Chance gegeben hat, ihm irgendwas zu erklären. Bis jetzt nicht.«

»Was würden Sie ihm denn sagen, wenn er Ihnen die Chance gäbe?«

Ich presste die Hände fester auf meinen Bauch. »Dass unser Kind mir mehr bedeutet als alles andere auf der Welt. Dass es mir ganz einfach Angst macht, so viel für jemanden zu empfinden, und dass sich das vielleicht niemals ändern wird. Aber dass ich mein Bestes versuche. Dass ich nach wie vor Angst habe, Angst davor, es zu vermasseln, aber dass ich es *will* – ich will es mit ihm zusammen schaffen. Ich brauchte bloß Zeit, mir darüber klarzuwerden, was genau ich empfinde.«

»Und was ist das?«

Ich lächelte über die traurige Ironie. »Ich war gelähmt vor Glück.«

»Glauben Sie immer noch, dass auf alles Gute etwas Schlechtes folgt?«

»Schon lange nicht mehr.« Ich schüttelte den Kopf. »Aber das hier hat mich total überfordert. Ich hatte einen Rückfall.«

»Joss, es ist Ihr gutes Recht, so zu empfinden. Sie sind

sich dessen bewusst und arbeiten daran. Mehr kann niemand von Ihnen verlangen.«

Wir schwiegen einen Moment, während ich die beiden Ringe betrachtete und sie am Finger hin- und herdrehte. »Er hat mich verletzt«, wisperte ich, unwillig, es laut auszusprechen.

»Braden?«

Ich nickte.

»Er ist nicht vollkommen, Joss. Sie haben immer schon gewusst, dass er ein Familienmensch ist. Es muss hart für ihn sein, sich zu fragen, ob er womöglich eine Frau geheiratet hat, die unglücklich darüber ist, dass sie ein Kind – *sein* Kind – bekommt.«

»Aber er lässt mich ja nicht mal erklären.«

Sie legte den Kopf schief und schenkte mir ein kleines ermutigendes Lächeln. »Vielleicht hat er Angst vor dem, was Sie ihm sagen könnten. Sie müssen ihn zwingen, Ihnen zuzuhören.«

»Das würde ich ja … aber …«

»Joss …«

»Immer wenn er nicht da ist, gebe ich mir selbst die Schuld«, gestand ich. »Meine Reaktion … ich kann schon verstehen, warum er sich so verhält. Aber wenn er vor mir steht und durch mich hindurchsieht, als wäre ich Luft, wenn er nicht mal zulässt, dass ich ihn anfasse, weil ihm das so unerträglich ist, dann hasse ich ihn fast. Ich fühle mich so allein.« Tränen liefen mir über die Wangen. »Und er hat mir versprochen, dass ich mich nie wieder allein fühlen muss.«

Dr. Pritchard lehnte sich zu mir und reichte mir ein paar Papiertaschentücher. Tröstend drückte sie meine

Hand. »Sie müssen dieses Gefühl lange genug zurückstellen, um mit ihm zu reden. Es handelt sich um ein Missverständnis, um mangelnde Kommunikation. Sie beide haben zu viel gemeinsam durchgestanden, um sich von so was aus der Bahn werfen zu lassen.«

Ich nickte, während ich mir die Tränen abwischte.

»Und, Joss?«

»Ja?«

Sie lächelte freundlich. »Herzlichen Glückwunsch.«

Sie war die Erste, die mir das von Angesicht zu Angesicht sagte, und obwohl ich selbst die Schuld daran trug, dass es bisher niemand getan hatte, war es trotzdem schön, es zu hören. »Danke.«

* * *

Ich schaltete den Laptop aus, nachdem ich so ziemlich jeden Ratgeber für Erstlingsmütter bestellt hatte, der auf Amazon zu haben war. Nach meiner Sitzung bei Dr. Pritchard war ich in die leere Wohnung zurückgekehrt und hatte sofort losgelegt: Ich hatte aufgeräumt, geputzt und ausgemistet. Außerdem hatte ich standhaft alles ignoriert, was mich daran erinnerte, dass Braden und ich nicht mehr im selben Bett schliefen, selbst als ich ins Gästezimmer gegangen war, um es auszumessen, und überall seine Sachen herumlagen. Dieser Raum würde das Kinderzimmer werden. Ich hatte an Gelb oder Grün als Grundton gedacht, weil beide Farben geschlechtsneutral waren.

Dann hatte ich meinen Laptop eingeschaltet und eine E-Mail von meiner neuen Agentin gelesen. Sie hatte mein

Manuskript an den Verlag geschickt und würde es begrüßen, wenn ich so schnell wie möglich anfinge, Konzepte für ein neues Buch zu entwickeln. Also hatte ich mich an den Rechner gesetzt und eine Zeitlang Notizen zu mehreren Ideen getippt, die ich später noch ausbauen wollte.

Dann hatte ich Panik bekommen, weil ich keinen blassen Schimmer hatte, was es überhaupt bedeutete, Mutter zu sein, und meinen Online-Bestell-Marathon gestartet.

Jetzt war ich mit den Nerven am Ende. Ich stellte mich vor den Spiegel im Schlafzimmer und hob mein T-Shirt hoch.

Noch nichts zu sehen.

Ich strich mit der Hand über meinen Bauch und dachte darüber nach, wie komisch es war, dass da drin ein kleiner Mensch heranwuchs, den ich schon jetzt über alles liebte.

Wenn Braden mir doch nur die Chance geben würde, ihm das zu sagen.

Ich betrachtete die Lücke zwischen Fenster und Bett und überlegte, ob wir dort vielleicht anfangs das Babybett hinstellen konnten. Ich wollte, dass das Baby immer in unserer Nähe war. Ich wusste jetzt schon, dass ich kein Auge zumachen würde, wenn ich nicht sicher sein konnte, dass es unserem Kind gutging und es in unmittelbarer Reichweite war.

Nachdem ich mehrere Minuten lang vergeblich nach dem Maßband gesucht hatte, ging ich zurück ins Gästezimmer, um nachzuschauen, ob ich es vielleicht dort hatte liegenlassen. Ich fand es auf dem Nachtkästchen und wollte es nehmen, aber die Anschrift auf einem

Briefumschlag, der halb unter einem Buch versteckt lag, ließ mich innehalten.

Mit klopfendem Herzen zog ich den Brief unter dem Buch hervor. Beim Lesen überlief es mich kalt.

Meine Finger wurden taub. Der Brief glitt mir aus der Hand und flatterte zu Boden.

Es war ein Schreiben an Bradens Mieter, in dem sie aufgefordert wurden, innerhalb eines Monats ihre Wohnung zu räumen. Mit »Wohnung« war Bradens altes Junggesellen-Penthouse in den Meadows gemeint. Nachdem wir zusammengezogen waren, hatte er es vermietet.

Unter dem Vorbehalt, dass die Mieter kurzfristig ausziehen mussten, wenn er Eigenbedarf anmeldete.

Es klingelte an der Tür.

Eine hochwillkommene Ablenkung von der Angst, die kalt durch meine Adern lief.

»Liv?«, sagte ich verdattert, nachdem ich geöffnet hatte.

Olivia und ich waren gut befreundet, trotzdem hätte ich nie damit gerechnet, dass sie sich als Erste bei mir blicken lassen würde. Jo und ich standen uns näher. Liv und ich kannten uns eigentlich nur wegen Jo, aber da wir beide Amerikanerinnen waren und Bücher liebten, hatten wir uns rasch angefreundet.

Liv musterte mich besorgt, und mir wurde sofort unbehaglich zumute. Ich wusste genau, was sie sah: dunkle Ringe unter den Augen, weil ich kaum geschlafen hatte; eine bleiche, teigige Haut und wirr zu Berge stehende Haare.

»Ist Braden da?«, fragte sie beiläufig, als sie sich an mir vorbei in die Wohnung schlängelte.

Zum Schlängeln bestand gar kein Grund. Ich war heilfroh über ihren Besuch, solange wir nicht über Braden und meine Schwangerschaft redeten.

»Nein, der muss arbeiten«, antwortete ich, während ich ihr in die Küche folgte.

Als ich dort ankam, war sie bereits dabei, Tee zu kochen. Sie sah mich mit gerunzelter Stirn an. »Du solltest besser auf dich achtgeben.«

»Ich hatte viel zu tun.« Dankbar stürzte ich mich auf das Thema. »Eine Literaturagentin aus New York vertritt mich jetzt.«

Liv strahlte. »Dein Buch hat ihr gefallen?«

»Mein Buch hat ihr gefallen.«

»Joss, das ist ja phantastisch!«

Ich erwiderte ihr Lächeln. Von allen meinen Bekannten war Liv diejenige, die am ehesten nachvollziehen konnte, wie cool das war. Liv war Bibliothekarin. Bücher waren ihre Leidenschaft. »Ja.«

Dann wanderte ihr Blick zu meinem Bauch, und ihre Miene wurde unsicher. Ich kam ihrer nächsten Frage zuvor. »Sie findet, ich soll sofort mit meinem zweiten Roman anfangen.«

Zu meiner Erleichterung ließ Liv mir das Ablenkungsmanöver durchgehen und hörte brav zu, während ich ihr von meinen Ideen erzählte und wir uns mit Tee und Keksen ins Wohnzimmer setzten. Ich versuchte angestrengt, den Brief zu vergessen, den ich gefunden hatte.

Ich erzählte ihr gerade von meiner ziemlich eigenwilligen Idee für einen dystopischen Roman, die garantiert nicht das war, was meiner Agentin vorgeschwebt hatte, als sie mich gebeten hatte, über neue Konzepte nachzudenken. Mitten im Satz hörte ich, wie die Wohnungstür aufging.

Braden.

Ich spürte förmlich, wie mein ganzer Körper vor Anspannung verkrampfte. Mit einem dumpfen Gefühl im Magen schielte ich zur Wohnzimmertür und wartete.

Kurz darauf tauchte er auf. Er sah genauso müde aus, wie ich mich fühlte, und trat nicht über die Schwelle. »Liv«, grüßte er meine Freundin, ehe sein Blick zu mir ging. Sofort wurden seine Augen schmal. »Hast du heute geschlafen?«

Willst du mich verlassen? »Ich konnte nicht.«

Er seufzte genervt. »Du musst schlafen.« Er zerrte an seiner Krawatte und verschwand.

»Joss?«, wisperte Liv betroffen und holte mich in die Realität zurück. Sie sah schrecklich besorgt aus. »Was machst du nur?«

Was ich mache? Was ich *mache?* »Lass mich.« Sie hatte ja keine Ahnung.

Wir saßen in angespanntem Schweigen da und tranken unseren Tee.

»Ich habe noch eine Besprechung mit Adam«, hörten wir Braden sagen, als er wieder in den Flur kam. Noch eine Lüge. Die Wohnungstür schlug hinter ihm zu. Ich fuhr zusammen und versuchte verzweifelt, nicht loszuheulen. Diese Schwangerschaft machte aus mir ein emotionales schwarzes Loch.

»Ach, Süße.« Liv stand auf, als wolle sie zu mir kommen und mich in die Arme nehmen.

Ich hob abwehrend die Hand. »Wenn du mich

umarmst, fange ich an zu weinen und höre nicht mehr auf. Und ich darf nicht weinen.«

Also blieb sie, wo sie war. Sie wirkte völlig hilflos – und wütend über ihre Hilflosigkeit.

Ich wusste haargenau, wie es ihr ging. »Es liegt nicht an mir.« Außer Dr. Pritchard sollte es auch noch jemand anders erfahren. »Ich stoße ihn nicht weg. Es geht mir bloß im Moment ziemlich mies, und deswegen habe ich es verdorben. Ich habe ihm alles versaut.«

»*Er* redet nicht mehr mit *dir*?«

»Er redet schon ... Aber ... es ist, als ob er es kaum im selben Raum mit mir aushält. Er hat mich kein einziges Mal gefragt, wie ich mich fühle, jetzt, wo der erste Schreck vorbei ist. Es interessiert ihn gar nicht. Er will nicht, dass ich ihn anfasse ...«

»Das tut mir so leid, Joss.«

»So war er noch nie.« Mir fiel der Brief wieder ein, und die Panik schlug in haushohen Wellen über mir zusammen. »Ich glaube, ich hab's wirklich versaut.« Mein hysterisches Gelächter kippte in ein lautes, unkontrolliertes Schluchzen um. Ich war völlig am Ende, und es war mir nicht mal peinlich. Ich weinte zu heftig, als dass ich noch einen Gedanken auf irgendetwas anderes hätte verschwenden können.

Ich spürte Livs tröstende Wärme, als sie mich auf meinem Sessel sanft zur Seite schob und sich neben mich setzte, um mich in die Arme zu nehmen. Dann ließ ich mich einfach fallen. Die Tränen, mit denen ich ihre Bluse durchnässte, waren der Beweis dafür, dass ich nicht allein war.

Ich merkte gar nicht, wie ich zu zittern aufhörte oder

dass meine Tränen irgendwann versiegten. Es wurde einfach schwarz um mich herum, und der Schlaf brachte langersehnte Erleichterung.

***

Meine Augen fühlten sich verkrustet an, als ich sie öffnen wollte. Langsam wurde ich wach, und mit dem Wachsein merkte ich, dass etwas Schweres, Warmes auf meiner Taille lag.

Meine Augen brannten. Sie waren verquollen, und mir fiel auch wieder ein, warum. Mit Unbehagen dachte ich daran zurück, wie ich in Livs Armen geweint hatte. Gleichzeitig blickte ich in das Gesicht meines schlafenden Ehemanns.

Das Warme, Schwere auf meiner Taille war sein Arm.

Wir lagen nebeneinander im Bett.

Ich hatte keine Ahnung, wie wir dahingekommen waren.

Prompt fing ich wieder an zu weinen.

Bradens Griff wurde stärker, und durch den Tränenschleier sah ich, dass er wach geworden war.

»Ich war nicht unglücklich«, flüsterte ich und leckte mir das Salzwasser von den Lippen. »Ich war so unbeschreiblich glücklich, dass es mir eine Heidenangst gemacht hat.«

Seine warmen Finger strichen über mein Kinn, dann bog er mit sanftem Druck meinen Kopf zurück, so dass ich ihn ansehen musste. In seinen Augen lag eine Frage. »Angst?«

Ich nickte. »Ich habe in den letzten Jahren große Fortschritte gemacht, aber das bedeutet nicht, dass all meine Probleme sich in Luft aufgelöst haben. Du hast mir überhaupt keine Möglichkeit gegeben, dir irgendwas zu erklären. Ich habe nach wie vor eine Scheißangst, das zu verlieren, was wir haben.« Was wir *hatten.*

Stirnrunzelnd setzte Braden sich im Bett auf. »Du hast Angst, unser Baby zu verlieren, und deswegen stößt du mich von dir weg, ohne dass ich …«

»Nein!« Ich setzte mich ebenfalls auf und funkelte ihn an. »Du hast *mich* weggestoßen!«

»Ich dachte, diesen ganzen Kram hätten wir hinter uns.«

»Scheiße, dann lass mich doch endlich mal ausreden!«

Seine Miene war finster, aber er hielt den Mund.

Mein Gesichtsausdruck war auch nicht viel freundlicher. »Du weißt, dass ich Angst davor habe, die Menschen zu verlieren, die mir etwas bedeuten. Aber mein Kind, *unser* Kind … ich liebe das kleine Ding schon jetzt so sehr, dass ich fast platze. Der Gedanke, dass irgendwas passieren könnte …«

Braden schüttelte langsam den Kopf. »Du hast dich immer geweigert, mit mir über Kinder zu reden … Ich habe mir Sorgen gemacht, dass du vielleicht nie welche haben willst. Und als du zur Burg hochgegangen bist, dachte ich, du kapselst dich von mir ab, weil … weil du unser Kind ablehnst. Und dann, als du es mir erklären wolltest, da habe ich einfach …« Er seufzte.

»Da hast du was?«

»Angst gekriegt«, gestand er leise und sah mir in die Augen. »Meine Mutter wollte mich nie haben, Jocelyn. Nie. Ich hatte keine glückliche Kindheit, und so eine

Erfahrung wünsche ich niemandem, schon gar nicht meinen eigenen Kindern. Ich habe mir geschworen, falls ich jemals Kinder haben sollte, dann würde ich ein guter Vater sein – was meiner nie war. Und ich würde bestimmt keine Frau heiraten, für die ihre Kinder nicht ihr Ein und Alles sind. Deswegen war ich so verzweifelt, als ich dachte, dass du unser Kind nicht haben willst. Ich wusste nicht, was ich tun soll. Ich wusste nicht, wie ich darauf reagieren soll und was das für uns bedeuten würde.«

Ein messerscharfer Schmerz schnitt mir in die Brust. »Willst du deshalb ausziehen?«

»Was?«, fragte er perplex, und seine Augen verdüsterten sich. »Wovon redest du?«

»Von dem Brief.« Mit zitternder Hand zeigte ich in Richtung Flur. »Ich habe einen Brief im Gästezimmer gefunden. Den an die Mieter in deinem alten Penthouse. Du schreibst ihnen, dass sie innerhalb eines Monats aus der Wohnung rausmüssen.«

Ein angespanntes Schweigen breitete sich aus.

Braden stieg aus dem Bett und starrte einen Moment lang ins Leere, ehe er sich mit der mittlerweile nur allzu vertrauten Wut in den Augen zu mir umdrehte. »Das ist bereits der zweite Brief an die Mieter. Im ersten habe ich ihnen mitgeteilt, dass sie die Wohnung nach wiederholten Beschwerden der Hausgemeinschaft räumen müssen. Der Brief, den du gesehen hast, war ein Formschreiben, in dem ihnen eine Frist zum Auszug gesetzt wird.«

Oh.

Scheiße.

»Du dachtest, dass ich einfach so, ohne vorher mit dir zu reden, ohne zu versuchen, die Sache irgendwie ins

Reine zu bringen … dass ich dich einfach so verlasse?«, rief er fassungslos.

Oh nein, seine Zeit zum Wütendsein war vorbei. Ich kletterte auf der anderen Seite aus dem Bett. »Du hast dich vor mir zurückgezogen. Ich war in Panik und wusste nicht, was ich denken soll. Du hast mich völlig alleingelassen!« Anfangs schrie ich, doch mittendrin brach meine Stimme, und ich wurde notgedrungen leiser. »Ich durfte dich nicht mal anfassen. Du bist vor mir zurückgezuckt.« Seine Miene wurde weicher. »Du hast mir versprochen, dass ich jetzt nicht mehr allein bin, aber stattdessen hast du dich mir gegenüber verhalten, als würdest du mich hassen. Ich glaube, dafür habe *ich* dich ein bisschen gehasst.«

Ich drehte mich weg, damit er nicht schon wieder meine Tränen sah.

Zwei Sekunden später lag ich in seinen Armen. »Scheiße, Baby«, wisperte er mit belegter Stimme. »Du zwingst einen Mann wirklich auf die Knie.«

Es war eine unendliche Erleichterung, seine Arme um mich zu spüren, meine Wange an seine Brust legen zu dürfen. Seinen Duft einzuatmen. Sich in der Nähe zu ihm zu verlieren. Trotzdem erwiderte ich die Umarmung nicht.

»Es tut mir leid«, sagte er rau und verzweifelt in mein Ohr und schob mich dann behutsam ein kleines Stück von sich weg, um mich anzuschauen. Er strich mir die Haare aus dem Gesicht und nahm es in seine Hände. Aus seinen Augen flackerte etwas, das wie Furcht aussah. »Jocelyn, ich verspreche dir, dass du dich wegen mir nie wieder so fühlen musst. Es tut mir so leid.« Er küsste mich heftig und schmeckte meine Tränen. »Ich hatte Angst. Ich habe mich wie ein Idiot benommen, aber nur weil das hier unser Kind ist. Es bedeutet mir mehr als alles andere auf der Welt. Ich habe Mist gebaut. Diesmal war ich derjenige, der Mist gebaut hat, aber es tut mir leid. Es tut mir unendlich leid, Süße. Ich liebe dich. Glaubst du mir?« Er zog mich an sich und strich mir über den Rücken. »Glaubst du mir?«

Ich holte tief Luft und versuchte, die letzten paar Tage zu vergessen. Es wäre so leicht gewesen, an dem Schmerz und der Wut festzuhalten. Doch stattdessen blickte ich ein paar Jahre zurück und dachte daran, wie ich damals in Bradens Armen gelegen hatte und unendlich dankbar gewesen war, weil er mir alles, was er meinetwegen ertragen musste, verziehen hatte.

Ich legte ihm die Arme um den Nacken. »Ich glaube dir.«

Erneut küsste er mich, diesmal langsamer und tiefer. Kaum hatte er den Kuss beendet, runzelte er die Stirn. »Ich habe Mist gebaut«, wiederholte er leise.

»Na ja, du warst auch dran.«

»Es wird Zeiten geben«, murmelte er an meinen Lippen, »da werden wir uns nicht sonderlich mögen, aber ich will, dass du weißt, dass ich niemals aufhören werde, dich zu lieben. Diesmal war ich der, der Angst hatte, dich zu verlieren, und ich habe dich weggestoßen, weil ich nicht hören wollte, was du zu sagen hast. Falls, Gott bewahre, ich dir jemals wieder weh tue, dann sag es mir. Zieh dich nicht zurück. Knall mir nicht die Duschtür vor der Nase zu. Schrei mich an. Lass mir so ein Verhalten nicht durchgehen, sonst frisst du alles in dich rein, und irgendwann siehst du mich mit diesem gequälten Blick an, und … ich schwöre bei Gott, der Blick in deinen Augen an dem Abend hat mir fast das Herz gebrochen. Wir müssen aufhören, uns gegenseitig weh zu tun. Sofort.«

Ich nickte und hielt mich an ihm fest. Vor Erleichterung und um ihm zu zeigen, dass ich ihm vergeben hatte, schmiegte ich mich an ihn. »Versprochen. Und nicht nur unseretwegen. Jetzt müssen wir ja auch an unser Baby denken. Herzlichen Glückwunsch, übrigens.«

Bradens Augen hellten sich auf. »Herzlichen Glückwunsch, Liebling.«

Ich lachte. »Hat ja lange genug gedauert.«

Er hob mich hoch, und instinktiv hielt ich mich an seinem Nacken fest und schlang die Beine um seine Taille. Gleich darauf legte er mich vorsichtig auf dem Bett ab.

Braden war über mir und blickte mir liebevoll in die Augen. »Du hast mir gefehlt.«

Ich ließ meine Hände unter sein Hemd gleiten und fühlte seinen warmen, muskulösen Rücken unter meinen Fingern. »Du mir auch«, sagte ich mit belegter Stimme. »Ich liebe dich so sehr. Auch als ich dich nicht leiden konnte, habe ich dich von ganzem Herzen geliebt.«

Mit dem Daumen fuhr er an meinem Wangenknochen entlang. »Ging mir genauso, Babe. Und ich werde nie aufhören, dich zu lieben. Aber nur für den Fall, dass du Zweifel haben solltest« – er warf mir ein heißes Lächeln zu, als er die Finger unter den Bund meiner Jogginghose schob – »zeige ich dir, wie tief … und wie verzweifelt ich dich liebe.«

Ich hob das Becken an, damit er mir leichter die Hose ausziehen konnte. Er tat es ganz langsam, und sobald er damit fertig war, schlang ich erneut die Beine um seinen Rücken und die Arme um seine Schultern. »Lass es uns unter der Dusche machen«, murmelte ich hungrig an seinen Lippen.

Ohne mich loszulassen, stand Braden auf. Er legte mir eine Hand in den Nacken und zog meinen Kopf zu seinem herab. Wir verloren uns in einem Kuss und schmeckten einander, bis unsere Lippen geschwollen waren.

»Ich liebe es, mit dir zu knutschen«, gestand ich und rieb meine Nase an seinem Hals, während er mich ins Badezimmer trug.

Er lächelte zustimmend und ließ mich vorsichtig herunter. Ich zog mir das T-Shirt über den Kopf und drehte die Dusche auf, während Braden aus seinen Kleidern schlüpfte. Ich zog BH und Slip aus und sah dann begierig meinem Mann dabei zu, wie er sich die Unterhose herunterschob. Mein Unterleib zog sich vor Verlangen zusammen, als er mich zärtlich an sich zog, und seine hellen Augen loderten vor Begierde, als er mir mit den Fingern das Rückgrat hinabglitt und dann meinen Hintern umfasste.

Ich streichelte seufzend seine Brust, ehe ich zärtliche Küsse auf seine Brustmuskeln tupfte und dann seinen Nippel mit der Zunge liebkoste.

Er stöhnte, als er meine Arschbacken drückte und seine Erektion gegen meinen Bauch presste. Ich erforschte ihn weiter. Mein Mund hinterließ eine Spur aus Küssen auf seiner Haut, und meine Hände strichen über seine festen Bauchmuskeln, an seinen schmalen Hüften entlang, und griffen schließlich seinen festen Hintern.

Braden reagierte darauf, indem er mich losließ, mit

den Fingern seitlich an meinem Körper aufwärtswanderte und schließlich meine empfindsamen Brüste in beide Hände nahm. Ein lustvoller Schmerz durchfuhr mich, als er sie zu kneten begann. Ich keuchte und bog den Hals zurück. »Die sind empfindlich«, flüsterte ich und erinnerte ihn an meine Schwangerschaft.

Daraufhin knetete er sie noch fester, und ich spürte ein Ziehen der Erregung zwischen den Beinen.

»Braden«, stöhnte ich und drängte mich an ihn.

Zu meiner Enttäuschung ließ er von mir ab.

Ich sah ihn fragend an. Er grinste. Dann legte er mir den Arm ins Kreuz, bog mich nach hinten und nahm meine Brust zwischen seine heißen, feuchten Lippen. Ich schrie auf, als seine Zähne sanft meinen Nippel streiften, und klammerte mich wie eine Ertrinkende an ihn, als er heftig zu saugen begann.

Meine Brüste waren noch nie so sensibel gewesen.

»Oh Gott, ich glaube, ich komme gleich«, keuchte ich ungläubig und ließ mein Becken rhythmisch an Bradens Körper kreisen.

Wie um dies zu testen, saugte Braden noch heftiger und umspielte meine Brustwarze mit der Zunge, während er meine andere Brust weiter drückte und knetete.

Ich brannte. Mein ganzer Körper war heiß und angespannt.

Und dann spürte ich das Beben in der Bauchdecke und die Feuchtigkeit zwischen meinen Beinen. Ich hatte soeben einen Mini-Orgasmus gehabt, nur weil Braden an meinen Brüsten herumgespielt hatte.

Er hob den Kopf, als er spürte, wie mein Körper erschlaffte, und sah mich fragend an.

Schweratmend schob ich mir die Haare aus dem Gesicht. Dann lächelte ich träge. »Ja.«

Bradens Hand glitt meinen Bauch hinab. Ich erschauerte, und mein Geschlecht zog sich vor Verlangen zusammen. Er schob zwei Finger in mich hinein, und sein Blick verdunkelte sich.

»Du bist klatschnass.« Er bewegte seine Finger in mir, und ich kam jeder seiner Bewegungen entgegen. »Das wird Spaß machen, Baby«, murmelte er verheißungsvoll – und hielt inne.

Ich klammerte mich an seine Schultern und drängte mich gegen seine Finger. »Baby, nicht aufhören. Ich war schon wieder kurz davor.«

»Ich will dich schmecken«, sagte Braden. »Ich will, dass du an meiner Zunge kommst.«

Dagegen erhob ich garantiert keine Einwände.

Sekunden später fand ich mich mit dem Rücken an der Wand unter der Dusche wieder. Braden kniete vor mir. Er legte sich mein Bein über die Schulter, und ich grub die Finger in sein Haar. Das Wasser prasselte auf seinen Rücken, als er den Kopf senkte. Ich war wie von Sinnen vor Lust und ganz kurz vor dem Orgasmus. Nichts war mehr wichtig außer seiner Zunge, die meine Klitoris umkreiste, und seinen Fingern, die sich rhythmisch in mir bewegten. Meine Muskeln spannten sich an, als der Höhepunkt mich überrollte. Ich schrie den Namen meines Mannes laut heraus, während ich bebend an seinem Mund kam.

Danach ließ ich die Hände schlaff auf Bradens Schultern sinken. Sie glitten an seiner Brust nach unten, als er aufstand und mir einen feuchten, erotischen Kuss gab.

Mit einer Hand umfasste er die Unterseite meines Schenkels, die andere landete auf meinem Arsch, und irgendwie fand ich die Kraft, hochzuhüpfen und meine Beine um ihn zu schlingen, damit er mit seinem heißen, harten Schwanz in mich eindringen konnte. Ich zitterte bei dem Gefühl, wie er tief in mich stieß, und Braden stöhnte an meinen Lippen.

Wir sahen uns in die Augen, während er langsam in mich hinein- und aus mir herausglitt. Sein Atem ging stoßweise. »Ich habe dich vermisst«, knurrte er. Sein Griff wurde fester, seine Stöße wurden schneller.

»Ich dich auch.« Ich küsste ihn. Ich küsste ihn mit all meiner Liebe. Braden beugte ein Knie, und als er wieder hochkam, stieß er hart in mich hinein, – so hart, dass ich laut schrie und unsere Lippen den Kontakt zueinander verloren.

Meine Fingernägel gruben sich in seine Haut, als er sich quälend langsam und tief in mich schob. Er würde mich damit noch umbringen. Ich spürte bereits den nächsten Höhepunkt.

Bradens warmer Atem streifte meinen Mund. »Komm für mich, Babe«, keuchte er und bewegte sich wieder schneller. »Du musst für mich kommen, Jocelyn.«

Wie aufs Stichwort explodierte der Druck in meinem Unterleib, und ich kam mit einem erstickten Aufschrei. Mein Inneres zog sich um Braden zusammen. »Scheiße«, stieß er hervor und barg sein Gesicht an meinem Hals, als er mich immer härter, immer schneller vögelte, bis sein eigener Schrei der Erlösung an meiner Haut erklang. Sein Becken zuckte gegen meins, und er bebte heftig, als er sich warm in mir ergoss.

Wir blieben eine Weile eng umschlungen stehen und kamen langsam wieder zu Atem.

Endlich hob Braden den Kopf, und ehe ich etwas sagen konnte, grinste er breit und murmelte: »Die. Beste. Dusche. Meines. Lebens.«

***

Braden betrachtete die Aussicht, ehe er sich mit einer kleinen Falte der Verwirrung auf der Stirn und einem Hauch Ungeduld in den Augen wieder zu mir umdrehte. »Weshalb sind wir noch mal hier?«

Wir standen hinter Mons Meg oben auf der Burg. Ich schlang die Arme um meinen Ehemann, schmiegte mich an ihn und legte den Kopf in den Nacken, um zu ihm aufzusehen. »Aus irgendeinem Grund scheinst du anzunehmen, dass ich nur hierherkomme, wenn ich verzweifelt bin. Ich glaube, deswegen hast du auch so heftig reagiert. Du warst wütend, dass ich hierhergekommen bin, nachdem ich von der Schwangerschaft erfahren hatte.«

Er nickte und verstärkte seinen Griff um meine Hüfte. »Wir müssen das nicht alles noch mal durchkauen, Jocelyn.«

Seit unserer Versöhnung war eine Woche vergangen, und zwischen uns war alles wieder gut – noch etwas zerbrechlich, aber gut. Wir fanden langsam wieder zueinander, aber diesmal nicht nur als Paar, sondern auch als werdende Eltern. Braden freute sich so sehr darüber, dass er Vater wurde, dass er alles tun wollte, um mir dabei zu helfen, mit meinen Ängsten klarzukommen. Ich hatte ihm auch erzählt, dass ich wieder bei Dr. Pritchard gewesen war, und wir hatten vereinbart, gemeinsam zu ihr zu gehen, damit er noch besser verstand, was in mir vorging. Zu einem Therapeuten zu gehen zählte garantiert nicht zu den Dingen, die Braden in seinem Leben unbedingt einmal gemacht haben wollte, aber er tat es für unsere Familie.

»Das will ich auch gar nicht«, versicherte ich ihm. »Du sollst bloß wissen, dass ich nicht nur hierherkomme, wenn ich keinen Ausweg mehr weiß.«

Er runzelte die Stirn. »Nicht?«

»Nein.« Lächelnd schüttelte ich den Kopf. »Ich komme hierher, wenn ich Ruhe brauche. Wenn ich ungestört nachdenken will. Als ich erfahren habe, dass ich schwanger bin, war auf einmal ein riesiges Durcheinander in meinem Kopf. Mom und Dad. Beth. Du. Ellie. Elodie. Clark. Alle, die mir was bedeuten. Und das Baby, *unser* Baby. Ich wusste nicht, ob ich Angst hatte oder glücklich war oder unglücklich oder ob ich mich wahnsinnig freute … Es ist nicht besonders angenehm, wenn man so viele Gefühle auf einmal hat und in einem drin das reinste Chaos herrscht. Also bin ich hierhergekommen, um meine Gedanken zu ordnen, damit ich mir darüber klarwerden konnte, was genau ich eigentlich empfinde. Aber du bist aufgetaucht, bevor ich Gelegenheit dazu hatte.«

»Und habe voreilige Schlüsse gezogen.«

»Genau. Dann wollte ich mit dir über alles reden. Wirklich. Ich wollte, dass du mir hilfst.«

»Und ich habe mich wie der letzte Idiot benommen.«

Ich lachte. »Das ist aber nicht der Grund, weshalb ich dich hierhergeschleift habe. Ich habe dich hergeschleift, damit du weißt, dass es nicht so ist wie vor drei Jahren.

Wenn ich mir über was klarwerden muss, dann heißt das nicht gleich, dass ich vor dir wegrenne. Ich will dich nicht ausschließen. Ich will diesen Ort mit dir teilen.«

Er neigte den Kopf und raunte an meinem Mund: »Das hier ist dein Ort. Du musst ihn nicht mit mir teilen. Solange du mir sagst, was in dir vorgeht, bin ich zufrieden.«

»Das lässt sich definitiv einrichten.«

Braden senkte schmunzelnd den Blick, öffnete seinen Mantel und holte ein kleines Päckchen aus der Innentasche hervor. Es hatte eine merkwürdige Form und war ziemlich schlampig in Geschenkpapier eingewickelt. »Für dich.«

Verwundert nahm ich es entgegen. »Was ist das?«

Er zuckte, immer noch lächelnd, mit den Schultern. »Nur etwas, das dich daran erinnern soll, wer du bist und was für eine tolle Mutter du sein wirst.«

Dankbar für sein Vertrauen, wickelte ich rasch das Päckchen aus. Mein Herz schlug einen Purzelbaum, als ich erkannte, was es war: eine silberne Babyrassel. Wenn ich sie umdrehte, würde ich auf der einen Seite meinen Namen und auf der anderen den meiner kleinen Schwester Beth eingraviert finden. Die Rassel hatte früher einmal mir gehört, und als Beth auf die Welt gekommen war, hatte ich meiner Mutter gesagt, sie solle Beths Namen auf der anderen Seite eingravieren lassen, damit ich sie meiner kleinen Schwester schenken konnte. Meine Mom hatte die Rassel in einer mit Seide ausgeschlagenen Schachtel aufbewahrt in der Hoffnung, dass wir eine Tradition daraus machen und sie immer weitervererben würden. Ich hatte Braden die Geschichte nie erzählt, nicht einmal, als ich die Rassel aus dem Lagerraum in

Virginia geholt hatte, nachdem wir gemeinsam in meine alte Heimat geflogen waren, um die Sachen meiner Eltern auszusortieren.

Auch ohne die Geschichte zu kennen, hatte er verstanden, dass mir die Rassel sehr viel bedeutete.

»Ich habe sie aus der Kiste mit den Sachen deiner Familie geholt, die du aufgehoben hast. Ich habe sie polieren lassen.« Er drehte sie in meiner Hand, so dass Beths Name oben war. »Ich dachte, wenn es ein Mädchen wird, könnten wir es Beth nennen.«

Ich musste schlucken, weil Gefühle mir die Kehle zuschnürten. Dann nickte ich. »Das wäre wunderbar. Danke.« Ich warf ihm die Arme um den Hals, die Rassel fest in der Hand, und küsste ihn.

Es begann als eine zarte Berührung unserer Lippen, wurde aber schnell mehr. Irgendwann löste ich mich schweratmend von ihm und lehnte meine Stirn an seine. »Glaubst du, dass wir es jetzt endlich hinter uns haben?«

»Hinter uns?«

»Den ganzen Mist.« Ich grinste schief. »Glaubst du, dass wir uns jetzt endlich vollkommen verstehen?«

Braden schüttelte den Kopf und gab mir noch einen Kuss auf den Mund. »Nein, Babe. Man wird mit jedem Tag ein bisschen erwachsener. Man lernt immer wieder Neues über sich, und über den anderen sowieso.«

Ich rückte ein Stück von ihm ab. »Wenn deine Angst nicht deiner Wahrnehmungsfähigkeit im Weg steht, kannst du ein sehr weiser Mann sein, Braden Carmichael, hat dir das schon mal jemand gesagt?«

Er verdrehte die Augen. »Wirst du mich das jemals vergessen lassen?«

Ich lachte übermütig und hakte mich bei ihm unter. Arm in Arm schlenderten wir den Castle Hill hinab. »Als ich Mist gebaut habe, hast du monatelang völlig unangebrachte Witze darüber gemacht. Und selbst später noch hast du es jedes Mal aus der Mottenkiste geholt, wenn es dir gerade in den Kram gepasst hat.«

Er gab ein Brummen von sich. »Ich erlaube dir, mich damit eine Woche lang emotional zu manipulieren.«

»Ein Jahr.«

»Einen Monat.«

»Ein Jahr.«

»Ein halbes.«

Ich überlegte. Ein halbes Jahr war ziemlich lang, außerdem würde es zeitlich gut in meine Schwangerschaft passen. »Also gut, ein halbes Jahr. Aber ich sollte dich warnen: Wir reden hier nicht nur von emotionaler Manipulation.«

»Bitte ausführen.«

Ich grinste zu ihm hoch. »Ich bin schwanger. Meine Forderungen, meine Gelüste … die könnten ein bisschen unverschämt werden.«

Er lachte übermütig. »Du bist schwanger mit meinem Kind. Wahrscheinlich würde ich sogar die Schuld auf mich nehmen, wenn du jemanden ermordet hättest.«

»Vielleicht würdest du das sowieso tun, Schwangerschaft hin oder her.«

Braden schenkte mir ein sanftes Lächeln. »Was heißt hier vielleicht?«

Ich lachte und schmiegte mich ganz fest an ihn. »Ich werde dich zwingen, mit mir Umstandskleider kaufen zu gehen.«

»Damit komme ich klar. Ich freue mich sogar schon darauf, wenn du richtig dick bist.« Er streichelte meinen Bauch, etwas, das er in letzter Zeit ziemlich oft machte.

»Wenn ich dick bin? Wieso?«

»Das ist so ein Höhlenmenschen-Ding«, scherzte er.

»Bitte ausführen«, wiederholte ich seine Worte von eben.

»Ich bin mir nicht sicher, ob du das wirklich wissen willst. Du hast gerade erst aufgehört, sauer auf mich zu sein.«

»Braden …«

Er blieb stehen, gerade als wir durch den Ausgang der Burg auf die Esplanade treten wollten. Ich ließ mich von ihm in die Arme nehmen, und er flüsterte mir seine Antwort ins Ohr. »Jeder Mann, der unseren Bauch sieht, wird sofort wissen, dass es von mir ist. Er wird wissen, dass du mir gehörst und ich dir, und dass das da in deinem Bauch unser gemeinsames Kind ist.«

Meine Lippen verzogen sich zu einem Lächeln, und ich rückte von ihm ab, um ihm in die Augen zu schauen. »Der Gedanke an meinen dicken Bauch macht dich an«, brachte ich es auf den Punkt.

Seine Antwort war ein reueloses Grinsen.

Ich zuckte mit den Schultern. »Ich habe damit kein Problem. Ab dem zweiten Trimester wird man was sehen, und ich habe gehört, dann sind Frauen besonders geil.«

Braden nahm meine Hand, als wir die Esplanade hinuntergingen. »Ich werde alles geben, dich zufriedenzustellen.«

»Meine Erwartungen sind hoch«, warnte ich ihn neckisch. »Versaute Bemerkungen in Restaurants, Sex auf öffentlichen Toiletten, im Auto, in Fahrstühlen, in den Umkleidekabinen von Umstandsmodeläden.«

Mein Ehemann lachte und ließ meine Hand los, um mir den Arm um die Schulter zu legen und mich an sich zu drücken. »Du hast die Couch vergessen, den Küchentisch, die Dusche, die Badewanne – und das Bett wäre ja auch eine Option.«

»Wir brauchen ein Taxi.« Inzwischen waren wir auf der Royal Mile angekommen. Ich beschleunigte meine Schritte.

Aus dem Augenwinkel sah ich Bradens Schmunzeln. »Schwangerschaftshormone?«

»Braden-induzierte Hormone«, grummelte ich und winkte ein schwarzes Taxi heran. Voller Vorfreude drehte ich mich zu meinem Mann um. »Weil du letzte Woche Mist gebaut hast, habe ich diesmal das Sagen. Und ich darf oben sein. Danach schauen wir mal, wie es weitergeht.«

Braden seufzte abgrundtief, als hätte er es sehr, sehr schwer. »Ah. Es geht schon los.«

Samantha Young

Valentine

Tag der Liebenden

Aus dem Englischen von
Nina Bader

Jocelyn und Braden

Braden kippte den Rest seines Kaffees hinunter. »Ich muss los.«

»Du hast noch nicht einmal gefrühstückt.« Ich blickte ihn vorwurfsvoll an und deutete auf das Rührei mit Toast, das ich ihm gemacht hatte.

»Tut mir leid, Babe, aber ich komme sonst zu spät zu dieser Konferenz.« Er stellte seinen Becher in die Spüle, beugte sich zu mir herunter, um meine Lippen zu streifen und küsste anschließend Luke und Beth auf die Stirn. »Bis heute Abend.«

»Bye, Dad!«, riefen sie ihm nach, als er aus der Küche stürmte. Luke beäugte augenblicklich gierig das Rührei, das Braden stehen gelassen hatte.

»Soll das ein Witz sein?«, schnaubte ich. Mein Sechsjähriger hatte zum Frühstück gerade Getreideflocken, zwei Scheiben gebutterten Toast und eine Handvoll Rosinen verdrückt. »Wo lässt du das bloß?« Ich schaufelte den größten Teil des Rühreis auf meinen Teller, überließ ihm aber den Rest.

Luke runzelte angesichts der ungleichen Verteilung die Stirn. »Wieso bekommst du mehr?«

»Weil sie ein Baby im Bauch hat, Dummerchen?«, sagte Beth mit der Überlegenheit, die sie ihrem Bruder gegenüber an den Tag legte, wann immer sich ihr die Möglichkeit dazu bot. Wenn sie ihn nicht gleichzeitig unglaublich fürsorglich beglucken und trotz der drei Jahre Altersunterschied bereitwillig mit ihm spielen würde und wenn sie darüber hinaus nicht einfach hinreißend wäre, würde ich meine Älteste als einen altklugen Fratz bezeichnen.

Das kam dabei heraus, wenn sich zwei Schlaumeier fortpflanzten.

»Nenn deinen Bruder nicht Dummerchen«, ermahnte ich sie.

Beth seufzte so schwer, als wäre sie neunzig statt neun. »'tschuldigung. Ich bin nur wegen dieses Valentinstagskrams in der Schule ein bisschen genervt.«

Sie *sprach* auch so, als wäre sie neunzig. Da kam der ›Einfach hinreißend‹-Teil ins Spiel. »Was für ein Valentinstagskram?«

»Wir müssen heute für irgendjemanden eine Karte basteln und sie ihm dann *schenken.*«

Ich verbiss mir ein Lachen. »Tja, Baby, das macht man nun einmal mit selbstgebastelten Karten. Man verschenkt sie.«

»*Ich* muss keine Karte basteln«, nuschelte Luke mit dem Mund voller Rührei.

»Denk an Regel Nummer fünf.«

Er schluckte und grinste mich an. »Sprich nicht mit als Weihnachtsmann verkleideten Leuten, wenn nicht Dezember ist, denn das kann er gar nicht selbst sein, weil er am Nordenpol ist und es deshalb ein Fremder sein muss, der zugibt, der Weihnachtsmann zu sein.«

»Am Nordpol«, korrigierte ihn Beth. »Und es heißt *vorgeben.* Außerdem ist das Regel Nummer sieben.«

Ich sah meine Tochter an und rümpfte die Nase. »Du bist wirklich nicht gut drauf, Miss Neunmalklug.« Dann wandte ich mich wieder an Luke. »Regel Nummer fünf lautet, nicht mit vollem Mund zu sprechen.«

Er hob beim Kauen den Daumen, um mir zu signalisieren, dass die Botschaft angekommen war.

»Und jetzt zu dir.« Ich beugte mich vor und schob Beth' weiches Haar hinter ihr kleines Ohr zurück. »Was hast du denn für ein Problem mit dieser Karte?«

Sie zuckte die Achseln. »Was, wenn ich eine Karte für Aaron mache, und er macht seine nicht für mich?«

Aaron war dieser goldige kleine Junge, einen Kopf kleiner als meine Tochter, der ihr seit dem letzten Jahr wie ein treues Hündchen folgte. Sie waren sozusagen ein »Paar«, soweit man eben bei Neunjährigen davon sprechen konnte.

»Ich bin mir hundertprozentig sicher, dass Aaron dir seine Karte schenken wird, und es wäre schade, wenn du dann keine für ihn hast. Er wäre bestimmt sehr enttäuscht.«

Beth starrte mich an; grübelte über meine Worte nach, als wären sie von entscheidender Bedeutung, was sie bekanntlich für jemanden in diesem Alter auch waren. »Okay. Vermutlich ist es besser, sich blöd vorzukommen, als die Gefühle eines anderen zu verletzen.«

Noch ein Grund, weshalb ich dieses Kind anbetete.

»Beth, du weißt, dass du für niemanden eine Karte zum Valentinstag machen musst, wenn du nicht willst, ja?«

Sie nickte. »Ich will aber.«

»Okay.« Ich sah Luke an, der sein Rührei aufgegessen hatte und jetzt mit halb geschlossenen Augen vor sich hin starrte. »Hey, Schlafmütze Luke, ab in die Schule mit dir, bevor du ins Land der Träume entschwindest.«

Seine Augen waren immer noch nicht ganz offen.

Beth grinste mich an, beugte sich zu ihrem Bruder und gab ihm einen schallenden Schmatz auf die Wange.

»Igitt!« Er schrak auf und rieb sich die Wange.

Ich hätte mir angesichts des urkomischen, übertriebenen Ausdrucks von Abscheu auf seinem Gesicht beinahe vor Lachen in die Hose gemacht.

»Das sage ich Dad, wenn er nach Hause kommt!« Mit dieser Drohung sprang er von seinem Stuhl, um seine Schultasche zu holen.

Beth und ich klatschten uns ab.

»Stimmt es, dass Will, Bray, Sophia und Jarrod heute über Nacht hierbleiben?«, fragte sie, als wir Luke aus der Küche in die Diele folgten.

Wir zogen unsere Stiefel und Mäntel an. »Nicht die ganze Nacht, aber den größten Teil, ja. Ist das okay für dich?«

»Für mich ja!«, brüllte Luke grinsend.

Das glaubte ich ihm unberufen. Ellies Sohn Will war nur ein Jahr jünger als er, und die beiden waren dicke Kumpel. »Na so was.« Ich zwinkerte ihm zu, und er kicherte.

»Das geht in Ordnung«, brummelte Beth, als wir ins Freie traten und ich die Tür abschloss. »Solange ich nicht die Babys am Hals habe.«

»Yeah.« Ich konnte mich gerade noch beherrschen, die Augen zu verdrehen. »Es wäre ja auch ungeheuer verantwortungsbewusst von mir, meine neunjährige Tochter auf ein sechs Monate altes Kind aufpassen zu lassen.«

»Ich könnte das schon«, widersprach sie. »Ich will einfach nur nicht.«

»Du bist voll und ganz mein Kind«, murmelte ich, als wir zu unserem Range Rover gingen. Wir hatten ein Auto und einen Parkausweis erworben, als ich mit Beth schwanger war. Das war auch etwas, das sich geändert hatte, nachdem Braden und ich Eltern geworden waren. Wir konnten nicht länger auf öffentliche Verkehrsmittel setzen, um uns in der

Stadt fortzubewegen. Es war zu umständlich, wenn man Kinder hatte, und die meisten unserer Freunde waren zu derselben Erkenntnis gekommen, als sich Nachwuchs einstellte.

»Aber ich helfe dir mit Jarrod«, sagte Beth, als ich die Dublin Street hinunter in Richtung ihrer Grundschule fuhr.

»Und warum nur mit Jarrod und nicht mit Bray und Sophia?«

»Weil sie schon Kleinkinder sind. Sie kommen alleine klar. Jarred ist noch ein ganz kleines Baby.«

Ich schmunzelte über ihre Argumentation, beschloss aber, sie nicht zu korrigieren. »Okay, abgemacht. Du hilfst mir heute Abend, Jarrod zu betreuen.«

»Ja, aber nur bis zu meiner Schlafenszeit.«

»Alles klar. Aber du weißt, dass Jarrod vor dir schlafen geht.«

Ich schielte aus dem Augenwinkel zu ihr hinüber und sah, dass sie die Stirn runzelte. »Heißt das, dass ich mich auch noch nach seiner Schlafenszeit um ihn kümmern muss?«

»Samt Windeln und allem.«

»Bäh.« Sie streckte die Zunge heraus wie ein Frosch. »Nein danke. Dann nehme ich lieber Sophia.«

»Das dachte ich mir schon. Aber es ist okay.« Ich grinste zu ihr hinüber. »Wir überlassen Windel-Jarrod deinem Dad.«

Beide kicherten über mein geplantes Komplott und nickten zustimmend.

Egal wie oft ich in den Spiegel starrte, das Bild änderte sich nicht.

Ich verzog das Gesicht.

Es war vermutlich ganz gut, dass Braden und ich an diesem Valentinstag mit dem Babysitten an der Reihe waren. Mit meinem Schwangerschaftsbauch fühlt ich mich so gar nicht sexy.

»Kleine Ellie.« Ich tätschelte meinen Bauch und sprach mit meiner ungeborenen Tochter, wie so oft. »Du ruinierst meinen Sexappeal und meine Verführungstricks. Schlechtes Timing, Kleines, schlechtes Timing.« Vielleicht vertraute ich dem Kind manchmal unangemessene Dinge an, aber ich baute darauf, dass es sich an keines der einseitig geführten Gespräche während seiner Zeit in meinem Bauch erinnern würde.

»Was ist schlechtes Timing?« Braden kam, ein Handtuch um die Hüften geschlungen, aus unserem Badezimmer geschlendert. Er war eben vom Fitnessstudio zurückgekommen.

Prompt verspürte ich ein Kribbeln zwischen den Beinen. Mein Blick verfolgte gierig einen Wassertropfen, der über seine Bauchmuskeln rann.

Und das war ein weiterer Nachteil, den der sechste Monat einer Schwangerschaft mit sich brachte. Ich war die ganze verdammte Zeit rattenscharf auf Sex und fühlte mich doch nicht wohl genug, um über Braden herzufallen, wie es normalerweise der Fall wäre.

Das hieß aber nicht, dass wir keinen Sex hatten.

Den hatten wir.

Und nicht zu knapp.

Dass ich schwanger war, törnte meinen Mann nicht ab. Im Gegenteil, es schien ihn genauso zu einem dauergeilen Teenager mutieren zu lassen wie mich. Er verwandelte sich in einen besitzergreifenden Höhlenmenschen. Genauso gut könnte er ein T-Shirt tragen, auf dem stand: »Ich

Mann. Mein Samen im Bauch meiner Frau. Meine Frau. Meine!«

»Am Valentinstag schwanger.« Ich biss mir auf die Lippe, um nicht vor Wonne zu seufzen, als er das Handtuch wegnahm, um seinen nackten Körper noch einmal abzurubbeln.

Ich schwöre, dass mir etwas Sabber am Kinn hinunterlief, als ich seinen Hintern fixierte. Er hatte einen tollen Hintern. Ich liebte es, ihn zu umklammern, während Braden in mich hineinstieß. Ein lustvoller Schauer überlief mich.

Sein nackter Hintern verschwand in seiner Anzughose, was ich mit einem Schmollen quittierte.

»Warum ist das ein Problem?« Braden drehte sich um, und ich hob den Blick rasch zu seinem Gesicht. Leider einen Tick zu spät, denn er feixte, weil er mein Starren mitbekommen hatte.

»Du bist mein Mann.« Ich weigerte mich, mich dafür zu schämen, ihn mit den Augen verschlungen zu haben. »Ich kann dich zum Sexobjekt degradieren, wann immer ich will.«

Er schnaubte, als er sein Hemd überstreifte. »Warum ist es ein Problem, am Valentinstag schwanger zu sein?«, wiederholte er.

»Weil ich keine sexy Wäsche und Highheels tragen kann und wir keinen wilden, harten Sex an einer Wand haben können. Du weißt schon … typische Valentinstagsvergnügen.«

Er knöpfte sein Hemd zu, schlenderte zu mir, ließ die Hände über meinen gerundeten Bauch gleiten und zog mich so dicht an sich, wie es meine Babykugel zuließ. »Du kannst trotzdem sexy Wäsche tragen, und wir können langsamen, heißen Sex mit dir auf den Knien haben oder schnelleren, heißeren Sex, wenn du mich reitest.«

»Nachdem wir Kinder gehütet haben.«

»Wir könnten die ganze Zeit Sex haben, aber du willst unser Babysitterversprechen einlösen.«

Ich funkelte ihn finster an. »Glaub mir, die Königin der Schwangerschaftshormone ist ganz deiner Meinung, aber Ellie und Adam haben letztes Jahr auf Beth und Luke aufgepasst, also ist es nur fair, dass wir das diesmal übernehmen.«

Er nickte widerstrebend. »Du hast ja recht.« Er küsste mich auf die Nase und gab mich frei, um sich für einen Abend Babysitterspaß fertig anzukleiden. »Dann steht uns also eine ruhige Nacht zu Hause bevor.«

»Yup.« Ich schnitt eine Grimasse und rieb mir mit den Händen über den Bauch. »Du solltest zehn Millionen Mal unterhaltsamer sein als dein Bruder und deine Schwester, und das ist ziemlich viel verlangt, denn die beiden sind verdammt unterhaltsam.« Ich öffnete auf der Suche nach besagten Geschwistern unsere Schlafzimmertür. »Allerdings werden wir ihnen das nicht sagen, denn sie haben das Ego ihres Vaters geerbt.«

»Das habe ich gehört«, rief Braden mir zu, als ich die Treppe zum ersten Stock hinunterging.

»Das solltest du auch«, murmelte ich.

»Das habe ich auch gehört!«

Ich starrte meinen Bauch an, als ob die kleine Ellie mich sehen könnte. »Jesus, er hat Ohren wie ein Luchs.«

Braden hatte seine Hände in die Hüften gestemmt und ließ den Blick durch unser geräumiges Wohnzimmer schweifen. Ich wusste genau, was er dachte.

Drei im Bett, drei noch wach.

Irgendwie hatten wir es wie durch ein Wunder geschafft, Jarrod, Sophia und Bray im Kinderzimmer neben unserem Schlafzimmer im obersten Stockwerk des Hauses ins Bett zu bringen. Es gab noch das Hauptkinderzimmer im ersten Stock, das für die Ankunft der kleinen Ellie vorbereitet war, aber Braden war fest entschlossen, die übrigen drei Kinder müde zu toben, ohne dabei die jüngeren Kids zu wecken.

In seiner Hosentasche steckte ein Babyphone, so dass er mitbekommen würde, wenn sie uns brauchten.

»Wie wäre es, wenn wir Verstecken spielen?«

»Au ja!« Will und Luke nickten begeistert.

Beth beäugte uns zweifelnd, aber es war diese Art von ›Ich sollte mich wirklich so benehmen, als wäre ich älter, aber ich will mitspielen‹-Zweifel.

»Ich und Dad gegen euch drei«, sagte ich zu ihr. »Du bist der Anführer eures Teams.«

»Das ist nicht fair!« Luke verschränkte beleidigt die Arme vor der Brust.

»Sie ist älter«, sagte Braden. »Wenn die kleine Ellie da ist, bist du älter als sie und dann der Anführer beim Versteckspiel. So läuft das.«

Luke verzog das Gesicht, als würde er darüber nachdenken, und kam ganz klar zu dem Schluss, dass Bradens Argument einen Sinn ergab. »Okay.«

»Die Kleinen schlafen jetzt«, mahnte Braden. »Also kein Quieken und Kreischen oder sonst etwas, das sie weckt. Ihr haltet euch an Erdgeschoss und Keller. Die oberen Stockwerke sind für euch drei tabu.«

Die Kids nickten so ernsthaft, dass ich mir ein Grinsen nicht verkneifen konnte.

»Mum und ich verstecken uns. Ihr sucht uns.«

»Wir finden euch in weniger als fünf Minuten«, prahlte Beth.

»Willst du darauf wetten?«, fragte ich.

Sie kniff die Augen zusammen. »Worum?«

»Wenn ich gewinne, bekomme ich die nächsten vier Wochen Fußmassagen. Wenn du gewinnst, räume ich die nächsten vier Wochen dein Zimmer auf.«

Beth' Augen leuchteten auf. »Wir gewinnen ganz sicher!«

Braden grinste über ihr Selbstvertrauen. »Klar. Deine Mum und ich haben sechzig Sekunden, um ein Versteck zu finden.«

Beth spielte mit ihrer Digitaluhr. »Okay … ab … jetzt!«

Ich packte Bradens Hand, und wir stürmten in die Diele hinaus. »Wo lang?«, flüsterte ich.

Statt einer Antwort zerrte er mich in den hintersten Teil des Hauses, zur ehemaligen Dienstbotentreppe. Als er sie hinaufging, zupfte ich an seiner Hand. »Das ist glatt gemogelt«, zischte ich. »Die oberen Stockwerke sind tabu.«

»Ich sagte, sie wären für *sie* tabu.« Er zwinkerte.

Ich grinste. »Du hinterhältiger Bastard.« Ich versetzte ihm einen spielerischen Stoß und versuchte mein Kichern zu unterdrücken, während ich leise hinter ihm die Treppe hochschlich.

Seine große Hand schloss sich um mein Handgelenk, und er zog mich sacht durch die Diele des ersten Stocks in das Dunkel unseres größten Gästezimmers und dann in das Bad. Er schloss die Tür hinter uns ab, ließ sich auf den Boden sinken und platzierte mich zwischen seinen Beinen, so dass ich mit dem Rücken an seiner Brust lehnte.

»Sollen wir einfach nur hier im Dunkeln sitzen?«, flüsterte ich.

»Yeah.« Ich sah förmlich, wie er sich über die Situation amüsierte.

»Wie lange? Wir sollten doch eigentlich Kinder hüten.«

»Das werden wir auch. Ich wollte nur eine Minute mit dir allein sein.« Er streichelte meinen Babybauch und stützte sein Kinn auf meine Schulter. »Was macht denn unsere Kleine?«

»Sie ist heute ganz ruhig. Nur ein paar Tritte. Und ich glaube, die sollten mir sagen, dass ich The Killers abstellen soll. Ich fürchte, unsere Jüngste wird einen miserablen Musikgeschmack entwickeln.«

Braden kicherte und küsste meinen Hals. »Es gibt Schlimmeres auf der Welt.« Eine Hand glitt an meiner Babykugel hoch, um meine rechte Brust zu umfassen, und sein Daumen umkreiste meine Brustwarze.

Mein Körper reagierte augenblicklich, da meine Brüste im Moment besonders empfindlich waren. »Mein Mann foltert mich«, keuchte ich, dabei versuchte ich, mich seiner Berührung zu entziehen. »Hör auf.«

Als Antwort küsste er erneut meinen Hals und umschloss mit seiner anderen Hand meine linke Brust. Er knetete beide, was in mir eine schmerzhafte Wonne auslöste. Ich bog mich seinen Händen entgegen und lehnte den Kopf gegen seine Schulter.

»Das ist ungerecht«, stöhnte ich, als er meine Brüste massierte. »Du machst mich ganz heiß und scharf, obwohl wir keine Zeit haben, uns darum zu kümmern.«

Seine Zähne knabberten an meinem Ohr, und ich registrierte seine Erektion. »Wie heiß und scharf?«, fragte er mit rauer Stimme.

Ich drehte den Kopf zur Seite, um ihn anzusehen. Ich war frustriert. »So heiß und scharf, dass du mühelos in mich hineingleiten könntest.«

Braden stöhnte angesichts des unverhohlen sexuellen Bildes, das ich absichtlich geschaffen hatte, damit er sich so fühlte wie ich. »Das war keine gute Idee.«

»Du hast damit angefangen«, grummelte ich und packte seine Hände, um sie von meinen Brüsten wegzuschieben. »Wir sollten besser nach den Kindern sehen.«

»Ich brauche noch eine Minute.«

Ich presste eine Hand auf seine Erektion. »Hmm, das glaube ich auch.«

»Jocelyn«, warnte er, dabei schob er meine Hand weg.

»Wenn der Spieß umgedreht wird, ist es nicht mehr so komisch, was?« Ich löste mich von ihm, doch er zog mich sofort wieder an sich und kitzelte meinen Hals.

»Ich entschädige dich heute Nacht dafür«, versprach er.

»Du willst mir ernsthaft keinen Gutenachtkuss geben?« Ich sah Beth missbilligend an, als ich mich auf ihr Bett setzte.

Einige Zeit später hatten Ellie und Adam und Marco und Hannah ihre Kinder abgeholt, und Braden und ich hatten Luke ins Bett gebracht. Beth folgte eine Stunde später.

Es war zehn Uhr abends, und so sehr ich sie auch vergötterte, ich wollte, dass meine Tochter jetzt endlich schlief.

Aber vorher wollte ich einen Kuss.

Doch Beth schien uns Bradens kleinen Trick ziemlich übelzunehmen.

»Gibst du mir einen Kuss, wenn ich dir sage, dass du mir doch nicht die Füße massieren musst?«

Endlich drehte sie den Kopf auf dem Kissen, um mich

anzuschauen. »Das wäre nur gerecht, weil du nämlich geschummelt hast.«

»Rein technisch betrachtet hat dein Dad geschummelt.«

»Hey.« Er kam gerade in das Zimmer. »Ich habe nicht geschummelt.«

Beth zog einen Flunsch. »Das war aber fast wie Schummeln.«

Ich kitzelte ihren Bauch. »Du bist nur stinkig, weil du nicht darauf gekommen bist.«

Wider Willen musste sie kichern, und ich wusste, dass sie uns verziehen hatte.

Ich beugte mich zu ihr und hielt sie eine Minute länger als üblich fest, als sie ihre Ärmchen um meinen Hals schlang. »Nacht, Baby«, flüsterte ich.

»Nacht, Mum.«

Ich richtete mich auf, damit Braden ihr einen Gutenachtkuss geben konnte. Wir blieben beide einen Moment lang in der Tür stehen und sahen zu, wie sie sich die Decke bis zum Ohr hochzog, nachdem sie sich auf die Seite gerollt hatte, und es sich gemütlich machte. Dann knipste ich das Licht aus, und wir schlossen die Tür hinter uns.

Ich blickte zu Braden hoch und erschauerte angesichts der Hitze in seinen Augen.

»Ich schließe ab«, sagte er mit gedämpfter Stimme. »Du gehst nach oben und wartest auf mich.«

Meine Haut prickelte vor Erregung. Ich grinste vor freudiger Erwartung. »Die Nacht fängt früh an?«

»Die Nacht wird lang«, berichtigte er mich, beugte sich zu mir hinunter und küsste mich sanft. »Wenn ich mit dir fertig bin, wirst du vor Erschöpfung umfallen.«

»Jippie.« Ich feixte, und er kicherte leise.

Während Braden nach unten ging, um die Haustür abzuschließen, begab ich mich nach oben und schlüpfte in das Nachthemd, das mein Mann mir geschenkt hatte, nachdem ich ihm mitgeteilt hatte, dass ich schwanger war. Es war aus eisblauer Seide und bedeckte meinen Bauch, gleichzeitig war es ziemlich tief ausgeschnitten und schmiegte sich eng um meinen Busen. Meine Brüste waren schon unter normalen Umständen recht üppig, aber jetzt hatten sie noch zugelegt und waren überdies sehr empfindlich geworden.

Aber ich sollte nicht zu sehr über meine Schwangerschaftsfigur jammern. Glücklicherweise waren nur meine Brüste und mein Bauch dicker geworden. Ansonsten hatte sich meine Figur nicht verändert, und Ellie Senior hatte schon etwas neidisch behauptet, von hinten könnte man überhaupt nicht sehen, dass ich ein Kind erwartete.

Ellie *würde* mich darum beneiden, denn bei ihr schwoll alles an – das Gesicht, die Finger, die Füße und so weiter.

Ellie Junior nahm nicht allzu viel Raum ein, dachte ich, als ich die Seide über meinem Bauch glattstrich. Luke war eindeutig größer gewesen.

»Sexy Wäsche, Punkt.« Braden lächelte mich an, als er in unser Schlafzimmer kam und die Tür schloss.

Was gehörte zu den größten Vorteilen unseres georgianischen Stadthauses? Uns trennte eine ganze Etage von unseren Kids, so dass sie von unserem Intimleben nichts mitbekamen.

Ich deutete auf meine nackten Füße. »Leider keine Highheels. Sorry.«

Während er auf mich zukam, streifte er seinen Pullover ab und schleuderte ihn quer durch den Raum. »Wir brauchen noch nicht einmal das Nachthemd, das kannst du mir glauben.«

Unsere Blicke trafen sich, als er mich an sich zog. »Trotzdem hast du in punkto Wäsche einen guten Geschmack«, murmelte ich. Meine Atemzüge beschleunigten sich.

Er ließ die Hände an meinem Rücken hinuntergleiten, und ich spürte, wie sich meine Brustwarzen aufrichteten. »Darauf habe ich mich schon den ganzen Tag gefreut.«

»So?« Meine Hände wanderten an seinen Armen hoch. »Können wir dann loslegen? Ich hätte nämlich wirklich nichts gegen einen Orgasmus.«

Bradens Augen verengten sich ob meiner unromantischen Forderung, und er setzte sich in Bewegung, um mich rückwärts Richtung Bett zu schieben. »Ich wollte dich lieben, aber wenn du gleich zur Sache kommen willst, ist mir dein Wunsch Befehl.«

»Wirklich?« Mein Herz hämmerte vor Erregung. »Lieben kannst du mich später, das verspreche ich dir.«

Mein Mann schloss die Augen. Sein Mundwinkel hob sich zu einem Lächeln, als er den Kopf schüttelte. »Fast zwölf Jahre verheiratet, und sie ist immer noch anders als jede Frau, die ich je gekannt habe.«

»*Sie* befindet sich noch im Raum.« Ich kletterte auf das Bett, und als er die Augen aufschlug, grinste ich ihn an. »Ich wäre dann so weit.«

Er feixte. »Du siehst aus wie ein Kind zu Weihnachten.«

Mein Blick wanderte zu der Beule unter seinem Reißverschluss. »Und ich weiß auch schon, welches Geschenk ich zuerst auspacken möchte.«

Braden brach in schallendes Gelächter aus, schloss die Hand um meinen Knöchel und zog mich langsam zu sich hin. Ich stützte mich rücklings auf die Hände und bog den Kopf nach hinten, als sich sein Mund auf meinen senkte.

Meine Lippen kribbelten, als seine sie streiften.

Einmal.

Zweimal.

Lockend.

Hauchzart.

»Braden«, flehte ich leise.

»Liebst du mich, Jocelyn?«, murmelte er an meinem Ohr, woraufhin sich an der Stelle eine Gänsehaut bildete und an meinem Hals und über meinen Rücken hinunterlief.

Vor langer Zeit hätte ich bei dieser Frage fluchtartig den Raum verlassen. Ich erinnerte mich an diese Furcht, an die widersprüchlichen Gefühle, aber es kam mir irgendwie so vor, als gehörten sie nicht zu mir … Es war eher so, als wäre das alles einer sehr guten Freundin von mir passiert, aber nicht mir.

Ich drehte den Kopf, rieb meine Wange an seinem Gesicht und spürte das leichte Kratzen seiner Bartstoppeln. »Niemand könnte dich mehr lieben, Baby.«

Das entlockte ihm ein Stöhnen. Er umfasste meinen Nacken mit einer Hand und drückte mich an sich, während er mich hungrig, fast wild küsste. Ich umklammerte seine Taille, gierte nach mehr.

Dann löste ich mich von ihm und nahm sein Gesicht zwischen meine Hände.

Während ich in seine Augen sah, die mir so vertraut waren wie meine eigenen, spürte ich, wie eine große Welle von Emotionen über mir zusammenschlug. Wenn ich schwanger war, war ich immer besonders sentimental. Ich glaube, das war auch ein Grund dafür, dass Braden so glücklich war, wenn ich ein Kind erwartete.

»Empfindest du dasselbe für mich wie damals, als das mit uns anfing?«

Er sah mich forschend an. »Nein«, erwiderte er so ruhig,

als läge die Antwort auf der Hand, und mir stockte der Atem. »Ich empfinde weit mehr.« Er nahm meine Hand und verflocht seine Finger mit meinen. »Du bist jetzt auf eine Weise ein Teil von mir, wie du es noch nicht warst, als wir uns ineinander verliebt haben. Damals war es nur eine Verbindung. Eine heiße, aufregende, total sexbetonte Verbindung.« Er grinste. Die Erinnerungen tanzten in seinen Augen. »Jetzt ist es eine Verschmelzung. Eine heiße, innige, erotische Verschmelzung. Wenn damals etwas passiert wäre … wenn es nicht funktioniert hätte … ich wäre am Boden zerstört gewesen, hätte mich aber irgendwann wieder aufgerappelt und wieder angefangen zu leben. Das Leben wäre leerer gewesen, aber ich hätte weitergelebt. Jetzt.« Er presste seine Stirn gegen meine und schloss die Augen. »Dich zu verlieren wäre so, als würde ich mich selbst verlieren.« Seine Augen öffneten sich wieder, loderten hell, dicht vor meinen. »Es ist unerträglich, auch nur daran zu denken.«

Meine Augen schwammen in Tränen (Schwangerschaftshormone und ein liebevoller Ehemann waren ein Garant dafür, dass meine Dämme brachen), und ich küsste ihn sanft. »Ich will dich in mir spüren, jetzt sofort, auf jede Art, die dir gefällt.« Meine heisere Stimme klang vor Erregung noch heiserer. »Entweder langsam Liebe machen oder auf die Holzhackertour.«

Sein Lachen kitzelte meine Lippen, und er küsste mich härter, während er mein Nachthemd langsam an meinem Körper hochschob. Er löste sich so weit von mir, dass er es mir über den Kopf ziehen und zur Seite werfen konnte, so wie er es mit seinem Pullover gemacht hatte. »Auf die Knie, Babe«, sagte er weich, dabei streichelte er mit der Daumenkuppe meine Wange.

Ich erschauerte vor Vorfreude, drehte mich um und stützte mich auf Hände und Knie. Ich fühlte mich schutzlos und entblößt, aber nicht verwundbar. Nicht bei meinem Mann.

Das Geräusch seines Reißverschlusses erfüllte den Raum, und ich spürte, wie meine Arme flatterten, als mich heißes Verlangen durchströmte. Das Rascheln von Stoff verriet mir, dass er sich seiner Jeans und seiner Unterwäsche entledigte.

Ich spähte über meine Schulter. Meine Schenkel zitterten beim Anblick meines umwerfenden Mannes und seines prachtvollen Schwanzes. Meine Finger krallten sich in das Federbett unter mir, und Hitze flutete durch meinen Körper, als er sich ebenfalls auf das Bett kniete und meine Hüften mit beiden Händen umfasste.

Eine Hand verschwand zwischen meinen gespreizten Beinen, und ich ließ mich keuchend gegen ihn sinken, als er zwei Finger in mich hineinschob.

Bradens Stöhnen hallte im Raum wider. »Nass trifft es noch nicht einmal annähernd.«

»Ich habe es dir doch gesagt«, stieß ich hervor. Mein Kopf fiel nach vorne, als er mit mir zu spielen begann. »Ich bin rollig wie eine Katze.«

Er kicherte, seine Finger verschwanden. »Meine Frau. Immer so romantisch.«

Sein heißer Schwengel drängte sich zwischen meine Beine, und ich wimmerte leise. »Ja.«

Braden drang direkt in mich ein, und das wundervolle Gefühl, ausgefüllt zu werden, trieb meinen übererregten Körper auf den Höhepunkt zu.

»Es ist gleich so weit«, keuchte ich ungläubig.

Bradens Griff um meine Hüften verstärkte sich, als er

in mich hineinstieß. »Lass es einfach geschehen. Ich sorge dafür, dass du so oft kommst, wie du willst.«

»O Gott.« Ich zerrte an dem Stoff, in den ich meine Hände gekrallt hatte, während ich mich Bradens sachten Stößen entgegenstemmte. »Gott, Braden … Braden … o Gott … ja … ja!« Ich bog meinen Rücken, als ich kam, und meine Unterleibsmuskeln zogen sich um Bradens Schwanz zusammen.

»Fuck«, grunzte er, während er weitermachte. »Fuck!« Bei dem Wort ›Fuck‹ stieß er etwas tiefer und schneller in mich hinein.

Ich wappnete mich gegen das Verlangen meines Körpers, im Nachhall des Orgasmus schlaff und träge zu werden, und als Braden fortfuhr, mich mit harten Stößen zu nehmen, spürte ich, wie sich die Spannung erneut aufbaute.

Seine Finger gruben sich in meine Hüften. »Einmal noch.« Seine Hände wanderten an meinem Rückgrat hoch und um meinen Brustkorb herum und schlossen sich um meine Brüste. Er begann, sachten Druck auszuüben, und ich richtete mich auf den Händen auf, bis sich mein Rücken gegen seine Brust presste.

Ich keuchte vor Staunen darüber, wie tief er in mich hineinglitt, griff hinter mich und hielt mich an seinen Hüften fest, um nicht das Gleichgewicht zu verlieren.

Als er mich behutsam in die Brustwarzen zwickte, schrie ich auf, und mein Kopf fiel gegen seine Schulter. Und dann begann er sich erneut zu bewegen, und ich passte mich seinem Rhythmus an, stieß mich von seinem Schwanz ab und nahm ihn dann wieder in mich auf.

Mein Tempo steigerte sich, aber ich bewegte mich ruckartig vor Begierde. Braden stieß einen erregten, ungeduldigen Fluch aus und drückte mich wieder auf meine Hände. Er schien ganz klar unser Tempo bestimmen zu wollen.

Ich schrie erneut auf, als er in mich hineinstieß. »Ja!«

Er reagierte darauf mit einem zufriedenen Grunzen. In der letzten Zeit war der Sex nicht mehr so hart und heftig wie in der Vergangenheit – Braden ging immer sanfter mit mir um, wenn ich schwanger war – aber er war zu hundert Prozent absolut phantastisch.

Mein Körper spannte sich an, als ich mich dem Höhepunkt näherte. Braden glitt noch einmal in mich hinein, und im nächsten Moment stürzte ich ins Bodenlose, als mich ein weiterer intensiver langer Orgasmus schüttelte.

Ich spürte, wie Braden noch einige Male pumpte, dann verstärkte sich sein Griff um meine Hüften, er erstarrte und rief mit gutturaler Stimme meinen Namen.

Nach ein paar Sekunden zog er sich aus mir zurück, so dass ich mich umdrehen und auf den Rücken fallen lassen konnte.

Braden legte sich neben mich, schob einen Arm über unser Baby und kuschelte sich an mich.

Einen Moment lagen wir still da und lauschten unseren Bemühungen, wieder zu Atem zu kommen.

Endlich drehte ich den Kopf und sah ihm in die Augen.

»Ich liebe dich«, sagte er. Die Worte kamen so mühelos, so ganz natürlich heraus.

»Ich liebe dich auch.«

Er drückte mir einen Kuss auf die Schulter. »Einen glücklichen Valentinstag, Jocelyn.«

Ich runzelte die Stirn. »Ist er denn schon vorbei?«

Braden grinste. »Nein. Wir legen nur eine Pause ein.«

Erleichterung durchströmte mich. »Gut. Ich bin nämlich ganz heiß auf mehr.«

»Gut zu wissen, aber ich bin kein Gott, Babe. Heutzutage brauche ich ein bisschen Zeit, um mich zu regenerieren.«

Ich prustete vor Lachen. »Ich glaube es einfach nicht, dass du gerade zugegeben hast, kein Gott zu sein.«

»Verrat es niemandem.« Er schmiegte sich enger an mich und schloss kurz die Augen.

Er hatte einen langen Tag gehabt.

»Wir können auch einfach nur schlafen, wenn du willst.« Ich wäre dann zwar enttäuscht, könnte aber damit leben.

Seine Augen flogen auf. »Ich sagte, ich bin kein Gott, nicht, dass ich alt bin. Ich verbringe den Rest der Nacht damit, Sex mit dir zu haben.«

Ich biss mir auf die Lippe, um ein Lachen zu unterdrücken, und scheiterte kläglich. »Kein Grund, anmaßend zu werden.« Ich ließ eine Hand an seinem Buch hinunter und über seine beginnende Erektion gleiten. »Aber tu dir keinen Zwang an.«

Angesichts dieser Anspielung zuckte es um seine Mundwinkel. »Mach nur so weiter, dann geht es gleich wieder los.«

»Das war auch mein Plan.« Ich schloss die Hand um ihn und begann ihn zu streicheln.

Ihm stieg das Blut in die Wangen. »Babe«, stöhnte er.

Meine Lippen streiften die seinen. »Einen schönen zwölften Valentinstag, Braden.«

Er erwiderte den Kuss, bevor er flüsterte: »Auf die nächsten sechzig.«

Ellie und Adam

Ich habe fast ein schlechtes Gewissen wegen Joss und Braden«, sagte ich, als die Hostess Adam und mich zu einem hübschen romantischen Ecktisch im hinteren Teil des Restaurants führte. Unser Lieblingsrestaurant in Old Town hatte für den Valentinstag auf Klassik gesetzt. Nirgendwo leuchteten grelle pinkfarbene oder rote Herzen. Es gab nur Kerzenschein und rote Rosen.

»Ich nicht«, erwiderte Adam. »Wir haben letztes Jahr auf die Kinder aufgepasst.«

»Genau. Wir wissen, was ihnen blüht.« Ich schenkte ihm ein spitzbübisches Lächeln. »Sechs Kinder. Und Joss ist schwanger.«

»Du weißt, dass Braden ihr wahrscheinlich alles abnimmt, was zu schwer für sie ist.« Adam verstummte, als der Kellner kam. Nachdem wir die Speisekarten in den Händen hielten, unsere Drinks bestellt hatten und der Kellner sich zurückzog, sprach Adam weiter, als wären wir nie unterbrochen worden. »Er verhält sich ihr gegenüber noch fürsorglicher als sonst, weil dieses Kind ihr letztes ist. Man könnte denken, sie wäre die erste Frau, die jemals schwanger geworden ist.«

Ich rümpfte ob seines trockenen Tonfalls die Nase. »Ich finde es romantisch.«

»Els, du hältst alles und jeden für romantisch.«

»Stimmt nicht.« Ich studierte meine Speisekarte. »Mein Mann ist manchmal vollkommen unromantisch.«

»Haben Sie schon gewählt?« Der Kellner tauchte auf, bevor Adam mir eine zweifellos sarkastische Antwort geben konnte.

»Ja.« Ich nannte ihm meine Bestellung. Adam brauchte noch ein paar Minuten, bevor er entschied, was er essen wollte.

Ich nippte an meinem Wasser, blickte mich im Restaurant um und musterte all die anderen Pärchen. Von bis über beide Ohren verliebt bis hin zu gelangweilt wirkend war alles vertreten. Vermutlich handelte es sich bei den gelangweilten Paaren um diejenigen, die am längsten zusammen waren.

Als Romantikerin liebte ich den Valentinstag. Ich fand es wundervoll, dass es einen Tag gab, der den Menschen gewidmet war, die wir liebten. Adam hingegen hasste diesen Tag. Er hielt ihn – seine Worte – für ›einen Haufen kommerzieller Scheiße‹ und fand es ›ausgesprochen unromantisch, Leute dazu zu zwingen, anderen zu beweisen, dass sie sie mögen‹, weil es seiner Meinung nach ›weitaus romantischer war, spontan zu sein‹.

Trotz meiner Vorliebe für den Valentinstag versuchte ich ihn zu verstehen, und fast gelang mir das auch. Obwohl mein Mann eher praktisch veranlagt war, kamen ihm Liebeserklärungen leicht über die Lippen, und er machte mir oft ohne irgendeinen Anlass kleine Geschenke. Wenn man mit jemandem wie Adam verheiratet war, brauchte man keinen Valentinstag. Aber nicht jeder hatte einen Adam. Manche Leute brauchten diesen Anstoß, um ihrem Partner zu zeigen, dass sie ihn liebten.

»Süße.«

Ich drehte mich um und sah Adam an. »Ja?«

»Woran denkst du gerade?« Seine Brauen hatten sich beunruhigt zusammengezogen.

Ich lehnte mich über den Tisch und dämpfte meine Stimme. »Schau mal, wie gelangweilt die Hälfte all dieser Paare wirkt. Macht das die Ehe mit einem?«

Adam blickte sich im Raum um und dann wieder zu mir. »Wir sind über zehn Jahre zusammen und langweilen uns trotzdem nicht miteinander, stimmt's?«

Ich schüttelte den Kopf. »Natürlich nicht. Aber … ich möchte nicht, dass es uns irgendwann einmal genauso geht.«

»Bestimmt nicht«, versicherte er mir im Brustton der Überzeugung.

Ich zuckte die Achseln. »Ich denke nur, vielleicht …« Ich brach ab, weil der Kellner unsere Vorspeise brachte.

»Was denkst du nur?«, fragte Adam, sowie der Mann außer Hörweite war.

»Dass wir vielleicht nicht nachlässig werden sollten. Du weißt schon … wir sollten aufpassen, dass im Schlafzimmer kein Alltagstrott einkehrt.«

»Ich finde, dafür, dass wir zwei Kinder und Vollzeitjobs haben, läuft es bei uns im Schlafzimmer verdammt gut.« Er schien sich darüber zu ärgern, dass ich etwas anderes andeuten könnte. »Oder interpretiere ich deine Orgasmen falsch?«

Ich schnaubte. »Nein.«

»Wo liegt denn dann das Problem?«

Ich schluckte einen Bissen hinunter, trank einen Schluck Wein und bemühte mich, den Mut aufzubringen, das laut auszusprechen, was ich ihm sagen wollte. »Wir hatten noch nie Sex in der Öffentlichkeit. Vielleicht sollten wir das mal ausprobieren.«

Adam bedachte mich mit einem langsamen, ungläubigen Grinsen. »Süße, machst du Witze?«

Ich quittierte seine Reaktion mit einem Stirnrunzeln. »Nein.«

»Komm schon, Els. Du hast sechs Monate gebraucht, um nicht mehr jedes Mal rot zu werden, wenn ich es als ›Vögeln‹ bezeichnet habe.«

Ein leiser Schmerz breitete sich in meiner Brust aus, und ich blickte auf meinen Teller hinunter. Ich wusste, dass er mich nicht verletzen wollte, aber trotzdem …

Manchmal dachte ich, alle – Adam eingeschlossen – würden mich für ein niedliches Zimperlieschen halten, dem wildes, impulsives Verhalten fremd war. Vor ein paar Jahren hatte ich einen Abend mit den Mädels verbracht, und wir tranken alle ein bisschen zu viel und fingen an, uns Geheimnisse anzuvertrauen. Jo erzählte uns von ihrer ersten Zeit mit Cam, wo er sie einmal in der Umkleidekabine eines Geschäfts verführt hatte, weil er so scharf auf sie war. Und dann waren da noch Nate und Liv, die eines Nachts am Strand auf der Motorhaube eines Autos eine Nummer geschoben hatten …

Das klang so aufregend und leidenschaftlich.

Ich hatte sie beide beneidet.

Adam und ich hatten ein wundervolles Sexleben. Wirklich. Aber ein Schuss Abenteuer wäre dennoch nicht schlecht. Vor allem jetzt, wo wir Eltern waren und so wenig Zeit für uns hatten, zu wenig Zeit, um uns wieder so jung zu fühlen wie früher.

Aber anscheinend traute Adam mir nicht zu, mich sexy und verrucht zu geben.

»Himmel, Ellie.« Seine Stimme klang weich. »Bist du sauer auf mich?«

Ich blickte in seine besorgten Augen. »Du hattest an meinem achtzehnten Geburtstag mit dieser Kellnerin Sex in der Öffentlichkeit. Ich habe euch dabei erwischt, wie ihr es hinter dem Hotel miteinander getrieben habt.«

Er runzelte die Stirn, als ich den Vorfall erwähnte. »Sie war ein Schnellfick. Nicht meine Frau, die ich liebe und respektiere.«

Großer Gott, konnte er mich noch langweiliger erscheinen lassen?

Ich verzog das Gesicht, und Adam lehnte sich argwöhnisch zurück. »Ich habe etwas Falsches gesagt, nicht wahr?«

»Ich will es mal so formulieren – ich komme mir im Moment so sexy vor wie eine neunzigjährige Großmutter ohne einen einzigen Zahn im Mund.«

Er zuckte zusammen. »So habe ich das nicht gemeint …«

Ich schnitt ihm mit erhobener Hand das Wort ab. »Lass uns einfach nur essen und das Ganze vergessen.«

Der Rest unseres Dinners verlief in angespanntem Schweigen.

Ich konnte es offen gestanden kaum erwarten, aus dem Restaurant und zu der Valentinsparty zu kommen, zu der wir von einer meiner Kolleginnen von der Universität eingeladen worden waren. Dort konnte ich mich unter andere Leute mischen und meinem Mann aus dem Weg gehen, bis ich nicht mehr ganz so verletzt und böse auf ihn war.

»Wir nehmen besser ein Taxi«, sagte ich, als wir das Restaurant verließen. »Ich werde … oh!«, entfuhr es mir überrascht, als Adam mich rückwärts die Gasse zwischen dem Restaurant und der benachbarten Bar hinunterzog. »Was machst du denn?«, flüsterte ich hektisch, als er mich tiefer ins Dunkel zerrte.

Plötzlich drückte er mich gegen das Mauerwerk des Restaurants und begann mich zu küssen.

Ich überwand meine Überraschung schnell, erwiderte seufzend seinen Kuss, als er sich an mich presste, weil ich mich daran erinnerte, dass ich einen wunderbaren Mann hatte, der es liebte, mich glücklich zu machen.

Seine Lippen wanderten an meinem Hals hinunter, und ich bog mich ihm entgegen; ich liebte die Hitze, das Gefühl seiner Hände auf meinen Brüsten, seinen Geruch …

Ich rümpfte die Nase; fast hätte ich gewürgt.

»Scheiße.« Adam löste sich von mir und sah mich an. »Dieser Gestank!«

Ich blickte mich um. »Direkt neben uns steht eine Mülltonne.«

Er folgte meinem Blick zu der großen Abfalltonne neben uns. »Die stinkt ja grauenhaft.«

»Nicht sehr anregend«, stimmte ich enttäuscht zu.

Adam sah mich wieder an. Als er meine Enttäuschung bemerkte, strich er zärtlich über meine Wange. »Ich liebe das, was wir haben. Ich brauche keinen Sex in einer Gasse, ich brauche nur dich.«

Seine Worte lösten eine wohlige Wärme in mir aus, und ich versuchte den immer noch in mir schwelenden Frust zu ignorieren. »Yeah. Auf zu der Party.«

Er nahm meine Hand und führte mich weg, aber ich konnte nicht umhin, noch einmal ein wenig wehmütig in das Dunkel zurückzuschauen.

»Alles okay?« Adam drückte kurz meine Taille.

Wir waren seit fünf Minuten auf der Party, unterhielten uns mit Bekannten und wurden Leuten vorgestellt, die wir nicht kannten. Ich schenkte ihm ein Lächeln. »Ja, alles in Ordnung.«

Er zog die Brauen zusammen, aber bevor er etwas sagen konnte, tauchte meine Kollegin Anthea, die Gastgeberin, neben mir auf.

»Ellie, ich möchte dir meine Freundin Lacey vorstellen. Sie ist diese sagenhafte Amerikanerin, die sich in Kunstgeschichte so gut auskennt, dass dich ihr Fachwissen umhauen wird. Komm mit.« Sie nahm meine Hand und zog mich mit sich. Ich blickte über meine Schulter zu Adam. »Zwei Minuten«, formte ich mit den Lippen, und er nickte geduldig.

Aber es blieb nicht bei zwei Minuten.

Ich wurde Lacey und Jack, ihrem Begleiter für diesen Abend, vorgestellt. Lacey entpuppte sich als Quasselstrippe erster Güte! Ich kam kaum zu Wort und war erleichtert, als Anthea kam, um sie zu irgendjemand anderem zu schleppen.

»Ein Drink?« Jack bot mir ein Glas Wein an.

Ich nahm es lächelnd entgegen. »Danke.«

»Sie ist … äh … sie ist ein bisschen anstrengend.« Er nickte in die Richtung, in die Lacey verschwunden war.

Ich musterte ihn forschend. »Erstes Date?«

Er schnitt eine Grimasse. »Und das letzte, fürchte ich.«

»Oje.« Ich seufzte.

»Yeah.« Er zuckte die Achseln. »Aber wer nicht wagt, der nicht gewinnt, richtig?«

Ich musste über seinen Optimismus lächeln. »Genau.«

»Du bist also Dozentin für Kunstgeschichte? Hat das, was Lacey gesagt hat, wenigstens gestimmt?«

Ich nickte lachend. »Lacey mag ja viel reden, aber zumindest weiß sie, wovon sie redet.«

»Das ist ja schon mal was«, erwiderte er trocken.

»Was machst du denn beruflich?«

»Ich bin Optiker.«

»Wirklich?« Ich grinste. »Ich habe noch nie einen Optiker getroffen. Ich meine, natürlich kenne ich welche, weil ich alle zwei Jahre zu einem gehe, aber außer denen …« Ich rümpfte über mein Geplapper die Nase, aber es brachte Jack nur zum Lachen.

»Ich weiß, was du meinst. Es ist nicht gerade der interessanteste Job der Welt, obwohl es mir Spaß macht, die Reaktionen der Leute zu beobachten, wenn ich mich über sie beuge, um ihre Augen zu untersuchen. Manche verkrampfen sich dann und fühlen sich absolut verunsichert, weil ich ihnen für ihren Geschmack entschieden zu nah komme. Dann gibt es noch die mit dem starken Mundgeruch … daran möchte ich lieber gar nicht denken. Und meine persönlichen Lieblinge – die Leute, die Mühe haben, nicht laut zu kichern.«

Ich lachte. »Ich gehöre zur letzten Kategorie.«

Jack gluckste. »Das dachte ich mir.«

Wir verstrickten uns in eine zwanglose Unterhaltung, lachten und plauderten über Gott und die Welt, während wir ein Glas Wein leerten und uns ein neues holten.

Wir hatten eine Ecke gefunden, in der wir uns trotz des Partylärms unterhalten konnten, und ich dachte mir nichts bei unserem freundschaftlichen Plausch, bis ich meine linke Hand hob, um mir das Haar aus dem Gesicht zu streichen.

Jacks Blick heftete sich auf meine Hand, und er verstummte. Zu meiner Überraschung huschte ein Anflug von Enttäuschung über sein Gesicht. »Du bist verheiratet?«

Ich erstarrte; begriff, dass er meinen Ehering erst jetzt bemerkt hatte.

So ein Mist.

Hatte er …?

»Ja, ich bin verheiratet.«

Sein Blick wanderte über mich hinweg, und ich fühlte mich in meinem Cocktailkleid und den Highheels plötzlich äußerst unbehaglich. »Natürlich bist du verheiratet«, sagte er tonlos. »Warum solltest du das auch nicht sein?«

»Ich dachte, du hättest ihn gesehen.« Ich blickte auf meinen Ehering. »Hast du geglaubt, ich würde mit dir flirten?«

»Ja, ich hatte den Eindruck.« Er starrte mich eindringlich an. »Bist du sicher, dass du nicht mit mir geflirtet hast?«

»Natürlich bin ich sicher«, entgegnete ich indigniert. Und ich hatte verdammt noch mal auch nicht mit ihm geflirtet!

Er nickte. »Vermutlich hast du recht.«

Wir hatten uns nur unterhalten. Freundschaftlich. Sonst nichts!

Er seufzte und schüttelte den Kopf. »Sorry.«

»Schon gut.« Ich wollte flüchten, wusste aber nicht, wie ich das bewerkstelligen sollte, ohne grob unhöflich zu erscheinen.

Jack warf mir einen Blick zu. Der hoffnungsvolle Funke in seinen Augen ließ mich frösteln. »Bist du sicher, dass du glücklich verheiratet bist?«

»Und ob sie das ist«, herrschte Adam, der plötzlich neben mir auftauchte, ihn an.

Ich blickte mit großen Augen zu ihm auf, als er mein Handgelenk packte und mich wegzog.

»Es ist nicht so, wie du denkst«, teilte ich seinem Rücken mit, während er mich buchstäblich durch die Menge schleifte. »Adam!«

Aber er hörte nicht zu.

Ich konnte seine Wut spüren, als er mich aus dem Wohnzimmer und durch die überfüllte Diele zog. Er hämmerte an eine Tür, und als er keine Antwort erhielt, stieß er sie auf und zerrte mich hinter ihm in den Raum.

Wir waren im Bad.

Adam schloss es hinter uns ab.

»Ich habe nicht mit ihm geflirtet«, verteidigte ich mich sofort.

Statt einer Antwort zog er mich mit einem Ruck an sich und drückte mich gegen die Tür.

Seine Grobheit erschreckte mich. »Adam«, flüsterte ich.

Er funkelte mich finster an, als er seinen Körper gegen meinen presste. Ich spürte seine Erektion und rang nach Luft. »Wie hättest du dich denn gefühlt?«, fragte er heiser, als er meine Hände neben meinem Kopf gegen die Wand drückte und seinen Schwanz an mir rieb. »Wie hättest du dich gefühlt, wenn du mich mit einer Frau ertappt hättest, die mit mir flirtet, mich ansieht, als würde sie es am liebsten an Ort und Stelle mit mir treiben und mich dann fragt, ob ich glücklich verheiratet wäre?«

Ich schluckte hart. »Sah das so aus?«

»Jesus, Ellie, hast du das wirklich nicht gemerkt?«

»Offensichtlich nicht.« Ich zuckte zusammen.

Er starrte mich an, ohne dass sein Zorn auch nur ansatzweise verflog, und dann stöhnte er frustriert. Er küsste mich. Sein Kuss war hart, rachsüchtig und mehr als nur ein bisschen erregend. Als wäre er außer Kontrolle geraten.

Plötzlich gab er meine Hände frei, während seine unsanft an meinem Körper hinunterglitten. Ich schlang die Arme um ihn und zog ihn noch enger an mich.

Ich erschauerte, als ich seine Finger auf der Innenseite meiner Schenkel spürte, und stöhnte, als diese Finger unter mein Höschen wanderten. Ich krallte mich in seinem Nackenhaar fest, als er mit dem Daumen über meine Klitoris strich.

Als er zwei Finger in mich hineinschob, bog ich ihm die Hüften entgegen.

Ich war überwältigt, schnappte nach Luft, brach den Kuss ab, und mein Kopf stieß gegen die Tür.

»Du bist ja schon nass.« Seine Stimme klang vor Erregung und Überraschung belegt.

Ich schlug die Augen auf, um ihn anzusehen, und sein Blick verdunkelte sich vor Hitze. Ja, ich war schon nass, weil mich der Umstand, dass mein Mann so wild auf mich war, ungemein scharf machte.

Mein Gesichtsausdruck verstärkte diese Wildheit noch.

»Fuck«, keuchte er. Seine Brust hob und senkte sich heftig, als sich seine Atemzüge beschleunigten. Seine Hände wanderten zu seinen Jeans, und mein Unterleib zog sich vor Verlangen zusammen, als er den Reißverschluss aufzog. Er zog die Jeans weit genug hinunter, um seinen Schwanz zu befreien, woraufhin meine Schenkel zu zittern begannen.

Ohne den Blick von mir zu wenden schob Adam den Saum meines Kleides hoch und zerrte mir dann das Höschen herunter.

Mein Griff um ihn verstärkte sich genauso wie das Pochen zwischen meinen Beinen.

»Adam.« Sein Name klang aus meinem Mund wie ein Flehen.

Er legte meinen linken Oberschenkel um seine Hüfte und drang von unten in mich ein.

Mein Kopf schlug hart rücklings gegen die Tür, und ich schrie angesichts der Wonne, völlig von ihm ausgefüllt zu werden, leise auf.

»Ellie«, grunzte er mit vor Verlangen halb geschlossenen Lidern. »Meine Ellie.«

Mein Mann fuhr fort, mich mit schnellen, harten Stößen gegen die Badezimmertür zu pressen. Ich schlang beide Beine um seine Taille, so dass er noch tiefer in mich eindringen konnte.

Dann rief ich laut seinen Namen, zusammen mit dem Gottes.

»Jeder kann uns hören«, flüsterte er an meinen Lippen. »Jeder kann hören, wie sehr ich dich will.«

Meine Unterleibsmuskeln zogen sich bei dem Gedanken an ihn zusammen, und seine Augen weiteten sich angesichts des Beweises dafür, wie sehr mich diese Vorstellung erregte.

»Himmel, Ellie.« Seine Stöße wurden heftiger.

»O Gott!« Ich krallte die Finger in seine Schultern. Die Spannung in meinem Inneren erreichte die Grenze des Erträglichen. »Adam!« Ich kam lange und heftig, und er rief meinen Namen, als mein Höhepunkt ihn gleichfalls zum Orgasmus trieb.

Er ließ sich schlaff gegen mich sinken. Seine Hände umklammerten immer noch meine Schenkel und hielten mich hoch. Er rang nach Luft, seine Lippen strichen über die Haut unter meinem Ohr. Als sich unsere Atemzüge endlich beruhigten, rückte er von mir ab, um mir in die Augen zu sehen.

»Du bringst es immer noch fertig, mich zu überraschen.« Zärtlichkeit und Liebe vermischten sich mit der Befriedigung in seinem Blick.

Ich lächelte träge. »Du bringst es auch immer noch fertig, mich zu überraschen. Ich dachte, du wärst über die Besitzanspruchsphase hinweg.«

Ein Muskel an seinem Kiefer zuckte. »Ich vertraue dir,

und ich fühle mich in unserer Beziehung sicher. Das heißt aber noch lange nicht, dass ich seelenruhig zuschaue, wie ein gutaussehender Typ, der fünf Jahre jünger ist als ich, meine Frau anbaggert.«

Ich zog die Nase kraus. »Hat er gut ausgesehen?«

Adam starrte mich einen Moment an, dann krümmten sich seine schönen Lippen zu einem langsamen Lächeln. »Ist dir das nicht aufgefallen?«

Ich schüttelte den Kopf und vergrub die Hände in seinem Haar. »Mich reizt kein Mann außer dir.«

»Jesus, womit habe ich dich nur verdient, Els?« Er ließ sich gegen mich sacken und schlang die Arme um meinen Rücken.

»Du verschaffst mir ganz ordentliche Orgasmen«, strahlte ich ihn an.

Er lachte. Die Bewegung löste eine kribbelnde Reibung in mir aus, und ich rang nach Luft, als erneut Erregung in mir aufstieg.

Adams Griff um mich verstärkte sich. »Ich muss dich jetzt nach Hause bringen.«

»Wir müssen die Jungs abholen«, erinnerte ich ihn.

Er stellte mich langsam wieder auf die Füße und glitt aus mir heraus. Wir blickten uns in die Augen, während wir unsere Kleider in Ordnung brachten. Als wir fertig waren, strich er über meine Wange. »Wir holen die Jungs, bringen sie ins Bett, und dann machen wir da weiter, wo wir aufgehört haben.«

Ich grinste. »Das klingt gut.«

Er nahm meine Hand, schloss die Badezimmertür auf, um mich hinauszuführen, blieb aber sofort abrupt stehen. Ich runzelte die Stirn, wollte ihn fragen, was los war, spähte dann aber über seine Schulter:

Lacey sowie Anthea und Jack und ein paar andere Gäste standen in der Diele.

Anthea grinste mich an und schüttelte den Kopf. »Seid ihr fertig da drinnen?«

Ich errötete und strich verlegen mein Haar glatt.

Adam blickte auf mich hinunter und grinste, als er sah, dass ich rot geworden war. »Öffentlich genug für dich?«

Ich errötete stärker, und er lachte noch lauter.

»Wir wollten gerade gehen«, sagte ich entschuldigend zu Anthea. Allen anderen wagte ich nicht in die Augen zu sehen.

Meine Freundin hob eine Braue. »Oh, darauf würde ich wetten.«

Adam verabschiedete sich und wandte sich zum Gehen.

»Tut mir leid«, raunte ich ihr zu, als wir an ihr vorbeikamen.

»Nicht nötig.« Sie grinste. »Du Glückliche.«

Ich lachte und ließ mich von Adam aus der Wohnung führen.

Er kicherte, als wir die Treppe hinuntergingen.

»Bitte?«

Noch immer grinsend sah er mich an. »Einen schönen Valentinstag, Süße.«

Ich drückte seine Hand; war dankbar für diesen Mann, der alles tun würde, um mich glücklich zu machen. »Den werde ich so schnell nicht vergessen.«

Johanna und Cameron

In meinem Magen tanzten Schmetterlinge. Aber diesmal nicht nur vor lauter Vorfreude. Ich war unsicher.

Das Leben hielt immer noch Überraschungen bereit. Cam und ich waren seit elf Jahren zusammen. Wir hatten eine beinahe vierjährige Tochter, und wir waren die besten Freunde. Und trotzdem hatte ich im Lauf der letzten Monate den innigen Kontakt zu meinem besten Freund verloren. Es ließ sich schwer erklären. Eigentlich gar nicht.

Cam hatte einen neuen Job bei einer großen internationalen Marketingfirma angenommen. Außerdem arbeitete er freiberuflich mit Künstlern und unabhängigen Geschäftsleuten. Er schien in der letzten Zeit überhaupt nur noch zu arbeiten, und da ich ebenfalls einer Vollzeittätigkeit nachging und wir Belle hatten, war uns keine Zeit für uns geblieben.

Wir hatten seit sechs Wochen keinen Sex mehr gehabt.

Das mag für andere Paare nicht ungewöhnlich sein, aber bei uns war es noch nie vorgekommen, und ich war mehr als nur ein bisschen beunruhigt. Und mehr als nur ein bisschen verletzt.

Meine Entscheidung, ihn mit einem Valentinstagsabend zu überraschen, war ein Last-Minute-Vorschlag von meiner Freundin Joss. Ich hatte einen Auftrag in einer Neubausiedlung und strich einen Raum in einem langweiligen strahlenden Weiß, als ich beschloss, in meiner Mittagspause Joss anzurufen. Die Distanz zwischen meinem Mann und mir nagte an mir. Ich fühlte mich entsetzlich einsam, was ich mir auch endlich eingestand, und wollte Joss um Hilfe bitten. Ich hoffte nur, dass ich sie nicht beim Schreiben störte.

»Nö«, hatte sie gesagt. »Ich habe heute erst gar nicht angefangen, weil ich ja in ein paar Stunden doch nur unterbrochen werde, wenn die Kids eintrudeln.«

»Ach ja, ihr seid ja dieses Jahr mit dem Babysitten dran.«

»Allerdings.« Sie hatte tief geseufzt. »Ich wäre heute Abend wirklich lieber mit Braden allein.«

»Ich weiß, was du meinst.« Und dann hatte ich ihr erzählt, was sich alles zwischen Cam und mir *nicht* abgespielt hatte.

»Warum hast du denn so lange nichts gesagt? Bist du okay?«

Ihre Besorgnis trieb mir die Tränen in die Augen, und ich war froh, dass ich alleine war. Ich wollte nicht von meinem Kollegen Deacon belauscht werden. »Es geht ja erst seit sechs Wochen so.«

»Das ist für euch beide lange. Und es ist ja nicht nur der Sex. Wann habt ihr das letzte Mal wirklich miteinander geredet?«

»Keine Ahnung. Es hieß immer nur Hallo und Tschüs. Ich wusste, dass es nicht einfach wird, sich bei der Firma einen Namen zu machen, aber es gefällt mir nicht, Joss. Mir gefällt das Gefühl nicht, dass ich nicht weiß, was mit meinem Mann los ist. Und der Umstand, dass ihn das alles nicht zu stören scheint, ist geradezu erschreckend.«

»Er hat wahrscheinlich nur viel um die Ohren. Aber du

musst mit ihm reden, Jo. Sonst wird das Ganze zu einer riesigen Grolllawine anschwellen, und das nimmt kein gutes Ende, das verspreche ich dir.« Sie seufzte. »Weißt du, was? Du solltest ihn überraschen. Hör zu, Braden und ich haben heute Abend eine Tischreservierung im *La Cour*, weil er das mit dem Babysitten vergessen hatte. Ich versuche, die Reservierung auf deinen Namen zu übertragen. Bitte Mick oder Cams Eltern, heute Abend auf Belle aufzupassen, und dann überrasch Cam bei der Arbeit, geh mit ihm aus und schlepp ihn danach nach Hause und beende diese Durststrecke.«

»Meinst du?«

»Ja. Ich schicke dir eine SMS, wenn ich weiß, ob du den Tisch haben kannst.«

»Super. Danke, Joss.«

Sie schickte mir die SMS, und wir bekamen den Tisch. Nachdem ich meinen Onkel Mick und seine Frau Dee gebeten hatte, Belle zu nehmen, machte ich früh mit der Arbeit Schluss, ging nach Hause, duschte, zog ein hautenges paillettenbesetztes T-Shirt-Kleid an und fuhr mit dem Taxi durch New Town zu Cams Büro.

Als ich vor der Tür stand, tauchten dann plötzlich die Schmetterlinge auf. *Schmetterlinge!* Und das nur, weil ich ein Date mit meinem Mann hatte.

Yeah. Wir mussten das zwischen uns wirklich in Ordnung bringen. So sehr ich noch immer von Vorfreude erfüllt war, wenn wir ausgingen (nicht dass ich mich daran erinnern konnte, wann das zuletzt der Fall gewesen war) – die Schmetterlinge, jedenfalls diese Sorte, gehörten der Vergangenheit an. Worüber ich glücklich war. Ihr Verschwinden zeugte von der Sicherheit, die ich bei Cam empfand; ein Gefühl, das ich im Zusammenhang mit einem Mann nie erwartet hatte, bevor ich Cam kennengelernt hatte.

Die Rückkehr der Schmetterlinge war ein schlechtes Zeichen.

Ein Omen, könnte man auch sagen.

Ich wollte gerade an der Tür klingeln, als sie aufging, zwei Typen in Anzügen herauskamen, mich anlächelten und mir die Tür aufhielten. Ich lächelte zurück. Wohlige Wärme erfüllte mich, als einer der beiden mich eine Spur zu lange anstarrte.

Ich liebte meinen Mann und wollte keinen anderen, aber als eine Frau, die sich früher nur auf ihr Äußeres verlassen hatte, weil ich gedacht hatte, mit nichts anderem aufwarten zu können, musste ich zugeben, dass es mir schmeichelte, wenn Männer mich immer noch bewundernd ansahen. Vor allem jetzt, wo ich mich zu Hause fast unsichtbar fühlte. Ich war fast dreiunddreißig, ich hatte ein Baby bekommen, und während mein Mann mit zunehmendem Alter immer besser aussah, entdeckte ich die ersten Fältchen um meine Augen, stellte fest, dass meine Brüste nicht mehr so straff waren wie vor Belles Geburt, und ich hatte mir sogar ein paar schimmernde graue Haare aus meiner langen rotblonden Mähne ausreißen müssen.

Ich wusste, dass Cam mich liebte, aber er sollte mich auch immer noch begehren. Und ich wollte mehr als alles andere, dass er Notiz von mir nahm.

Gestärkt durch die offenkundige Bewunderung des gutaussehenden Typens strich ich mein Kleid glatt, damit dieser Ausdruck in Cams Augen trat, den ich so liebte.

Während ich mit dem Fahrstuhl zu seiner Etage hochfuhr, versuchte ich die Schmetterlinge zu vertreiben, da ich mich jetzt über sie ärgerte.

»Entschuldigung.« Ich hielt eine Frau an, die gerade das jetzt halbleere Büro verließ. »Ich suche Cameron MacCabe.«

Sie lächelte mich an. »Durch die Tür links. Sie können seinen Schreibtisch gar nicht verfehlen.«

Ich dankte ihr und folgte ihren Anweisungen.

Fast wünschte ich, ich hätte es nicht getan, denn mein Ärger verhundertfachte sich, als ich das offene Großraumbüro betrat, wo mein Mann lässig in seinem Stuhl lehnte und sich mit der Brünetten, die auf seinem Schreibtisch saß, unterhielt.

Mein Blick wanderte über die junge Frau, und mein Blut begann zu kochen, während ich sie in Augenschein nahm. Sie war jünger als ich, Anfang zwanzig, und sie saß mit übereinandergeschlagenen schlanken Beinen so auf dem Schreibtisch meines Mannes, dass ihr grauer Rock hochrutschte. Ihr hübsches Gesicht wurde von glatten hellbraunen Haaren umrahmt, und sie war vollkommen auf Cameron fixiert.

Ich kannte diesen Blick.

Früher, bevor Cam gekommen war und mich vor einem leeren Leben bewahrt hatte, hatte ich genau diesen Blick eingesetzt, wenn ich einen Mann im Visier hatte, den ich mir angeln wollte.

Es war der kokette, verführerische, sexy Blick einer Jägerin.

Mein Magen zog sich zusammen.

Ich trat zwei Schritte auf die beiden zu. Meine Füße wurden immer schwerer, während ich genau beobachtete, wie Cam auf sie reagierte. Er hielt körperlich Abstand, und sein Lächeln war nur einen Hauch freundlicher als höflich. Er schien sich dafür zu interessieren, was sie sagte … aber viel wichtiger war, dass er mit ihr hier statt mit mir zu Hause war.

Der Mangel an Zuneigung und Nähe, die Abende, an denen er spät heimkam … die letzten sechs Wochen ohne Sex … all das ging mir durch den Kopf, als ich auf sie zuging, und ein böser Verdacht keimte in mir auf, obwohl ich mich für den bloßen Gedanken schon hasste.

Er würde nie … er würde mich nie betrügen.

Aber dachte er darüber nach?

Würde er es gern tun?

Ich schluckte den Kloß in meinem Hals herunter, als ich näher trat und Cam mich aus dem Augenwinkel heraus bemerkte. Sein Kopf fuhr zu mir herum, und er sah mich überrascht an.

»Jo.« Er stand mühelos auf, und die Brünette drehte sich um, um mich anzusehen. Ihre Augen wurden schmal, als ihr Blick sich auf mich heftete.

»Süße, was tust du denn hier?«

Ich starrte ihn an; vor lauter Nervosität bekam ich kaum einen Ton heraus, und dann starrte ich *sie* an.

»Jo, das ist Ally, eine unserer künstlerischen Leiterinnen.« Cam machte eine Handbewegung, woraufhin sie anmutig von seinem Schreibtisch glitt. Sie reichte mir nicht die Hand, sondern nickte mir nur zu. Ihre Augen verdunkelten sich vor Enttäuschung, während sie mich musterte. »Ally, das ist meine Frau Johanna.«

Da sie sich zu keiner der üblichen Höflichkeitsfloskeln wie ›Freut mich, dich kennenzulernen‹ herabließ, verzichtete ich gleichfalls darauf.

Ich drehte mich wieder zu Cam. »Ich wollte dich zum Valentinstag überraschen. Ich habe für uns einen Tisch reserviert.«

»Mist.« Er zuckte zusammen, und ein Ausdruck schuldbewussten Bedauerns trat in seine Augen. »Süße … Valentinstag.«

Mir war klar, dass er das vergessen hatte. »Valentinstag«, murmelte ich.

»Lass mich nur noch schnell hier aufräumen.«

»Gut, wir sehen uns dann morgen, Cam.« Ally lächelte ihn an. Als sie an mir vorbeiging, nickte sie mir noch einmal flüchtig zu und schwenkte übertrieben die Hüften.

Mein Mann starrte ihr nicht hinterher, was eine weise Entscheidung von ihm war, weil ich ihm ansonsten wahrscheinlich den Hals umgedreht hätte.

Nachdem er seinen Mantel geholt hatte, verließen wir gemeinsam das Büro. Er legte eine Hand auf meinen Rücken, und ich spürte, wie ich mich augenblicklich verkrampfte.

Als wir im Fahrstuhl alleine miteinander waren, seufzte er. »Ich kann kaum glauben, in welche Richtung deine Gedanken gehen.«

Ich starrte unverwandt vor mich hin, während ich mich bemühte, meine Emotionen unter Kontrolle zu halten. »Ich denke, dass ich seit Monaten kaum ein Wort mit meinem Mann gewechselt habe, weil er immer bis spät abends arbeitet. Heute wärst du garantiert auch erst spät nach Hause gekommen, und mir wird plötzlich klar, dass das keineswegs an Bergen von Arbeit liegt, sondern daran, dass du mit einem Mädchen flirtest, das zehn Jahre jünger ist als deine Frau.«

»Das ist doch gar nicht … das ist doch lächerlich«, schnaubte er. Er klang erschöpft.

»Heute Abend entsprach es den Tatsachen.« Ich drehte mich zu ihm um und sah ihn an, als sich die Fahrstuhltüren öffneten. »Heute Abend hättest du wieder keine Zeit mit mir und Belle verbracht, und weshalb? Um dich angeregt mit Ally zu unterhalten?«

Er sah mich entgeistert an. Leise Schuldgefühle schienen über sein Gesicht zu huschen. »Aus dieser Sicht habe ich das noch gar nicht betrachtet. Es tut mir leid. Aber wir haben wirklich nur über die Arbeit gesprochen, das schwöre ich. Mehr steckt nicht dahinter, Jo.«

Mir wurde schwer ums Herz, als ich erkannte, wie sehr mir die Distanz zwischen uns zu schaffen gemacht hatte, und plötzlich wollte ich die ganzen negativen Gefühle verdrängen. »Lass uns einfach essen gehen.« Ich trat aus dem Fahrstuhl, und Cam folgte mir. Schweigend warteten wir auf ein Taxi. Nachdem es angehalten hatte, stiegen wir ein, und ich nannte dem Fahrer unser Ziel.

»La Cour?«, wiederholte Cameron erstaunt. Das *La Cour* war ein Restaurant, das Braden vor Jahren gehört hatte. Er hatte es einem seiner Freunde, einem Sternekoch, verkauft, woraufhin es von bekannt und beliebt zu michelinsternberühmt aufgestiegen war. Es war extrem schwierig, dort einen Tisch zu ergattern.

»Joss und Braden haben das arrangiert.«

»Das war wirklich lieb von dir, Schatz.« Ich spürte, wie seine warme Hand in meine glitt, und ich ließ es zu, dass er sie hielt, schloss meine Finger aber nicht um seine.

Er drückte sie leicht; versuchte mich aufzutauen. »Wer passt denn auf Belle auf?«

»Onkel Mick.«

»Ich freue mich darauf, mit dir allein zu sein.«

Als ich nichts darauf erwiderte, verflocht er seine Finger mit meinen und verstärkte seinen Griff. »Es wird sicher ein schöner Abend«, stieß ich mühsam hervor.

Die bedrückende, angespannte Atmosphäre zwischen uns schnürte uns beinahe die Luft ab, und sie hielt während des ganzen Weges zum Restaurant an, bis wir im *La Cour* saßen und unsere Vorspeisen serviert wurden.

Während wir aßen, gab Cams Handy einen Piepton von sich. Ich beobachtete unter den Wimpern hervor, wie er danach griff und bei der Nachricht, was auch immer er da las, die Stirn runzelte.

»Was ist denn?«

Er warf mir einen argwöhnischen Blick zu. »Nichts.«

Mein Puls begann noch stärker zu rasen, als er es ohnehin schon tat. »Wenn es nichts ist, kannst du es mir ja zeigen.« Ich streckte eine Hand aus.

Cam funkelte mich finster an, als er mir das Telefon reichte. »Ich habe nichts vor dir zu verbergen, Süße. Hör auf, mich wie einen Verbrecher zu behandeln.«

Ich nahm ihm das Telefon ab und starrte auf den Bildschirm.

Es war eine Textnachricht von Ally: Deine Frau schien sauer auf uns zu sein. Bist du okay?

Mein Temperament drohte mit mir durchzugehen. Ich sah mir die letzten Nachrichten an, die er mit ihr ausgetauscht hatte, doch es beschwichtigte mich wenig, dass sie alle auf die Arbeit bezogen und nicht flirthafter Natur waren.

Ich gab ihm das Telefon zurück. »Findest du den Text nicht ein bisschen unangemessen? Seit wann bilden du und sie ein ›uns‹?«

Er legte das Telefon zur Seite. »Ich finde es unangemessen, deswegen antworte ich auch nicht darauf.«

»Sie flirtet mit dir.«

»Ich werde sie nicht ermutigen.«

»Ich denke, darum geht es gar nicht mehr.« Ich schüttelte angewidert den Kopf; ärgerte mich, dass er überhaupt nicht zu merken schien, wie fragil unsere Beziehung im Moment war.

Bei meinem Ton breitete sich so etwas wie alarmierte Besorgnis auf seinem Gesicht aus. »Jo.« Er beugte sich über den Tisch und versuchte nach meiner Hand zu greifen, doch ich zog sie weg. »Du regst dich wegen nichts und wieder nichts auf.«

Wegen nichts und wieder nichts? Kapierte er denn wirklich nicht, was sich hier abspielte?

Ich warf meine Serviette auf den Tisch und stand auf. Der Stuhl rutschte mit einem lauten Kratzen über den Hartholzboden. »Ich bin nicht mehr in der Stimmung, um Valentinstag zu feiern. Wir sehen uns zu Hause.«

»Jo.« Er erhob sich ebenfalls, versuchte mich am Arm zu packen und verfehlte mich, als ich aus dem Restaurant floh.

Ich fühlte mich elend.

Hundeelend.

Ich stieg in ein Taxi. Während der ganzen Rückfahrt zur London Road zitterte ich. In unserer Wohnung blickte ich mich in den vertrauten Räumen um; dem Ort, an dem wir seit über zehn Jahren zusammenlebten.

Mein Blick fiel auf Belles Puppe. Sie war über den Sessel drapiert. Ihre Zeichentrickfilm-DVDs lagen auf dem Boden vor dem Fernseher verstreut.

Ich sehnte mich so sehr danach, meine Tochter in die Arme zu schließen, dass es fast schmerzte.

Ich wollte ihren Duft einatmen und Trost aus ihr ziehen.

Weil mir mein Heim nicht länger vertraut war. Es kam mir kalt und einsam vor.

Die Vordertür wurde zugeschlagen, und ich hörte Cams

schwere, schnelle Schritte, als er durch die Diele ging. Dann erschien er auf der Schwelle zum Wohnzimmer. Seine hohe Gestalt war furchteinflößend, und der Ausdruck auf seinem Gesicht erinnerte an einen Gewitterhimmel.

»Was zum Teufel sollte das denn?«, fauchte er.

»Willst du nicht mehr mit mir zusammen sein?« Tränen rannen still meine Wangen hinunter, als ich meine größte Angst in Worte kleidete.

Mein Mann sah mich ungläubig an und trat einen Schritt auf mich zu. Ich schwenkte eine Hand, um ihn wegzuscheuchen, woraufhin er stirnrunzelnd stehen blieb. »Wie kommst du denn darauf?«

»Wusstest du, dass bei Dee vor einem Monat der Verdacht auf Brustkrebs bestand?«

Angesichts dieser dramatischen Wende des Gesprächs zwinkerte er ein paarmal heftig. »Nein.«

»Nein.« Ich schüttelte den Kopf und kräuselte verächtlich die Lippe. »Natürlich kannst du das nicht wissen, denn jedes Mal, wenn ich versuche, mit dir zu reden, würgst du mich ab, um einen Anruf vom Büro oder von einem deiner Kunden entgegenzunehmen. Jedes Fitzelchen Freizeit, das du abzwacken kannst, verbringst du mit Belle, und das ist gut, weil sie wichtiger ist … aber mir kommt es so vor, als wäre es dir völlig egal, dass wir seit Monaten kein Gespräch mehr geführt haben oder dass du mich seit sechs Wochen nicht mehr angerührt hast. Es gab nur einen flüchtigen Kuss auf den Mund, wenn du morgens gegangen bist. Mehr eine Gewohnheit als ein Bedürfnis.«

»Glaubst du, ich hätte das nicht gemerkt?«, erwiderte er entnervt. »Natürlich ist mir aufgefallen, dass wir uns nicht viel gesehen haben, aber wir wussten, dass die Übergangszeit schwer werden würde.«

»Es gibt Schwierigkeiten, und es gibt das hier!«, schleuderte ich ihm entgegen. »Vielleicht finden sich andere Frauen damit ab, aber ich sicher nicht. Ich habe dich nicht geheiratet, damit die andere Hälfte meines Betts nachts warm ist. Ich habe dich geheiratet, weil du mein bester Freund sein solltest.«

»Ich bin dein bester Freund. Wir machen eine harte Zeit durch, das ist alles.«

»Und Ally?«

»Da ist nichts.« Seine Miene verfinsterte sich. »Und die Tatsache, dass du etwas anderes vermutest, macht mir richtig Sorgen.«

Ich nickte langsam. »Zu Recht, Cam. Du solltest dir wirklich Sorgen machen.«

Er wurde blass. »Wie meinst du das?«

Ich musterte ihn mit schmalen Augen. »Ich meine, dass ich seit Monaten einsam bin und du nicht auf mich zugegangen bist. Du hast es noch nicht einmal gemerkt.« Die Tränen flossen jetzt so schnell über meine Wangen, dass ich es aufgab, sie abwischen zu wollen. »Ich habe versucht, so zu tun, als wäre es okay. Nur eine schwierige Phase. Aber es ist eben nicht in Ordnung. Ich bin nicht mehr das Mädchen, das denkt, echte Liebe nicht verdient zu haben. Ich bin nicht mehr sie. *Sie* hätte hingenommen, dass du sie als selbstverständlich betrachtest. Ich werde das nicht tun.« Ich schüttelte den Kopf. »Das, was ich jetzt empfinde … es ist nicht gut. Ich bin keine verdammte Puppe, die du zur Seite legen kannst, wenn du zu beschäftigt bist, um mit ihr zu spielen. Ich bin deine Frau, und eine Ehe funktioniert nicht durch Zauberhand. Man muss daran arbeiten. Und wenn du dazu nicht mehr bereit bist, weil du anderweitig zu viel zu tun hast, dann bitte … aber ich mache das nicht mit. Belle und ich finden schon einen anderen Ort, wo wir leben können. Hast du mich verstanden?«

Die Worte waren mir kaum über die Lippen gekommen, da stürzte Cam auch schon quer durch den Raum, packte mich bei den Armen und zog mich eng an sich. Ich stieß überrascht den Atem aus, als ich in sein gequältes Gesicht blickte.

»Nie wieder.« Aufgewühlte Emotionen ließen seine Lippen beben. »Sag so etwas nie wieder zu mir. Ich kann ohne dich nicht leben.« Er lehnte seine Stirn gegen meine, und ich spürte, dass er zitterte. »Es tut mir leid«, flüsterte er heiser. »Es tut mir so verdammt leid, dass du dich meinetwegen so schlecht fühlst.«

Wir blieben einen Moment aneinandergeschmiegt stehen. Der Ernst und die Angst in seiner Stimme beunruhigten mich etwas.

Unsere Atemzüge wurden regelmäßiger, und wir fanden allmählich in die Gegenwart zurück.

»Es ist nicht so, dass ich dich völlig vereinnahmen möchte«, murmelte ich. Meine Wangen brannten wegen all dem, was ich ihm an den Kopf geworfen und angedroht hatte. »Es sieht dir einfach nur nicht ähnlich, mich nicht … zu wollen.«

»Ich werde dich immer wollen.« Seine Stimme klang rau. »Es hat mich nur total ausgelaugt, alles gleichzeitig im Griff zu behalten.«

Ich rückte von ihm ab, um ihn anzusehen. »Ich weiß. Ich weiß … ich meinte nur …« Ich zuckte die Achseln; fühlte mich entsetzlich schuldig.

Er nickte. Er sah mich an. Ich hatte das Gefühl, er sah direkt in meine Seele. »Aber du hast recht. Ich habe dich als etwas ganz Selbstverständliches in meinem Leben betrachtet. Ich habe einfach vorausgesetzt, dass du dich während unserer Anlaufschwierigkeiten mit meiner Abwesenheit abfindest.«

»Ich möchte dich in jeder Hinsicht unterstützen«, sagte ich. »Aber ich habe mich in der letzten Zeit regelrecht unsichtbar gefühlt.«

Bei diesen Worten sog er vernehmlich die Luft ein und umschloss mein Gesicht mit den Händen. »Was soll ich tun, Jo? Wie kann ich die Situation ändern?«

Ich schüttelte den Kopf und löste mich aus seiner Umarmung. Mir war plötzlich kalt. Fröstelnd rieb ich über meine Arme und zuckte die Achseln. »Wir müssen daran arbeiten. Eine Beziehung erfordert Arbeit. Ich schätze, wir haben uns beide zu sehr daran gewöhnt, dass alles leicht und locker läuft. Jetzt liegen die Dinge anders. Wir haben Belle und unsere Jobs … wir müssen ein bisschen härter an dem Du-und-Ich-Teil arbeiten.«

Er nickte, wirkte genauso bedrückt wie ich. »Und nun?«

»Ich bin müde«, sagte ich leise. »Ich gehe ins Bett.«

Eine Viertelstunde später lagen wir im Dunkel unseres Schlafzimmers im Bett.

Wir berührten uns nicht.

»Ich liebe dich, das weißt du doch, oder?« Cams Stimme klang schroff und belegt.

Ich kämpfte einen Moment gegen erneut aufsteigende Tränen an.

»Jo?«

Ich nickte, obwohl er es nicht sehen konnte. »Ich liebe dich auch«, stieß ich hervor.

Das Bett knarrte, und ich spürte seine Wärme, als er sich zu mir drehte. Er legte einen Arm um meine Taille und zog mich an sich. Meine Hände flatterten einen Moment lang und legten sich dann auf seine Brust.

»Ich fasse es nicht, dass ich es zugelassen habe, dass du an mir zweifelst«, flüsterte er gequält. »Dass ich dir so weh getan habe, dass du daran gedacht hast, mich zu verlassen.«

»Vielleicht stelle ich zu hohe Ansprüche.«

»Nein.« Er streichelte meine Hüfte. »Nein, Baby. Ich habe es vermasselt.«

»Wir kriegen das wieder hin.« Und ich meinte es ernst. Ich merkte schon, wie mich Erleichterung durchströmte, nur weil ich in seinen Armen lag.

»Aber du hast auch Mist gebaut.«

Ich erstarrte.

»Ich weiß, dass ich etwas hätte merken müssen«, sagte er. »Aber ich bin auch kein Gedankenleser. Du hättest es nie so weit kommen lassen dürfen, Jo. Du hättest mir sagen sollen, dass du Angst hattest, ich könnte nicht mehr mit dir zusammen sein wollen.« Er zog sacht an meinem Haar und bog meinen Kopf nach hinten.

Ich konnte seine Züge nur verschwommen erkennen, aber ich wusste auch so, dass Zorn in seinen Augen glomm.

»Zusammen sind wir doch stark. Was ist passiert?«

Wie auf ein Stichwort hin kehrte die Panik zurück. »Es war … da kam vieles zusammen, denke ich. Ich habe allmählich gemerkt, dass ich ein bisschen … ein bisschen älter werde«, gestand ich. »Belle wird dieses Jahr vier, und Cole heiratet bald … und wir hatten lange keinen Sex mehr … da hat sich das alles eben aufgebaut. Joss hatte recht. Ich habe das zu lange für mich behalten. Da war die Explosion unausweichlich.« Ich seufzte. Ich verstand mich selbst nicht mehr.

»Jo«, sagte er, und ich hörte seine ganze Ungläubigkeit aus diesem einen Wort heraus. »Du bist immer noch die schönste Frau, die ich je gekannt habe. Ich werde nie eine andere so begehren wie dich.«

»Du musst mir versprechen, dich nie wieder so von mir zu entfremden.« Ich krallte die Faust in sein T-Shirt. »Und ich verspreche dir, dich an allem teilhaben zu lassen, was in meinem Kopf vorgeht.«

»Versprochen«, erwiderte er wie aus der Pistole geschossen.

Ich barg den Kopf an seiner Brust und schloss die Augen. Unsere Probleme waren nicht auf wundersame Weise gelöst, aber das würden wir schaffen. Als wir noch jünger waren und am Anfang unserer Beziehung standen, hatten wir einen Streit gehabt, der uns beinahe für immer auseinandergebracht hätte, aber wir hatten diese Krise durchgestanden.

»Das mit Ally tut mir leid«, sagte er. »Du hast recht. Ich hätte jede Chance nutzen sollen, um Zeit mit dir und Belle zu verbringen. Wenn du in diesem Büro gesessen und mit irgendeinem Typen gequatscht hättest und ich dich mit denselben Gedanken, wie du sie heute hattest, dabei überrascht hätte, hätte ich den Kerl umgebracht.«

»Ich weiß, dass Ally nur ein Katalysator für unsere größeren Probleme war … aber mir gefällt der Ausdruck in ihren Augen nicht, wenn sie dich ansieht, Cam, und das bilde ich mir nicht ein.«

»Ich werde ihr unmissverständlich klarmachen, dass ich nicht interessiert bin. Das verspreche ich dir.«

Ich sagte das, was er jetzt von mir hören musste. »Ich vertraue dir.«

»Danke, Baby.« Er umarmte mich fester. »Ich liebe dich.

Ich werde dich nie wieder als selbstverständlich betrachten.«

Er hielt mich fest, und endlich wich die Anspannung aus meinem Körper, und der Schlaf überwältigte mich.

»Baby.«

Ich kuschelte mich tiefer in mein Kissen und blendete die Stimme aus, die mich zu wecken versuchte. War ich nicht gerade eben erst eingeschlafen?

»Baby, wach auf.«

Ich öffnete langsam die Augen und blinzelte in das Licht in unserem Schlafzimmer. Meine Nachttischlampe brannte, und der Radiowecker zeigte halb zwölf in der Nacht.

Wir waren um neun ins Bett gegangen. Vor weniger als drei Stunden.

Was zum Teufel …?

Ich sah Cam an, der vollständig bekleidet neben mir saß. »Was ist denn?«, nuschelte ich, dabei rieb ich mir die immer noch vom Weinen verquollenen Augen.

Er nahm meine Hand. »Uns bleiben nur noch dreißig Minuten vom Valentinstag.«

Verschlafen, aber nun mit geweckter Neugier ließ ich mich von ihm aus dem Bett ziehen und folgte ihm in meinem Schlafanzug durch die kühle, dunkle Wohnung.

Als wir ins Wohnzimmer kamen, schnappte ich nach Luft.

Unser Kaminsims, der Couchtisch und jede andere verfügbare Fläche waren mit Kerzen übersät. Auf dem Boden vor dem Kamin hatte Cam ein Picknick mit Snacks und Wein angerichtet. In der Mitte prangte eine große herzförmige Pralinenschachtel.

Ich starrte ihn überwältigt an.

»Ich war schnell in dem durchgehend geöffneten Supermarkt.« Er lächelte einschmeichelnd.

Tränen brannten in meinen Augen, und ich griff nach seiner Hand. »Danke.«

Er zog mich zu sich und presste mich so eng an seinen Körper, dass kein Zeitungsblatt mehr dazwischen gepasst hätte. »Ich werde nie wieder so ein Volltrottel sein, das verspreche ich dir.«

Ich nickte. »Ich auch nicht.«

Seine Lippen streiften die meinen, ein verführerisch geflüstertes Versprechen auf mehr. Ich erschauerte vor Vorfreude. Ich hatte ihn in mehr als nur einer Hinsicht vermisst.

»Komm.« Er bedeutete mir, auf dem Kaminvorleger Platz zu nehmen, und ich lachte über die Minipasteten und Quiches, die er aufgebacken hatte.

»Das ist alles, was sie hatten. Nicht ganz *La Cour*, fürchte ich.«

Ich schüttelte grinsend den Kopf. »Es ist perfekt.«

Wir begannen zu essen, und ich merkte erst jetzt, wie ausgehungert ich war.

»Jetzt erzähl mir von Dee.« Cam trank einen Schluck Wein. »Ist sie okay?«

Ich runzelte die Stirn; erinnerte mich daran, welche Angst sie ausgestanden hatte, während sie auf das Ergebnis ihres Mammographiescreenings gewartet hatte. Sie hatte vor vier Wochen einen Knoten ertastet, der sich aber zum Glück als gutartige Zyste herausgestellt hatte. »Es geht ihr gut. Wir haben uns große Sorgen gemacht, aber es ist alles in Ordnung.«

»Wenn das nächste Mal so eine Scheiße passiert, dann packst du mich an den Haaren oder trittst mich in die Eier oder sonst wohin, wohin, ist mir egal, und dann brüllst du mich an, dass du mit mir reden musst. Okay?«

Ich blickte ihm fest in die Augen. »Mache ich. Tut mir leid, dass ich es nicht schon diesmal getan habe.«

Er senkte den Blick, und ich wartete ab, da mir seine aufgewühlte Miene nicht entging. »Würdest du ernsthaft erwägen, mich zu verlassen?«

Ich schloss die Augen und wünschte, ich hätte das nie gesagt. Es war der Hitze des Augenblicks entsprungen, meinem eigenen Schmerz.

Aber ich hatte ihn verletzt.

»Da müsste schon etwas viel Einschneidenderes passieren, um mich dazu zu bringen, dich zu verlassen, Cameron MacCabe.«

Jetzt blickte er zu mir auf, und die Hitze, das Verlangen … und die Entschlossenheit in seinen Augen ließen mich frösteln. »Ich würde dir folgen, weißt du. Ich würde dir bis ans Ende der Welt folgen, um dich zu überreden, zu mir zurückzukommen. Ich werde nie aufhören, um dich zu kämpfen.«

Und das hier und jetzt … das war einer der vielen Gründe, weshalb ich ihn liebte. »Ich musste nur daran erinnert werden. Nicht jedem ist eine Liebe wie unsere vergönnt, Cam. Ich hatte Angst, wir würden einfach … abstumpfen.«

Seine Antwort bestand darin, das Essen zur Seite zu schieben und sich auf mich zuzubewegen.

Mir stockte der Atem, als er meine Beine auseinanderschob und sich gegen mich presste, bis mir nichts anderes übrigblieb, als mich rücklings unter ihm auf den Boden sinken zu lassen. Er stützte sich über mir ab und streichelte mit einer Hand meinen Schenkel.

»Es ist zu lange her. Ich will in dir sein, Baby.«

Ich nickte, unfähig, einen Ton herauszubringen, während mich heiße Erregung durchzuckte und die Stelle zwischen meinen Beinen und meine Brüste prickeln ließ. »Ich brauche dich auch.«

Cam streifte behutsam meinen Schlafanzug und seine Kleider ab, bis ich nackt im Schein der Kerzen lag und er über mir kniete. Ich saugte seinen Anblick förmlich in mich auf. Das warme Licht betonte seinen festen, muskulösen Körper, den er im Fitnessstudio und mit Kampfsport in Form hielt. Ich musste mir eingestehen, dass ein Teil von mir es ihm in den letzten paar Monaten verübelt hatte, dass er so fanatisch auf seine Fitness achtete – noch mehr Zeit, die er etwas anderem widmete.

Aber als ich da lag und meine Nerven vor Begierde vibrierten, während ich seine männliche Schönheit bewunderte, musste ich zugeben, dass mich das Ergebnis seiner Bemühungen entzückte. Mein Blick wanderte zu seinem Gesicht, und der Ausdruck in seinen Augen verschlug mir erneut den Atem.

»Weißt du, ich hatte recht … damals.«

Bei dieser kryptischen Bemerkung zog ich die Brauen zusammen.

»Als ich sagte, dass dich eigentlich kein Mann verdient.«

Die Erinnerung trieb mir die Tränen in die Augen. *Du bist umwerfend. Dich verdient eigentlich kein Mann.* Cam hatte das in unserer ersten gemeinsamen Nacht zu mir gesagt. Das vergaß eine Frau nicht so leicht.

Aber es war eine unglaublich schöne Erkenntnis, dass Cam ebenfalls keine Einzelheit dieser Nacht vergessen hatte. Eine Träne rollte über meine Wange, und er senkte sich langsam auf mich hinab. Seine Hand lag auf meiner Hüfte, die andere umschloss mein Gesicht, so dass er die Träne wegwischen konnte. »Ich mache alles wieder gut«, wiederholte er heiser. Leidenschaftliche Gefühle brannten in seinen Augen.

Und ich kannte ihn gut genug, um zu wissen, dass er sich noch wochenlang schwerste Vorwürfe machen würde.

Ich wollte ihn trösten, so wie er mich getröstet hatte. »Du bist doch schon dabei.«

Daraufhin küsste er mich zärtlich, dabei schob er eine Hand zwischen meine Beine und legte den Daumen auf meine Klitoris. Seufzend vor Wonne bog ich mich ihm entgegen, als seine Daumenkuppe meine Klitoris umkreiste. Mein Magen zog sich vor Verlangen zusammen.

Gerade als die Spannung kurz vor der Entladung stand, brach er den Kuss ab und hielt inne.

Meine Augen blitzten vor Enttäuschung auf.

Seine Mundwinkel verzogen sich zu einem leisen, verspielten Lächeln, und ich stöhnte auf, als er zwei kräftige Finger in mich schob.

»Sieh mich an, Jo«, verlangte er, und ich tat, wie mir geheißen.

Unsere Blicke versanken ineinander, als er mich liebkoste und seine Augen sich vor Erregung verdunkelten, während er mich beobachtete und ich immer wieder seinen Namen keuchte.

Ich kam mit einem Schrei der Erfüllung, und er packte meine Handgelenke, hielt meine Hände über meinem Kopf fest und stieß in mich hinein.

Seine Augen loderten auf, als er auf mich hinunterblickte. Während seine Hüften gegen meine stießen, sich Schweißperlen auf seiner Haut bildeten und seine Kiefermuskeln sich vor Anstrengung, den Höhepunkt hinauszuzögern, anspannten, brach mein Mann nicht ein einziges Mal den Blickkontakt mit mir ab.

Ich wollte ihn berühren, aber jedes Mal, wenn ich versuchte, meine Hände zu bewegen, presste er sie fester auf den Boden.

»Siehst du?«, stöhnte er. Seine Stöße kamen schneller und härter. »Siehst du, was du mit mir machst? Nur du. Nur du.«

Bei diesen Worten rief ich wieder seinen Namen, und meine Unterleibsmuskeln zogen sich krampfartig um ihn zusammen, als ich kam.

»Johanna«, keuchte er. Er hielt inne, und dann stieß er ein letztes Mal tief in mich hinein, während ihn sein eigener heftiger Höhepunkt schüttelte.

Er legte seine Stirn auf meine und versuchte, wieder zu Atem zu kommen.

»Ich glaube, das haben wir beide gebraucht«, flüsterte ich belustigt und befriedigt zugleich.

Cam sah mich an, gab meine Handgelenke frei und legte die Hände auf meine Taille. Ich streichelte seine Schultern und schlang meine Beine um ihn, um ihn eng an mich gepresst in mir zu halten.

»Du und Belle«, murmelte er fast feierlich. »Ihr bedeutet mir alles.«

Der heutige Abend hatte uns beiden schwer zugesetzt, aber während ich jetzt wesentlich ruhiger und entspannter war, war Cam verunsichert. Ich sah die tief in seinen Augen lauernde Panik. Er wusste nicht, ob ich ihm glaubte. Und ich hatte das Gefühl, dass er in den nächsten Monaten nichts unversucht lassen würde, mir seine Liebe zu beweisen. Zwar war die Vorstellung äußerst reizvoll, aber ich wollte trotzdem nicht, dass Cam sich so fühlte wie ich mich in den letzten paar Monaten.

»Ich glaube dir«, sagte ich leise. »Ich schwöre dir, dass ich dir glaube.«

Sanft strich er über meine Taille. »Morgen ist Samstag.«

»Ja.«

»Du und Belle. Das ganze Wochenende. Nur wir.«

»Keine Arbeit?«, fragte ich hoffnungsvoll.

»Ich schalte mein Telefon aus.«

Ich grinste. »Das klingt nach viel Spaß.«

»Mmm.« Sein Mund streifte meinen. »Ich denke, dieses Wochenende wird mit ausgiebigem Ausschlafen beginnen.«

»Oh?«

»Du wirst sehr, sehr erschöpft sein, Mrs. MacCabe.« Er grinste frech. »Aber auch sehr, sehr zufrieden.«

Ich lachte, woraufhin er noch breiter grinste. »Zeig dich von deiner schlimmsten Seite, Mr. MacCabe. Wir haben die ganze Nacht Zeit.«

»Das muss ich korrigieren«, erwiderte er rau. »Wir haben bis ans Ende unserer Tage Zeit.«

Ich verbiss mir ein Lächeln. »Du bist ja heute Abend so romantisch.«

»Tja.« Er zuckte die Achseln. »Es ist Valentinstag. Da gebe ich mir gern ein bisschen Mühe.«

Ich schlug spielerisch nach ihm, und er prustete vor Lachen und bombardierte mich mit Küssen und kitzelnden Fingern, denen ich auszuweichen versuchte. Mein Quieken erfüllte die ganze Wohnung. Cam fiel mit seinem tiefen Lachen ein, und ich fühlte mich wieder vertraut und zu Hause.

Olivia und Nate

Liv, hast du mein Fischaugenobjektiv gesehen?«, brüllte Nate aus seinem Büro im hinteren Teil des Hauses.

Ich kämmte gerade Januarys weiches Haar zu Rattenschwänzen. »Wozu brauchst du das Fischauge?«

»Mummy, kann ich ein paar Gummibärchen haben?«, fragte Lily aus der Küche.

»Weil ich heute die Fotos für diese Zeitschrift schieße! Wir wollen ein bisschen herumexperimentieren, und da könnte das Fischauge ganz brauchbar sein!«, rief Nate. Er klang gereizt.

Er war spät dran.

Und er hasste es, sich zu verspäten.

»Das Objektiv müsste bei deiner Ausrüstung sein.« Ich küsste January auf den Scheitel, und sie hüpfte von der Sofalehne und sauste in die Küche, um ihrer großen Schwester Gesellschaft zu leisten.

»Mummy? Gummibärchen?«

»Nein, Lily.« Ich folgte Jan in die Küche, wo Lily eine Minitüte weicher Fruchtgummibärchen umklammerte. »Die sind für die Pause, Schätzchen. Iss deine Banane und deinen Joghurt.«

»Es heißt Freizeit, nicht Pause, und ich habe meine Banane und meinen Joghurt schon gegessen.« Lily schmollte.

»Liv!«

Ich knirschte mit den Zähnen, als ich Nate erneut brüllen hörte, nahm eine Banane aus der Obstschale und gab sie Lily. »Iss noch eine und pass auf deine Schwester auf, während ich deinem Dad suchen helfe.«

Ich eilte zu seinem Büro, stieß die Tür auf und sah ihn hektisch in einer Schublade herumwühlen. »Warum ist es nicht bei deinen restlichen Sachen?«

»Woher zum Teufel soll ich das wissen?«, fauchte er. »Jedes Mal, wenn man in diesem Haus etwas wegräumt, bekommt es Beine.«

»Okay, beruhige dich, und denk nach. Wann hast du das Fischauge zuletzt benutzt?«

Er fuhr sich mit der Hand durch sein dunkles Haar, das am Ansatz erste graue Strähnen aufwies. Das und die Fältchen um seine Augen, die von seinem (für gewöhnlich) ständigen strahlenden Lächeln herrührten, taten seiner männlichen Schönheit keinen Abbruch.

Wenn ich mir die Zeit nahm, meinen hinreißenden Mann zu bewundern, verspürte ich zwischen meinen Beinen oft ein Kribbeln, und ich schaltete automatisch in den Liebesmodus. Aber nicht heute. Heute war Valentinstag, und so gerne Nate und ich uns auch über die kommerzielle Ausrichtung und das abgedroschene Klischee dieses Tages lustig machten, schenkte er mir trotzdem immer Blumen.

Heute nicht.

Heute – nada.

Außerdem war er für seine Verhältnisse ungewöhnlich schlecht gelaunt.

»Das weiß ich nicht.« Er zuckte die Achseln. »Es ist schon eine Weile her.«

»War das vielleicht für den Artikel, den du für die

Zeitung verfasst hast … in dem die Tatsachen verdreht wurden … das Bild vom Portobello Beach. Der geschichtliche …«

»Du bist ein Genie!« Er zeigte auf mich. »An dem Tag habe ich das verdammte Objektiv Mikael geliehen, und er hat mir das Scheißding nicht zurückgegeben.«

»Nate, die Mädchen sind in der Diele«, mahnte ich.

»Sorry«, nuschelte er. »Ich muss los. Ich werde Mikael anrufen und ihm sagen, er soll das Objektiv vorbeibringen.«

Ich hatte keine Ahnung, wer Mikael war, nickte aber, da ich meinen Mann aus dem Haus haben wollte. Die Mädchen mussten zur Schule, ich musste zur Arbeit, und ich konnte mich nicht länger mit ihm und seiner miesen Laune befassen.

Er schnappte sich seine Ausrüstung und küsste mich im Vorbeigehen flüchtig auf die Lippen. »Bis später.«

Ich folgte ihm in die Diele und sah zu, wie er seine Ausrüstung abstellte und in die Küche stürmte. Von der Tür aus beobachtete ich, wie er January in die Luft schwang, woraufhin sie kicherte und quietschte und dann noch lauter lachte, als er ihr Gesicht mit Küssen bedeckte. Nachdem er sie wieder sicher auf die Füße gestellt hatte, drehte er sich zu Lily, schloss sie in die Arme und küsste sie auf die Wangen, während sie zappelte und ihn lachend bat, sie loszulassen.

Bei dem herzerwärmenden Anblick zog sich meine Brust zusammen.

»Tschüs, Mädels. Bis dann.« Er bedachte mich mit einem raschen Lächeln, als er an mir vorbeikam, und ich versuchte den Umstand zu ignorieren, dass das Ziehen plötzlich zu einem schmerzhaften Druck wurde.

Die Tür fiel hinter ihm zu, und ich klatschte in die Hände und grinste die Mädchen an, um mir meinen Verdruss nicht anmerken zu lassen. »Zeit für die Schule. Wer zuerst mit Schuhen, Mantel und Schultasche an der Tür ist, bekommt eine Extratüte Gummibärchen.«

Die Mädchen kicherten und machten sich fertig.

Ich stürmte durch das Sicherheitstor der Campusbibliothek der Universität von Edinburgh, wo ich als Chefbibliothekarin in der Leserserviceabteilung arbeitete. Ich war vor drei Jahren zur Bibliothekarin befördert worden, als mein Boss Angus in den Vorruhestand ging und sich mit seinem standesamtlich angetrauten Lebenspartner in Griechenland niederließ.

»Olivia, da bist du ja.« Ronan, mein dienstältester Kollege, kam eilig auf mich zu, als ich auf den Personalraum hinter den Informationsschreibtischen zusteuerte. »Das System für die digitale Reservierung, Ausleihe und Rückgabe ist heute Morgen zusammengebrochen, aber wir haben es vor fünf Minuten wieder zum Laufen gebracht. Ich habe dir ein paar verzweifelte Nachrichten hinterlassen.«

»Sorry.« Ich streifte meinen Mantel ab und warf ihn über meinen Stuhl. »Schlechter Start in den Tag. Es läuft wieder, sagst du?«

»Ja, der Fehler ist behoben.«

»Gut. Und warum schaust du mich dann immer noch so an, als stünde das Dach des Gebäudes in Flammen?«

Er runzelte die Stirn. »Weil ich nicht wusste, wie du reagierst. Probleme wie ein Systemausfall scheinen dich in der letzten Zeit zu deprimieren.«

»Ich bin nicht deprimiert.« Ich griff nach dem wöchentlichen Arbeitsplan, um zu sehen, was heute anstand. Ich war dazu eingeteilt, die zurückgegebenen Bücher wieder in die Regale einzuordnen. Super. Dabei war ich allein. »Alles in Ordnung.« Ronan schnaubte hinter meinem Rücken, aber ich beachtete ihn nicht, sondern ging zu dem Wagen, auf dem sich die Bücher stapelten. »Wenn ihr mich braucht, piepst mich an.«

Als ich mit dem Fahrstuhl in den zweiten Stock fuhr, grübelte ich über Ronans Bemerkung nach. Ich *war* in der letzten Zeit nicht ich selbst gewesen. Und das lag daran, weil Nate nicht er selbst gewesen war.

Es war nicht der Sex, dachte ich, als ich mich an die Arbeit machte. Unser Sexleben war immer noch locker und ließ nichts zu wünschen übrig. Es war nur … in der letzten Zeit kam es mir so vor, als würden wir uns ein bisschen auseinanderleben. Wir hatten beide Jobs und die Mädchen, daher war die einzige Zeit, die wir wirklich für uns hatten, die Nacht im Bett, und nun ja … da hatten wir Sex, statt miteinander zu reden.

Und Nate und ich hatten uns immer etwas zu sagen gehabt.

Ich vermisste unser Geplänkel.

Nur damit kein falscher Eindruck entsteht – ich liebte unsere Mädchen, und ich mochte es, wenn wir vier etwas zusammen unternahmen, weil es immer viel Spaß machte. Allein der Gedanke, mich darüber zu beschweren, hatte etwas von einem verwöhnten Kind.

Aber an diesem Morgen … tja, das war etwas Neues, und es gefiel mir nicht. Nate hatte mich nicht wie sonst immer mit einem Kuss und etwas Geknuddel geweckt. Und er hatte keine Blumen besorgt, und ich bekam am Valentinstag sonst immer Blumen. Er hatte den Tag überhaupt nicht erwähnt, noch nicht einmal eine spöttische Bemerkung darüber gemacht.

An diesem Morgen war er nur aus dem Bett gestiegen und unter der Dusche verschwunden. Als er aus dem Bad gekommen war, hatte er kaum zwei Worte gesagt. Nur gemurmelt, dass er sich beeilen müsste und sich selbst Kaffee machen würde.

Und dann hatte er hauptsächlich wegen des Fischaugenobjektivs herumgebrüllt.

Und dann der flüchtige Kuss auf die Lippen.

Dieser flüchtige Kuss!

Wir küssten uns nicht *flüchtig*.

Beunruhigt schob ich ein Buch in das Regal und verlor mich in Gedanken. Waren wir an diesem Punkt angelangt? An den jede Ehe angeblich irgendwann kam? Nur dass ich selbstverständlich davon ausgegangen war, dass das nie auf uns zutreffen würde?

Waren wir dabei, unser Glück als selbstverständlich hinzunehmen?

Bei dem Gedanken kamen mir die Tränen. Diese Vorstellung brachte mich total aus der Fassung.

Wir waren fast acht Jahre verheiratet, und nichts deutete darauf hin, dass wir in diese Falle zu tappen drohten. Ich war überzeugt, dass wir ihr entkommen würden. Natürlich hatten wir wie alle Paare einen Zustand bequemer Vertrautheit erreicht, und manchmal zankten wir uns auch, aber wir hatten nie das Verlangen nacheinander verloren, weder emotional noch physisch.

Oh Gott.

War dieser flüchtige Kuss der Anfang vom Ende?

»Wann fing er denn mit diesen flüchtigen Küssen an?«, fragte Ellie, als wir mittags in einem Café gleich um die Ecke von der Universität saßen.

Ellie war Professorin und Lehrerin an der kunsthistorischen Fakultät, und wir trafen uns zum Lunch, wann immer unsere Zeit es uns erlaubte.

Ich runzelte die Stirn. »Erst heute Morgen. Aber er hat den Valentinstag total vergessen.«

»Ich dachte, Nate hält den Valentinstag für einen einzigen gigantischen kommerziellen Taschenspielertrick.«

Genauso hatte er sich tatsächlich ausgedrückt. »Stimmt, aber …«

»Liv, es ist ein einziger Tag. Du regst dich über einen flüchtigen Kuss und einen vergessenen Valentinstag wirklich dermaßen auf?«

Ich verzog das Gesicht. »Du wärst stocksauer, wenn Adam den Valentinstag vergessen würde.«

»Natürlich. Ich bin eine Romantikerin. Du bist eine Halbromantikerin. Und der Valentinstag war für dich nie wichtig.«

»Wir … wir unternehmen gar nichts mehr alleine. Ich weiß, dass das ganz normal ist, wenn man Kinder hat.« Ich seufzte. »Es würde mir wahrscheinlich weniger ausmachen, wenn ich wüsste, dass er unsere Zeit zu zweit genauso vermisst wie ich.« Ich stöhnte. »Ich klinge wie eine Rabenmutter, aber das bin ich nicht. Ich liebe meine Kinder, und ich weiß nicht, was ich ohne die Mädchen anfangen würde, aber Nate und ich haben seit einer Ewigkeit nicht mehr richtig miteinander geredet und …«

Ellie hob eine Hand und schnitt mir das Wort ab. »Liv, niemand hält dich für eine schlechte Mutter, okay? Beruhig dich. Es ist schwierig, das wissen wir alle. Du musst daran arbeiten. Nimm dir Zeit dafür. Warum muss denn alles an Nate liegen?«

Ich lehnte mich zurück und dachte darüber nach. Ellie hatte recht. Als moderne Frau war es für mich erschreckend, die gesamte romantische Verantwortung wie selbstverständlich auf Nate abzuwälzen. »Du hast recht. Es ist unfair, ihm alle meine Erwartungen aufzubürden. Vielleicht kann ich Nathan und Sylvie bitten, nächstes Wochenende auf die Mädchen aufzupassen.«

»Es kann jedenfalls nicht schaden, sie zu fragen.«

»Olivia?«

Beim Klang der tiefen, irgendwie vertrauten Männerstimme blickte ich auf und sah einen hochgewachsenen, gutaussehenden Typen an unserem Tisch stehen. Ich brauchte einen Moment, bis ich ihn an seinen atemberaubenden hellgrünen Augen erkannte.

»Ben?« Ich schob meinen Stuhl zurück und stand auf. »Benjamin Livingston?«

»Sie erinnert sich an mich!« Er grinste mich an, bevor er mich in die Arme zog. Ich erwiderte die Umarmung glücklich.

Dieser Mann, dieser attraktive große Schotte, war der Grund dafür, dass Nate und ich zusammen waren. Als Ben ein weiterführendes Studium an der Uni absolviert hatte, war ich total in ihn verliebt gewesen und hatte Nate gebeten, mir zu helfen, etwas selbstbewusster und verführerischer zu werden, um Ben herumzukriegen. Natürlich hatte alles damit geendet, dass Nate und ich uns ineinander verliebten, aber während der Tiefpunkte unserer ersten Zeit hatte ich viel Zeit mit Ben verbracht und festgestellt, dass er ein prima Kerl war.

Noch immer lächelnd löste er sich von mir. »Du arbeitest immer noch in der Bibliothek?«

»Ja. Ich bin jetzt Chefbibliothekarin.«

»Ist ja der Hammer.« Er grinste. Ellie lachte und zog so seine Aufmerksamkeit auf sich. »Hi, freut mich, dich kennenzulernen.«

»Oh, wir sind uns schon begegnet.«

Er musterte sie eingehend und nickte dann. »Ellie, richtig?«

»Richtig. Gutes Gedächtnis.«

Ich war noch immer durcheinander, ihn nach so langer Zeit wiederzusehen. Spontan fragte ich: »Hast du Zeit, dich zu uns zu setzen?«

Ben nickte. »Wenn ich nicht störe?«

»Überhaupt nicht.«

»Ich hole mir nur schnell was zu essen.«

Sowie er außer Hörweite war, beugte sich Ellie über den Tisch und sagte leise: »Was für ein Zufall. Und er hat sich überhaupt nicht verändert.«

Es war wirklich ulkig, an einem Tag, an dem ich so wehmütig an die erste Zeit meiner Beziehung mit Nate zurückdachte, ausgerechnet Ben zu treffen. Genauer gesagt dachte ich wehmütig an die Tage nach *Benjamin* zurück. Um nichts in der Welt wollte ich die Unsicherheit, ob ich nun mit Nate zusammen war oder doch nicht, noch einmal durchleben.

»So, wie läuft es denn bei dir?«, fragte Ben ohne Umschweife, als er bei uns am Tisch saß.

»Richtig gut.« Ich hob meine diamantengeschmückte linke Hand. »Verheiratet. Zwei Töchter.«

»Mit wem verheiratet?«

Ich errötete, weil ich mich daran erinnerte, wie er wegen

Nate auf eine Beziehung mit mir verzichtet hatte. »Nate Sawyer.«

»Als ob ich das nicht schon längst wüsste.« Er hob seine linke Hand, an deren Ringfinger ein Platinreif steckte. »Drei Jahre. Sie heißt Jules, und sie ist mit unserem ersten Kind schwanger.«

»Das freut mich für dich«, erwiderte ich aufrichtig.

»Ich freue mich auch für dich.« Er lächelte und wandte sich dann höflich an Ellie.

Sie antwortete schon, bevor er überhaupt gefragt hatte. »Ich bin mit dem besten Freund meines Bruders verheiratet, obwohl es ein schönes Stück Arbeit war, ihn dazu zu bewegen, sich auf eine Beziehung mit mir einzulassen. Wir haben zwei kleine Jungen, Will und Braden, die vermutlich entzückendsten Kinder auf Gottes Erdboden.«

Ben lachte über den Eifer, mit dem sie lossprudelte. »Großartig. Und wie sehen eure Pläne für den Valentinstag aus, Ladys?«

»Dinner und eine Party, die eine Kollegin veranstaltet. Und deine?«, erkundigte sich Ellie.

»Tja, ich lebe jetzt in Aberdeen, aber wir sind zum vierzigsten Hochzeitstag meiner Mum und meines Dads zurückgekommen. Die Feiern dauern eine ganze Woche lang.« Er schüttelte lachend den Kopf; vermutlich über seine Familie. »Jules wird herumgeschleift, während meine Mutter Babysachen aussucht. Ich habe versucht, mich anzuschließen, aber meine Mutter hat ihren eigenen Kopf, wenn sie etwas will, und sie will Zeit allein mit Jules verbringen. Also habe ich beschlossen, zum Lunch zu gehen und dann ein bisschen zu arbeiten.« Er deutete auf die Laptoptasche zu seinen Füßen.

Ich beäugte die Tasche. »Was machst du denn jetzt nach deinem Studium?«

»Ich bin Akademiker.« Er zuckte die Achseln. »Mit einem Doktorgrad in Geschichte kann man nicht viel anderes tun, als weiterzumachen. Ich bin Professor an der Universität von Aberdeen.«

»Das ist ja toll.«

»Danke. Fühlst du dich in der Bibliothek immer noch wohl?«

»Sehr wohl sogar. Es hält mich auf Trab. Genau wie die Mädchen.«

»Also hast du keine Pläne für den Valentinstag? Geht es dir wie mir und Jules … Bist du auf Gedeih und Verderb deiner Familie ausgeliefert?«

Ich schüttelte den Kopf; spürte den ärgerlichen kleinen Schmerz in der Brust, für den es doch gar keinen Grund gab. Lieber Himmel, es war doch nur Valentinstag! »Nö. Keine Pläne.«

»Liv, dein Handy klingelt in deiner Tasche.« Angie, eine meiner Bibliotheksassistentinnen, stürmte an meinen Schreibtisch. »Es klingelt und klingelt. Irgendjemand scheint ziemlich dringend etwas von dir zu wollen.«

Beunruhigt ließ ich sie den Studenten übernehmen, der mich gerade in Anspruch nahm, und lief in den Personalraum, um in meiner Tasche nach dem Telefon zu kramen. Während ich auf das Display blickte, warf ich den Leuten, die versuchten, dort zu arbeiten, entschuldigende Blicke zu.

Der Anrufer war Nate gewesen.

Ich schloss mich auf einer der Personaltoiletten ein und rief ihn zurück.

»Hey, Babe, ich habe ein paarmal versucht, dich zu erreichen«, sagte er.

»Ich weiß. Ist es dringend? Warum hast du nicht im Büro angerufen?«

»Weil es nicht dringend ist.«

»Und warum hast du dann drei Mal angerufen?«

»Weil ich mit dir sprechen will.«

Ich hörte die aufrichtige Zuneigung in seiner Stimme, ließ mich auf den zugeklappten Toilettensitz sinken und lächelte. Der Druck in meiner Brust lockerte sich ein wenig. »Yeah? Worüber denn?«

»Über deinen Tag. Ich musste heute Morgen so schnell los, dass ich dir gar keinen richtigen Kuss geben konnte. Ich bin mir ganz mies vorgekommen.«

Eine Welle der Erleichterung schlug über mir zusammen. »Ja, das ist mir auch aufgefallen.«

»Aye, das wusste ich. Deswegen rufe ich ja an. Um dir zu versichern, dass es mir auch aufgefallen ist.«

»Nett von dir.« Ich lachte leise. »Hast du nur deswegen angerufen?«

»Ich habe gerade eine Pause, da dachte ich, ich melde mich einfach kurz. Wenn du zur Arbeit zurückmusst, ist das auch in Ordnung.«

»Muss ich nicht.« Ich schüttelte den Kopf; ich genoss es viel zu sehr, seine Stimme zu hören. »Wie ist deine Fotosession gelaufen?«

»Prima. Mikael ist mit dem verdammten Objektiv aufgekreuzt. Zum Glück, denn wir haben es am Ende tatsächlich gebraucht. Wie war dein Tag bislang?«

Ich dachte an die seltsame Begegnung. »Du errätst nie, wer Ellie und mir heute über den Weg gelaufen ist und uns in der Mittagspause Gesellschaft geleistet hat.«

»Wer?«

»Erinnerst du dich an Ben?«

Am anderen Ende der Leitung herrschte Schweigen.

»Der Typ von der Uni«, half ich nach.

»Ich weiß, wer das ist, Liv.« Nate klang ein bisschen ungeduldig. »Warum warst du mit ihm beim Lunch?«

Ich verdrehte angesichts des Anflugs von Eifersucht in seiner Stimme die Augen. »Er ist verheiratet. Sie heißt Jules, und sie ist schwanger.«

»Und wenn ich nicht gewesen wäre, würde ihr Name wahrscheinlich Olivia lauten.«

»Ach, komm schon.« Ich seufzte. »Wir waren einfach zwei alte Freunde, die mit einem anderen Freund zusammengesessen haben. Ich dachte, du würdest das lustig finden. Es war eigenartig, ihn nach so langer Zeit wiederzusehen. Und dann ausgerechnet heute.«

»Was soll das denn heißen?«

Yup, er hatte den Valentinstag völlig vergessen.

»Nichts.« Etwas verärgert stand ich auf. »Ich mache mich jetzt besser wieder an die Arbeit.«

»Ich mache heute früh Schluss. Ich dachte, ich hole die Mädchen ab, dann müssen sie nicht am Nachmittagsprogramm der Schule teilnehmen.«

»Okay, gut. Vergiss nicht, Bescheid zu sagen, dass sie nicht kommen.«

»Alles klar. Wir sehen uns zu Hause.« Er hängte ein, und ich funkelte das Telefon böse an. Nate hatte kein Recht, wegen eines blöden Lunchs sauer auf mich zu sein.

Bah.

Was für ein beschissener Valentinstag.

Ich ging in der frühen Abenddämmerung auf unser Haus zu und blieb verwirrt stehen. Normalerweise war es hell erleuchtet, wenn ich von der Arbeit kam. Während ich das Frühstück und die morgendliche Fahrt zur Schule übernahm, organisierte Nate seinen Terminplan immer so, dass er nachmittags die Kinder abholen konnte, und oft brachte er auch das Essen auf den Tisch.

Heute schimmerte nur schwaches Licht durch die Fensterläden.

Als ich die Tür öffnete, schlugen mir angenehme Wärme und der köstliche Duft von chinesischem Essen entgegen.

Mein Lieblingsessen.

Vielleicht hatte Nate ein schlechtes Gewissen, weil er vorhin am Telefon so mürrisch und eifersüchtig gewesen war. »Ich bin wieder da!«, rief ich, als ich die Tür schloss.

Normalerweise wurde ich mit Sätzen wie: »Mum! Jan hat meine Barbie geklaut!«, empfangen, während besagte Diebin von irgendwoher auf mich zugestürzt kam.

Nichts dergleichen.

»Nate?«

»Hier herein, meine Schöne.«

Lächelnd zog ich Mantel und Schuhe aus und folgte den wunderbaren Düften ins Esszimmer.

Bei dem Anblick, der sich mir bot, bekam ich große Augen.

Der Raum wurde von Kerzenschein erleuchtet, und ein großer Strauß herrlicher roter Rosen stand in einer Vase mitten auf dem festlich gedeckten Tisch.

Nate stand in seinen Lieblingsjeans und einem langärmeligen schwarzen Shirt, das seinen kräftigen und muskulösen Körper betonte, neben dem Tisch. Er war barfuß, wirkte entspannt und sah mich mit dem vertrauten Glühen in den Augen an.

»Einen schönen Valentinstag, Babe.«

Ich grinste. Mein Magen knurrte beim Anblick des Essens vernehmlich. »Hat dich jemand daran erinnert?«

Er schüttelte den Kopf. Seine Augen glitzerten mutwillig. »Ich habe letzte Woche meinen Dad angerufen und ihn gefragt, ob er heute die Mädchen über Nacht nimmt. Meine Eltern haben Lily und Jan heute Nachmittag abgeholt.«

»Aber … du hast so geklungen, als hättest du es vergessen.«

Er zuckte lachend die Achseln. »Ich wollte dich nur auf den Arm nehmen.« Er kam auf mich zu und zog mich an sich. Sein Kuss war heiß und innig, und ich schlang sofort die Arme um ihn.

Als wir uns voneinander lösten, sah er mir tief in die Augen und flüsterte: »Ich habe dich vermisst, Liv. Ich dachte, wir bräuchten mal wieder ein bisschen Zeit füreinander.«

Und in diesem Moment verschwand wie durch Zauberhand der ganze Druck von meiner Brust. »Ich habe dich auch vermisst.«

Ein paar Stunden später lag ich, die Beine auf Nates Schoß ausgestreckt, auf unserem Sofa und nippte an einem eiskalten Bier. Im Kamin brannte ein Feuer, dessen Schein unser Wohnzimmer erleuchtete, und die Atmosphäre war gemütlich, intim und romantisch.

Außerdem war es gespenstisch still.

»Du spürst es auch?« Nate beschrieb mit den Fingerspitzen Kreise auf meinem Knöchel.

»Die Mädchen?«, fragte ich leise.

Er nickte. »Ohne sie ist es so ruhig.«

»Stimmt. Man gewöhnt sich daran, sie um sich zu haben.« Ich kicherte. »Lily hat heute Morgen etwas Komisches gesagt.«

Nate lächelte. »Ja?«

»Ich kann mich bloß nicht daran erinnern.« Ich lehnte den Kopf gegen die Rückenlehne des Sofas und hörte Nate lachen. »Es war ein merkwürdiger Tag. An das meiste kann ich mich auch nicht mehr erinnern.«

»Außer daran, dass du mit deinem Ex beim Lunch warst?«

Ich warf ihm einen Blick zu. Er trank sein Bier und strich immer noch mit den Fingern über meine Haut, aber seine Schultern hatten sich verkrampft. »Ben war kein Ex.«

»Aber nah dran.«

Ich zog die Brauen zusammen. »Hattest du wirklich ein Problem damit, dass ich ihn heute getroffen habe?«

Er drehte den Kopf zur Seite, und unsere Blicke verschmolzen. »Ja. Ich hatte ein Problem damit, dass sich irgendein Typ beim Lunch in aller Ruhe gut mit meiner Frau unterhält, weil ich mich bis zu diesem Moment nicht daran erinnern konnte, wann ich mich zum letzten Mal beim Lunch in aller Ruhe gut mit meiner Frau unterhalten habe.«

»Nate.«

»Ich bin ein Arschloch, ich weiß.« Er rieb sich mit der Hand über das Gesicht und stöhnte.

Ich lächelte. »Du bist kein Arschloch. Im Nachhinein betrachtet … wenn ich bedenke, wie wenig Zeit wir seit Wochen füreinander hatten, wäre ich auch stocksauer gewesen, wenn du mit einer anderen Frau, die ein Teil deiner amourösen Vorgeschichte war, zum Lunch gegangen wärst.«

Nate drückte meinen Knöchel. »Das ist jetzt egal. Wir sind hier.«

»Ja, das sind wir.«

Wir verfielen in behagliches Schweigen. Nur das Knistern der Flammen im Kamin zerriss die Stille.

Und dann konnte ich nicht länger an mich halten.

»Würdest du lieber an den Hungerspielen der Tribute von Panem oder am Trimagischen Turnier teilnehmen?«

Nate dachte eingehend über die Frage nach. »Kommt drauf an. Trete ich bei den vierundsiebzigsten oder fünfundsiebzigsten jährlichen Hungerspielen an?«

»Warum?«

»Weil sich bei den fünfundsiebzigsten alle früheren Gegner gegenüberstehen.«

»Du hast diese Filme zu oft gesehen.«

»Du hast zu oft Harry Potter gesehen.«

Ich konnte ihm da nicht widersprechen. »Stimmt.« Ich runzelte die Stirn. »Ist es irgendwie von Bedeutung, ob du bei den fünfundsiebzigsten jährlichen Hungerspielen antrittst?«

»Also bin ich dabei?«

»Ja, wenn es sein muss, dann eben bei den fünfundsiebzigsten. Was denn jetzt? Hungerspiele oder Trimagisches Turnier?«

»Die Entscheidung fällt leicht. Bei den Hungerspielen sterbe ich wahrscheinlich. Beim Trimagischen Turnier bleibe ich am Leben.«

»O nein!« Ich schüttelte den Kopf. »Am Ende des Trimagischen Turniers bekommst du es unweigerlich mit Voldemort zu tun.«

»Immer noch nicht so schlimm wie die Hungerspiele, Babe.«

»Hallo? Wir sprechen von Voldemort. Dem zweitmächtigsten Zauberer der Welt.«

»Der drittmächtigste, wenn man Harry Potter mitzählt.«

»Aber nicht beim Trimagischen Turnier in den Büchern und Filmen.«

»Dieser Voldemort hat keine Nase. Wie furchteinflößend kann ein Typ ohne Nase sein?«

»Er hat Nasenlöcher.«

»Aber keine Nase.«

»Ich glaube, du unterschätzt ihn.«

»Ich glaube, du unterschätzt die Spiele. Da gibt es Leute mit Waffen und mutierten Hunden und ätzendem Nebel. Das ist Battle Royale auf Steroiden.«

Ich schnaubte. »Ich bitte dich. Battle Royale war viel blutiger als die Hungerspiele.«

»Aufgrund eines Bewertungssystems. In Wirklichkeit sind die Spiele extrem gewaltgeprägt und futuristisch sadistisch.«

»Ich finde, du interessierst dich viel zu sehr für diese Filme. Liegt das an Jennifer Lawrence?«

Nate lachte. »Nein. Du hast mir eine ›Würdest du lieber‹-Frage gestellt, und ich habe geantwortet.«

»Tja …« Ich seufzte schwer. »Ich hoffe, du freust dich, dass du uns getrennt hast. Du trittst beim Trimagischen Turnier dem, dessen Name nicht genannt werden darf, entgegen, und ich versuche, bei den Hungerspielen nicht Katniss töten zu müssen, weil ich sie toll finde.«

Wir starrten uns einen Moment lang an, während wir unser Gespräch überdachten.

»Wir sind nie wirklich erwachsen geworden, oder?«, sinnierte Nate.

»Nein, ganz eindeutig nicht.«

»Unsere Kinder werden bald reifer sein als wir.«

»Wahrscheinlich. January bestimmt. Sie ist jetzt schon reifer als du.«

Nate zahlte mir das heim, indem er meine Füße kitzelte, und ich versuchte mich lachend zu befreien. Er packte mich und zog an meinem Bein, so dass ich über die Couch rutschte.

»Hey!«, kicherte ich und hielt mein Bier von mir weg, damit ich es nicht verschüttete.

Nate nahm mir das Bier weg und stellte es neben seines auf den Couchtisch. Dann stützte er sich über mir ab und schob meine Beine auseinander, und ich schlang sie um seine Hüften, während er mir unverwandt in die Augen sah. Seine Grübchen blitzten auf, als er mich anlächelte.

»Du bist schön, weißt du das?«

Ich grinste. »Du bist betrunken.«

»Ich habe ein halbes Bier getrunken.« Er schüttelte den Kopf. »Ich … manchmal vergesse ich, wie schön du bist, und dann schaue ich zu dir hinüber, und du lächelst die Kids an, und deine Schönheit versetzt mir einen regelrechten Stich. Wie konnte ich so viel Glück haben, Liv?«

Ich schob sein T-Shirt hoch und streichelte seine warme, glatte Haut. »Ich habe dich gebeten, mir beizubringen, gut beim Sex zu sein, und hast mir diese Bitte freundlicherweise erfüllt. Der Rest ist Geschichte.«

»Oh. Richtig.« Er lächelte immer noch, als er mir einen Kuss auf die Lippen drückte. Doch plötzlich runzelte er die Stirn und wich zurück.

»Was ist?«

»Wir erzählen unseren Kindern nie, wie wir uns ineinander verliebt haben.«

Von der Vorstellung entsetzt stimmte ich zu. »Nie.«

»Wir brauchen eine Geschichte, die wir ihnen erzählen können, falls sie fragen.«

»Nun …« Ich verstärkte meinen Griff um ihn. »Du hast hier gerade damit angefangen, mich total scharf zu machen. Könntest du das zu Ende bringen, und dann denken wir uns etwas aus?«

Zur Antwort begann er mich erneut hungrig zu küssen.

»Mmm …« Ich stemmte mich gegen seine Brust, und er rückte von mir ab und blickte auf mich hinunter. »Weißt du, wo wir es tun sollten?«

»Gleich hier, denke ich.«

»Nein, unter der Dusche. Wir hatten schon so lange keinen Sex unter der Dusche mehr.«

Er musterte mich argwöhnisch. »Du willst nicht zufällig zwei Fliegen mit einer Klappe schlagen?«

»Nein. Aber ich werde danach sowieso noch mal duschen müssen, weil wir nämlich noch mehr Sex haben werden.«

Ich wand mich unter ihm. »Und ich hasse diese Redensart. Warum zum Teufel sollte man eine Fliege mit einer Klappe schlagen wollen, von zweien ganz zu schweigen?«

Am nächsten Tag war ich bester Laune. Nate und ich hatten ausgiebig und sehr anregend gemeinsam geduscht, und danach hatte er dafür gesorgt, dass ich noch einmal unter die Dusche musste.

Es war einfach phantastisch.

Am Morgen wachte ich satt und zufrieden auf, vermisste aber die Mädchen, also telefonierten wir beim Frühstück mit Lily und January, bevor ihre Großeltern sie in die Stadt fuhren und bei ihrer Schule absetzten. Ich konnte es kaum erwarten, meine kleinen Engel an diesem Abend wieder in die Arme zu schließen.

Ronan machte ein paar Bemerkungen über meine so offensichtlich bessere Laune, doch noch nicht einmal seine Spitzen konnten mein Anti-Negativ-Kraftfeld durchdringen. Die Welt war schön, und niemand konnte mir etwas anderes einreden.

Okay, die Studentin, die nicht aufhörte, mich wegen der Gebühr für ihre Reservierung anzuschnauzen, nervte vielleicht ein wenig.

Ich saß im Personalraum und war mit Papierkram beschäftigt; die Anspannung, die die aufgebrachte Studentin in mir ausgelöst hatte, versuchte ich gerade durch eine Stirnmassage zu lösen, als ich eine kräftige Hand an meiner Seite spürte und eine vertraute Stimme an mein Ohr drang. »Hast du Zeit, zum Lunch zu gehen?«

Ich schrak hoch. Mein Kopf verfehlte Nates Nase nur knapp. Erschrocken starrte ich zu ihm hoch. »Was machst du denn hier?«

Er hielt mir eine Hand hin. »Ich führe dich zum Lunch aus.«

»Ich dachte, du hättest eine Fotosession?«

»Früh fertig geworden.«

Ein Lächeln spielte um meine Lippen. »Und da bist du hergekommen? Um mit mir zum Lunch zu gehen?«

Er grinste. »Ich dachte, du könntest ausnahmsweise mal eine lange Mittagspause einlegen.«

»Sie kann ganz lange Mittagspause machen«, mischte sich Ronan ein, und ich senkte den Kopf, um an Nate vorbeizuschielen. Ronan stand hinter ihm und grinste mich teuflisch an.

»Bist du sicher, dass du klarkommst, wenn ich nicht da bin?«

»Wenn du noch besser gelaunt zurückkommst, als du es heute Morgen warst, dann kann ich dich definitiv während einer sehr langen Mittagspause vertreten.«

»So schlimm bin ich gar nicht«, schnaubte ich.

Er verdrehte die Augen und schlenderte davon.

Nate sah mich mit hochgezogenen Brauen an. »Bist du ein launischer Boss, Olivia Sawyer?«

»Niemals.« Ich stand auf und imitierte sein Augenbrauenhochziehen. »Ich bin eine Lady, und Ladys sind nie launisch. Wir sind sprunghaft.«

Mein Mann lachte. »Auch ein schmeichelhaftes Etikett ändert nichts an den Tatsachen. Du warst launisch.«

Ich lächelte ihn an, bevor ich meine Sachen zusammensuchte und seine Hand nahm. »Es ist deine Schuld, wenn ich launisch war. Zeit ohne Nate bekommt mir nicht.«

Er drückte meine Hand. »Umgekehrt wird ein Schuh draus, Babe.«

Wir unterhielten uns über alles und nichts, und ich registrierte überrascht und erfreut, dass es mich geradezu schwindelig vor Glück machte, mit ihm zur Lunchzeit Hand in Hand die Straße entlangzugehen. Es passte so gar nicht in unser straff geregeltes übliches Programm, und ich liebte es, dass er mich damit überrascht hatte.

Als wir vor einem Hotel stehen blieben, blickte ich verwirrt an dem Gebäude hoch. »Gibt es hier ein schönes Restaurant?«

Statt einer Antwort zog Nate mich in die prachtvolle Eingangshalle des Hotels. »Ich weiß es nicht«, sagte er schließlich, als wir an die Rezeption traten. »Aber es gibt einen Zimmerservice.«

Überrascht wollte ich etwas sagen, als Nate sich an die hübsche Frau an der Rezeption wandte. »Früher Check-in für Mr. und Mrs. Sawyer.«

Sie checkte uns ein und reichte uns dann unseren Zimmerschlüssel.

Als wir im Fahrstuhl standen, drehte ich mich zu meinem Mann um. »Einchecken zur Mittagszeit? Sie glauben wahrscheinlich, dass wir unter falschem Namen hier abgestiegen sind. Dass wir eine Affäre haben.«

Er grinste und warf mir einen Blick zu. »Wahrscheinlich.«

»Nate!«

»Was? Es interessiert mich einen Dreck, was sie denken.« Die Türen öffneten sich mit einem Klingelton, und Nate zerrte mich förmlich aus dem Fahrstuhl. »Wenn ich dich nicht innerhalb der nächsten zehn Sekunden …« Seine Augen wanderten über die Zimmernummern, »… in unserem Zimmer habe, werde ich dich gleich hier auf dem Flur vögeln.«

Meine Haut begann vor Erregung zu brennen. »Was ist denn in dich gefahren?«

»Da sind wir.« Er blieb stehen, schob mich gegen die Tür und presste seine Lippen auf meinen Mund, während er mit einer Hand meine Taille knetete. Mit der anderen schloss er die Tür auf, sie öffnete sich klickend hinter mir und ich taumelte zurück und brach den Kuss ab. Mein Herz hämmerte wild in meiner Brust, als die Tür hinter uns zufiel.

»Na …« Ich konnte nicht weitersprechen, weil sein Mund schon wieder meinen suchte.

»Ist dir eigentlich«, er küsste mich, »klar«, weitere Küsse folgten, dann streifte er mir den Mantel von den

Schultern, »dass wir uns letzte Nacht«, er küsste meinen Kiefer und meinen Hals, als der Mantel zu Boden fiel, »zum ersten Mal seit einer Ewigkeit«, seine Lippen eroberten mich wieder, und er nestelte an den Knöpfen meiner Bluse herum, »die Zeit genommen haben«, das Geräusch, mit dem der Reißverschluss meines Rocks aufgezogen wurde, hallte durch den Raum, »den Sex ausgiebig auszukosten?«

»Wirklich?«, nuschelte ich an seinen heißen Lippen.

Nate gab mich frei, um meinen Rock langsam herunterzuziehen. Ich beobachtete, wie sein Blick genüsslich an mir hochwanderte. Als er mich ansah, glühten seine Augen schwarz vor Hitze. »Der Sex ist immer phantastisch, Babe, aber letzte Nacht war es wie in alten Zeiten.«

Ich nickte. Allein die Erinnerung daran ließ mich erschauern.

»Ich will nicht, dass das aufhört«, flüsterte er heiser. »Es soll zu uns gehören wie die Luft zum Atmen.«

Ich beugte mich zu ihm hinunter, um sein Gesicht zwischen meine Hände zu nehmen. »Es wird nicht aufhören. Niemals, Nate.«

»Dann sag mir, was du möchtest.«

Ich biss mir auf die Lippe und strich mit dem Daumen über seinen Mund. »Meinen Nate mit der schmutzigen Phantasie«, flüsterte ich liebevoll.

Er biss spielerisch in meinen Daumen. »Ich habe schon gemerkt, dass du mich willst.«

»Oh?« Ich grinste. »Hast du meine Latte gespürt?«

Er lachte. Seine Augen glänzten vor Heiterkeit und Glück. »Wenn ich meine Hand zwischen deine Beine schiebe, werde ich feststellen, dass du klatschnass und heiß bist. Und ich sage dir noch etwas.« Seine Hand wanderte an der Innenseite meines Beins hoch. »Ich werde diese ganze Frechheit aus dir herausvögeln.«

Ich seufzte vor Wonne, als seine Finger unter mein Höschen glitten. »Das ist deine Schuld«, stöhnte ich, als er sie in mich hineinschob. »Du hast mein Ego aufgebläht.«

Er presste einen Kuss auf meinen Bauch und blickte zu mir hoch. »Man kann nicht von Ego sprechen, wenn alles zutrifft.«

Ich fuhr ihm kichernd mit den Fingern durch das Haar. »Redest du dir das auch ein?«

Er zwinkerte mir zu, und das war einfach *heiß*. »Du weißt es.«

»Genug geredet«, neckte ich ihn. »Wenn wir schon eine heimliche Affäre haben, sollten wir besser voranmachen.« Mein Lachen schlug in ein Quieken um, als Nate seine Finger aus mir herauszog, aufstand, mich ohne viel Federlesen hochhob und auf das Bett warf.

Ich grinste über seine Ausgelassenheit und machte auf dem Bett einen Adler. »Nimm mich!«, rief ich ihm atemlos und melodramatisch zu. »Ehe die Uhr Mitternacht schlägt und ich mich in ein armes Dienstmädchen verwandele.«

Nate, der sich bereits das Hemd über den Kopf gezogen hatte, hielt mit dem Aufknöpfen seiner Hose inne. »Du sollst aus Aschenputtel keine unanständige Schlampe machen!«

Ich prustete. »Warum denn nicht?«

»Weil unsere Kinder das gucken.«

Jetzt brach ich angesichts des Entsetzens auf seinem Gesicht in hysterisches Gelächter aus.

»Was ist?« Er verschränkte stirnrunzelnd die Arme vor der Brust.

»Du!« Ich rang nach Atem. »Du bist so ein anbetungswürdiger Daddy.«

Sein Gesicht verzog sich. »Benutz im Schlafzimmer nicht dieses Wort.«

Ich hatte Mühe, mir ein Lächeln zu verbeißen. »Welches? Daddy?«

»Hör auf.«

»Komm schon, Daddy.«

»Ich warne dich. Mein Ständer wird in sich zusammenfallen.«

Ich begann so schallend zu lachen, dass mein Magen schmerzte.

»Das reicht!«, grollte er, und ich schnaubte überrascht, als er einen Arm um meinen Knöchel schlang und mich über das Bett zu sich hinzog. Er kroch über mich, packte meine Handgelenke und drückte sie neben meinem Kopf in die Matratze.

Mein Lachen erstarb, aber ich grinste immer noch, als er mit zuckenden Lippen auf mich hinunterstarrte. »Entschuldige«, flüsterte ich. Meine Stimme klang vor Belustigung immer noch belegt.

»Bist du fertig?«, flüsterte er zurück.

Ich nickte.

»Gut. Jetzt werde ich dich lecken und es dir mit den Fingern besorgen, bevor ich anfange, an deinen Brustwarzen zu saugen.«

Eine Welle der Lust rollte über meinen Unterleib hinweg, und ich spürte, wie seine Worte eine feuchte Hitze zwischen meinen Beinen auslösten. »Und dann?«

»Dann werde ich meinen Schwanz ganz langsam in dich hineinschieben, Zentimeter für Zentimeter, um dich zu foltern. Ich werde es lange hinauszögern … bis du mich anflehst, dich richtig hart ranzunehmen.« Seine Hände schlossen sich fester um meine Handgelenke, und ich spürte die Hitze seines harten Schwengels zwischen meinen Beinen.

»Mach den anderen Kram später.« Ich spreizte die Beine und hob ihm fordernd die Hüften entgegen. »Ich will deinen Schwanz spüren. Jetzt.«

»Mein kleines Schweinchen«, knurrte er rau und drückte meine Hände dann tiefer in die Matratze, während er sich in Position brachte.

Ich spürte die Glut, die von ihm ausging, als er langsam in mich eindrang und mich auszufüllen begann, und erzitterte vor Wonne.

»Nate«, bettelte ich.

Er stieß in mich hinein. Der lustvolle Schmerz ließ mich aufschreien, und das leichte Brennen ebbte völlig ab, als er sich in mir zu bewegen begann. Meine Beine fielen auseinander, und dann gab es nichts mehr außer meinem Mann und dem, was er mit mir anstellte. Tief in mir baute sich allmählich ein köstlicher Druck auf, meine Atemzüge wurden lauter und heftiger, und leise Schreie kamen über meine Lippen.

»Liv«, stöhnte Nate. Unsere Hüften prallten aufeinander, während er mich mit einer Kraft und Ausdauer nahm, die wahrscheinlich die meisten jüngeren Männer nicht mehr aufbringen würden. »Fuck, Baby.«

»Ja.« Ich hob ruckartig die Hüften, passte mich seinen immer heftiger werdenden Stößen so leidenschaftlich an, dass das Kopfbrett des Bettes gegen die Hotelzimmerwand schlug. »Ja!«, entfuhr es mir noch einmal, als der Orgasmus mich schüttelte.

Drei Orgasmen später hielt ich mich an Nates Schultern fest, während ich versuchte, mit butterweichen Knien in meine Schuhe zu schlüpfen.

Meine lange Mittagspause war vorüber.

Es war die beste Mittagspause meines Lebens gewesen.

Sowie meine Füße in den Schuhen steckten, schlang Nate einen Arm um meine Taille und zog mich an sich. »Das sollten wir jede Woche machen.«

»Was? Sex im Hotel?«

Er schüttelte den Kopf. »Lunch.«

»Tja …« Ich grinste und schlang die Arme um seine Schultern. »Streng genommen hatten wir ja gar keinen Lunch.«

»Du weißt schon, was ich meine.« Er rieb die Nase an meiner und seufzte. »Wir sollten uns einmal die Woche die Zeit nehmen, zusammen zum Lunch zu gehen.«

Ich nickte; fühlte mich immer noch warm und ein bisschen rührselig. »Das wäre schön.«

»Gut.« Er löste sich von mir, um meinen Mantel zu nehmen. »Ich bringe dich jetzt besser zurück.«

Er half mir in den Mantel und zog mich dann rücklings gegen seine Brust. Seine Lippen streiften mein Ohr, bevor er flüsterte: »Einen schönen Valentinstag, Liv.«

Ich lächelte. Seine plötzliche positive Einstellung zu diesem Tag überraschte mich. »Valentinstag war gestern.«

Nate drehte mich in seinen Armen zu sich und grinste mich an. »Mit dir ist jeder Tag Valentinstag.«

Ich grinste zurück. »Nate Sawyer, du Charmeur, du.«

»Eine gute Masche, was?«

»Ein Volltreffer.« Ich nahm seine Hand und zog ihn zur Tür. »Warum ist mir das nicht eingefallen?«

»Du kannst dich heute Nacht dafür bei mir bedanken.«

»Noch mehr Sex?«, erkundigte ich mich ungläubig, als wir in den Gang hinaustraten. »Halten unsere Körper das aus?«

»Wir müssen einfach erst unsere Batterien aufladen.«

»Also Sex. Abgemacht.«

Befriedigt und erfüllt gingen wir Hand in Hand zum Fahrstuhl. Ich hätte beinah vor mich hin gesummt, als wir in die Kabine traten. Selbst die schnulzige Fahrstuhlmusik konnte mir die Laune nicht verderben.

»So …«, begann ich. »Hättest du lieber Sex in einem verzauberten Bett oder an einem Strand, der mehr aus Schotter und Kieseln besteht als aus Sand?«

»Kommt drauf an … wer verzaubert das Bett?« Nate drehte sich zu mir um.

Da ich die Worte ›flotter Dreier‹ aus dem Mutwillen in seinen Augen herauslas, erwiderte ich: »Jimmy Stewart.«

Er schnitt eine Grimasse wie ein kleiner Junge. »Spielverderber.«

Die Türen des Fahrstuhls glitten auf, und die Frau, die mit uns gefahren war, maß uns mit einem entsetzten Blick, bevor sie vor uns aus der Kabine stürmte.

Nate und ich sahen uns an, und wir zogen auch noch die Blicke der anderen Hotelgäste auf uns, als wir Arm in Arm das Gebäude verließen und auf dem ganzen Weg schallend lachten.

Hannah und Marco

Als ich für heute meine Sachen zusammenpackte, drangen die Stimmen zweier meiner Kolleginnen, die sich draußen auf dem Gang unterhielten, an mein Ohr, und ich musste unwillkürlich lächeln.

Ich dachte an meine erste Zeit als Lehrerin an der Highschool. Die langen Stunden, von denen die Eltern nichts mitbekamen. Bis ich irgendwann von meinen Vorbereitungen aufblickte, um festzustellen, dass es sieben Uhr abends war und in der Schule eine gespenstische Stille herrschte, weil die meisten meiner Kollegen schon vor Ewigkeiten gegangen waren.

Das änderte sich alles, als Marco wieder in mein Leben trat.

Ich hatte einen Mann und Kinder, wegen denen ich zu einer vernünftigen Zeit zu Hause sein musste.

Zu Hause sein wollte.

Die Kids waren vor einer Stunde nach dem letzten Klingeln gegangen, und es wurde Zeit, in mein Auto zu steigen und heim zu meinem Mann zu fahren, der auf mich wartete, um mit mir den Valentinstag zu feiern. Wir hatten nichts Großartiges geplant, nur Joss und Braden gebeten, dieses Jahr das Babysitten zu übernehmen (sie waren diesmal an der Reihe, Marco und ich nächstes Jahr), so dass Marco und ich eine ruhige Zeit miteinander verbringen konnten.

Ich lächelte ein bisschen selbstzufrieden. Vielleicht auch eine weniger ruhige Zeit. Ich schnalzte mit der Zunge und schlenderte vergnügt aus dem Schulhaus.

Die Plaudertaschen dort draußen entpuppten sich als meine Freundinnen und Kolleginnen Nish und Barbara. Sie drehten sich um und lächelten mir zu. »So früh schon nach Hause?« Nish grinste spitzbübisch.

Ich zuckte die Achseln. »Heute ist Valentinstag.«

»Als ob wir das vergessen könnten«, gab Barbara trocken zurück. Sie spielte auf das Drama an, das wir heute in der Schule erlebt hatten.

»Ich kann immer noch nicht glauben, dass Rochelle Muir Stacey Abernathy tatsächlich büschelweise die Haare ausgerissen hat.« Nish zuckte zusammen.

»Und das wegen Michael Steel.« Ich schüttelte angewidert den Kopf. »Ich habe diesen Jungen mehr Mädchen küssen sehen, als ich zählen kann.«

»Oberstufenschüler«, kam es wie aus einem Mund von Nish und Barbara, und ich musste lachen.

»Ich bin jedenfalls keine Oberstufenschülerin. Ich mache mir einen ruhigen Abend mit meinem Göttergatten. Und euch rate ich dasselbe.« Ich zwinkerte den beiden zu, und sie lachten, als ich den Gang hinunterging.

»Das würde ich auch, wenn mein Mann so aussehen würde wie deiner«, rief Barbara mir nach.

Ich grinste und rief über die Schulter hinweg zurück: »Er hat noch mehr zu bieten als gutes Aussehen. Er ist sehr geschickt mit den Händen.«

»Ich hasse dich!«, brüllte sie.

Ich verließ lachend das Gebäude.

Der Nachmittag war frisch und kühl, und es begann gerade zu dämmern. In ungefähr einer Stunde würde die

Sonne untergehen. Ich blickte zum Himmel hoch und sehnte den Frühling herbei. Ich hatte die kurzen Tage des Winters so satt.

Als ich wieder zu meinem Auto sah, bemerkte ich etwas aus dem Augenwinkel, oder besser gesagt jemanden. Ich wandte mich zum Schultor um, und mir stockte der Atem.

Mein Mann Marco lehnte, die Hände in die Hosentaschen geschoben, lässig am Tor.

Wie hypnotisiert ging ich auf ihn zu. Mein Herzschlag beschleunigte sich bei seinem Anblick.

Wird dieses Gefühl je nachlassen? Dieses überwältigende Gefühl von Glück und Vorfreude, das mich jedes Mal überkam, wenn ich ihn sah.

Oh Gott, hoffentlich nicht.

Marco trat einen Schritt auf mich zu. Mein Blick wanderte an seiner hohen Gestalt hoch. Er trug seine guten schwarzen Stiefel, dunkle Jeans, ein modisches doppelreihiges Wolljackett und einen karierten Schal, den ich ihm zu Weihnachten geschenkt hatte. Die Blau- und Grüntöne des Schals betonten das Blaugrün seiner Augen. Diese einmaligen Augen fesselten mich immer wieder. Neben seiner ungewöhnlichen Größe und seinem Körperbau fielen sie sofort auf. Sie bildeten so einen bemerkenswerten Kontrast zu dem schönen Karamellton seiner Haut, und um die dichten dunklen Wimpern beneidete ich ihn fast.

Als ich ihn am Tor stehen sah, kam mir plötzlich die Zeit in den Sinn, als wir jünger waren und er mich am Schultor abholte, um sicherzugehen, dass ich den Bus nicht verpasste. Und wenn ich den Bus verpasste, brachte er mich immer zu Fuß nach Hause.

»Ich wollte nur sichergehen, dass du gut nach Hause

kommst«, sagte er. Seine Lippen verzogen sich zu einem neckenden kleinen Lächeln.

Ich grinste über seine plötzliche Nostalgie. »Sehr aufmerksam von dir.«

Er streckte die Hände aus. »Autoschlüssel?«

Kichernd händigte ich sie ihm aus. Marco nahm sie und führte mich zum Auto. Drinnen musste er meinen Sitz nach hinten schieben, damit seine langen Beine hineinpassten. Ich war mit eins achtundsiebzig eine großgewachsene Frau, aber Marco überragte mich noch um zwanzig Zentimeter.

Er ließ den Motor an, aber statt aus der Parklücke herauszufahren, sah er mich an.

Sein ernster Gesichtsausdruck entlockte mir ein neugieriges Lächeln. »Was ist?«

»Damals, während deiner Schulzeit ... ich habe immer am Tor gestanden und gebetet, dass du den Bus verpassen würdest, damit ich dich nach Hause bringen konnte.«

Ich beugte mich über den Schaltknüppel, strich mit den Handknöcheln über seine Wange und hauchte einen zarten Kuss darauf. Als ich mich von ihm löste, flüsterte ich: »Manchmal habe ich ihn absichtlich verpasst.«

Marco lachte, und ich lehnte mich im Sitz zurück und beobachtete, wie mühelos er mein kleines Auto lenkte. Für einen so hünenhaften Mann besaß er erstaunlich viel Anmut.

Wir schwiegen, während er fuhr; eine vertraute Stille legte sich über uns. Obwohl Marco längst nicht mehr der verängstigte, wortkarge, grüblerische Junge war wie damals, als wir uns kennenlernten, konnte man ihn immer noch nicht gerade als redselig bezeichnen. Das war auch etwas, das ich an ihm liebte. Ich konnte stumm mit ihm zusammensitzen und trotzdem äußerstes Behagen und Frieden empfinden.

Ich runzelte die Stirn, als ich erkannte, dass er von der Route nach Morningside abgewichen war, einem ruhigeren Viertel südlich der Stadtmitte, wo wir ein Haus gekauft hatten, das wir uns gerade so eben leisten konnten. Wir hatten es gekauft, weil wir uns in das Haus verliebt hatten, aber auch, weil wir so in Dylans Nähe waren. Dylan war mein Stiefsohn, den Marco vor etwas mehr als sieben Jahren zusammen mit seiner Exfreundin Leah bekommen hatte. Sie und ihr Mann Graham wohnten in Morningside, und es machte es für Dylan leichter, uns in der Nähe zu haben.

»Sophia und Jarrod sind bei Joss und Braden«, sagte Marco plötzlich. »Ich habe sie vorhin zu ihnen gebracht.«

Ich verspürte einen kleinen Stich in der Brust. Unser Sohn Jarrod war erst sechs Monate alt und unsere Tochter Sophia zweieinhalb. Es fiel mir schwer, von ihnen getrennt zu sein, aber ich sagte mir, dass es sich ja nur um ein paar Stunden handelte.

»Wo fahren wir denn hin?«

Er bedachte mich mit einem verschmitzten Grinsen. »Du wirst schon sehen.«

Ich wartete geduldig, aber voller Vorfreude, während er uns nach Stockbridge kutschierte und den Wagen in der Nähe von Dean Village abstellte. »Der Parkplatz wird uns ein Vermögen kosten«, gab ich zu bedenken, als er seinen Sicherheitsgurt löste.

»Das ist es mir wert.« Wieder blitzte dieses Grinsen auf, und ich schüttelte lachend den Kopf, als ich aus dem Wagen stieg.

Sowie sich meine Tür hinter mir geschlossen hatte, nahm Marco meine Hand und führte mich die Straße hinunter.

Die Umgebung wurde mir rasch vertraut, und als wir am Eingang der Douglas Gardens, einer kleinen privaten Gartenanlage, die wir schon einmal besucht hatten, stehen blieben, blickte ich fragend zu meinem Mann auf.

»Wir sollten es noch einmal machen«, sagte er.

Er konnte unmöglich das meinen, woran ich gerade dachte.

Er zog mich sanft in den Garten. Er war leer. Im hinteren Teil des Gartens, neben einer Bank, auf der ich mit Marco in jener denkwürdigen Nacht gesessen hatte, als wir Kids waren, wartete Marcos Tante Gabby. Ich beobachtete mit großen Augen, wie sie eine Serviette über ein Picknick breitete, das sie auf dem Boden angerichtet hatte, und sich umdrehte. Lichterketten wanden sich um die Bank und um eingetopfte Sträucher, die fehl am Platz wirkten und daher darauf schließen ließen, dass sie eigens zu diesem Zweck hierher geschafft worden waren.

»Ich gehe dann jetzt.« Gabby grinste, und Marco drückte ihr einen Kuss auf die Wange, bevor sie eilig den Garten verließ.

Ich schüttelte verwirrt den Kopf, dann deutete ich auf das Picknick. »Warum?«

Wir setzten uns auf die Decke, und er stellte den Picknickkorb zur Seite. »In dieser Nacht …« Seine Stimme klang ernst und feierlich. »Als du dich hier mit mir getroffen hast … in dieser Nacht wusste ich, dass ich dich liebe.«

Junge, Junge … ich hatte vermutlich den romantischsten Ehemann auf dem ganzen Planeten. »Du erstaunst mich«, flüsterte ich, während ich das Arrangement betrachtete. »Ich hatte mich auf einen ruhigen Abend mit dir eingestellt, aber das hier …« Ich umarmte ihn, er zog mich automatisch auf seinen Schoß, und ich saß nun breitbeinig auf ihm. Dabei rutschte mein Rock hoch, aber ich störte mich nicht daran, weil mich außer ihm niemand sehen konnte. »Danke, dass du nie einen Tag vergehen lässt, ohne dass ich merke, wie sehr du mich liebst.«

Seine Arme schlossen sich reflexartig fester um mich.

»Ich hoffe, dass ich dir dasselbe gebe.« Ich streichelte seine Wange, forschte in seinen Augen nach der Antwort.

In ihnen stand seine ganze Liebe zu lesen, und dazu eine wachsende Hitze. »Das tust du, Baby.«

Ich streifte seinen Mund mit den Lippen, und seine Hand wanderte zu meinem Nacken hoch, damit er mich festhalten und inniger küssen konnte. Der Kuss wurde innerhalb von Sekunden heiß und leidenschaftlich, und es dauerte nicht lange, bis ich Marcos Erektion zwischen meinen Beinen spürte.

Meine Brustwarzen verhärteten sich unter meinem BH, und ein Stich prickelnder Erregung durchzuckte mich. Ich brach den Kuss ab. Meine Wangen glühten. »Wir können nicht … hier und jetzt …«, murmelte ich.

Marcos Hände glitten an meiner Taille hinunter, absichtlich langsam, absichtlich lockend, bis sie auf meinen Oberschenkeln verharrten. Seine Finger glitten unter den Stoff meines ohnehin schon hochgeschobenen Rocksaums. Er zog ihn mir bis zur Taille hoch. Kühle Luft umwehte mich und ließ mich erschauern. »Es ist niemand hier«, sagte er leise an meinen Lippen.

Mein Magen zog sich bei der Vorstellung zusammen. »Wenn wir erwischt werden …«

»Es ist niemand hier.«

»Das ist Erregung öffentlichen Ärgernisses«, raunte ich ihm panisch zu, als seine Finger unter meinen Slip glitten.

Unwillkürlich hob ich die Hüften etwas an, um ihm besseren Zugang zu gewähren. »Marco«, keuchte ich, als er zwei Finger in mich hineinschob, während sein Daumen nach meiner Klitoris tastete.

»Es ist niemand hier«, wiederholte er. Seine Stimme war jetzt heiser vor Erregung.

»Und das Essen?«, fragte ich schwer atmend; versuchte mich trotz der Gefühle, die er in mir auslöste, zu konzentrieren.

»Das ist auch später noch da.«

Ich wimmerte, als sich meine Anspannung ins Unermessliche steigerte, lehnte die Stirn gegen seine und bog mich ihm entgegen. »Marco«, stöhnte ich, als ich mich dem Höhepunkt näherte. Meine Hände nestelten am Reißverschluss seiner Jeans. »Ich will dich spüren.«

Er brauchte keine zweite Aufforderung.

Er befreite sich rasch von störenden Stoffschichten, während ich mich auf die Knie zog und ziemlich unelegant meine Unterwäsche abstreifte. Kaum war sie aus dem Weg, führte ich ihn in mich ein und ließ mich langsam wieder auf ihn sinken.

»Marco«, seufzte ich, als ich spürte, wie er mich auszufüllen begann.

Ich umklammerte seine Schultern und beobachtete, wie seine Augen sich verdunkelten, während er in mich eindrang. Seine Finger krallten sich in meine Hüften, als ich mich so tief auf ihn sinken ließ wie möglich und dann das Becken wieder anhob. Dann schlang ich meine Arme um seinen Hals, so dass sich unsere Gesichter auf einer Höhe befanden und ich ihn küssen konnte.

Unsere Atemzüge kamen schnell und unkontrolliert, als unser Kuss immer leidenschaftlicher wurde.

Dann erreichte die Spannung in mir ihren Höhepunkt, ich erstarrte und stöhnte in seinen Mund, während der Orgasmus über mich hinwegrollte. Meine Unterleibsmuskeln krampften sich um ihn zusammen, und ich spürte, wie sein Stöhnen in meinem Körper vibrierte, während er zugleich noch stärker in mir anzuschwellen schien, bevor er sich heiß in mich ergoss.

Mein Unterleib zog sich heftig zusammen. Ich lehnte mich keuchend zurück, um ihm in die Augen zu sehen.

»Hmm.« Ich grinste; fühlte mich matt und zutiefst befriedigt. »Das kam unerwartet. Und die Gefahr, erwischt zu werden, hat die ganze Sache noch heißer gemacht.«

Er lachte leise. Sein Blick war weich, als er mit dem Daumen über meine Unterlippe strich. »Mit dir ist es immer eine heiße Sache.«

Ich lächelte, bevor ich mich behutsam erhob, und zog dann einen komischen Flunsch, weil er aus mir herausglitt, was ihn zum Kichern reizte. Mit der Vertrautheit eines länger verheirateten Paares brachten wir unsere Kleider in Ordnung, als hätten wir nicht gerade an einem öffentlich zugänglichen Ort, wo uns jeder hätte sehen können, Sex gehabt. Es war leichtsinnig und vermutlich eine Dummheit gewesen, aber zum Teufel, es war Valentinstag, und ich hatte jede Sekunde genossen.

Überaus zufrieden machte ich es mir mit aller schicklichen Zurückhaltung, die ich aufbringen konnte, neben Marco auf der Picknickdecke bequem. Er starrte mich an, als er mir die Pasteten reichte, die sein Onkel Gio, der ein italienisches Restaurant besaß, für uns gebacken haben musste.

»Was ist?«, fragte ich. Sein eindringlicher Blick weckte meine Neugier.

Er schüttelte den Kopf, legte sich auf die Seite und stützte sich auf dem Ellbogen ab, so dass er essen und sich unterhalten konnte. »Mir gefällt es, dass ich mehr über dich weiß als irgendjemand sonst, das ist alles.«

»Was denn? Dass ich auf der Straße eine Lady und im Bett ein Freak bin?«

Marco hob eine Braue. »Hast du gerade eben Usher zitiert?«

Ich hatte Mühe, mir ein Lachen zu verbeißen. »Schon möglich.«

»Ganz so hätte ich es nicht ausgedrückt.« Er zuckte die Achseln. »Aber ich kenne Seiten von dir, die sonst niemand kennt … ich mag das. Genau wie du mich besser als jeder andere Mensch auf der Welt kennst.«

»Ich mag das auch.«

Sichtlich glücklich nickte er, bevor er das köstliche Gebäck kostete. Während wir in kameradschaftlichem Schweigen aßen, fiel mein Blick auf die Bank, auf der wir vor all diesen Jahren gesessen hatten.

Wir hatten dort gesessen, und er hatte mir von seinem Onkel erzählt, der ihn damals misshandelt hatte. Im Alter war er ruhiger und zurückhaltender geworden, aber ich hatte lange gebraucht, um ein halbwegs herzliches Verhältnis zu dem alten Mann zu entwickeln, da ich wusste, wie er Marco behandelt hatte. In dieser Nacht hatte Marco mir erzählt, warum er die Staaten verlassen hatte und wie einsam sein Leben gewesen war. Er hatte mir unendlich leidgetan. Wir saßen stundenlang da, redeten über Gott und die Welt, und ein Thema war unsere Vorstellung von einem perfekten Date. Marco hatte nur gesagt, er würde sich nicht auf Dates einlassen. Aber er wollte trotzdem wissen, wie für mich ein perfektes Date aussah.

Bei der Erinnerung musste ich lächeln.

Als wir danach wieder zusammenkamen, arrangierte er das perfekte Date für mich.

Ich blickte zu ihm hinüber und stellte fest, dass er mich beobachtete. »Du erinnerst dich an jede Einzelheit dieser Nacht, nicht wahr?«

Er nickte. »An jedes Wort.«

Ich aß meine Pastete auf und wischte mir Krümel von den Fingern. »Ich glaube, es war richtig, dass wir als Freunde angefangen haben.«

»Wie meinst du das?«

»Nun, wir waren anfangs beste Freunde. Das heißt, dass uns das bleiben wird, wenn wir älter sind. Unsere Freundschaft. Ich denke, das bindet Paare stärker aneinander als irgendetwas sonst.«

Marco runzelte die Stirn. »Was soll das denn heißen?«

Da ich spürte, dass ihm die Bemerkung missfiel, beeilte ich mich, eine Erklärung folgen zu lassen. »Wenn Leute älter werden, ist es oft so, dass die Leidenschaft …« Ich suchte nach dem richtigen Wort. »*Verfliegt.*«

Er verzog das Gesicht. »Ich sage es dir ja nur ungern, Baby, aber wenn wir alt und grau sind, werde ich immer noch scharf auf dich sein.«

Ich lachte über das Bild, das sich mir aufdrängte. »Ich schätze, das heißt, dass du nicht vorhast, mir auf diesem Gebiet etwas Ruhe zu gönnen.«

Er warf mir einen vielsagenden Blick zu. »Ich glaube, das wird auf Gegenseitigkeit beruhen.«

Ich nickte kichernd und griff nach dem Sprudelwasser im Korb. Er hatte recht. Ich weckte ihn wahrscheinlich nachts öfter auf, um Sex zu haben, als er mich. Er schlief immer vor mir ein, weil ich im Bett gerne noch las. »Ich lese eben einen Haufen sexy Bücher«, erwiderte ich achselzuckend.

»Und dafür danke ich Gott jeden Tag.«

Sophia und Jarrod schliefen beide, als wir sie später an diesem Abend bei Joss und Braden abholten. Sophia regte sich zwar und jammerte und weinte ein bisschen, als wir sie zum Auto brachten, aber Jarrod schlief durch. Zum Glück schlummerte auch Sophia im Auto wieder ein, und Marco trug sie ins Haus, während ich das weiche, warme, schlaffe Bündel Babyglück in Gestalt meines Sohnes hineinbrachte.

Nachdem wir sie in ihre Betten gelegt hatten, gingen wir in unser Schlafzimmer und machten uns ebenfalls für die Nacht fertig. Ich schmiegte mich an meinen Mann und legte den Kopf auf seine Brust.

Ein zufriedener Seufzer entrang sich mir, als sein Arm sich um mich schlang und seine Hand auf meiner Hüfte ruhte.

»Danke für den besten Valentinstag aller Zeiten.«

Er schwieg.

Ich hob den Kopf und stellte fest, dass sich sein Gesicht verdüstert hatte. »Was ist los?«

»Den besten Valentinstag aller Zeiten?« Er schnitt eine Grimasse.

»Äh … ja.« Seine Reaktion brachte mich durcheinander.

»Und wie zum Teufel soll ich das toppen?«

Ich warf vor Lachen den Kopf in den Nacken und wurde im nächsten Moment auf den Rücken gerollt, und er stützte sich über mir ab. Ich strich mit den Händen über seine warmen, harten Rückenmuskeln. »Darüber musst du dir die nächsten zwei Jahre keine Gedanken machen. Nächstes Jahr bin ich an der Reihe.«

»Oh.« Er schob meine Beine auseinander und streifte die Träger meines Nachthemds von meinen Schultern. Meine Brustwarzen richteten sich auf, was Marco als Einladung wertete. Sein heißer Mund schloss sich um meinen linken Nippel, woraufhin ich reflexartig die Beine um seine Taille schlang und ihn enger an mich zog.

Er hob den Kopf und bedachte mich mit einem trägen, tückischen Grinsen. »Nächstes Jahr. Du und ich. Alleine. In diesem Bett. Du nackt. Das verdammt beste Geschenk, das du mir machen könntest.«

Ich schüttelte mich vor Lachen. »Männer sind so vorhersehbar.«

»Du musst es ja wissen.«

Sein Kuss erstickte mein Lachen, und wir wollten gerade zur Sache kommen, als Jarrods Weinen aus dem Babyphone drang.

Wir erstarrten eine Sekunde lang. Unsere erhitzten, erregten Körper brauchten einen Moment, um sich aus ihrer lustumnebelten Benommenheit zu reißen. Marco löste sich von mir, stieg aus dem Bett und streifte eine Schlafanzughose über. »Rühr dich nicht von der Stelle«, sagte er zu mir. »Keinen Zentimeter.«

»Ich liege hier wie ein schamloses Luder«, grollte ich.

»Ich weiß zwar nicht, was das ist, aber es wirkt total sexy, dich so zu sehen. Bleib so.«

»Oder was?«

»Tu mir einfach den Gefallen.« Er verschwand eiligst, und ein paar Sekunden später hörte ich ihn über das Babyphone beruhigend auf unseren Sohn einreden.

In mir breitete sich ein warmes Gefühl aus, als ich zuhörte, wie er Jarrod tröstete, und ich beschloss, ihm seinen Wunsch zu erfüllen und in meiner Position zu verharren.

Kurz darauf kam er in das Zimmer zurück und blieb auf der Schwelle stehen. Sein Blick wurde lodernd, als er mich halbnackt auf unserem Bett ausgestreckt liegen sah. »Fuck«, stieß er hervor, und ich musste mir auf die Lippe beißen, um mir ein Grinsen zu verkneifen.

Er bemerkte es trotzdem, und er verschwendete keine Sekunde.

Ehe ich mich versah, war er nackt und im Bett, und ich hielt ihn erneut umschlungen. Er stieß mit einer Heftigkeit und einem Verlangen in mich hinein, das mich auf den Höhepunkt zutrieb.

Zwei Mal.

Danach kuschelte ich mich an ihn. Mein Körper und meine Seele waren von einer so tiefen Zufriedenheit erfüllt, dass mich der Schlaf mühelos überwältigte.

Ich war schon fast im Reich der Träume, als ein weiterer Schrei die Luft zerriss, diesmal lauter und weiblich.

Ich wollte mich aus Marcos Armen winden, doch er verstärkte seinen Griff. »Ich gehe schon«, sagte er.

»Ich bin dran.« Ich hauchte einen Kuss auf seine Schulter, bevor ich aufstand.

Ich zog mein zur Seite geschleudertes Nachthemd über, schlang mir einen Morgenmantel um die Schultern und tappte durch die Diele über den Teppichboden zum Zimmer meiner Tochter.

Sie saß aufrecht im Bett und umklammerte ihre Decke. Im Schein des Nachtlichts im Raum schimmerten Tränen in ihren Augen.

Der Anblick versetzte mir einen Stich. Ich eilte zu ihr und schloss sie in die Arme. »Was ist denn, Baby?«

»Mummy«, schluchzte sie und klammerte sich an mir fest.

Ich konnte nur vermuten, dass die Unterbrechung ihres Nachtschlafs sie durcheinandergebracht hatte, also lehnte ich mich gegen das Kopfteil des Bettes und erzählte ihr leise die Geschichte von Aschenputtel, bis ihr warmer kleiner Körper schlaff gegen mich sackte. So vorsichtig wie möglich legte ich sie wieder bequem hin und schlich auf Zehenspitzen aus dem Zimmer.

Da ich Marco nicht wecken wollte, kroch ich leise ins Bett und rollte mich auf die Seite.

Keine zwei Sekunden später gab die Matratze nach, und ich spürte die Hitze seines Körpers an meinem, als er den Arm um mich legte und mich an sich zog.

»Ist unser Engelchen okay?«, erkundigte er sich schläfrig.

»Alles in Ordnung.«

»Gut.« Er küsste mich auf den Hals. »Ich liebe dich.« Leises Schnarchen folgte auf die drei Worte.

Ich lächelte. Meine Lider fühlten sich vor Erschöpfung bleischwer an. »Ich liebe dich auch.«

Shannon und Cole

Meine Augen brannten Löcher in die Wand.

Das Surren der Nadel war schon vor ein paar Minuten verstummt, und trotzdem war Cole immer noch nicht mit der umwerfenden Brünetten aus seinem Arbeitsraum gekommen. Ihre Augen hatten bei seinem Anblick aufgeleuchtet wie die eines Kindes vor einem Weihnachtsbaum, unter dem üppige Geschenke lagen.

Ich grummelte vor mich hin und starrte weiterhin finster die Wand an. Als das Kichern einer Frauenstimme erklang, verwandelte sich mein finsterer Blick in ein wütendes Funkeln.

Leise schnaubend stieß ich mich mit meinem Stuhl vom Schreibtisch ab und fuchtelte wild mit den Armen durch die Luft, als der Stuhl hintenüber zu kippen drohte.

Alle anderen hatten INKarnate, das Tattoostudio in Leith, in dem wir arbeiteten, schon verlassen. Ich war dort in Vollzeit am Empfang beschäftigt und würde diesen Job ausüben, bis ich im Sommer an der Kunsthochschule anfing. Dann würde ich in Teilzeit wechseln. Cole, mein Verlobter, war der Manager und Cheftätowierer. Stu gehörte der ganze Laden, aber er ließ sich nur noch selten blicken. Rae, meine beste Freundin und ehemalige Mitbewohnerin, war Tätowiererin und Expertin für das Entfernen von Tattoos, und Simon, das überwältigend attraktive schwule

Alphamännchen Simon, war unser anderer Tätowierer und für Piercings zuständig.

Beiden waren schon vor einer Stunde zu ihren jeweiligen Lovern nach Hause gegangen.

Warum?

Weil heute Valentinstag war.

Genauer gesagt war es Coles und mein erster gemeinsamer Valentinstag … und er tätowierte irgendeine Sexbombe, die ihn anschmachtete, während ich ungeduldig darauf wartete, dass er endlich fertig wurde.

Ich verschränkte die Arme vor der Brust und musterte missmutig die von Straßenlaternen und Autoscheinwerfern künstlich erleuchtete Straße. Eigentlich konnte ich sicher sein, dass Cole auf die Flirtversuche der Brünetten nicht einging. Irgendwie war es mir nach allem, was ich durchgemacht hatte, gelungen, den einen Typen auf der Welt zu finden, der aussah wie einer erotisch angehauchten griechischen Sage entsprungen (ja, wirklich, genauso!), die Prinzipien eines Disneyhelden, den Stil und die Haltung eines Bikers, die Seele eines Künstlers und das Ehrgefühl und den Instinkt eines Heldenkriegers hatte.

Offenbar hatte ich mir ziemlich viele Gedanken darüber gemacht, wie ich Cole perfekt beschreiben konnte.

Er war natürlich nicht perfekt. Denn sonst säßen wir jetzt bei unserem ersten Valentinstagsdate, aber er war definitiv einer von den Guten, weswegen ich ihm auch bedingungslos vertraute.

Selbst wenn eine Sexbombe auf seinem Tätowierstuhl saß.

»Shortcake.«

Ich fuhr herum und sah Cole in der Tür zum hinteren Gang stehen, wo die Tätowierräume waren. »Yeah?«

Er nickte mit dem Kopf in Richtung seines Raums. »Meiner Kundin ist ein bisschen flau geworden. Hast du Schokolade da?«

Hmm. Der Teil von mir, der den Namen Argwohn trug, fragte sich, wie ein eben noch laut kicherndes Mädchen sich im nächsten Moment elend fühlen konnte. Ich ließ den Blick über meinen Verlobten wandern, über seinen hochgewachsenen, athletischen Körper, die Tätowierungen, den Dreitagebart und sein Gesicht. Und die Augen. Diese grünen Augen, die mein Höschen förmlich zum Schmelzen brachten.

Nein, ich kaufte es ihm nicht ab, dass seine Kundin sich nicht gut fühlte.

Trotzdem lächelte ich süß. »Ich bringe dir welche.«

Er erwiderte das Lächeln. »Danke, Schätzchen. Wir sind gleich fertig.«

Ich nickte, und er verschwand wieder in seinem Arbeitsraum. Ich holte die Schokolade aus dem Minikühlschrank im Schrank hinter meinem Schreibtisch und ging dann zu einem der Spiegel, die wir im Studio aufgestellt hatten, damit die Leute Piercings oder Tattoos oder was auch immer betrachten konnten. Als die Brünette zu ihrem Termin bei Cole ins Atelier gekommen war, hatte ich das Kleid für unser Date angezogen und es unter meinem Mantel versteckt. Cole sollte es erst sehen, wenn wir gingen.

Offenbar war an der Zeit, sich von dieser Idee zu verabschieden. Ich streifte den Mantel ab, ließ ihn auf den Boden fallen und nickte langsam, als ich mein Spiegelbild anstarrte. Ich trug ein figurbetontes kurzes Kleid. Mein Lieblingskleid, um genau zu sein. Cole mochte mich in Schwarz. In diesem Kleid hatte er mich schon gesehen, es aber nicht richtig zu würdigen gewusst, weil wir damals noch nicht zusammen waren. Ich hatte es zu seiner Geburtstagsparty im letzten Jahr getragen, als noch Feindseligkeit, Missverständnisse und eine unglaubliche sexuelle Spannung zwischen uns geherrscht hatten.

Ich dachte, ich sollte ihm die Gelegenheit geben, mich diesmal aus diesem Kleid zu schälen.

Dazu trug ich knöchelhohe Wildlederstiefel, die meine kurzen, schlanken Beine länger wirken ließen.

»Shortcake?«, klang es aus seinem Raum.

Ups. Ich trödelte zu lange.

Ich schlenderte mit der Schokolade nach hinten. Meine Absätze klapperten auf dem Boden. Auf der Schwelle zu Coles Arbeitsraum blieb ich stehen; er saß auf einem Hocker und die Brünette entspannt in seinem Stuhl.

Sie war noch nicht einmal blass um die Nase.

Cole hob bei meinem Anblick eine Braue, während ich langsam, damit er das Kleid ausgiebig bewundern konnte, den Raum betrat.

»Schokolade.« Ich reichte sie ihm, dabei unterdrückte ich ein Lächeln.

Er nahm sie und gab sie an seine Kundin weiter, ohne sie auch nur anzusehen. »Wann hast du dich denn so schnell umgezogen?«

»Während du hier drin warst.« Ich zuckte die Achseln und strich mein Kleid glatt. »Ich wollte startbereit sein.«

»Gute Idee.« Er verschlang mich immer noch mit den Blicken.

»Hast du ein Date?«, fragte die Brünette. Sie wandte den Blick nicht von mir ab, während sie an der Schokolade knabberte.

Von wegen ein bisschen flau, so ein Blödsinn. Was für

eine Verschwendung meiner Notfallschokolade. Es gab Leute, die sie wirklich brauchten.

»Ja, aber er ist spät dran.«

Cole warf mir einen Blick zu. Seine Mundwinkel hoben sich. »Was für ein Arschloch.«

Ich bedachte ihn mit einem ›Was soll man machen?‹-Achselzucken. »Glaubst du, ihm gefällt das Kleid?«

»Ich denke, er wird begeistert sein.«

»Aye, du siehst echt gut aus«, fügte die Brünette hinzu, bevor sie sich mit einem lockenden Ausdruck in den Augen wieder an Cole wandte. »Was ist mit dir? Hast du heute Abend ein Date?«

Ich konnte mich gerade noch davon abhalten, die Augen zu verdrehen.

Cole war nicht dumm. Er wurde ständig angebaggert. Er wusste, dass sie mit ihm flirtete, und er wusste auch, dass ich genau aus diesem Grund den Raum nicht wieder verlassen hatte, nachdem ich ihm die Schokolade gebracht hatte. »Mit meiner Verlobten.«

Sie hätte sich beinahe verschluckt. »Du bist verlobt?« Sie wirkte sichtlich verärgert, als hätte sie einen Anspruch auf ihn. »Sie hat wirklich Glück.«

»Das weiß sie.« Ich fuchtelte mit meiner linken Hand, an der der wunderschöne Diamant funkelte, den Cole mir vor Monaten angesteckt hatte, vor ihrem Gesicht herum.

Und jetzt fiel bei ihr der Groschen. Cole duckte sich und verbarg sein Grinsen, während er so tat, als würde er aufräumen.

»Ach so, ihr beide.« Sie deutete von mir zu ihm. »Stimmt. Das ist mir gar nicht aufgefallen.« Sie lächelte mir verlegen zu. »Vermutlich halte ich euch gerade auf. Ich werde dann mal gehen.«

»Nur wenn es dir bessergeht«, sagte ich mit so viel aufrichtig klingendem Mitgefühl, wie ich in meine Stimme legen konnte. Anscheinend wirkte ich überzeugend, weil sie jetzt schuldbewusst aussah.

»Viel besser, danke.« Sie erhob sich von dem Stuhl. »Ich zahle dann schnell und bin weg.«

»Ich kümmere mich darum.« Ich starrte den Rücken meines Verlobten an. »Du hast sie über die Tattoonachsorge aufgeklärt?«

Er spähte über seine Schulter. »Klar.«

»Noch mal vielen Dank, Cole.« Sie winkte ihm leicht zu.

»Gern geschehen.« Er nickte flüchtig in ihre Richtung, bevor er wieder vorgab, beschäftigt zu sein.

Als sie zur Tür hinaus war, verdrehte ich hinter seinem Rücken die Augen und folgte ihr.

Die Wangen der Brünetten waren vor Verlegenheit rot angelaufen, als sie bezahlte, und ich empfand tatsächlich Mitleid mit ihr. Nachdem sie gegangen war, kehrte ich in Coles Arbeitsraum zurück und lehnte mich gegen den Türrahmen.

Er drehte sich um und betrachtete mich so eindringlich von Kopf bis Fuß, dass mein Körper augenblicklich in Flammen zu stehen schien.

»Du musst den Mädels wirklich klarmachen, dass du kein Single bist.«

Cole verzog das Gesicht. »Shannon, ich bin auf ihre Flirterei nicht eingegangen.«

»Das weiß ich. Aber du hättest ihr Gesicht sehen sollen, als sie bezahlt hat.« Ich zuckte zusammen. »Sie hat mir ehrlich leidgetan. Sie hat sich geschämt.«

»Was soll ich machen?« Er zuckte die Achseln. »Wenn

eine Frau auf meine Flirtversuche nicht eingeht, würde ich daraus doch schließen, dass sie nicht interessiert ist. Man sollte also meinen, jeder müsste den Wink mit dem Zaunpfahl verstehen.«

»Ach ja?« Ich trat mit vor der Brust verschränkten Armen in den Raum. »Ich erinnere mich jedenfalls verschwommen daran, dass ich auf deine Flirtversuche nicht reagiert habe und du mich trotzdem weiter angebaggert hast.«

Cole hob eine Braue. »Shortcake, du brauchtest auf meine Flirtversuche nicht einzugehen. Du hast mir praktisch hinterhergehechelt.«

»Bah. Du bist so was von arrogant. Ich habe nicht gehechelt.«

»Du hast gehechelt.« Er trug noch immer dieses lächerliche, aber absolut antörnende Grinsen zur Schau.

Ich kniff die Augen zusammen und ignorierte das Kribbeln zwischen meinen Beinen.

Sein Grinsen wurde breiter, und er hob anzüglich die Brauen. »Ich mache dich jetzt schon ganz heiß, stimmt's?«

»Ja, aber darum geht es hier gar nicht.« Ich machte auf dem Absatz kehrt und verließ den Raum.

»Wo willst du hin?«

»Dein Geschenk holen. Vielleicht lenkt dich das von deinem übersteigerten Ego ab.«

Ich hörte ihn lachen, als er mir folgte.

Ich schloss die Schublade des Schranks auf, nahm sein Geschenk heraus und reichte es ihm.

Cole nahm es mit neugieriger Miene entgegen. »Was ist das?«

»Mach es auf.«

Mein Magen krampfte sich vor nervöser Erwartung zusammen, als er die Verpackung vorsichtig öffnete und mit hochgezogenen Brauen auf das Geschenk in seinen Händen starrte. Ich hatte Mühe, nicht laut »Und?« zu rufen.

Er blickte von dem Foto auf, das ich hatte rahmen lassen. »Wie hast du das denn hingekriegt?«

Cole hatte diese wirklich coolen Schwarzweißfotos in seiner Wohnung. Das über dem Bett war mein Lieblingsstück. Es war vom Rücksitz eines klassischen amerikanischen Cabrios aus aufgenommen worden. Der Fahrer war im Profil zu sehen. Er trug eine dunkle Pilotenbrille, und Rauch stieg von seinen Lippen auf, während er gelangweilt in die Welt hinauszusehen schien. Hinter dem Auto klaffte eine tiefe Schlucht, die den Eindruck vermittelte, dass der Wagen nur Zentimeter von ihrem Rand entfernt stand.

So cool Coles Fotos auch waren, keines war persönlicher Natur.

Das in Coles Händen schon.

Es war ein Schnappschuss von uns beiden am Strand von Longniddry, einem Küstendörfchen außerhalb der Stadt. Wir waren letzten Herbst mit Coles Schwester Jo, ihrem Mann Cam, ihrer Tochter Belle und ihrem besten Freund Nate, seiner Frau Olivia und ihren Kindern dort gewesen. Cam und Nate waren da aufgewachsen, und ihre Eltern lebten immer noch dort. Es war ein traumhaftes Fleckchen Erde.

Nate war Fotojournalist und total kameraverrückt. Er hatte an diesem Wochenende einen Haufen Fotos geschossen, und als ich sie durchsah, stieß ich auf eins von Cole und mir, das so toll war, dass ich ihn bat, es für mich aufzuheben. Er war noch weiter gegangen und hatte es ausgedruckt und rahmen lassen.

Ich wollte es Cole zu einem besonderen Anlass schenken.

»Wie hast du das hingekriegt?«, fragte er noch einmal. Seine Augen füllten sich mit Zärtlichkeit.

»Nate.«

»Natürlich«, murmelte er, sah das Foto wieder an und streichelte mit den Fingerspitzen mein Abbild.

Ich erschauerte. »Es gefällt dir?«

»Ich liebe es.« Seine Stimme klang rau.

Das Foto war keine dieser typischen kitschigen Aufnahmen, auf denen wir miteinander knutschten oder uns küssten oder sonst etwas in der Art. Stattdessen saß ich auf einer Steinmauer am Strand, ließ die Beine baumeln und hatte die Hände aufgestützt. Ich trug meinen Mantel offen und mein wie immer ungebändigtes Haar wehte im Wind. Ich sah Cole mit einem weichen, neugierigen Gesichtsausdruck an.

Wir wirkten cool und interessant ... und irgendwie heiß.

»Ich dachte, du möchtest es vielleicht in deiner Wohnung aufhängen.«

»Darauf kannst du Gift nehmen.« Cole sah zu mir auf und grinste. »Das ist absolut klasse.«

Ich kicherte, als er mich an sich zog. »Das fand ich auch. Ich dachte, es wäre nett, es aufzuheben, damit wir es uns anschauen können, wenn wir alt und grau sind, um uns daran zu erinnern, wie wir einmal waren.«

Er küsste mich sanft und gab mich dann frei. Gerade, als er mir etwas sagen wollte, ging die Studiotür auf.

Ich runzelte die Stirn und drehte mich um, um dem Eindringling mitzuteilen, dass wir geschlossen hatten, hielt aber beim Anblick unseres Bosses Stu inne.

»Gerade rechtzeitig«, sagte Cole.

Rechtzeitig wofür? »Stu?« Ich blickte von ihm zu Cole und dann wieder zu ihm. »Was machst du denn hier?«

»Kleine Elfe.« Stu grinste. »Wie geht es dir, Mädel?«

»Gut. Ich bin zwar etwas durcheinander, aber es geht mir gut. Und dir?«

»Ich bin froh, dass meine Frau den Valentinstag genauso hasst wie ich.« Er kicherte in sich hinein und sah Cole an. »Bist du bereit?«

»Wofür?« Ich löste mich aus Coles Armen; hoffte, dass mein Valentinstag nicht gleich ruiniert werden würde.

»Für dein Geschenk.« Cole legte das Foto behutsam auf die Empfangstheke. »Stu tätowiert mir deinen Namen auf die Brust.«

Mit dieser großartigen Ankündigung steuerten er und Stu auf die hinteren Räume zu.

Meinen Namen? Auf seine Brust?

»Bist du verrückt?« Ich lief ihm hinterher, dabei versuchte ich, mit meinen Absätzen nicht auf den glatten Fliesen auszurutschen. »Cole!«

Ich holte die beiden ein, als sie sich gerade in Coles Arbeitsraum niederließen. »Können wir bitte kurz reden? Nur eine Minute. Unter vier Augen.«

»Shannon ...«

»Bitte«, beharrte ich.

Er seufzte. »Stu, ich bin gleich wieder da.«

Stu grinste uns wissend an. »Gut so. Bring ihn zur Vernunft, kleine Elfe.«

Ich überging seine Bemerkung, packte Coles Hand und zog ihn in das Hauptstudio zurück. »Das tust du nicht!«

Cole sah mich finster an. »Ich hatte mir eine erfreulichere Reaktion erhofft. Etwas in der Art wie: ›Das ist ja so romantisch, Cole, ich kann kaum glauben, dass du mich genug liebst, um dir meinen Namen unauslöschlich quer über die Brust stechen zu lassen‹.«

»Es ist romantisch.« Ich drückte zur Bestätigung seine Hand. »Und ich bin überwältigt, dass du mich so sehr liebst, aber … lass uns vernünftig bleiben. Es kann alles Mögliche passieren. Wir wissen nicht, was noch geschieht. Natürlich hoffe ich inständig, dass wir in fünfzig Jahren immer noch dieses Foto haben …«, ich deutete auf die Empfangstheke, »… und dass wir es uns zusammen anschauen. Aber das können wir nicht mit hundertprozentiger Sicherheit wissen. Ein Tattoo, Cole. Das ist etwas für die Ewigkeit.«

»Aber das mit uns ist auch für die Ewigkeit. Wir werden heiraten.«

Ich schmolz dahin. »Ich weiß. Und du weißt, dass ich dich liebe. Aber ein Tattoo scheint mir eine schlechte Idee zu sein. Fast, als würde es uns Unglück bringen.«

»Unglück bringen?«

»Mmm.«

Er seufzte entnervt. »Es bringt uns kein Unglück, Shannon. Wir bleiben für immer zusammen. Ich gehe nirgendwohin. Du?«

»Nein, natürlich nicht!« Ich schlang die Arme um ihn und legte den Kopf in den Nacken, um ihm in die Augen sehen zu können. »Ich möchte nur nicht, dass du etwas tust, was du später bereust.«

Zur Antwort schloss Cole mich so fest in die Arme, dass jeder Zentimeter von mir an ihn gepresst wurde. »Was dich betrifft, werde ich nie etwas bereuen.«

Als ich fast so weit war, nachzugeben, schoss mir plötzlich ein Gedanke durch den Kopf, und ich platzte heraus: »Wie wäre es denn mit einem ›S‹?«

Angesichts dieses Ausbruchs zog Cole vor Überraschung mit einem Ruck den Kopf zurück. »Wie bitte?«

»Das Tattoo.« Ich tätschelte die Stelle seiner Brust, wo sich sein Herz befand. »Lass dir ein ›S‹ stechen. Wir beide wissen, dass es für mich steht, aber falls etwas passiert, kannst du es leicht in ein anderes Wort abändern.«

»Es wird nichts passieren, aber …« Er bedeckte meinen Mund mit einer Hand, da er wusste, dass ich erneut Einwände erheben würde. »Wenn es dir hilft, dich mit der Sache anzufreunden, lasse ich mir ein stilisiertes ›S‹ tätowieren.«

Ich grinste, und er zog die Hand weg und erwiderte das Lächeln.

»Mir ist gerade etwas eingefallen.« Ich fuhr mit den Fingerspitzen über seine Brust. »Das ist ein doppeltes Geschenk.«

»Inwiefern?«

Meine schmutzigen Gedanken lösten eine Hitzewelle in mir aus. »Du musst heute Abend auf dein neues Tattoo Rücksicht nehmen … was heißt, dass ich oben bin.«

Cole zitterte vor unterdrücktem Lachen. »Das war auch Teil meines Plans.«

»Daran hege ich nicht den geringsten Zweifel.« Ich stellte mich auf die Zehenspitzen, um ihn zu küssen. »Dann beeil dich, und das Dinner lassen wir heute Abend ausfallen.«

»Leg dich auf den Rücken.« Ich stand in meinem engen schwarzen Kleid, Highheels und in die Hüften gestemmten Armen am Fuß des Bettes.

Coles Lippen zuckten vor Belustigung und Erregung. Er saß ohne einen Faden am Leib vor mir auf dem Bett. Ich hatte ihm gerade befohlen, sich auszuziehen, was er so aufreizend langsam getan hatte, dass ich mein Verlangen kaum noch bezähmen konnte.

Er blickte mit seinen herrlichen grünen Augen zu mir hoch, und ich glaube, er wusste, dass ich darauf brannte, ihn zu berühren. Jeden Zentimeter, außer dem Quadrat auf seiner Brust, der zum Schutz seines neuen Tattoos mit Klarsichtfolie bedeckt war. Ein wunderschönes stilisiertes ›S‹ direkt über seinem Herzen.

Ich zwang mich, aufzuhören, das Tattoo anzulächeln, und wiederholte meine Anweisung.

»Willst du dich nicht erst ausziehen?«, fragte er.

»Erst wenn du bereit und willig auf diesem Bett liegst.«

Er tat leise kichernd und bereits voll erregt, wie ihm geheißen.

Ich leckte mir über die Lippen; spürte die warme Nässe zwischen meinen Beinen. »Jetzt bin ich an der Reihe«, flüsterte ich. Ich spürte, wie sich meine Brustwarzen unter dem Stoff meines BHs aufrichteten, als ich den Reißverschluss meines Kleides aufzog.

Cole stützte den Kopf auf die Hände und beobachtete mich mit glühenden Augen.

Ich streifte zuerst das Kleid ab und stieg nur mit BH, Höschen und Highheels bekleidet heraus. Mein Haar fiel mir lose über die Schultern, und ich stand einen Moment still da, damit Cole mich anschauen konnte, bevor ich mich bückte, um die Reißverschlüsse meiner Stiefel zu öffnen.

Ich schleuderte sie von den Füßen und hakte dann meinen BH auf.

Meine Brüste schwollen unter seinem sich verdunkelnden Blick an, und meine Brustwarzen verhärteten sich zu kleinen Spitzen.

»Fuck«, entfuhr es ihm leise. Sein Körper spannte sich an, und sein Glied begann zu pochen.

Ich zog mein Höschen langsam herunter, kroch dann auf das Bett und auf Händen und Knien über ihn. Meine Fingerspitzen strichen über seine Haut, während ich mich hocharbeitete, bis ich bei seiner Erektion Halt machte.

»Shortcake«, stöhnte er, als ich den Kopf senkte.

Ich nahm ihn in den Mund und spürte, wie sich seine Schenkel unter meinen Fingerspitzen verkrampften. Meine Zunge zog eine Ader an der Unterseite seines Schwanzes nach, und Cole sog vor Erregung zischend den Atem ein, als ich zu saugen begann, den Kopf auf und ab bewegte und die Lippen an seiner ganzen Länge hinunter und wieder hochgleiten ließ.

»Shannon«, keuchte er mit zusammengebissenen Zähnen, dabei hob und senkte er ruckartig die Hüften.

Ich gab ihn frei. Mein Blick versprach ihm, dass ich vollenden würde, was ich begonnen hatte, nachdem wir beide das Hauptereignis genossen hatten. Aber ich wollte es noch hinauszögern. Ich küsste mich seinen Körper entlang, während ich an ihm hochkroch, grub meine Knie zu beiden Seiten seiner Hüften in die Matratze und erschauerte, als ich spürte, wie sein Schwanz die Innenseite meines Schenkels streifte. Ich schloss die Lippen um seine rechte Brustwarze und begann ihn mit der Zunge zu reizen. Sein Körper erstickte mein Stöhnen, als er meine Brüste umfasste und meine eigenen harten Brustwarzen nach seiner Berührung gierten. Als seine Daumen sie umkreisten, gab ich ein leises Seufzen von mir.

»Shortcake«, grollte Cole, als er meine Brustwarzen zwischen Finger und Daumen nahm. Mir blieb kaum Zeit, mich von den Hitzeströmen zu erholen, die durch meinen

Unterleib flossen, als seine rechte Hand über meinen Bauch wanderte und zwischen meinen Beinen verschwand.

Zwei seiner Finger glitten in meine feuchte Spalte. Ich krümmte den Rücken, um seiner linken Hand besseren Zugang zu meiner Brust zu gewähren, und hob die Hüften.

»Ich brauche dich«, wimmerte ich, schüttelte den Kopf und entwand mich ihm. »Alles.«

Er umklammerte meine Hüften, als ich mich über ihm in die richtige Stellung brachte, und wir schrien beide leise auf, als ich mich auf ihn sinken ließ.

Wir fanden rasch zu einem wonnevollen, Spannung aufbauenden Rhythmus. Ich lehnte mich leicht zurück, um ihn in mich aufzunehmen, und bewegte mich langsam, unausweichlich dem Orgasmus entgegen.

Wir wandten den Blick nicht voneinander, während ich ihn ritt. Ich fühlte mich sexy und mächtig, während ich sein Gesicht betrachtete und verfolgte, wie sich seine grünen Augen verdunkelten, als sie sich auf meine Brüste und mein Haar hefteten. Sein Griff verstärkte sich, trieb mich an. Die Hitze zwischen uns wurde stärker und stärker, und unsere Körper glänzten vor Schweiß.

Der lustvolle Druck in meinem Unterleib wuchs, und meine Erregung steigerte sich angesichts der Intimität unserer Leidenschaft – der Liebe in unseren Augen, meines Stöhnens, des berauschenden Geruchs von Sex … und Cole, der mich keuchend aufforderte zu kommen.

»Cole!«, entrang es sich mir erstickt, während ich mich immer schneller über ihm bewegte und auf den Höhepunkt zusteuerte. Meine Muskeln zogen sich um ihn zusammen, als ich kam und eine lustvolle Welle nach der anderen um seinen Schwanz pulsierte.

Während ich vor Befriedigung ganz schlaff wurde, begann Cole unter mir mit den Hüften zu pumpen und mich mit harten Stößen anzuheben, bis ich spürte, wie ihn ein Schauer überlief und er in mir kam.

Sein Griff lockerte sich, und er entspannte sich unter mir. Seine Brust hob und senkte sich hastig.

Ich beugte mich über ihn, wobei ich immer noch darauf achtete, sein Tattoo nicht zu berühren, und küsste ihn – ein langer, inniger, zärtlicher Kuss. Dann löste ich mich gerade so weit von ihm, dass ich etwas sagen konnte, und erzitterte, als er mit den Fingern sacht über meinen nackten Rücken strich. »Unser erster Valentinstag war ein Erfolg«, flüsterte ich an seinem Mund.

Er nickte und drückte mich enger an sich. »Das gilt auch für jeden weiteren.«

»Alle fünfzig?«, neckte ich ihn.

»Worauf du dich verlassen kannst, Shortcake. Das hier …« Er umschloss mit seinen großen Händen meine Taille. »Alles von dir gehört mir. Für immer.« Er blickte auf seine Brust hinunter und mir dann wieder in die Augen. »›S‹ oder ›Shannon‹ … es wird immer das eine bedeuten. Dass ich dich liebe.«

»Ich liebe das Tattoo«, versicherte ich ihm, dabei umkreiste ich die Stelle sacht mit dem Zeigefinger. »Es wird für mich auch immer diese eine Bedeutung haben.«

»Einen frohen Valentinstag, Shortcake.« Er küsste mich sanft.

»Einen frohen Valentinstag, Cole.«

Samantha Young

King's Way

Verlockende Berührung

Aus dem Englischen von
Sybille Uplegger

Craig

Er wurde wach, weil jemand schnarchte.

Das sägende Geräusch drang in sein Unterbewusstsein und ließ ihn nicht mehr schlafen. Er blinzelte ins fahle Licht, das durch die lilafarbenen Vorhänge vor seinem Schlafzimmerfenster hereinfiel.

Moment mal.

Craig stutzte.

Ich habe *keine lilafarbenen Vorhänge.*

Erinnerungen an die vergangene Nacht trieben langsam an die Oberfläche seines Gedächtnisses.

Fuck, Fuck, Fuck, Fuck, Fuck.

Er drehte vorsichtig den Kopf, ganz langsam, um die Schnarcherin neben sich nicht zu wecken. Er sah ein blasses Gesicht, halb unter einer Mähne langer roter Haare verborgen, die sich über das Kissen ergossen. Das hier war nicht sein Schlafzimmer. Es war …

Das Schlafzimmer von Donna.

Nein, halt, das stimmte nicht.

Das Schlafzimmer von Danielle »Nenn mich Danni«.

Behutsam setzte Craig sich auf. Sämtliche Muskeln in seinem Körper waren angespannt, weil er fürchtete, schon die kleinste Bewegung könne das Schnarchen zum Verstummen bringen und die hellblauen Augen würden sich öffnen. Er hatte Danielle »Nenn mich Danni« im Club 39 kennengelernt, einer beliebten Kellerbar in der George

Street im Herzen von Edinburgh. Sie war dort zu Gast gewesen und hatte bis zum Schichtende auf Craig gewartet. Er arbeitete seit nunmehr fünf Jahren in Vollzeit hinter der Theke, und es gab Frauen, die regelmäßig in die Bar kamen, nur um sich von ihm bedienen zu lassen.

Und manche auch, um sich von ihm *bedienen* zu lassen.

So wie Danni.

Sie kam seit einigen Wochen mit ihren Freunden her, jeden Donnerstag, ohne Ausnahme, denn donnerstags war Studentenabend. Sie war in irgendeinem Postgraduierten-Studiengang. Und sah absolut hammermäßig aus. Wie hätte Craig sie da enttäuschen sollen?

Aber am Morgen danach zusammen aufwachen?

Nein danke. Sie waren sich beide von Anfang an darüber im Klaren gewesen, was das hier war.

Er zumindest. Und sie würde sich spätestens dann im Klaren sein, wenn sie wach wurde und er nicht mehr da war.

Er verzog das Gesicht. Hoffentlich war sie in Sachen Sex wirklich so locker, wie sie gestern Abend behauptet hatte. Craig fing grundsätzlich nichts mit einer Frau an, wenn er auch nur den Verdacht hatte, sie könnte nicht mit den Regeln eines One-Night-Stands vertraut sein. In neunundneunzig Prozent aller Fälle bewies er den richtigen Riecher. Nur hin und wieder gab es diese Ein-Prozent-Fehlerquote, und hinterher fühlte er sich jedes Mal wie ein Schwein.

Er war hundemüde und sehnte sich nach ungestörtem Schlaf ohne Schnarchgeräusche. Vorsichtig schlüpfte er aus Dannis Bett, dann zog er sich rasch und lautlos an. Normalerweise wartete er nach dem Sex immer nur so lange, bis die Frau eingeschlafen war, und machte sich dann schnellstmöglich aus dem Staub, aber gestern Abend musste er erschöpfter gewesen sein als sonst, denn er war ebenfalls eingeschlafen.

Das war wirklich knapp gewesen.

Er schlich gerade auf Zehenspitzen durch den Flur, als zu seiner Rechten eine Tür aufging. Er blieb wie angewurzelt stehen. Eine ziemlich jung aussehende Frau schaute ihn durch den Türspalt an.

Sie feixte. Wahrscheinlich sah er aus wie das sprichwörtliche Reh im Scheinwerferlicht. »Wenn du bleiben willst, kann ich dir Oropax geben«, flüsterte sie.

Er schmunzelte über ihren Scherz und wisperte zurück: »Danke, aber ich muss langsam mal los.«

Sie nickte. »Keine Sorge. Danni wird nicht sauer sein, dass du abgehauen bist.«

»Gut zu wissen.«

»Sie hätte dich sowieso rausgeworfen, wenn du nicht von allein gegangen wärst.«

Er grinste. »Ernsthaft?«

»O ja«, gab die Mitbewohnerin ebenfalls grinsend zurück. »Sie ist meine Heldin. Sie hat so was besser drauf als jeder männliche Aufreißer.« Mit diesen Worten schloss sie ihre Zimmertür wieder, und Craig sah zu, dass er aus der Wohnung kam. Er war belustigt und sehr erleichtert.

* * *

»Such dir eine Frau, und binde dich, Craig, ehe du dir irgendeine fürchterliche Krankheit einfängst. Dein Vater war genauso wie du, bis er mich getroffen hat. Hat mit allem geschlafen, was eine Vagina hatte.«

La la la, la la la la.

»Junge! Hörst du mir überhaupt zu?«

Nein. Es gab nämlich Wörter, die man niemals aus dem Mund der eigenen Mutter vernehmen wollte, und dazu zählte das Wort »Vagina«. Er tat einfach so, als hätte er nichts gehört, und öffnete den Kühlschrank. Er hatte Appetit auf einen kleinen Snack.

Im Kühlschrank herrschte bedrückende Leere.

Craig runzelte die Stirn, warf die Tür zu und sah seine Mum an, während diese ihm mit dem letzten Schluck Milch einen Kaffee machte. »Wieso ist dein Kühlschrank leer?«

Seine Mutter, die gerade Zucker in seinen Kaffee gerührt hatte, sah auf. »Ach, jetzt schau mich doch nicht so an. Eigentlich wäre heute mein Einkaufstag gewesen, aber dann hat die Arbeit angerufen, ich musste für jemanden einspringen. Fürs Abendessen habe ich mir was vom Chinesen bestellt. Ich gehe dann eben morgen einkaufen.«

Nachdem er frühmorgens Dannis Wohnung verlassen hatte, war er nach Hause gefahren, wo er bis in den späten Nachmittag geschlafen hatte. Nach dem Aufstehen hatte er geduscht, sich angezogen, zum Abendessen ein paar Freunde getroffen, und nun schaute er auf dem Weg zur Arbeit noch kurz bei seiner Mum vorbei.

»Dir geht es also gut?«

»Mir geht es bestens.« Sie reichte ihm seinen Kaffee und setzte sich an den Küchentisch.

Craig folgte ihr. »Und den Mädels?« Er meinte seine zwei Schwestern Jeannie und Maggie.

»Ja. Den beiden geht es auch gut.« Sie tätschelte seine Hand. »Du musst dir nicht mehr so viele Sorgen machen. Seit die Mädchen ausgezogen sind, habe ich es deutlich leichter.«

Craig war jahrelang der Mann im Haus gewesen – seit dem Tod seines Vaters, da war er fünfzehn gewesen. Mit sechzehn hatte er die Schule geschmissen, um sich Arbeit zu suchen, damit er seine Mutter finanziell unterstützen konnte. Er war erst ausgezogen, als die Mädchen ihrerseits alt genug waren, um Geld zu verdienen und zum Familienunterhalt beizusteuern. Inzwischen war Jeannie zweiundzwanzig und lebte mit ihrem Verlobten zusammen. Maggie studierte im zweiten Semester an der University of Aberdeen.

Das bedeutete, dass der Druck auf ihn nicht mehr so groß war, trotzdem fiel es ihm schwer, das Verantwortungsgefühl und die ständige Sorge, die er so lange empfunden hatte, einfach abzuschütteln.

»Und wie geht es dir wirklich, Mum?« Er nippte an seinem Kaffee. »Seit Mags nicht mehr da ist?«

Ein Anflug von Traurigkeit blitzte in ihren Augen auf, und Craig spürte ein Ziehen im Magen. »Sie fehlt mir. Es ist so still hier.« Dann zwang sie sich zu einem breiten, verschmitzten Lächeln. »Vielleicht sollte ich mir eine Katze anschaffen.«

Er grinste. Seine Mum, die Katzenlady. Irgendwie schwer vorstellbar. »Ich werde versuchen, öfter vorbeizuschauen.« In der Regel kam er einmal wöchentlich vor seiner Schicht auf einen Kaffee vorbei, außerdem telefonierten sie mehrmals die Woche.

Vielleicht war das nicht genug.

»Wehe«, warnte sie ihn. »Du bist ein erwachsener Mann. Ich will dich nicht daran hindern, dein Leben zu leben.«

»Du bist meine Mum. Du hinderst mich nicht daran, mein Leben zu leben.«

Sie lächelte diebisch. »Was, wenn ich dir sagen würde, dass ich mich auf einer Dating-Website angemeldet habe?«

Craig zuckte zusammen. Im ersten Moment war er wie vor den Kopf geschlagen. Seine Mum hatte seit zehn Jahren kein Date mehr gehabt, und das lag nicht daran, dass sie keine attraktive Frau gewesen wäre. Sie war schlank und hatte glatte, straffe Haut, der man ihre fünfundfünfzig Jahre nicht ansah. Aber die letzten zehn Jahre hatte sie nichts anderes getan, als für ihre Kinder zu sorgen und um ihren verstorbenen Ehemann zu trauern.

Es wäre schön, wenn sie wieder jemanden an ihrer Seite hätte … aber die Vorstellung, sie könnte sich mit Männern verabreden … Craig runzelte die Stirn. »Internet-Dating ist nicht ungefährlich.«

Sie lachte. »Ich dachte mir schon, dass du es positiv aufnimmst.«

»Dann ist es wirklich dein Ernst?«

Sie zuckte die Achseln. »Ich brauche wieder ein eigenes Leben, Craig. Es wird höchste Zeit.«

Er dachte darüber nach, während er seinen Kaffee trank. Der Gedanke, dass sie im Internet nach Männern suchte, behagte ihm gar nicht. Er wusste nicht, ob ihm der Gedanke behagte, dass sie sich *überhaupt* mit Männern traf. Er hatte so ein dumpfes Gefühl im Magen – eine Mischung aus Besorgnis und Hilflosigkeit. Schrecklich. Auf der anderen Seite fand er, dass seine Mutter es absolut verdient hatte, wieder glücklich zu sein.

Irgendwann stand er auf. »Wenn du dich mit jemandem verabredest, sag mir vorher Bescheid. Ich möchte wissen, wann und wo …« Er hob die Hand, um ihren Protest im Keim zu ersticken. »Nur zu deiner eigenen Sicherheit. Man kann heutzutage nicht vorsichtig genug sein.«

Seine Mum seufzte, nickte dann aber. »Ist gut, Schatz.« Sie sah ihn liebevoll an. »Arbeite nicht zu hart.«

Er schenkte ihr ein kleines Lächeln, spülte seinen Kaffeebecher aus und gab ihr einen Kuss auf die Wange. »Ich hab dich lieb«, sagte er brummig.

Sie strahlte über das ganze Gesicht, so wie immer, wenn er ihr sagte, dass er sie liebte. »Ich habe dich auch lieb, mein Junge.«

* * *

»Okay, du hast heute Abend noch mit keinem Gast geflirtet und mit Jo auch nicht, insofern *muss* ich fragen: Was ist los mit dir?«, ertönte hinter ihm eine Stimme mit amerikanischem Akzent.

Craig warf seiner Kollegin und guten Freundin Joss Butler über die Schulter einen schiefen Blick zu. »Ich weiß noch, wie du mir mal fast den Kopf abgerissen hast, als ich es gewagt habe, dir eine ähnliche Frage zu stellen. Es könnte sogar sein, dass ein Finger dabei im Spiel war, und ich glaube, du weißt auch, welcher.«

Sie verdrehte die Augen. »Vergiss, dass ich gefragt habe.«

»Also, *ich* will's wissen.« Jo hatte sich zu ihnen gesellt.

Es war Freitagabend und ungewöhnlich ruhig in der Bar.

»Außerdem …«, sie betrachtete Joss mit einem leicht spöttischen Lächeln, »… wenn Joss ihre Zeit damit verbringt, sich mit uns zu unterhalten, statt Carmichael das Gesicht abzuschlecken, muss sie sich ernsthafte Sorgen um dich machen.«

Joss funkelte Jo strafend an, und beide lachten.

Gegenüber der Theke saßen Joss' Freund Braden Carmichael, seine Schwester Elli und ihr Freund Adam an ihrem Stammplatz. Sie kamen hin und wieder in die Bar, wenn Joss arbeitete. Craig hatte noch nie einen Mann gesehen, der so verliebt war wie Braden, obwohl sein bester Freund Adam ihm in nicht viel nachstand.

Craig verstand die beiden gut. Er selbst war nicht der Typ für feste Beziehungen, trotzdem konnte er nachvollziehen, was die Männer an den beiden Frauen fanden. Ellie war groß, blond, bildhübsch und ein unglaublich liebenswerter Mensch. Und was Joss betraf … nun, Joss war noch ein ganz anderes Kaliber. Sie war einfach unfassbar sexy.

Er wusste nicht genau, ob es an ihrem atemberaubenden

Aussehen lag – sie hatte sinnliche graue Katzenaugen und die unglaublichsten Brüste, die er je gesehen hatte – oder ob noch etwas anderes dahintersteckte. Craig kannte sie schon seit mehreren Jahren, und trotzdem hatte er das Gefühl, fast nichts über sie zu wissen.

In Gedanken verglich er sie mit seiner anderen Kollegin Jo. Jo war groß und hatte eine Figur wie ein Supermodel. Objektiv betrachtet, war sie die schönste Frau, die er je gesehen – und mit der er je geschlafen – hatte. Und über Jo wusste er alles. Sie war ein netter Mensch, aber irgendwie konnte er eine Frau, die für jeden reichen Typen die Beine breitmachte, nur damit sie sich ein hübsches neues Paar Schuhe in den Schrank stellen konnte, nicht wirklich respektieren. Mit ihm hatte sie nur geschlafen, weil sie beide betrunken gewesen waren und ihr letzter Geldautomat sich gerade von ihr getrennt hatte.

Joss hingegen … Joss war ein Mysterium. Sie war klug und schlagfertig, erzählte aber fast nie aus ihrem Leben. Sie faszinierte ihn. Vielleicht spielte es dabei auch eine Rolle, dass er noch nicht mit ihr im Bett gewesen war. Er hatte von Anfang an ein Auge auf sie geworfen und betrachtete sie gewissermaßen als ultimative Herausforderung. Sie verfügte über eine Ausstrahlung, wie man sie nur ganz selten erlebte und die sie in Craigs Augen zu etwas ganz Besonderem machte – die sie von der Masse der Frauen, mit denen er zu tun hatte, abhob. Craig glaubte sogar, dass sie das Zeug dazu gehabt hätte, ihn von seinen ständigen Bettgeschichten zu kurieren … Allerdings würde er niemals erfahren, ob er mit dieser Vermutung richtiglag, denn wenn er auch nicht viel über Joss wusste, eins wusste er mit absoluter Gewissheit: Sie war bis über beide Ohren verliebt in Braden Carmichael.

Der Typ hatte wirklich Schwein.

Craig schmunzelte bei dem Gedanken. Der einzige Grund, weshalb er sich nicht darüber ärgerte, war, dass Braden für Joss genau dasselbe empfand wie sie für ihn. Außerdem war Craig in Sachen Frauen nun wirklich nicht vom Pech verfolgt. Meistens hatte er die freie Auswahl. Das Leben meinte es gut mit ihm.

Wäre da nicht diese eine Sache gewesen.

»Meine Mum macht jetzt Internet-Dating.« Er sah, wie Joss' Lippen vor Belustigung zuckten, und rollte mit den Augen. »Warum erzähle ich dir das überhaupt?«

»Nein, entschuldige.« Sie hob beschwichtigend die Hände. »Ich lache nicht, versprochen.«

Er warf Jo einen Blick zu, die ebenfalls Mühe hatte, ernst zu bleiben.

»Warum muss Alistair ausgerechnet heute Abend krank sein?«, klagte er, stützte sich auf die Theke und ließ den Kopf in die Hände sinken. Alistair war der Kollege, für den Jo an diesem Abend eingesprungen war.

»Na, foltern sie dich, Craig?« Bradens vertraute Stimme ließ ihn aufblicken.

Braden lehnte an der Bar und sah Joss amüsiert an.

Es hatte ein paar Monate gedauert, bis er sein Bedürfnis, Craig die Eier abzureißen, überwunden hatte. Das hing damit zusammen, dass Craig Joss einmal in der Bar geküsst hatte. Zum Teil hatte er es deshalb getan, weil er es immer schon hatte tun wollen. Aber zugleich wollte er Braden damit provozieren. Er hatte Carmichael damals noch für ein reiches, versnobtes Arschloch gehalten, das glaubte, die ganze Welt müsse ihm zu Füßen liegen. Er hatte mit angesehen, wie schäbig er Joss an dem Abend behandelt hatte. Er war mit einer hübschen Brünetten in die Bar gekommen und hatte die ganze Zeit an ihren Lippen gehangen, um Joss eifersüchtig zu machen. Also hatte Craig ihm kurzerhand gezeigt, dass Joss nicht sein Eigentum war und sie ebenfalls sein Spiel spielen konnte.

Was danach kam, hätte er so niemals vorausgesehen, aber jedenfalls stellte sich am Ende heraus, dass Braden eigentlich ganz in Ordnung war.

Und nach einer Weile hatte er sogar die Sache mit dem Kuss verwunden.

»Joss findet es witzig, dass meine Mum Internet-Dating macht.«

Braden verzog mitfühlend das Gesicht. »Scheiße.«

»Danke sehr.« Craig schlug mit der flachen Hand auf die Theke. »Seht ihr? *Das* ist eine angemessene Reaktion.«

»Okay, ich hab's offensichtlich nicht kapiert.« Craig beobachtete, wie Joss sich ganz unbewusst ihrem Freund entgegenlehnte. Automatisch nahm Braden ihre Hand und verschränkte seine Finger mit ihren.

Craig ignorierte das Geturtel. »Ist euch eigentlich klar, wie gefährlich Dating-Websites sein können?«

»So schlimm sind sie doch auch wieder nicht«, widersprach Jo.

Er wusste durchaus, dass er sich glücklich schätzen konnte, mit zwei atemberaubenden Frauen zusammenzuarbeiten, die immer für einen Scherz zu haben waren, aber in diesem Moment stellten sie sich absichtlich dumm, und das nervte.

»Nicht so schlimm?«

Sie tat die Sache mit einem Achselzucken ab. »Eine Freundin von mir hat ihren jetzigen Partner übers Internet kennengelernt.«

»Hier geht es aber nicht um eine Freundin von dir. Sonden um meine Mum.«

»Mir war gar nicht bewusst, dass du so ein Muttersöhnchen bist«, zog Joss ihn auf.

»Jocelyn«, raunte Braden warnend.

Sie seufzte. »Was denn? Was habe ich nicht verstanden?«

»Es ist komisch für einen Mann, sich seine Mutter als Frau vorzustellen. Und noch komischer, sich vorzustellen, wie sie mit Männern ausgeht. Außerdem macht man sich selbstverständlich Sorgen, wenn sich die eigene Mutter im Internet mit Männern verabredet, wo sich Millionen von Spinnern und Psychopathen rumtreiben, die sich für jemanden ausgeben, der sie gar nicht sind«, erklärte Braden.

Endlich fiel bei ihr der Groschen. »Ah. Richtig. Verstehe«, sagte sie mit großen Augen. Sie klopfte Craig auf die Schulter. »Das wird schon gutgehen.«

»Aye.« Jo tätschelte seine andere Schulter. »Mach dir um deine Mutter mal keine Sorgen. Achte nur darauf, dass sie jemandem sagt, wann und wo sie hingeht, falls sie beschließen sollte, sich mit einem der Männer zu treffen.«

Er nickte. »Ich habe sie schon gebeten, mir Bescheid zu geben.«

»Tja, mehr kannst du wohl nicht tun«, meinte Joss in der ihr eigenen unverblümten Art. »Sie ist eine erwachsene Frau, und sie hat das Recht, solche Dinge für sich allein zu entscheiden. Ist es denn schon länger her, dass sie ein Date hatte?«

»Zehn Jahre.«

»Ach du meine Güte.« Sie zog die Nase kraus. »Du wirst deiner Mum *nicht* im Weg stehen.

»Zehn Jahre?«, hauchte Jo mit großen Augen. »Gott, ich hoffe, dass ich nie zehn Jahre ohne Sex auskommen muss.«

»Hört, hört«, sagte Joss mit einem vielsagenden Blick zu Braden.

Braden grinste seine Freundin an. »Was das angeht, musst du dir keine Sorgen machen, Babe.«

Der bloße Gedanke, seine Mutter könnte Sex haben, und noch dazu mit Männern aus dem Internet ... »Okay,

Themawechsel. Ihr Vollidioten habt es gerade noch viel schlimmer gemacht.«

Braden sah ihn halb belustigt, halb entschuldigend an. »Worüber möchtest du denn stattdessen reden?«

Doch Craig schüttelte bloß den Kopf. Er war ungewöhnlich aufgewühlt. »Ich glaub, ich geh in die Pause.«

Als er zurückkam, hatte die Bar sich ein wenig gefüllt, und er war halbwegs mit der Situation im Reinen. Joss hatte wirklich recht: Seine Mutter war erwachsen, er durfte ihr nicht im Weg stehen. Er würde einfach da sein, um sie zu beschützen, falls es nötig wurde.

Als Jo an ihm vorbeikam, um nun ihrerseits Pause zu machen, legte sie ihm die Hand auf den Arm. »Tut mir leid wegen eben. Ich finde es toll, dass du dir solche Sorgen um deine Mutter machst.«

Er gab ihr einen kleinen Schmatzer auf die Wange. »Alles gut, Süße.«

Sie lächelte, und ihre Körperhaltung entspannte sich ein wenig, ehe sie im Pausenraum verschwand.

»Ich muss schon sagen … du bist ganz schön sensibel, was deine Mum angeht«, rief Joss ihm zu, während er gerade für einen Gast ein Lager zapfte. Sensibel – das konnte Joss von sich selbst sicher nicht behaupten. Er warf ihr einen bösen Blick zu, aber sie lachte bloß. »Ich mein ja nur … da lernt man eine ganz neue Seite an dir kennen. Gefällt mir.« Sie zuckte mit den Schultern und wandte sich wieder ihrer Arbeit zu.

Craig schüttelte den Kopf. Ein kleines Schmunzeln umspielte seine Lippen. Frauen. Er hatte sie noch nie wirklich verstanden. Und genau das machte einen Teil ihres Reizes aus.

»Was kann ich dir bringen, Sonnenschein?« Er lächelte

seinen nächsten Gast an, eine junge Frau mit mausbraunen Haaren und auffallend großen braunen Augen.

Sie wurde rot. »Zwei JD Cola, bitte.«

Er zwinkerte ihr zu. »Kommt sofort.«

Er ging zum anderen Ende der Theke, um eine Flasche Jack Daniels zu holen. Dabei ließ er den Blick durch den Club schweifen. Einige Gäste tummelten sich auf der kleinen Tanzfläche weiter hinten, aber die meisten saßen oder standen im Hauptbereich der Bar. Sein Blick streifte den Eingang, und im selben Moment kam eine Frau herein, die seine Aufmerksamkeit anzog wie ein Magnet.

Es war ihre Art zu gehen – sie trug rote Highheels und bewegte sich mit sinnlichen, langsamen Schritten. Sie hatte einen verführerischen Hüftschwung, der ihr vermutlich gar nicht bewusst war, und eine Eleganz, die Craig unglaublich feminin und anziehend fand.

Und dann erst die Kleider.

Sie sah aus wie ein Pin-up-Girl aus den vierziger Jahren. Ihre dunklen schulterlangen Haare waren vorne in großen Wellen aus der Stirn frisiert und unten zu einer Innenrolle gedreht. Ihr schwarzes Kleid saß wie eine zweite Haut. Sie war relativ groß – vielleicht nicht ganz so groß wie Jo, aber mit ihren Absätzen höchstens zwei oder drei Zentimeter kleiner – und schlank mit sanften Kurven. Der rechteckige Ausschnitt ihres Kleides gab den Blick auf ein sehr hübsches Dekolleté frei, und die angesetzten kurzen Ärmel betonten ihre schlanken Arme. Craig erhaschte einen kurzen Blick auf ein Tattoo an der Innenseite ihres rechten Oberarms. Der Saum des Kleids reichte bis kurz unters Knie, und sie hatte die schönsten, wohlgeformtesten Waden, die er jemals in seinem Leben gesehen hatte.

Und nun, da er sich Zeit nahm, richtig hinzuschauen, fiel ihm noch etwas anderes auf. Ihr Gesicht.

Fuck.

Sie war atemberaubend schön.

Große Augen mit dichten Wimpern, die im ungeschminkten Zustand bestimmt dunkelbraun waren. Eine zierliche Nase. Hohe, ausgeprägte Wangenknochen. Ein üppiger Mund, den sie passend zu den Schuhen rot geschminkt hatte.

Begierde erwachte in seinem Körper und sammelte sich an einer ganz bestimmten Stelle.

»Vielleicht wischst du dir mal das Kinn ab«, hörte er Joss' leises Raunen an seinem Ohr. »Du sabberst.«

Weil sie ihn so grob in seinen Gedanken über das unbekannte Jitterbug-Babe unterbrochen hatte, das soeben in die Bar gekommen war, funkelte Craig sie verärgert an. »Willst du den ganzen Abend blöde Bemerkungen machen?«

Sie grinste. »Wenn du so eine gute Zielscheibe abgibst, klar.«

Er brummte etwas und musste gegen den Drang zu lachen ankämpfen. Dann konzentrierte er sich wieder darauf, der Mausbraunen ihre zwei JD Cola zu mixen.

Er arbeitete, flirtete halbherzig mit den weiblichen Gästen und tat so, als hätte er nur Augen für sie. In Wahrheit aber war er mit siebzig Prozent seiner Aufmerksamkeit bei der schönen Fremden.

Seine Neugier wuchs, als sie scheinbar ganz entspannt durch den Club schlenderte, dabei aber aufmerksam die Gesichter der Gäste musterte. Sie war aus einem ganz bestimmten Grund hier, so viel stand fest. Als sie keinerlei Anstalten machte, auch nur in die Nähe der Bar zu kommen, um sich etwas zu trinken zu bestellen, wurde sein Interesse an ihr nur noch weiter angestachelt. Irgendwann beobachtete er, wie sie sich einen Platz hinter dem Tisch von Braden und Co. suchte und von dort aus den Eingang mit Adleraugen im Blick behielt.

Die nächste Stunde über sah Craig ihr zu, wie sie unentwegt auf die Tür starrte.

Und er war ziemlich erstaunt über das Ausmaß seiner Enttäuschung, als sie schließlich wieder ging, ohne auch nur einmal zu ihm an den Tresen gekommen zu sein.

Rain

Der widerliche, verräterische, arrogante Mistkerl war nicht da.

Ich bemühte mich, mir meine Wut nicht anmerken zu lassen. Ich wollte im Club 39 nicht unsicher wirken oder auffallen. Normalerweise wäre die Kellerbar in der George Street nicht meine Art von Club gewesen. Zu trendig, zu viele Yuppies. Wie zum Beispiel der Exfreund meiner Schwester Darcy, dieser Flachwichser.

Ich hatte nie verstanden, was Darcy an Angus York fand. Als ich ihn kennenlernte, war sie bereits seit mehreren Wochen mit ihm zusammen, und ich hatte mir fest vorgenommen, ihn zu mögen, weil Darcy ihn so vergötterte. Aber dann sagte er mir am Abend unserer ersten Begegnung – wohlgemerkt in Darcys Gegenwart! –, ich sei, und ich zitiere: »ein absolutes GFO – gut fickbares Objekt«. Das war einfach nur widerlich und vollkommen inakzeptabel. Ich dachte, Darcy würde ihm eine kleben und ihm sagen, er solle sich aus ihrem Leben verpissen, doch stattdessen nickte sie bloß peinlich berührt und wechselte das Thema.

Seitdem war er mir unsympathisch.

Aber mittlerweile … mittlerweile hatte ich einen regelrechten Hass auf ihn.

Und ich würde einen Weg finden, ihm das Leben zur Hölle zu machen.

Darcy hatte mir gesagt, dass er gerne in den Club 39

kam – angeblich war er fast jedes Wochenende hier. An diesem Abend allerdings war weit und breit keine Spur von ihm. Wieder mal.

Ich seufzte ungehalten. Ich wollte meinen Plan endlich in die Tat umsetzen, damit ich die Sache möglichst schnell hinter mich bringen konnte. Gestern Abend war ich mir wie der letzte Trottel vorgekommen. Ich hatte die ganze Zeit allein in einer Ecke gehockt und auf die Tür geglotzt. Ich musste mich unbedingt natürlicher geben.

Mist, ich brauchte einen Drink.

Heute war ich früher gekommen, damit ich den verabscheuungswürdigen Ex meiner Schwester auf keinen Fall verpasste – falls er sich denn dazu bequemte zu kommen. Es gab noch einige freie Hocker an der Theke, die sich sicher bald füllen würden. Ich suchte mir einen aus und winkte der auffallend hübschen erdbeerblonden Barfrau.

Sie schenkte mir ein nettes Lächeln. »Was kann ich dir bringen?«

»Ich mach das schon, Jo«, sagte da plötzlich eine tiefe, maskuline Stimme.

Mein Blick sprang zum anderen Ende der Theke, und ich versteifte mich, als ich den Barkeeper in unsere Richtung kommen sah.

Er war mir gestern Abend schon aufgefallen, weil er mich die ganze Zeit angestarrt hatte.

Sein unverhohlenes Interesse machte mich nervös – aus der Nähe erst recht.

Er sah einfach viel zu gut aus.

Groß. Sehr groß. Ich mochte große Männer, weil ich praktisch immer Highheels trug, in denen ich normalerweise knapp eins achtzig maß. Er trug sein dichtes dunkles Haar in einer sexy Strubbelfrisur, die allerdings natürlich wirkte, nicht so, als hätte er sie umständlich gestylt. Warme blaugrüne Augen in einem markanten attraktiven Gesicht fixierten mich. Er hatte sich ein paar Tage nicht rasiert, und es sah zum Anbeißen aus.

Der Blick der jungen Barfrau, Jo, sprang neugierig zwischen uns hin und her, bevor sie schließlich achselzuckend ihrem Kollegen das Feld überließ.

Er nahm ihren Platz ein, und ich beobachtete das Muskelspiel seiner breiten Schultern, als er genau vor mir beide Hände auf die Theke stützte, als wolle er mein gesamtes Blickfeld ausfüllen, damit nichts mich von ihm ablenken konnte.

Mein Blick wanderte seine langen, muskulösen Arme hinauf. Man sah ihnen an, dass er ins Fitnessstudio ging. Plötzlich hatte ich den Wunsch, ihn ohne sein schwarzes T-Shirt zu sehen.

Eine Hitzewelle ging durch meinen Körper.

Mist.

»Du bist wieder da«, stellte er fest und lächelte mich an. Er flirtete mit mir.

Er würde also nicht so tun, als hätte er mich am Abend zuvor nicht die ganze Zeit über wie ein Schießhund beobachtet. Entweder, er war sehr selbstsicher, oder er war ein Creep. Ich konnte nur hoffen, dass Ersteres zutraf.

»Ja«, sagte ich ohne einen Hauch Koketterie. »Und heute habe ich Durst.«

Seine hellen Augen blitzten. »Was darf es denn sein?«

Es war unmöglich zu überhören, wie seine Stimme dabei ein wenig in die Tiefe rutschte.

Ich ignorierte seinen suggestiven Unterton standhaft. »Habt ihr Fuligni? Oder ein Glas Brunello di Montalcino, der geht auch.«

Sein rechter Mundwinkel zuckte nach oben. »Kommt sofort, Ms Bacall.«

Ich verkniff mir bewusst ein Lächeln als Reaktion auf diese Anspielung auf meine Vorliebe für den Stil der vierziger Jahre. Während er sich abwandte, um mir meinen Wein zu besorgen, betrachtete ich gierig seinen breiten Rücken und spürte ein lustvolles Ziehen im Unterleib.

Mist, Mist.

Er drehte sich wieder zu mir um, und seine Augen funkelten verführerisch, als er langsam das Glas über die Theke schob.

»Was kriegst du dafür?«

»Ich schreib's dir auf einen Deckel.« Er stützte die Ellbogen auf und kam mir mit seinem attraktiven Gesicht ziemlich nahe.

Ohne es zu wollen, versank ich in den blaugrünen Tiefen seiner Augen.

Wein!

Ich schnappte mir mein Glas und genehmigte mir einen undamenhaft großen Schluck.

Aus unerfindlichen Gründen brachte ihn das zum Lachen. Als ich mein Glas wieder auf die Theke stellte, streckte er mir die Hand hin. »Ich bin Craig.«

Eigentlich war mir nicht danach, seine Hand zu schütteln, aber ich wollte auch nicht unhöflich erscheinen, also nahm ich sie und hielt die Luft an, als sein Griff fester wurde und er mich auf meinem Hocker sanft ein Stück nach vorn zog.

»Ich bin Rain.« Ich zog an meiner Hand, und er ließ sie los, allerdings erst nachdem er mir mit der Daumenkuppe über die Haut gestreichelt hatte. Ich spürte ein Kribbeln an der Stelle.

»Rain.« Erneut zuckten seine Lippen.

Was hatte ich an mir, das ihn so ungeheuer amüsierte?

»Rain Alexander.«

»Rain Alexander«, wiederholte er. »Ein umwerfender Name für eine umwerfende Frau.«

Ich musterte ihn mit schief gelegtem Kopf. Gestern Abend hatte er, wenn er mich nicht gerade beobachtete, mit allen weiblichen Gästen geflirtet. Er war durch und durch ein Aufreißer.

Und zu seinem großen Pech wusste ich nicht, wie man zurückflirtete.

Sein Pech, aber *mein* Glück, denn ich *wollte* auch gar nicht zurückflirten.

»Du solltest wirklich aufhören, mit mir zu flirten«, sagte ich sachlich.

Er zog eine Augenbraue hoch. »Ach ja?«

»Ich kann nicht flirten. Ich weiß nicht, wie das geht.«

»Es fällt mir schwer zu glauben, dass eine so schöne Frau wie du nicht weiß, wie man flirtet.«

»Genau das ist der Grund, weshalb ich mir nie die Mühe gemacht habe, es zu erlernen. Alles nur hohles Geschwafel.« Ich zuckte mit den Schultern.

Craig lachte. »Okay. Ich höre.«

Ich sah mich in der halbleeren Bar um, und mir wurde klar, dass er mir *wirklich* zuhören wollte, zumal es keine Gäste gab, die seine Aufmerksamkeit gefordert hätten. Ich sah ihn an. Hoffentlich würde das, was ich gleich sagte, sein Zartgefühl ausreichend verletzen, dass er mich in Frieden ließ und ich mich wieder meiner eigentlichen Mission widmen konnte.

»Gestern Abend habe ich gesehen, wie du mit jedem weiblichen Gast geflirtet hast. Ich wette, du sagst allen, dass sie »wunderschön« sind und »umwerfend« und »atemberaubend« – völlig egal, ob es stimmt oder nicht. Deshalb hat es mir absolut nichts bedeutet. Dieses Kribbeln im Bauch, wenn andere Männer mir ein Kompliment machen; dieses warme Gefühl, dass sich auf einmal über die ganze Haut ausbreitet … Bei Typen wie dir passiert so was nicht, weil ihr ständig mit solchen Sprüchen um euch werft. Sie haben gar keine Bedeutung mehr.«

Ich beobachtete Craig, während er meine Worte verarbeitete. Er wirkte ehrlich irritiert. Dann lehnte er sich noch ein Stück weiter über die Theke, mir stieg sein köstlich würziger Duft in die Nase, und plötzlich meldete sich genau das Flattern, das bei seinen Komplimenten ausgeblieben war. Meine Wangen begannen zu glühen, und ich dankte dem puerto-ricanischen Erbe meiner Mutter für meinen dunklen Teint, der nicht so leicht errötete.

»Sieht du? Genau in dem Punkt widersprechen wir uns«, sagte er leise, und das tiefe Timbre seiner Stimme, zusammen mit der Hitze in seinen Augen, richtete in meinem Körper noch mehr Chaos an. »Ich finde jede Frau schön. Wenn ich ihr also sage, dass sie umwerfend aussieht oder wunderhübsch, dann meine ich das auch so.«

Die Erklärung gefiel mir. Trotzdem war ich noch lange nicht überzeugt. »Du bist ein Frauenkenner«, sagte ich und schürzte die Oberlippe. »Du weißt eben, was du sagen musst.«

Sein Blick ging zu meinem Mund, und ich erschauerte, weil ich in seinen Augen lesen konnte, was er gerade dachte. »Ich sage, was ich denke. Und in diesem Augenblick denke ich, dass du den tollsten Mund hast, den ich je gesehen habe.«

Ein Kribbeln ging meinen Rücken hinab und wanderte nach vorn bis zu meinen Brüsten. Meine Nippel richteten sich auf, und gleich darauf spürte ich ein verräterisches Ziehen zwischen den Schenkeln.

Verdammter Mist.

Ich war eisern bemüht, mir nichts anmerken zu lassen,

und ich glaube, es gelang mir ganz gut, denn Craig betrachtete mich nachdenklich durch zusammengekniffene Augen.

Ich lachte auf. »Was willst du denn jetzt von mir hören? Ich habe dir doch vorhin gesagt, dass ich nicht flirten kann und dass Komplimente, wenn sie von jemandem wie dir kommen, mich kaltlassen. Ich kann mich nicht geschmeichelt fühlen, wenn ich nur eine unter Millionen bin.«

»Du nimmst kein Blatt vor den Mund, was?«, murmelte er, wirkte dabei aber keineswegs so abgeschreckt, wie ich es mir erhofft hatte.

»Ich sage nur, was ich fühle.«

»Ich auch. Das versuche ich, dir die ganze Zeit klarzumachen.« Plötzlich grinste er mich an, und sein jungenhafter Charme brachte mein Inneres zum Schmelzen. »Aber ich habe beschlossen, mich nicht entmutigen zu lassen. Ich habe ja noch den ganzen Abend Zeit, um dich zu überzeugen.«

Diese Hartnäckigkeit konnte ich nur mit einem Stirnrunzeln quittieren. »Vielleicht auch nicht. Ich glaube, wenn ich das hier ausgetrunken habe, gehe ich.«

»Nein, das glaube ich nicht.« Er lehnte sich schon wieder über die Bar. »Du bist nämlich aus einem ganz bestimmten Grund hier. Du führst irgendwas im Schilde.« Er strich mit einem Finger an der Innenseite meines Handgelenks entlang, und diesmal konnte ich das Erschauern nicht verbergen. Ein wissendes Funkeln trat in seine Augen, und sein Grinsen wurde selbstgewiss, ja geradezu arrogant.

Ich kniff die Augen zusammen und brachte meine Hand in Sicherheit. »Ich bin an der Stelle empfindlich. Bild dir bloß nichts darauf ein.«

Craig presste die Lippen aufeinander, um nicht zu lachen, aber seine Bemühungen waren umsonst. Die Belustigung in seinen Augen war unübersehbar.

Auch meine Mundwinkel verzogen sich unwillkürlich nach oben. Ich wandte mich ab in der Hoffnung, ich könne mir das Lächeln verkneifen, solange ich sein Gesicht nicht sehen musste.

»Also, wen suchst du?«

Bei der Frage fuhr ich wieder zu ihm herum, doch zum Glück musste ich sie nicht beantworten, denn im selben Moment betrat eine Gruppe Mädchen den Club. Sie lachten und machten jede Menge Lärm und steuerten ohne Umwege auf die Bar zu.

Craig zwinkerte mir zu, dann ging er, um Jo beim Bedienen zu helfen.

Obwohl ich wusste, dass es dumm war, beobachtete ich ihn, wie er mit den Mädchen redete und scherzte. Ein Teil von mir zollte ihm Respekt dafür, dass er nicht plötzlich aufhörte, mit anderen Frauen zu flirten, nur um bei mir Eindruck zu schinden, aber ein anderer, wesentlich größerer Teil war enttäuscht.

In Wahrheit hatte ich mich zeit meines Lebens nach Zuneigung gesehnt, und da ich in meiner Kindheit nur sehr wenig bekommen hatte, war ich als Erwachsene nun umso gieriger. Seit ich mit sechzehn meinen ersten Freund gehabt hatte, wünschte ich mir einen Partner, für den ich die einzige Frau (jedenfalls die einzige nicht mit ihm verwandte Frau) war, die in seinem Leben eine Rolle spielte. Ich wollte das ganze Universum eines Mannes sein. Er sollte bereit sein, für mich zu sterben, und umgekehrt.

Mit vierzehn, einsam und ungeliebt, hatte ich meine Leidenschaft für Liebesromane entdeckt, und seitdem hoffte ich auf meine eigene epische Romanze.

Ich wollte für einen Mann die Einzige sein.

Leider hatte dieses kompromisslose Bedürfnis nach totaler Hingabe bislang alle meine Beziehungen zerstört.

Meine Partner konnten diesen Erwartungen einfach nicht gerecht werden. Sie kauften mir nie Geschenke, nur weil sie zufällig etwas sahen und dachten, es würde zu mir passen. Sie gafften anderen Frauen hinterher, wenn sie glaubten, ich würde gerade nicht hinsehen. Es machte ihnen nicht das Geringste aus, wenn ein fremder Mann vor ihren Augen mit mir flirtete.

Und wer mit mir zusammen war, der durfte definitiv keine anderen Frauen vögeln. Mein vorletzter Freund Gary hatte das partout nicht einsehen wollen.

Vielleicht gab es das, was ich wollte, gar nicht.

Vielleicht war es ein Fehler, so sehr auf den perfekten Mann fixiert zu sein.

Vielleicht, vielleicht, vielleicht.

Aber das bedeutete noch lange nicht, dass ich es in Ordnung fand, wenn ein Mann, der Interesse an mir bekundet hatte, andere Frauen anbaggerte, obwohl er eben noch mit mir geflirtet hatte!

Ich warf Craig einen bitterbösen Blick zu. Er sagte gerade zu einem quirligen Mädchen mit dunklen Haaren: »So, meine Schöne. Das macht dann zehn achtzig«, woraufhin diese ihn anschmachtete, als wäre er David Gandy.

Ich sah mich bestätigt. Er bezeichnete wirklich jede Frau als »wunderschön« oder »umwerfend«.

Es war eine Lüge gewesen, als ich ihm gegenüber behauptet hatte, seine Komplimente würden nichts in mir auslösen. Ich hatte die Hitze der Erregung nur zu deutlich gespürt. Aber jetzt verkohlte diese Hitze mein Inneres zu Asche. Das schmeckte mir gar nicht, also trank ich einen Schluck von meinem Wein und wandte den Blick ab. Ich ärgerte mich über das Gefühl dumpfer Enttäuschung, das sich in mir breitmachte.

Ich starrte in Richtung Tür und wünschte mir, Angus

würde auftauchen. Dann konnte ich endlich mit der Ausführung meines Plans beginnen, sein Leben zu ruinieren, so wie er Darcys Leben ruiniert hatte. Und den attraktiven Barmann vergessen, von dem ich mich wider besseres Wissen hatte einlullen lassen, so wie er offenbar alle Frauen einlullte. Ich war in der Vergangenheit von Männern verletzt worden, aber da ich keinen von ihnen wirklich geliebt hatte, waren die Schmerzen schon nach kurzer Zeit wieder verflogen gewesen. Er war nichts im Vergleich zu dem, was Darcy gerade durchmachte – meine liebe, wunderhübsche, herzensgute Schwester, die in ihrem Leben wahrlich schon genug gelitten hatte. Angus hatte ihr eine tiefe Wunde zugefügt, und ich wollte eine ähnliche Erfahrung tunlichst vermeiden, weshalb ich mir das nächste Mal einen Mann aussuchen würde, der mich so behandelte, als wäre ich die einzige Frau auf der Welt.

»Du hast meine Frage nicht beantwortet. Auf wen wartest du?«

Er musste meine Gedanken gelesen haben, denn sanfte Besorgnis trat in seine Augen. »Darling?«, raunte er und machte Anstalten, nach meiner Hand zu greifen.

Ich zog sie weg, bevor er mich berühren konnte, und setzte eine neutrale Miene auf. Ich wollte nicht, dass er meine Traurigkeit sah. »Auf niemanden.«

»Lügnerin.« Er sah mich in gespielter Enttäuschung an, ehe er einen tiefen Seufzer ausstieß. »Tja, dann muss ich wohl den ganzen Abend hier stehen und dich nerven.«

»Bitte nicht.«

Weil er spürte, dass diese Bitte nicht scherzhaft gemeint war, rückte er ein kleines Stück von mir ab. Aber er ging nicht weg. »Wieso bist du hier, Rain?« Er klang plötzlich ernst, sein aufgesetzter Charme war wie weggeblasen. Wahrscheinlich eine Reaktion auf mein Verhalten.

Ich grinste. »Falls das eine philosophische Frage war, muss ich dir ehrlich gestehen, dass ich nicht den blassesten Schimmer habe, wieso überhaupt irgendjemand von uns hier ist. Falls sie wörtlich gemeint war … lautet meine Antwort, dass du dich um deinen eigenen Kram kümmern sollst.« Ich schickte ein flüchtiges Lächeln hinterher, um meiner Abfuhr den Stachel zu nehmen.

Er antwortete ebenfalls mit einem kleinen Lächeln. »Dann stelle ich dir eine Frage, die leichter zu beantworten ist. Wie alt bist du?«

Ich seufzte, als ich einsehen musste, dass er wirklich vorhatte, bei mir stehen zu bleiben. »Vierundzwanzig. Wie alt bist du?«

»Fünfundzwanzig. Wo bist du geboren?«

Seine Fragen kamen wie aus der Pistole geschossen. Ich runzelte die Stirn. »Inverness. Du?«

»In Edinburgh zur Welt gekommen und aufgewachsen. Was machst du beruflich?«

Ich legte den Kopf schräg und musterte ihn. »Hast du vor, meine Biographie zu schreiben, oder was?«

Wieder dieses geheimnisvolle kleine Lächeln. Er schwieg.

»Mir wurde beigebracht, dass man nicht mit Fremden reden soll.«

»Aber ich bin ja kein Fremder.« Er beugte sich erneut über den Tresen. Offenbar war es ihm unmöglich, einen angemessenen Abstand zwischen uns einzuhalten. »Mein Name ist Craig Lanaghan. Ich arbeite in Vollzeit als Barkeeper und möchte irgendwann mal meine eigene Bar aufmachen. Ich habe zwei Schwestern, Jeannie und Maggie. Jeannie ist verlobt, Maggie studiert. Meine Mum fühlt sich einsam, seit sie aus dem Haus sind, deshalb probiert sie jetzt Internet-Dating aus, und allein der Gedanke daran lässt mir die Haare zu Berge stehen. Ich bin ein ziemlich lockerer Typ, ich verbringe gerne Zeit mit meinen Freunden, ich mag die Farbe Blau, lese Krimis und sehe mir ausländische Martial-Arts-Filme an. Ich sage nie was, das ich nicht so meine, und ich gaukle keiner Frau vor, dass bei mir mehr drin ist, als ich tatsächlich zu geben bereit bin.«

Vieles von dem, was er sagte, gefiel mir. Etwas verwundert lächelte ich ihn an. »Jetzt soll ich wohl gleichziehen, was?«

Er grinste. »Wäre nett.«

Wieder spürte ich dieses Flattern in der Magengegend. »Hör auf, mit mir zu flirten, Craig«, wiederholte ich ernst.

Sein Grinsen verwandelte sich in ein verführerisches Lächeln. »Unmöglich, Rain.«

Ich seufzte und warf unauffällig einen Blick über die Schulter.

Immer noch keine Spur von Angus.

»Wenn du mir ein bisschen was erzählst, höre ich vielleicht auf, dich zu nerven«, sagte er.

Ich versuchte zu entscheiden, ob er das ernst meinte oder nicht, aber es war mir unmöglich. Ich konnte es nur hoffen. Also nickte ich. »Ich heiße Rain Alexander. Ich betreibe zusammen mit meiner jüngeren Schwester Darcy eine Online-Boutique. Sie heißt *Darraign* und läuft ziemlich gut. Wir entwerfen die Kleider gemeinsam, und ich kümmere mich um das Geschäftliche und die Produktion. Darcy ist die Schneiderin. Die meisten unserer Sachen lassen wir zwar auswärts fertigen, aber einige Teile, die Darcy von Hand näht, verkaufen wir auch in limitierter Auflage. Ich bin ein sehr unabhängiger Mensch, das war ich immer schon. Ich weiß, was ich will und was ich nicht will, und ich schließe keine Kompromisse. Ich mag die Farbe Rot, ich mag Liebesromane und historische Dramen. Ich sage immer meine

Meinung, und ich gebe mich bei Männern nie mit weniger zufrieden, als ich wirklich haben will.«

Bei den letzten Worten begann Craigs Blick zu lodern. »Im Schlafzimmer oder im Leben?«

Meine Haut glühte. Man sah ihm genau an, was ihm durch den Kopf ging. »Beides«, wisperte ich.

Unsere Blicke trafen sich, und das Knistern zwischen uns wurde stärker. Der Rest der Bar verschwamm um uns herum, bis ich nichts mehr wahrnahm außer ihm. Mein Blick fiel auf seinen Mund, und ich fragte mich, wie er wohl küsste. Wären seine Küsse sanft, verführerisch … oder wild und berauschend …

Ein lautes Gackern von einem Mädchen hinter mir riss mich aus meinen Träumereien. Ich zuckte zusammen, und der Moment war vorbei.

Craig sah sich verärgert nach dem Mädchen um, ehe er seufzte. Als er danach den Blick wieder auf mich richtete, flackerte die Hitze in seinen Augen nicht mehr, sondern glomm nur noch still vor sich hin. »Du hast deine eigene Firma«, sagte er ein wenig hölzern und mit belegter Stimme. Er räusperte sich. »Beeindruckend.«

Ich zuckte mit den Schultern.

»Heißt das, ich muss auch noch ›Bescheidenheit‹ zu deinen Eigenschaften hinzufügen?«

In Wahrheit hatte mein Achselzucken nichts mit Bescheidenheit zu tun. Sondern damit, dass mir durchaus bewusst war, was für eine beachtliche Leistung es darstellte, in meinem Alter bereits ein eigenes, noch dazu erfolgreiches Unternehmen zu haben. So schmeichelhaft Craigs Lob auch war – ich brauchte es nicht, um zu wissen, was ich geleistet hatte. »Ich bin eigentlich nicht sonderlich bescheiden, nein.«

Er zog eine Braue hoch. »Nicht bescheiden. Interessant. Du sagtest, eure Firma heißt *Darraign*.« Sanft nahm er meine rechte Hand und drehte meinen Arm, so dass er das Tattoo auf der Innenseite meines Bizeps sehen konnte. »Du hast dir den Namen deiner Firma als Tattoo stechen lassen.« Er runzelte die Stirn. »*Darraign.* Ist das zusammengesetzt aus Darcy und Rain?«

»Mein Name schreibt sich wie der Regen. R.a.i.n. Aber ansonsten hast du recht: Darcy und Rain – Darraign.«

»Aber warum hast du den Namen dann anders geschrieben?« Schon wieder rieb er mit dem Daumen über die Innenseite meines Handgelenks, und diese kleine Berührung löste ein Ziehen der Begierde in meinen Brüsten aus. Ich entzog ihm meine Hand.

»Weißt du, was *Darraign* bedeutet?«

Er lachte kurz auf. »Ich habe das Wort noch nie gehört.«

Ich nickte, betrachtete mein Tattoo und fuhr mit meinen roten Fingernägeln die verschnörkelte Schrift entlang. »Es bedeutet ›verfechten‹, ›rechtfertigen‹ oder ›beweisen‹.«

Als unsere Blicke sich erneut trafen, lag da etwas in Craigs Augen … etwas, von dem ich nicht wusste, was es war. »Was ist?«, fragte ich leise.

»Ich habe das Gefühl, dass du ziemlich phänomenal bist«, sagte er.

Das Kompliment traf mich aus heiterem Himmel und berührte mich auf eine Weise, wie das Wort »schön« mich niemals hätte berühren können. »Du kennst mich nicht.«

»Dann bleib noch ein bisschen sitzen, und gib mir Gelegenheit, dich kennenzulernen.«

Da ich ohnehin keine Wahl hatte, als zu bleiben, bis Angus kam, bestellte ich noch ein Glas Wein und nippte die nächsten vier Stunden daran, während ich wartete.

Craig hielt sich die ganze Zeit in meiner Nähe auf. Wir wurden des Öfteren unterbrochen, als neue Gäste eintrafen und es immer voller und lauter wurde, aber er kam zu mir, wann immer er konnte, um sich mit mir zu unterhalten. Diesmal waren unsere Gespräche unbeschwerter. Wir erzählten uns von den Menschen in unserem Leben, und er bemühte sich redlich, mich zum Lachen zu bringen.

Als es schließlich auf drei Uhr zuging und der Club sich langsam zu leeren begann, zahlte ich und rutschte von meinem Hocker.

Craigs Arm schnellte nach vorn, und seine große Hand umfasste meine. Begierde loderte in seinen Augen auf. »Ich kann dich noch nach Hause bringen, Rain.«

Ich wusste genau, was er wollte, und schüttelte traurig den Kopf. Wenn er doch nur ein anderer Typ Mann gewesen wäre. »Ich lasse mich nicht auf One-Night-Stands ein, Craig. Für so was bin ich nicht die Richtige.«

Ich zog meine Hand aus seinem Griff und verließ die Bar.

Draußen stieg ich in ein Taxi. Ich schlang mir die Arme um den Leib und kämpfte die bittere Enttäuschung nieder, die sich in mir ausbreitete.

Ich war am Boden zerstört.

Man begegnete nicht alle Tage jemandem, bei dem einem abwechselnd heiß und kalt wurde, der einen zum Lachen brachte und einen so akzeptierte, wie man war. Craig schien mich aufrichtig zu mögen, obwohl ich weder die Kunst des Flirtens noch der Koketterie beherrschte. Ich sagte geradeheraus meine Meinung, und viele Männer fanden das unattraktiv. Craig nicht.

Aber das reichte nicht.

Für ihn war ich trotzdem nichts weiter eine Frau, die er flachlegen wollte.

Ich kam zu dem Schluss, dass ich ihn deswegen ein bisschen unsympathisch fand.

Oder vielleicht übertrug ich auch nur meine negativen Gefühle für Angus auf Craig.

Angus.

Ich schloss die Augen und stöhnte. Er war den ganzen Abend nicht gekommen. Falls doch, war ich höchstwahrscheinlich zu sehr von Craig abgelenkt gewesen, um es zu bemerken.

So würde das nie was werden.

Ich musste mir Craig aus dem Kopf schlagen. Meine Rache ging vor.

Craig

Bin heute Abend verabredet. Er heißt Drew Michaels und ist in meinem Alter. Wir treffen uns um halb acht im D'Alessandro. Alles Liebe, Mum xx

Craig starrte auf die SMS, die ihn soeben aus dem Schlaf gerissen hatte, und stöhnte.

So schnell ging das.

Verdammter Mist.

Er ließ sich zurück aufs Kissen fallen, und genau im selben Moment vibrierte das Handy in seiner Hand. Er hielt es dicht vor seine vom Schlaf trüben Augen.

Stevie.

Er nahm ab. »Aye?«

»Sorry, Mann, hab ich dich geweckt?«

»War schon auf. Quasi. Alles gut bei dir?«

»Klar. Ich wollte bloß mal hören, ob du Lust hast, heute Abend mit uns essen zu gehen. Audrey bringt ihre Bekannte Natasha mit. Eigentlich darf ich dir das nicht verraten, aber im Gegensatz zu meiner Freundin will ich dich damit lieber nicht hinterrücks überfallen.«

Craig brummte. Er und Stevie waren seit der Oberschule befreundet, und genauso lange waren Stevie und Audrey bereits ein Paar. Weder Audrey noch Stevie glaubten an die Institution Ehe, und doch zeigten sie auch nach zehn gemeinsamen Jahren keinerlei Anzeichen, sich trennen zu wollen.

Audreys Beziehung mit Stevie schien unerschütterlich, und genau deshalb vermochte sie auch nicht zu begreifen, wie jemand freiwillig Single sein konnte. Ihre Versuche, Craig mit einer ihrer Freundinnen zu verkuppeln, währten schon fast so lange wie ihre Beziehung zu Stevie.

»Danke für die Info. Ich glaube, ich verzichte.« Er rieb sich die Augen, während er sich aufsetzte und sich bemühte, vollständig wach zu werden.

»Aha. Hast du jemandem am Start?«

Du würdest staunen. »Nein. Ich hatte vor einer Woche was mit einem Mädel, aber seitdem hab ich keine mehr kennengelernt.« Das entsprach nicht ganz der Wahrheit. Er *hatte* eine kennengelernt, nur wollte die keinen One-Night-Stand. Er runzelte die Stirn, als er sich an Rains Worte erinnerte. »*Ich lasse mich nicht auf One-Night-Stands ein, Craig. Dafür bin ich nicht die Richtige.*« Er hatte gleich zu Anfang durchblicken lassen, dass es ihm um Sex ging, und sich damit seine Chancen bei ihr gründlich versaut.

Aber wenn es ihm in Wahrheit nicht so sehr um Sex ging – worum ging es ihm dann?

Wollte er allen Ernstes etwas Festes mit dieser Frau?

Sie war ihm unter die Haut gegangen, so viel stand fest … aber eine Beziehung? Er war unsicher.

Wahrscheinlich war es ganz gut so, dass sie letztes Wochenende einfach gegangen war.

Aber warum war er dann so verdammt enttäuscht?

»Bist du noch dran, Alter?«

Die Stimme seines Freundes holte ihn aus seinem Tagtraum zurück. »Sorry. Bin noch nicht ganz wach.«

»Soll ich Audrey dann ausrichten, dass du nicht kommst? Und hast du eine Entschuldigung parat? Wenn ich ihr nämlich sage, dass ich dir von Natasha erzählt habe, ist sie garantiert sauer auf mich.«

Craig dachte an die SMS, die er gerade bekommen hatte. »Sag ihr, meine Mum hat heute Abend ein Date, und ich habe ihr versprochen bereitzustehen für den Fall, dass ich sie abholen muss. Außerdem muss ich ab acht arbeiten. Das ist nicht wirklich genug Zeit für ein gemütliches Abendessen, oder?«

»Deine Mum zieht das mit dem Internet-Dating also ernsthaft durch?«

»Sieht leider ganz danach aus.«

»Na ja, ich hoffe, es läuft alles glatt. Dann störe ich dich jetzt mal nicht länger.«

»Wir sprechen uns später.«

Sie beendeten das Gespräch, und Craig stand widerwillig auf, um sich dem zu stellen, was noch von seinem Tag übrig war.

* * *

»Du schaust öfter aufs Handy als Jo.«

Craig sah zu seinem Kollegen Alistair hoch. Jetzt waren sie wieder in ihrer üblichen Freitagabend-Besetzung: Craig, Alistair und Joss.

»Meine Mum hat eine Verabredung. Ich hab gesagt, dass ich komme und sie abhole, falls sie mich braucht.«

Alistair zog eine Grimasse. »Eine Verabredung. Deine Mum?«

Craig stöhnte. »Eine Verabredung.«

»Das ist ja grauenhaft.«

»Würg.« Joss marschierte an ihnen vorbei. »Männer. Werdet doch mal erwachsen. Auch Mütter haben ein Sexleben. Was glaubt ihr denn, wie ihr entstanden seid?«

»Wie Jesus«, sagte Alistair mit todernster Miene. »Und jeder, der was anderes behauptet, kriegt es mit mir zu tun.«

»*Ich* behaupte was anderes.« Joss goss Rum in ein Glas und grinste ihn teuflisch an. »Eure Mütter hatten heißen, schmutzigen Sex mit euren Vätern ... und sie fanden es geil.«

Craig dachte an das Erbrochene auf dem Männerklo, das er letzte Woche hatte aufwischen müssen, weil die Putzfrau sich an dem Abend krankgemeldet hatte. Nur so konnte er verhindern, dass die von Joss heraufbeschworenen Bilder sich in seinem Gehirn einnisteten.

»Du bist krank im Kopf, Joss«, sagte Alistair tadelnd. »Gemein und sehr, sehr krank.«

Sie lachte ihn aus und kehrte zu ihrem Gast zurück.

Es herrschte nicht viel Betrieb in der Bar, denn es war noch früh. So hatte Craig Zeit, alle fünf Sekunden auf sein Handy zu schauen.

Und genau das tat er gerade, als er Alistair einen Gast fragen hörte, was dieser zu trinken wünsche.

»Ein Glas Fuligni, bitte.«

Craig hob ruckartig den Kopf und verspürte eine fast schwindelerregende Leichtigkeit in der Brust, als er Rain am Tresen sitzen sah. »Ich übernehme das«, sagte er automatisch zu seinem Kollegen, was Rain dazu veranlasste, einen beunruhigten Blick in seine Richtung zu schicken.

Er konnte es ihr nicht verübeln. Sie hatte ihm klar zu verstehen gegeben, dass sie keinen One-Night-Stand wollte. Erstaunlicherweise hatte ihn das nicht abgeschreckt. Er wollte wissen, warum sie jedes Wochenende in den Club kam. Er wollte wissen, auf wen sie wartete und was sie vorhatte.

Er wollte mit ihr reden. Sie war wirklich etwas Besonderes, allein schon deswegen, weil er sich nicht daran erinnern konnte, wann er das letzte Mal so gezielt die Gesellschaft eines ganz bestimmten Menschen gesucht hatte.

Alistair hob eine Augenbraue.

Craig zuckte die Achseln. »Ich kenne sie.«

»Verstehe.« Alistair verdrückte sich grinsend ans andere Ende des Tresens, vermutlich, um sich mit Joss das Maul zu zerreißen. Manchmal war er schlimmer als jede Frau.

Trotz seiner innerlichen Anspannung um Lockerheit bemüht, machte Craig sich daran, Rain ihren Wein einzuschenken. Er fing ihren Blick ein, als er sich zu ihr umdrehte, und hielt ihn fest, während er das Glas vor sie hinstellte.

Sie senkte ihre langen Wimpern und verbarg ihre wunderschönen dunklen Augen vor ihm.

Gott, sie war so unfassbar schön.

Er betrachtete sie. Ihre Haare waren ungefähr so frisiert wie beim letzten Mal, allerdings trug sie heute ein Kleid in einem pink-violetten Farbton mit einem tieferen Dekolleté. Dazu hatte sie eine silberne Halskette angelegt mit einem verschnörkelten Schlüssel als Anhänger, der auf höchst einladende Weise direkt zwischen ihren Brüsten hing.

Sein Blick wanderte weiter nach oben, und das Blut schoss in seinen Schwanz.

Ihr voller Mund war genau in derselben Farbe geschminkt wie ihr Kleid.

Noch nie hatte er sich so sehr danach gesehnt, jemanden zu küssen.

Rain starrte in ihr Glas, deswegen hatte sie die Gedanken nicht gelesen, die ihm garantiert klar und deutlich ins Gesicht geschrieben standen. Doch genau das wollte er: Er wollte, dass sie wusste, wie unglaublich er sie fand, selbst wenn sie auf seine Meinung keinen Wert legte.

»Wie geht's dir?« Er stützte sich auf den Tresen, und ihr fruchtig-blumiges Parfüm hüllte ihn ein. Er wollte seine Nase an ihren Hals schmiegen, um die Stelle zu finden, wo sie es aufgetragen hatte.

»Gut.« Erst jetzt blickte Rain auf, ihre Miene war betont neutral. »Dir?«

Er schmunzelte etwas über ihre einsilbige Antwort. »Meine Mutter ist gerade auf einem Date, insofern ging es mir schon mal besser.«

Ihre Augen blitzten belustigt auf. »Oje. Wie unangenehm für dich.«

Er grinste. »Das ist eine Untertreibung, Darling.«

»Sie macht das schon.«

Er zog sein Handy aus der Tasche und legte es zwischen sie auf die Theke. »Sie weiß, dass sie mich anrufen kann, wenn irgendwas ist.«

Rain neigte den Kopf zur Seite und musterte ihn. »Und du würdest alles hier stehen- und liegenlassen, um zu ihr zu fahren?«

»Klar.«

»Sogar eine umwerfende Rothaarige, die keinen Zweifel daran lässt, dass sie mit dir schlafen würde, wenn du bleibst?«

Er war irritiert, dass sie so etwas überhaupt fragen musste, aber er verbarg seinen Ärger. Stattdessen lehnte er sich noch näher zu ihr hin. Seine Stimme war heiser vor Verlangen. »Sogar ein mysteriöses und wunderschönes Jitterbug-Babe mit pinkfarbenen Lippen.«

Sie schluckte schwer – etwas, was ihm wohl kaum aufgefallen wäre, wenn er sie nicht so genau beobachtet hätte. Craig war überzeugt, dass er sie keineswegs so kaltließ, wie sie ihm vorgaukelte. Das war auch der Grund, weshalb er sich wieder mit ihr unterhielt: Er wollte all ihre Geheimnisse erfahren.

»Fuchsia«, sagte sie leise. »Das auf meinen Lippen ist Fuchsia.«

Craig starrte auf ihre Lippen und stellte sich vor, wie er

Rain gegen die nächste Wand drückte und sie um den Verstand küsste. »Färbt der leicht ab?«

»Nicht schon wieder, Craig«, warnte sie halb laut.

Erneut trafen sich ihre Blicke, ihrer trotzig, seiner heiß. »Irgendwie kann ich nicht anders.«

»Dann bemüh dich.«

»Ich glaube, in Wahrheit willst du das gar nicht … sonst würdest du nicht immer wieder hierherkommen.«

Sie lachte auf. »Du glaubst, ich komme wegen dir? Du bist ganz schön von dir selbst überzeugt.«

Er grinste sie an. »Wenn nicht ich, wer dann?«

»Niemand, den du kennst.«

Bevor er weitere Fragen stellen konnte, strömte ein Pulk Gäste in die Bar, und die Arbeit rief. Zehn Minuten später stand er gerade am Zapfhahn, als Joss neben ihm stehen blieb.

Sie sah feixend zu ihm auf. »Deine attraktive Dunkelhaarige lässt ausrichten, dass dein Handy klingelt.«

Er schaute den Tresen entlang und sah, wie Rain sein Handy in der Luft schwenkte. Offenbar hatte er es bei ihr liegenlassen. »Scheiße. Das ist vielleicht meine Mum. Kannst du kurz meinen Gast übernehmen? Er bekommt das Lager hier und ein JD Cola.«

»Geht klar.« Joss nahm ihm das Bier ab, und Craig eilte zu Rain.

»Eben kam eine SMS von ›Mum‹«, teilte Rain ihm mit und reichte ihm das Handy. »Ich dachte mir, du willst sie sicher lesen.«

»Danke.« Er lächelte etwas gepresst und rief rasch die Textnachricht auf.

Hatte einen wunderschönen Abend. Drew war ein echter Gentleman. Bin wohlbehalten zu Hause angekommen, du kannst also aufhören, dir Sorgen zu machen, und dich ganz deiner Arbeit widmen. Bis bald. Hab dich lieb, Mum xx.

Craig atmete erleichtert auf.

Freut mich zu hören. Komme morgen vorbei. Nacht.

»Alles gut?«, erkundigte sich Rain.

Er hob den Kopf und war überrascht, dass sie ehrlich interessiert schien. Gott, er hätte sie so gerne geküsst. Was machte sie hier? Was zum Teufel hatte sie vor? Auf einmal wurde Craig wütend, und er wusste, es lag daran, dass Rain Alexander ein Mysterium war – ein Mysterium, das ihn allmählich in mehrerer Hinsicht zu frustrieren begann.

»Ihr geht's gut«, antwortete er brüsk.

Als Rains Miene von besorgt in ausdruckslos umschlug, bereute er seinen Tonfall.

»Craig! Bist du bald mal fertig da?«, rief Joss ihm zu.

Er seufzte und warf Rain einen Blick zu, aber sie hatte den Kopf abgewandt und sah sich wieder suchend in der Bar um. Er entfernte sich, um eine Bestellung aufzunehmen. Als er gerade einen Cocktail mixte, kam Alistair an ihm vorbei.

»Wer ist die tolle Brünette?«, fragte er, während er ein Glas abwusch.

Craig schielte zu Rain hinüber. Die saß inzwischen mit dem Rücken zur Theke und hatte den Hauptbereich des Clubs im Auge. »Weiß der Geier«, seufzte er.

»Ich dachte, du kennst sie.«

»Ich kenne ihren Namen; das heißt nicht, dass ich *sie* kenne.«

Als er Craigs Unmut bemerkte, musste Alistair grinsen. »Könnte es denn sein, dass du sie kennenlernen willst?«

»Allenfalls im biblischen Sinne.«

Alistair musterte ihn, dann ließ er ein Schnauben hören. »Wenn du das sagst.«

Kaum war er weg, kam Joss. Auch sie hatte ein Grinsen im Gesicht.

Er sah sie mürrisch an. »Was ist?«

»Du bist verknallt.«

Sein ganzes Wesen rebellierte gegen diesen Gedanken. »Ich bin ein erwachsener Mann. Ich bin nicht verknallt, verdammt noch mal.«

Joss schielte zu Rain hinüber. »Doch, bist du. Du starrst sie die ganze Zeit an, und ich habe den Verdacht, dass es dieselbe Frau ist, von der Jo mir erzählt hat. Wie man hört, konntest du dich letzten Samstag kaum von ihr losreißen.«

»Und was genau willst du damit sagen?«, fragte er schroff.

Sie lachte. »O Mann, ich hab das doch selber durchgemacht. Ich verstehe dich.« Sie tätschelte aufmunternd seine Schulter. »Lass es einfach zu. Außerdem muss ich sagen, dass sie um einiges cooler ist als die Frauen, mit denen du sonst was anfängst. Und sie sieht toll aus. Also, wenn ich ein Mann wäre … ich würd's mit ihr machen.«

Ein Bild von Joss und Rain beim Liebesspiel vernebelte ihm die Sinne. »Warum sagst du so was?«, stöhnte er frustriert.

Joss lachte noch mehr. »Du musst echt mal erwachsen werden.«

»Nur als kleiner Hinweis: Wenn du sagst, du würdest es mit Rain machen, ist es völlig egal, wie erwachsen man ist. Die Vorstellung würde jeder Mann jeden Alters monatelang nicht aus dem Kopf bekommen.«

»Ich hab gesagt, wenn ich ein *Mann* wäre.« Sie schüttelte den Kopf. »Was du immer denkst, Craigy Boy. Und jetzt Marsch, zurück an die Arbeit.«

Nach einer Weile wurde es ruhig, so dass er wieder zu

Rain gehen konnte. Dabei stellte er fest, dass sie in der Zwischenzeit bei seinen Kollegen mehrere Shots geordert hatte. Es war albern, aber es ärgerte ihn, dass sie nicht gewartet hatte, um ihre Bestellung bei ihm aufzugeben.

»Bist du zu was Stärkerem übergegangen?« Er deutete auf die leeren Schnapsgläser.

Ihre Lippen verzogen sich zu einem überraschend entzückenden Schmollmund.

Er lehnte sich über die Bar und fing ihren Blick ein. »Gehe ich dir so sehr auf die Nerven?«

Sie seufzte schwer. »Nein. Es hat nichts mit dir zu tun.« Sie seufzte und ließ den Kopf in die Hände sinken. »Ich hätte das Zeug nicht trinken sollen. Ich vertrage keinen Alkohol.«

»Zeit für deine Pause.« Alistair klopfte ihm im Vorbeigehen auf die Schulter.

Craig nickte. »Alles klar.« Er ging zum Ende der Bar, hob die Klappe hoch und betrat den Gastraum des Clubs. Er schlängelte sich zwischen den Gästen, die sich um den Tresen drängten, hindurch zu Rain. Im Laufe des Abends hatten mehrere Typen ein Auge auf sie geworfen, aber aus irgendeinem Grund hatte sie bisher keiner angesprochen. Der Mann, der neben ihr stand, sah aus, als wäre er drauf und dran, sein Glück zu versuchen, überlegte es sich jedoch anders, als Craig ihm einen stechenden Blick zuwarf. Sanft legte er Rain von hinten die Hände an die Hüften.

Sie fuhr vor Schreck zusammen und drehte den Kopf. »Wie bist du denn auf einmal hierhergekommen?«

Er grinste über ihre Verwirrung. »Zauberei. Komm mit.« Er zog sie sanft, und zu seinem Erstaunen rutschte sie bereitwillig von ihrem Hocker. »Du brauchst Wasser.« Er nahm ihre zierliche Hand und hielt sie fest, als er sie hinter die Bar führte. Er ignorierte Joss' und Alistairs neugierige

Blicke und lotste Rain den Gang hinter der Theke entlang bis in den Pausenraum. Er holte eine Flasche Wasser aus dem Kühlschrank und ging dann mit ihr zu dem zerschrammten Tisch in der Ecke.

Sobald sie saß und ihr Wasser vor sich stehen hatte, holte er seine Sandwiches aus dem Kühlschrank und bot ihr die Hälfte davon an.

»Hab keinen Hunger.« Sie winkte ab und beäugte ihn argwöhnisch.

»Iss schon«, forderte er sie auf. »Das bindet die ganzen Shots.«

»Vier«, berichtigte sie ihn und nahm das Sandwich. »Bei dir klingt es so, als hätte ich Dutzende getrunken.«

»Vier sind viel, wenn du vorher schon ein Glas Wein hattest. Vor allem für jemanden, der keinen Alkohol verträgt.«

»Ich weiß.« Sie machte ein betretenes Gesicht. »Aber ich hatte das Warten so satt.«

Aha! »Das Warten auf was? Beziehungsweise wen?«

Rains Blick suchte seinen. »Warum willst du das unbedingt wissen?«

»Weil ich neugierig bin.«

»Aber warum?«

Er lachte. »Warum ist der Himmel blau? Du faszinierst mich, das ist alles.«

»Dafür, dass der Himmel blau ist, gibt es einen wissenschaftlichen Grund. Irgendwas mit der Streuung des Sonnenlichts in der Atmosphäre, oder so …« Sie zuckte die Achseln.

Noch immer belustigt, schüttelte Craig den Kopf. »Wenn du einen wissenschaftlichen Grund für meine Faszination haben willst, nennen wir es doch Chemie. Sie ist da, ob du es zugeben willst oder nicht.«

Sie schien darüber nachzudenken. »Dass zwischen uns

eine gewisse Chemie besteht, heißt nicht automatisch, dass wir Sex miteinander haben müssen. Zwischen besten Freunden gibt es auch Chemie, bloß eine andere.«

»Dann tun wir eben so, als wäre das zwischen uns eine Beste-Freunde-Chemie, wenn dir damit wohler ist.« Er zwinkerte frech.

Rain rollte mit den Augen, konnte sich aber ein kleines Grinsen nicht verkneifen.

Er musste sie einfach anfassen. Craig langte über den Tisch und nahm ihre Hand. »Sag mir, was los ist. Warum kommst du in den Club 39?«

»Sind Barkeeper wie Priester oder Ärzte? Wir können euch alles sagen, ohne Konsequenzen fürchten zu müssen, weil ihr zum Schweigen verpflichtet seid?«

Er nickte lachend. »Eher wie Ärzte, würde ich sagen. Mit Doktorspielen kenne ich mich nämlich ganz gut aus, während ich von Priesterspielen keine Ahnung habe. Ich habe nie eine Frau getroffen, die experimentierfreudig genug dafür gewesen wäre.« Er wackelte suggestiv mit den Augenbrauen, und sie musste lachen.

Sie hatte ein kehliges Lachen, das direkt in seinen Schwanz fuhr und ein Ziehen in seiner Brust auslöste. Er verspürte jedes Mal dieses Triumphgefühl, wenn er sie zum Lächeln oder zum Lachen brachte.

Fuck, murmelte er im Stillen, als ihm das bewusst wurde.

»Also schön.« Die Belustigung in ihren Augen verschwand. »Ich sag dir, warum ich hier bin. Ich bin hier, um mich für meine Schwester an jemandem zu rächen.«

Im ersten Moment durchzuckte Craig die Angst, ihre Schwester wäre eine der Frauen, mit denen er geschlafen und die er danach nie wieder angerufen hatte. Hatte er mal was mit einer Darcy gehabt? Er konnte nicht klar denken. *Scheiße.* »Deine Schwester?«

»Darcy. Sagen wir einfach, als sie jünger war, gab es eine Situation, in der es meine Pflicht gewesen wäre, sie zu beschützen, aber ich habe es nicht getan. Danach hat es lange gedauert, bis sie mir verziehen hatte und wir wieder ein gutes Verhältnis zueinander aufbauen konnten.«

Craig drückte ihre Hand. Sie sah so schuldbewusst aus, dass es ihm körperliche Schmerzen bereitete.

»Vor neun Monaten hat Darcy eine Beziehung mit einem Studenten angefangen, Angus York. Ich konnte ihn von Anfang an nicht leiden, vor allem weil er auf mich scharf war – er hat es mir sogar selbst gesagt. Aber Darcy war so verliebt in ihn, da habe ich den Kopf in den Sand gesteckt. Und habe wieder nicht verhindert, dass sie verletzt wurde. Ich habe sie wieder nicht beschützt.«

Craig wurde mulmig zumute. »Was hat er denn gemacht?«

Nackter Zorn leuchtete aus ihren dunklen Augen. »Er hat sie dazu überredet, ein Sexvideo zu machen, und hat es dann auf einer Party all seinen Freunden gezeigt.«

»So ein Arschloch«, zischte er. Er dachte an seine eigenen Schwestern und daran, dass er jeden Mann ermorden würde, der sie auf eine solche Weile bloßstellte.

»Darcy … sie kam nicht damit klar. Sie war völlig am Boden zerstört. Sie hat sich von ihm getrennt und ist nach Australien geflohen. Sie ist immer noch dort. Sie wohnt bei einer Freundin und versucht, die Sache irgendwie zu verarbeiten, damit sie zurück nach Hause kommen kann.«

»Das ist schrecklich«, murmelte er und nahm ihre Hand in beide Hände. »Sie tut mir so leid.«

Rain sah ihn forschend an, und die Anspannung in ihren Schultern löste sich, als sie sagte: »Ich glaube dir, dass du es ernst meinst.«

Erneut drückte er ihre Hand. »Und wie. Ich habe auch

Schwestern. Wenn denen so was passieren würde, würde ich das Schwein umbringen wollen.«

»Oh, das würde ich auch zu gern, glaub mir. Aber stattdessen werde ich mich mit ausgleichender Gerechtigkeit begnügen.«

»Und wie sieht dein Plan aus?«

»Angus kommt oft hierher.« Sie lächelte bitter. »Also: *Angeblich* kommt er oft hierher, bislang habe ich ihn nämlich noch nicht gesehen. Mein Plan war, mich bei ihm einzuschmeicheln ... mir sein Vertrauen zu erschleichen, bis ich was über ihn rausfinde ... etwas, das ich gegen ihn verwenden kann, um ihn fertigzumachen, so wie er Darcy fertiggemacht hat.«

Craig lächelte traurig. »Du kommst mir nicht wie eine Rächerin vor, Rain. Vielleicht ist das nicht gerade die klügste Idee.«

Sie entzog ihm ihre Hand, und sofort gingen bei ihr die Mauern hoch. Er verfluchte sich im Stillen dafür, nicht behutsamer gewesen zu sein. »Ich habe meine Schwester einmal im Stich gelassen. Noch mal passiert mir das bestimmt nicht.«

»Aber warum soll ausgerechnet das der beste Plan für deine Rache sein? Der Typ wird doch garantiert misstrauisch, wenn du plötzlich einen auf freundlich machst.«

Sie zog eine Augenbraue hoch. »Du unterschätzt seine Arroganz.«

Craig nickte und lehnte sich zurück, um sein Sandwich zu Ende zu essen. Auch Rain nahm ein paar Bissen von dem Sandwich, das er ihr gegeben hatte, und währenddessen hatte er Gelegenheit, sie zu betrachten. Wenn er ehrlich war, bewunderte er sie für die Entschlossenheit, die er in ihren müden Augen sah. Sie wollte es nicht tun, hatte aber das Gefühl, es tun zu müssen.

Aus Loyalität zu ihrer Schwester.

Dafür konnte Craig ihr nur Respekt zollen.

»Du starrst mich an«, murmelte Rain.

Weil du so verdammt schön aussiehst … und ich das Gefühl habe, dass deine Schönheit tief geht. »Weil ich mich an dir nicht sattsehen kann«, gab er leise zur Antwort und trank dann betont lässig einen Schluck von seinem Wasser.

Er wollte sie nicht verängstigen. Er wollte, dass sie sich bei ihm sicher fühlte, dass es ihr gutging. Aus unerfindlichen Gründen weckte diese Frau seinen Beschützerinstinkt. Craig wollte nicht, dass sie sich mit diesem Angus abgeben musste. Wäre die Entscheidung an ihm gewesen, hätte er dem Arsch eins in die Fresse gegeben, und die Sache wäre erledigt gewesen. Er hielt das für die wesentlich gesündere Art, mit solchen Dingen umzugehen. Der langwierige Racheplan, den Rain ihm geschildert hatte, würde einen hohen Preis von ihr fordern.

Und das wollte er nicht.

Ich will, dass sie ihre Freizeit mit wesentlich angenehmeren Beschäftigungen verbringt.

Wie ihn kennenzulernen – im biblischen und nicht-biblischen Sinne des Wortes.

»Bleib, bis wir schließen. Dann bringe ich dich nach Hause. Keine Tricks«, versicherte er ihr. *Dann kann ich dich von deinem Plan abbringen.* Das Leben war nie zu kurz für Gerechtigkeit, aber für Rache schon. Und es war definitiv zu kurz, um die ganz besondere Verbindung zwischen ihnen unerforscht zu lassen.

Zum ersten Mal überhaupt empfand Craig bei einer Frau mehr als nur sexuelles Verlangen. Er wollte alles über sie erfahren, und wenn das bedeutete, dass er mit ihr ausgehen musste, dann war das eben so. Er würde Rain ganz langsam, Schritt für Schritt, davon überzeugen, ihm eine Chance zu geben. Und bei der Gelegenheit würde er sie auch gleich von ihrer unsinnigen Racheidee abbringen.

»Du bist ziemlich stur, was?«, meinte sie und betrachtete ihn nachdenklich.

»Wahrscheinlich in etwa so stur wie du«, gab er zurück.

Sie lachte. »Ich weiß nicht so genau.«

»Dann bleibst du?«

»Keine Tricks?«, fragte sie leise.

»Versprochen.«

Sie nickte langsam.

Zufrieden entspannte Craig sich ein wenig, und nach seiner Pause gingen sie gemeinsam zurück in die Bar. Er scheuchte einen Gast von Rains Hocker (sehr zum Ärger von Joss und Alistair), damit er sie besser im Blick behalten konnte.

Doch wie sich herausstellte, hatte er sich zu früh gefreut, denn als er etwas aus dem Lager holen musste und kurze Zeit später zurückkam, war sie weg. Erst hoffte er, sie wäre nur auf die Toilette gegangen, doch als sie auch nach zehn Minuten nicht wieder aufgetaucht war, bat er Joss, für ihn auf den Toiletten nachzuschauen. Sie kehrte kopfschüttelnd zurück und klopfte ihm tröstend auf den Rücken.

Den Rest des Abends machten seine Kollegen einen großen Bogen um ihn, und Craig tat nichts, um seine Trinkgelder zu verbessern – er flirtete nicht und machte keine Komplimente. Seine charmante Art hatte sich zusammen mit seiner guten Laune verabschiedet.

Rain

Ich hatte einen riesigen Schwarm Schmetterlinge im Bauch.

Ich war nicht mehr so nervös gewesen, seit ich vor all den Jahren versucht hatte, Darcy davon zu überzeugen, sich wieder mit mir zu versöhnen.

Als ich in der George Street stand und auf den Eingang zum Club 39 starrte, wäre ich am liebsten umgedreht, nach Hause gegangen und hätte mich mit einer Tasse Tee in eine Decke gekuschelt.

Angus war da drin. Diesmal war ich mir sicher, weil ich mich dazu herabgelassen hatte, ihn in den sozialen Medien zu stalken.

Ich fröstelte in der kühlen Abendluft und blickte sehnsüchtig die George Street entlang. Schwarze Taxis fuhren in beide Richtungen, ließen Passagiere ein- und aussteigen – aufgedonnerte junge Frauen und Männer, die die aufgedonnerten jungen Frauen anglotzten.

Gelächter schallte über die Straße, vermischt mit dem Klang der Motoren und dem Klackern von Absätzen auf dem Pflaster.

Ich konnte in der Nacht untertauchen. Einfach nur eins von vielen Mädchen in einem hübschen Kleid und Highheels sein.

Aber nein, das kam nicht in Frage.

Ich straffte die Schultern und ignorierte das ungute Gefühl im Bauch. Vorsichtig stieg ich die Treppe hinunter in den Kellerclub.

»'n Abend.« Der Türsteher lächelte mich an.

Ich nickte ihm zu und wagte mich ins Innere, um mich einem Mann zu stellen, den ich hasste, und einem, den ich zu sehr mochte.

Craig letzten Freitag einfach sitzenzulassen war feige gewesen, aber ich hatte keinen anderen Ausweg gesehen. Sosehr er sich auch bemüht hatte, mir zu versichern, dass er »keine Tricks« versuchen würde – in seinen Augen hatte ich etwas ganz anderes gelesen.

Aus irgendeinem Grund war er an mir interessiert. Aber ich hatte ihn mit all den anderen weiblichen Gästen beobachtet. Mir war noch nie ein so notorischer Aufreißer begegnet wie Craig Lanaghan, und damit konnte ich nicht umgehen.

Am Ende würde er mir nur weh tun, selbst wenn das nicht seine Absicht war.

Trotzdem hätte ich nicht einfach so verschwinden sollen. Ich hätte wenigstens Bescheid sagen müssen.

Jetzt hatte ich ein schlechtes Gewissen, und zwar nicht nur wegen meines heimlichen Abgangs letzte Woche, sondern weil ich mir fest vorgenommen hatte, ihn von nun an zu ignorieren. In meinem Leben war kein Platz fürs Flirten. Nicht mit Craig.

Schade … Ich hätte nämlich tausendmal lieber mit ihm geflirtet als mit Angus. Schon die bloße Vorstellung war mir zuwider, aber was nützte es? Ich musste es tun. Angus sprang am ehesten auf Flirten an. Er hatte ein gigantisches Ego, und leider war es an diesem Abend meine Aufgabe, dieses Ego zu streicheln.

Ich holte tief Luft und betrat dann, äußerlich gelassen, den Club 39. Ich ließ den Blick über den Tresen schweifen und streifte Craig dabei bewusst nur ganz kurz. Zu meiner

Erleichterung – und gleichzeitigen Enttäuschung – stand Angus nicht weit vom rechten Ende der Theke entfernt, wo Craig gerade einen Gast bediente.

Entschlossen nahm ich ihn ins Visier. Er war mit drei Freunden zusammen, die mir entfernt bekannt vorkamen. Das Mädchen hatte ich einmal dabei beobachtet, wie es sich auf einer von Darcy und mir veranstalteten Party schamlos an Angus heranschmiss. Die anderen beiden waren seine Kumpels – bestimmt gehörten sie zu der Clique, der er das Sextape gezeigt hatte.

Der Zorn brachte mein Blut zum Kochen.

Ruhig bleiben und lächeln.

Ich pappte mir ein kleines amüsiertes Schmunzeln ins Gesicht und nahm Kurs auf Angus.

Der unterhielt sich gerade mit dem Mädchen, doch statt sie dabei anzuschauen, blickte er an ihr vorbei. Als er mich sah, bekam er große Augen. Ich machte einen eleganten Schlenker um das Mädchen herum, so als gäbe es sie gar nicht, und blieb ganz dicht vor Angus stehen. Zugegeben, er war verdammt attraktiv. Er hatte intensive graue Augen, umrahmt von pechschwarzen Wimpern, und ein vollkommen symmetrisches Gesicht, das beinahe schon hübsch aussah.

»Rain.« Ich hörte die Überraschung in seiner Stimme. »Krass, dich hier zu sehen.«

»Ich und meine Freunde wollten gerade gehen, da habe ich dich zufällig entdeckt«, log ich. »Wie geht's dir so?«

Er schmunzelte genauso belustigt wie ich, und am liebsten hätte ich ihm die Faust in die Visage gerammt. »Mir geht's gut. Ich bin nur ein bisschen überrascht, dass du noch mit mir redest, nach dem Drama, das deine Schwester veranstaltet hat.«

Scheißverdammte Ratte Schwanzgesicht Wichser gemeines verräterisches Arschloch!

Ich wischte seine Bemerkung mit einer lässigen Handbewegung beiseite und verdrehte die Augen. »Darcy macht sich mal wieder wichtig. Weißt du, dass sie nach der Sache einfach abgehauen ist? Ohne was zu sagen? Dabei haben wir eine Firma zusammen«, beschwerte ich mich.

Er sah mich leicht misstrauisch an, nickte aber mitfühlend. »Sie hat dich hängenlassen. Typisch.«

Wichser, Wichser, Wichser, Wichser, Wichser, WICHSER!!!

Ich seufzte schwer. »Wäre nicht das erste Mal.«

»Trotzdem. Sie ist deine Schwester. Und ich hatte nicht den Eindruck, dass du mich besonders gut leiden kannst.«

Ich ließ mir meine Anspannung nicht anmerken und schenkte ihm ein süffisantes Lächeln. »Du warst der Freund meiner Schwester. Ich durfte dich nicht mögen.«

Er runzelte die Stirn. »Was meinst du damit?«

»Ich musste zu dir auf Abstand bleiben, weil … na ja … Sagen wir einfach, Darcy hat mich früher schon mal bezichtigt, ihr den Freund ausgespannt zu haben.« Mir wurde bei diesen Lügen so schlecht, dass mein ganzes Inneres sich zusammenkrampfte und ich nicht wusste, ob ich die Scharade lange aufrechterhalten konnte. Es war viel, viel schwieriger, als ich vermutet hatte.

Und Angus hatte offenbar nicht vor, es mir leichtzumachen. Er hob neugierig eine Braue. »Ist das wahr?«

Bei der Frage ließen seine Freunde ein dreckiges Lachen hören, und ich sah ihn strafend an. Am liebsten hätte ich alles hingeschmissen und wäre nach Hause gegangen. Irgendwie schaffte ich es zurückzuflirten.

»Ich habe es nicht nötig, die Freunde meiner Schwester zu stehlen, Angus.«

Diese Feststellung führte dazu, dass Angus noch einen

Gang hochschaltete. Sein lüsterner Blick glitt über meinen Körper, so dass man unmöglich missverstehen konnte, was er im Sinn hatte. »Darauf wette ich.« Als er mir wieder in die Augen sah, wusste ich nicht genau, ob es mir gelang, meine Abscheu zu verbergen. In dem Moment wurde mir bewusst, dass ich nicht bereit war, die Sache bis zum Ende durchzuziehen.

»Also, ich gehe dann mal wieder zu meinen Freunden.« Zögerlich machte ich einen Schritt zurück.

»Bleib doch noch.« Er fasste mich am Handgelenk, um mich am Gehen zu hindern, und strich mit dem Daumen über meine Haut.

Bitte jetzt nicht übergeben, Rain.

»Ich spendier dir einen Drink.«

Falls es einen Mann gab, der arroganter war als dieser, hatte ich ihn noch nicht getroffen. Natürlich hatte ich gehofft, er würde mir die Geschichte über Darcy abkaufen, aber dass ein Mann so selbstverliebt war, dass er die Wahrheit einfach nicht sah, selbst wenn er sie direkt vor der Nase hatte – das machte mich sprachlos. Er sah nur das, was er sehen wollte, und dass eine Frau ihn nicht umwerfend fand, war für ihn jenseits seiner Vorstellungskraft. Er lieferte mir die perfekte Gelegenheit, ihn fertigzumachen, und jetzt bekam ich kalte Füße – ich konnte es nicht fassen!

»Komm schon.«

Ich schenkte ihm ein Lächeln, das hoffentlich nicht zittrig aussah. »Also gut. Bevor ich mich schlagen lasse.« *Beinahe wortwörtlich, du Arsch.*

»Rotwein, stimmt's?«

Er hatte mich also beobachtet. Eigentlich hätte mich das freuen sollen, denn wenn er scharf auf mich war, würde mir das meinen Racheplan erheblich erleichtern. Doch weit gefehlt. Ich fühlte mich unwohl, denn es war nie mein Plan gewesen, den Scheißkerl zu verführen. Aber genau darauf schien diese höllische Begegnung hinauszulaufen. *Schöne Scheiße.* »Ja.«

Er drehte sich zur Bar um, und ganz automatisch folgte ihm mein Blick.

Und fiel auf Craig, der gerade einen Drink mixte.

Er sah wütend aus.

Rasch wandte ich den Blick wieder ab und wandte mich an Angus' Freunde. »Ich bin Rain.«

»Ich kenn dich noch«, meinte der Größere der beiden und grinste mich an. »Ich bin Jack. Das ist Mike und …«

»Ich bin Lola«, sagte die hübsche Blondine gehässig. »Du hältst wohl nicht viel von Treue unter Schwestern, was?«

Mein schlechtes Gewissen meldete sich, weil ich so gemeine Lügen über Darcy erzählt hatte, aber ich lächelte ihren Vorwurf einfach weg. »Darcy hat auch nie zu mir gehalten. Außerdem hat sie das Sextape freiwillig gemacht. Sie ist erwachsen und hat sich dafür entschieden. Jetzt muss sie eben mit den Konsequenzen leben.« *Bitte verzeih mir, Darcy, meine wunderbare Schwester.* Hoffentlich würde sie nie erfahren, was ich an diesem Abend sagte und tat.

Lola sah mich durch schmale Augen an. »Wie praktisch für dich, dass sie sich getrennt haben.«

»Lola, Mann, zieh die Krallen ein«, stöhnte Mike.

Ich lächelte ihm dankbar zu. »Einige Katzen können das eben nicht.«

Die Jungs lachten, aber Lolas Miene wurde finster. »Ganz toll.« Sie kippte ihren Drink hinunter, knallte das leere Glas auf einen Tisch und funkelte mich böse an. »Mir geht's auf einmal nicht so gut. Ich glaub, ich fahr nach Hause.« Dreißig Sekunden später war sie weg.

Wenn sie wüsste, was für einen Gefallen ich ihr getan hatte. »Hab ich was Falsches gesagt?«

Jack lachte. »Lola mag keine Frauen, die heißer aussehen als sie selbst.«

Penner. »Das nehme ich mal als Kompliment.«

»Solltest du auch.«

Ein Arm legte sich um meine Schultern, und vor mir tauchte ein Glas Rotwein auf. »Bitte schön«, raunte Angus mir ins Ohr.

Ich schluckte die aufsteigende Übelkeit hinunter und bemühte mich, ein freundliches Gesicht aufzusetzen. »Danke.« Ich nahm das Glas von ihm entgegen. Zum Glück ließ Angus seinen Arm sinken.

»Wo ist denn Lola hin?«, wollte er wissen.

»Die hat Rain angezickt. Wie sich rausstellt, weiß Rain, wie man mit Zicken umgeht.« Mike zwinkerte mir zu, und es kostete mich große Selbstbeherrschung, ihm sein widerliches Grinsen nicht mit einer schallenden Ohrfeige aus dem Gesicht zu wischen. Offenbar jagten Widerlinge grundsätzlich im Rudel.

Angus lachte leise. »Sie hat geglaubt, ich würd's ihr heute Abend noch besorgen. Tja, Pläne ändern sich.«

Ich ignorierte seinen hungrigen Blick und meinen fast übermächtigen Drang, ihm den Wein ins Gesicht zu schütten. Ich hatte mich nie für übermäßig aggressiv gehalten, aber hätte ich die nötige Kraft besessen, hätte ich den Mistkerl an Ort und Stelle vermöbelt, dann wäre die Sache erledigt gewesen.

Ich spürte seine Hand im Kreuz, direkt über meinem Hintern, und zwang mich, mich an ihn zu schmiegen. Als ich aufsah, lächelte er mich an. »Was?«

»Es ist einfach schön, ein bisschen Zeit mit dir zu verbringen, mehr nicht. Bis jetzt stand ja immer deine Schwester dazwischen.«

Ekelhafte, widerwärtige Kakerlake!

Seine Hand übte sanften Druck auf meinen Rücken aus, so dass ich nicht anders konnte, als noch näher an ihn heranzurücken. »Erzähl mir alles über dich.«

Eine Stunde später lagen meine Nerven blank. Mir war nicht klar gewesen, wie schnell die Situation außer Kontrolle geraten würde. Meine Behauptung Craig gegenüber, ich würde nicht flirten, war keine Lüge gewesen. Es lag mir einfach nicht. Es war mir schon unter ganz normalen Umständen unangenehm, und mit Angus flirten zu müssen war eine wahre Meisterleistung des Willens und der Nervenstärke.

Es half auch nicht gerade, dass ich genau wusste, dass Craig im Hintergrund lauerte und die Show, die ich abzog, mit Adleraugen beobachtete. Ich fühlte seine Blicke auf mir. Ich spürte förmlich, wie er mich verurteilte.

Weil ich eine Pause von der ganzen Schauspielerei brauchte, entschuldigte ich mich, ging durch den vollen Club und steuerte die Toiletten an. Ich hatte gerade die Tür zum Toilettentrakt erreicht, als jemand hinter mir sie aufriss und mich am Oberarm fasste.

Ich zuckte vor Schreck zusammen. Als ich herumwirbelte, sah ich, dass es Craig war. »Was …«

»Sei still«, knurrte er barsch, fischte einen Schlüssel aus der Tasche und sperrte die verschlossene Tür zur Behindertentoilette auf.

»Craig!«, protestierte ich, als er mich alles andere als sanft hineinschob. Er folgte dicht hinter mir, knallte die Tür zu und legte den Riegel um. Das Herz hämmerte in meiner Brust. »Was machst du da?«

»Was *ich* mache?« Seine Augen sprühten Funken vor Wut. »Was zum Geier machst *du*?«

Ich war zu müde, um so zu tun, als hätte ich die Frage

nicht verstanden, deswegen verschränkte ich trotzig die Arme vor der Brust. »Was ich mache, geht dich überhaupt nichts an!«

»Das hast du ja sehr deutlich gemacht, als du letztes Wochenende einfach abgehauen bist.«

Schuldgefühle stiegen in mir auf. »Ich gebe zu, ich hätte mich von dir verabschieden sollen.«

Er schnaubte verächtlich. »Soll das deine Entschuldigung sein?«

»Eine andere kriegst du nicht von mir«, keifte ich.

Halt dich da raus! Von dir brauche ich so was ganz gewiss nicht!

Craig kniff nachdenklich die Augen zusammen. »Als du mir gesagt hast, dass du dich für deine Schwester an dem Arschloch da draußen rächen willst, habe ich wohl nicht richtig begriffen, wie weit du dafür gehen würdest. Ich meine, es gibt sicher nicht viele Frauen, die aus Rache die Beine breitmachen.«

Diese Worte trafen mich tief. Ein stechender Schmerz wütete in meiner Brust, und in dem Augenblick wusste ich, dass die Entscheidung, mich von diesem Mann fernzuhalten, goldrichtig gewesen war.

Etwas in meinem Gesicht schien sein Bedauern zu wecken. »Rain«, sagte er leise, während er sich mit der Hand durch die Haare fuhr. »Scheiße, so habe ich das nicht gemeint.«

»Lass mich hier raus.«

»Rain …«

»Lass mich hier raus!« Ich ging auf ihn los. All meine Wut auf Angus übertrug ich auf Craig.

Er hielt mich an den Armen fest, und ich wand mich in seinem Griff.

»Rain …«

»Fass mich ja nicht an!«, spie ich und riss mich von ihm los. »Lass mich hier sofort raus.«

»Damit du zurück zu diesem widerlichen Schleimer gehen kannst?« Er packte mich erneut und riss mich so heftig an sich, dass mir die Luft wegblieb. »Wenn du nicht vorhast, mit diesem Arschloch zu schlafen, spielst du ein riskantes Spiel.«

»Das war ja so was von klar – dass du denkst, ich benutze Sex, um zu kriegen, was ich will.« Ich schürzte verächtlich die Lippen, während ich in sein attraktives Gesicht blickte. Er war mir zu nahe. Viel zu nahe. »Lass mich los.«

Doch sein Griff verstärkte sich, und ehe ich wusste, wie mir geschah, hatte er mich mit dem Rücken gegen die Tür gedrückt. »Was soll ein Mann denn sonst denken, wenn du diesen Kerl da draußen anflirtest, als gäbe es kein Morgen? Dabei dachte ich, du flirtest nicht.« Sein Atem kitzelte meine Lippen.

»Nur zu besonderen Gelegenheiten«, sagte ich mit vor Sarkasmus triefender Stimme.

»Du musst damit aufhören«, sagte er. »Wie weit willst du noch gehen?«

»Das geht dich nichts an.«

»Komisch.« Er drängte seinen harten Körper gegen meinen, und ich keuchte, als ein Schauer durch meinen Körper jagte. »Ich habe das Gefühl, es geht mich sehr wohl was an.«

»Craig«, flehte ich. Lust und Begierde hatten mir das Gehirn vernebelt. »Bitte, lass mich einfach in Frieden.«

»Aber das kann ich nicht«, murmelte er, Sekunden bevor seine Lippen sanft über meine strichen.

Mein Mund kribbelte nach diesem Hauch von einem Kuss.

Unsere Blicke trafen sich, und wir nahmen nichts mehr wahr als einander. Ich spürte die hektische Bewegung seines Brustkorbs an meinen Brüsten, und auch mein Atem beschleunigte sich vor Verlangen.

Er streichelte mit einer Hand meine Hüfte, während er die andere an meine Wange legte. Sein Daumen strich an meinem Kiefer entlang. Es war nur eine federleichte Berührung, und doch hätte sie die sinnlichste aller Liebkosungen sein können, gemessen an der Reaktion, die sie in meinem Körper auslöste.

Meine Brustwarzen zogen sich zusammen, als seine Finger meinen Hals hinabwanderten und am Rand meines Ausschnitts entlangstrichen. Ich atmete immer schwerer und drängte meine Brüste seinen Händen entgegen.

Ich beobachtete ihn, während er mit dem Blick seinen Fingern folgte, die die sanfte Wölbung meiner Brüste streichelten. Ich bekam am ganzen Körper eine Gänsehaut, und er hob den Kopf. Die lodernde Hitze in seinen blaugrünen Augen entlockte mir ein Wimmern, und in ihm zerriss etwas.

Sein Mund presste sich hart und stürmisch auf meinen. Ich stöhnte, als er meine rechte Brust umfasste und sanft knetete. Ich griff mit beiden Händen in sein T-Shirt, während ich mich an ihn drängte und mich ganz seinem feuchten berauschenden Kuss hingab.

Ich hatte mich gefragt, wie sein Kuss wohl sein würde, und jetzt wusste ich es.

Er war wild und sexy und erstaunlicherweise genau das, was ich wollte.

Er löste sich von meinen Lippen, um meinen Hals zu küssen. Er schmiegte sich an meinen Hals, dort, wo ich Parfüm aufgetragen hatte. »Fuck«, stöhnte er, und seine Hand glitt von meiner Hüfte zu meinem Schenkel. Er hob mein Bein an, so dass der Saum meines Kleides hochrutschte, und presste seine Erektion zwischen meine Schenkel.

Vor lauter Verlangen zog sich mein Unterleib zusammen, und ich merkte, wie ich feucht wurde.

Ich hatte noch nie in meinem Leben einen Mann so sehr gewollt wie ihn.

Und die Angst davor wirkte wie eine kalte Dusche.

»Nein.« Ich stemmte die Hände gegen seine Brust und machte mein Bein aus seinem Griff los. »Craig, hör auf.«

Er sank gegen mich, legte die Stirn an mein Schlüsselbein und versuchte, wieder zu Atem zu kommen. »Rain.«

Ich hörte das Flehen in seiner Stimme und versteifte mich. »Lass mich los«, flüsterte ich leise.

Craig riss den Kopf hoch und funkelte mich an. Das unerfüllte Begehren in seinem Blick versengte mich fast. »Warum läufst du davor weg?«

Ich drückte gegen seine Brust. »Weil ich nicht so jemand bin. Ich will keinen One-Night-Stand.«

»Vielleicht will ich das ja auch nicht.« Er sah mich eindringlich an.

Ich löste mich von ihm und zog mein Kleid zurecht. »Du willst mich nur, weil du mich nicht haben kannst.«

Seine Augen wurden schmal. »Sag mir nicht, was ich fühle.«

»Ich muss jetzt gehen.«

Er legte die Hand gegen die Tür und versperrte mir den Weg. »Zurück zu ihm?«

Ich schüttelte den Kopf, denn so konnte ich unmöglich zu Angus zurückkehren. Craig hatte Lippenstift am Mund, was bedeutete, dass meiner verschmiert war. »Nach Hause. Dank dir.« Wütend stieß ich seinen Arm beiseite, schloss die Tür auf und lief nach draußen. Ich rannte praktisch durch den Club, damit er mich nicht zurückhalten konnte. Ohne einen Blick in Angus' Richtung zu werfen, floh ich vor Craig Lanaghan aus der Bar. Ich verfluchte den Barkeeper, weil er mir heute Abend meine Rache verdorben hatte, und dankte ihm gleichzeitig, weil er mir einen Grund geliefert hatte, mich der unangenehmen Situation mit Angus entziehen zu können.

Rain

Am Ende war ich froh, Angus entkommen zu sein. Die ganze Zeit zu flirten und mich verführerisch zu geben hatte an mir gezehrt. Sosehr ich mich auch davon zu überzeugen versuchte, dass Darcy im Zweifelsfall Verständnis für mein Handeln haben würde – die Wahrheit sah anders aus: Sie würde *kein* Verständnis haben, das wusste ich genau.

Craigs Wut über mein Vorgehen und die darauffolgende leidenschaftliche Begegnung auf der Toilette im Club 39 hatten nichts mit meiner Entscheidung zu tun, meine gegenwärtige Strategie zu überdenken.

Wirklich.

Absolut nicht.

Also gut, vielleicht am Rande. Aber es war mir auch schon vorher klar gewesen … Craig hatte lediglich den letzten Ausschlag gegeben.

Während ich also krampfhaft versuchte, den besten Kuss meines Lebens aus meinem Gedächtnis zu tilgen, hinterfragte ich zugleich meinen Ansatz bezüglich Angus. Vermutlich war die Umgebung einer der Gründe, weshalb die Situation mit ihm so schnell eskaliert war. Ein Club – da drehte sich alles ums Tanzen und Trinken. Darum, seine Hemmungen fallenzulassen. Und, ja, um Sex.

Wenn ich Angus »rein zufällig« in einer anderen Umgebung über den Weg liefe, könnte ich der Art unserer Interaktion vielleicht eine neue Richtung geben. Dass es nicht leicht werden würde, wusste ich. Er war von Haus aus ein Widerling, und er wollte mir ganz klar an die Wäsche. Aber versuchen musste ich es trotzdem.

Darcy hatte mir erzählt, dass Angus gerne im Black Medicine Café in der Altstadt saß und arbeitete. In einem Café ging es eher um Gespräche als um Sex (größtenteils jedenfalls), also beschloss ich, dass das Black Medicine meine nächste Anlaufstelle werden sollte.

Das Café war mir nicht unbekannt. Mit seiner Einrichtung aus geschnitztem Holz, dem köstlichen Kaffee und der unkonventionellen Atmosphäre traf es genau meinen Geschmack. In letzter Zeit hatte ich meistens so viel zu tun, dass es nur für einen Kaffee to go reichte, aber bis ich Angus' Aufmerksamkeit erregt hatte, würde das Café zu meinem zweiten Zuhause werden.

Ich kam früh genug, um noch einen Tisch im hinteren Bereich zu ergattern, von dem aus ich einen guten Blick auf die Tür hatte. Zwei Stunden, zwei grüne Tees und ein Panini später saß ich immer noch da. Ich hatte zwar ein Buch dabei, zögerte aber, es aufzuschlagen und mich in die Geschichte zu vertiefen, aus Angst, ich könnte Angus, falls der nur auf einen schnellen Kaffee vorbeikam, womöglich verpassen. Also tat ich lediglich so, als würde ich lesen, während ich in Wirklichkeit über den Rand des Buchs hinweglinste. Falls jemand mich beobachtete, hielt er mich garantiert für verrückt.

In den folgenden zwei Stunden versuchte ich, mich ganz auf Angus zu konzentrieren, aber genau wie in den letzten zwei Tagen drifteten meine Gedanken unweigerlich zu Craig ab. Dass es zwischen uns höllisch knisterte, war offensichtlich. Und auch die Chemie stimmte. Dennoch hatte ich Zweifel … Craig war ein unglaublich erotischer Mann.

Der Sex drang ihm aus allen Poren. Vielleicht war unser Kuss nur eine Wirkung seiner gesteigerten Sexualität gewesen und hatte nichts mit einer echten Verbindung zu tun. Falls das zutraf, würde ich am Ende nur verletzt werden – eine derart heftige körperliche Anziehungskraft plus die Tatsache, dass ich gerne in Craigs Nähe war und die Gespräche mit ihm genoss, bedeuteten, dass für mich aus Begierde sehr schnell mehr werden würde. Ich war keine Frau, die mit einem Mann schlafen konnte, ohne dass Gefühle ins Spiel kamen, und sosehr Craig auch beteuerte, dass es ihm nicht nur um Sex ging, ich war mir nicht sicher, ob ich ihm wirklich vertrauen konnte.

Und dann war da natürlich auch noch mein Angus-Racheplan. Ich konnte mich nicht auf Craig – oder sonst wen – einlassen, weil ich mich nur auf eine Sache wirklich konzentrieren konnte. Wenn ich die Gewissheit gehabt hätte, dass er mir nicht weh tun würde, wäre es vielleicht etwas anderes gewesen …

Aber die Gewissheit hatte ich bei Craig nicht.

Ich stöhnte frustriert. Ich musste endlich aufhören, an ihn zu denken.

Die Tür zum Black Medicine öffnete sich, und ein großer, gutaussehender dunkelhaariger Mann kam herein.

Siehst du! Du denkst so viel an Craig, dass du jetzt schon Halluzinationen von ihm hast!

»Ach du Scheiße«, murmelte ich und hob das Buch vors Gesicht. Es war Craig.

Von allen Cafés in allen Städten der Welt muss er ausgerechnet in meins kommen! Eine Szene aus dem Film *Casablanca* kam mir in den Sinn.

Schlechter Witz, Leben, ganz schlechter Witz!

Ich zog den Kopf ein, hielt den Atem an und betete, dass er sich nur einen Kaffee to go holen wollte.

Zwei Minuten später hörte ich eine vertraute Stimme in meiner Nähe.

FUCK.

Ich hob den Blick und ließ gleichzeitig mein Buch sinken.

Craig stand an meinem Tisch und grinste auf mich herab. Seine Augen verrieten allerdings, dass er nach unserer letzten Begegnung immer noch sauer war. Nur: Falls hier jemand das Recht hatte, sauer zu sein, dann ja wohl ich.

»Ernsthaft?«, stöhnte ich und ließ die Schultern hängen.

»Ich freu mich auch, dich zu sehen.« Er setzte sich auf den freien Stuhl an meinem Tisch.

»Was machst du?«

»Ich setze mich zu dir.«

»Nein, das wirst du nicht tun. Du vermasselst mir nicht schon wieder die Tour mit Angus. Ich möchte das Ganze wirklich so schnell wie möglich über die Bühne bringen, und durch deine Einmischung zieht sich alles in die Länge.«

Craig zog eine Augenbraue hoch. »Du bist hier mit Angus verabredet?«

Ich seufzte. »Nein. Aber ich hab mir sagen lassen, dass er oft herkommt. Ich warte nur darauf …«

»Dass du ihn noch mal mit deinen weiblichen Reizen überrumpeln kannst?«

Ich hörte die Schärfe in seinem Tonfall und funkelte ihn an. »Nein. Nicht, dass es dich was anginge, aber ich habe meine Strategie noch einmal überarbeitet.«

»Zu spät. Dieses widerliche Schwein will dich flachlegen, Rain.« Craig beugte sich über den Tisch, und trotz seines scharfen Untertons war seine Miene besorgt. »Mit ihm zu spielen ist gefährlich. Ich finde, deine Strategie gehört in den Müll.«

Seine Aussage löste Panik in mir aus, weil sie genau meine eigenen Sorgen widerspiegelte.

»Ich mache das für Darcy. Alles andere zählt nicht.«

»Dass du dich nicht in Gefahr bringst, zählt genauso. Ich hab den Typ beobachtet … Rain, der ist ein widerlicher Creep. Unmöglich zu sagen, wozu der fähig ist.«

Ich starrte ihn an und wusste nicht, was ich erwidern sollte. Ehrlich gesagt war ich ziemlich verstört. Ich war ins Café gekommen, um mich mit Angus zu treffen, und auf einmal saß Craig an meinem Tisch. »Was willst du von mir?«

Er lehnte sich auf seinem Stuhl zurück, hob seinen Becher und trank einen Schluck, während er mich ansah. Er sah mich so lange an, bis ich mich unter seinen Blicken wand. »Ich möchte hier sitzen und einen Kaffee mit dir trinken. Mich ein bisschen unterhalten.«

Mir wurde ganz flau, weil ich *auch* nichts lieber wollte, als mit ihm hier zu sitzen und meinen grünen Tee zu trinken. Mich zu unterhalten. »Ich bin mir nicht sicher, ob das so eine gute Idee ist.«

»Ich bin mir sicher genug für uns beide.« Er grinste diebisch, und das verräterische Flattern in meinem Bauch war wieder da.

Ich verdrehte die Augen und wandte den Blick ab. »Klar.«

»Also, Rain Alexander, wie war es so, in Inverness aufzuwachsen?«

Ich musste über die Frage laut lachen. »Wenn du willst, dass ich hier sitzen bleibe, solltest du vielleicht nicht mit so einer persönlichen Frage anfangen.«

»Persönliche Frage?« Er zog eine Braue hoch. »Interessant.« Doch als ich ihn unglücklich ansah, nickte er. »Okay. Warum Edinburgh?«

»Ich hab's zuerst in London versucht. Mit achtzehn bin ich hingezogen. Anfangs fand ich es toll. Ich hatte einen Job in einer Vintage-Boutique – genau mein Ding, wie du dir vorstellen kannst. Ich dachte, ich hätte mich verliebt, aber nach einem Jahr wurde mir klar, dass ich nicht wirklich in ihn verliebt war. Das war auch der Auslöser dafür, dass ich nach Schottland zurückgekommen bin. Ich hatte sowieso vorgehabt zurückzukehren, sobald Darcy achtzehn war. Er wollte nicht mit, das war der letzte in einer langen Reihe von Konfliktpunkten zwischen uns.«

»Was für Konfliktpunkte?«

Craig schien aufrichtig interessiert, und mir kam der Gedanke, dass mir dies vielleicht eine Möglichkeit eröffnen könnte, ihn loszuwerden. Die meisten Frauen verbargen ihre Fehler und Macken, bevor sie das Objekt ihrer Begierde sicher an der Angel hatten, aber ich beschloss nun kurzerhand, alle meine schmutzige Wäsche auf den Tisch zu packen.

»Ich wollte der Mittelpunkt seines Universums sein – war ich aber nicht.«

Er runzelte die Stirn. »Was heißt das genau?«

Ich zuckte die Achseln. »Ich bin eine Romantikerin.«

»Das erklärt gar nichts.«

»Eine Beziehung, eine wirklich tiefe, dauerhafte Liebesbeziehung, sollte doch auch eine Partnerschaft sein, oder?«

»Stimmt«, pflichtete er mir bei.

»Das war das Problem. Unsere Beziehung *war* keine Partnerschaft. Irgendwann ist mir bewusst geworden, dass ich seinetwegen ständig Kompromisse gemacht habe, aber er für mich nie. Alles drehte sich immer nur um ihn und darum, was er wollte. Ich will mit einem Mann zusammen sein, der nicht glücklich ist, wenn ich nicht glücklich bin, und umgekehrt.«

»Scheint mir keine überzogene Forderung zu sein. Das ist doch nur fair.«

Ich runzelte die Stirn. »Aber es war nicht nur das. Von einem Mann, der mich liebt, erwarte ich, dass er an mich denkt. Oft. Dass er mich überrascht, und nicht nur an meinem Geburtstag, sondern zwischendurch, einfach so.«

Craig rutschte auf seinem Stuhl hin und her und kniff kritisch die Augen zusammen. »Du meinst, er soll Geld für dich ausgeben?«

»Es geht nicht um Geld oder teure Geschenke.« Ich schüttelte energisch den Kopf. »Es könnte auch ein Frühstück im Bett sein, oder dass er morgens mit dem Hund rausgeht, obwohl eigentlich ich an der Reihe bin, weil er mich ausschlafen lassen möchte. Es ist alles und nichts, kleine Sachen und große.«

Er schenkte mir dieses kleine, zärtliche Lächeln, das mein Unbehagen noch vergrößerte. Er reagierte überhaupt nicht so auf meine Beichte, wie ich es mir erhofft hatte. »Sonst noch was?«

»Er soll mich verteidigen, aber nicht zu besitzergreifend sein. Ich mag die Vorstellung nicht, dass andere Frauen mit dem Mann flirten, den ich liebe, deshalb würde ich mir wünschen, dass er das genauso sieht – und wenn es ihm nur darum geht, dass ich mich mit meiner besitzergreifenden Art besser fühle.«

Sein Blick wurde nachdenklich … und heiß. »Du bist besitzergreifend? Das würde ich zu gerne mal live erleben.«

Was machte ich falsch? So hätte ein notorischer Aufreißer auf mein Geständnis doch gar nicht reagieren dürfen! Ich schnaubte, und er grinste, als wüsste er ganz genau, was ich versuchte, und als amüsierte er sich darüber, dass meine Strategie total in die Hose ging.

Ich versuchte, mich zu entspannen. Ich hatte mich damit abgefunden, dass dieser Sturkopf so schnell nicht verschwinden würde. Es sei denn, ich lenkte die Unterhaltung auf extrem unangenehmes Terrain … »Und was ist mit dir?«

»Was ist mit mir?«

»Warst du schon mal verliebt?«

Er sah mich überrascht an. »Ich darf dich nicht fragen, wie es war, in Inverness aufzuwachsen, aber du darfst mir so eine Frage stellen?«

Ich hob die Schultern. »Ich kann auch meinen Tee austrinken und gehen.«

Craigs Augen wurden schmal. »Versuch's, und ich ringe dich zu Boden.«

Ich war mir nicht ganz sicher, ob das ein Scherz sein sollte oder nicht. »Wie bitte?«

Seine Augen funkelten belustigt. »Du hast mich schon verstanden. Und ich antworte auf deine Frage: Nein, ich war noch nie verliebt. Wie oft warst du schon verliebt?«, schickte er sofort hinterher, ehe ich auf seine Antwort reagieren konnte.

»Ich bin keine Frau, die nicht weiß, was sie will, und die sich ständig neu verliebt. Ehrlich gesagt, war ich noch nie richtig verliebt. Nah dran vielleicht. Ich gebe mein Herz nicht her, bevor ich den Mann nicht wirklich kenne, und bei meinen bisherigen Freunden war es jedes Mal so, dass sich irgendwann rausstellte, dass sie einfach nicht in der Lage waren, mich so zu lieben, wie ich es brauchte. Und umgekehrt.«

Craig lachte leise. »Versuchst du, mir gerade mitzuteilen, dass du anspruchsvoll bist, Rain?«

»Ja«, antwortete ich wahrheitsgemäß. »Nicht im alltäglichen Leben. Ich hab kein Problem damit zu putzen, und es macht mir auch nichts aus, wenn die Jungs jedes Wochenende vorbeikommen, um Boxen zu schauen oder Videospiele zu zocken … Aber emotional bin ich anspruchsvoll.« Ich biss mir auf die Lippe, verblüfft, dass ich so viel von mir preisgegeben hatte. Was hatte er an sich, dass ich mich in seiner Gegenwart so wohl fühlte und ihm so viel von mir verriet?

»Es muss doch einen Grund dafür geben. Vielleicht liegt dieser Grund in Inverness«, mutmaßte er mit erschreckender Scharfsicht.

Etwas in meinem Gesicht musste mich verraten haben, denn Craigs Blick wurde sanfter, und er lehnte sich über den Tisch, bis sein wunderschönes Gesicht mein gesamtes Blickfeld ausfüllte. »Weißt du, als mein Vater gestorben ist, habe ich mich an die Familienmitglieder geklammert, die mir noch geblieben waren – meine Mum und meine Schwestern. Ich wollte sie immer beschützen. Wie du bei Darcy.«

Er hatte also erraten, dass ich jemanden verloren hatte. »Meine Eltern.« Ich nickte, unfähig, den Blick von seinen Augen abzuwenden. »Ich war sechs, Darcy vier. Es war ein Bootsunfall. Danach haben wir bei unserer Tante gelebt. Sie war Alkoholikerin.«

»Scheiße«, hauchte Craig. Er nahm meine Hand und hielt sie zwischen seinen beiden Händen. »Dann war das Leben zu Hause wohl nicht so gut.«

Ich starrte meine Hand an, die fest in seinen lag. Es kam mir irgendwie richtig vor. Und es fühlte sich weiß Gott richtig an. Ich wollte sie wegziehen, aber die Wärme, das Tröstende seiner Geste, hielt mich davon ab. »Nein. Es war nicht gut zu Hause.«

»Du hast Darcy alleingelassen. Deswegen fühlst du dich schuldig.«

»Ich konnte sie nicht mitnehmen. Meine Tante hat es nicht erlaubt, und ich hatte keine rechtliche Handhabe. Ich musste einfach abwarten … Aber die Wahrheit ist … ich hätte bleiben können. Ich hätte trotzdem bei ihr bleiben können. Ich war egoistisch. Ich war egoistisch und habe nur an mich selbst gedacht, und meinetwegen musste meine Schwester mit dieser Frau und ihrer Grausamkeit allein klarkommen.«

»Du warst noch jung.«

Ganz durcheinander von seiner verständnisvollen Reaktion, entzog ich ihm meine Hand und schlug die Augen nieder. »Na ja, wie auch immer. Das ist jedenfalls der Grund, weshalb du lieber einen weiten Bogen um mich machen solltest.«

»Wieso das?«

Ich sah auf und legte all meine Ernsthaftigkeit in meinen Blick und meine Worte. »Außer von Darcy habe ich während meiner Kindheit nicht viel Zuneigung erfahren. Jetzt bin ich ausgehungert. Ich bin jemand, der in einer Beziehung emotional hohe Ansprüche stellt, und man hat mir gesagt, das wäre ziemlich ermüdend. Also. Ich bin nicht die, für die du mich hältst.«

Craig musterte mich nachdenklich. »Was glaubst du denn, wer du bist?«

»Das weiß ich nicht so genau. Ich weiß nur, dass ich kompliziert bin. Ich bin ein sehr unabhängiger Mensch, im Privat- und im Berufsleben. Das ging so weit, dass ich meine Exfreunde damit regelrecht in den Wahnsinn getrieben habe. Und in romantischen Dingen musste ich mir dann wiederum von ihnen sagen lassen, dass ich zu bedürftig bin. Ich bin ein wandelnder Widerspruch, und es braucht eine ganz bestimmte Sorte Mann, um damit umzugehen. Kein Aufreißer. Ich brauche Sicherheit. Ich wurde verletzt, und ich muss in einer Beziehung von Anfang an die Gewissheit haben, dass der Mann der Richtige für mich ist. Dass das zwischen uns auf Dauer sein wird. Dass er mir nicht weh tut.«

Er musterte mich einen Moment lang schweigend, ehe er endlich sagte: »Wahrscheinlich sollte ich wohl jetzt das Weite suchen.«

»Ja, das solltest du.«

Sein träges, diebisches Lächeln verwandelte mein Inneres in Pudding. »Komischerweise will ich das nicht. Ich will mit dir befreundet sein, Rain.«

Zu meiner Verärgerung war ich schwer geknickt. Natürlich hatte er den Kurs gewechselt, nachdem er von meinen emotionalen Defiziten erfahren hatte. Genau das hatte ich schließlich bezweckt, nicht wahr?

Nicht wahr?

NICHT WAHR!

In dem Augenblick wurde mir bewusst, dass ich mit Craig nicht einfach nur befreundet sein wollte. Aber ich wollte auch keine Beziehung mit jemandem eingehen, der mir vielleicht weh tun würde, und das bedeutete, dass ich ihn *überhaupt* nicht in meinem Leben haben wollte.

»Ich glaube nicht, dass wir Freunde sein sollten.«

Er lachte. »Du weißt wirklich, wie man meinem Ego einen Dämpfer verpasst.«

Ich schnitt eine Grimasse. »Das war nicht meine Absicht.«

»Ich weiß. Du tust es trotzdem. Aber egal.« Er feixte jungenhaft. »Ich habe fest vor, dich umzustimmen.«

Craig

Craigs Blick klebte an Rains göttlichem Hintern, als sie in Richtung Damentoilette ging. Ihre Kleidung entlockte ihm ein Lächeln. Sie trug eine kurzärmelige schwarze Bluse, zugeknöpft bis oben zu dem kleinen Bubikragen. Die Bluse war eng geschnitten und steckte in einem Bleistiftrock mit hohem Bund, der die Silhouette ihrer Hüften betonte. Der Rocksaum reichte züchtig bis zu den Waden, war aber so eng, dass sie beim Gehen in ihren dunkelgrünen hochhackigen Schuhen immer genau einen Fuß vor den anderen setzen musste.

Sie zeigte kaum Haut, trotzdem war es das erotischste Outfit, das er je in seinem Leben gesehen hatte. Ihr femininer Vierziger-Jahre-Stil wurde langsam zu einer der Eigenschaften, die er am meisten an ihr mochte.

Und er mochte vieles an ihr.

Ein Mitarbeiter des Cafés kam an ihren Tisch, um ihre Tassen abzuräumen. »Könnten wir noch einen Americano bekommen und …« Er linste in Rains Tasse, um zu ergründen, was sie trank.

»Grünen Tee«, half ihm der Mitarbeiter aus.

Craig sah ihn an. »Gutes Gedächtnis.«

»Sie ist eben erinnerungswürdig.« Er grinste Craig an.

Craigs Erwiderung bestand aus einem finsteren Blick.

Um meine besitzergreifende Art muss sich Rain jedenfalls keine Sorgen machen.

Es war nicht das erste Mal, dass er sich aufregte, weil ein anderer Mann Rain mit sexuellen Hintergedanken anschaute. *Natürlich* sahen Männer sie so an. Sie war wunderschön. Aber Craig wollte das nicht. Letztes Wochenende in der Bar, als sie mit diesem Arsch geflirtet und der Arsch sie angefasst hatte, hätte Craig vor Wut aus der Haut fahren können. Noch nie zuvor hatte er ein derart überwältigendes Bedürfnis empfunden, seinen Anspruch auf eine Frau geltend zu machen – im übertragenen Sinne eine Duftspur um sie zu legen, damit sich kein anderer Mann in ihre Nähe traute.

Sie gehört mir.

Dieser Gedanke war ihm schon am letzten Samstag durch den Kopf gegangen, während er zugesehen hatte, wie sie sich an Angus heranschmiss, und es hatte sich so *richtig* angefühlt, dass er es in seinem Blut gespürt hatte. Deshalb war er ihr auch auf die Toilette gefolgt. Er konnte einfach nicht anders. Er war noch nie zuvor in seinem Leben so wütend auf eine Frau gewesen und hatte sich gleichzeitig so sehr danach gesehnt, sie im Arm zu halten.

Jetzt verstand Craig, warum Braden Carmichael ihn während der ersten paar Monate seiner Beziehung mit Joss immer angesehen hatte, als wolle er ihn am liebsten kurz und klein schlagen. Wenn Craig hätte zusehen müssen, wie Rain Angus küsste, so wie er damals Joss geküsst hatte …

Zum allerersten Mal regte sich das schlechte Gewissen in ihm.

Nicht, dass er das Braden gegenüber jemals eingestehen würde.

Seltsamerweise befand er sich in einer ganz ähnlichen Situation wie Braden – er wollte eine Frau, die sich hartnäckig weigerte, ihm eine Chance zu geben.

Doch selbst nach Rains Abschreckungsversuch (und

er wusste ganz genau, dass es ein Abschreckungsversuch gewesen war) hatte Craig nicht die Absicht, sie in Ruhe zu lassen.

Also gut … ja, ihre Warnung, dass sie ausgehungert nach Zuneigung sei, bereitete ihm leichte Kopfschmerzen, aber gleichzeitig war sie auch ein Ansporn. Im Moment jedenfalls war er sich hundertprozentig sicher, der Aufgabe, Rain Alexander mit Zuneigung zu überschütten, mehr als gewachsen zu sein.

Trotzdem war Craig kein Hellseher. Er konnte nicht wissen, ob sie eine gemeinsame Zukunft hatten oder nicht. Wie auch? Und er wusste auch nicht, ob er ihr vielleicht irgendwann einmal weh tun würde – oder sie ihm. Alles, was er wusste, war, dass er ihr niemals *absichtlich* weh tun würde. Die Gefühle, die sie in ihm weckte – Zärtlichkeit, Verlangen, Besitzdenken – bedeuteten etwas. Keine Frau hatte bei ihm jemals so eine ungezügelte Sehnsucht geweckt – die Sehnsucht, bei ihr und ja, *in* ihr zu sein. Er hielt sich für einen klugen Mann, und ein kluger Mann würde einer so außergewöhnlichen Frau nicht einfach den Rücken kehren. Ein kluger Mann würde bleiben und um sie kämpfen. Selbst wenn er ihr kein immerwährendes Glück versprechen konnte.

Aber welcher Mann konnte das schon versprechen?

Vor lauter Frust stieß Craig ein Knurren aus. Es gab zwei Hindernisse, die er überwinden musste: Rains Besessenheit von Angus und ihre verfluchte romantische Ader. Craig musste ihre Aufmerksamkeit von ihrem Racheplan ablenken und sie davon überzeugen, dass es einen Unterschied zwischen romantischen und unrealistischen Vorstellungen gab. Er würde sie nicht bitten, ihr romantisches Wesen abzulegen – er fand es sogar verdammt sexy, vor allem wenn man bedachte, wie geradeheraus und nüchtern sie sonst auftrat –, aber er würde sie bitten, ihre Vernunft einzuschalten. Niemand konnte ahnen, was die Zukunft bereithielt. Man musste das Beste daraus machen. Das konnte er ihr bieten. Er konnte ihr alles bieten, was sie sich wünschte – und die Gewissheit, dass das zwischen ihnen es wert war, näher erforscht zu werden. Was er ihr nicht bieten konnte, war die Garantie einer gemeinsamen Zukunft, und er war nicht der Ansicht, dass ihn das zu einem schlechten Menschen machte. Lediglich zu einem Realisten.

Konnte es zwischen einem Realisten und einer Romantikerin jemals funktionieren?

Rain kam aus der Damentoilette zurück, und ihr Blick ging sofort zu ihm. Ihr bloßer Anblick löste ein Gefühl des Staunens in seiner Brust aus, und sein Blut kochte förmlich vor Verlangen. Er erinnerte sich an ihre phänomenalen Küsse und daran, wie anders diese Begegnung im Vergleich zu all seinen bisherigen Begegnungen mit Frauen gewesen war. Die Leidenschaft zwischen ihnen fühlte er in seinem Schwanz … er fühlte sie aber auch in seinem Blut, unter der Haut und in dem sehnsuchtsvollen Ziehen in seinem Bauch.

Scheiße, ja, dachte er, *ein Realist und eine Romantikerin – das kann definitiv funktionieren.*

Also würde er ihr Freundschaft anbieten in der Hoffnung, sie mürbe zu machen.

Er grinste bei dem Gedanken und hoffte insgeheim, dass der Zermürbungsprozess nicht allzu viel Zeit in Anspruch nehmen würde.

»Was grinst du so?«, fragte sie und kniff argwöhnisch die Augen zusammen.

»Ach, nur so.«

»Von wegen. Du siehst aus, als führtest du was im Schilde.«

In diesem Augenblick kam der Mitarbeiter mit seinem Kaffee und Rains grünem Tee zurück. Craig fiel auf, dass er es krampfhaft vermied, in Rains Richtung zu blicken, und wunderte sich nicht über die tiefe Befriedigung, die er dabei empfand. Nach Jahren, in denen ihm alles scheißegal gewesen war, war er schließlich zum Höhlenmenschen mutiert.

Rain nahm ihre Teetasse und trank einen Schluck. »Du willst heute wirklich meine Pläne durchkreuzen, was?«

»Absolut.«

Es bereitete ihm eine stille Freude, dass sie vergeblich versuchte, sich das Lachen zu verkneifen.

»Was soll ich bloß mit dir machen?«, seufzte sie und schüttelte den Kopf, als wäre er ein ungezogener Schuljunge.

»Geh ein Stück mit mir spazieren«, sagte er und hob seine Kaffeetasse. »Wir trinken aus, und dann bummeln wir ein bisschen durch die Gegend. Es ist schön draußen. Es sei denn«, sein Blick ging dorthin, wo die Spitzen ihrer Schuhe unter dem Tisch hervorschauten, »du kannst in diesen unglaublich sexy Hacken nicht lange laufen.«

Sie ignorierte sein verführerisches Schnurren. »Schätzchen, ich trage Highheels, seit ich vierzehn bin. Ich könnte in den Babys einen Marathon laufen.«

Craig lachte. »Gefällt mir.«

»Was gefällt dir?«

»Wenn du mich Schätzchen nennst.«

Ihr Blick war voller Argwohn. »Ich dachte, wir wollten bloß Freunde sein?«

»Freunde flirten miteinander.« Er tat es mit einem Schulterzucken ab.

»Nur die Art Freunde, die vögeln.«

Lust flammte in ihm auf und schoss schnurstracks in seinen Schwanz. Er rutschte unbehaglich auf seinem Stuhl hin und her und musste einmal tief durchatmen.

Rain, die das Glühen in seinen Augen bemerkt hatte, lehnte sich auf ihrem Stuhl zurück, als wollte sie zu ihm auf Abstand gehen. »Ernsthaft? Ich kann nicht mal das Wort ›vögeln‹ sagen, ohne dass du durchdrehst?«

»Wenn du so ein Wort in den Mund nimmst, muss ich automatisch daran denken, wie du was ganz anderes in den Mund nimmst … insofern: nein. Solange wir nicht irgendwo sind, wo ich was gegen meinen Ständer unternehmen kann, möchte ich dich tunlichst bitten, das Wort nicht zu benutzen.«

Ihre Augen weiteten sich angesichts dieser schonungslosen Ehrlichkeit. Dann huschte ihr Blick durch den Raum. Als er wieder bei ihm ankam, wirkte sie verärgert. »Du kannst in der Öffentlichkeit doch nicht so reden. Was, wenn dich jemand gehört hat?«

»Und das aus dem Mund einer Frau, die gerade eben das Wort ›vögeln‹ unter Bezugnahme auf den Geschlechtsakt verwendet hat.«

Sie starrte ihn einen Moment lang an, dann schnaubte sie widerwillig. »Okay. Nachvollziehbar.«

Craig lachte. Es amüsierte ihn, dass es ihm unmöglich war, eine platonische Beziehung zu dieser Frau vorzutäuschen. »Die Sache mit der Freundschaft funktioniert nicht ganz so wie gedacht.«

Rain feixte, und ihre atemberaubenden großen dunklen Augen blitzten belustigt. »Ja, das stimmt wohl. Deshalb habe ich es von Anfang an für eine dämliche Idee gehalten.«

»Es ist keine dämliche Idee. Laut meiner Mutter sind die Geheimnisse einer stabilen Beziehung Freundschaft und Leidenschaft. Als sie das gesagt hat, haben mir praktisch die Ohren geblutet«, ergänzte er scherzhaft. »Aber inzwischen bin ich zu dem Schluss gelangt, dass es sehr weise ist.

Insofern: Freundschaft? Keine schlechte Idee. So zu tun, als wäre das hier *nur* Freundschaft? *Sehr* schlechte Idee.«

»Craig …« Rain senkte den Blick in ihre Tasse. »Ich habe dir gesagt, ich kann das nicht.«

»Willst du es nicht wenigstens mal versuchen, wenn ich dir verspreche, dass ich alles andere ausklammere? Fürs Erste jedenfalls«, fügte er noch hinzu.

»Warum lässt du nicht locker?« Sie beugte sich nach vorn. In ihren Augen lag eine solche Verzweiflung, dass er sie einerseits beschützen wollte, andererseits am liebsten triumphierend gejubelt hätte. Sie wäre nicht so verzweifelt gewesen, wenn sie nichts für ihn empfunden hätte. Vielleicht wollte sie es nicht zugeben, aber sie fühlte es trotzdem.

Mist. Da hatte er endlich eine Frau gefunden, mit der er am nächsten Morgen aufwachen wollte, und musste sich ausgerechnet jemanden aussuchen, der so kompliziert war wie Rain Alexander.

»Ist es, weil du mit mir schlafen willst?«

Er verspürte einen scharfen Stich der Empörung. »Nein! Mit so einer Frage beleidigst du uns beide.«

Sie funkelte ihn an. »Du hast kein Recht, sauer auf mich zu sein, Craig. Ich habe noch nie jemanden getroffen, der so viel flirtet wie du, außerdem hast du schon am allerersten Abend versucht, mich abzuschleppen.«

»Und jetzt versuche ich, dich besser kennenzulernen.« Um seinen Ärger zu überspielen, trank er den letzten Schluck Kaffee aus. »Und wenn du nicht so verdammt bockig wärst, würdest du mich einfach lassen.«

»Wieso?«

»Weil ich gerne mit dir zusammen bin«, gestand er.

Das schien ihr den Wind aus den Segeln zu nehmen. Rain sackte auf ihrem Stuhl zusammen. »Du bist gerne mit mir zusammen?«

»Ja. Aus irgendeinem verrückten Grund ist es so.«

Bei dieser neckenden Bemerkung verzog sich ihr himmlischer Mund zu einem kleinen Lächeln. Sie sahen sich eine gefühlte Ewigkeit lang an, und das Café um sie herum trat in den Hintergrund, bis es nur noch sie beide gab.

»Okay«, lenkte Rain schließlich leise ein. »Dann lernen wir uns eben besser kennen.«

Erleichterung, so heftig, wie er es niemals für möglich gehalten hätte, durchflutete ihn. »Heißt das, du gehst mit mir spazieren?«

Sie trank ihren Tee aus, schnappte sich ihre Handtasche, die über der Stuhllehne hing, und stand auf. »Wo spazieren wir hin?«

Sie schlenderten in gemächlichem Tempo die Royal Mile entlang. Hin und wieder blieben sie stehen, um sich Straßenkunst oder einen der Stände mit Andenken für Touristen anzuschauen. Dabei unterhielten sie sich und deckten fast jedes Thema ab – von Essen über Musik und Politik bis hin zu Beruf und Familie.

Sie überquerten die George IV Bridge und kamen kurz darauf an der Universität vorbei, als sie Kurs auf die Meadows nahmen.

»Ich kann nicht glauben, dass du The Clash für Müll hältst«, sagte Craig und starrte sie fassungslos an.

»Ich kann nicht glauben, dass du das für Musik hältst«, entgegnete sie schnippisch.

»Und Dinah Shore ist Musik?«

»Ja«, sagte sie mit Nachdruck. »Dean Martin, Frank Sinatra, Glenn Miller, Nat King Cole, Evelyn Knight – das ist Musik.«

»Magst du auch Sachen, die nicht aus den Vierzigern stammen?«, zog er sie auf.

»Durchaus.« Sie strafte ihn mit einem finsteren Blick. »Die Beatles. Amy Winehouse. Oasis. Adele. The Killers. Lana Del Rey.«

»Das ist alles?«

»Mehr fällt mir im Moment nicht ein.«

»Was hast du gegen The Clash?«

Rain rümpfte die Nase, was in ihm den Wunsch weckte, sie zu küssen. »Nicht nur gegen The Clash. Gegen den britischen Punkrock insgesamt. Davon kriegt man ja Ohrenschmerzen.« Sie sah ihn nachdenklich an. »Ich hätte dich nie für einen Punkrock-Fan gehalten.«

Er lächelte. »Du glaubst, du weißt, wie ich ticke, aber du irrst dich.«

»Das wird mir langsam klar.«

Kinderlachen drang an ihr Ohr, als sie sich dem Zentrum der Meadows näherten. Sie folgten ihm bis zu einem Spielplatz. Craig sah, wie Rain lächelte.

»Willst du Kinder?«

Die Frage schien sie zu überraschen. »Jetzt?«

Er lachte. »Nein.«

»Ach so. Wenn das so ist: ja. Später. Wenn ich ein bisschen mehr von der Welt gesehen habe. Wenn ich das Gefühl habe, erwachsener zu sein. Und du?«

»Klar. Irgendwann schon«, antwortete er, und ihm wurde bewusst, dass es die Wahrheit war. Er dachte nie viel über das Thema nach, hatte aber immer gewusst, dass, wenn er eines Tages die richtige Frau fand, irgendwann auch Kinder folgen würden.

»Noch eine Überraschung«, murmelte sie. »Das ist wirklich ein äußerst erhellender Spaziergang.«

Er betrachtete skeptisch ihre Füße. »Bist du sicher, dass du in den Schuhen gut laufen kannst?«

Rain schenkte ihm ein sanftes Lächeln, das ihn traf wie

ein Faustschlag gegen die Brust. »Alles bestens. Aber danke, dass du fragst.«

In dem Moment hätte er gerne ihre Hand genommen, aber er wollte den Bogen nicht überspannen.

»Das war einer der ersten Orte, die ich Darcy gezeigt habe, als sie sich endlich bereit erklärt hatte, zu mir nach Edinburgh zu ziehen.«

»Ja?«

»Ja. Da hinten bei den Bäumen haben wir ein Picknick gemacht.« Sie deutete in die Ferne. »Unser Verhältnis war immer noch etwas angespannt, und wahrscheinlich habe ich mich zu sehr bemüht. Wir haben in peinlichem Schweigen dagesessen und diese gekauften Gourmet-Sandwiches gegessen – keine selbstgemachten, ich verfüge nämlich über keinerlei häusliche Talente –, und auf einmal landete der Ball von zwei süßen Typen, die in der Nähe Fußball gespielt haben, mitten auf unserer Decke. Sie sind rübergekommen, um sich zu entschuldigen, wir haben uns ein bisschen unterhalten, und am Ende haben wir ihnen unsere Telefonnummern gegeben.« Sie lächelte glücklich bei der Erinnerung. »Darcy hat mich angesehen, als hätte ich gezaubert. Und danach fand sie Edinburgh toll. Es war total albern, und es waren bloß zwei süße Jungs, länger als zwei Dates hat die Sache nicht gehalten, aber sie haben uns von dem abgelenkt, was damals unsere einzige Gemeinsamkeit war – meine Tante und was sie uns angetan hatte. Wir brauchten etwas, das uns noch mehr verbindet als die Vergangenheit. Und hier haben wir es gefunden.«

Craigs Herz klopfte schneller, sobald sie ihre Tante und die Misshandlungen erwähnte. Eine heftige Woge von Emotionen überrollte ihn. Er wollte sie unbedingt beschützen, und er schwor sich im Stillen, niemals zuzulassen, dass dieser Frau ein Leid geschah.

Seine Gefühle für sie wurden viel zu schnell viel zu stark. Dessen war er sich bewusst. Aber gleichzeitig war es wie ein Rausch, ein Kick von einer Intensität, die er niemals erwartet hätte.

»Wohnst du immer noch mit deiner Schwester zusammen?« Trotz der Gedanken und Gefühle, die in ihm tobten, gelang es ihm, normal zu sprechen.

»Ja. Wir wohnen in Morningside. Wir sind vor drei Monaten umgezogen, als unsere Firma in Schwung kam. Die Wohnung ist ganz nett.«

»Warum bringe ich dich nicht nach Hause?«

Rain biss sich nachdenklich auf die Lippe. Am liebsten hätte Craig ihr das abgenommen. »Du bringst mich *nur* nach Hause?«

»Keine Tricks«, wiederholte er sein Versprechen von vor einer Woche.

»Okay.«

In Bruntsfield kamen sie an einer Konditorei vorbei, und Rain stöhnte laut auf; augenblicklich geriet sein Blut in Wallung.

»Gott, ich liebe den Laden.« Sie zeigte ins Schaufenster der Bäckerei. »Die haben diese unglaublich leckeren kleinen Cupcakes, aber leider sind sie sündhaft teuer. Ich gönne mir nur alle paar Monate eine Schachtel.«

Sie wollte weitergehen, doch Craig legte den Arm um ihre Taille und schob sie sanft auf die Ladentür zu.

»Was machst du?«

Statt einer Antwort lotste er sie in den Laden, lächelte die junge Frau hinter dem Tresen kurz an und widmete sich dann der Auslage. Er entdeckte die Cupcakes. Laut Schildchen gab es Schokolade-Karamell, Pecannuss-Ahornsirup, Himbeerwolke, Zitronenstreusel und Erdbeer-Vanille.

»Welche magst du am liebsten?«, fragte er.

Rain sah ihn mit großen Augen an. »Du kannst mir keine Cupcakes kaufen.«

»Wieso denn nicht?«

Sie öffnete den Mund, um etwas zu sagen, doch dann schien ihr aufzugehen, dass es auf diese Frage keine vernünftige Antwort gab. Also beschränkte sie sich auf: »Weil das nicht geht.«

Er schnaubte belustigt. »Entweder, du sagst mir, welche du am liebsten magst, oder ich suche selber welche aus.«

»Wenn mich nicht alles täuscht, nimmt sie am liebsten Schokolade-Karamell und Himbeerwolke«, gab die Frau hinter dem Tresen mit einem kleinen Kichern Auskunft.

Craig grinste sie an, und sie errötete. »Danke schön. Dann nehme ich jeweils drei.«

»Jeweils drei ...« Rain ergriff seine Hand. »Das musst du doch nicht machen.«

Er sah auf ihre Hände herab und lächelte, ehe er ihre Hand drückte. »Ich weiß.« Er bezahlte und nahm die Schachtel mit den Cupcakes entgegen. Dann präsentierte er sie Rain.

Sie starrte die Schachtel an, als wäre sie aus purem Gold. Zaghaft nahm sie sie entgegen, dann sah sie mit einer solchen Wärme im Blick zu ihm auf, dass er sich einfach großartig fühlte. »Ich teile sie auch mit dir.«

Ein Gefühl von Zärtlichkeit, gepaart mit Begehren, überkam ihn. »Ich habe gehofft, dass du das sagst.«

Rain war schweigsam, als sie die Konditorei verließen, und Craig fürchtete schon, dass sie seine nette Geste in Grund und Boden analysierte. Er wollte diese Besorgnis gerade äußern, als sie über die Straße deutete und sagte: »Die Bücherei! Gott, ich war Ewigkeiten nicht mehr in einer Bücherei. Das fehlt mir irgendwie.«

Er wunderte sich über diese scheinbar aus heiterem Himmel kommende Feststellung. »Ja? Also, ich war noch nie in einer Bücherei. In der Schulbibliothek, wenn es sich nicht vermeiden ließ, aber noch nie in einer öffentlichen.«

Sie riss vor Staunen die Augen auf und blieb mitten auf dem Gehweg stehen. »Du warst noch nie in einer Bücherei?«

»Noch nie.«

»Dann gehen wir da jetzt rein.«

»Schon gut. Ich hatte irgendwie auch nie das Bedürfnis.«

»Aber du verpasst was.« Sie eilte auf die Kreuzung zu, und Craig blieb nichts anderes übrig, als ihr zu folgen.

»Früher, wenn es so richtig schlimm war, bin ich immer in die Bücherei gegangen«, erklärte sie, und er spürte wieder dieses Ziehen in der Brust, als er sie sich als kleines, einsames Mädchen vorstellte, das verzweifelt nach Trost suchte. »Von außen war es nur ein Gebäude, aber innen war es die reinste Magie.«

Sie blieben stehen und betrachteten den Eingang.

»Ich konnte ein Kind in Amerika sein, das zu einem aufregenden Babysitter-Club gehört, oder der Graf von Monte Cristo, der auf Rache sinnt. Ich konnte ein Pirat im Mittelmeer sein oder Wendy in Nimmerland oder Lucy in Narnia. Ich konnte alles sein, was ich wollte, Hauptsache nicht die, die ich in Wirklichkeit war. Damals hatte ich das bitter nötig.«

»Rain«, sagte er heiser. Er hatte einen Kloß im Hals.

Sie schüttelte die Erinnerung ab und warf ihm ein schiefes Lächeln zu. »Inzwischen brauche ich die Bücherei nicht mehr so sehr, aber ich gehe trotzdem mit dir rein, damit du den Geruch kennenlernst.«

Ihre Ausgelassenheit beruhigte ihn. »Den Geruch?«

»Den Geruch.« Sie marschierte auf den Eingang zu, die automatischen Türen öffneten sich vor ihnen, und sie traten ein.

»Ich rieche nur neuen Teppich«, verkündete er, als sie in

den Eingangsbereich kamen. Dort konnte man entweder an den Automaten oder am Tresen Bücher ausleihen. Die Bibliothekarin dort warf ihnen ein freundliches Lächeln zu.

»Es riecht wirklich nach neuem Teppich«, sagte Rain und rümpfte enttäuscht die Nase … Doch dann verschwand ihre Enttäuschung so schnell, wie sie gekommen war. Sie hatte eine Idee. »Hier lang.«

Er folgte ihr an den Freihandregalen vorbei durch die DVD-Abteilung bis ganz nach hinten in die Abteilung mit den Nachschlagewerken.

Ein stockiger Geruch wehte ihnen entgegen, sobald sie zwischen die Regale eintauchten. Hier war es auch dunkler.

»Ich dachte mir, die Bücher in dieser Abteilung sind älter und werden nicht so oft benutzt. Sie haben diesen herrlich muffigen Geruch.« Sie hielt an und drehte sich zu ihm um. Sofort fiel ihm auf, dass sie allein waren und sie in dem engen Gang zwischen zwei Regalreihen nur wenige Zentimeter von ihm entfernt stand.

»Was denkst du?«, fragte sie.

»Ich finde, es riecht ein bisschen eklig«, gestand er lachend.

Rain kicherte. »Wahrscheinlich ist der Geruch nur dann schön, wenn er angenehme Erinnerungen in einem weckt.«

Nackte Begierde loderte in ihm auf. Begierde, Sehnsucht und eine überwältigende Zärtlichkeit für diese Frau. »In dem Fall«, sagte Craig, als er nach der Schachtel mit Cupcakes griff und ihren fragenden Blick ignorierte, »sollte ich wohl …«, er stellte die Schachtel auf eins der Regale, »für meine eigene schöne Erinnerung sorgen.«

Rain

Ohne Vorwarnung presste Craig in einem harten, gierigen Kuss seine Lippen auf meine. Wir taumelten gegen die Wand.

Seine Hitze und Kraft überwältigten mich, als er mit einer Hand meinen Nacken umfasste und die andere um meine Hüfte schlang, um mich möglichst eng an sich zu drücken. Ich legte die Arme um ihn, meine Finger krallten sich in seinen Rücken, und meine Beine zitterten vor Adrenalin und Sehnsucht, als er seine Gier zügelte und sein Kuss ein wenig sanfter wurde. Seine Zunge spielte mit meiner, bis ich vor Lust erschauerte. Sein Geruch, der Geschmack von Kaffee auf seiner Zunge, das Gefühl seiner festen, warmen Hände … All das entfachte ein Feuer der Lust zwischen meinen Schenkeln, und ich begann, auf meinen Highheels zu taumeln.

Craigs Griff in meinem Nacken verstärkte sich, und er stöhnte. Sein Stöhnen fuhr mir direkt in den Körper und ließ meine Nippel hart werden. Sein Kuss wurde wieder heftiger, fordernder. Meine Nägel gruben sich in seinen Rücken, während er versuchte, jeden letzten Rest meiner Selbstbeherrschung wegzuküssen.

Mit Erfolg.

Das Gefühl seiner Erektion, die sich gegen meinen Bauch presste, machte mich fast wahnsinnig. Erregung brachte mein Blut zum Kribbeln und meine Haut zum Glühen.

Meine Begierde wurde stärker, als Craigs Hand von meiner Hüfte aufwärtswanderte. Sein Daumen liebkoste die Wölbung meiner Brust, und ich schmiegte mich enger in seine Umarmung. Er unterbrach den Kuss und löste sich von mir, um mir ins Gesicht zu sehen. In seinen Augen loderte eine derart intensive Hitze, dass mich auf einmal ein starkes Machtgefühl durchströmte. Es war eine vollkommen neue berauschende Erfahrung.

Ich griff nach ihm und vergaß alles. Da war nur noch die Euphorie, die er in mir auslöste. Ich küsste ihn und biss gierig in seine Lippe. Craig stöhnte in meinen Mund und drängte mir sein Becken entgegen, damit ich fühlen konnte, wie hart ich ihn machte.

Dann hörte er plötzlich auf. »Darf ich dich nach Hause bringen?«, murmelte er verführerisch, während er eine Spur feuchter Küsse meinen Kiefer entlangzog. Diesmal war uns beiden klar, was dieser Vorschlag beinhaltete.

Ich erschauerte vor Verlangen. »Ich weiß nicht«, hauchte ich leise, während meine Vorbehalte, nachdem sie durch den Kuss in tausend Stücke gesprengt worden waren, langsam wieder Gestalt annahmen.

»Doch, du weißt es, Rain. Denk nicht zu viel nach.«

»Tue ich ja gar nicht.«

Plötzlich umfasste er mit beiden Händen meine Brüste. Er drückte sie sanft und drängte seinen Schwanz noch heftiger gegen meinen Bauch. »Willst du mich in dir haben?«

Ja, ja, JA!

»Ich … ich weiß nicht«, stammelte ich.

Seine Zunge kitzelte mein Ohrläppchen. »Ich glaube, du weißt es ganz genau. Ich glaube, du willst meinen Mund zwischen deinen Beinen spüren. Du willst spüren, wie ich dich zuerst mit der Zunge zum Orgasmus bringe und dann mit meinem Schwanz.«

Erregung flutete meinen Körper. Ich bebte und keuchte. »Craig …«, stöhnte ich, und plötzlich war ich mir nicht mehr so sicher, wer von uns beiden hier die Macht hatte.

Seine Lippen streiften meine, und ich wollte den Kuss vertiefen, doch er entzog sich mir. »Gib es zu, Rain. Gib zu, dass du mich in dir haben willst.«

»Tu mir nicht weh«, bat ich unvermittelt.

Craig sah mich an. Die Hitze in seinen Augen war nun gepaart mit Zärtlichkeit. »Ich werde dir nie absichtlich weh tun.«

War das gut genug?

Sag ja. O mein Gott, sag ja, bevor du vor lauter Geilheit tot umfällst!

Ich musste ihm nur in seine unglaublichen, lustverschleierten Augen blicken, schon war ich verrückt nach ihm. Ich zog seinen Kopf zu mir herab, und unsere Münder trafen sich. Seine Arme schlangen sich um meine Taille, presste unsere Körper gegeneinander, und unser Kuss wurde wieder wild. Craigs Kuss war der pure Sex und ließ mich seine Ungeduld deutlich spüren. Seine starken Hände glitten meinen Rücken hinab bis unter meinen Hintern, und er presste mich noch fester an sich. Ich keuchte in seinen Mund. »Ja.« Schwer atmend brach ich den Kuss ab. »Ja, ich will dich in mir haben.«

***

Ich weiß kaum noch, wie wir es bis zu meiner Wohnung schafften. Ich weiß nur noch, dass ich mich so ungeschickt mit dem Schlüssel anstellte, dass Craig ihn mir aus der Hand nahm und die Tür aufschloss. Sobald wir drinnen waren, nahm ich Kurs auf mein Schlafzimmer. Ich hörte seine Schritte hinter mir. Ich betrachtete mein Bett – ein

Polsterbett im Boudoir-Stil mit geschwungenem Kopf- und Fußteil. Sehr weiblich. Genau mein Stil. Ich sah mich um. Craig stand hinter mir und sah so unglaublich männlich aus. Vielleicht der männlichste Mann, den ich je in meinem Leben geküsst hatte. Die Vorstellung, ihn in meinem Bett zu haben, löste einen unbeschreiblichen Kitzel in mir aus.

Rain, du bist so was von geliefert.

Ich hatte Schmetterlinge im Bauch vor lauter Nervosität und Vorfreude, als ich in meinem Schlafzimmer stand und seine kraftvolle Energie im Rücken spürte. Ich war weiß Gott keine Jungfrau, aber als er sich von hinten an mich drängte, als seine Fingerspitzen sacht über meinen nackten Arm strichen und sein Atem meinen Nacken streifte, war das Gefühl intensiver als jemals zuvor. *Alles* war intensiver, und zwar in einem Maße, wie ich es noch nie erlebt hatte.

Craigs Hand ruhte einen Moment lang auf meiner Taille, dann glitt sie nach unten über meine Hüfte. Sein Streicheln hatte fast etwas Beruhigendes, Tröstendes. Dann öffnete er langsam den Reißverschluss meines Rocks. Der Rock saß eng, deswegen musste Craig ihn mir herunterziehen. Sein heißer Atem strich über mein Hinterteil und meine Schenkel. Ich war ganz kribbelig vor Erregung. Ich stieg aus dem Rock, und Craig drehte mich zu sich herum.

Ich hob den Blick, und als ich seinen Gesichtsausdruck sah, durchströmte mich aufs Neue dieses Machtgefühl. Seine Augen loderten, sein Kiefer war angespannt vor unterdrücktem Verlangen und Entschlossenheit. Doch trotz seiner stürmischen Miene blieb er sanft und geduldig. Ohne den Blick von mir abzuwenden, machte er sich an den Knöpfen meiner Bluse zu schaffen. Ohne Hast öffnete er einen nach dem anderen, bis sich mein Brustkorb mit hektischen Atemzügen hob und senkte. Craig öffnete meine Bluse, und seine Finger strichen kitzelnd über meine Haut, als er sie mit quälender Langsamkeit von den Schultern streifte. Sie fiel zu Boden auf meinen Rock.

Craigs Blick wanderte nach unten, während seine Fingerspitzen meine Arme hinaufglitten, über meine Schlüsselbeine und nach unten zur Wölbung meiner Brüste. Er zeichnete ihre Silhouette nach, und die Berührung löste eine Gänsehaut bei mir aus. Meine Brüste wurden schwer, und meine Brustwarzen stellten sich auf.

»Craig«, murmelte ich rau.

Als Antwort auf mein Flehen fasste er mich bei den Hüften und zog mich sanft an sich, damit ich die harte Länge seiner Erregung spüren konnte.

»Mach deine Haare auf«, sagte er leise und mit belegter Stimme.

»Craig.« Aus irgendeinem bizarren Grund fachten seine Worte mein Begehren nur noch weiter an, und ich spürte, wie feucht ich war. Ich zog mir die Haarnadeln heraus, und meine Haare fielen mir in sanften Wellen ums Gesicht.

»Fuck«, hauchte er ehrfurchtsvoll und nahm mein Gesicht in beide Hände. »Du bist das Wunderschönste, was ich je gesehen habe. Glaubst du mir das?«

Vielleicht hätte ich es ihm nicht glauben sollen. Vielleicht hätte ich mich gegen sein Kompliment abhärten sollen, aber in seinen Augen lag eine fast grimmige Aufrichtigkeit – als wäre es von elementarer Wichtigkeit für ihn, dass ich ihm glaubte.

»Ich glaube dir«, wisperte ich.

Er dankte es mir mit einem langsamen, verführerischen Kuss, bei dem ich mich kaum noch auf meinen Highheels halten konnte.

Seine Hände glitten zu meinen Hüften, und kühle Luft streifte meine Haut, als er von mir abrückte, damit er mich betrachten konnte.

Mit federleichten Berührungen lernte er jeden Zentimeter meines Körpers kennen – meine Rippen, meine Taille, meinen Bauch, meinen Hintern, meine Schenkel, meine Kniekehlen ... die quälende Zärtlichkeit seiner Berührungen steigerte meine Vorfreude und meine Erregung fast ins Unermessliche.

Dann hakte er meinen BH auf und schob die Träger über meine Schultern. Nach unten. Lautlos fiel das Kleidungsstück zu Boden. Craigs Augen verdunkelten sich, als er meine nackten Brüste betrachtete und sah, wie meine Brustwarzen vor Verlangen hart waren.

»Du bist so unglaublich«, murmelte er heiser, als er seine Hände ausstreckte und meine Brüste umfasste.

Ich stöhnte und bog mich der Berührung entgegen. Wellen der Lust wogten durch meinen Unterleib, während er mit meinen Brüsten spielte, sie drückte und knetete, meine Nippel streichelte und kniff. Ich drängte sie in seine Hände und wimmerte vor lauter Sehnsucht.

Weil ich es nicht länger aushielt, ohne ihn zu schmecken, schlang ich ihm die Arme um den Hals und küsste ihn. Ich teilte die Lippen, damit seine Zunge in meinen Mund eindringen konnte. Er küsste mich grob und stöhnte, während er gleichzeitig meine Brustwarzen reizte. Ich schnappte nach Luft, und als ich sein zufriedenes Knurren hörte, wurde mir ganz heiß vor Freude. Ich war unglaublich feucht. Ich konnte mich nicht daran erinnern, jemals so scharf auf einen Mann gewesen zu sein. Als hätte er meine Gedanken gelesen, fuhr Craig mit der Hand über meinen Bauch und weiter nach unten zu meinem Höschen. Als er feststellte, dass es bereits durchnässt war, unterbrach er den Kuss.

»Darling, du triefst ja.« Er knabberte an meinen Lippen, schob die Finger unter die Seide meines Höschens und rieb mit dem Daumen über meine Klitoris.

»O Gott.« Mein Kopf fiel nach hinten, und meine Hände krallten sich in seine Oberarme, während ich seiner Berührung in kreisenden Bewegungen entgegenkam.

»Craig …« Ich flehte ihn förmlich an. Unsere Blicke trafen sich, während der Druck in meinem Innern sich immer weiter aufbaute.

»Darling«, stöhnte er, als er sah, dass ich kurz vor dem Höhepunkt war. »Ich wusste von Anfang an, dass du unglaublich bist.«

Unmittelbar darauf explodierte ich. »Craig!«

Dann verlor ich urplötzlich den Boden unter den Füßen, als Craig mich auf seine Arme schwang und zum Bett trug. Er schob die Finger unter das Bündchen meines Höschens, und ich hob das Becken an, damit er es mir leichter ausziehen konnte. Er warf es auf den Boden, dann stand er da und starrte auf mich herab. Ein berauschendes Machtgefühl stellte sich wieder bei mir ein, als ich sah, wie er mich mit seinen Blicken förmlich verschlang.

Seine Erektion drängte sich gegen den Reißverschluss seiner Jeans, und plötzlich wollte ich ihn unbedingt nackt sehen. Doch statt sich seiner Kleider zu entledigen, streichelte Craig mit den Fingerspitzen erst meine Füße, dann meine Knöchel und wanderte schließlich in einer langsamen, sinnlichen Reise meine Beine hinauf. Bei den Knien angelangt, sah er zu mir auf.

»Öffne sie«, sagte er mit tiefer, vibrierender Stimme.

Ach du heiliger Orgasmus.

Ich tat, worum er mich gebeten hatte, und ließ mich in die Matratze sinken, als er mich mit dem Mund berührte. Er leckte meine Klitoris, presste seine Zunge dagegen, und ich konnte kaum noch an mich halten, so einzigartig waren die Gefühle, die er in mir auslöste. Als er dann noch zwei Finger in mich hineinschob, wurde die Anspannung noch unerträglicher. »Ach du heiliger …« *Orgasmus!* Ich bog den Rücken durch. Meine Schenkel zitterten. »Ja!« Die Spannung in meinem Innern entlud sich, und ich kam unter heftigen Zuckungen an seinem Mund.

Ich hörte und fühlte Craigs zufriedenes Lachen an der Innenseite meines Schenkels, bevor er Küsse auf meinem Bauch verteilte. Dann brachte er sich zwischen meinen gespreizten Beinen in Position, und die Reibung seiner Jeans an meiner nackten Haut war erotischer, als ich jemals für möglich gehalten hätte. Die Muskeln in meinen Schenkeln spannten sich um sein Becken, als seine Lippen sich um meine Brustwarze schlossen. Er saugte tief und heftig daran, und ein lustvoller Schmerz durchfuhr mich, als er seinen Körper an mir zu reiben begann. Genau wie zuvor mit seinen Händen begann er nun, mit seinem heißen Mund meine Brüste zu liebkosen, bis ich zum dritten Mal kurz vor dem Höhepunkt stand. Er bewegte seine Hüften an meinen, und bei jeder Bewegung rieb sich sein harter Schwanz in der Jeans an meiner Klitoris.

»O Gott«, wimmerte ich. Meine Fingernägel gruben sich in seinen Rücken. »Komm in mir.«

»Fuck«, knurrte er, und plötzlich strich ein kühler Luftzug über meine Haut, weil Craig sich aufgesetzt hatte. Die Matratze bewegte sich, als er vom Bett herunterkletterte. Jetzt war er längst nicht mehr so geduldig. Anscheinend hatte er sich zu lange zurückgehalten. Meine Finger krallten sich fest in den Stoff der Bettdecke, als ich ihn vor mir sah. Breite, muskulöse Schultern und Arme, wohldefinierte Bauchmuskeln, die meine anfängliche Vermutung, dass er regelmäßig ins Fitnessstudio ging, bestätigten. Kein Mann sah von Natur aus so vollkommen aus.

Und dann war auch seine Jeans verschwunden, und ich schnappte mit offenem Mund nach Luft.

Er hatte den perfektesten Schwanz, den ich je gesehen hatte. Schwänze sind normalerweise ja kein besonders attraktiver Anblick. Attraktiv ist höchstens, was man damit anstellen kann – und die Vorstellung, wozu Craigs langer, dicker Schwanz fähig war, ließ mir das Wasser im Mund zusammenlaufen. Ich sah zu, wie er ein Kondom aus der Hosentasche holte und es sich überstreifte.

Ich riss den Blick von seiner pochenden Erektion los und sah ihm ins Gesicht. Er zwinkerte mir grinsend zu. An mangelndem Selbstvertrauen litt er jedenfalls nicht. Typisch. Doch erstaunlicherweise fand ich das nicht ärgerlich, sondern amüsant.

Als er mein Schmunzeln sah, machte seine Selbstgefälligkeit einer leidenschaftlichen Zärtlichkeit Platz. Er stützte sich auf das Bett, und ich keuchte vor Überraschung, als er mich an sich zog. Er umfasste fest meine Schenkel und spreizte meine Beine, bevor er sich zwischen sie kniete. Ein Stöhnen drang aus meiner Kehle, als er sich an mich drängte und schließlich in mich hineinglitt. Ich war so feucht, dass er mit Leichtigkeit in mich eindringen konnte.

Craigs Kiefer spannte sich an, als unsere Blicke sich trafen. Er senkte den Kopf und betrachtete, wie er sich bis auf die Spitze aus mir zurückzog und dann erneut in mich eindrang. Sein Atem wurde stockend. Ihm dabei zuzusehen, wie er uns zusah, war unbeschreiblich erregend.

»Du fühlst dich so gut an«, flüsterte ich.

Er sah mit lodernden Augen zu mir auf. »Du fühlst dich unglaublich an.« Plötzlich wurde sein Griff um meine Schenkel fester. Seine immer härteren, tieferen Stöße brachten mich erneut an den Rand des Orgasmus.

»Rain«, stöhnte er und fickte mich noch härter. »Rain …«, zischte er durch zusammengebissene Zähne, während er mit aller Macht seinen Höhepunkt zurückhielt.

Ich keuchte heftig bei jedem seiner groben Stöße, und die Spannung in mir wurde größer und größer, meine Schreie wurden immer lauter und spitzer. Craig schob eine Hand zwischen unsere Körper und rieb mit dem Daumen über meine Klitoris.

»Craig!«, schrie ich, und mein Inneres zersprang in tausend Stücke. Ich sah weiße Lichtblitze vor meinen Augen, und meine Muskeln zogen sich fest um seinen Schwanz zusammen.

»Gott!« Obwohl ich gerade irgendwo im Hyperraum schwebte, bekam ich vage mit, wie Craigs Hüften zuckten, als auch er zum Höhepunkt kam. Wenige Sekunden später spürte ich seine warme Haut und seinen heißen Atem, als er den Kopf auf meine Brust sinken ließ.

Während ich langsam wieder zu mir kam und die Trägheit in meinen schlaffen Gliedern spürte, merkte ich, dass Craig schwer auf mir lag. Ich schlug die Augen auf und sah, dass er auf mir zusammengesunken war. Doch sein Gewicht war mir nicht lästig, im Gegenteil, ich empfand es als sehr angenehm.

Ich legte einen Arm um seine Schulter und streichelte ihm mit der anderen Hand durchs Haar. Plötzlich wurde mir bewusst, dass ich noch immer seinen zuckenden Schwanz in mir spürte. Auch das fühlte sich gut an.

Gut war nicht der passende Ausdruck. Nicht mal annähernd.

Sensationell.

Unglaublich.

Magisch.

Ich war noch nie so heftig gekommen. Ich hatte noch nie einen Mann gehabt, der sich meinem Körper mit solcher Hingabe widmete und mir den spektakulärsten Orgasmus aller Zeiten bescheren wollte.

Als ich Craigs heißen Atem an meiner Brustwarze spürte, sah ich ihn an und stellte fest, dass seine Augen geschlossen waren. Im ersten Moment hatte ich Angst, dass er nicht dasselbe empfunden hatte wie ich.

Mist.

Ich blickte zur hohen Zimmerdecke auf, betrachtete den funkelnden Kristallkronleuchter und spürte Angst in mir hochsteigen.

Nicht nur hatte ich gerade harten, wilden Sex gehabt, obwohl ich mich immer für eine Frau gehalten hatte, die nur für sanfte, zärtliche Liebesspiele zu haben war. Zu allem Überfluss geriet ich jetzt auch noch prompt in Panik wegen Craigs möglicher Reaktion.

Ich wollte, dass es sich für ihn genauso bombastisch angefühlt hatte wie für mich. Und falls es nicht so war …

Was für ein dämlicher Gedanke. Er schlief doch mit jeder. *Natürlich* hatte er schon bombastischen Sex gehabt. Genau deshalb vögelte er ja auch so gut!

SCHEISSE!

Warum hatte ich es überhaupt so weit kommen lassen? Ich hatte mir von ihm den Kopf verdrehen und mich verführen lassen. Ich war eine treulose Schwester – und eine absolute Null, wenn es darum ging, einer Versuchung zu widerstehen.

»Gott«, sagte Craig auf einmal. Seine Stimme war leise und tief und klang sehr zufrieden. »Das …« Er hob den Kopf gerade lange genug, um meinen Nippel zu küssen und dann mit der Zunge darüber zu lecken, so dass ich tief in meinem Innern ein Ziehen spürte. »Fuck.« Anscheinend hatte Craig dieses Ziehen auch gemerkt, denn sein Schwanz zuckte in mir, und er sah mich an. »Das war welterschütternd.«

»Wirklich?«, fragte ich in zaghafter Erleichterung.

Seine Augen weiteten sich. Er richtete sich über mir auf

und blickte mir forschend ins Gesicht. »Sag mir, dass das nicht der beste Sex war, den du je hattest … wenn du dich traust.«

Jetzt fiel mir ein Stein vom Herzen. »War es denn der beste Sex, den du je hattest?« Mit klopfendem Herzen wartete ich auf seine Antwort.

Er senkte den Kopf und strich mit den Lippen zärtlich über meine, ehe er abermals meinen Blick einfing. Aufrichtigkeit und Begehren mischten sich in seinen Augen. »Ich habe noch nie eine Frau so sehr gewollt wie dich, und ich schwöre dir … ich bin noch nie in meinem Leben so hart gekommen.« Seine Mundwinkel verzogen sich zu einem Lächeln. »Einen Moment lang dachte ich schon, ich würde vor dir kommen. Das wäre ein herber Schlag für mein Ego gewesen.«

»Kann ich mir vorstellen«, grinste ich.

Er lachte und küsste mich erneut. »Und … war es für dich auch so gut?«

Angesichts dieser dummen Frage konnte ich nur mit den Augen rollen. »Das weißt du doch ganz genau.«

»Nein, das weiß ich nicht.« Er legte mir die Finger unters Kinn und drehte mein Gesicht zu sich herum. »Es befriedigt mich, wenn ich eine Frau zum Höhepunkt bringen kann. Manchen Männern ist das egal, Hauptsache sie selber kommen – mir nicht. Aber bei dir ist es noch was anderes. Da ist es mir unglaublich wichtig. Ich muss einfach wissen, dass das hier mehr war als das, was du bisher hattest.«

Ich schluckte mühsam und fand Mut in seinem seltenen Moment der Verletzlichkeit. »Es war der beste Sex, den ich je hatte«, wisperte ich. »Versprochen.«

Seine Augen wurden groß, bevor er mir einen ungestümen Kuss gab und ich sein befriedigtes Stöhnen auf meiner Zunge spürte.

Craig

Dienstags und mittwochs hatte Craig frei, und er hatte beschlossen, dass der Dienstagabend der offizielle Beginn ihrer Beziehung werden sollte.

Er hatte bei Braden einen Gefallen eingelöst und ganz kurzfristig einen Tisch im La Cour bekommen. Es war eins der nobelsten französischen Restaurants in der Stadt und nicht die Art von Lokal, die Craig normalerweise frequentierte. Aber er wollte Rain zeigen, wie viel sie ihm bedeutete.

Sie machte große Augen, als sie ihn im Türrahmen stehen sah. Er trug den Anzug, den seine Mutter ihm letztes Jahr zu Weihnachten gekauft hatte. Sie hatte gemeint, jeder Mann müsse einen Anzug besitzen. Dies war das erste Mal, dass er den maßgeschneiderten Dreiteiler trug. Er war dunkelgrau und schmal geschnitten.

Rains schokoladenbraune Augen wurden bei seinem Anblick fast schwarz. »Du siehst so was von sexy aus.«

Craig wiederum betrachtete ihr dunkelrotes figurnahes Kleid, das in einem ähnlichen Stil geschnitten war wie die meisten Kleider, in denen er sie bisher gesehen hatte. Dieses Kleid allerdings hatte einen tieferen Ausschnitt, und Rain trug dazu ein silbernes Medaillon um den Hals, das direkt zwischen ihren Brüsten hing. Er würde sich sehr bemühen müssen, nicht den ganzen Abend auf dieses verdammte Medaillon zu starren.

»Du siehst umwerfend aus«, sagte er. »Aber das tust du ja immer.«

»Wo gehen wir denn hin, dass du dich so schick gemacht hast? Bin ich überhaupt fein genug?«

»Immer. Und es ist eine Überraschung.«

Einige Zeit später saß Rain ihm an einem lauschigen Tisch im La Cour gegenüber und lächelte ihn neugierig an, während der Kellner ihnen ein Glas Champagner einschenkte. Normalerweise trank Craig keinen Champagner, auch wenn er gegen den Geschmack nichts einzuwenden hatte. Er war eher ein Whisky-Typ, aber wie gesagt: Er wollte Rain zeigen, dass sie etwas Besonderes war, und eine achtzig Pfund teure Flasche Champagner würde diese Botschaft hoffentlich unterstreichen.

Als der Kellner sich entfernt hatte, lächelte Rain trocken. »Das La Cour? Ich dachte, da muss man Wochen im Voraus reservieren.«

»Joss' Freund Braden gehört der Laden.«

»Aha.« Sie nickte. »Beziehungen.«

»Dann hast du noch nie hier gegessen?«

»Nein. Du?«

»Nein.«

Ihre Augen blitzten neugierig. »Und warum sind wir dann hier?«

Er beugte sich über den Tisch und legte seine Hand auf ihre. »Weil ich möchte, dass es ein ganz besonderer Abend wird.«

»Es ist wunderschön hier«, sagte sie und wurde ernst. »Aber du weißt, dass du nicht Unmengen von Geld für mich ausgeben musst, um mir zu zeigen, dass du mich magst, oder?«

»Rain …«

Sie drehte ihre Hand um, so dass sie seine umfassen

konnte. »Craig. Ich wollte einfach nur mit dir ausgehen. Fish and Chips und ein Spaziergang am Wasser wären genauso schön gewesen. Mir ist nur wichtig, dass du das weißt.«

»Das weiß ich doch auch.« Im ersten Moment machte er sich Sorgen, er könnte alles völlig falsch angefangen haben. Wenn er ehrlich war, fühlte er sich mit Dating-Fragen ein wenig überfordert. »Ist es zu dick aufgetragen?«

Sie lächelte, und wie immer spürte er dabei ein Ziehen in seiner Brust. »Nein. Niemand hat mich je genug gemocht, um mich in so ein Restaurant auszuführen. Es ist ein magisches erstes Date.«

Die Anspannung fiel von ihm ab. »Gut. Da bin ich froh.«

Sie tauschten ein vertrauliches Lächeln, ehe sie sich der Speisekarte widmeten.

»Obwohl ich bei der Hälfte der Gerichte auf der Karte keine Ahnung habe, was es sein soll«, brummte sie.

»Gott sei Dank«, murmelte er zurück. »Ich nämlich auch nicht.«

Der Hauptgang war vorüber, und obwohl sie beim Bestellen anfangs ein wenig misstrauisch gewesen waren, erwies sich das Essen als genauso köstlich, wie Braden versprochen hatte. Jetzt warteten sie auf das Dessert. Rain schien vom Champagner bereits ein wenig beschwipst zu sein. Jedenfalls hatte Craig sie noch nie so gelöst erlebt.

Er beschloss, ihre ausgelassene Stimmung zu nutzen, um wenigstens eine Sache richtigzustellen.

»Für mich ist das hier eine Beziehung«, sagte er. »Und ich will, dass es eine *richtige* Beziehung wird. Monogam. Mit allem, was dazugehört.«

Er sah, wie sich ihre Schultern ein klein wenig versteiften. »Craig … wir sollten es langsam angehen lassen.«

»Klar«, stimmte er ihr zu, obwohl er sich insgeheim bereits vorstellte, wie es wohl wäre, mit ihr zusammenzuwohnen. »Solange wir uns einig sind, dass wir etwas Ernstes wollen. Ich kann nicht versprechen, was in der Zukunft passieren wird; das kann niemand. Aber ich kann dir versprechen, dass ich mit dir zusammen sein will.«

Ihre Augen leuchteten im Kerzenschein. »Okay. Ich auch. Aber wir lassen es langsam angehen.«

Er grinste triumphierend. »Wir lassen es langsam angehen.«

* * *

»Es war der beste Sex, den ich je hatte. Versprochen.«

Die ganze Woche über gingen Craig Rains Worte nicht mehr aus dem Kopf. Wenn er zur Arbeit musste, konnte er sich kaum von ihr trennen, und das war eine völlig neue Erfahrung für ihn. In Wahrheit musste er sich buchstäblich von ihr losreißen. Und selbst wenn sein Körper bei der Arbeit war – sein Kopf blieb im Bett bei Rain. Jo machte eine spitze Bemerkung über seine Zerstreutheit, als kenne sie den Grund dafür, und er war sich ziemlich sicher, dass die Gerüchte schon bald bis zu Joss vordringen würden, die ihn gnadenlos damit aufziehen würde.

Aber das war ihm egal. Alles, woran er denken konnte, waren Rains Mund, ihre Haut, das Gefühl ihrer Haare, die durch seine Finger glitten, ihr Duft und wie unbeschreiblich es sich angefühlt hatte, in ihr zu sein.

Gut möglich, dass er süchtig nach dieser Frau war.

Wenn weibliche Gäste mit ihm flirteten, flirtete er mechanisch zurück, um ein besseres Trinkgeld zu bekommen, aber er war nicht mit dem üblichen Ernst bei der Sache, denn für ihn gab es nur noch eine wirklich schöne Frau auf der Welt, und keine der Frauen in der Bar war Rain.

Ihm graute davor, nach Hause zu gehen, in sein leeres Bett. Doch die Rettung vor dem seltsamen und ungewohnten Gefühl der Einsamkeit, das ihn bei dem Gedanken überwältigte, kam eine Stunde vor Schichtende in Form seines vibrierenden Handys.

Bin noch wach, falls du nach deiner Schicht vorbeikommen willst. Rain xo

Craig grinste und war augenblicklich voller Vorfreude.

Ich werde da sein, Darling. Kann's gar nicht erwarten, dich zu sehen.

Er sah keinen Sinn darin, bei ihr den Unnahbaren zu spielen. Er wollte nichts so sehr, wie sie in seiner Nähe zu haben, und es war völlig zwecklos, es zu leugnen.

☺ *Ich auch nicht xo*

Er lachte über den Smiley und stellte fest, dass alles an ihr eine faszinierende Mischung aus sexy und zuckersüß war.

Etwas überkam ihn, als er gut eine Stunde später die Treppe zu Rains Wohnung hochstieg – etwas Archaisches und Verzweifeltes, und obwohl es ihn unglaublich erregte, war es ihm zugleich auch ein wenig unangenehm, dass eine Frau derart heftige Gefühle in ihm weckte.

Doch jedes Unbehagen verschwand, sobald sie ihm die Tür geöffnet hatte.

Sie trug ein dunkelblaues Nachthemd aus Seide und Spitze, bei dessen Anblick sein Blut förmlich zu kochen begann und sein Schwanz sich zusammenzog.

Sie war die sinnlichste, schönste Frau, die er je gesehen hatte.

»Hey, ich …«

Weiter kam sie nicht. Craig schnitt ihr das Wort ab, indem er einen Schritt über ihre Schwelle machte, sie am Handgelenk fasste und mit einem heftigen Ruck an sich zog. Seine Lippen pressten sich auf ihren köstlichen Mund, und er empfand eine tiefe Befriedigung, als sie augenblicklich die Arme um ihn schlang und die Finger in den Haaren in seinem Nacken vergrub. Er wollte sie verschlingen. Seine Zunge bewegte sich mit ihrer in einem innigen Tanz, schmeckte sie und lieferte ihr einen Vorgeschmack auf das, was ihre Körper schon bald miteinander machen würden. Er warf die Wohnungstür zu, die krachend hinter ihm ins Schloss fiel, und unterbrach den Kuss, um Rain anzusehen.

Ihre Brüste wurden von dem tief ausgeschnittenen Negligé perfekt zur Schau gestellt. Es umspielte ihre Silhouette und reichte ihr bis knapp über die schlanken Oberschenkel. Ihre Haut war makellos und leicht gebräunt. Sie hatte ihm erzählt, dass ihre Mutter puerto-ricanische Wurzeln hatte.

»So verdammt schön«, sagte er rau. Er konnte sich gar nicht an ihr sattsehen. »Ich liebe dein Nachthemd, Darling. Ich weiß das zu schätzen, aber …« Seine Hand griff nach dem Saum … »Ich glaube, das brauchst du nicht.«

Rains Augen funkelten in der schummrigen Flurbeleuchtung, und er sah die Verführung und Leidenschaft darin. Sie zeigte ihm, wie sehr sie sich nach ihm sehnte, indem sie bereitwillig die Arme hob.

Craig grinste diebisch und zog ihr das Nachthemd über den Kopf, bevor er den leichten, glatten Stoff zu Boden fallen ließ. Sein Blick glitt über ihren atemberaubenden Körper, weidete sich an ihren Brüsten. Sie waren geschwollen, die Nippel dunkle, feste Knospen, an denen er unbedingt saugen wollte.

Sie atmete hektisch, ihr Brustkorb hob und senkte sich immer schneller. »Craig …«, flüsterte sie drängend seinen Namen, und ihre Hand glitt unter den Saum seines T-Shirts. Seine Bauchmuskeln zuckten unter der neckenden, tastenden Berührung, und sein Schwanz drückte sich schmerzhaft gegen die Innenseite seiner Jeans.

Er konnte nicht warten, bis sie im Schlafzimmer waren. Er musste sie jetzt gleich haben. Auf der Stelle.

Anscheinend sah Rain das genauso, denn sie zog seinen Kopf zu sich herunter und küsste ihn. Sie legte ihm die Arme um die Schultern und saugte heftig an seiner Zunge. Craig erschauerte, als seine Erektion noch weiter anschwoll. Er drängte Rain gegen die Wand und unterbrach den stürmischen Kuss. »Ich kann nicht mehr warten«, sagte er atemlos.

Sie nickte heftig und küsste ihn erneut, während sie beide gleichzeitig nach dem Reißverschluss seiner Hose griffen. Allein schon der Klang ihres keuchenden Atems machte ihn unglaublich an.

Seine Geduld war zu Ende. Er musste sofort in ihr sein. Er zog ein Kondom aus seiner Hosentasche und schob seine Jeans und Boxer herunter. Während er sich das Kondom überstreifte, küsste Rain seinen Hals, und ihre kleine Zunge leckte tanzend seine Haut.

»Fuck«, ächzte er und packte ihre Beine. Er ließ zwei Finger in sie hineingleiten, um zu sehen, ob sie bereit für ihn war. Fast hätte er sich an Ort und Stelle vergessen, so feucht war sie. Dass sie ihn so sehr wollte, brachte ihn schier um den Verstand. Jetzt war es mit seiner Selbstbeherrschung endgültig vorbei.

Craig spreizte Rains Beine und stieß in sie hinein.

»Craig!«, schrie sie laut vor Lust, und ihre Muskeln schlossen sich eng um seinen Schwanz. Er hielt einen Moment still und kämpfte darum, seine Erregung zu zügeln. Sie war so feucht, so eng und heiß. Er rang nach Atem, als sie sich um ihn zusammenzog.

»Rain«, stieß er unkontrolliert hervor. Er hob sie hoch, und sie machte es ihm leichter, indem sie ihre langen Beine um ihn schlang. Sie klammerte sich an ihm fest und keuchte in atemloser Erregung, während er sie gegen die Wand drückte und hart in ihre feuchte Enge stieß.

Er war kurz vor dem Höhepunkt, wollte aber, dass sie als Erste kam. Er wollte spüren, wie sie um seinen Schwanz explodierte. Craig presste den Daumen gegen ihre Klitoris.

»Ahhh!« Er sah ihr erhitztes Gesicht, als sie einen Schrei ausstieß und die Muskeln in ihrem Innern sich um seinen Schwanz zusammenzogen. Das und ihr Gesichtsausdruck – mehr war nicht nötig. Er versteifte sich und stieß einen tiefen Schrei aus, als der Orgasmus seinen Körper erschütterte. Sein Becken zuckte an ihrem, als er lange und heftig kam.

Er hatte Rain an ihrer Flurwand gevögelt.

Craig ließ sich gegen sie sinken. Sie hatte ihre Arme noch um ihn geschlungen. Er drehte leicht den Kopf und küsste sie auf den Hals. »Es tut mir leid. Eigentlich wollte ich das im Bett machen.«

»Mir tut's nicht leid«, wisperte sie, und ihr Inneres zuckte noch einmal. »Das war heiß. Richtig heiß.« Sie lachte hell, und er musste grinsen.

Er hob den Kopf, um sie zu küssen, und sie flocht die Finger in sein Haar und hielt ihn fest, während sie den Kuss mit einer Intensität erwiderte, die ihm zu verstehen gab, dass sie noch lange nicht fertig waren.

Dagegen hatte er absolut nichts einzuwenden.

* * *

Am nächsten Morgen wurde Craig vor Rain wach.

Sie lag ausgestreckt neben ihm, erschöpft von einer kräfteraubenden Nacht, die wirren dunklen Haare auf dem Kissen ausgebreitet. Wie weich, lang und dicht sie waren, hatte er erst bemerkt, als sie sie zum ersten Mal offen getragen hatte.

Vielleicht sprach das nicht gerade für ihn, aber die Körper von Frauen hatten Craig bislang immer mehr fasziniert als ihre Gesichter. Doch für alles gab es ein erstes Mal, und so schön Rains Körper auch war, was Craig wirklich verzauberte, war ihr Gesicht.

Er sah ihr eine Zeitlang beim Schlafen zu, und während die Uhr auf der Kommode leise tickend das Verstreichen der Zeit anzeigte, wusste Craig mit tiefster Gewissheit, dass er Rain bis in alle Ewigkeit beim Schlafen hätte zuschauen können, ohne dass ihm dabei langweilig geworden wäre.

Vor Jahren, als sein Vater noch lebte, war Craig einmal nachts aufgestanden, um sich ein Glas Wasser zu holen, und hatte seine Mum im Schein des Kaminfeuers schlafend auf dem Sofa entdeckt. Ihr gegenüber saß sein Vater in einem Sessel und betrachtete sie.

Er bedeutete Craig, leise zu sein, und folgte ihm in die Küche.

»Was machst du da?«, flüsterte Craig in seiner jugendlichen Verwirrung.

»Ich schaue deiner Mum beim Schlafen zu.«

»Warum?«

Sein Vater hatte wissend gelächelt. »Weil ich das gerne mache. Eines Tages, mein Junge, wird es dir auch so gehen. Wenn du dasitzen und deiner Frau stundenlang beim Schlafen zuschauen kannst, dann weißt du, dass du verliebt bist.«

Er wusste noch, wie er damals gedacht hatte, er könne froh sein, wenn er später einmal das fand, was seine Eltern in einander gefunden hatten, auch wenn er etwas dermaßen Kitschiges natürlich niemals laut ausgesprochen hätte. Aber sein Dad schien seine Gedanken zu kennen, denn er lächelte noch einmal auf dieselbe Art, ehe er seinem Sohn durchs Haar strubbelte und ihn zurück in sein Bett schickte.

Craig spürte, wie bei der Erinnerung alle möglichen Emotionen in ihm hochkamen. Sein Vater war schon viele Jahre tot, und Craig hatte sich vor langer Zeit mit dem Verlust abgefunden. Trotzdem gab es Tage, an denen er seine Trauer schärfer und bitterer empfand als sonst.

Wie zum Beispiel jetzt, als ihm aufging, dass er sich zum ersten Mal in seinem Leben verliebt hatte und sein Vater die Frau, die er liebte, niemals kennenlernen würde.

Das Bedürfnis, Rain aufzuwecken und ihr zu sagen, dass er sie liebte, war so stark, dass er es nur mühsam unterdrücken konnte. Rain war in diesen Dingen vorsichtig, und sie hatte ihre Gründe dafür, also würde er sich in Geduld üben. Er würde auf den richtigen Zeitpunkt warten, um ihr zu offenbaren, wie verrückt er nach ihr war.

Ein entferntes Geräusch erregte seine Aufmerksamkeit. Ein Summen. Es kam aus dem Flur.

Es dauerte einen Moment, bis er begriffen hatte, dass es sein Handy war, das noch in der Tasche seiner Jeans steckte, die er gestern Abend im Flur hatte liegenlassen.

Leise, um Rain nicht zu wecken, schlüpfte Craig aus dem Bett und schlich in den Flur. Er fand sein Handy und stellte fest, dass er einen Anruf von seiner Mutter verpasst hatte.

Er stieg in Unterhose und Jeans und rief sie zurück.

»Geht's dir gut?«, fragte er leise.

»Aye, ich habe einfach nur ein paar Tage lang nichts von dir gehört, deshalb dachte ich … na ja … ich habe mir Sorgen gemacht, dass du vielleicht ein bisschen verärgert bist wegen mir und Drew?«

Craig verzog das Gesicht. Ihre Frage kam einfach zu einem ungünstigen Zeitpunkt. Er hatte gerade an seinen Vater gedacht, und da war es seltsam, sich seine Mutter mit einem anderen Mann vorzustellen, erst recht, da er wusste, wie sehr sein Vater sie geliebt hatte. Aber er wusste auch, dass es unfair wäre, seiner Mutter eine neue Beziehung zu missgönnen. »Überhaupt nicht, Mum.«

»Warum flüsterst du?«

»Ich flüstere nicht. Ich rede bloß leise.«

»Aber warum?«

Er warf einen Blick durch den Flur zu Rains Schlafzimmertür. »Weil ich mit dem Grund, aus dem du die letzten Tage nichts von mir gehört hast, gerade zusammen bin.«

»Aha?« Sie klang neugierig und so, als versuche sie, sich nicht anmerken zu lassen, wie hoffnungsvoll sie diese Neuigkeit stimmte.

Craig musste grinsen. »Ich hab sie gefunden, Mum.«

Seine Mutter schnappte nach Luft und sagte nach einigen Sekunden des Schweigens: »Du nimmst mich auch nicht auf den Arm?«

»Nein.«

»Craig«, sagte sie aufgeregt. »Das ist ja wundervoll. Wie heißt sie? Was macht sie beruflich? Wie ist sie so? Wo habt ihr euch kennengelernt? Wann stellst du sie mir vor?«

Er lachte, allerdings leise, damit Rain nicht wach wurde, und ging ins Wohnzimmer, wo sie ihn nicht so leicht hören konnte. »Sie heißt Rain Alexander. Sie besitzt ihre eigene Internet-Boutique. Sie ist einfach unglaublich, sie bringt mich zum Lachen, und sie sieht absolut umwerfend aus. Ich habe sie vor ein paar Wochen in der Bar kennengelernt. Sie ist ein bisschen vorsichtig, was feste Beziehungen angeht, weil sie in der Vergangenheit verletzt wurde, insofern gehe ich es langsam an. Wahrscheinlich musst du also noch etwas warten, bis du sie kennenlernen kannst. Aber sobald sie dazu bereit ist, bringe ich sie zum Abendessen mit.«

»Du klingst glücklich«, stellte seine Mum fest, und er hörte die Zärtlichkeit in ihrer Stimme. »Ich freue mich so für dich, mein Junge.«

»Aye, ich weiß. Ich freu mich auch.«

»Na, dann lasse ich dich mal in Ruhe. Sag Rain, dass ich sie grüße!«

Er lachte. »Wird gemacht. Hab dich lieb, Mum.«

»Ich habe dich auch lieb.«

Er legte auf und drehte sich um. Überrascht stellte er fest, dass Rain im Türrahmen stand. Sie trug nichts als sein Hemd am Leib, noch dazu falsch zugeknöpft, so dass er jede Menge Haut sehen konnte.

Unglaublich, aber trotz ihrer Eskapaden letzte Nacht hatte er schon wieder Lust auf sie.

Sie schenkte ihm ein zaghaftes Lächeln. »Das war süß.«

»Was war süß?«

»Dass du deiner Mum gesagt hast, dass du sie liebhast.«

»Ich hab's ihr gesagt, weil es wahr ist und weil sie es gerne hört.«

»Oh.« Sie erschauerte theatralisch und schürzte übertrieben die Lippen. »Da will ich dich ja gleich schon wieder.«

Er schmunzelte. »Machst du dich über mich lustig?«

Rain lachte hell auf und schüttelte den Kopf. »Nein. Ganz ehrlich. Ich finde dich einfach bezaubernd, Craig Lanaghan.«

Bei diesen Worten krampfte sich sein Herz zusammen. »Meine Mum lässt dir Grüße ausrichten.«

Rain blinzelte verdutzt. »Du hast ihr von mir erzählt?«

»Klar.«

Weil Rain nicht wusste, was sie damit anfangen sollte, wandte sie sich ab. »Hast du Lust auf einen Tee oder so?«

»Ich hab Lust, wieder mit dir ins Bett zu gehen.«

Ihr Blick ging zu ihm. »Wir haben doch die ganze Zeit nichts anderes gemacht …«

Er las den Anflug von Unsicherheit in ihrer Miene. Wenn er nicht wollte, dass sie dachte, sie sei für ihn in erster Linie bloß ein guter Fick, musste er anders mit ihr umgehen. »Fürs Erste gehen wir zurück ins Bett. Aber morgen habe ich frei … da können wir wieder zusammen ausgehen. Ein richtiges Date.«

Sie zog eine Augenbraue hoch. »Ist das ein Versprechen?«

Er kam auf sie zu. Er konnte nicht in einem Raum mit ihr sein, ohne sie anzufassen. Er zog sie in seine Arme und drückte sie ganz fest an sich. Sie ließ es bereitwillig zu und schlang die Arme um ihn, als er sagte: »Ein Versprechen, das ich auf jeden Fall halten werde.«

Rain

Im Laufe der vergangenen Woche hatte es mehrere Momente gegeben, in denen ich mich gefragt hatte: »Wie um alles in der Welt konnte ich es so weit kommen lassen?«

Mit »es« war meine Beziehung zu Craig gemeint. Denn genau das schien sich zwischen uns entwickelt zu haben: eine richtige Beziehung. Was er angeblich ja auch wollte. Und jedes Mal, wenn ich mich wieder auf all die anderen Dinge besann, die im Leben sonst noch wichtig waren, schneite Craig vorbei, und alles war vergessen.

»Du hast diese nervige Angewohnheit, mich total abzulenken«, hatte ich gestern Abend nach dem Sex zu ihm gesagt.

Es war Mittwoch gewesen – genau eine Woche nach der Nummer an der Wand in meinem Flur. Er hatte seinen freien Abend und verbrachte den Großteil des Tages und die ganze Nacht bei mir.

»Gut«, hatte Craig geantwortet und mich auf den Rücken gedreht, um über mich herzufallen. Schon wieder. Nicht, dass ich mich grundsätzlich darüber beklagt hätte. Der Mann hatte mir bereits mehr Orgasmen beschert als alle vier Freunde vor ihm zusammengenommen.

Ich wusste nicht so recht, ob diese ständige Ablenkung gut oder schlecht war. Ich wusste nur, dass ich mich, wenn ich bei ihm war, freier fühlte als sonst.

Das war zutiefst beängstigend, denn ganz abgesehen von

dem sensationellen Sex hatte ich mich noch von keinem Mann so wertgeschätzt gefühlt wie von ihm.

Jetzt stand ich im Türrahmen, einen Becher mit Kaffee in der einen, einen mit Tee in der anderen Hand, und betrachtete ihn, wie er in meinem Bett lag und schlief. Er sah wirklich unverschämt gut aus. So unverschämt gut, dass ich immer noch Schmetterlinge im Bauch hatte, wenn ich ihn ansah.

»Du starrst«, murmelte er verschlafen, so dass ich vor Schreck zusammenfuhr. Heißer Tee schwappte über meine Hand.

Ich stieß einen kleinen Schmerzenslaut aus, und Craig riss die Augen auf.

»Alles in Ordnung?« Plötzlich war er hellwach und stemmte sich in die Höhe.

Ich nickte, um ihn dann mit einem finsteren Blick zu strafen, bevor ich zu ihm ging und ihm seinen Kaffee hinhielt. »Tust du oft so, als würdest du schlafen?«

Er nahm mir meinen Tee aus der Hand und stellte beide Tassen auf den Nachttisch. Dann nahm er meine verbrühte Hand und sagte: »Siehst du mir oft beim Schlafen zu?« Er küsste sanft die gerötete Haut und sah zu mir auf. »Ich glaube, du wirst es überleben.«

Ich widerstand dem Drang, diese liebevolle Geste auf die stetig länger werdende Liste von Eigenschaften zu setzen, die ich an ihm mochte. »Dir habe ich das ja wohl nicht zu verdanken«, neckte ich ihn und strich ihm das vom Schlaf zerzauste Haar aus dem Gesicht.

Craig fasste mich um die Taille und zog mich zu sich aufs Bett. Ich quietschte laut auf vor Schreck und gluckste, als mein Kopf auf dem Kissen landete. Er stützte sich über mir ab und blickte staunend in mein Gesicht.

»Was?«, fragte ich verwirrt.

»Ich werde niemals genug davon kriegen, dich anzuschauen«, gab er zurück. Seine Worte spiegelten meine Gedanken von eben wider.

»Du bist so ein Süßholzraspler«, tat ich seine Bemerkung ab.

Ich glaubte wirklich, dass Craig mich mochte und die monogame Beziehung mit mir genoss. Im Moment noch. Aber was wäre morgen? Wer konnte das sagen? Ein Teil von mir rechnete fest damit, eines Morgens aufzuwachen und zu erfahren, wie sterbenslangweilig Craig es fand, mit nur einer Frau zusammen zu sein.

Craig funkelte mich an und setzte sich rittlings auf mich, so dass ich ihm nicht mehr entkommen konnte. Er verschränkte die Arme vor der Brust, und unwillkürlich bewunderte ich das Spiel seiner Oberarmmuskeln. »Was zum Geier soll das denn heißen?«

»Genau das, was ich gesagt habe. Du bist ein Süßholzraspler.«

Er knurrte mich an. »So wie ich dich kenne, bedeutet das nichts Gutes.« Dann schlug sein Ärger plötzlich in Resignation um. »Ich dachte, wir hätten das hinter uns … dass du mir nicht glaubst, wenn ich dir ein Kompliment mache.«

»Ich glaube dir ja.« Und das stimmte auch.

»Aber?«

»Nichts aber.«

»Rain.«

»Craig.«

»Scheiße.« Er raufte sich die Haare. »Du bist die anstrengendste Frau, der ich je begegnet bin.«

»Stimmt gar nicht. Du bist bloß nie lange genug mit einer Frau zusammen gewesen, um ihre anstrengende Seite kennenzulernen. Wir alle haben so eine Seite. Genau wie alle Männer eine begriffsstutzige Seite haben.«

Doch Craig schenkte meinen Neckereien keine Beachtung. Seine Augen wurden schmal. »Ich habe keine Lust, schon wieder diese Unterhaltung zu führen, Rain.«

»Welche Unterhaltung?«

»Dir zu sagen, dass es mir ernst ist. Dass ich vorhabe, so lange bei dir zu bleiben, wie das mit uns gutgeht.«

Und genau das war der Haken. Für mich klang das so, als würde er sich aus unserer Beziehung verabschieden, sobald irgendein Problem auftauchte. Ich hingegen wollte eine Beziehung, die die Konflikte und Schwierigkeiten, zu denen es unweigerlich kommen würde, aushielt und an ihnen wuchs. Es nutzte nichts, die Augen davor zu verschließen: Ich war Romantikerin, er war Realist.

Und ich war im Begriff, mich in ihn zu verlieben. Ich konnte mir nicht helfen.

Mit anderen Worten: Für mich war es definitiv vorstellbar, für immer mit ihm zusammenzubleiben und alle Konflikte gemeinsam zu meistern. Ich war bereit, für ihn zu kämpfen. Für *uns* zu kämpfen.

Ich konnte ihm die Ewigkeit versprechen.

Aber er mir nicht.

Er bezeichnete sich als Realisten … aber was, wenn er einfach nur nicht dieselben Gefühle hatte wie ich?

»Was geht in deinem Kopf vor?« Er beugte sich zu mir herunter, bis unsere Nasen sich fast berührten.

Auf einmal überkam mich ein überwältigendes Gefühl der Wehmut. »Ich denke nur gerade daran, dass mein Tee und dein Kaffee kalt werden.«

»Lügnerin«, wisperte er an meinen Lippen. »Woran denkst du wirklich?«

Ich drehte den Kopf weg. »Ich denke daran, dass du nicht immer wissen musst, woran ich gerade denke.«

Er umfasste mein Kinn und drehte meinen Kopf sanft

wieder zurück, so dass unsere Blicke sich trafen. Ich sah Wut in seinen Augen, aber auch Frust.

»Das gefällt dir nicht«, flüsterte ich.

»Nein«, sagte er. »Das gefällt mir nicht.«

Mir schon. Mir gefiel es. Es bedeutete nämlich, dass ich noch die Kontrolle darüber hatte, was ich ihm gab und was nicht. Ich musste gut auf mich achtgeben, weil dieser Mann das Potential hatte, mir mehr weh zu tun als jeder andere Mann zuvor. Vielleicht hatte ich mich in ihn verliebt, aber diese Liebe gehörte mir, und ich konnte mit ihr machen, was ich für richtig hielt. Und so wie ich es sah, war Craig keine sichere Bank. Ich wollte noch nicht alle meine Karten auf den Tisch legen.

»Das gefällt mir nicht«, wiederholte er und spannte trotzig den Kiefer an.

Ich entzog ihm mein Kinn. »Pech für dich.«

Damit überraschte ich Craig so sehr, dass er gar nicht reagierte, als ich mich unter ihm hervorrollte, um mich aufzusetzen und mir meinen Tee zu nehmen. Ich spürte seine Blicke im Rücken.

»Habe ich dir irgendwas getan?«

Bei dieser Frage spürte ich einen kleinen Stich in der Brust. Er klang so ratlos, so traurig. Ich blickte über die Schulter und stellte fest, dass er immer noch genauso dasaß wie eben, nur seine Miene hatte sich verdüstert. Er wirkte verletzt, versuchte aber, es sich nicht anmerken zu lassen.

Der Schmerz in meiner Brust wurde stärker. Ich schenkte ihm ein aufmunterndes Lächeln. »Nein, ich bin bloß müde.« Ich streckte die Hand aus und streichelte mit der Rückseite der Finger über seinen Arm. »Deswegen bin ich ein bisschen zickig.«

Er seufzte, dann kroch er über das Bett auf mich zu. Er schlang seine starken Arme um mich und zog mich an seine

Brust. Warme Lippen berührten meine Wange. »Lügnerin«, hauchte er abermals, und seine Zähne knabberten an meinem Ohrläppchen. »Aber ich lasse dir deine Geheimnisse. Fürs Erste.«

Bevor ich etwas sagen konnte, klingelte sein Handy. Weil ich am nächsten dran war, stand ich auf, nahm es vom Tisch und reichte es ihm. Er warf einen Blick auf das Display und lächelte. »Maggie«, sagte er.

Seine Schwester. Die Studentin.

»Hey, Süße«, meldete er sich.

Ich hörte das gedämpfte Murmeln ihrer Antwort.

»Warum hast du nicht Bescheid gesagt, dass du kommst?« Mehr Gemurmel. »Klar. Ich würde dann aber Rain mitbringen.« Ich zog eine Augenbraue hoch und fragte mich, wozu er mich mitbringen wollte. Craig lachte. »Na ja, irgendwann musste es ja mal passieren.« Wieder Gemurmel. »Das wirst du heute rausfinden … Okay. Bis später dann.« Er legte auf und kam grinsend ums Bett herum zu mir. »Das war Maggie.«

Ich lächelte. »So weit war ich auch schon.«

»Sie ist ein paar Tage bei Mum zu Besuch, wollte die Familie mal wiedersehen. Ich dachte, vielleicht würdest du sie gerne kennenlernen.«

»Heute?« Ich runzelte die Stirn. »Klar, sicher, aber … viel Zeit habe ich nicht. Ich muss noch arbeiten.«

»Vielleicht einfach nur zum Mittagessen?« Er legte den Arm um mich und zog mich an seine Brust. »Ihr seid zwei meiner Lieblingsmenschen. Ich würde mich wirklich freuen, wenn ihr euch kennenlernt.«

Das war schön. Sogar mehr als schön, wenn ich ehrlich war. Mein Widerstand schmolz. Zum Teufel mit meiner Willenskraft. »Okay. Ein Mittagessen schaffe ich.«

* * *

»Du meine Güte, wie hast du dir die denn geangelt?«, waren Maggie Lanaghans erste Worte. Sie schlug ihren Bruder gegen die Brust und feixte. »Die ist doch mehrere Nummern zu groß für dich.«

Craig stieß einen abgrundtiefen Seufzer aus. Wir standen vor dem italienischen Restaurant D'Alessandro. »Rain, das hier ist meine nervige kleine Schwester Maggie. Maggie, das ist Rain Alexander, meine Freundin.«

Wie immer, wenn er mich als seine Freundin bezeichnete, wurde mir ganz warm. »Freut mich sehr.« Ich streckte ihr die Hand hin.

»Was soll das denn?« Sie machte einen Schritt auf mich zu und zog mich in ihre Arme. Mir blieb nichts anderes übrig, als zu lachen und die Umarmung zu erwidern. »Wir sind jetzt ja praktisch Schwestern.« Sie zwinkerte vergnügt, dann lachte sie, als sie sah, wie Craig die Brauen zusammenzog.

»Willst du sie vergraulen?«

Maggie hob eine Braue. »Eigentlich wollte ich dich nur ein bisschen erschrecken, aber so wie es aussieht …« Sie schüttelte staunend den Kopf, dann wandte sie sich an mich, hob die Hände und verneigte sich vor mir, als huldige sie einer Gottheit.

Ich lachte.

»Maggie, mal ehrlich …«

»Nein, ernsthaft. Das grenzt an ein Wunder«, fiel Maggie ihrem Bruder ins Wort. »Endlich hat eine Frau das Unmögliche geschafft und meinen herumhurenden Bruder an sich gebunden. Ich weiß gar nicht, auf wen von euch beiden ich stolzer bin.«

Craig nahm sie in den Schwitzkasten und zerzauste ihr in einer halb liebevollen, halb verärgerten Geste die Haare. »Schön, dich mal wiederzusehen, Mags. Und könntest du jetzt bitte die Klappe halten?«

Ich lachte, als er sie im Schwitzkasten ins Restaurant führte.

Maggie war genau so, wie ich sie mir vorgestellt hatte, nur noch besser. Den Fotos nach, die ich in Craigs Wohnung gesehen hatte, ähnelte sie ihrer Mutter. Sie war eine große Frau mit braunen Haaren, hübschem Gesicht und einem beneidenswert ebenmäßigen Gesichtsschnitt. Sie trug die langen Haare in einer unordentlichen Frisur halb Knoten, halb Pferdeschwanz. Ihre Skinny Jeans waren alt und löchrig an den Knien, dazu trug sie einen University-of-Aberdeen-Kapuzenpulli, der ihr zwei Nummern zu groß war. Trotz ihres abgewetzten Looks sah sie großartig aus.

Ihre Persönlichkeit allerdings hätte, wenn man Craig glaubte, nicht unterschiedlicher sein können als die ihrer Mutter. Wo Audrey, seine Mum, zurückhaltend war und einen eher stillen, subtilen Humor hatte, war Maggie das exakte Gegenteil – laut, frech und voller Schalk. Und jeder konnte sehen, dass Craig sie abgöttisch liebte.

Sobald wir saßen, nahm Maggie sich Zeit, mich ausgiebig zu betrachten.

»Stimmt was nicht?«, fragte ich und berührte meine gestylten Haare.

»Nein. Du bist einfach nur sauschön.« Sie warf einen Blick zu Craig. »Du hast mir ja gesagt, dass sie umwerfend aussieht – aber sie ist *sauschön.*«

Craig musste lachen, und sein Lachen wurde noch lauter, als er sah, wie ich unbehaglich auf meinem Stuhl hin- und herrutschte.

»Okay. Aber vielleicht sprichst du ein bisschen leiser. Du bringst Rain in Verlegenheit.«

»Tut mir leid.« Sie zuckte die Achseln, so dass sich mir die Frage aufdrängte, ob es ihr wirklich leidtat. »Ich dachte einfach, wenn mein Bruder in festen Händen ist, handelt es sich garantiert um irgendeine billige Plastik-Barbie mit Fake Tan und ohne Persönlichkeit. Nicht ein Pin-up-Girl aus den Vierzigern.« Sie taxierte mich, dann sah sie Craig an. »Ich glaube, ich bin in deine Freundin verknallt.«

Er verdrehte die Augen. »Schon gut. Wir haben's kapiert. Du gibst mir deinen Segen. Und jetzt hör auf, Rain in Verlegenheit zu bringen. Ich mein's ernst.«

Maggie grinste ihn an, dann wandte sie sich wieder an mich. »Es tut mir leid. Ehrlich. Ich freue mich einfach nur so. Das ist so scheißcool!« Sie haute Craig auf den Arm. »Mein großer Bruder ist verliebt!«

»Und du?«, fragte ich sie in der Hoffnung, das Gespräch in andere Bahnen zu lenken.

Das brachte mir ein Schnauben von Craigs Schwester ein. »Ich? Ich bin ständig verliebt. Ich bin eine noch größere Schlampe als mein werter Herr Bruder.«

»O nein.« Craig stöhnte und rieb sich mit der Hand über die Augen. »Anderes Thema. Sofort.«

Ich tauschte ein verschworenes Lächeln mit ihr. »Wie läuft es an der Uni?«

»Super! Nur dass ich andauernd blank bin.« Sie schürzte die Lippen. »Nicht so toll. Aber! Ich liebe es, nach Hause zu kommen, weil mein großer Bruder mich dann zum Essen einlädt. Eine nette Abwechslung zu Nudeln und Bohnen auf Toast.«

Der Kellner kam, um unsere Bestellung aufzunehmen, und unser Gespräch wurde kurzzeitig unterbrochen. Sobald er wieder weg war, sah Craig seine Schwester durch zusammengekniffene Augen an. »Ich habe dir gesagt, du sollst anrufen, wenn du Geld brauchst. Ich lasse dich doch da oben nicht verhungern.«

»Ich komme schon aus.« Sie winkte ab und drückte beruhigend seine Hand. »Ich schwöre.«

Er erwiderte die Geste. Das war der neueste Eintrag auf der Liste seiner guten Eigenschaften: Er liebte seine Schwester aufrichtig. Er liebte seine ganze Familie.

Während wir uns über Maggies Mitbewohner unterhielten, wurde eine Familie am Nebentisch immer lauter. Stenggenommen war es nur ihr Sohn, der immer lauter wurde. Er war etwa vier oder fünf Jahre alt und machte ziemlich viel Krach. Extrem viel Krach. Und er warf mit seinem Essen.

»Toby, Schatz, bitte hör auf damit. Setz dich schön hin, und beruhig dich«, redete seine Mutter auf ihn ein. Man sah ihr an, wie peinlich ihr das Verhalten ihres Sprösslings war.

Maggie, die den Jungen immer wieder verärgert anfunkelte, riss die Augen auf, als Toby sagte: »Nein. Leck mich.«

Seine Mutter schnappte nach Luft. Sie sah aus, als würde sie jeden Augenblick in Tränen ausbrechen.

»Toby heißt du?« Unvermittelt lehnte Maggie sich zu dem anderen Tisch hinüber.

Die Mutter wurde feuerrot im Gesicht. Craig raunte seiner Schwester zu, sie solle sich wieder hinsetzen, wurde von ihr aber trotzig ignoriert.

»Ja!«, antwortete Toby und verschränkte die Arme vor der Brust, als wollte er sagen: *Und was geht's dich an?*

»Hast du schon mal vom Bettbiest gehört, Toby?«

Toby schüttelte den Kopf. »Was ist das?«

»Das ist ein Monster«, erklärte Maggie.

»Ein Monster?« Neugierig beugte Toby sich näher zu ihr hin.

»Genau.« Sie nickte mit todernster Miene. »Das Bettbiest mag keine Kinder, die frech zu ihren Eltern sind. Das gefällt ihm gar nicht, Toby.«

Toby machte ein leicht verunsichertes Gesicht.

»Vor allem kann er es nicht leiden, wenn Kinder schlimme Wörter zu ihren Eltern sagen. Und wenn ein Kind so was öfter macht, dann erfährt das Bettbiest irgendwann davon. Und weißt du, was dann passiert, Toby?«

Toby schüttelte mit großen Augen den Kopf.

»Es wartet, bis das Kind ins Bett gegangen ist und schläft. Dann kriecht es unter dem Bett hervor, schnappt sich das Kind und verschleppt es in die finstere Nacht hinaus. Ich an deiner Stelle würde also in Zukunft schön lieb sein, Toby.«

Ohne Vorwarnung brach Toby in lautes, verängstigtes Weinen aus.

Maggie schenkte der Mutter ein strahlendes Lächeln. »Gern geschehen.«

Die entsetzte Mutter brachte vor lauter Empörung kaum ein Wort heraus. Die Eltern versuchten hektisch, ihren Sohn zu trösten, während sie zugleich ihre anderen beiden Kinder zum Aufbruch fertig machten und beim Kellner um die Rechnung baten.

Craig und ich sahen uns mit zusammengepressten Lippen an und sahen zu, wie die Familie fluchtartig das Lokal verließ.

Kaum waren sie weg, brachen wir in geschocktes Lachen aus.

»Was denn?«, sagte Maggie achselzuckend.

»Du kannst einem kleinen Kind doch nicht so was sagen!« Craig schüttelte den Kopf und wischte sich die Lachtränen aus den Augen.

»Wieso nicht? Ich wette, es wirkt. Die kleine Kröte sagt bestimmt so schnell nicht wieder ›Leck mich‹ zu seiner Mutter. Rain findet meine Idee genial, nicht wahr, Rain?«

Ich bekam kaum Luft und konnte immer noch nicht ganz glauben, dass das, was ich gerade erlebt hatte, tatsächlich passiert war. »Ich finde«, kicherte ich, »ich finde, es war teils genial, teils furchtbar. Dir ist schon klar, dass der arme Junge jetzt wahrscheinlich wochenlang nicht schlafen kann?«

»Na und? Wir verziehen die Kinder heutzutage viel zu sehr. Die werden alle zu kleinen Arschlöchern. Ich muss es wissen – mit meiner Generation hat es angefangen.«

Erneut brachen wir in Gelächter aus. Wir lachten, bis mir der Bauch weh tat und ich zu dem Schluss kam, dass ich vielleicht auch ein bisschen in Maggie verknallt war. Sie war so herrlich authentisch und ehrlich, wie ich es mich niemals getraut hätte. Ich war einfach anders gestrickt. Das bedeutete aber nicht, dass ich jemanden von Maggies Kaliber nicht bewundern konnte.

»Warte nur, bis Mum davon erfährt«, neckte Craig sie, als er sich einen Bissen seiner fast vergessenen Lasagne in den Mund schob.

»O nein, bitte nicht.« Auf einmal wirkte Maggie verunsichert. »Du weißt doch, dass sie mir dann nur wieder sagt, ich wäre zu unhöflich, und mir stundenlange Vorträge hält.«

»Vielleicht täte dir ein stundenlanger Vortrag mal gut.«

»Die kriege ich schon zu Genüge an der Uni. Zu Hause ist vortragsfreie Zone.«

»Meinetwegen. Aber hör auf, fremder Leute Kinder zu traumatisieren.«

»Ich kann nichts versprechen.«

* * *

Am Ende hatte ich so viel Spaß mit Craig und Maggie, dass ich doch ein bisschen länger blieb. Craig musste erst in ein paar Stunden zur Arbeit, also beschlossen wir, noch in die Altstadt zu gehen. Nachdem wir eine Weile ausgelassen umhergeschlendert und durch ein paar Läden gebummelt waren, landeten wir im World's End, einem Pub an der Royal Mile.

Ich bestand darauf, die erste Runde auszugeben – Wein für mich, Bier für Maggie und Craig. Während ich auf die Getränke wartete, suchten die beiden für uns einen Tisch in der Nähe.

Ich stand erst etwa eine Minute am Tresen, als sich ein starker Arm um meine Taille schlang. Ich lehnte mich gegen Craigs vertraute warme Brust, als er mir einen heißen, sehr besitzergreifenden Kuss seitlich auf den Hals drückte.

»Brauchst du Hilfe?«, raunte er.

Ich versuchte, nicht zu erschauern, was mir allerdings nicht gelang. »Klar«, sagte ich leise. Ich hasste es, wenn er mich in aller Öffentlichkeit so scharfmachte. Vor allem hasste ich es, wie leicht ihm das fiel.

Er nahm die zwei Biergläser, während ich meinen Wein zu dem Tisch trug, an dem Maggie auf uns wartete.

Sie grinste von einem Ohr zum anderen.

»Was ist denn?«, fragte ich verwirrt.

»Er.« Sie zeigte auf ihren Bruder. »Dieser besitzergreifende Hund. Glaub ja nicht, er wäre ein Gentleman, Rain. Er ist nur zu dir gekommen, weil die drei heißen Kerle da drüben dich angeschaut haben. Tun sie übrigens immer noch.«

Ich folgte ihrem Blick zu drei Typen, die gegenüber vom Tresen an einem Tisch saßen. Sie grinsten mich an, und ich warf rasch einen Blick zu Craig. Tatsächlich, er funkelte die drei böse an.

»Das ist so genial!« Maggie klatschte vor Begeisterung in die Hände.

Craig riss den Blick von den Männern los und richtete seine Aufmerksamkeit wieder auf seine Schwester. »Wenn ich dich nicht so liebhätte, würde ich dich umbringen.«

»Oooch.« Sie griff nach ihm, zog ihn neben sich und schmiegte sich an ihn. »Du darfst mir nicht böse sein. War doch nur ein Witz!«

Er legte ihr den Arm um die Schultern und nahm sein Bierglas. »Such dir gefälligst neuen Stoff für deine Witze.«

»Ist das dein Ernst?« Sie entzog sich ihm und starrte ihn in gespieltem Entsetzen an. »Deine Verliebtheit ist der beste Stoff, den es gibt.«

Augenblicklich verspannte ich mich, aber falls Craig über ihre Worte erschrocken war, ließ er sich nichts anmerken.

»Wenn du das glaubst, ist das lediglich ein Beweis für das niedrige Niveau deiner Witze«, gab er zurück.

Die zwei Geschwister zankten sich liebevoll, und obwohl ich wegen dem, was Maggie da eben gesagt hatte, anfangs nicht in Panik geraten war, änderte sich das allmählich, weil Craig in keinster Weise darauf einging. Und noch schlimmer … je mehr sich ihre gegenseitige Zuneigung offenbarte, desto schmerzlicher vermisste ich Darcy.

Und sobald ich an Darcy dachte, kam mir unweigerlich der Grund ihrer Abwesenheit in den Sinn, und das wiederum erinnerte mich daran, dass ich meine Rachepläne total in den Sand gesetzt hatte.

Wegen eines Mannes.

Wieder einmal waren mir meine eigenen Bedürfnisse wichtiger gewesen als die meiner Schwester.

Aber damit musste jetzt Schluss sein.

Craig hatte mir lange genug den Kopf verdreht.

Irgendwie musste ich meinen Plan, Angus zu vernichten, weiter vorantreiben.

Auch wenn es so ziemlich das Letzte war, worauf ich Lust hatte.

An diesem Abend rief ich meine Schwester an. Ich wollte unbedingt ihre Stimme hören. Ich brauchte sie als Motivation für das, was mir bevorstand.

»Hier scheint die Sonne, bei euch muss es also spät sein«, eröffnete sie das Gespräch.

Ich lächelte beim Klang ihrer vertrauten Stimme. »Du kennst mich doch. Nachteule.«

»Du fehlst mir«, sagte Darcy. Sie klang traurig.

»Du mir auch.«

Wir schwiegen.

Schließlich sagte ich: »Und, wie ist es so da drüben?«

»Du meinst, ob ich mich schon von dem Sextape-Skandal erholt habe?«

Ihr Tonfall war so trocken, dass ich schmunzeln musste. Sie klang schon wieder ein wenig wie früher. »Ja.«

»Mir ging es ganz gut. Ziemlich gut, sogar. Aber die letzten Tage waren schwierig … ich träume immer wieder von ihm. Von der Party …« Ihre Stimme brach, und ich verzog voller Mitgefühl das Gesicht. Dann packte mich die Wut, allerdings versuchte ich, mir nichts anmerken zu lassen. »Was glaubst du, woran könnte das liegen?«

»Keine Ahnung«, antwortete sie rasch.

Ich hörte, dass sie log, und machte mir natürlich sofort Sorgen. »Darcy …«

»Ich habe ein paar neue Entwürfe gemacht«, lenkte sie rasch ab. »Ich maile sie dir.«

Ich hakte nicht weiter nach. Ich spürte, sie wollte nicht darüber reden, aber insgeheim war mein Blut heiß und meine Kehle trocken – mein Rachedurst war wieder zum Leben erwacht.

Rain

Wie sich herausstellte, machte Craig es mir leicht, meinen Plan wiederaufzunehmen.

An diesem Freitag kam ich auf seine Bitte hin in den Club 39, um ihm bei der Arbeit ein bisschen Gesellschaft zu leisten. Für mich war es das erste Mal im Club, seit wir offiziell zusammen waren. Kurz nachdem ich mir einen Platz gesucht hatte, kam seine Kollegin Joss zu mir und begrüßte mich. Ich hatte mich vor einiger Zeit einmal mit Joss unterhalten, lange bevor Craig und ich ein Paar geworden waren. Sie war klug und unkompliziert, und ich hatte sie auf Anhieb gerngehabt.

»Rain, hey«, sagte Joss mit einem Grinsen. »Craig hat mir gesagt, dass er dich gebeten hat, heute Abend herzukommen. Du weißt ja, freitags ist immer ziemlich viel los bei uns, deshalb hab ich mir gedacht, du möchtest vielleicht bei meinen Freunden sitzen. Alles nette Leute, versprochen.«

»Wo ist Craig denn?«, fragte ich, als ich Joss die Stufen hinauf in den Hauptbereich des Clubs folgte.

»Im Lager.« Sie steuerte auf ein paar niedrige Ledersessel zu, die um einen Tisch herum gruppiert waren. Es war einer der besten Plätze im Club – nah an der Bar, aber nicht zu nah, und außerdem weit genug von der Tanzfläche entfernt, dass man sich noch gut verständigen konnte. Am Tisch saßen drei Leute, zwei Männer und eine Frau. Alle drei waren geradezu absurd attraktiv.

»Hey.« Joss lächelte, als sie sich zu einem der Männer hinabbeugte und ihm die Arme um die Schultern legte. Sofort schlang er einen Arm um ihre Taille. Joss sah zu mir. »Rain, das ist mein Freund Braden.« Sie nickte in Richtung der großen Blondine. »Seine Schwester, meine Mitbewohnerin Ellie; und …« Als Nächstes deutete sie auf den Mann, mit dem Ellie kuschelte: »ihr Freund Adam. Leute, das hier ist Craigs Freundin Rain.«

»Hi. Schön, euch kennenzulernen.«

»Gleichfalls«, sagte Braden und streckte mir die Hand hin. Ich trat vor und ergriff sie. Er hatte die stechendsten blauen Augen, die ich je gesehen hatte. »Setz dich zu uns.«

Da ich nicht wieder allein sitzen wollte und es unhöflich gewesen wäre, nein zu sagen, nickte ich und nahm auf seiner freien Seite Platz.

»Dann ist es dir also gelungen, dir Craig zu schnappen«, sagte Ellie.

Mir fiel auf, dass sie genau dieselben wasserblauen Augen hatte wie Braden, nur dass ihre im Gegensatz zu seinen unglaublich warm und freundlich waren.

»Ja, irgendwie schon.« Ich lachte. »Glaube ich.«

»Kann ich dir was zu trinken bringen?«, fragte Joss.

»Schon da«, ertönte eine vertraute Stimme hinter mir.

Als ich aufblickte, sah ich Craig mit einem Glas Wein an den Tisch kommen. Er stellte es vor mich hin und beugte sich zu mir herab, um mich zu küssen. Seine Augen tanzten belustigt, und da wusste ich, dass er den letzten Teil unserer Unterhaltung mit angehört hatte.

»Es trifft voll und ganz zu. Nur um das klarzustellen.«

Ich lachte. »Gut zu wissen.«

Joss verabschiedete sich kurz darauf, und die Bar füllte sich. Ich redete mit meinen drei neuen Bekannten, während ich gleichzeitig Craig bei der Arbeit beobachtete. Ersteres fiel mir leicht. Obwohl Braden auf den ersten Blick etwas furchteinflößend wirkte, wurde ich schnell mit ihm warm. Wir fingen eine Unterhaltung an, und er war sehr interessiert an meiner Firma und zeigte sich beeindruckt von meinem Erfolg. Ellie und Adam waren mir von Anfang an sympathisch – sie waren offen und humorvoll, und ein Blinder sah, wie vernarrt sie ineinander waren. Auch Bradens Liebe zu Joss war offensichtlich, denn sein Blick wanderte zwischendurch immer wieder in Richtung Bar. Sie merkte es jedes Mal, und dann sahen sie sich auf eine vertrauliche, intime Weise an, als teilten sie ein aufregendes Geheimnis miteinander.

Ich hingegen hatte nicht nur mit meinen Schuldgefühlen zu kämpfen, ich war auch noch gekränkt. Und diese Gekränktheit schlug langsam, aber sicher in Wut um.

Denn wenn ich Richtung Bar schaute, wurde mein Blick fast nie von Craig erwidert, weil der alle Hände voll damit zu tun hatte, seine weiblichen Gäste anzugraben.

Als ich ihn das erste Mal dabei beobachtete, wie er sich über den Tresen lehnte und einem Mädchen eine Haarsträhne hinters Ohr strich, glaubte ich, ich hätte es mir nur eingebildet. Aber weit gefehlt. Er hatte es wirklich getan. Von da an musste ich mit ansehen, wie er lächelte und zwinkerte, mit Komplimenten nur so um sich warf und sich ganz allgemein seinen göttlichen Knackarsch abflirtete.

War nichts von dem, was ich gesagt hatte, zu ihm durchgedrungen?

Wie konnte er so zärtlich und liebevoll zu mir sein und trotzdem mit anderen Frauen flirten? Also gut, auf die Weise bekam er mehr Trinkgeld ... Es war mir vollkommen scheißegal, ob er mehr Trinkgeld bekam! Er war jetzt mit mir zusammen, und ich befand mich im selben Raum! Wo zum Teufel blieb sein Respekt?

»Alles klar bei dir?«, erkundigte sich Braden und lenkte meine Aufmerksamkeit von Craig auf sich.

Wahrscheinlich war ich nicht besonders geschickt darin, meine Wut und Gekränktheit zu überspielen. »Mir geht's gut«, murmelte ich und kippte den letzten Schluck von meinem Wein hinunter.

»Noch einen?«, fragte Adam.

»Jetzt bin ich dran.« Ich winkte ab.

»Nein, nein.« Adam war aufgestanden, ehe ich ihn davon abhalten konnte. »Die Runde geht auf mich. Noch mal dasselbe?«

»Ja. Danke dir.«

Ich sah Adam nach, wie er zur Theke ging. Dabei erregte etwas hinter ihm meine Aufmerksamkeit.

Mein Herz machte einen höchst unangenehmen Satz, ehe es zu rasen begann.

Am Eingang zum Club stand Angus mit seinen zwei Freunden.

Unsere Blicke trafen sich, und er musterte mich aus schmalen Augen.

Ich saß wie erstarrt da und wusste nicht, was ich tun sollte.

Noch vor wenigen Tagen hatte ich mir bittere Vorwürfe gemacht, weil ich in Sachen Angus nichts weiter unternommen hatte. Jetzt stand er direkt vor meiner Nase, und ich machte immer noch nichts. Wie sollte ich auch, wenn Craig in der Nähe war? Die Bar war nicht der Ort, den ich für die Durchführung meines Plans im Sinn gehabt hatte. Ich hatte alles Sexuelle ausklammern wollen – aber was, wenn das meine einzige Waffe war? Was, wenn ich anders gar nicht an Angus herankam? Trotzdem … wenn ich flirten musste, um mich wieder bei Angus einzuschmeicheln, wäre es unfair, es vor Craigs Augen zu machen.

Also saß ich wie gelähmt auf meinem Platz und ärgerte mich im Stillen, dass ich eine gute Gelegenheit verstreichen ließ.

Angus sagte etwas zu seinen Freunden, dann steuerte er durch den Raum auf mich zu.

Automatisch sah ich zur Bar, doch Craig hatte nichts bemerkt. Er scherzte gerade mit einer Frau. Ich konnte sie nur von hinten sehen, aber sie hatte eine tolle Figur und zeigte sie auch in einem engen, kurzen schwarzen Kleid.

Meine Wut brodelte heißer. Warum machte ich mir eigentlich Gedanken um Craigs Gefühle, wenn er auf meine Gefühle einen feuchten Scheiß gab? Das Mädel an der Bar lehnte sich über den Tresen und legte eine Hand an Craigs Brust, und er machte keine Anstalten, das zu unterbinden.

Und er erwartete von mir, dass ich den ganzen Abend rumsaß und ihm dabei zusah?

Nein. Das konnte er sich abschminken. Ich würde meinen Plan ausführen. Ich musste mich wieder darauf besinnen, was ich von einer Beziehung wollte. Ich wollte einen Mann, der nur Augen für mich hatte. Der mich respektierte und mir mit seinem Verhalten zeigte, dass sich seine ganze Welt ausschließlich um mich drehte.

Sosehr ich mir auch wünschte, Craig Lanaghan möge dieser Mann sein – er war es nicht.

Ganz eindeutig nicht.

In dem Augenblick brach mir das Herz. Alles, was ich wollte, war nach Hause fahren und mir die Augen ausheulen, weil ich etwas so Schönes nach so kurzer Zeit schon wieder verloren hatte.

»Rain.«

Ich blinzelte die Tränen weg, die in meinen Augen brannten, und sah zu Angus auf, der vor unserem Tisch stehen geblieben war.

»Angus.« Ich verbarg meinen Kummer hinter einem Lächeln. Diese Kunst hatte ich vor langer Zeit gelernt.

»Ist ja eine ganze Weile her. Das letzte Mal bist du einfach verschwunden.«

Ich spürte Ellies und Bradens neugierige Blicke auf mir und kam zu dem Schluss, dass ich für das Folgende kein Publikum haben wollte.

»Entschuldigt uns kurz.« Ich lächelte ihnen höflich zu und stand auf. Ich umrundete den Tisch, trat neben Angus und berührte ihn sanft am Arm; allzu forsch wollte ich nicht sein. »Lass uns rüber auf die andere Seite gehen und uns da unterhalten. Da kann ich dich besser hören.«

Er nickte und folgte mir. Ich konnte praktisch fühlen, wie er meinen Arsch anglotzte.

»Du siehst toll aus«, sagte er, als wir einige Meter von seinen Freunden entfernt stehen blieben. »Aber das ist ja immer so.«

»Danke. Du auch.« Ich lächelte wieder und lehnte mich gegen die Wand. »Tut mir leid wegen letztem Mal. Ich … ich habe jemanden getroffen, als ich aufs Klo gegangen bin. Jemanden, den ich nicht sehen wollte«, log ich.

Er zog eine Augenbraue hoch. »Lass mich raten. Einen Ex?«

»Hm.« Ich lächelte schief. »Es wurde ein bisschen unangenehm. Danach wollte ich nur noch raus hier.«

»Kein Thema.« Er drängte sich an mich und fuhr mit den Fingern an der nackten Haut meines Oberarms entlang. »Aber ich hab dich schwer vermisst.«

Ich schluckte meinen Ekel herunter und legte den Kopf schief. »Irgendwie kann ich das nicht ganz glauben.« Ich grinste neckisch. »Ich wette, du hattest schon nach fünf Sekunden Ersatz gefunden.«

»Du bist unersetzlich«, erwiderte er aalglatt.

Ich dachte an Craig und all die Frauen, mit denen er mich ersetzen konnte. »Anscheinend nicht.«

Ich war so in meiner eigenen Gekränktheit gefangen, dass ich erschrak, als ich Angus' Finger an meinem Kinn spürte und er mein Gesicht zu sich herumdrehte. Mir stockte der Atem, mein Herz begann, wie verrückt zu hämmern. Das hier eskalierte viel schneller, als mir lieb war.

»Wenn du dich für mich entscheidest«, raunte Angus an meinem Mund, »werde ich dich nie ersetzen.«

Ich schloss die Augen und hoffte, er würde meine Miene als Leidenschaft deuten, nicht als Traurigkeit.

Die richtigen Worte, nur leider vom völlig falschen Mann.

Ich erstarrte, als ich seine Lippen an meinem Hals spürte und seine Hand nach meiner Hüfte griff.

Das geht nicht. Sag ihm, er soll aufhören. AUFHÖREN!

»Hältst du mich wirklich für so bescheuert?«, wisperte er mir ins Ohr, und ich hörte die Wut, die er die ganze Zeit unterdrückt hatte. »Ich weiß genau, dass du irgendwas vorhast … ich würde nur gerne wissen, wie weit du gehst.« Sein Griff um mich verstärkte sich und wurde schmerzhaft.

»Angus …« Ich nahm die Hände hoch, um ihn von mir zu schieben, und im selben Moment hob er den Kopf, um mich zu küssen. Seine Lippen hatten kaum meine gestreift, als jemand ihn von mir wegriss.

Mit großen Augen sah ich zu, wie Craig Angus von mir fortzerrte und ihn grob gegen einen der Pfeiler schleuderte. Sein Gesicht war wutverzerrt, und als er Angus mit voller Kraft ins Gesicht schlug, glaubte ich, mein Herz würde explodieren.

Angus hatte sich relativ schnell wieder erholt und schwang nun seinerseits die Fäuste, aber Craig duckte sich weg und versetzte ihm einen Schlag in die Magengrube. Angus schnappte röchelnd nach Luft, doch Craig baute sich direkt vor ihm auf und schlug ein drittes Mal zu. Diesmal traf seine Faust mit einem dumpfen Schmatzen Angus' Kiefer, woraufhin ihm das Blut aus dem Mund lief und er zu Boden sackte.

Stöhnend wälzte er sich auf den Rücken, und Craig machte Anstalten, noch einmal nachzulegen.

»Nicht!«, schrie ich, aus Angst, er würde den Idioten noch umbringen.

Aber Braden und Adam drängten sich bereits durch die Menge, die sich um die Kämpfenden geschart hatte (eine Menge, das sollte erwähnt werden, in der auch Angus' Freunde standen, die jedoch keinen Finger rührten, um ihm zu helfen), und hielten Craig fest.

Craig versuchte, die beiden abzuschütteln. »Ich tu ihm ja nichts mehr!«, fauchte er und löste sich aus Bradens festem Griff.

»Wer zum Geier bist du überhaupt?«, stöhnte Angus, während er sich mühsam aufsetzte.

»Rains Freund«, spie Craig. »Und das war dafür, was du ihrer Schwester angetan hast.«

Angus zuckte zusammen, als er seinen Mund betastete. »Ich glaub, du hast mir einen Zahn abgebrochen. Ich verklag dich, du Wichser.«

Craig wollte sich erneut auf ihn stürzen. Angus sah aus, als würde er sich jeden Moment in die Hose machen. Braden und Adam hielten Craig zurück, während ich mich am Ausdruck nackter Angst in Angus' Gesicht weidete.

Ein Gefühl des Triumphs kam über mich.

Allerdings verflüchtigte es sich ganz schnell wieder, als ich Craig ansah.

In seinen Augen stand die blanke Wut.

Dieser Anblick fachte auch meinen Zorn von neuem an.

Wie konnte er es wagen? Wie konnte er mich ansehen,

als wäre *ich* diejenige, die sich unmöglich benommen hatte? Voller Abscheu sah ich ihn an. All die negativen Gefühle, die sich an diesem Abend in mir aufgestaut hatten, legte ich in meinen Blick.

Craig öffnete vor Schreck den Mund.

Weil es nichts mehr zu sagen gab, drehte ich mich um und ging. Ich hasste ihn dafür, dass er mich dazu gebracht hatte, für immer mit ihm zusammen sein zu wollen, während er nicht die geringste Absicht hatte, es auch nur zu versuchen.

Craig

Craig starrte Rain hinterher, als sie aus dem Club marschierte, und fragte sich, wie es sein konnte, dass er auf einmal der Bösewicht war.

Dieser letzte Blick von ihr – der hatte ihn bis ins Mark getroffen. Und in helle Panik versetzt.

»Geh ihr nach.« Plötzlich stand Joss neben ihm. Ihre Miene war ernst. »Wir schaffen das schon an der Bar.«

Craig sah zu Alistair, der neben Joss stand. Er nickte. »Geh.«

»Und wir entsorgen derweil den Arsch hier«, warf Adam ein und deutete auf Angus, der immer noch am Boden saß, weil er unbedingt beachtet werden wollte. Jämmerlicher Idiot.

»Danke.« Craig schob sich an ihnen vorbei durch die Menge der Gäste, die um sie herumstanden. Na ja, eigentlich musste er sich nicht durchschieben. Sie machten ihm Platz, kaum dass sie ihn kommen sahen.

Ihm war es scheißegal.

Es hatte sich so gut angefühlt, diesem schleimigen Wichser eine reinzuhauen.

Als der Kerl Rain angefasst und sie es widerstandlos zugelassen hatte, wäre er beinahe explodiert. Noch nie im Leben hatte er solche Wut und zugleich solchen Schmerz empfunden.

Ja, es hatte unfassbar weh getan. So war das eben: Menschen, die man liebte, konnten einem tiefere Wunden zufügen als irgendjemand sonst.

Aber warum hatte *sie* ihn dann so zutiefst verletzt angesehen, verdammt noch mal?

Er sprang die Stufen zur George Street hoch und sah gerade noch, wie seine Freundin in ein schwarzes Taxi stieg. »Rain!«, schrie er und rannte ihr nach. Er hatte die Tür des Taxis erreicht, kurz bevor sie zufiel, und hechtete hinein.

»Was soll das?«, fuhr sie ihn an. Er zuckte zurück, als er ihre geröteten Augen und die Tränenspuren auf ihren Wangen sah.

Craig rutschte neben sie und nannte dem Fahrer ihre Adresse.

»Wollen Sie den überhaupt hier drin haben?«, fragte der Taxifahrer, während er Craig misstrauisch beäugte.

Rain schien beinahe panisch. Wahrscheinlich fürchtete sie, dass er noch mal zuschlagen würde. »Ist schon gut.«

Der Fahrer fädelte sich in den Verkehr ein. Craig starrte auf das elegante Profil seiner Freundin. Sie weigerte sich hartnäckig, sich zu ihm umzudrehen.

»Warum?«, sagte er, wobei er selbst nicht genau wusste, ob er sie fragte, warum sie mit diesem Arschloch geflirtet hatte oder warum sie ihn angesehen hatte, als hätte er ihr weh getan, oder warum sie weinte, und das, obwohl er sie doch noch nie hatte weinen sehen.

»Nicht hier«, flüsterte sie und krallte die Finger in den Stoff ihres Kleides.

Sie wirkte so verletzt und hilflos, und obwohl er unfassbar wütend auf sie war, hätte er sie am liebsten an sich gezogen und sie in ihrem Schmerz getröstet.

Stattdessen sprachen sie die ganze Fahrt über kein Wort. Sie bezahlte den horrenden Fahrpreis, weil Craig Portemonnaie und Schlüssel im Club gelassen hatte.

Widerstrebend ließ sie ihn in ihre Wohnung, und sie gingen ins große Wohnzimmer.

»Also.« Er verschränkte die Arme vor der Brust und hockte sich auf die Armlehne ihrer Couch. »Möchtest du mir erklären, warum du es für schlau gehalten hast, dich von diesem Schwein angrapschen zu lassen? Und willst du mir danach erklären, wieso du sauer auf mich bist, weil ich ihn geschlagen habe?«

Rain ging an ihm vorbei. Sie erhaschte einen flüchtigen Blick auf ihr Gesicht im Spiegel über dem Kamin. Sie lächelte bitter und wischte sich das verschmierte Make-up von den Wangen. Als sie sah, wie Craig sie im Spiegel beobachtete, verging ihr das Lächeln. »Ich war nicht sauer, dass du ihn geschlagen hast. Der Teil hat mir sogar ziemlich gut gefallen. Vielen Dank dafür.«

»Keine Ursache«, sagte er brummig. »Und was ist mit dem Teil, wo du dich von ihm hast anfassen lassen?«

Sie zuckte mit den Schultern, als wäre es keine große Sache, und Craig wünschte, der Wichser stünde jetzt vor ihm, damit er ihm noch eine verpassen konnte. »Es ist einfach zu schnell aus dem Ruder gelaufen. Er war schlauer, als ich dachte. Er wusste, dass ich Hintergedanken hatte. Er hat sich absichtlich so eklig benommen. Ich war gerade dabei, ihn wegzuschieben.«

Zorn überwältigte ihn. »Soll das heißen, der Arsch ist übergriffig geworden?« Er stand auf, als wolle er zurück in die Bar, um ihn umzubringen.

Sie schüttelte den Kopf. »Er wollte mir bloß ein bisschen Angst einjagen.«

Craig sann darüber nach, was es bedeutete, dass sie sich überhaupt in die Situation gebracht hatte, in der es Angus möglich war, ihr Angst zu machen. »Und wie genau ist ihm das gelungen? Ich dachte, wir wären uns einig gewesen, dass du dieses ganze kindische Rache-Szenario abhaken willst. Wieso bist du noch mal zu ihm gegangen?«

Ihre Augen loderten vor Wut, als sie zu ihm herumwirbelte. »Erstens: Ich bin nicht zu ihm hin, er ist zu mir hin! Und zweitens: Ich habe nie gesagt, dass ich es abhaken will.«

»Jetzt *wirst* du es aber abhaken, verdammte Scheiße noch mal!«, brüllte er. »Was glaubst du, wie sich deine Schwester fühlen würde, wenn sie davon erfährt? Denkst du allen Ernstes, sie hätte kein Problem damit, dass du zu allem bereit bist, um dich für sie an ihrem Ex zu rächen? Denkst du, sie fände es okay, dass du dich von ihm vögeln lässt?«

»Ich wäre doch nicht mit ihm ins Bett gegangen!«, schrie Rain zurück. »Ich bin doch keine Hure! Im Gegensatz zu gewissen anderen Leuten!«

Er zuckte zurück, als hätte sie ihn geschlagen. »Was zum Henker willst du damit sagen?«

»Du weißt genau, was ich damit sagen will«, zischte sie und machte einen Schritt auf ihn zu. Ihr ganzer Körper vibrierte vor Zorn. »Ich bin aber auch so was von bescheuert!«

»Wovon redest du?«

»Ich musste den ganzen Abend in der Bar sitzen und zusehen, wie du mit einer Frau nach der anderen flirtest.« Ihre Stimme brach beim Sprechen.

Plötzlich spürte Craig ein dumpfes, steinschweres Gefühl im Magen. Er hörte ihren Schmerz, und er sah ihn in ihren Augen. Ein Schmerz, den er offenbar verursacht hatte. »Du meinst die Gäste?«

»Ja, die Gäste.« Sie lachte böse auf. »Die, deren Haar du angefasst hast, die, die deine Brust berührt hat, und all die anderen, denen du zulächelst und zuzwinkerst und vorsäuselst, wie wunderschön sie sind. So wie du mir vorsäuselst, ich wäre wunderschön.«

»Rain, das ist doch nicht dasselbe.« Er schüttelte den

Kopf, vollkommen sprachlos, dass sie so etwas überhaupt denken konnte. »Das ist bloß Arbeit.«

»Nein.« Sie schüttelte müde den Kopf. »Du hast gesagt, wir sind zusammen, und das bedeutet, dass du überhaupt nicht mit anderen Frauen flirten darfst – egal, aus welchem Grund. Du solltest es auch gar nicht *wollen* oder nötig haben, und vor allem solltest du mir ein kleines bisschen Respekt entgegenbringen, wenn ich im selben Raum bin wie du!«

»Rain …«

»Joss und Braden können gar nicht die Augen voneinander lassen.« Der Schwenk kam so unvermittelt, dass er im ersten Moment verwirrt war. »Ich habe sie beobachtet. Sie haben sich ganzen Abend lang immer wieder angesehen. Dich habe ich natürlich auch beobachtet, aber du hast dich fast nie nach mir umgesehen. Entweder, du hast vergessen, dass ich da bin, oder es war dir egal, wenn ich mitbekomme, wie du mit anderen flirtest. Was war es? Ich weiß nämlich nicht, was schlimmer wäre.«

»Du verstehst das völlig falsch.« Er machte einen Schritt auf sie zu, suchte verzweifelt nach den richtigen Worten, um ihr alles zu erklären, damit sie sich beruhigte.

»Du hast Angus verprügelt, weil er mich angefasst hat«, sagte sie verständnislos. »Du meldest in aller Öffentlichkeit deinen Besitzanspruch auf mich an und drohst Männern, wenn sie auch nur in meine Richtung schauen. Ich gehöre dir. Für den Moment jedenfalls. Aber du gehörst nicht mir. Du darfst vor meinen Augen mit anderen Frauen flirten, und wehe, ich sage was dagegen.«

Sein Unbehagen wuchs, denn langsam begann er, ihren Standpunkt zu verstehen. Er wäre außer sich gewesen, wenn sie mit mehreren Männern geflirtet hätte … erst recht, wenn sie es vor seinen Augen getan hätte.

»Es tut mir leid.« Er nickte und machte noch einen Schritt

auf sie zu. Er sehnte sich danach, sie in die Arme zu nehmen, doch ihre Körpersprache und ihr Gesichtsausdruck verboten es ihm. »Du hast ja recht. Das war gedankenlos von mir. Aber es hat wirklich nichts bedeutet. Ich flirte nur mit den Frauen, damit sie mir mehr Trinkgeld geben.«

»Das will ich aber nicht. Du verletzt mich damit.«

Er war voller Reue. »Darling, es tut mir leid, dass ich dich verletzt habe. Das wollte ich nicht, ehrlich.«

Ihre Miene wurde ein wenig sanfter. »Es war nur wegen der Trinkgelder?«

»Natürlich«, sagte er mit Nachdruck. »Ich will keine außer dir.«

»Dann machst du es also nie wieder?«

Jetzt war er verwirrt. »Was?«

»Du flirtest nicht mehr mit deinen Gästen oder mit anderen Frauen? Aus Respekt vor mir?«

»Rain, ich brauche das Trinkgeld.«

Ihre Augen wurden schmal. »Und was ist mit mir? Brauchst du mich auch?«

Jetzt kam bei ihm die Wut wieder hoch. »Ich lasse mir von niemandem vorschreiben, was ich zu tun und zu lassen habe. Wir reden hier von meinem Job. Das hat mit unserer Beziehung nicht das Geringste zu tun.«

Rain zuckte zurück, als hätte er sie geschlagen, und genau so fühlte er sich auch. Sie wandte den Blick ab und ballte die Hände zu Fäusten. Ihm fiel auf, dass ihr Kiefer angespannt war und Tränen in ihren Wimpern hingen, gegen die sie vergeblich ankämpfte.

Und er war schuld daran. »Rain«, flehte er. »Das ist doch nur mein Job. Es hat rein gar nichts zu bedeuten.«

»Sollte es aber!«, rief sie und fuhr zu ihm herum. Inzwischen ließ sie ihren Tränen freien Lauf. »Es *sollte* dir was bedeuten, dass es mir dabei schlechtgeht!«

»Darling, du überträgst die Probleme, die du hattest, bevor du mich kennengelernt hast, auf unsere Beziehung«, sagte er so sanft wie möglich. »Das ist nicht fair.«

Sie funkelte ihn verächtlich an, als wäre er Abschaum. »Du hast recht«, sagte sie mit einer Bitterkeit, die ihm unerträglich war. »Meine ganze Welt ist zusammengebrochen, als ich klein war und bei einer Alkoholikerin aufwachsen musste, die mich nur schlagen, aber nicht umarmen konnte. Die mich immer nur niedergemacht, aber nicht ein Mal gelobt hat. Darum geht es bei *Darraign.*« Sie deutete auf das Tattoo an ihrem Arm. »Das ist die Seele meiner Firma. Sie ist der Gegenbeweis. Meine Tante hat die ganze Zeit versucht, mir einzureden, dass ich wertlos bin. Sie hat mir gesagt, ich würde es nie zu was bringen. Jemand wie ich hätte gar nicht das Zeug dazu, im Leben erfolgreich zu sein. *Darraign* beweist, dass sie falschlag. Aber noch schlimmer ist, dass die einzige Zuneigung, die ich als Kind erfahren habe, von Darcy kam, die damals fast noch ein Baby war. Meine Tante hat sich nicht nur geweigert, mich zu lieben, sie hat mir praktisch jeden Tag gesagt, dass *niemand* mich lieben kann. Aber das hat mich nicht etwa innerlich abgestumpft. Das hat nicht dazu geführt, dass ich Mauern um mich herum aufbaue, damit mir nie wieder jemand so weh tun kann wie sie damals … Stattdessen habe ich was vollkommen Bescheuertes gemacht: Ich habe mich noch viel mehr nach Zuneigung gesehnt. Ich wollte jemanden finden, der mich so sehr liebt, dass ich durch ihn wirklich *erkenne*, wie unrecht sie hatte. Jemanden, der jeden Zweifel ausräumt.« Sie schluchzte, und instinktiv streckte er die Hand nach ihr aus. Rain jedoch entzog sich ihm, als könne sie seine Berührung nicht ertragen. Craig traf die Zurückweisung wie ein Schlag. »Vielleicht bin ich naiv und albern, aber ich will alles. Nur einmal in meinem einsamen, beschissenen Leben will ich einen Menschen haben, der mich so sehr liebt, dass nichts anderes für ihn zählt. Das will ich. Ich will, dass er leidet, wenn ich leide. Ich will, dass er verspricht, mir niemals weh zu tun.« Sie wich vor ihm zurück. »So ein Mann bist du nicht. Und mit weniger gebe ich mich nicht zufrieden.«

Statt vor ihrem Gefühlsausbruch zurückzuschrecken, war Craig wütend, dass sie ihn von vorneherein als den geeigneten Mann ausschloss. Klopfte sein Herz etwa nicht so heftig in seiner Brust, dass er dachte, es würde zerspringen? Zog sich denn nicht seine Brust zusammen, weil er sie verletzt hatte und den Gedanken daran kaum aushielt? Reichte das denn nicht?

»Ich bin dieser Mann«, beteuerte er heiser. »Ich finde es schrecklich, dass ich dich heute Abend so verletzt habe, wirklich, es ist einfach nur schrecklich. Ich will alles sein, was du willst, und alles, was du verdient hast. Aber, Darling, du musst auch bereit sein, Kompromisse einzugehen. Du musst die Realität erkennen und dir klarmachen, dass niemand perfekt ist.«

»Das will ich doch auch gar nicht!«, fauchte sie. »Ich will Treue, und zwar in jeder Hinsicht. Ich bin nicht blöd, Craig. Mir ist durchaus klar, dass attraktive Menschen *immer* angesehen werden, weil andere sie anziehend finden. Ich verlange ja auch nicht das Unmögliche. Ich verlange nur, dass du dieser Anziehung nicht nachgehst. Ich verlange einen Mann, der das auch gar nicht will, weil er mich *liebt.*«

»Ich will es doch auch gar nicht!«, rief er frustriert. »Es geht nur um meinen Scheißjob. Ums Trinkgeld!«

»Brauchst du das Trinkgeld wirklich so dringend?«

»Was ich dringend brauche, ist dein Vertrauen!«

»Wie kann ich dir vertrauen, wenn du nicht mal bereit bist, die Sache von meiner Warte aus zu betrachten?« Sie wischte sich über die Wangen. »Wie kannst du nur?«, flüsterte sie. Ihre Stimme versagte. »Wie kannst du nur so tun, als wäre ich verrückt, weil ich das von dir verlange! Weil es mir wegen dir so beschissen geht!«

Panik machte sich in ihm breit. Er war am Boden zerstört, weil er ihr weh getan hatte, und wollte sie trösten, aber zugleich musste er auch für seine Überzeugungen eintreten. Er durfte nicht zulassen, dass seine Liebe für sie ihn zu einem Schwächling ohne eigenen Standpunkt machte. »Das wollte ich nicht. Aber jetzt weißt du endgültig, dass es nichts bedeutet hat. Das musst du akzeptieren. Akzeptier es, Rain, bitte. Ich will mir nicht von einer Frau diktieren lassen, wie ich meinen Job zu machen oder mein Leben zu leben habe. Auch nicht von dir. Darum geht es in einer Beziehung nicht.«

Es war, als würde Rain bei diesen Worten innerlich erkalten. Sie erschauerte, und ihre nächsten Worte waren hart und kalt wie Eissplitter. »Verschwinde aus meiner Wohnung und aus meinem Leben. Und komm nicht zurück.«

Craig

Drei Tage.
Drei elende, gottverdammte Tage. So lange war es her, dass Rain ihn aus der Wohnung geworfen hatte.

Craig konnte es immer noch nicht fassen … wie sehr es ihn schmerzte, dass sie ihm nicht vertraute.

Er hatte schon so oft das Telefon in der Hand gehabt, um sie anzurufen, ihre Stimme zu hören, das Problem irgendwie zu klären. Doch sein Stolz und seine Gekränktheit hielten ihn jedes Mal davon ab.

Er war tief verletzt, und wie sich herausstellte, war er in diesem Zustand ziemlich unleidlich.

»Jetzt ruf sie doch einfach an«, hatte Joss ihn im Club 39 angeherrscht, weil er barsch zu ihr gewesen war.

»Kümmre dich um deinen eigenen Scheiß«, hatte er zurückgefaucht.

»Ich lasse dir deine unterirdische Laune mal durchgehen, weil ich weiß, dass ich auch ziemlich zickig war, als Braden und ich Probleme hatten. Aber irgendwann ist Schluss, Craig. Klär das, oder lass deinen Mist zu Hause.«

Lass deinen Mist zu Hause.

Die letzten zwei Worte brachten ihn auf eine Idee – er fuhr zu seiner Mum, deren Anrufe er die letzten Tage lang ignoriert hatte.

»Ich habe mir Sorgen gemacht«, gestand sie, kaum dass er zur Tür hereinkam.

»Das tut mir leid.« Er zog sie in seine Arme. Sie schien etwas überrumpelt, erwiderte seine Umarmung dann jedoch.

»Ich mache mir Sorgen«, wiederholte sie leise. »Was ist denn los?«

Er ließ sie los und seufzte schwer. »Erst mal einen Kaffee?«

Craig saß bei seiner Mutter in der Küche und sah ihr dabei zu, wie sie Kaffee aufbrühte. Ihr sorgenvoller Blick ging immer wieder zu ihm. Endlich setzte sie sich zu ihm an den Tisch.

»Ist zwischen dir und Rain etwas vorgefallen?«

Die Frage löste eine jähe, wenngleich mittlerweile vertraute Angst in ihm aus. Jedes Mal, wenn er daran dachte, dass er Rain womöglich nie wiedersehen würde, hatte er das Gefühl, als schnürte es ihm die Luft ab. »Wir haben uns getrennt.« Er hatte keine Ahnung, wie er das über die Lippen brachte.

Seine Mutter legte ihre Hände auf seine. »Was ist denn passiert?«

Also erzählte er ihr alles. Er brauchte ihren Trost und Zuspruch.

Zu seinem Erstaunen bekam er etwas ganz anderes.

Sie sah ihn strafend an. »Du sturer, sturer Kerl.«

Sofort packte ihn die Wut. »Wie bitte?«

Seine Mum stand vom Tisch auf und ging in der Küche auf und ab, wie immer, wenn sie aufgeregt war. »In Beziehungen sind Kompromisse das A und O, Craig! Ich kann nicht glauben, dass du endlich jemanden gefunden hast – du warst so glücklich, wie ich dich noch nie erlebt habe; Mags sagt, Rain ist wundervoll, und dann gehst du hin und machst alles kaputt, weil du dich wie ein arroganter Trottel benehmen musst!«

Craig war so geschockt, dass er kein Wort herausbrachte.

Und sie war noch nicht fertig. Sie stützte die Hände auf den Tisch und beugte sich zu ihm herunter. »Regel Nummer eins in einer festen Beziehung: Man flirtet niemals mit einer anderen Frau, vor allem nicht vor den Augen der eigenen Freundin. Da gibt es keine Ausnahme.«

»Mum, mein Trinkgeld ...«

»Dein Trinkgeld kann mich mal! Willst du allen Ernstes behaupten, dass Trinkgeld wichtiger ist als die Frau, die du liebst?«

Vor lauter Frust stieg ihm das Blut in die Wangen. »Es geht doch nicht ums Trinkgeld. Es geht ums Prinzip.«

»Mag ja sein, dass Rain überzogen romantische Vorstellungen hat. Das kann ich nicht beurteilen. Aber dass sie dich bittet, ihr wenigstens so viel Respekt entgegenzubringen, nicht vor ihrer Nase mit anderen Frauen zu flirten, ist *nicht* überzogen romantisch. Das würde jede Frau von dir verlangen. Das habe ich übrigens auch von deinem Vater verlangt, als wir uns kennenlernten und er so tat, als ließe er sich von niemandem etwas vorschreiben. Er hatte davor noch nie eine feste Beziehung gehabt. Hatte sich nie auf etwas Ernstes mit einer Frau eingelassen. Ich habe ihm klipp und klar gesagt: Entweder ich bin seine Einzige, oder aus uns wird nichts. Also hat er seinen Stolz heruntergeschluckt und ist darauf eingegangen. Und du ... du wirst gefälligst auch deinen verdammten Stolz herunterschlucken und vor dieser Frau im Staub kriechen, bis sie dich zurücknimmt. Oder liebst du sie etwa doch nicht?«

Sofort setzte bei ihm wieder die Panik ein. Er war so überzeugt gewesen, dass Rain überreagiert hatte, dass ihm der Gedanke, er selbst könne im Unrecht sein, gar nicht gekommen war. »Ich weiß nicht, ob sie mich noch zurücknimmt.«

»Das wirst du erst erfahren, wenn du es versuchst.«

Rain

Ich vermisste ihn. Ich vermisste ihn und spürte den Schmerz am ganzen Leib. Damals, als ich glaubte, Darcy für immer verloren zu haben, hatte ich diese nagende Hilflosigkeit am ganzen Körper gespürt. Jetzt war es genauso, nur mit dem Unterschied, dass diesmal auch noch eine fast unerträgliche Sehnsucht hinzukam.

Und dafür hasste ich ihn.

Aber ich hasste ihn, weil ich ihn so sehr liebte.

Ich kam zu dem Schluss, dass ich selbst an meiner Misere schuld war. Vom ersten Moment an war klar gewesen, dass Craig für sein Leben gerne flirtete. Bei ihm war der Herzschmerz gewissermaßen vorprogrammiert. Ich hatte es gewusst, ich hatte es gewusst, ich hatte es gewusst! Und trotzdem hatte ich mich ihm mit einem Lächeln in die Arme geworfen. Ich hatte ihn ja praktisch dazu gezwungen, mich zu enttäuschen.

Was war aus meinen Vorsätzen geworden? Ich hatte sie einfach beiseitegewischt, und wofür? Orgasmen?

Nein. Das war nicht fair. Craig hatte mir mehr gegeben als das. Er hatte mich zum Lachen gebracht, mir zugehört, und mit niemandem hatte ich so viel Spaß wie mit ihm; für eine Weile hatte er mir wirklich das Gefühl gegeben, etwas ganz Besonderes zu sein. Bis er damit aufgehört hatte.

Ich zog eine Grimasse und starrte das Display meines Handys an. Drei verpasste Anrufe von Craig.

Das mittlerweile allzu vertraute Brennen ungeweinter Tränen stach hinter meinen Lidern. »Verdammte Scheiße noch mal!«, fluchte ich und bohrte mir die Handballen in die Augen. Ich hatte fast achtundvierzig Stunden lang ohne Unterbrechung geweint. Inzwischen hatte ich die Tränen so was von satt.

Ich war stark. Ich konnte darüber hinwegkommen. Allerdings wäre es hilfreich, wenn Craig sich von nun an komplett aus meinem Leben heraushielte. Keine Ahnung, wieso er überhaupt anrief. Vielleicht hatte er noch Klamotten bei mir in der Wohnung. Ich würde ihm sein Zeug wiedergeben, aber erst dann, wenn ich ihm gegenübertreten konnte, ohne dabei einen Heulkrampf zu bekommen.

»Lass mich in Ruhe«, beschwor ich flüsternd mein Telefon, als es erneut zu klingeln begann.

Ich hätte auch rangehen können, aber ich hatte Angst, dass ich beim Klang seiner Stimme in Tränen ausbrechen würde.

Im nächsten Augenblick läutete es an der Tür. Unwillkürlich versteifte ich mich. Erst die Anrufe, jetzt das? Tagsüber, noch dazu an einem Wochentag, läutete normalerweise nie jemand bei mir. Die wenigen Freunde, die ich hatte, arbeiteten um diese Zeit, und überhaupt: Ich konnte mir nicht vorstellen, dass sie mich noch mochten, nachdem ich eine der Grundregeln der Freundschaft verletzt und mich so tief in die Beziehung mit Craig gestürzt hatte, dass der Kontakt zu ihnen praktisch eingeschlafen war.

Es konnte also nur einer sein … Ich schielte auf mein Handy. Er würde doch nicht einfach so bei mir aufkreuzen.

Sicher nicht.

Aber wir sprachen hier von Craig. Wenn er etwas wollte, ließ er so schnell nicht locker. Ich fragte mich nur, was zum Teufel er noch von *mir* wollte.

Zu allem Überfluss ging jetzt auch schon wieder mein Handy los.

Ich wurde immer nervöser, weil ich keine Ahnung hatte, was ich tun sollte. Sogar meine Zehen verkrampften sich in den Socken.

Dann verstummten Handy und Türglocke.

Ich wartete mit klopfendem Herzen, dann sackte ich erleichtert in mich zusammen. Diese Erleichterung machte mir klar, dass es die richtige Entscheidung gewesen war, ihn zu ignorieren, denn ganz offensichtlich war ich noch nicht bereit, mich ihm zu stellen.

BÄNG! BÄNG! BÄNG!

Ich machte vor Schreck einen Satz auf meinem Stuhl – und mein Herz gleich mit.

»Rain!«, kam Craigs Stimme von jenseits meiner Wohnungstür.

Einer meiner dummen Nachbarn musste ihn ins Haus gelassen haben.

»Rain! Darling, bist du da? Du machst mir Angst!«

Seine Sorge um mich versuchte, den Hass zu verdrängen, an den ich mich eisern klammerte. Aber das ließ ich nicht zu. Zu meiner Verwunderung brach ich, anders als vermutet, beim Klang seiner Stimme auch nicht zusammen. Meine Wut hatte mir einen Panzer verliehen.

Ich stieß mich von meinem Schreibtisch ab und marschierte durch den Flur. Dann würde ich ihm also doch gegenübertreten. Dass ich dabei Jogginghosen und ein uraltes *Daria*-T-Shirt trug, war mir herzlich egal, selbst wenn Craig mich bislang noch nie im Schlabberlook oder ungeschminkt gesehen hatte – außer wenn ich gerade nackt gewesen war. Früher hätte ich mir Gedanken darüber gemacht, was mein Freund wohl von mir denken würde, wenn ich nicht zurechtgemacht war. Aber Craig war nicht mehr mein Freund, also interessierte mich seine Meinung einen feuchten Dreck.

Na ja, so ungefähr jedenfalls.

Ich riss die Tür auf. Er musterte mich von Kopf bis Fuß, und seine Miene, eben noch halb besorgt, halb verärgert, wurde auf einmal zärtlich. Erleichtert seufzte er auf. »Gott sei Dank.«

»Du hast mich gesehen. Jetzt kannst du abhauen.« Ich wollte die Tür wieder zumachen, aber er streckte den Arm aus und hielt sie fest.

»Bitte, Darling. Wir müssen reden.«

Ich ignorierte sein Flehen und den liebevollen Ton und dachte stattdessen an seine wütende Sturheit bei unserer letzten Begegnung und daran, wie er in seinem grenzenlosen Egoismus auf meinen Gefühlen herumgetrampelt war.

»Geh nach Hause, Craig.«

»Erst wenn ich sagen darf, was ich sagen will.«

Ich richtete den Blick nach unten und betrachtete den Fuß, den er in meinen Türspalt gestellt hatte, damit ich ihn nicht aussperren konnte. »Ich könnte die Polizei rufen.« Ich zeigte auf seinen Fuß. »Manch einer würde das da als Belästigung interpretieren.«

»Und manch anderer als Verzweiflung.«

Ich sah ihn durch schmale Augen an. »Warum bist du hier? Ich dachte, es wäre alles gesagt. Du und ich, wir sind nicht kompatibel.«

»Doch. Ich bin einfach nur ein gedankenloser Trottel.« Er drückte gegen die Tür, so dass mir nichts anderes übrigblieb, als zurückzuweichen und ihn hereinzulassen.

Aber selbst wenn er es nicht getan hätte, hätte ich mich vielleicht durch seine Worte erweichen lassen. Mein Puls begann, noch schneller zu jagen als vorher.

War er hier, um mich zurückzugewinnen?

Und warum war ich plötzlich so froh darüber?

Untreuer Aufreißer, untreuer Aufreißer, untreuer Aufreißer, wiederholte ich immer wieder im Kopf, als ich die Wohnungstür schloss und ihm ins Wohnzimmer folgte.

»Du hast mir gefehlt«, sagte er, sobald ich ihm nachkam.

»Craig …«

»Und ich weiß, dass ich im Unrecht war.« Er hob beschwichtigend die Hände und machte einen zaghaften Schritt auf mich zu. »Du hattest recht. Ich hätte dich nicht so respektlos behandeln und mit anderen Frauen flirten dürfen – auch wenn es rein beruflich war. Wenn ich darüber nachdenke, kommt es mir vollkommen unwichtig vor, und ich will dich nicht wegen so einer idiotischen Kleinigkeit verlieren. Wegen etwas, das ich ändern kann. Und ich kann es wirklich ändern.«

Obwohl seine Worte mich zum Teil beruhigten, schüttelte ich den Kopf. »Du bist nicht total im Unrecht, Craig. Du hast recht, was mich angeht … Ich habe gewisse Probleme, und die würden über kurz oder lang nur zu Konflikten zwischen uns führen. Wir sind zu verschieden. Ich bin romantisch veranlagt, vergiss das nicht.«

»Ich doch auch.« Er überbrückte die Distanz zwischen uns, und ich spürte seine starken Hände an meinen Oberarmen. Ich schloss ganz kurz die Augen und genoss die Berührung, bevor ich mich ihm entzog.

»Rain …«

»Du bist nicht romantisch. Du bist Realist. Du sagst mir, dass du mit mir eine Beziehung willst, aber du kannst mir keine gemeinsame Zukunft versprechen. Und ich bitte dich auch gar nicht darum – weil ich weiß, dass es unmöglich ist. Aber ich will wenigstens, dass du das *Gefühl* hast, ich wäre deine Zukunft. Und das ist ganz offensichtlich nicht der Fall.«

Craig lachte harsch auf und sah mich ungläubig an. »Du hast wirklich keinen blassen Schimmer, oder?«

Perplex erwiderte ich seinen Blick. »Wovon redest du?«

»Von dem Abend, als wir Sex in deinem Flur hatten … vom Morgen danach, genauer gesagt. Da ist mir klargeworden, dass ich in dich verliebt bin. Ich hab dir eine Weile beim Schlafen zugesehen, und ich wusste einfach: Du bist die Richtige für mich. Meine Mum hat zufällig an dem Morgen angerufen, und ich hab wortwörtlich zu ihr gesagt: ›Ich hab sie gefunden, Mum.‹ Also steh nicht da und sag mir, was ich fühle. Es stimmt, ich kann dir nicht versprechen, dass unsere Beziehung ewig halten wird, aber ich kann dir sagen, dass ich es mir von ganzem Herzen wünsche.« Seine Augen quollen schier über vor Gefühlen, und ich spürte das Brennen aufsteigender Tränen in meiner Kehle. Mir war, als würde mir das Herz aus der Brust springen. Meine Hände zitterten. »Ich kann mir nicht vorstellen, jemals eine andere Frau so zu lieben, wie ich dich liebe.«

Meine Tränen liefen über, und ich biss mir auf die Lippe, um nicht zu weinen.

Eine Sekunde später lag ich in seinen Armen. Ich klammerte mich an ihm fest, rang nach Atem und versuchte, mich zu sammeln, aber ich war vollkommen überwältigt vor Erleichterung und erfüllt von einem nie gekannten Glücksgefühl. »Ich liebe dich auch«, presste ich hervor und vergrub die Nase an seinem Hals. »Ich liebe dich so sehr.«

»Gott sei Dank«, wisperte er, und seine Umarmung wurde noch fester. »Ich will nie mehr ohne dich sein. Die letzten drei Tage waren die Hölle.«

»Ich weiß.« Ich machte mich von ihm los, damit ich in sein wunderschönes Gesicht sehen konnte. Ich legte die Hände an seine Wangen und presste meinen Mund auf seinen. Es begann als ein zarter, liebevoller Kuss, wurde dann aber immer ungestümer, als er die Tränen auf meinen Wangen schmeckte.

Irgendwann unterbrach er den Kuss und sagte mit rauer Stimme: »Ich werde alles tun, damit ich dich nie wieder verletze.«

Ich nickte. »Ich auch.«

Er strich mit der Hand durch mein Haar, dann meinen Körper entlang, und seine Berührung war genauso gefühlsgeladen wie kurz zuvor der Kuss. »Ich will alles über dich wissen. Ich will jedes noch so kleine Stückchen von dir lieben.«

Bei diesen romantischen Worten ging ein köstliches Ziehen durch meine Brust. »Flöß mir ein paar Gläser Wein ein, und ich höre gar nicht mehr auf zu reden.«

Er lachte über meinen Scherz und schwang mich dann ohne Vorwarnung in seine Arme. Ich stieß ein kleines Quietschen aus, bevor ich die Arme um seinen Nacken schlang und mich an ihm festhielt. »Erst werde ich mit dir Liebe machen, dann werde ich dich vögeln, und dann kannst du mir alles erzählen, was es über dich zu wissen gibt.«

Ich grinste und spürte das vertraute Kribbeln der Erregung zwischen den Beinen. »Na ja, vielleicht verraten dir die ersten beiden Sachen schon ein bisschen über mich.«

»Ach, Darling. Damit werden wir so lange beschäftigt sein, dass sie mir jede *Menge* über dich verraten.«

Ich lachte überglücklich. Der Augenblick kam mir fast unwirklich vor. Am Morgen war ich noch ein Häufchen Elend gewesen, und jetzt? Nie hatte ich mich leichter und freier gefühlt.

Aber andererseits, dachte ich, als Craig mir einen langen, tiefen Kuss gab, machten diese Gefühlsextreme durchaus Sinn.

Schließlich … war ich verliebt.

Rain

»Du siehst toll aus«, sagte ich zu meiner Schwester.

Es war früher Morgen, und zum ersten Mal, seit Darcy nach Australien geflogen war, skypten wir. Das heißt: Für *mich* war es früher Morgen, für sie war es Abend. Wir hatten telefoniert und uns E-Mails geschrieben, die allerdings nie wirklich ausführlich gewesen waren, denn wenn Darcy deprimiert war, zog sie sich in ihr Schneckenhaus zurück. Allerdings war mir aufgefallen, dass unsere letzten Telefonate besser gelaufen waren, und in mir regte sich die Hoffnung, dass sie allmählich aus dem dunklen Loch herauskam, in das sie nach Angus' Verrat gefallen war.

Als sie den Vorschlag gemacht hatte zu skypen, weil sie mein Gesicht vermisste, hatte mir das die Gewissheit gegeben, dass sie bald wieder die Alte sein würde. Ich freute mich, dass meine kleine Schwester auf dem Weg der Besserung war. Ich freute mich, sie wiederzusehen, denn ich vermisste ihr Gesicht genauso wie sie meins. Und ich freute mich, weil ich endlich das Gefühl hatte, ihr von Craig erzählen zu können.

Es war sechs Wochen her, dass wir uns gegenseitig unsere Liebe gestanden hatten, und in diesen sechs Wochen waren wir praktisch unzertrennlich gewesen. Ich hatte seine Mutter kennengelernt und sofort liebgewonnen. Glücklicherweise schien auch sie mich sehr zu mögen.

Der einzige wichtige Mensch in unserem Leben, der noch

nicht wusste, dass wir zusammen waren, war Darcy. Bislang hatte ich immer das Gefühl gehabt, dass sie noch zu labil war, um ihr von meiner großen Liebe vorzuschwärmen.

Aber jetzt … jetzt hatte ich mich mit eigenen Augen davon überzeugt, dass es ihr besserging, und ich konnte es gar nicht erwarten, ihr von Craig zu berichten.

Meine wunderschöne Schwester strahlte mich an. »Du siehst ja immer toll aus. Es tut so gut, dich zu sehen.«

»Geht mir genauso. Du hast mir wahnsinnig gefehlt.«

»Du mir auch. Und wie.« Darcy beugte sich näher zum Bildschirm. »Ich muss dir nämlich was sagen. Und dann muss ich dich was fragen.« Ihre Augen blitzten vor Aufregung und Nervosität.

»Ist alles in Ordnung?«

»Ich komme nicht zurück nach Edinburgh.«

Wie vor den Kopf geschlagen, starrte ich auf den Monitor und versuchte, diese Ankündigung zu verdauen.

»Rain, ich will nicht zurück. In Edinburgh warten nur schlechte Erinnerungen auf mich. Außerdem liebe ich es hier in Sydney.«

Ich spürte einen scharfen Stich in der Brust. »Aber was ist mit uns?«

»Ich will dich nicht noch mal verlieren. Das würde ich nicht verkraften. Deswegen wollte ich dich bitten, zu mir zu ziehen. Wir können *Darraign* von überall aus weiterführen.«

Mein Herz klopfte. »Ich soll nach Australien ziehen?«

Sie deutete mein Zögern falsch. »Ich weiß, es kommt dir bestimmt wie ein riesengroßer Schritt vor, aber Rain, es wird dir hier garantiert gefallen. Die Sonne, die Menschen, das Leben. Du passt genau hierher. Bitte, bitte, denk wenigstens darüber nach.«

»Aber du bleibst so oder so drüben?«, fragte ich, weil ich Gewissheit haben musste.

Als sie nickte, wurde das Stechen in meiner Brust zu einem brennenden Schmerz. »Ich habe sehr lange darüber nachgedacht. Immer und immer wieder. Es gibt nichts, was meine Meinung noch ändern könnte, Rain. Ich bin glücklich hier. Aber ich wäre noch glücklicher, wenn du bei mir wärst. Du weißt, wie sehr ich dich brauche.«

Darcy. Es war zum Heulen, denn …

Craig.

Craig würde niemals seine Familie in Schottland verlassen. Er würde nie mit mir nach Sydney kommen.

Das hieß: entweder Craig oder Darcy.

O Gott.

Mir wurde übel.

»Du siehst ein bisschen käsig aus. Alles klar mit dir?«

Ich wandte den Blick vom Bildschirm ab und versuchte nachzudenken. *Denk nach! DENK NACH!* »Ich hab mir gestern was zu essen geholt, das muss irgendwie schlecht gewesen sein.«

Darcy lachte. »Ach, Babe. Noch ein Grund, weshalb du zu mir ziehen solltest. Das Essen ist phantastisch hier, und ich kenne die besten Restaurants.«

Ich lächelte matt. »Ein weiterer Punkt auf der Pro-Liste.«

»Ich gehe mal davon aus, dass ich zehn Punkte auf der Pro-Liste wert bin?« Darcy zwinkerte.

Ich sah sie an, und mein Herz war gleichzeitig von Liebe und einer schrecklichen Traurigkeit erfüllt. »Babe, du *bist* die Pro-Liste.«

Sie grinste. »Ist das ein Ja? Bitte sag, dass das ein Ja ist.«

Ich versuchte, mir vorzustellen, wie es wäre, Craig zu verlassen, und der Druck auf meiner Brust wurde schier unerträglich.

Als hätte Darcy meine Unsicherheit bemerkt, beugte sie sich näher zum Bildschirm. »Bitte, Rain. Ich … ich, na ja.«

Sie lächelte unsicher. »Ich hab jemanden kennengelernt. Er macht mich glücklich. Ich möchte wirklich, dass du ihn triffst.«

Ich empfand einen Stich der Angst.

Das hatte ich Darcy schon einmal sagen hören. Das Ergebnis war ihre Flucht nach Australien gewesen.

In diesem Moment wusste ich, dass ich sie nicht noch einmal im Stich lassen durfte.

Ich konnte das Gespräch abbrechen und ihr sagen, dass ich es mir überlegen würde. Aber ich wusste, dass das ganze Hin und Her am Ende doch nur zu einem einzigen Ergebnis führen würde: Ich hatte Darcy einmal enttäuscht. Ich hatte meine eigenen Bedürfnisse über ihre gestellt, und es hatte lange gedauert, ihr Vertrauen zurückzugewinnen. Sie war meine Familie. Sie brauchte mich, und ich musste sichergehen, dass ihr neuer Freund ein anständiger Kerl war. Ich musste sie beschützen, notfalls auch vor ihren eigenen Entscheidungen.

So viele Emotionen stürzten auf mich ein, dass ich gar keine Luft mehr bekam. Meine Augen füllten sich mit Tränen, die ich als Tränen der Freude zu verkaufen versuchte. Ich lächelte meine Schwester mit feuchten Augen an. »Ja, ich ziehe zu dir nach Australien.«

Darcy kreischte vor Glück und klatschte in die Hände wie ein kleines Kind. Ich lachte erstickt, und meine Tränen liefen über. »Hör zu, ich muss jetzt Schluss machen. Ich habe einen Telefontermin mit unserem Hersteller, aber ich ruf dich morgen früh an, dann können wir die Einzelheiten besprechen, okay?«

»Okay, geh, geh nur! Wir sprechen uns bald.« Sie winkte ausgelassen, und ich winkte zurück, ehe ich meinen Laptop zuklappte.

Kaum sah ich nicht länger ihr Gesicht vor mir, brach

ich in hemmungsloses Schluchzen aus. Ich versuchte, die Schmerzen loszulassen, die ich in jedem Muskel, jedem Nerv, jedem Zentimeter meines Körpers spürte.

Es war die Hölle.

Es war die Hölle, dass ich mich jetzt zwischen den zwei Menschen entscheiden musste, die ich auf dieser Welt am meisten liebte.

Es war die Hölle, dass ich den Mann, den ich liebte, verlassen musste.

* * *

Nachdem ich lange und verzweifelt geweint hatte, versuchte ich, die Situation logisch zu durchdenken und zu überlegen, ob es vielleicht eine Alternative gab.

Mir fiel keine ein.

Immer wieder musste ich an das Gesicht meiner Schwester denken, als ich nach Inverness zurückgekommen war, um sie zu mir zu holen. Ich hatte eine Weile gebraucht, um diesen Gesichtsausdruck zu deuten, weil ich so erschrocken war über ihre abgemagerte, müde Gestalt. Aber dann hatte ich ihr in die Augen gesehen, und sie waren wie Messer gewesen, die mich in Fetzen schnitten als Strafe dafür, dass ich sie schmählich im Stich gelassen hatte.

Ich würde es nicht ertragen, noch einmal diesen Ausdruck in ihrem Gesicht zu sehen. Ich durfte meine Wünsche und Belange nicht über ihre stellen. Diesmal nicht.

Das Letzte, woran ich mich jetzt noch klammern konnte, war die winzige Hoffnung, dass Craig mir ans andere Ende der Welt folgen würde.

Als Craig am Nachmittag vor seiner Schicht bei mir vorbeikam, saß ich zusammengekauert in meinem großen gemütlichen Sessel im Wohnzimmer und hielt eine Tasse mit kalt gewordenem Tee in den Händen. Ich war ein schlotterndes Wrack und so nervös, dass mir regelrecht schlecht war.

»Darling, ich bin's«, rief er beim Hereinkommen.

Eine Zeitlang hatte ich tatsächlich geglaubt, ich würde diese Begrüßung von jetzt an jeden Tag hören. Bei dem Gedanken kamen mir erneut die Tränen.

»Da bist du.« Er betrat das Wohnzimmer und kam entschlossenen Schrittes auf mich zu. Die letzte Nacht hatte er Überstunden gemacht und war danach in seine Wohnung gefahren, weil er mich nicht in den frühen Morgenstunden wecken wollte. Das mindeste, was jetzt angebracht war, war ein ausgiebiger Kuss.

Doch als Craig mein Gesicht sah, blieb er unvermittelt stehen. »Darling?«, fragte er besorgt. Gleich darauf war er an meiner Seite und drehte mein Gesicht sanft ins Licht. Meine verquollenen Augen waren nicht zu übersehen. »Was ist passiert? Wen soll ich umbringen?«

Ich schenkte ihm ein zittriges Lächeln dafür, dass er mich beschützen wollte, und schmiegte die Wange in seine Hand wie eine Katze. »Mich wahrscheinlich«, sagte ich mit belegter Stimme.

»Rain.« Er schob sich neben mich auf den Sessel, verdrängte mich von meinem Platz und nahm mich auf seinen Schoß. Sofort vergrub ich das Gesicht in seinem Hals, atmete seinen Duft ein und spürte seine Kraft und Wärme.

Dann fing ich schon wieder an zu weinen.

Craig streichelte meinen Rücken. »Okay, jetzt mache ich mir langsam wirklich Sorgen.«

Ich brauchte einen Moment, bis ich meine Emotionen halbwegs im Griff hatte. Irgendwann versiegten meine Tränen, und ich schniefte nur noch. Craig sah mich an.

Ich betrachtete sein attraktives vertrautes Gesicht, und ich schwöre, ich hörte und spürte, wie mir das Herz brach. Jetzt kam auch die Anspannung zurück, weil ich versuchen musste, mich lange genug zusammenzureißen, um ihm alles zu erklären. Ich biss die Zähne aufeinander, um meine Tränen mit Gewalt zurückzuhalten. »Darcy hat sich gemeldet.«

»Ihr habt geskypt?«

Er hatte mich letzte Nacht in seiner Pause angerufen, deshalb wusste er, wie sehr ich mich darauf gefreut hatte, sie wiederzusehen und ihr von ihm zu erzählen.

»Sie will drüben bleiben«, flüsterte ich und biss mir krampfhaft auf die Lippe.

»In Australien?«

Ich nickte, und schon begannen die Tränen erneut zu fließen.

Craigs Augen waren voller Mitgefühl und Zärtlichkeit. »Ach, Darling, das tut mir so leid. Ich weiß ja, wie sehr sie dir fehlt.«

»Das ist es nicht.« Ich schluckte schwer und holte tief Luft. »Ich hatte gar keine Gelegenheit, ihr von uns beiden zu erzählen, weil sie eine Bombe hat platzen lassen …« Ungehalten wischte ich meine Tränen weg. Ich zwang mich, ihm ins Gesicht zu sehen, obwohl ich das Gefühl hatte, sterben zu müssen, wenn ich sein Gesicht sehen musste, sobald er erfuhr, dass ich mich gegen ihn entschieden hatte. »Sie hat gesagt, sie braucht mich. Sie hat mich gebeten, zu ihr zu ziehen und die Firma von Sydney aus zu führen.«

Ich spürte, wie Craig sich unter mir verspannte. Ungläubig sah er mich an. »Zu ihr ziehen? Für immer?«

Meine Lippe zitterte. »Ja. Und sie hat jemanden kennengelernt. Sie will ihn mir vorstellen.« Ich wusste genau, die Antwort, die ich meiner Schwester gegeben hatte, stand mir ins Gesicht geschrieben.

Er sah untröstlich aus.

Ein Schluchzen drang aus meiner Kehle, und Craig zog mich an sich und hielt mich so fest, dass ich kaum noch atmen konnte. Aber das war mir egal. Ich hielt ihn genauso fest.

So saßen wir lange da und sagten kein Wort.

Irgendwann sagte Craig schließlich doch etwas. Seine Stimme war heiser vor Gefühl. »Ich kann nicht mit dir kommen. Ich verstehe, dass du gehen musst, wegen deiner Vergangenheit mit Darcy … aber genauso wie du dich um deine Familie kümmern musst, muss ich mich um meine kümmern. Sie brauchen mich so, wie Darcy dich braucht.«

Meine letzte Hoffnung, so winzig sie auch gewesen war, erlosch. Es war ein Gefühl, als ob ich entzweigerissen würde.

Und eine Hälfte von mir würde ich bei diesem Mann zurücklassen.

Ich wollte, ich *konnte* nicht glauben, dass ich ihn nie wiedersehen, nie wieder vollständig sein würde. »Vielleicht ändert sie nach einer Weile ja ihre Meinung.«

Er nahm mein Gesicht in beide Hände und gab mir einen sanften, liebevollen Kuss auf den Mund. Dann sagte er traurig: »Wir können nicht mit so einem Vielleicht leben, Darling. Das würde alles nur noch schlimmer machen.«

Ich nickte. Mir war schon wieder nach Weinen zumute, und ich fragte mich, ob meine Tränen wohl jemals aufhören würden. »Also ein klarer Schnitt?«

Automatisch wurde sein Griff um mich fester, seine Finger gruben sich in meine Haut. Die Muskeln an seinem Kiefer zuckten, während er mit seinen Gefühlen rang. »Ich kann es nicht glauben.«

»Ich auch nicht.«

»Wann willst du zu ihr?«

»Ich rufe sie heute Abend an, dann wollen wir alles Weitere besprechen. Aber so bald wie möglich, denke ich mal.«

»Dann nutzen wir die Zeit bis dahin.«

»Du kannst auch gehen, wenn du willst«, bot ich ihm an, obwohl es mir unheimlich schwerfiel. »Jetzt gleich, meine ich. Wenn es dann einfacher für dich ist. Ein klarer Schnitt.«

»Nein«, knurrte er und zog mich an sich. »Wir verbringen den Rest der Zeit zusammen, und ich fahre dich zum Flughafen, und wir sagen nicht eher Lebwohl, als du in den Flieger steigst.«

Schon wieder musste ich weinen, aber Craig hatte genug von meinen Tränen. Er küsste sie fort und stand auf, ohne mich loszulassen. Er trug mich zu meinem Bett und legte mich darauf.

Er liebte mich mit einem ungezügelten Verlangen, wie ich es noch nie erlebt hatte. Danach ging er nicht zur Arbeit, sondern meldete sich krank, um den Rest der Nacht mit mir zu verbringen und mir zu zeigen, dass er mich niemals gehen lassen wollte.

Rain

Es war Winter in Sydney, aber der August war relativ mild, etwa so wie der April oder Mai zu Hause in Schottland.

Ich fand es toll, dass man sich hier im Winter nicht den Hintern abfror. In den drei Wochen, die ich nun schon in der sündhaft teuren Wohnung einige Blocks von der George Street entfernt wohnte (meine Schwester hatte sie ausgesucht, aber wir wollten ausziehen, sobald der auf sechs Monate befristete Mietvertrag abgelaufen war), hatte ich Sydney widerstrebend in mein Herz geschlossen.

Ich mochte die offene, warmherzige Art der Australier. Sie hatten einen Sinn für Humor, der meinem sehr ähnlich war, außerdem fand hier niemand meine Kleider oder meine Frisur seltsam. Stattdessen akzeptierte man meinen Stil ganz selbstverständlich. Das Essen war hervorragend, am Meer zu leben war ein Traum, und die Stadt summte vor Lebendigkeit. Mir war gar nicht bewusst gewesen, wie sehr mir das in Edinburgh gefehlt hatte.

Aber am Ende spielte das alles keine Rolle.

Ich ging trotzdem allabendlich mit schmerzhafter Sehnsucht ins Bett – einer Sehnsucht, die mir so tief in den Knochen saß, dass ich manchmal das Gefühl hatte, ich könnte Craigs Arme um meinen Körper und seinen warmen Atem in meinem Nacken spüren.

Nachts im Dunkeln hörte ich seine tiefe Stimme, die mir

liebevolle, verführerische Worte ins Ohr raunte. Ich dachte an unseren Sex, mein Körper begann zu glühen, und auch der Vibrator auf meinem Nachttisch konnte nur bedingt helfen, meinen Frust abzubauen und mein Verlangen nach ihm zu stillen.

Mir ging es richtig mies, und ich fragte mich, wie lange es wohl dauern würde, bis ich über ihn hinweg war.

Ich hatte Angst, dass es nie so weit sein würde.

* * *

»Kann ich dir noch einen Wein bringen, Rain?«

Als ich meinen Namen hörte, erwachte ich aus meinen Grübeleien. Ich sah zu Lee auf. Er saß nicht mehr neben mir in der Sitznische, in die wir uns alle hineingequetscht hatten, sondern stand neben dem Tisch. Ich hatte gar nicht gemerkt, wie er aufgestanden war. »Ja, gern.« Ich schenkte ihm ein kleines Lächeln, und er grinste breit, ehe er in Richtung Theke verschwand.

Lee war einer von Darcys neuen Freunden. Er war ein Bekannter ihrer Freundin Joanie, mit der sie in den letzten Monaten zusammengewohnt hatte. Wie an den meisten Abenden saßen wir mit einem Teil von Joanies großem Freundeskreis zusammen in der Bar. Zu meiner Linken saß Dex, ein Amerikaner, der mit Mei zusammen war. Mei war eng mit Darcy befreundet und saß Dex gegenüber neben Joanie, die wiederum zwischen ihr und Xander, Darcys neuem Freund, eingequetscht war. Ganz am Ende der Sitzbank, halb auf Xanders Schoß, saß Darcy.

Ich wandte den Blick von Lees Rücken ab und traf den Blick meiner Schwester. Mir gefiel nicht, wie sie mich musterte … als hätte sie gemerkt, wie unglücklich ich war. Ich pappte mir ein falsches Lächeln ins Gesicht. »Alles klar?«

»Bei mir schon.«

»Ich glaube, Lee steht auf dich, Rain«, sagte Joanie unvermittelt und unterbrach unser gegenseitiges Anstarren.

Darcy lächelte aufrichtig. »*Alle* stehen auf Rain.«

»Du musst gerade reden«, stichelte Joanie. Ich hörte echte Eifersucht in ihrem Ton und sah sie auch in ihren Augen, als sie den Blick von meiner Schwester abwandte.

Darcy hatte es wohl auch gespürt, denn sie fing meinen Blick ein und schnitt eine Grimasse.

Ich biss mir auf die Lippen, um nicht loszulachen.

Xander bemerkte die stumme Kommunikation zwischen uns, und ein kleines Lächeln huschte über sein Gesicht.

Meine Schwester war wunderschön. Wir hatten beide dunkles, fast schwarzes Haar, aber während ich große dunkelbraune Augen hatte, standen Darcys Augen leicht schräg und waren so azurblau, dass sie aussahen wie das Meer bei Santorini. Durch die langen schwarzen Wimpern, die ihre Augen umrahmten, stach das Blau nur noch mehr hervor. Außerdem war sie zierlicher und kurviger als ich. Mit anderen Worten: umwerfend.

Klug.

Und stark.

Sie hatte bewiesen, wie stark sie war.

Ich war so verdammt stolz auf sie, und so elend ich mich ohne Craig auch fühlte, ich fand es großartig, endlich wieder mit meiner Schwester zusammen zu sein. Vor allem fand ich es großartig zu sehen, dass sie aus ihren Fehlern gelernt hatte. Xander war das totale Gegenteil von Angus. Er war beileibe kein Schönling. Im Gegenteil, seinen Körper mal ausgenommen (er war ein sehr großer, sehr gestählter Personal Trainer), sah Xander nicht besonders bemerkenswert aus. Aber sobald man ihn ein bisschen besser kennenlernte, stellte man fest, dass er freundlich und humorvoll war – ein selbstbewusster, umgänglicher Mann, der meine Schwester ansah, als wäre sie eine Göttin.

Er brachte sie zum Lachen.

Und zwar ständig.

Und bislang hatte er nur Augen für sie.

Deshalb mochte ich ihn unheimlich gern.

Außerdem hatte ich erfahren, dass das unglückliche Telefonat mit Darcy, bei dem sie mir gebeichtet hatte, dass sie nach Wochen erstmals wieder von Angus und seinem Verrat träumte, mit Xander zusammenhing. Er hatte sich hartnäckig um sie bemüht, und das hatte bei ihr die alten Wunden wieder aufgerissen. Es war ein schmerzhafter Prozess gewesen, doch nun schien sie endgültig geheilt. Zu meiner großen Freude hatte meine Schwester mir alles über Xanders »Werben« erzählt. Sie hatte es ihm sehr schwergemacht, aber er hatte nicht aufgegeben, bis sie bereit gewesen war, ihm eine Chance zu geben.

»Ich dachte, Lee wäre mit dieser Deutschen zusammen«, warf Mei ein und riss mich aus meinen Xander-Gedanken.

»Die würde er für Rain bestimmt in null Komma nichts abschießen«, sagte Joanie trocken.

»Er ist ziemlich heiß«, meinte Mei.

Ich schielte zu Darcy hinüber und sah ihr an, dass sie derselben Meinung war. Sie warf mir einen Blick zu, als wolle sie sahen: *Du könntest es schlimmer treffen.*

War Lee heiß? Darauf hatte ich gar nicht geachtet. Ich spähte zur Bar und betrachtete seinen großen, muskulösen Körper. Er war im Verlagsgeschäft tätig, und in seiner Freizeit surfte er. Klug und sportlich, also. Außerdem war er der einzige Australier am Tisch. Sein Akzent war ziemlich sexy.

In der Tat: Ich hätte es schlimmer treffen können.

Aber ich hatte es auch schon einmal *besser* getroffen. Ich hatte Craig gehabt. Lee war der Craig einer anderen Frau.

Er war nicht für mich bestimmt.

»Kein Interesse«, murmelte ich und milderte meine Ablehnung durch ein entschuldigendes Lächeln ab.

»Dann sag ich ihm, er soll die Deutsche lieber nicht abschießen«, witzelte Dex.

Mein Lachen war nur halbherzig, was Darcy leider nicht entging. Sie wurde sofort argwöhnisch, und ich wandte vorsichtshalber den Blick ab.

Ich würde meiner Schwester nie von Craig erzählen, komme, was da wolle. Es war besser, wenn sie nicht wusste, was ich für sie aufgegeben hatte.

* * *

In den nächsten Tagen ging unser Leben in Sydney weiter wie gehabt. Darcy arbeitete an Entwürfen für unsere Herbst-Kollektion, während ich Mails von unserem Hersteller in Newcastle und von den Administratoren beantwortete, die unsere Kundenkonten verwalteten, sich um Serviceanfragen und ganz allgemein um die Pflege unseres Online-Shops kümmerten.

Was Darcy anging, wog ich mich in falscher Sicherheit. Ich glaubte, mein Geheimnis wäre vor ihr sicher.

Dementsprechend groß war meine Überraschung, als ich eines Abends nichtsahnend vom Chinesen zurückkam, wo ich etwas zu essen geholt hatte, und Darcy mit meinem iPad Mini in den Händen auf dem Sofa sitzen sah.

Auf dem iPad hatte ich die Fotos von meinem Handy gespeichert.

Sie drehte das Gerät so, dass ich das Display sehen konnte, und ich schnappte nach Luft, als ich ein Foto von Craig und mir sah. Es war ein Selfie von uns beiden, wie wir Wange an Wange auf einem Steg am Loch Lomond standen und in die Kamera strahlten. Wir hatten an dem Tag einen wunderschönen Ausflug gemacht. Wir waren gewandert, hatten in einem entzückenden kleinen Café gegessen, und abends war Craig mit mir zu einem verlassenen Touristenparkplatz gefahren, wo wir auf dem Rücksitz seines Autos gefummelt hatten wie zwei Teenager.

Die Erinnerung tat unbeschreiblich weh.

Ich versuchte, mir nichts anmerken zu lassen. »Was machst du da?« Ich war wütend auf sie, weil sie in meinen Sachen herumgeschnüffelt hatte – erst recht weil sich auf dem iPad auch einige Fotos von Craig und mir halbnackt im Bett befanden –, aber vor allem spürte ich Panik.

Darcy war verwirrt und gekränkt. »Ist das Craig?«

Meine Panik wuchs. »Woher weißt du das?«

»Weil wir gemeinsame Freunde in Edinburgh haben, die im Gegensatz zu meiner Schwester nur zu gerne bereit waren, mir zu erzählen, was du die letzten Monate über so getrieben hast.«

»Darcy …«

»Warum hast du mir nichts von ihm gesagt?« Sie fuchtelte mit dem iPad herum. »Seit deiner Ankunft hier mache ich mir Sorgen, weil du die ganze Zeit so verdammt traurig bist. Ich habe gehofft, es wäre einfach nur Heimweh und dass du irgendwann darüber hinwegkommen würdest. Aber dann ist mir klargeworden, dass noch was anderes dahinterstecken muss. Also habe ich zu Hause angerufen. Lucy hat gesagt, sie hätte in den letzten Monaten kaum ein Wort von dir gehört. Du hättest jemanden namens Craig kennengelernt und wärst praktisch abgetaucht.«

Müde ließ ich mich auf meinen Computerstuhl sinken. Die Wohnung hatte kein drittes Zimmer, das ich als Büro hätte nutzen können, also musste mein Schlafzimmer dafür herhalten. »Er heißt Craig Lanaghan.«

»Und wieso weiß ich nichts von ihm?«

Als ich ihr gekränktes Gesicht sah, fühlte ich mich schuldig. Ich seufzte. »Es ging dir schlecht, da wollte ich nicht mit meiner neuen Beziehung angeben.«

Ihre Wangen begannen, vor Zorn zu glühen. »Okay. Schön. Wie wär's dann, wenn du mir *jetzt* von ihm erzählst? Jetzt geht es mir *nicht* mehr schlecht, wie du ja weißt, und ich habe einen wunderbaren neuen Mann an meiner Seite.«

Also tat ich es. Ich erzählte ihr alles. Von meinen Racheplänen für Angus und wie Craig und ich uns dadurch nähergekommen waren.

Als ich fertig war, ließ sich Darcy in meine Kissen sinken. Sie sah so fertig aus, wie ich mich fühlte. »Ich weiß gar nicht, wo ich anfangen soll. Bei deinem fehlgeleiteten Bedürfnis nach Rache oder dabei, dass du meinetwegen den Mann verlassen hast, den du liebst.«

»Du kommst für mich an erster Stelle«, erklärte ich, ohne zu zögern. »Ich habe mir geschworen, dich nie wieder im Stich zu lassen.«

Darcys Augen weiteten sich. »Guter Gott, Rain, geht es dir darum?«

Ich spürte Tränen in meinen Augen brennen, schüttelte den Kopf und blickte zu Boden. »Ich wollte dich einfach nicht verlieren. Und wenn die halbe Welt zwischen uns liegt, würdest du mir viel zu sehr fehlen.«

»Und was ist mit ihm?«

Ich sah auf. Sie zeigte auf das Foto.

»Ich habe dich noch nie so erlebt«, meinte sie voller Sorge. »Du liebst ihn. Du vermisst ihn.«

»Dich würde ich aber auch vermissen.«

»Aber das ist was anderes«, beharrte sie. »Nichts wird jemals zwischen uns kommen. Nichts. Kein Vierundzwanzig-Stunden-Flug und auch keine elfstündige Zeitverschiebung.« Sie streckte den Arm aus und drehte ihn so, dass ich ihr Tattoo sehen konnte.

DARRAIGN.

Es war auf ihren linken Arm tätowiert.

»Rain. Ich weiß, dass du immer hinter mir stehst. Um das zu beweisen, brauchst du nicht dein ganzes Leben auf den Kopf zu stellen. Du solltest bei dem Mann leben, den du liebst.«

Ich lachte traurig auf. »Wir haben einen klaren Schlussstrich gezogen. Jetzt bin ich hier. Ich muss nach vorne schauen.«

»Nein.« Darcy stand vom Bett auf und kam auf mich zu. Sie ging vor mir in die Hocke und blickte mir fest in die Augen. »Du musst nach Hause zu Craig Lanaghan.«

Craig

Der Lärm im Pub ging ihm langsam auf die Nerven. Es war Samstagnachmittag, und er wollte mit seinen Freunden das Fußballspiel schauen. Es war brechend voll, aber sie hatten Glück gehabt und noch einen Tisch ergattert.

Man machte Witze, trank Bier und kommentierte das Geschehen auf den Flatscreens an den Wänden mit Jubelrufen oder Flüchen.

Craig starrte in sein Glas und fragte sich – übrigens nicht zum ersten Mal in den letzten drei Wochen –, ob er jemals wieder etwas lustig genug finden würde, um darüber zu lachen.

Er spürte einen Knuff gegen die Schulter und drehte sich zu Stevie um, der sich neben ihm auf die Bank gequetscht hatte. »Vielleicht musst du einfach mal wieder jemanden flachlegen«, schlug er mitfühlend vor.

Offenbar gelang es ihm nicht besonders gut, unbeschwert und zufrieden zu wirken.

Stevie meinte es nur gut, das wusste Craig. Trotzdem sah er ihn finster an. »Würdest du das auch machen, wenn Audrey dich verlassen hätte? Die erstbeste Braut vögeln, die dir über den Weg läuft?«

Stevie funkelte verärgert zurück … doch dann wandte er sich ab und hob sein Bierglas zum Mund. »Touché.«

Craig zückte seufzend sein Portemonnaie. Er legte einen

Zwanziger neben Stevie auf den Tisch. »Sorry. Trinkt noch einen auf mich. Ich will vor der Arbeit noch mal nach Hause.«

»Das Spiel ist doch noch gar nicht vorbei«, protestierte Stevie.

»Bin nicht in der Stimmung.« Er stand auf und ignorierte die gutmütigen Beschimpfungen, die seine Freunde ihm hinterherschickten.

Auf dem Rückweg zu seiner Wohnung dachte er darüber nach, wie beschissen es war, dass seine Stadt – eine Stadt, die ihm sein ganzes Leben lang wie ein vertrautes Zuhause vorgekommen war – sich neuerdings so seltsam und leer anfühlte.

Er wusste, woran das lag, doch er wagte nicht einmal, ihren Namen zu denken.

Zu Hause geriet er kurz in Panik, als er feststellte, dass seine Wohnungstür nicht abgeschlossen war. Vorsichtig drehte er den Knauf und trat dann lautlos ein.

»Wir sind's, Liebling!«, rief seine Mutter aus dem Wohnzimmer.

Es beruhigte ihn zu wissen, um wen es sich bei dem Eindringling handelte, allerdings konnte er sich nicht erklären, weshalb sie hier war. Craig schloss die Tür hinter sich und ging zu ihr.

Als er seine Mutter, Maggie und Jeannie sah, blieb er wie angewurzelt stehen. »Was ist denn hier los?«

Maggie trat mit vor der Brust verschränkten Armen auf ihn zu. Sie hatte diesen sturen Ausdruck im Gesicht, den er nur zu gut kannte. »Das hier ist eine Intervention.«

»Eine Intervention?« Er runzelte die Stirn. Er hatte absolut keine Lust auf so einen Zirkus. »Scheiße, weswegen denn?«

»Sieh dich vor mit deiner Ausdrucksweise«, wies seine Mum ihn barsch zurecht.

Er war klug genug, den Mund zu halten.

Jeannie schenkte ihm ein trauriges Lächeln. »Wir machen uns Sorgen um dich.«

Früher hatte er sich immer Sorgen um sie gemacht. Ein Teil dieser Sorge war von ihm abgefallen, seit sie ihren Verlobten kennengelernt hatte. Er war ein anständiger Kerl und liebte Jeannie sehr. Trotzdem hatte Craig nie ganz aufgehört, sich Gedanken um sie zu machen. Es war seltsam, dass die Rollen nun vertauscht waren. »Mit mir ist alles in Ordnung.«

»Mit dir ist *nicht* alles in Ordnung«, widersprach seine Mum verärgert.

Bei ihrem Tonfall zog er die Augenbrauen hoch. Die letzten Wochen über hatte er sich bei seiner Mutter ziemlich rargemacht. Irgendwann hatte er – eigentlich nur aus Schuldgefühl – einen ihrer Anrufe angenommen und ihr erzählt, dass Rain weggezogen war und warum. Bei der Verabschiedung hatte sie traurig geklungen. *Nicht* verärgert.

»Das wird schon wieder«, sagte er – eine Beteuerung, die ganz und gar nicht von Herzen kam.

Er vermisste Rain mit jeder Faser seines Wesens.

Er trauerte regelrecht um sie.

»Du fliegst nach Australien«, verkündete Maggie plötzlich.

Er sah sie verdattert an. »Was?«

Seine Mutter sah ihre jüngste Tochter vorwurfsvoll an. »Ich dachte, wir wären uns einig gewesen, ihn behutsam darauf vorzubereiten?«

»Ich wollte lieber gleich zum Punkt kommen.«

»Also, langsam verstehe ich gar nichts mehr. Vielleicht sollten wir doch noch mal zur Vorbereitungsphase zurückspulen«, meinte Craig ungeduldig.

»Bäh. Du bist unausstehlich, wenn du Liebeskummer

hast.« Maggie schnitt eine Grimasse und wurde daraufhin von einer genervten Jeannie zurück aufs Sofa gezogen.

»Wir wissen, dass du unseretwegen nicht mit Rain nach Australien gegangen bist«, eröffnete ihm seine Mum. »Und wir sind gekommen, um dir zu sagen, dass du zu ihr ziehen sollst.«

Vor lauter Euphorie wurde ihm einen Moment lang ganz schwindlig, doch dann kam er ganz schnell wieder auf den Boden der Tatsachen zurück. Er sah sie alle der Reihe nach an. »Ich lasse euch nicht im Stich.«

»Craig, Schatz ...« Seine Mum stand auf, kam auf ihn zu und legte ihm die Hände an die Wangen. In ihren Augen glänzten Tränen. »Wirst du mir fehlen, wenn du da unten bist? Ja. Aber im Moment fehlst du mir viel mehr, weil ich weiß, dass du nicht du bist. Rain hat ein großes Stück von dir mitgenommen, und du musst es dir zurückholen. Dein Glück ist mir wichtiger als deine Anwesenheit.«

Maggie und Jeannie kamen ebenfalls dazu und schlangen die Arme um ihn und ihre Mutter. »Genau.« Jeannie gab ihm einen Kuss.

Er sah Maggie an. Das Herz hämmerte in seiner Brust. Seine besserwisserische kleine Schwester hatte feuchte Wangen.

»Flieg zu ihr«, flüsterte sie. »Wir kriegen das auch ohne dich hin.«

Die Vorstellung, sie zu verlassen, lastete schwer auf ihm. »Ich kann nicht.«

»Doch, du kannst«, beharrte seine Mutter. Ihre Tränen hatten eiserner Entschlossenheit Platz gemacht. »Nimm das Geld, das du gespart hast, und buch dir einen Flug. Und wenn du da unten bist, kannst du vielleicht deinen Traum von einer eigenen Bar verwirklichen.«

»Außerdem: Wenn du nach Sydney ziehst, kann ich dich

da besuchen«, fügte Maggie hinzu, und ihre Augen leuchteten vor Begeisterung.

»Eben.« Jeannie lachte.

Craig starrte sie ungläubig an, aber die Hoffnung in ihm wurde stärker und stärker. »Ich habe versprochen, mich immer um euch zu kümmern. Nach Dads Tod … ich hab's doch versprochen …«

»Ein paar Kontinente zwischen uns werden dich nicht daran hindern, dein Versprechen einzuhalten«, beteuerte seine Mutter. »Ein Nein wird nicht akzeptiert. Das hier ist ein Beschluss, bei dem du kein Mitspracherecht hast.«

Rain

Du benimmst dich komisch«, sagte ich anstelle eines »Guten Morgen« zu Darcy, als ich in unsere kleine Küche kam. Sie saß an der Frühstückstheke, aß Müsli und sah mitten im Kauen in gespielter Unschuld zu mir auf.

»Mm mm mmm mmmm.«

Ich übersetzte ihre genuschelten Worte mit: »Ich benehme mich gar nicht komisch.«

»Doch, das tust du.« Zuerst dachte ich, ihr merkwürdiges Verhalten hätte mit der Entscheidung zu tun, zu der wir gekommen waren, nachdem sie von Craig erfahren hatte.

Darcy wollte nicht, dass ich unglücklich war, und ich wollte sie nicht allein lassen, also hatten wir beschlossen, dass ich sehr lange und sehr gründlich darüber nachdenken würde, was ich tun wollte.

Nun, da ich erlebt hatte, wie glücklich Darcy in Sydney war, wollte ich unbedingt zurück zu Craig.

Nur hatte ich schreckliche Angst, er würde mich, nachdem ich ihn verlassen hatte, womöglich gar nicht zurückhaben wollen.

Von diesen Vorbehalten hatte ich Darcy allerdings nichts erzählt, insofern musste ich davon ausgehen, dass das ungewöhnlich stille Verhalten, das sie in der letzten Woche mir gegenüber an den Tag gelegt hatte, damit zu tun hatte, dass sie sich schuldig fühlte, weil sie der Grund für meine schwere Entscheidung gewesen war, Craig den Rücken zu kehren.

Aber dann war ich gestern Abend früher als angekündigt vom Supermarkt heimgekommen. Sie hatte mich nicht reinkommen hören, und als ich in ihr Zimmer kam, um ihr eine Frage zu stellen, war sie zusammengezuckt wie ein verängstigtes Kaninchen und hatte hastig ihren Laptop zugeknallt.

Sehr verdächtiges Verhalten.

»Was führst du im Schilde?«

Darcy schluckte schwer und stieß einen tiefen Seufzer aus, von dem ich nicht genau wusste, ob er nicht vielleicht gespielt war. »Also, eigentlich wollte ich mich ja selbst darum kümmern, weil es eine Überraschung werden sollte, aber nachdem du mich gestern Abend fast erwischt hättest …«

Ich kletterte auf den Hocker neben ihrem. »Weiter?«

Sie lachte aufgeregt. »Ich möchte hier in Sydney eine Launchparty geben.« Sie redete weiter, ehe ich zu Wort kommen konnte. »In Edinburgh haben wir das nicht gemacht, aber hier wäre es doch toll. Wir kennen Leute mit ausgezeichneten Verbindungen … unter anderem auch …«, ihre Augen weiteten sich förmlich vor Begeisterung, »… den Modeeinkäufer von einem der größten Online-Kaufhäuser hier in Australien. Ich habe ein Treffen mit ihm arrangiert, und wenn ihm unsere Boutique gefällt, könnten wir vielleicht einen Vertrag mit ihm abschließen, und wahrscheinlich würden sie uns sogar bei der Launchparty unterstützen. Das wäre doch gigantisch!«

Bei dieser Neuigkeit runzelte ich die Stirn. »Ich dachte, wir wollten unabhängig bleiben und nicht über einen anderen Händler verkaufen.«

»Na ja, die Einzelheiten müssten wir natürlich klären. Ich bin mir aber ziemlich sicher, dass unser Anwalt einen Vertrag ausarbeiten könnte, bei dem wir unsere Sachen in

Australien über verschiedene Kanäle vertreiben können. Andere Designer machen das auch so.«

»Aber wir sind keine Designer.« Etwas überfordert rieb ich meine Stirn. »Ich meine – wir *sind* Designer, aber wir sind auch eine Online-Boutique. Boutiquen verkaufen ihre Sachen doch nicht gleichzeitig in Kaufhäusern.«

Darcy machte ein langes Gesicht. »Du findest die Idee blöd.«

»Nein. Das stimmt nicht. Ich dachte immer, *du* findest sie blöd, deshalb kommt es ziemlich überraschend, vor allem, weil ...«

»... du immer noch nicht weißt, ob du überhaupt hierbleibst oder nicht«, beendete sie den Satz. »Na ja«, überlegte sie laut. »Ich sag dir was ... warum triffst du dich nicht einfach mit ihm? Du kümmerst dich bei uns ja ums Geschäftliche, insofern wäre es ohnehin vernünftig.«

Schaden konnte es vielleicht nicht. Außerdem hatte ich Ablenkung bitter nötig. »Okay. Wann und wo soll das Treffen stattfinden?«

»Übermorgen in der Bar im King's Way. Wir fanden, in einer Bar ist es entspannter.«

»Gut. Ich gehe hin.«

* * *

Als ich die Bar am King's Way Nummer 1 betrat, wo mein Treffen mit Modeeinkäufer Henry Lawson stattfinden sollte, war ich ruhig und gut vorbereitet. Hätte ich unsere Kleider unbedingt in einem Online-Kaufhaus anbieten wollen, wäre ich womöglich nervös gewesen. Aber da ich mir diesbezüglich nicht sicher war, hatte ich eher das Gefühl, das Meeting diene dem Zweck, unserem potentiellen Partner auf den Zahn zu fühlen, statt umgekehrt.

In der Mitte des Raums befand sich die langgezogene Theke; am Fenster standen Tische und Stühle, auf der rechten Seite gab es einige Sitznischen. Auf der Thekenseite saß niemand, also lächelte ich dem Barkeeper zu, der meinen Gruß mit einem Nicken erwiderte und auf mich zukam.

Ich suchte die Sitznischen ab, ehe mein Blick zum hinteren Ende der Theke glitt.

Ich erstarrte.

Mein Herzschlag pochte in meinen Ohren, als ich das vertraute Profil des Mannes anblickte, der ganz am Ende des Tresens saß und ein Bier trank.

Ein wunderschönes Profil.

Mein Liebster.

Das Wort klang immer so kitschig, sofern man es nicht gerade auf einer Hochzeit oder einer Beerdigung sagte, aber in diesem Moment beschrieb es meine Gefühle für ihn perfekt.

Als hätte er meinen Blick gespürt, sah er hoch und stutzte. Sein intimer Blick schien sich förmlich durch meine Kleider zu brennen. Er taxierte jeden Zentimeter meines Körpers, ehe er von seinem Hocker rutschte und langsam auf mich zukam.

Einige Meter von mir entfernt blieb er stehen, und fast hätte ich vor Verzweiflung aufgestöhnt.

Ich wollte ihn in die Arme nehmen.

Ich wollte seinen Duft einatmen.

Doch aus irgendeinem Grund bewegten sich meine Füße nicht.

»Suchst du nach Henry Lawson?« Er schenkte mir ein kleines, sehr spitzbübisches Lächeln.

Sobald die Wonneschauer, die mich beim Klang seiner tiefen Stimme überliefen, aufgehört hatten, wurde mir klar, was er da gesagt hatte. Mir fiel die Kinnlade herunter. »Darcy … *Sie* hat das alles eingefädelt?«

Craig nickte und wurde auf einmal ernst. »Sie hat mich angerufen, um mir zu sagen, dass du nach Hause kommen willst, aber Angst hast, ich würde dich nicht mehr wollen, weil du dich gegen mich entschieden hast.«

Auch das überraschte mich. Gott, meine Schwester kannte mich besser, als ich gedacht hätte.

»Ich habe ihr gesagt, dass ich deine Gründe nachvollziehen kann und dir nie einen Vorwurf daraus gemacht habe. Drei Wochen lang habe ich nach einem Grund gesucht, dich zu hassen, damit es einfacher für mich wird, aber es gab keinen. Ich konnte mich an nichts festhalten, außer an meiner unglaublichen Liebe und dem Schmerz, den ich empfunden habe, als du am Flughafen durch die Sicherheitskontrollen gegangen bist.« Sein Blick hellte sich auf. »Bis jetzt.«

»Und … warum bist du dann hier, statt zu warten, dass ich zu dir komme?«

»Weil ich, als Darcy anrief, bereits einen Flug gebucht hatte. Mum, Mags und Jeannie haben mir gesagt, ich soll hier ein neues Leben anfangen. Mit dir. Ich habe einen Kumpel angerufen, der hier auf dem Bau arbeitet, bei dem kann ich eine Zeitlang wohnen. Außerdem habe ich einen Termin bei der Bank, die sollen den Businessplan für meine Bar prüfen. Australien gefällt mir. Ich mag das Wetter. Ich mag die Leute. Der Schritt lohnt sich für mich. Dass wir zusammen sein können, ist natürlich das Sahnehäubchen. Wahrscheinlich wird es noch eine Weile dauern, bis ich meine eigene Bar eröffnen kann, aber bestimmt finde ich so lange irgendwo einen Job. Wie auch immer, als ich Darcy das alles erzählt hatte, meinte sie, wir sollten dich überraschen, also hat sie sich dieses kleine Szenario ausgedacht.«

Ich konnte kaum atmen vor lauter Glück. Ich wusste

nicht mal, was ich sagen sollte, weil ich das Gefühl hatte, mit Worten niemals ausdrücken zu können, was ich gerade empfand. Schließlich beschränkte ich mich auf ein: »Komm her.«

Er grinste mich an, ehe er den Abstand zwischen uns überbrückte. Er schlang die Arme um mich und hob mich hoch. Ich barg mein Gesicht an seinem Hals, während er mich fest im Arm hielt.

Einige Sekunden später ließ er mich wieder herunter. Ich zog seinen Kopf mit und küsste ihn mit all der Sehnsucht, die sich in den letzten Wochen in mir angestaut hatte.

Waren es nur Wochen? Mir kam es vor wie Jahre.

»Ich liebe dich«, murmelte ich an seinem Mund. »Ich habe dich so sehr vermisst, das kannst du dir gar nicht vorstellen.«

»Ich hab dich auch vermisst«, stöhnte er. »Fuck, ich liebe dich.«

Diese Liebeserklärung entlockte mir ein Grinsen. Es waren nicht gerade die Worte eines Dichters, aber in meinen Ohren hätten sie nicht romantischer klingen können.

Craig

Durch den Streifen oben an Rains Fenster, wo der Vorhang nicht mehr hinreichte, fiel trübes Morgenlicht ins Zimmer. Das musste er beizeiten reparieren.

Das Licht fiel auf Rains Gesicht, während sie dalag und schlief. Zum ersten Mal seit Wochen war Craig einfach nur glücklich.

Eigentlich hätte er schlafen sollen, aber der Jetlag machte ihm zu schaffen. Nach seiner Ankunft in Sydney hatte er auf dem Sofa seines Kumpels ein zweistündiges Nickerchen gehalten, dann war er aufgestanden und hatte sich auf das Wiedersehen mit Rain vorbereitet. Jetzt war es früher Morgen, aber seine innere Uhr war noch auf späten Nachmittag geeicht, deshalb war er hellwach. Selbst nach der kräfteraubenden Wiedervereinigungsfeier mit Rain.

Er strich mit den Fingerknöcheln sanft über die zarte Haut an ihrem Oberarm und berührte mit dem Daumen eine ihm vertraute Sommersprosse. Vor gar nicht allzu langer Zeit hatte er noch geglaubt, er würde diese Sommersprosse nie wiedersehen.

Zuneigung für die Sommersprosse wallte in ihm hoch, und er konnte sich nicht zurückhalten, er musste sich einfach hinunterbeugen und sie küssen. Als er sich danach von ihr löste, sah Rain mit verschlafenem Blick zu ihm auf. Sie lächelte weich, bevor sie die Hand hob und seine Wange streichelte. »Jetlag?«

Er nickte. »Ich wollte dich nicht wecken.«

»Keine Sorge. Ich will nichts verpassen.«

Er sah sie belustigt an. »I don't want to close my eyes«, sang er. »I don't want to fall asleep.«

»Bäh.« Sie schnitt ein Gesicht und gab ihm einen halbherzigen Knuff. »Mach den Augenblick ruhig kaputt.«

Craig lachte und stürzte sich auf sie, so dass sie kicherte. Er küsste sie auf die Nase. »Dann kommt Aerosmith also nicht auf unsere Liste mit Hochzeitssongs?«

Ihr schläfriges Blinzeln war zum Umfallen süß.

»Du hast mich ganz genau gehört.« Er schob ihre Beine auseinander. Wenn sie schon wach war, konnte sie ihm genauso gut helfen, seinen Jetlag zu überwinden.

»Hochzeit?«

Er nickte und tupfte Küsse ihren Kiefer entlang. »Eines Tages.«

Er spürte, wie sie lächelte. »Eines Tages«, wiederholte sie.

»Weil«, wisperte er ihr ins Ohr, »das hier wirklich für immer ist.«

Er zog sich zurück, um ihr ins Gesicht schauen zu können, und war froh, als er das freudige Erstaunen darin las.

»Meinst du das ernst?«, wisperte sie zurück.

»Aye«, sagte er und küsste sie auf ihren köstlichen Mund. »Ich will dich kein zweites Mal verlieren. Egal, was passiert, ich werde alles tun, damit du bei mir bleibst.«

Rain lächelte träge, liebevoll und ein wenig selbstgewiss, und er musste lachen. »Und so wird aus dem Realisten ein Romantiker.«

Über diese Feststellung musste er grinsen. Niemand, der ihn kannte, hätte jemals so etwas über ihn gesagt. Aber es kannte ihn niemand so gut wie diese Frau, und es würde ihn auch nie jemand so gut kennen. »Nur bei dir, Darling. Nur bei dir.«